数据库 技术丛书

Guide To Expert, The Pragmatic PostgreSQL

PostgreSQL修炼之道

从小工到专家

第2版

唐成 著

机械工业出版社
China Machine Press

图书在版编目（CIP）数据

PostgreSQL 修炼之道：从小工到专家 / 唐成著 . —2 版 . —北京：机械工业出版社，2020.9
（2024.10 重印）
（数据库技术丛书）

ISBN 978-7-111-66503-8

I . P… II. 唐… III. 关系数据库系统 IV. TP311.132.3

中国版本图书馆 CIP 数据核字（2020）第 170227 号

PostgreSQL 修炼之道：从小工到专家　第 2 版

出版发行：机械工业出版社（北京市西城区百万庄大街 22 号　邮政编码：100037）

责任编辑：杨绣国　　　　　　　　　　　　　责任校对：李秋荣

印　　刷：北京建宏印刷有限公司　　　　　　版　　次：2024 年 10 月第 2 版第 7 次印刷

开　　本：186mm×240mm　1/16　　　　　　印　　张：39.5

书　　号：ISBN 978-7-111-66503-8　　　　　定　　价：129.00 元

客服电话：（010）88361066　68326294

Preface 前　言

为什么要写这本书

　　PostgreSQL 数据库是功能强大的开源数据库，包含了其他商业或开源数据库的大部分功能，PostgreSQL 10 版本之后还添加了很多商业数据库中没有的功能。在本书第 1 版发行前，PostgreSQL 就已获得数个奖项，包括 3 次获得 *Linux Journal* 杂志编辑评选的"最佳数据库奖"（2000 年度、2003 年度和 2004 年度），2004 年又获得"Linux 新媒体最佳数据库系统奖"。此外，PostgreSQL 还在 2017—2018 年连续两年获得了 DB-Engines 的"年度数据库奖"称号。

　　笔者很欣慰本书的第 1 版发行后得到了广大读者的认可。本书致力于全面讲解 PostgreSQL 数据库的必备知识。然而由于 PostgreSQL 的功能和特性非常多，要想全面和完整地讲解 PostgreSQL 数据库的内容十分困难，而第 1 版成书匆忙，有些内容讲解得不够深入和完善，同时第 1 版是基于 PostgreSQL 9.4 撰写的，自第 1 版发布之后 PostgreSQL 已连续发布了 9.5、9.6、10、11、12 五个版本，增加了很多新的功能，因此笔者决定对第 1 版进行完善，同时增加对 PostgreSQL 新版本功能的讲解。

　　第 2 版中补充了从 9.4 版本到当前最新版本增加的所有新功能。第 10 章增加了笔者这些年来积累的 PostgreSQL 数据库技术内幕方面的新内容，如实例恢复与热备份原理解密、控制文件解密、WAL 文件解密等在市面上常见书籍中较少能看到的内容。第 11 章增加了 BRIN 索引、全文索引和数组等的相关内容。第 12 章增加了笔者多年来积累的优化 PostgreSQL 的经验和方法，如使用大页优化数据库、数据库配置的最佳实践以及表、索引、SQL 优化等内容。第 13 章增加了逻辑复制的相关内容。在 PostgreSQL 10 以上版本中，Standby 备库增加了很多新功能，书中做了详细的介绍。同时在 PostgreSQL 12 版本中 Standby 的搭建方法发生了较大变化（将 recovery.conf 的内容合并到了 postgresql.conf 中），本书也增加了相关讲解。第 14 ~ 19 章讲了一些开源软件，这些开源软件在本书第 1 版出版后也发布了很多新版本，其中开源软件 PgBouncer、Slony-I、PL/Proxy、Postgres-XC 的变化不是很大，本书根据这些软件最新版本的情况进行了内容更新。但 pgpool-II 和 Bucardo 的新版本变化较大，本书介绍 pgpool-II 的章节增加了 watchdog 的配置以及更翔实的原理介绍，使读者在学习之后可以更容易地搭建出更可靠、更稳定的 pgpool-II 集群。Bucardo 新版本在配置方法上发生了很大变化，对此本书也进行了详细的讲解。

目前，国内越来越多的公司开始使用 PostgreSQL，包括一些金融证券公司，同时很多知名的数据库也是基于 PostgreSQL 做的二次开发，而云厂商如腾讯云、华为云、阿里云等都已经全面支持 PostgreSQL 数据库，欢迎更多的朋友加入学习 PostgreSQL 数据库的大潮中来。

读者对象

适合阅读本书的读者：

- ❑ 数据库入门者。本书是一本数据库入门书，通过学习本书和相关的数据库知识，对数据库了解不是很深的数据库爱好者也可以成为数据库专家。
- ❑ 不熟悉 PostgreSQL 数据库的 DBA。可以帮助不熟悉 PostgreSQL 的 DBA 快速掌握该数据库的相关知识，成长为一名合格的 PostgreSQL DBA。
- ❑ PostgreSQL DBA。熟悉 PostgreSQL 数据库的 DBA 也可以在本书中学习到一些更深入的内容，使自身的数据库水平更上一层楼。
- ❑ 开发人员。开发人员可以通过此书快速掌握 PostgreSQL 数据库方面的知识和技巧，提高开发效率，做出更优秀的软件产品。

如何阅读本书

本书分为四大部分，分别为准备篇、基础篇、提高篇和架构篇。准备篇是为没有数据库基础的读者准备的，如果读者已经具备了一定的数据库基础，可以跳过其中的一些内容。基础篇介绍了 PostgreSQL 数据库的基础内容，学习完此篇内容的读者可以完成 PostgreSQL 数据库的基本日常操作工作。提高篇讲解了一些更深入的内容，如 PostgreSQL 的技术内幕、特色功能、优化等，仔细阅读此篇有助于读者早日成为 PostgreSQL 数据库高手。架构篇讲解了与 PostgreSQL 数据库配套使用的常用开源软件及架构设计方面的内容，通过阅读此篇，读者可以开拓眼界并提高数据库架构设计能力。

本书给出了大量的实例，建议读者边阅读此书边按实例进行实际操作，以获得最佳的学习效果。

勘误和支持

由于笔者的水平有限，编写的时间也较仓促，书中难免会有一些疏漏或者不准确的地方，敬请读者朋友批评指正。读者朋友可以将在书中遇到的问题及宝贵意见发送至 tangcheng@csudata.com，笔者很期待能够听到你们的真挚反馈。

致谢

首先要感谢国内 PostgreSQL 数据库爱好者，他们已经整理了大量的关于 PostgreSQL 的文章，翻译了 PostgreSQL 官方手册，让笔者可以站在前人的肩膀上学习。大家可以在 PostgreSQL 的中国官方主页 http://www.postgres.cn/v2/document 上看到这些成果。

感谢机械工业出版社的编辑在这一年多的时间里始终支持笔者写作，鼓励并帮助笔者顺利完成了全部书稿。

最后要感谢笔者的妻子，她一直支持和鼓励笔者，让笔者能坚持把这本书写完。

谨以此书献给热爱 PostgreSQL 的朋友们。

唐成（osdba）
中国，杭州，2020 年 6 月

目 录 *Contents*

第一篇 *Part 1*

准 备 篇

PostgreSQL 简介

本章将着重介绍 PostgreSQL 数据库的相关知识，让读者对它有一个初步的了解。

1.1 什么是 PostgreSQL

PostgreSQL 数据库是功能强大的开源数据库，它支持丰富的数据类型（如 JSON 和 JSONB 类型、数组类型）和自定义类型。PostgreSQL 数据库提供了丰富的接口，可以很方便地扩展它的功能，如可以在 GiST 框架下实现自己的索引类型，支持使用 C 语言写自定义函数、触发器，也支持使用流行的编程语言写自定义函数。PL/Perl 提供了使用 Perl 语言写自定义函数的功能，当然还有 PL/Python、PL/Java、PL/Tcl 等。

本节对 PostgreSQL 的发展历史、优势特点和现状等进行介绍，让读者对 PostgreSQL 数据库有一个初步的认识。

1.1.1 PostgreSQL 的发展历史

❑ 前身 Ingres：PostgreSQL 的前身是加利福尼亚大学伯克利分校于 1977 年开始的 Ingres 项目。这个项目由著名的数据库科学家 Michael Stonebraker 领导。在 1982 年，Michael Stonebraker 离开伯克利，并把 Ingres 商业化，使之成为 Relational Technologies 公司的一个产品，后来 Relational Tecchnologies 被 Computer Associates（CA）收购。Ingres 是一个非关系型数据库。

❑ 伯克利的 Postgres 项目：20 世纪 80 年代，数据库系统中的一个主要问题是数据关系维护。1985 年，Michael Stonebraker 回到伯克利后，为了解决 Ingres 中的数据关系维护问题，启动了一个 "后 Ingres"（post-Ingres）项目，这就是 Postgres 的开端。

Postgres 项目由美国国防高级研究计划局（DARPA）、陆军研究办公室（ARO）、国家科学基金会（NSF）以及 ESL 公司共同赞助。从 1986 年开始，Michael Stonebraker 教授发表了一系列论文，探讨了新的数据库的结构设计和扩展设计。第一个"演示性"系统在 1987 年便可使用了，并且在 1988 年的数据管理国际会议（ACM-SIGMOD）上展示，在 1989 年 6 月发布了版本 1 以提供给一些外部的用户使用。由于源代码维护的时间日益增加，占用了太多本应该用于数据库研究的时间，为了减少支持的负担，伯克利的 Postgres 项目在发布版本 4.2 后正式终止。

❑ Postgres95：1994 年，来自中国香港的两名伯克利研究生 Andrew Yu 和 Jolly Chen 向 Postgres 中增加了 SQL 语言的解释器，并将 Postgres 改名为 Postgres95，随后将其源代码发布到互联网上供大家使用，于是 Postgres95 成为一个开放源码的原伯克利 Postgres 代码的继承者。

❑ PostgreSQL6.X：到了 1996 年，显然"Postgres95"这个名字已经"经不起时间的考验"，于是又起了一个新名字——PostgreSQL，此名为 Postgres 与 SQL 的缩写，即增加了 SQL 功能的 Postgres 的意思。同时版本号也重新从 6.0 开始，也就是说，重新使用伯克利 Postgres 项目的版本顺序。

❑ PostgreSQL7.1：PostgreSQL 7.1 是继 6.5 版本之后的又一个巨大的变化。它首先引入了预写式日志的功能，这样，事务就拥有了完善的日志机制，可以提供更好的性能，还可以实现更优良的备份和灾难恢复的能力（比如联机热备份和宕机后的自动恢复等）。其次是不再限制文本类型的数据段长度，这在很大程度上解决了 PostgreSQL 大对象的问题。

❑ PostgreSQL8.X：该版本可以在 Windows 下运行，它具有一些新特性，比如事务保存点功能、改变字段的类型、表空间、即时恢复（该功能允许对服务器进行连续的备份。既可以恢复到失败那个点，也可以恢复到以前的任意事务）等。此外，也开始支持 Perl 服务器端编程语言。

❑ PostgreSQL9.X：进入 9.X 版本，也标志着 PostgreSQL 进入了黄金发展阶段。PostgreSQL9.0 于 2010 年 9 月 20 日发布，它大大增强了复制（replication）的功能，比如增加了流复制（stream replicaction）和 HOT standby 功能。从 9.0 版本开始，用户可以很方便地搭建主从数据库。此版本也提供了大版本的命令行升级工具 pg_upgrade，可以方便地从低版本的数据库升级到 9.0 版本。PostgreSQL9.1 发布于 2011 年 9 月 12 日，在该版本中增加了同步复制（synchronous replication）功能；增加了对外部表的支持；提供了外部模块框架和 CREATE EXTENSION 的 SQL 命令，可以更方便地创建外部扩展模块来扩展 PostgreSQL 数据库的功能；提供了不记录 WAL 日志表（unlogged tables）的功能，这在某些情况下可以大大提高性能；可以在插入、更新、删除中使用次查询（WITH 语句），解决了原先 PostgreSQL 数据库不能实现 Oracle 中 MERGE INTO 语句的问题。PostgreSQL9.2 发布于 2012 年 9 月 10 日，增加了级联复制的功能；实现了从备库做全量备份的功能；实现了原先 Oracle 和 SQL Server 中的覆盖索引查询功能（即只用在索引中查询数据，不必查数据行）；增加了

JSON 数据类型，向 SQL/NoSQL 混合型数据库迈出了关键的一步。2013 年 9 月 9 日，PostgreSQL9.3 版本发布了，增加了物化视图的功能；为 JSON 类型增加了更多的处理函数的操作符；增加了可更新外部表的功能；增加了 postgres_fdw 模块，通过此外部表模块可以访问其他 PostgreSQL 服务器上的表；增加了事件触发器（Oracle 系统触发器的功能），增强了数据库的审计功能。2014 年 12 月 18 日发布了 PostgreSQL9.4 版本，增加了 JSONB 数据类型（Binary JSON 的功能），提高了 JSON 的性能；刷新物化视图时不再阻塞读；WAL 日志中开始增加逻辑读的功能，为后续版本中的逻辑复制打下了基础；提供了与 Oracle 类似的 ALTER SYSTEM 命令，方便修改数据库的配置参数。2016 年 1 月 7 日发布了 PostgreSQL9.5 版本，增加了块范围索引（即 BRIN 索引），一种类似于 Oracle ExaData 一体机中存储索引的功能，在某些情况下它因使用占用空间很小的 BRIN 索引而大大提升了 SQL 的性能；增加了表的行级安全的特性，可以控制一个用户只能看见或更新一张表的部分行；多 CPU 机器性能得到了进一步的提升。2016 年 9 月 29 日发布了 PostgreSQL9.6 版本，增加了并行计算的功能，全表扫描、JOIN 查询、聚合操作可以利用多 CPU 进行并行计算；流复制中可以允许有多个同步的 Standby 数据库（之前的版本只允许有一个），实现了 Standby 数据库把日志重做完成后事务才返回的完全同步模式。

❑ PostgreSQL10.X：10.X 版本实现了实用的发布和订阅方式的逻辑复制，让 PostgreSQL 数据库可以高效实现更灵活的复制功能，如双活功能，以前这些功能都需要通过第三方软件来实现；原先版本的 Hash 索引不能进行流复制，限制了 Hash 索引的使用，现在没有这个限制了；并行查询的功能得到了很大的提升，如支持并行的 B-Tree 扫描、Bitmap Heap 扫描、并行的 Merge JOIN、不相关的并行子查询等；增加了多列统计信息，让多列查询的执行计划更准确；直接支持通过 CREATE TABLE 语句创建分区表，不需要用继承的语法创建分区表，大大简化了分区表的创建；在客户端的连接串中支持写多个数据库服务器的地址，连接串中提供了属性 target_session_attrs，用于探测后端数据库是主库还是只读备库，以便实现高可用和读写分离的方案。

❑ PostgreSQL11.X：增加了对 just-in-time (JIT) 编译的支持，使 SQL 中的表达式执行效率提高；并行方面的性能得到了较大的增强，如支持并行创建索引、并行 Hash JOIN、并行 CREATE TABLE AS 等；存储过程中支持嵌入式事务，加强了对存储过程的支持，在存储过程中可以支持事务的操作，且对分区表进行了增强，如支持了哈希分区表，支持对分区键的更新等。此外，分区表的主键、外键、索引也得到了增强。

❑ PostgreSQL12.X：大大增强了往分区表里插入和复制数据的性能，对于有很多分区表的查询，其性能也得到了很大的提升；对 B-Tree 索引的性能进行了优化；对 JSON 数据类型开始支持 SQL/JSON Path 语言，可以更方便地对 JSON 数据进行检索。

1.1.2 PostgreSQL 数据库的优势

PostgreSQL 数据库具有以下优势：

- PostgreSQL 数据库是目前功能最强大的开源数据库,它是最接近工业标准 SQL92 的查询语言,至少实现了 SQL:2011 标准中要求的 179 项主要功能中的 160 项(注:目前没有哪个数据库管理系统能完全实现 SQL:2011 标准中的所有主要功能)。
- 稳定可靠:PostgreSQL 是唯一能做到数据零丢失的开源数据库。目前有报道称国内外有部分银行使用 PostgreSQL 数据库。
- 开源省钱:PostgreSQL 数据库是开源的、免费的,而且使用的是类 BSD 协议,在使用和二次开发上基本没有限制。
- 支持广泛:PostgreSQL 数据库支持大量的主流开发语言,包括 C、C++、Perl、Python、Java、Tcl 以及 PHP 等。
- PostgreSQL 社区活跃:PostgreSQL 基本上每 3 个月推出一个补丁版本,这意味着已知的 Bug 很快会被修复,有应用场景的需求也会及时得到响应。

1.1.3 PostgreSQL 应用现状和发展趋势

PostgreSQL 目前在国外很流行,特别是近几年,使用 PostgreSQL 数据库的公司越来越多。

日本电报电话公司(NTT)大量使用 PostgreSQL 替代 Oracle 数据库,并且在 PostgreSQL 之上二次开发了 Postgres-XC,Postgres-XC 是对使用者完全兼容 PostgreSQL 接口的 share-nothing 架构的数据库集群。

亚信科技(AsiaInfo)在 Postgres-XC 的基础上开发了 AntDB 数据库,AntDB 是一款面向金融、电信、政务、安全、能源等行业的分布式事务型关系数据库产品。它具备集群自动高可用、秒级在线扩缩容、异地容灾、SQL 语句级自定义分片、分布式事务和 MVCC 等功能,且具有强大的 Oracle 兼容性。AntDB 完全兼容 PostgreSQL 数据库。

腾讯在 PosgreSQL-XC 基础上开发了 TBase 分布式数据库。相较于 Postgres-XC,其稳定性得到了较大提高,同时 TBase 通过在内核中创造性地引入 GROUP 概念,提出了双 Key 分布策略,有效地解决了数据倾斜的问题;它根据数据的时间戳,将数据分为冷数据和热数据,分别存储于不同的存储设备中,有效地解决了存储成本的问题。

网络电话公司 Skype 也大量使用了 PostgreSQL,并贡献了如下与 PostgreSQL 数据库配套的开源软件。

- PL/Proxy:PostgreSQL 中的数据水平拆分软件。
- pgQ:使用 PostgreSQL 的消息队列软件。
- Londiste:用 C 语言实现的在 PostgreSQL 数据库之间进行逻辑同步的软件。

全球最大的 CRM 软件服务提供商 Salesforce 也开始使用 PostgreSQL,并招募了 PostgreSQL 内核开发者 Tom lane。

著名的图片分享网站 Instagram 也大量使用了 PostgreSQL。

2012 年,美国联邦机构全面转向 PostgreSQL 阵营;法国也正积极推动政府机构采用 PostgreSQL 数据库来取代商业数据库。

在国内,越来越多的公司开始使用 PostgreSQL,如斯凯网络的后台数据库使用的基本都是 PostgreSQL 数据库，去哪儿网（qunar.com）和平安科技也大量地使用了 PostgreSQL 数据库。

主流的云服务提供商如亚马逊、阿里云、腾讯云、华为云也都提供了 PostgreSQL 的云数据库服务。

更多关于 PostgreSQL 数据库的现状信息可见 PostgreSQL 官方网站（http://www.postgresql.org/）。

1.2 PostgreSQL 数据库与其他数据库的对比

本节主要介绍 PostgreSQL 数据库与主流数据库 MySQL 和 Oracle 的相同点和区别。

1.2.1 PostgreSQL 与 MySQL 数据库的对比

可能有人会问，既然已经有一个人气很高的开源数据库 MySQL 了，为什么还要使用 PostgreSQL？这主要是因为不同的数据库有不同的特点，应该为合适场景选择合适的数据库。在一些应用场景中，使用 MySQL 有以下几大缺点。

❏ 复杂 SQL 支持弱：在 MySQL 8.0 之前，多表连接查询的方式只支持 "Nest Loop"，不支持 Hash JOIN 和 Sort Merge JOIN（注：MySQL8.0 版本开始支持 Hash JOIN，但不完善，有一些问题。另因为 MySQL 无完善的基于 COST 的优化器（CBO），长期来说也会存在一定的问题），不仅如此，它对很多 SQL 语法都不支持，子查询性能比较低。例如，MySQL 不支持单独的 sequence，有公司为此还专门开发了统一序号分发中心的软件。

❏ 性能优化工具与度量信息不足：如果 MySQL 在运行过程中出现问题，性能监控数据较少，维护人员要准确定位问题存在一定的困难。

❏ MySQL 的复制是异步或半同步的逻辑同步，这存在两个问题：一是在大事务下会导致比较大的延迟；二是容易导致数据库的不一致，原因是逻辑复制容易导致数据的不一致性，而 MySQL 的双层日志会让这个问题变得更复杂，即主备库的复制是通过逻辑层的 binlog 来实现的，但在存储引擎 InnoDB 下还有物理的 Redo Log 层，整个过程比较复杂，比较难保证主备库之间完全一致。由于有两层日志（binlog 日志和 InnoDB 的 Redo 日志），因此也很难做到 Master/Slave 在异常切换过程中的零数据丢失。一些第三方公司改造 MySQL 源代码以实现同步复制，但这些方案要么是没有开源，要么是已开源却又不是很稳定，所以，对于普通用户来说，如何实现零数据库丢失的同步复制是一个令人头疼的问题。

❏ 在线操作功能较弱：很多在线 DDL 需要重建表，代价很大，有一些操作还会锁表。一些大的互联网公司或者修改 MySQL 源码来实现在线 DDL 功能，或者通过上层架构来解决这个问题，如先在 Slave 数据库上把 DDL 做完，然后把应用从 Master 库切换到 Slave 库，再到原先的 Master 上把 DDL 做完。对于第一种方法，需要公司有很强的 MySQL 研发能力，第二种方法则需要公司有较强的开发能力，能设计出较强的应用架构。这对于一些中小型公司来说不太容易实现。

❑ 难以写插件来扩展 MySQL 的功能：虽然用 UDF，或通过外部动态库中的函数来扩展部分功能，但能扩展的功能很有限。如 MySQL 比较难访问其他数据库中的数据。

相对 MySQL 的这些弱点，PostgreSQL 有以下几个优点。

❑ 功能强大：支持所有主流的多表连接查询的方式，如 "Nest loop" "Hash JOIN" "Sort Merge JOIN" 等；支持绝大多数的 SQL 语法，如 CTE（MySQL8.0 之前不支持 CTE）。PostgreSQL 是笔者见过的对正则表达式支持最强、内置函数也是最丰富的数据库。它的字段类型还支持数组类型。除了可以使用 PL/PGSQL 写存储过程外，还可以使用各种主流开发语言的语法（如 Python 语言的 PL/Python、Perl 语言的 PL/Perl 来写存储过程）。这些强大的功能可以大大地节约开发资源。很多开发人员在 PostgreSQL 上做开发时，会发现数据库已实现很多功能，甚至有一些业务功能都不再需要写代码来实现了，直接使用数据库的功能即可解决问题。

❑ 性能优化工具与度量信息丰富：PostgreSQL 数据库中有大量的性能视图，可以方便地定位问题（比如可以看到正在执行的 SQL，可以通过锁视图看到谁在等待，以及哪条记录被锁定等）。PostgreSQL 中设计了专门架构和进程用于收集性能数据，既有物理 I/O 方面的统计，也有表扫描及索引扫描方面的性能数据。

❑ 在线操作功能好：PostgreSQL 增加空值列时，本质上只是在系统表上把列定义上，无须对物理结构做更新，这就让 PostgreSQL 在加列时可以做到瞬间完成。PostgreSQL 还支持在线建索引的功能，在创建索引的过程可以不锁更新操作。

❑ 从 PostgreSQL9.1 开始，支持同步复制（synchronous replication）功能，通过 Master 和 Slave 之间的复制可以实现零数据丢失的高可用方案。

❑ 可以方便地写插件来扩展 PostgreSQL 数据库的功能：PostgreSQL 提供了安装、编写插件的整体框架，如提供了 create extension 等 SQL 语句以方便地装载插件；写一个动态库可以很方便地给 PostgreSQL 添加函数；提供了外部数据源（FDW）的框架和编程接口，根据此框架和编程接口可以方便地编写访问其他数据库和外部数据源的插件。现在针对已有的常见外部数据源，如 Oracle、MySQL、SQL Server 等数据库都有了第三方插件，通过这些第三方插件可以在 PostgreSQL 数据库中方便地访问外部数据。另外，PostgreSQL 还提供了钩子函数的接口，可以实现更强大功能的插件，如 pg_pathman 分区表的插件、citus 分库分表的插件等。

另外，由于 MySQL 对 SQL 语法支持的功能较弱，基本上不适合做数据仓库。虽然也有些厂商开发了 MySQL 数据仓库的存储引擎（如 Infobright），但这个方案只是解决了部分数据仓库的问题，SQL 功能弱的问题还是无法完全解决。而且 Infobright 的社区版本在功能上有很多限制，如不支持数据更新、不支持太多的并发执行（最多支持十几个）等。而 PostgreSQL 不仅支持复杂的 SQL，还支持大量的分析函数，非常适合做数据仓库。

PostgreSQL 数据库中还有一些支持移动互联网的新功能，如空间索引。PostGIS 是最著名的一个开源 GIS 系统，它是 PostgreSQL 中的一个插件，在 PostgreSQL 中使用它很方便。通过 PostGIS 也可以很方便地解决 LBS 中的一些位置计算问题。

综上所述，PostgreSQL 数据库是一个功能强大，又带有移动互联网特征的开源数据库。如果你仅仅是想把数据库作为一个简单的存储软件（一些大的互联网公司就是这样），一些较复杂的功能都想放在应用中来实现，那么选择 MySQL 或一些 NoSQL 产品都是合适的。如果你应用的数据访问很简单（如大多数的博客系统），那么后端使用 MySQL 也是很合适的。但是如果你的应用不像博客系统那么简单，又不想消耗太多的开发资源，那么 PostgreSQL 是一个很明智的选择。最有说服力的例子就是图片分享公司 Instagram，在使用"Python+PostgreSQL"架构后，只是十几个人就支撑了整个公司的业务。在数据库中使用 PostgreSQL 的感觉就像在开发语言中使用 Python，会让你的工作变得简洁和高效。

1.2.2 PostgreSQL 与 Oracle 数据库的对比

从功能上说，PostgreSQL 可以与 Oracle 数据库媲美。Oracle 数据库是目前功能最强大的商业数据库，PostgreSQL 则是功能最强大的开源数据库。Oracle 在集群功能如 RAC、ASM 方面比较强，但 PostgtreSQL 也有一些比 Oracle 强的特性，如在索引和可扩展等方面。

PostgreSQL 与 Oracle 有很多相似之处，它们都是使用共享内存的进程结构，客户端与数据库服务器建立一个连接后，数据库服务器就启动一个进程来为这个连接服务。这与 MySQL 的线程模型不一样。PostgreSQL 与 Oracle 一样，PostgreSQL 的 WAL 日志与 Oracle 的 Redo 日志都是用于记录物理块数据的变化的，这与 MySQL 的 binlog 是不一样的。

PostgreSQL 在主备库方面非常完善，可以搭建同步备库、异步备库、延迟备库，在同步备库中可以配置数据同步到任意个备库上。只读备库在查询与应用日志的冲突解决方面提供了更多的参数控制，让 DBA 更容易控制只读备库的查询冲突。在配置备库的过程中，PostgreSQL 比 Oracle 简单很多，备库的搭建也更灵活。

PostgreSQL 与 Oracle 的不同之处在于，PostgreSQL 有更多支持互联网特征的功能。如 PostgreSQL 数据类型支持网络地址类型、XML 类型、JSON 类型、UUID 类型以及数组类型，且有强大的正则表达式函数，如 where 条件中可以使用正则表达式匹配，也可以使用 Python、Perl 等语言写存储过程等。

另外，PostgreSQL 更小巧。PostgreSQL 可以在内存很小的机器上完美运行起来，如在 512MB 的云主机中，而 Oracle 数据库基本要在数 GB 的云主机中才可以运行起来。Oracle 安装包动辄几个 GB 以上级别，而 PostgreSQL 的安装包只有几十 MB 大小。PostgreSQL 在任何一个环境都可以轻松地安装。Oracle 数据库安装花费的时间是在小时级别，而 PostgreSQL 在分钟级别就可以完成安装。

1.3 小结

本章主要给大家介绍了什么是 PostgreSQL 数据库、PostgreSQL 有哪些强大的功能及其目前的一些应用情况，以便大家对 PostgreSQL 有一个初步的认识。

第 2 章 *Chapter 2*

PostgreSQL 的安装与配置

本章将着重介绍 PostgreSQL 数据库的安装和配置方法。其安装方法有两种，一种是从已编译好的二进制安装包进行安装；另一种是从源码编译安装。Linux 的各个发行版本中都内置了 PostgreSQL 的二进制安装包，但内置的版本可能较旧，官方也提供了较新版本的二进制安装包。二进制包安装的方法一般都是通过不同发行版本的 Linux 下的包管理器进行的，如在 Red Hat Linux 下是 yum，Ubuntu 下是 apt-get。使用源码安装更灵活，用户可以有更多的选择，可以选择较新的版本，可以选择配置不同的编译选项，从而编译出用户需要的功能。

2.1 从发行版本安装

如果你需要安装较新的 PostgreSQL 版本，可以按照官方网站的方法安装官方提供的二进制安装包或参照 2.2 节中介绍的从源码安装的方法进行安装。

对于 Linux 操作系统来说，安装官方提供的二进制安装包的方法是，先安装官方提供的安装源，然后再用不同 Linux 发行版本的包管理器进行安装。对于不同的 Linux 发行版本，添加安装源的方法是不同的，官方网站中提供了详细的添加方法，如图 2-1 所示。

当你选择不同的操作系统之后，会出现在此操作系统下安装官方提供的二进制版本包的方法提示，选择相应的 Linux 发行版本，就会出现一个具体的界面告诉你在不同的 Linux 发行版本中如何安装 PostgreSQL 数据库。

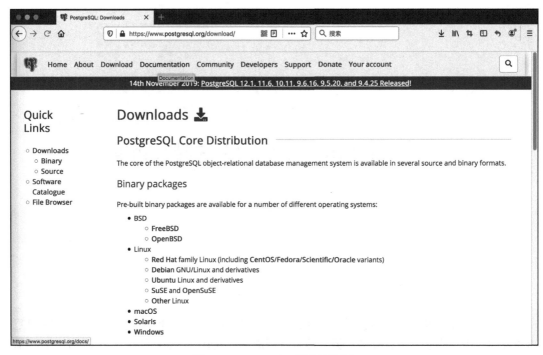

图 2-1　PostgreSQL 官方安装源

2.1.1　Red Hat/CentOS 下的安装方法

在 Red Hat、CentOS 下可使用 yum 工具来安装 PostgreSQL，这些操作系统自带的软件库中已有 PostgreSQL 数据库，不过通常版本会低一些。本小节介绍安装官方提供的二进制包的方法。

在图 2-1 中，我们选择 "Red Hat family Linux (including CentOS/Fedora/Scientific/Oracle variants)"，之后会出现一个选择界面，在该界面中选择数据库的版本、平台类型等信息后，就会出现具体的安装步骤的提示，如图 2-2 所示。

在图 2-2 中，我们选择数据库的版本、操作系统的版本或类型等信息后，就会出现安装方法：首先安装一个安装源，然后再从这个安装源中安装数据库程序。例如，在上面的例子中，安装一个安装源的命令如下。

```
yum install https://download.postgresql.org/pub/repos/yum/reporpms/EL-7-x86_64/
pgdg-Red Hat-repo-latest.noarch.rpm
```

安装完 PostgreSQL 的 yum 源后，通过 "yum search postgresql" 命令可以看到很多与 PostgreSQL 数据库相关的软件。

然后再从这个安装源中安装数据库程序。通常我们需要安装数据库服务端，命令如下：

```
yum install postgresql12-server
```

运行以上命令，PostgreSQL 数据库的软件就安装完成了。

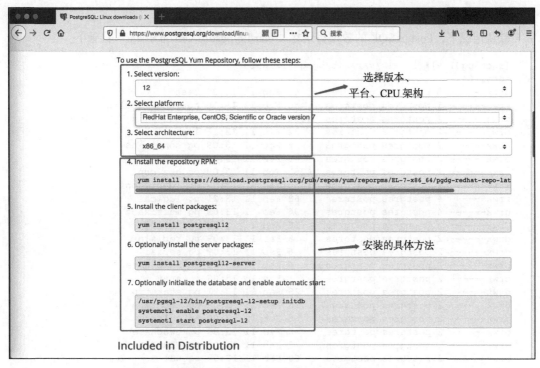

图 2-2　PostgreSQL 官方 yum 安装源

上面只是把软件装好了，并未创建数据库实例。创建数据库实例的命令如下：

```
/usr/pgsql-12/bin/postgresql-12-setup initdb
```

该数据库创建在"/var/lib/pgsql/12/data"目录下，同时会生成开机自启动的配置，我们可以通过下面的命令允许开机自启动 PostgreSQL 数据库：

```
systemctl enable postgresql-12
```

然后用操作系统的服务管理命令启动数据库：

```
systemctl start postgresql-12
```

Red Hat7.X/CentOS 7.X 是用 systemctl 命令管理服务的，而更早的版本如 Red Hat6.X/CentOS6.X 是用 service 命令管理服务的：

```
service postgresql-12 start
```

可以用下面的命令查看数据库服务的状态：

```
systemctl status postgresql-12
```

可以用 systemctl 命令停止数据库：

```
systemctl stop postgresql-12
```

也可以使用下面的命令安装 contrib 包，contrib 包中包含了一些插件和工具：

```
yum install postgresql12-contrib
```

默认情况下，PostgreSQL 的数据目录在 "/var/lib/pgsql/<verson>/data" 目录下：

```
[root@pg01 ~]# ls -l /var/lib/pgsql/12/data
total 64
drwx------ 5 postgres postgres    41 Feb 11 13:09 base
-rw------- 1 postgres postgres    30 Feb 11 13:16 current_logfiles
drwx------ 2 postgres postgres  4096 Feb 11 13:09 global
drwx------ 2 postgres postgres    32 Feb 11 13:16 log
drwx------ 2 postgres postgres     6 Feb 11 13:09 pg_commit_ts
drwx------ 2 postgres postgres     6 Feb 11 13:09 pg_dynshmem
-rw------- 1 postgres postgres  4269 Feb 11 13:09 pg_hba.conf
-rw------- 1 postgres postgres  1636 Feb 11 13:09 pg_ident.conf
drwx------ 4 postgres postgres    68 Feb 11 13:21 pg_logical
drwx------ 4 postgres postgres    36 Feb 11 13:09 pg_multixact
drwx------ 2 postgres postgres    18 Feb 11 13:16 pg_notify
drwx------ 2 postgres postgres     6 Feb 11 13:09 pg_replslot
drwx------ 2 postgres postgres     6 Feb 11 13:09 pg_serial
drwx------ 2 postgres postgres     6 Feb 11 13:09 pg_snapshots
drwx------ 2 postgres postgres     6 Feb 11 13:09 pg_stat
drwx------ 2 postgres postgres    25 Feb 11 13:21 pg_stat_tmp
drwx------ 2 postgres postgres    18 Feb 11 13:09 pg_subtrans
drwx------ 2 postgres postgres     6 Feb 11 13:09 pg_tblspc
drwx------ 2 postgres postgres     6 Feb 11 13:09 pg_twophase
-rw------- 1 postgres postgres     3 Feb 11 13:09 PG_VERSION
drwx------ 3 postgres postgres    60 Feb 11 13:09 pg_wal
drwx------ 2 postgres postgres    18 Feb 11 13:09 pg_xact
-rw------- 1 postgres postgres    88 Feb 11 13:09 postgresql.auto.conf
-rw------- 1 postgres postgres 26632 Feb 11 13:09 postgresql.conf
-rw------- 1 postgres postgres    58 Feb 11 13:16 postmaster.opts
-rw------- 1 postgres postgres   103 Feb 11 13:16 postmaster.pid
```

安装完后我们就可以用 psql 来连接数据库，首先用 su 命令切换到 postgres 用户下：

```
[root@pg01 ~]# su - postgres
-bash-4.2$ psql
psql (12.1)
Type "help" for help.

postgres=#
```

然后在 psql 中输入 "\q" 退出 psql。

2.1.2 Windows 下的安装方法

在 Windows 下安装时，首先要到官网上下载 PostgreSQL 的 Windows 安装包，官方主库的下载界面如图 2-3 所示。

然后选择下载安装包的类型为 "Windows"，进入 Windows 安装包的下载界面，在该界面中，先下载一个安装器，然后用这个安装器来下载和安装相应的 PostgreSQL 版本，如图 2-4 所示。

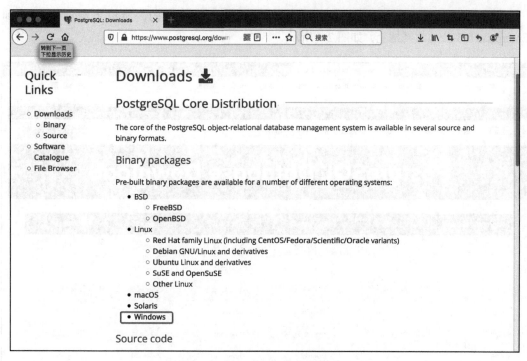

图 2-3　PostgreSQL 官方下载页面

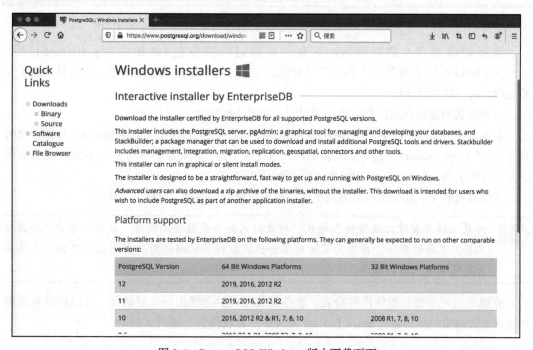

图 2-4　PostgreSQL Windows 版本下载页面

因为 Windows 版本的安装包是由 Enterprise DB 公司研发的，所以下载时会跳转到 Enterprise DB 公司的网站上，如图 2-5 所示。

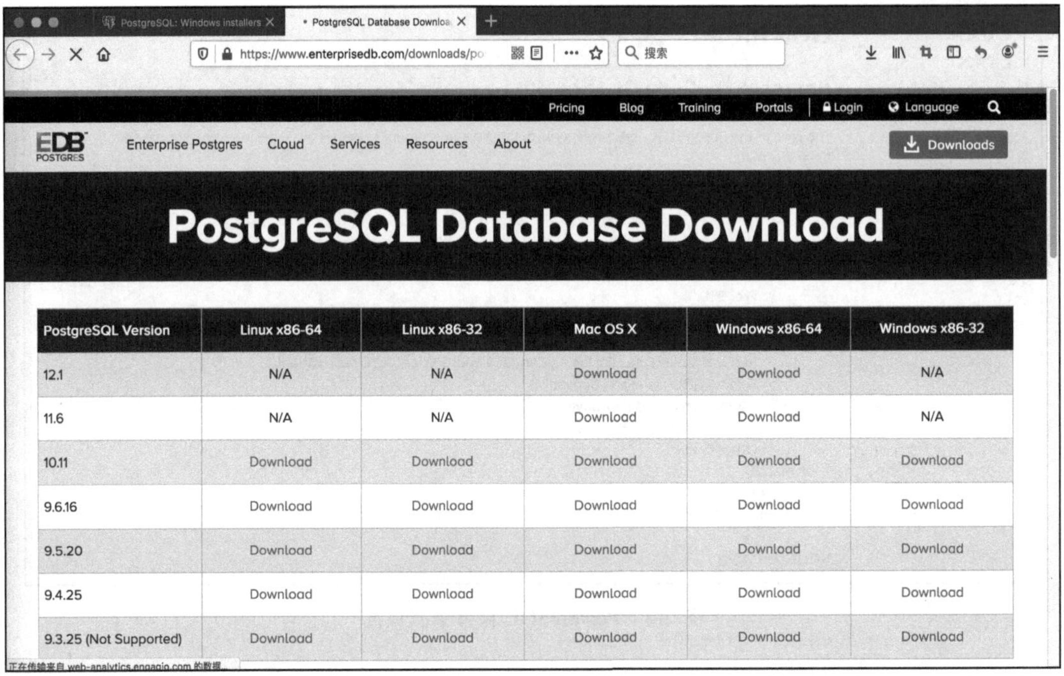

图 2-5　PostgreSQL Windows 版本下载跳转到 Enterprise DB 公司网站

选择相应的版本进行下载，下载完成后运行安装包（本例中为 postgresql-12.1-3-windows-x64.exe），连续单击"Next"按钮完成安装，因安装过程比较简单，下面只列出了安装过程中的一些重要步骤。

开始安装时会出现选择安装组件的界面，如图 2-6 所示。

在图 2-6 所示的界面中，"PostgreSQL Server"选项是必选的，"pgAdmin 4"是图形化管理工具，"Stack Builder"是一个安装工具，通过该工具可以安装很多与 PostgreSQL 相关的第三方插件和工具，"Command Line Tools"是命令行工具。

在安装过程中，还会出现设置数据库超级用户密码的界面，如图 2-7 所示。

> 注意　如果以前安装过此软件并已卸载，卸载时只会卸载数据库软件，数据库本身（如数据文件）不会被删除，再次安装时就不会出现数据库的超级用户密码设置界面，而是会直接使用原来的数据库。

连续单击回车键开始软件的安装，软件安装完成后会弹出一个对话框，可以在该对话框中选择安装结束后是否运行 Stack Builder 安装第三方软件包，如图 2-8 所示。

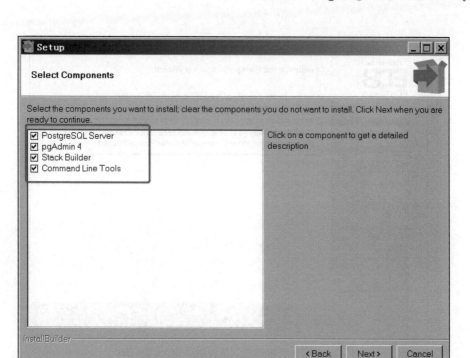

图 2-6　选择安装组件的界面

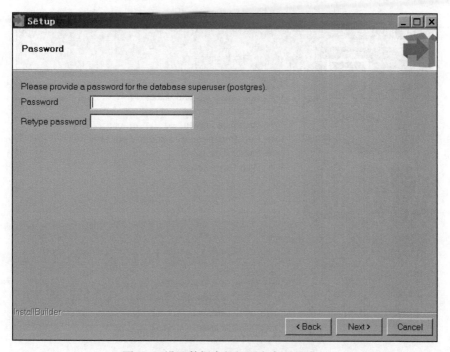

图 2-7　设置数据库超级用户密码的界面

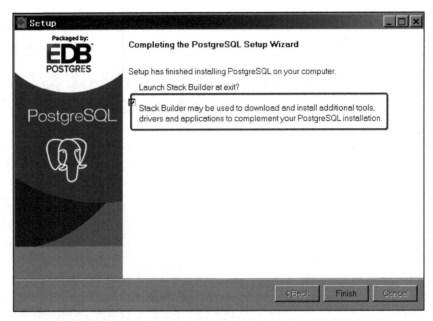

图 2-8　选择安装结束后是否运行 Stack Builder

　　勾选该选项，如图 2-8 所示，就会运行 Stack Builder，可以通过 Stack Builder 安装第三方软件包，如图 2-9 所示。

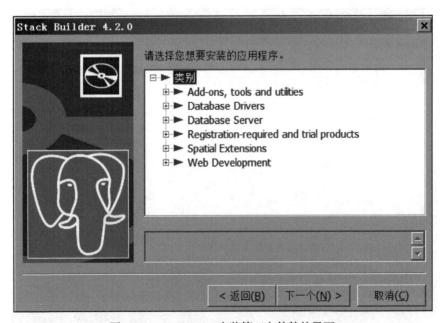

图 2-9　Stack Builder 安装第三方软件的界面

　　如果不知道需要安装哪些第三方软件，可以单击"取消"按钮，需要时再在运行" Stack

Builder"时安装相应的第三方软件。

　　接下来就可以用命令行工具连接安装好的数据库了，在开始菜单中运行"SQL Shell（psql）"命令，如图 2-10 所示。

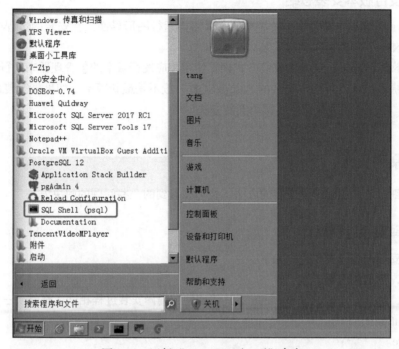

图 2-10　运行"SQL Shell（psql）"命令

　　在"SQL Shell（psql）"界面中输入"Server""Database""Port""User"以及密码等信息，除了输入我们之前设置的密码，其他项按默认设置就可以了。这时我们就用 psql 登录了数据库，如图 2-11 所示。

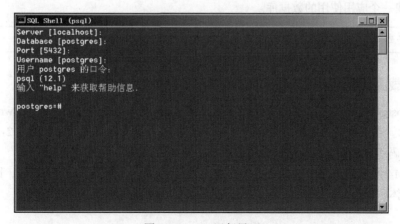

图 2-11　psql 运行界面

在该界面的提示符下输入"\q"就可以退出"SQL Shell（psql）"界面。后面我们会详细讲解 psql 的使用方法。

2.1.3 从发行版本安装总结

Windows 环境下的安装是比较简单的，只需要运行图形界面，在安装的过程中基本上只需要点选"Next"项就可以完成安装。

Linux 环境下 PostgreSQL 的安装方式则是使用相应发行版本的包管理器来进行。

前面曾提及，从发行版本安装的 PostgreSQL 一般不是最新版本，如果想安装最新版本的 PostgreSQL，需要使用下面介绍的源码安装方法。

2.2 从源码安装

本节详细讲解从源码编译安装的方法、技巧和遇到的一些问题的解决方法。

2.2.1 编译安装过程简介

从源码安装的编译安装过程如下。

第一步，下载源代码。

第二步，编译安装，过程与 Linux 下其他软件的编译安装过程相同，都是"三板斧"：

❏ ./configure。

❏ make。

❏ make install。

第三步，编译安装完成后执行如下步骤：

❏ 使用 initdb 命令初始化数据库簇。

❏ 启动数据库实例。

❏ 创建一个应用使用的数据库。

> 说明 数据库簇是数据库实例管理的系统文件及各个数据库文件的集合。

2.2.2 下载源代码

打开 PostgreSQL 官方网站的源代码下载页面"https://www.postgresql.org/download/"，如图 2-12 所示。在下载页面中单击左侧的"Source"，进入源代码下载页面，如图 2-13 所示。

在源代码版本选择页面中选择合适的版本，比如"v12.2"，如图 2-14 所示。

在图 2-14 所示的页面中选择合适的压缩包进行下载，一般选择 bz2 压缩包，因为这种格式的压缩包体积较小。

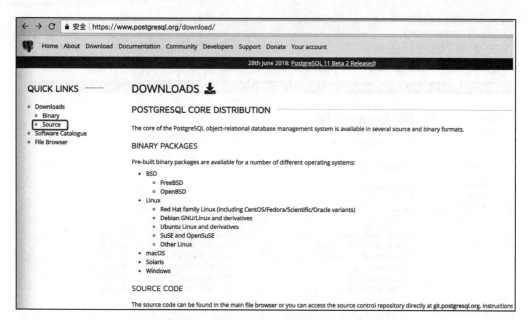

图 2-12　PostgreSQL 官方网站中的源代码下载界面

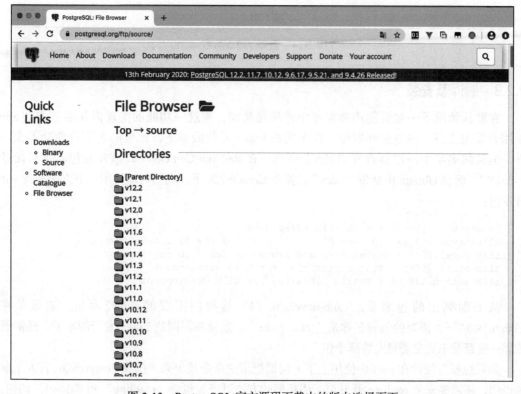

图 2-13　PostgreSQL 官方源码下载中的版本选择页面

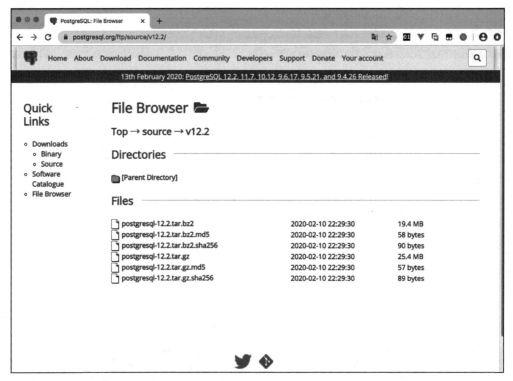

图 2-14　选择 v12.2 版本

2.2.3　编译及安装

在默认情况下一般要使用数据库中的压缩功能，而这一功能的实现需要第三方的 zlib 压缩开发包支持，注意是开发包。在不同的 Linux 发行版本下，此包的名字可能会不太一样，但包的名字中一般都含有 "zlib" 字样，在 Red Hat/CentOS 中，该开发包名字后面带 "-devel"，而在 Ubuntu 中是带 "-dev"。如在 CentOS7.X 下，我们可以使用如下方法查找 zlib 开发包：

```
[root@pg01 ~]# yum search zlib |grep devel
zlib-devel.x86_64 : Header files and libraries for Zlib development
zlib-devel.i686 : Header files and libraries for Zlib development
zlib-static.i686 : Static libraries for Zlib development
zlib-static.x86_64 : Static libraries for Zlib development
```

从上面列出的包来看，"zlib-devel.x86_64" 是我们需要的 zlib 开发包。如果是在 Ubuntu18.04 下，需要的包的名称是 "zlib1g-dev"。通常在不同的 Linux 发行版本下，还需要依靠一些经验来确定需要安装哪个包。

如果想要方便地在 psql 中使用上下方向键把历史命令找出来，按照 PostgreSQL 官方手册的说明，还需要安装 readline 开发包，用相似的方法可查找包含 "readline" 和 "devel" 的包：

```
[root@pg01 ~]# yum search readline |grep devel
readline-devel.x86_64 : Files needed to develop programs which use the readline
readline-devel.i686 : Files needed to develop programs which use the readline
```

从上面列出的包来看，"readline-devel.x86_64"就是我们需要的 readline 开发包。

将前面下载的压缩包解压，如果该压缩包名称为"postgresql-12.2.tar.bz2"，则解压命令如下：

```
tar xvf postgresql-12.2.tar.bz2
```

编译安装的"第一板斧"是运行"configure"，对于 PostgreSQL9.X 及之后的版本，一般编译安装的命令如下：

```
./configure --prefix=/usr/local/pgsql12.2 --with-perl --with-python
```

但是对于 PostgreSQL8.X 的老版本，需要在 configure 的命令上加"--enable-thread-safety"，如下：

```
./configure --prefix=/usr/local/pgsql8.4.17 --enable-thread-safety
  --with-perl --with-python
```

加这个选项的原因在于，在日常使用中，一般要求客户端是线程安全的，PostgreSQL9.X版本之后考虑到这个问题，默认改成线程安全的了。而 PostgreSQL8.X 没有做成这样，所以要加上这个选项。

另外，再来看如下两个选项。

❑ --with-perl：加上该选项才能使用 Perl 语法的 PL/Perl 过程语言来编写自定义函数。使用该项要先安装 perl 开发包，该包在 Ubuntu 或 Debian 下名为"libperl-dev"，可使用"apt-get install libperl-dev"命令来安装。

❑ --with-python：加上该选项才能使用 Python 语法的 PL/Python 过程语言来编写自定义函数。使用该选项要先安装 python-dev 开发包，该包在 Ubuntu 或 Debian 下名为"python-dev"，可使用"apt-get install python-dev"来安装。

编译安装的"第二板斧"是 make 命令，该命令比较简单，直接运行即可：

```
make
```

按官方文档要求，使用 make 命令时，其版本要在 gmake v3.8 以上，目前绝大多数 Linux 发行版本都满足要求，所以一般在 Linux 环境下不需要检测 make 版本，但如果是在其他非 Linux 的 UNIX 平台上，建议先检测 make 的版本，检测命令如下：

```
osdba@osdba-laptop:~$ make --version
GNU Make 3.81
Copyright (C) 2006  Free Software Foundation, Inc.
```

注意　在其他 UNIX 平台上，可能存在非 GNU 的 make，此时 GNU 的 make 的名称会是"gmake"。

编译安装的"第三板斧"是运行 make install 命令，如果是在一般用户下进行编译，可能对"/usr/local"目录没有写的权限，所以运行 make install 命令时需要使用 root 权限，在 Debian 或 Ubuntu 下可以使用 sudo 命令：

```
sudo make install
```

前面我们看到 --prefix 设置的路径为"/usr/local/pgsql12.2"，如果不进行设置，默认的路径将是"/usr/local"，为什么要在此路径上加上 PostgreSQL 的版本号呢？这是为了方便升级。make install 命令运行完成后，还要进入"/usr/local"目录，为"/usr/local/pgsql12.2"建立一个 /usr/local/pgsql 链接：

```
cd /usr/local
sudo ln -sf /usr/local/pgsql12.2 /usr/local/pgsql
```

如果我们要升级到 PostgreSQL12.3，在编译 PostgreSQL12.3 后，只需停掉现有的数据库，然后将链接"/usr/local/pgsql"指向新版本的目录"/usr/local/pgsql12.3"即可完成升级。这样是不是很方便呢？

2.2.4 PostgreSQL 的配置

PostgreSQL 安装完成后，需要设置可执行文件的路径：

```
export PATH=/usr/local/pgsql/bin:$PATH
```

然后设置共享库的路径：

```
export LD_LIBRARY_PATH=/usr/local/pgsql/lib
```

如果想让以上配置对所有的用户生效，可以把以上内容添加到 /etc/profile 文件中，/etc/profile 中的内容类似如下内容：

```
...
...
...
if [ -d /etc/profile.d ]; then
  for i in /etc/profile.d/*.sh; do
    if [ -r $i ]; then
      . $i
    fi
  done
  unset i
fi


export PATH=/usr/local/pgsql/bin:$PATH
export LD_LIBRARY_PATH=/usr/local/pgsql/lib:$LD_LIBRARY_PATH
```

如果想让以上配置对当前用户生效，在 Linux 下可以把以上内容添加到 .bashrc 文件中，在其他 UNIX 下可以加到 .profile 文件中。

> 提示　在 Linux 下为何不添加到 .profile 文件或 .bash_profile 文件中？这是因为，在图形界面
> 下打开一个终端，有时 .profile 或 .bash_profile 不会生效，而 .bashrc 会生效。

2.2.5　创建数据库实例

首先设定数据库的数据目录的环境变量：

```
export PGDATA=/home/osdba/pgdata
```

然后执行下面的命令创建数据库簇：

```
initdb
```

至此，数据库实例的创建就完成了。

2.2.6　安装 contrib 目录下的工具

contrib 下有一些工具比较实用，一般用户都会安装这些工具，其安装的方法也与 Linux
下的编译过程相同，安装命令如下：

```
cd postgresql-12.2/contrib
make
sudo make install
```

2.2.7　启动和停止数据库

启动数据库的命令如下：

```
pg_ctl start -D $PGDATA
```

其中，环境变量 "SPGDATA" 指向具体的 PostgreSQL 数据库的数据目录，示例如下：

```
osdba@osdba-laptop:~$ pg_ctl start -D /home/osdba/pgdata
server starting
```

停止数据库的命令如下：

```
pg_ctl stop -D $PGDATA [-m SHUTDOWN-MODE]
```

其中 -m 用于指定数据库的停止方法，有以下 3 种模式：

❑ smart：等所有连接中止后，关闭数据库。如果客户端连接不终止，则无法关闭数
据库。

❑ fast：快速关闭数据库，断开客户端的连接，让已有的事务回滚，然后正常关闭数据
库。相当于 Oracle 数据库关闭时的 immediate 模式。

❑ immediate：立即关闭数据库，相当于数据库进程立即停止，直接退出，下次启动数据
库需要进行恢复。相当于 Oracle 数据库关闭时的 abort 模式。

> 注意 PostgreSQL 数据库中的 immediate 关机模式相当于 Oracle 数据库中的 abort 关机模式，而 Oracle 中的 immediate 关机模式实际上对应的是 PostgreSQL 中的 fast 模式，对于从 Oracle 数据库中转过来的 DBA 尤其需要注意这一点。

较常用的关闭数据库的方法是 fast 模式，因为如果采用 smart 模式，有用户连接到数据库时，系统会一直等待，而无法关闭数据库。PostgreSQL9.5 之前的版本默认是 smart 模式，通常要使用命令"pg_ctl stop -m fast"来关闭数据库，在 PostgreSQL9.5 以上的版本中可以直接用"pg_ctl stop"命令来关闭数据库。

2.2.8　编译安装过程中的常见问题及解决方法

问题一： 运行" ./configure"时报" error: zlib library not found"错误是怎么回事？示例如下：

```
osdba@ubuntu01:~/src/postgresql-12.2$ ./configure --prefix=/usr/local/pgsql12.2
  --with-perl --with-python
checking build system type... x86_64-unknown-linux-gnu
....
....
checking for inflate in -lz... no
configure: error: zlib library not found
If you have zlib already installed, see config.log for details on the
failure.  It is possible the compiler isn't looking in the proper directory.
Use --without-zlib to disable zlib support.
```

答：这是没有安装 zlib 开发包的缘故，请安装 zlib 开发包。

问题二： 我已安装了 libreadline6 安装包，但运行" ./configure"时仍报" error: readline library not found"错误是怎么回事？示例如下：

```
osdba@ubuntu01:~/src/postgresql-12.2$ ./configure --prefix=/usr/local/pgsql12.2
  --with-perl --with-python
checking build system type... x86_64-unknown-linux-gnu
...
...
checking for library containing readline... no
configure: error: readline library not found
If you have readline already installed, see config.log for details on the
failure.  It is possible the compiler isn't looking in the proper directory.
Use --without-readline to disable readline support.
```

答：包安装错误，需要安装开发包，即安装 libreadline6-dev 开发包，而不是 libreadline6 安装包。

问题三： 在运行" ./configure"时报以下警告，是否会导致编译出来的 PostgreSQL 功能缺失？示例如下：

```
checking for bison... no
configure: WARNING:
```

```
*** Without Bison you will not be able to build PostgreSQL from Git nor
*** change any of the parser definition files.  You can obtain Bison from
*** a GNU mirror site. (If you are using the official distribution of
*** PostgreSQL then you do not need to worry about this, because the Bison
*** output is pre-generated.)
checking for flex... no
configure: WARNING:
*** Without Flex you will not be able to build PostgreSQL from Git nor
*** change any of the scanner definition files.  You can obtain Flex from
*** a GNU mirror site. (If you are using the official distribution of
*** PostgreSQL then you do not need to worry about this because the Flex
*** output is pre-generated.)
```

答：不会影响编译出来的 PostgreSQL 的功能。该警告的意思是说没有 Bison 和 Flex 工具，因此无法使用 Git 方式编译。这里未使用 Git，所以没有影响。Bison 是自动生成语法分析器的程序，Flex 则是自动生成词法分析器的程序，在 PostgreSQL 中主要用于 SQL 的词法解析和语法解析。因为源码包中已经生成了词法解析和语法解析的 C 源代码，所以没有 Bison 和 Flex 也可以正常编译。当然也可以安装 Bison 和 Flex 这两个工具，命令如下：

```
sudo aptitude install bison flex
```

问题四：在运行 make 时报"cannot find -lperl"错误，示例如下：

```
gcc -O2 -Wall -Wmissing-prototypes -Wpointer-arith -Wdeclaration-after-
   statement -Wendif-labels -Wmissing-format-attribute -Wformat-security -fno-
   strict-aliasing -fwrapv -fexcess-precision=standard -fpic -shared -o plperl.
   so plperl.o SPI.o Util.o -L../../../src/port -Wl,--as-needed -Wl,-rpath,'/usr/
   lib/perl/5.14/CORE',--enable-new-dtags  -fstack-protector -L/usr/local/lib
   -L/usr/lib/perl/5.14/CORE -lperl -ldl -lm -lpthread -lc -lcrypt
/usr/bin/ld: cannot find -lperl
collect2: error: ld returned 1 exit status
make[3]: *** [plperl.so] Error 1
make[3]: Leaving directory `/home/osdba/src/postgresql-9.2.3/src/pl/plperl'
make[2]: *** [all-plperl-recurse] Error 2
make[2]: Leaving directory `/home/osdba/src/postgresql-9.2.3/src/pl'
make[1]: *** [all-pl-recurse] Error 2
make[1]: Leaving directory `/home/osdba/src/postgresql-9.2.3/src'
make: *** [all-src-recurse] Error 2
```

答：这是因为在运行"./configure"时加了 --with-perl 但未安装 perl 开发包。注意，未安装 perl 开发包在运行"./configure"时并不报错，而 make 的时候会报错。在 Debian 或 Ubuntu 下，只需安装 libperl-dev 包即可：

```
sudo aptitude install libperl-dev
```

2.3　PostgreSQL 的简单配置

本节简单介绍 PostgreSQL 的配置方法，更具体的配置会在后面的章节中介绍。PostgreSQL 数据库的配置主要是通过修改数据目录下的 postgresql.conf 和 pg_hba.conf 文件来实现的。

2.3.1 pg_hba.conf 的配置

默认创建的数据库无法接受远程连接，因为默认情况下 pg_hba.conf 中没有相应的配置项。我们可以在 pg_hba.conf 文件中加入以下命令行：

```
host       all             all             0/0                    md5
```

该命令允许任何用户远程连接本数据库，连接时需要提供密码。

pg_hba.conf 文件是一个黑白名单的访问控制文件，可以控制允许哪些 IP 地址的机器访问数据库。

2.3.2 修改监听的 IP 和端口

在数据目录下编辑 postgresql.conf 文件，找到如下内容：

```
#listen_addresses = 'localhost'        # what IP address(es) to listen on;
#port = 5432                           # (change requires restart)
```

其中，参数"listen_addresses"表示监听的 IP 地址，默认是在"localhost"处监听，也就是在 IP 地址"127.0.0.1"上监听，这会造成远程主机无法登录该数据库，如果想从其他机器上登录该数据库，需要把监听地址改成实际网络的地址，一种简单的方法是把地址改成"*"，表示在本地的所有地址上监听，命令如下：

```
listen_addresses = '*'                 # what IP address(es) to listen on;
#port = 5432                           # (change requires restart)
```

参数"port"表示监听的数据库端口，默认为"5432"，可以使用默认设置。如果一台机器上安装了多个数据库实例（如安装了多个不同版本的 PostgreSQL），可以设置为不同的端口。

对于这两个参数的修改，需要重启数据库才能生效。

2.3.3 数据库日志相关参数

下面来看看与日志相关的几个参数：

日志的收集一般是需要打开的，所以需要进行如下设置：

```
logging_collector = on
```

注意，在新版本的数据库中，以上参数默认已打开，如 PostgreSQL10 版本。

日志的目录一般使用默认值即可：

```
log_directory = 'pg_log'
```

在 PostgreSQL10 版本中，程序日志目录是在 log 目录下，即上述配置如下：

```
log_directory = 'log'                          # directory where log files are written,
```

日志切换和是否覆盖一般可以使用如下几种不同的方案。

方案一：每天生成一个新的日志文件。

配置方法如下：

```
log_filename = 'postgresql-%Y-%m-%d_%H%M%S.log'
log_truncate_on_rotation = off
log_rotation_age = 1d
log_rotation_size = 0
```

方案二：每当日志写满一定的大小（如 10MB），则切换一个日志。

配置方法如下：

```
log_filename = 'postgresql-%Y-%m-%d_%H%M%S.log'
log_truncate_on_rotation = off
log_rotation_age = 0
log_rotation_size = 10M
```

方案三：只保留最近 7 天的日志，进行循环覆盖。

配置方法如下：

```
log_filename = 'postgresql-%a.log'
log_truncate_on_rotation = on
log_rotation_age = 1d
log_rotation_size = 0
```

 注意　PostgreSQL10 以上版本默认的日志方案是方案三，不需要再进行修改。

2.3.4　内存参数的设置

PostgreSQL 安装完毕后，可以修改以下主要内存参数。

❑ shared_buffers：共享内存的大小，主要用于共享数据块。

❑ work_mem：单个 SQL 执行时，以及排序、Hash Join 时使用的内存，SQL 运行完毕后，该内存就会被释放。

shared_buffers 的默认值为 32MB，如果你的机器上有足够的内存，可以把这个参数设置得大一些，如可以设置为物理内存大小的四分之一，这样数据库就可以缓存更多数据块，当读取数据时，就可以从共享内存中进行读取，而不需要再从文件上去读。而 work_mem 设置大一些，会使排序操作效率更高。

2.4　PostgreSQL 的安装技巧

本节将讲解一些安装中的技巧，比如，如何把数据库的数据目录安装到非 var/lib/pgsql 目录下，如何改变数据库的数据块大小等。

2.4.1　不想把数据库实例创建到"/var/lib/pgsql"目录下

使用 yum 安装的 PostgreSQL 数据库实例的数据目录是在"/var/lib/pgsql"目录下，创建的操作系统用户"postgres"默认的 HOME 目录也不在"/home"目录下，上述配置对于生产中使用的数据库来说不是很合适。如果想自己定制这些内容，我们可以手动创建数据库实例，而不使用"/usr/pgsql-12/bin/postgresql-12-setup initdb"方法来创建数据库实例。

首先把自动创建的 postgres 用户删除，命令如下：

```
userdel -r postgres
```

然后把用户 postgres 的 HOME 目录建在"/home"目录下：

```
groupadd -g 701 postgres
useradd -g 701 -u 701 -s /bin/bash -m postgres
```

接着配置 postgres 用户的 .bashrc 内容，命令如下：

```
export PATH=/usr/pgsql-12/bin:$PATH
export LD_LIBRARY_PATH=/usr/pgsql-12/lib:$LD_LIBRARY_PATH
export PGDATA=/home/postgres/pgdata
export PGHOST=/tmp
```

上面 $PGDATA 环境变量指定的数据库是"/home/postgres/pgdata"，用户可以将其修改成实际的目录。

然后重新登录 postgres 用户，执行 initdb 命令以初始化数据库：

```
[root@pg01 ~]# su - postgres
Last login: Tue Feb 11 14:47:52 CST 2020 on pts/0
[postgres@pg01 ~]$ initdb
The files belonging to this database system will be owned by user "postgres".
This user must also own the server process.
...
...
...
  pg_ctl -D /home/postgres/pgdata -l logfile start
```

我们在 /home/postgres/pgdata/postgresql.conf 文件的最后增加以下命令行：

```
unix_socket_directories = '/tmp'
```

这是因为我们新建的操作系统用户 postgres 对"/var/run/postgresql"目录没有写权限，而官方发布的二进制版本的 PostgreSQL 软件的 unix_socket_directories 默认在目录"/var/run/postgresql"下。前面我们配置环境变量"export PGHOST=/tmp"也是出于这个原因。如果不进行修改，我们将无法启动数据库。

然后我们使用 pg_ctl 命令启动数据库：

```
[postgres@pg01 ~]$ pg_ctl start
waiting for server to start....2019-12-11 15:00:28.164 CST [1739] LOG:  starting
  PostgreSQL 12.1 on x86_64-pc-linux-gnu, compiled by gcc (GCC) 4.8.5 20150623
  (Red Hat 4.8.5-39), 64-bit
2019-12-11 15:00:28.166 CST [1739] LOG:  listening on IPv6 address "::1", port
  5432
2019-12-11 15:00:28.166 CST [1739] LOG:  listening on IPv4 address "127.0.0.1",
  port 5432
```

```
2019-12-11 15:00:28.173 CST [1739] LOG:  listening on Unix socket
  "/tmp/.s.PGSQL.5432"
2019-12-11 15:00:28.194 CST [1739] LOG:  redirecting log output to logging
  collector process
2019-12-11 15:00:28.194 CST [1739] HINT:  Future log output will appear in
  directory "log".
  done
server started
```

pg_ctl 是一个管理 PostgreSQL 数据库的服务工具，可以用该工具启停数据库，如可用如下命令停止数据库：

```
pg_ctl stop
```

2.4.2　如何使用较大的数据块提高 I/O 性能

在数据仓库中使用 PostgreSQL 时，如果希望使用较大的数据块以提高 I/O 性能怎么办？对于这类问题，只能使用从源码安装的方法，在执行 "./configure" 命令时指定较大的数据块，一般也需要指定较大的 WAL 日志块和 WAL 日志文件大小，如指定 32KB 的数据块、32KB 的 WAL 日志块、64MB 的 WAL 日志文件的 configure 命令如下：

```
./configure --prefix=/usr/local/pgsql9.2.4 --with-perl --with-python
  --with-blocksize=32 --with-wal-blocksize=32 --with-wal-segsize=64
```

 注意 对于此时编译出来的 PostgreSQL 程序创建的 PostgreSQL 数据库，不能使用其他块大小的 PostgreSQL 程序启动。

2.4.3　打开数据块的 checksum 功能

对于一些数据可靠性要求很高的场景，如一些金融领域，建议打开数据块的 checksum 校验功能。而在 PostgreSQL12 版本之前，需要在用 initdb 命令创建数据库时就把这个功能加上：

```
initdb -k
```

initdb 命令中增加了 "-k" 参数，所创建的数据库的数据块就有了 checksum 功能。在 PostgreSQL12 版本之后提供了工具 pg_checksums，可以把一个没有 checksum 功能的数据库转换为具有该功能的数据库。运行这个工具需要先把数据库停掉，否则会报如下错误：

```
pg_checksums: error: cluster must be shut down
```

用 "pg_checksums -c" 检查当前数据库是否打开了 checksum 功能：

```
[postgres@pg01 ~]$ pg_checksums -c
pg_checksums: error: data checksums are not enabled in cluster
```

上面的提示是指没有打开 checksum 功能，则用下面的命令把数据库转换成具有 checksum 功能的数据库：

```
[postgres@pg01 ~]$  pg_checksums -e -P
1223/1223 MB (100%) computed
Checksum operation completed
Files scanned:  1325
Blocks scanned: 156566
pg_checksums: syncing data directory
pg_checksums: updating control file
Checksums enabled in cluster
```

在上面的命令中，"-P"参数是为了显示进度。

> **注意** 如果数据库比较大，使用 pg_checksums 把数据库转换成具有 checksum 功能的数据库需要比较长的时间，所以做这个操作要求有比较长的数据库停机时间。

2.5 小结

本章讲解了 PostgreSQL 在不同平台上的二进制安装方法和从源代码安装的方法。从前面的叙述中可以看出，多数的 Linux 发行版本都自带 PostgreSQL 的二进制安装包，可以直接使用 Linux 发行版本中的包管理器进行安装，不过自带的 PostgreSQL 版本比较低，如果想安装较新版本的 PostgreSQL，可以从源代码进行编译安装。源代码编译安装也比较简单，但需要注意要先把一些依赖的开发包安装上。

SQL 入门

SQL 是结构化查询语言（Structured Query Language）的简称，它是关系型数据库的最重要的操作语言，并且它的影响已经超出了数据库领域，比如，在 Hadoop 中的 Hive 就是一个 SQL 接口。

本章将介绍一些通用的、最基础的 SQL 语法知识，以便让没有数据库基础的读者也能掌握最基础的数据库知识。这些使用语法不仅适用于 PostgreSQL 数据库，也适用于其他关系型数据库，如 MySQL、Oracle。本章是为没有 SQL 基础的读者准备的，其他读者可以略过此章。

3.1 SQL 语句语法简介

本节介绍 SQL 语句的分类和语法结构。

3.1.1 语句的分类

SQL 命令一般分为 DQL、DML、DDL 三类。

- ❑ DQL：数据查询语句，基本就是 SELECT 查询命令，用于数据查询。
- ❑ DML：Data Manipulation Language，即数据操纵语言，主要用于插入、更新、删除数据，所以也分为 INSERT、UPDATE、DELETE 三种语句。
- ❑ DDL：Data Definition Language，即数据定义语言，简单来说，是用于创建、删除、修改表、索引等数据库对象的语言。

3.1.2 词法结构

每次执行的 SQL 可以由多条 SQL 命令组成。多条 SQL 命令之间由分号（;）分隔。

SQL 命令由一系列记号组成，这些记号可以由关键字、标识符、双引号包围的标识符、常量和单引号包围的文本常量、特殊的字符等组成。SQL 命令中可以有注释，这些注释在 PostgreSQL 中等同于空白。

举例来说，下面的命令从 SQL 语法上来说是合法的：

```
SELECT * FROM OSDBA_TABLE01;
UPDATE OSDBA_TABLE SET COL1 = 614;
INSERT INTO OSDBA_TABLE VALUES (232, 'hello osdba');
```

该 SQL 由 3 条命令组成。在 SQL 中，多行命令也可以写在一行中，当然也可以写在多行中，单条命令也可以占用多行。

SQL 命令并未像计算机语言一样严格地明确标识哪些是命令、哪些是操作数或参数。SQL 语法可以帮助用户比较直观地理解其意思。比如，查询一个表的数据的命令就是由"SELECT + 要查询的各列 + FROM 表"这样的语法组成的。后面会详细叙述 SQL 的用法。

3.2 DDL 语句

DDL 语句是创建、修改和删除表的语句，想要掌握 SQL，必须对它有一定的了解。

3.2.1 建表语句

表是关系型数据库中最基本的对象，数据库中的表与实际生活中的二维表格很相似，表中有很多列也有很多行，每一列有一个名称，不同的列有不同的数据类型，比如，列可能是数字、文本字符串，也可能是日期类型。建表语句的简单语法如下：

```
CREATE TABLE table_name (
col01_name data_type,
col02_name data_type,
col03_name data_type,
col04_name data_type
);
```

其中"CREATE""TABLE"为关键字，是不变的，从字面上意思也很好理解，表示创建表，"table_name"表示表名，"col01_name""col02_name""col03_name""col04_name"分别表示列名。"data_type"表示数据类型，不同的数据库系统有不同的数据类型名称，即使是同一种整数类型，在不同的数据库系统中类型名称也有所不同。变长的字符串在大多数数据库中都可以使用 varchar 类型，比如 PostgreSQL、MySQL 和 Oracle 数据库等。整型数据在 PostgreSQL 和 MySQL 中都可以使用 int 类型。日期类型的类型名称一般为"date"。例如，要创建一张分数表"score"，包括"学生名称（student_name）""语文成绩（chinese_score）""数学成绩（math_score）""考试日期（test_date）"4 列，创建该表的 SQL 语句如下：

```
CREATE TABLE score (
student_name varchar(40),
```

```
chinese_score int,
math_score int,
test_date date
);
```

如果已按前面介绍的安装步骤安装了数据库，现在就可以使用 psql 工具连接到 PostgreSQL 数据库了，执行上面的建表语句，命令如下：

```
osdba=# CREATE TABLE score (
osdba(# student_name varchar(40),
osdba(# chinese_score int,
osdba(# math_score int,
osdba(# test_date date
osdba(# );
CREATE TABLE
osdba=#
```

在 psql 中，可使用 "\d" 显示数据库中有哪些表，示例如下：

```
osdba=# \d
      List of relations
Schema | Name  | Type  | Owner
-------+-------+-------+-------
public | score | table | osdba
(1 row)
```

上述结果就是我们所建的表。

使用 "\d score" 可以显示这张表的定义情况：

```
osdba=# \d score
          Table "public.score"
    Column     |          Type          | Modifiers
---------------+------------------------+-----------
student_name  | character varying(40) |
chinese_score | integer               |
math_score    | integer               |
test_date     | date                  |
```

> **注意** 显示列的类型 "character varying(40)" 实际上等同于 "varchar(40)"，"int" 的意思也与 "integer" 是一样的。

建表时可以指定表的主键，主键是表中行的唯一标识，这个唯一标识是不能重复的。在创建表的语句中，可以在列定义后面用 "primary key" 主键来指定该列为主键，如下面的学生表所示：

```
CREATE TABLE student(no int primary key, student_name varchar(40), age int);
```

在该表中，"学号（no）"为主键，则在列定义后面加上 "primary key"。在 psql 中演示如下：

```
osdba=# CREATE TABLE student(no int primary key, student_name varchar(40), age
```

```
      int);
NOTICE:  CREATE TABLE / PRIMARY KEY will create implicit index "student_pkey"
   for table "student"
CREATE TABLE
```

细心的读者会注意到"NOTICE: CREATE TABLE / PRIMARY KEY will create implicit index "student_pkey" for table "student""，这句提醒表示系统自动为主键创建了一个隐含的索引"student_pkey"。

3.2.2　删除表语句

删除表的语法比较简单，语法格式如下：

```
DROP TABLE table_name;
```

其中"table_name"表示要删除的表的表名。假设要删除前面建的表"student"，则可以使用下面的 SQL 语句：

```
DROP TABLE student;
```

3.3　DML 语句

DML 语句用于插入、更新和删除数据，主要包含 INSERT 语句、UPDATE 语句、DELETE 语句。

3.3.1　插入语句

使用下面的语句可以向前面建的学生表（student）中插入数据：

```
INSERT INTO student VALUES(1, '张三', 14);
```

由此可以看出，INSERT 语句的语法为：以"INSERT INTO"关键字为首，后面跟表名，然后再跟"VALUES"关键字，最后是由小括号括起来的以逗号分隔的各列数据，数据的顺序与定义表时表列的顺序相同。当然，也可以在表名后指定要插入的数据列的顺序，SQL 语句如下：

```
INSERT INTO student(no, age, student_name)  VALUES(2, 13, '李四');
```

在插入数据时，也可以不为某些列插入数据，此时这些列的数据会被置空，SQL 语句如下：

```
INSERT INTO student(no, student_name)  VALUES(3, '王二');
```

如果在 psql 中执行了下面的语句，就可以使用 SELECT 语句查询数据了：

```
SELECT * FROM student;
```

SELECT 语句的具体用法会在后面的章节中介绍，现在读者只需要掌握基础用法即可。

我们查询到的数据如下：

```
osdba=# select * from student;
 no | student_name | age
----+--------------+-----
  1 | 张三         |  14
  2 | 李四         |  13
  3 | 王二         |
(3 rows)
```

从上面的查询结果可以看出，在插入数据时，未提供的列数据会被置为 NULL。

3.3.2 更新语句

假设要把 student 表中所有学生的年龄（age）更新为"15"，则更新语句如下：

```
UPDATE student SET age = 15;
```

从上面的语句可以看出，更新语句以"UPDATE"关键字开始，后面跟表名，然后是"SET"关键字，表示要设置的数据，再后面就是要设置的数据表达式"age = 15"，设置数据的表达式也很简单，格式是"列名 = 数据"。

实际执行的效果如下：

```
osdba=# UPDATE student SET age = 15;
UPDATE 3
osdba=# select * from student;
 no | student_name | age
----+--------------+-----
  1 | 张三         |  15
  2 | 李四         |  15
  3 | 王二         |  15
(3 rows)
```

在更新数据时，还可以指定过滤表达式"WHERE"，从而指定更新哪条或哪些数据，比如，要将学号（no）为"3"的学生的年龄更新为 14 岁，则使用如下语句：

```
UPDATE student SET age =14 WHERE no = 3;
```

在 SET 子句中，还可以同时更新多个列的值，如下所示：

```
UPDATE student SET age =13, student_name='王明充' WHERE no = 3;
```

3.3.3 删除语句

删除学号（no）为"3"的学生的记录的语句如下：

```
DELETE FROM student WHERE no = 3;
```

由此可见，删除语句比较简单，以"DELETE FROM"开始，后面跟表名，然后再加一个"WHERE"子句用于指定要删除的记录。

当然也可以没有"WHERE"子句，这表明要删除整个表的数据。删除表 student 表中所有数据的语句如下：

```
DELETE FROM student;
```

3.4 查询语句

本节介绍常用的查询语句的使用方法。

3.4.1 单表查询语句

查询 student 表中所有数据的语句如下：

```
select no, student_name, age from student;
```

由此可见，"SELECT" 是关键字，表示查询，后面跟多个列名，各列之间使用逗号分隔；其后的 "FROM" 是关键字，后面跟表名。列可以是表的列名，也可以是一个表达式：

```
select age+5 from student;
```

表达式中可以包括表的列，也可以与表列无关：

```
select no, 3+5 from student;
```

当表达式与表列无关时，在 PostgreSQL 和 MySQL 中可以不使用 "FROM 表名"，这样一来就可以作为计算器使用了：

```
osdba=# select 55+88;
 ?column?
----------
      143
(1 row)

osdba=# select 10*2,3*5+2;
 ?column? | ?column?
----------+----------
       20 |       17
(1 row)
```

如果想查询表中所有列的数据，则可以使用 "*" 代表所有列，如下所示：

```
select * from student;
```

3.4.2 过滤条件的查询

SELECT 语句后面可以指定 WHERE 子句，用于指定要查询哪条或哪些记录，比如，要查询学号为 3 的学生记录，其 SQL 语句如下：

```
osdba=# SELECT * FROM student where no=3;
 no | student_name | age
----+--------------+-----
  3 | 王明充        |  13
```

```
(1 row)
```

WHERE 子句中也可以使用大于、小于表达式，比如，想查询年龄大于或等于 15 岁的学生记录，查询语句如下：

```
osdba=# SELECT * FROM student where age >= 15;
 no | student_name | age
----+--------------+-----
  1 | 张三         |  15
  2 | 李四         |  15
(2 rows)
```

3.4.3　排序

使用排序子句可以对查询结果进行排序，排序子句是在 SELECT 语句后面加上 "ORDER BY" 子句，比如，想将查询结果按年龄排序，则查询语句如下：

```
osdba=# SELECT * FROM student ORDER BY age;
 no | student_name | age
----+--------------+-----
  3 | 王明充       |  13
  1 | 张三         |  15
  2 | 李四         |  15
(3 rows)
```

排序子句 "ORDER BY" 应该在 WHERE 子句之后，如果顺序错了，执行时会报错：

```
osdba=# SELECT * FROM student ORDER BY age WHERE age >= 15;
ERROR:  syntax error at or near "WHERE"
LINE 1: SELECT * FROM student ORDER BY age WHERE age >= 15;
```

把 "ORDER BY" 子句放到 "WHERE" 子句后面就不会报错了：

```
osdba=# SELECT * FROM student WHERE age >= 15 ORDER BY age;
 no | student_name | age
----+--------------+-----
  1 | 张三         |  15
  2 | 李四         |  15
(2 rows)
```

还可以按多个列对查询结果进行排序，比如，根据 "age" 和 "student_name" 两个列来排序：

```
osdba=# SELECT * FROM student ORDER BY age,student_name;
 no | student_name | age
----+--------------+-----
  3 | 王明充       |  13
  2 | 李四         |  15
  1 | 张三         |  15
(3 rows)
```

也可以在排序子句的列名后加 "DESC" 进行倒序排序：

```
osdba=# SELECT * FROM student ORDER BY age DESC;
```

```
 no | student_name | age
----+--------------+-----
  1 | 张三         |  15
  2 | 李四         |  15
  3 | 王明充       |  13
(3 rows)

osdba=# SELECT * FROM student ORDER BY age DESC,student_name;
 no | student_name | age
----+--------------+-----
  2 | 李四         |  15
  1 | 张三         |  15
  3 | 王明充       |  13
(3 rows)
```

3.4.4 分组查询

如果需要统计不同年龄的学生人数，可以使用分组查询，分组查询子句的关键字为
"GROUP BY"，用法如下：

```
osdba=# SELECT age, count(*) FROM student GROUP BY age;
 age | count
-----+-------
  15 |     2
  13 |     1
(2 rows)
```

从上面的查询语句中可以看出，使用"GROUP BY"语句时需要使用聚合函数，常用的
聚合函数有"count""sum"等。

3.4.5 多表关联查询

多表关联查询也称表 join。假设有一张班级表"class"，建表语句如下：

```
CREATE TABLE class(no int primary key, class_name varchar(40));
```

表中的"no"表示班级编号，"class_name"表示班级名称。

现插入一些测试数据：

```
osdba=# INSERT INTO class VALUES(1,'初二(1)班');
INSERT 0 1
osdba=# INSERT INTO class VALUES(2,'初二(2)班');
INSERT 0 1
osdba=# INSERT INTO class VALUES(3,'初二(3)班');
INSERT 0 1
osdba=# INSERT INTO class VALUES(4,'初二(4)班');
INSERT 0 1
osdba=# SELECT * FROM class;
 no | class_name
----+------------
  1 | 初二(1)班
  2 | 初二(2)班
```

```
  3 | 初二(3)班
  4 | 初二(4)班
(4 rows)
```

还有一张学生表"student",建表语句如下:

```
CREATE TABLE student(no int primary key, student_name varchar(40), age int,
  class_no int);
```

同样插入一些测试数据:

```
osdba=# INSERT INTO student VALUES(1, '张三', 14, 1);
INSERT 0 1
osdba=# INSERT INTO student VALUES(2, '吴二', 15, 1);
INSERT 0 1
osdba=# INSERT INTO student VALUES(3, '李四', 13, 2);
INSERT 0 1
osdba=# INSERT INTO student VALUES(4, '吴三', 15, 2);
INSERT 0 1
osdba=# INSERT INTO student VALUES(5, '王二', 15, 3);
INSERT 0 1
osdba=# INSERT INTO student VALUES(6, '李三', 14, 3);
INSERT 0 1
osdba=# INSERT INTO student VALUES(7, '吴二', 15, 4);
INSERT 0 1
osdba=# INSERT INTO student VALUES(8, '张四', 14, 4);
INSERT 0 1
osdba=# SELECT * FROM student;
 no | student_name | age | class_no
----+--------------+-----+----------
  1 | 张三         |  14 |        1
  2 | 吴二         |  15 |        1
  3 | 李四         |  13 |        2
  4 | 吴三         |  15 |        2
  5 | 王二         |  15 |        3
  6 | 李三         |  14 |        3
  7 | 吴二         |  15 |        4
  8 | 张四         |  14 |        4
```

假设想查询每个学生的名字与班级名称的关系,那么就需要关联查询两张表:

```
SELECT student_name, class_name FROM student, class
  WHERE student.class_no = class.no;
```

查询结果如下:

```
osdba=# SELECT student_name, class_name FROM student, class
 WHERE student.class_no = class.no;
 student_name | class_name
--------------+------------
 张三         | 初二(1)班
 吴二         | 初二(1)班
 李四         | 初二(2)班
 吴三         | 初二(2)班
 王二         | 初二(3)班
```

```
李三          | 初二(3)班
吴二          | 初二(4)班
张四          | 初二(4)班
(8 rows)
```

表关联查询就是在 WHERE 子句中加上需要关联的条件（两张表关联）：

```
WHERE student.class_no = class.no;
```

由于两张表中有些列的名称相同，如在表 "student" 中 "no" 表示学生号，而在表 "class" 中表示班级号，所以在关键条件中要明确使用 "表名" 加 "列名" 来唯一定位某一列。如果输入的表名比较长，可以给表起个别名，SQL 语句如下：

```
SELECT student_name, class_name FROM student a, class b
  WHERE a.class_no = b.no;
```

在上面的语句中，表 "student" 的别名为 "a"，表 "class" 的别名为 "b"，此时条件表达式中 "b.no" 就代表表 "class" 中的 "no" 列。

还可以在关联查询的 WHERE 子句中加上其他过滤条件，如下所示：

```
osdba=# SELECT student_name, class_name FROM student a, class b
  WHERE a.class_no = b.no AND a.age > 14;
 student_name | class_name
--------------+------------
 吴二          | 初二(1)班
 吴三          | 初二(2)班
 王二          | 初二(3)班
 吴二          | 初二(4)班
(4 rows)
```

3.4.6 子查询

当一个查询是另一个查询的条件时，称之为子查询。主要有 4 种语法的子查询：

❑ 带有谓词 IN 的子查询：expression [NOT] IN (sqlstatement)。

❑ 带有 EXISTS 谓词的子查询：[NOT] EXISTS (sqlstatement)。

❑ 带有比较运算符的子查询：comparison(>,<,=,!=)(sqlstatement)。

❑ 带有 ANY（SOME）或 ALL 谓词的子查询：comparison [ANY | ALL | SOME] (sqlstatement)。

我们还用前面例子中班级表 "class" 和学生表 "studtent" 中的数据。

下面用带有谓词 IN 的子查询来查询 "初二（1）班" 的学生记录：

```
osdba=# SELECT * FROM student WHERE class_no in (select no FROM class where
  class_name = '初二(1)班');
 no | student_name | age | class_no
----+--------------+-----+----------
  1 | 张三          |  14 |        1
  2 | 吴二          |  15 |        1
(2 rows)
```

上面的查询也可以用带 EXISTS 谓词的子查询来实现：

```
osdba=# SELECT * FROM student s WHERE EXISTS (SELECT 1 FROM class c WHERE s.class_
  no=c.no AND c.class_name = '初二(1)班');
no | student_name | age | class_no
----+--------------+-----+----------
  1 | 张三          | 14 |        1
  2 | 吴二          | 15 |        1
(2 rows)
```

此查询还可以用带有比较符（这里用的是 "=" ）的子查询来实现：

```
osdba=# SELECT * FROM student WHERE class_no = (SELECT no FROM class c WHERE
  class_name = '初二(1)班');
no | student_name | age | class_no
----+--------------+-----+----------
  1 | 张三          | 14 |        1
  2 | 吴二          | 15 |        1
(2 rows)
```

此查询还可以用带有 ANY（SOME）或 ALL 谓词的子查询来实现：

```
osdba=# SELECT * FROM student WHERE class_no = any(SELECT no FROM class c WHERE
  class_name = '初二(1)班');
no | student_name | age | class_no
----+--------------+-----+----------
  1 | 张三          | 14 |        1
  2 | 吴二          | 15 |        1
(2 rows)
```

但如果我们要查询两个班级的学生记录，不能使用带有等于 "=" 比较符的子查询：

```
osdba=# SELECT * FROM student WHERE no = (SELECT no FROM class c WHERE class_
  name in ('初二(1)班', '初二(2)班'));
ERROR:  more than one row returned by a subquery used as an expression
```

上面的查询报错说子查询不能返回多行。这种不能返回多行的子查询也称标量子查询，标量子查询不仅能嵌套在 WHERE 子句中，也可以嵌套在 SELECT 的列表中，如我们要查询每个班级学生的最大年龄，则可以用如下 SQL 语句：

```
osdba=# SELECT no, class_name, (SELECT max(age) as max_age FROM student s WHERE
  s.no= c.no) as max_age FROM class c;
 no | class_name | max_age
----+------------+---------
  1 | 初二(1)班   |      15
  2 | 初二(2)班   |      15
  3 | 初二(3)班   |      15
  4 | 初二(4)班   |      15
(4 rows)
```

查询两个班级的学生记录时用带有 ANY(SOME) 谓词的子查询就没有问题了，示例如下：

```
osdba=# SELECT * FROM student WHERE class_no = any(SELECT no FROM class c WHERE
  class_name in ('初二(1)班', '初二(2)班'));
no | student_name | age | class_no
----+--------------+-----+----------
```

```
 1 | 张三          | 14 |          1
 2 | 吴二          | 15 |          1
 3 | 李四          | 13 |          2
 4 | 吴三          | 15 |          2
(4 rows)
```

3.5 其他 SQL 语句

本节将介绍一些其他的常用 SQL，如 INSERT ... SELECT 语句、UNION 语句、TRUNCATE 语句等。

3.5.1 INSERT ... SELECT 语句

使用 INSERT ... SELECT 语句可以把一张表中的数据插入另一张表中，该语句属于 DML 语句。

假设创建了一张学生表的备份表 "student_bak"，建表语句如下：

```
CREATE TABLE student_bak(no int primary key, student_name varchar(40), age int,
  class_no int);
```

可以使用下面的语句把数据备份到备份表中：

```
INSERT INTO student_bak SELECT * FROM student;
```

演示如下：

```
osdba=# INSERT INTO student_bak SELECT * FROM student;
INSERT 0 8
osdba=# SELECT * FROM student_bak;
 no | student_name | age | class_no
----+--------------+-----+----------
  1 | 张三          | 14 |        1
  2 | 吴二          | 15 |        1
  3 | 李四          | 13 |        2
  4 | 吴三          | 15 |        2
  5 | 王二          | 15 |        3
  6 | 李三          | 14 |        3
  7 | 吴二          | 15 |        4
  8 | 张四          | 14 |        4
(8 rows)
```

3.5.2 UNION 语句

使用 UNION 语句可以把从两张表中查询出来的数据合在一个结果集下，示例如下：

```
SELECT * FROM student WHERE no = 1 UNION SELECT * FROM student_bak where no = 2;
```

上面的语法比较简单，把两个 SQL 语句用 "UNION" 关键字连接起来就可以了。

查询结果如下：

```
osdba=# SELECT * FROM student WHERE no = 1 UNION SELECT * FROM student_bak where
```

```
    no = 2;
 no | student_name | age | class_no
----+--------------+-----+----------
  1 | 张三         |  14 |        1
  2 | 吴二         |  15 |        1
(2 rows)
```

需要特别注意的是，UNION 语句可以把结果集中相同的两条记录合并成一条：

```
osdba=# SELECT * FROM student WHERE no = 1 UNION SELECT * FROM student_bak where
  no = 1;
 no | student_name | age | class_no
----+--------------+-----+----------
  1 | 张三         |  14 |        1
(1 row)
```

如果不想合并结果集中的相同记录，可以使用 UNION ALL 语句，示例如下：

```
osdba=# SELECT * FROM student WHERE no = 1 UNION ALL SELECT * FROM student_bak
  where no = 1;
 no | student_name | age | class_no
----+--------------+-----+----------
  1 | 张三         |  14 |        1
  1 | 张三         |  14 |        1
(2 rows)
```

3.5.3　TRUNCATE TABLE 语句

　　TRUNCATE TABLE 语句的用途是清空表内容。不带 WHERE 条件子句的 DELETE 语句也表示清空表内容，从执行结果来看，两者实现了相同的功能，但两者实现的原理是不一样的。TRUNCATE TABLE 语句是 DDL 语句，即数据定义语句，相当于用重新定义一个新表的方法把原表的内容直接丢弃了，所以 TRUNCATE TABLE 执行起来会很快；而 DELETE 语句是 DML 语句，我们可以认为 DELETE 语句是把数据一条一条地删除，所以 DELETE 语句删除多行数据时执行起来比较慢。

　　如果想把 student_bak 表中的数据清除，可以使用如下命令：

```
TRUNCATE TABLE student_bak;
```

3.6　小结

　　从本章的介绍中可以看出，SQL 是一种声明式编程语言，与命令式编程语言有较大的差异。声明式编程语言主要是描述用户需要做什么，需要得到什么结果，不像命令式编辑语言需要描述怎么做，过程是什么。SQL 语句能智能地实现用户的需要，而不需要用户关心具体的运行过程。要完全用 SQL 写一个应用程序是不可能的，但非计算机专业人士也可以使用 SQL 语句，因为 SQL 语句直观易懂。

第二篇 *Part 2*

基 础 篇

psql 工具

4.1 psql 介绍

psql 是 PostgreSQL 中的一个命令行交互式客户端工具，类似 Oracle 中的命令行工具 sqlplus，它允许用户交互地键入 SQL 语句或命令，然后将其发送给 PostgreSQL 服务器，再显示 SQL 语句或命令的结果。另外，所输入内容还可以来自一个文件。此外，它还提供了一些快捷命令和多种类似 Shell 的特性来实现书写脚本，以及对大量任务的自动化操作。虽然 psql 的功能与 sqlplus 差不多，但使用起来远比 sqlplus 简便，如 psql 工具可以用上下方向键把上一条和下一条 SQL 命令翻出来，还有单击 Tab 键自动补全的强大功能。

当然，对于初学者来说，也可以使用 PostgreSQL 中图形化客户端工具（如 pgAdmin）来操作 PostgreSQL 数据库。但掌握了 psql 的使用方法，你就会体会到它的便捷。有些公司不允许直接连接生产环境中的数据库主机，需要通过跳板机（或堡垒机）登录到一台无图形界面的 Linux 服务器上后才能连接到数据库服务器，此时无法使用图形界面工具，只能使用 psql 命令。psql 与 pgAdmin 之间的关系类似于 Vi 与一些图形化工具的关系，这个小工具应用起来更快捷。

本章只介绍 psql 中常用的一些命令和小技巧，如果读者想了解 psql 命令的更多用法请阅读官方手册"Reference"→"PostgreSQL Client Applications"→"psql"中的详细内容。

4.2 psql 的简单使用

如果已建好数据库，可以直接输入"psql"进入命令交互输入模式：

```
osdba@osdba-laptop:~$ psql
psql (9.0.3)
```

```
Type "help" for help.
osdba=#
```

进入命令交互输入模式后会显示 psql 版本，然后出现提示符，可以在此提示符下输入标准的 SQL 命令，也可以输入 psql 工具特有的快捷命令，这些快捷命令都是以斜杠"\"开头的。

🎯 **提示**　为什么不需要输入用户名和密码？安装 PostgreSQL 数据库时，会创建一个与初始化数据库时的操作系统用户同名的数据库用户，这个用户是数据库的超级用户，在此 OS 用户下登录数据库时，因为执行的是操作系统认证，所以是不需要用户名和密码的，用户也可以通过修改 pg_hba.conf 文件来要求用户输入密码。

当然，psql 也支持直接使用命令行参数查询信息和执行 SQL，这种非交互模式与使用一般的 Linux 命令没有区别，如使用"psql -l"命令可以查看数据库：

```
osdba@osdba-work:~$ psql -l
Output format (format) is wrapped.
Target width (columns) is 80.
                        List of databases
   Name    | Owner | Encoding |  Collate    |   Ctype     | Access privileges
-----------+-------+----------+-------------+-------------+--------------------
 osdba     | osdba | UTF8     | en_US.UTF-8 | en_US.UTF-8 |
 postgres  | osdba | UTF8     | en_US.UTF-8 | en_US.UTF-8 |
 template0 | osdba | UTF8     | en_US.UTF-8 | en_US.UTF-8 | =c/osdba          +
           |       |          |             |             | osdba=CTc/osdba
 template1 | osdba | UTF8     | en_US.UTF-8 | en_US.UTF-8 | =c/osdba          +
           |       |          |             |             | osdba=CTc/osdba
(4 rows)
```

也可以进入 psql 的命令交互输入模式使用"\l"命令查看有哪些数据库，与使用上面的"psql -l"命令得到的结果是相同的，示例如下：

```
osdba-# \l
                        List of databases
   Name    | Owner | Encoding |  Collate    |   Ctype     | Access privileges
-----------+-------+----------+-------------+-------------+--------------------
 osdba     | osdba | UTF8     | en_US.UTF-8 | en_US.UTF-8 |
 postgres  | osdba | UTF8     | en_US.UTF-8 | en_US.UTF-8 |
 template0 | osdba | UTF8     | en_US.UTF-8 | en_US.UTF-8 | =c/osdba          +
           |       |          |             |             | osdba=CTc/osdba
 template1 | osdba | UTF8     | en_US.UTF-8 | en_US.UTF-8 | =c/osdba          +
           |       |          |             |             | osdba=CTc/osdba
(4 rows)
```

上面的查询结果中有一个叫"postgres"的数据库，这是默认 postgreSQL 安装完成后就有的一个数据库，还有两个模板数据库：template0 和 template1。当用户创建数据库时，默认是从模板数据库"template1"克隆来的，所以通常我们可以定制 template1 数据库中的内容，如向 template1 中添加一些表和函数，这样后续创建的数据库就会继承 template1 中的内容，也会拥有这些表和函数。而 template0 是一个最简化的模板库，如果创建数据库时明确指定从此数据库克隆，将创建出一个最简化的数据库。

下面演示交互模式下的使用方法。

使用 "\d" 命令查看表的示例如下：

```
osdba=# create table t(id int primary key,name varchar(40));
CREATE TABLE
osdba=# \d
        List of relations
 Schema | Name | Type  | Owner
--------+------+-------+-------
 public | t    | table | osdba
(1 row)
```

还可以使用 SQL 语句 "CREATE DATABASE×××" 创建用户数据库，下面是创建 testdb 数据库的 SQL 语句：

```
osdba=# CREATE DATABASE testdb;
CREATE DATABASE
```

然后使用 "\c testdb" 命令连接到 testdb 数据库上：

```
osdba=# \c testdb;
You are now connected to database "testdb" as user "osdba".
testdb=#
```

下面介绍 psql 连接数据库的常用的方法，命令格式如下：

```
psql -h <hostname or ip> -p <端口> [数据库名称] [用户名称]
```

示例如下：

```
[postgres@db1 ~]$ psql -h 192.168.56.11 -p 5432 testdb postgres
psql (9.0.3)
Type "help" for help.

testdb=#
```

其中 -h 指定要连接的数据库所在的主机名或 IP 地址，-p 指定连接的数据库端口，最后两个参数分别是数据库名和用户名。

这些连接参数也可以通过环境变量指定，示例如下：

```
export PGDATABASE=testdb
export PGHOST=192.168.56.11
export PGPORT=5432
export PGUSER=postgres
```

然后运行 psql，其运行结果与 "psql -h 192.168.56.11 -p 5432 testdb postgres" 的运行结果相同。

4.3　psql 的常用命令

4.2 节简单讲解了 psql 工具的使用方法，本节主要介绍常用快捷命令的使用方法。

4.3.1 "\h"命令

使用 psql 工具需要记住的第一个命令是"\h",该命令用于查询 SQL 语句的语法,如我们不知道如何用 SQL 语句创建用户,就可以执行"\h create user"命令来查询:

```
postgres=# \h create user
Command:    CREATE USER
Description: define a new database role
Syntax:
CREATE USER name [ [ WITH ] option [ ... ] ]

where option can be:

    SUPERUSER | NOSUPERUSER
  | CREATEDB | NOCREATEDB
  | CREATEROLE | NOCREATEROLE
  | INHERIT | NOINHERIT
  | LOGIN | NOLOGIN
  | REPLICATION | NOREPLICATION
  | BYPASSRLS | NOBYPASSRLS
  | CONNECTION LIMIT connlimit
  | [ ENCRYPTED ] PASSWORD 'password' | PASSWORD NULL
  | VALID UNTIL 'timestamp'
  | IN ROLE role_name [, ...]
  | IN GROUP role_name [, ...]
  | ROLE role_name [, ...]
  | ADMIN role_name [, ...]
  | USER role_name [, ...]
  | SYSID uid
URL: https://www.postgresql.org/docs/12/sql-createuser.html
```

使用"\h"命令可以查看各种 SQL 语句的语法,非常方便。

4.3.2 "\d"命令

"\d"命令的格式如下:

```
\d [ pattern ]
\d [ pattern ]+
```

该命令将显示每个匹配"pattern"(表、视图、索引、序列)的信息,包括对象中所有的列、各列的数据类型、表空间(如果不是默认的)和所有特殊属性(诸如"NOT NULL"或默认值等)等。唯一约束相关的索引、规则、约束、触发器也同样会显示出来。如果关系是一个视图,还会显示视图的定义("匹配模式"将在下面定义)。下面来看看该命令的具体用法。

1)如果"\d"命令后什么都不带,将列出当前数据库中的所有表,示例如下:

```
osdba=# \d
       List of relations
 Schema | Name | Type  | Owner
--------+------+-------+-------
 public | t    | table | osdba
 public | t2   | table | osdba
```

```
 public | x1    | table | osdba
 public | x2    | table | osdba
(4 rows)
```

2）"\d"命令后面跟一个表名，表示显示这个表的结构定义，示例如下：

```
osdba=# \d t
              Table "public.t"
 Column |          Type           | Modifiers
--------+-------------------------+-----------
 id     | integer                 | not null
 name   | character varying(4000) |
Indexes:
    "t_pkey" PRIMARY KEY, btree (id)
```

3）"\d"命令也可以用于显示索引信息，示例如下：

```
osdba=# \d t_pkey
    Index "public.t_pkey"
 Column | Type    | Definition
--------+---------+------------
 id     | integer | id
primary key, btree, for table "public.t"
```

4）"\d"命令后面的表名或索引名中也可以使用通配符，如"*"或"?"等，示例如下：

```
osdba=# \d x?
             Table "public.x1"
 Column |          Type         | Modifiers
--------+-----------------------+-----------
 id     | integer               | not null
 name   | character varying(20) |
Indexes:
    "x1_pkey" PRIMARY KEY, btree (id)

             Table "public.x2"
 Column |          Type         | Modifiers
--------+-----------------------+-----------
 id     | integer               | not null
 name   | character varying(20) |
Indexes:
    "x2_pkey" PRIMARY KEY, btree (id)
osdba=# \d t*
              Table "public.t"
 Column |          Type           | Modifiers
--------+-------------------------+-----------
 id     | integer                 | not null
 name   | character varying(4000) |
Indexes:
    "t_pkey" PRIMARY KEY, btree (id)

      Table "public.t2"
 Column | Type    | Modifiers
--------+---------+-----------
 id     | integer | not null
 id2    | integer |
```

```
 id3     | integer |
Indexes:
   "t2_pkey" PRIMARY KEY, btree (id)

    Index "public.t2_pkey"
 Column | Type    | Definition
--------+---------+------------
 id     | integer | id
primary key, btree, for table "public.t2"

     Index "public.t_pkey"
 Column | Type    | Definition
--------+---------+------------
 id     | integer | id
primary key, btree, for table "public.t"
```

5）使用"\d+"命令可以显示比"\d"命令的执行结果更详细的信息，除了前面介绍的信息，还会显示所有与表的列关联的注释，以及表中出现的 OID 。示例如下：

```
osdba=# \d+ t
                        Table "public.t"
 Column |          Type          | Modifiers | Storage  | Description
--------+------------------------+-----------+----------+--------------
 id     | integer                | not null  | plain    |
 name   | character varying(4000)|           | extended |
Indexes:
    "t_pkey" PRIMARY KEY, btree (id)
Has OIDs: no
```

6）匹配不同对象类型的"\d"命令如下：

❑ 如果只想显示匹配的表，可以使用"\dt"命令。

❑ 如果只想显示索引，可以使用"\di"命令。

❑ 如果只想显示序列，可以使用"\ds"命令。

❑ 如果只想显示视图，可以使用"\dv"命令。

❑ 如果想显示函数，可以使用"\df"命令。

7）如果想显示执行 SQL 语句的时间，可以用"\timing"命令，示例如下：

```
osdba=# \timing on
Timing is on.
osdba=# select count(*) from t;
  count
--------
 100000
(1 row)

Time: 3486.471 ms
```

8）要想列出所有的 schema，可以使用"\dn"命令，示例如下：

```
osdba=# \dn
      List of schemas
      Name         | Owner
```

```
--------------------+-------
 information_schema | osdba
 pg_catalog         | osdba
 pg_toast           | osdba
 pg_toast_temp_1    | osdba
 public             | osdba
(5 rows)
```

9）要想显示所有的表空间，可以用"\db"命令，示例如下：

```
osdba=# \db
       List of tablespaces
    Name    | Owner | Location
------------+-------+----------
 pg_default | osdba |
 pg_global  | osdba |
(2 rows)
```

实际上，PostgreSQL 中的表空间对应一个目录，放在这个表空间中的表，就是把表的数据文件放到该表空间下。

10）要想列出数据库中的所有角色或用户，可以使用"\du"或"\dg"命令，示例如下：

```
osdba=# \dg
                            List of roles
 Role name |                Attributes                | Member of
-----------+------------------------------------------+-----------
 osdba     | Superuser, Create role, Create DB | {}

osdba=# \du
                            List of roles
 Role name |                Attributes                | Member of
-----------+------------------------------------------+-----------
 osdba     | Superuser, Create role, Create DB | {}
```

"\du"和"\dg"命令等价。原因是，在 PostgreSQL 数据库中，用户和角色是不分的。

11）"\dp"或"\z"命令用于显示表的权限分配情况，示例如下：

```
osdba=# \dp t
                             Access privileges
 Schema | Name | Type  |  Access privileges  | Column access privileges
--------+------+-------+---------------------+--------------------------
 public | t    | table | osdba=arwdDxt/osdba+|
        |      |       | usertest=r/osdba    |
```

4.3.3　指定客户端字符集的命令

当客户端的字符编码与服务器不一致时，可能会出现乱码，可以使用"\encoding"命令指定客户端的字符编码，如使用"\encoding gbk;"命令设置客户端的字符编码为"gbk"；使用"\encoding utf8;"命令设置客户端的字符编码为"utf8"。

4.3.4　格式化输出的 \pset 命令

"\pset"命令的语法如下：

```
\pset [option [value] ]
```

根据命令后面"option"和"value"的不同可以设置很多种不同的输出格式,这里只介绍一些常用的用法。

默认情况下,psql 中执行 SQL 语句后输出的内容是只有内边框的表格:

```
osdba=# select * from class;
 no | class_name
----+------------
  1 | 初二(1)班
  2 | 初二(2)班
  3 | 初二(3)班
  4 | 初二(4)班
(4 rows)
```

如果要像 MySQL 中一样输出带有内外边框的表格内容,可以用命令"\pset border 2"来实现,示例如下:

```
osdba=# \pset border 2
Border style is 2.
osdba=# select * from class;
+----+------------+
| no | class_name |
+----+------------+
|  1 | 初二(1)班  |
|  2 | 初二(2)班  |
|  3 | 初二(3)班  |
|  4 | 初二(4)班  |
+----+------------+
(4 rows)
```

当然也可以用"\pset boder 0"命令输出不带任何边框的内容,示例如下:

```
osdba=# \pset border 0
Border style is 0.
osdba=# select * from class;
no class_name
-- ----------
 1 初二(1)班
 2 初二(2)班
 3 初二(3)班
 4 初二(4)班
(4 rows)
```

综上所述,"\pset"命令设置边框的用法如下。

❑ \pset border 0:表示输出内容无边框。

❑ \pset border 1:表示输出内容只有内边框。

❑ \pset border 2:表示输出内容内外都有边框。

psql 中默认的输出格式是"\pset border 1"。

不管输出的内容加不加边框,内容本身都是对齐的,是为增强数据的可读性而专门格式化过的,而有时我们需要把命令的结果输出为其他程序可以读取的文件,如以逗号分隔或以

Tab 分隔的文本文件，这时就需要用到"\pset format unaligned"命令了，示例如下：

```
osdba=# \pset format unaligned
Output format is unaligned.
osdba=# select * from class;
no|class_name
1|初二(1)班
2|初二(2)班
3|初二(3)班
4|初二(4)班
(4 rows)
```

默认分隔符是"|"，我们可以用命令"\pset fieldsep"来设置分隔符，如改成 Tab 分隔符的方法如下：

```
osdba=# \pset fieldsep '\t'
Field separator is "	".
osdba=# select * from class;
no              class_name
1               初二(1)班
2               初二(2)班
3               初二(3)班
4               初二(4)班
(4 rows)
```

实际使用时，我们需要把 SQL 命令输出到一个文件中，而不是屏幕上，这时可以用"\o"命令指定一个文件，然后再执行上面的 SQL 命令，执行结果就会输出到这个文件中，示例如下：

```
osdba=# \pset format unaligned
Output format is unaligned.
osdba=# \o 111.txt
osdba=# select * from class;
osdba=#
```

这时，我们得到的文件"111.txt"的内容如下：

```
osdba-mac:~ osdba$ cat 111.txt
no|class_name
1|初二(1)班
2|初二(2)班
3|初二(3)班
4|初二(4)班
(4 rows)
```

我们看到"(4 rows)"也输入到文件 111.txt 中了，而且很多时候我们也不需要列头数据如"no|class_name"，这时就可以用"\t"命令来删除这些信息：

```
osdba=# \pset format unaligned
Output format is unaligned.
osdba=# \t
Tuples only is on.
osdba=# \o 111.txt
osdba=# select * from class;
```

得到的文件"111.txt"的内容如下：

```
osdba-mac:~ osdba$ cat 111.txt
1|初二(1)班
2|初二(2)班
3|初二(3)班
4|初二(4)班
```

4.3.5 "\x"命令

使用"\x"命令可以把按行展示的数据变成按列展示，示例如下：

```
osdba=# \x
Expanded display (expanded) is on.
osdba=# select * from pg_stat_activity;
-[ RECORD 1 ] ----+-------------------------------
 datid            | 16384
 datname          | osdba
 pid              | 21174
 usesysid         | 10
 usename          | osdba
 application_name | psql
 client_addr      |
 client_hostname  |
 client_port      | -1
 backend_start    | 2014-07-27 12:03:30.383937+08
 xact_start       | 2014-07-27 12:03:40.425898+08
 query_start      | 2014-07-27 12:03:40.425898+08
 state_change     | 2014-07-27 12:03:40.425901+08
 waiting          | f
 state            | active
 backend_xid      |
 backend_xmin     | 732
 query            | select * from pg_stat_activity;
-[ RECORD 2 ] ----+-------------------------------
 datid            | 16390
 datname          | testdb
 pid              | 5742
 usesysid         | 10
 usename          | osdba
 application_name | psql
 client_addr      |
 client_hostname  |
 client_port      | -1
 backend_start    | 2014-07-27 10:16:39.966001+08
 xact_start       |
 query_start      | 2014-07-27 10:57:28.940843+08
 state_change     | 2014-07-27 10:57:28.940929+08
 waiting          | f
 state            | idle
 backend_xid      |
 backend_xmin     |
 query            | show log_directory ;
```

如果数据行太长出现折行，就可以使用这里介绍的"\x"命令将其拆分为多行显示。这与 MySQL 中命令后加"\G"的功能类似。

4.3.6　执行存储在外部文件中的 SQL 命令

命令"\i <文件名>"用于执行存储在外部文件中的 SQL 语句或命令。示例如下：

```
osdba=# \x
Expanded display (expanded) is on.
osdba=# \i getrunsql
-[ RECORD 1 ]------------------------------------------------------------------
 pid         | 21240
 usename     | osdba
 query_start | 2014-07-27 12:09:25.094913+08
 waiting     | f
 query       | select pid, usename, query_start, waiting, query from pg_stat_acti.
             |.vity;
-[ RECORD 2 ]------------------------------------------------------------------
 pid         | 5742
 usename     | osdba
 query_start | 2014-07-27 10:57:28.940843+08
 waiting     | f
 query       | show log_directory ;
```

当然也可以在 psql 命令行中加上"-f <filename>"来执行 SQL 脚本文件中的命令，示例如下：

```
osdba@osdba-work:~$ psql -x -f getrunsql
Output format (format) is wrapped.
Target width (columns) is 80.
-[ RECORD 1 ]------------------------------------------------------------------
 pid         | 21255
 usename     | osdba
 query_start | 2014-07-27 12:11:15.531285+08
 waiting     | f
 query       | select pid, usename, query_start, waiting, query from pg_stat_acti.
             |.vity;
-[ RECORD 2 ]------------------------------------------------------------------
 pid         | 5742
 usename     | osdba
 query_start | 2014-07-27 10:57:28.940843+08
 waiting     | f
 query       | show log_directory ;
```

其中命令行参数"-x"的作用相当于在 psql 交互模式下运行"\x"命令。

4.3.7　编辑命令

编辑命令"\e"可以用于编辑文件，也可用于编辑系统中已存在的函数或视图定义，下面来举例说明此命令的使用方法。

输入"\e"命令后会调用一个编辑器，在 Linux 下通常是 Vi，当"\e"命令不带任何参数时则是生成一个临时文件，前面执行的最后一条命令会出现在临时文件中，当编辑完成后退出编辑器并回到 psql 中时会立即执行该命令：

```
osdba=# \e ←-这里输入 "\e" 后，会进入Vi编辑器，退出Vi编辑器后就会执行Vi中编辑的内容，然后下
面就显示出执行的内容

 no | class_name
----+------------
  1 | 初二(1)班
(1 row)
```

在上面的操作中，我们在 Vi 中输入的内容为 " select * from class where no=1;"，当退出 Vi 编辑器后，就会执行 SQL 语句 " select * from class where no=1;"，这条 SQL 语句的内容在 psql 中是看不到的。

"\e" 后面也可以指定一个文件名，但要求这个文件必须存在，否则会报错：

```
osdba=# \e 1.sql
1.sql: No such file or directory
```

可以用 "\ef" 命令编辑一个函数的定义，如果 "\ef" 后面不跟任何参数，则会出现一个编辑函数的模板：

```
CREATE FUNCTION ( )
  RETURNS
  LANGUAGE
 -- common options:  IMMUTABLE  STABLE  STRICT  SECURITY DEFINER
AS $function$
$function$
```

如果 "\ef" 后面跟一个函数名，则函数定义的内容会出现在 Vi 编辑器中，当编辑完成后按 "wq:" 保存并退出，再输入 ";" 就会执行所创建函数的 SQL 语句。

同样输入 "\ev" 且后面不跟任何参数时，在 Vi 中会出现一个创建视图的模板：

```
CREATE VIEW  AS
  SELECT
   -- something...
```

然后用户就可以在 Vi 中编辑这个创建视图的 SQL 语句，编辑完成后，保存并退出，再输入分号 ";"，就会执行所创建视图的 SQL 语句。

也可以编辑已存在的视图的定义，只需在 "\ev" 命令后面跟视图的名称即可。

"\ef" 和 "\ev" 命令可以用于查看函数或视图的定义，当然用户需要注意，退出 Vi 后，要在 psql 中输入 "\reset" 来清除 psql 的命令缓冲区，防止误执行创建函数和视图的 SQL 语句，示例如下：

```
postgres=# \ev vm_class ←-在这里进入Vi后，在Vi中用":q"退出
No changes
postgres-# \reset ←-在这里不要忘了输入"\reset"命令清除psql缓冲区
Query buffer reset (cleared).
```

4.3.8　输出信息的 "\echo" 命令

"\echo" 命令用于输出一行信息，示例如下：

```
osdba=# \echo hello word
hello word
```

此命令通常用于在使用 .sql 脚本的文件中输出提示信息。

比如，某文件 "a.sql" 有如下内容：

```
\echo ====================================
select * from x1;
\echo ====================================
```

运行 a.sql 脚本：

```
osdba=# \i a.sql
====================================
 id |  name
----+--------
  1 | aaaaaa
  2 | bbbbbb
  3 | cccccc
(3 rows)


====================================
osdba=#
```

上面使用 "\echo" 命令输出由 "=" 组成的分隔线。

4.3.9 其他命令

更多其他的命令可以用 "\?" 命令来显示，示例如下：

```
osdba=#  \?
General
  \copyright             show PostgreSQL usage and distribution terms
  \g [FILE] or ;         execute query (and send results to file or |pipe)
  \h [NAME]              help on syntax of SQL commands, * for all commands
  \q                     quit psql

Query Buffer
  \e [FILE]              edit the query buffer (or file) with external editor
  \ef [FUNCNAME]         edit function definition with external editor
  \p                     show the contents of the query buffer
  \r                     reset (clear) the query buffer
  \s [FILE]              display history or save it to file
  \w FILE                write query buffer to file

Input/Output
  \copy ...              perform SQL COPY with data stream to the client host
  \echo [STRING]         write string to standard output
  \i FILE                execute commands from file
  \o [FILE]              send all query results to file or |pipe
  \qecho [STRING]        write string to query output stream (see \o)

Informational
  (options: S = show system objects, + = additional detail)
```

```
\d[S+]                    list tables, views, and sequences
\d[S+]     NAME           describe table, view, sequence, or index
\da[S]     [PATTERN]      list aggregates
\db[+]     [PATTERN]      list tablespaces
\dc[S]     [PATTERN]      list conversions
\dC        [PATTERN]      list casts
\dd[S]     [PATTERN]      show comments on objects
\ddp       [PATTERN]      list default privileges
\dD[S]     [PATTERN]      list domains
\des[+]    [PATTERN]      list foreign servers
\deu[+]    [PATTERN]      list user mappings
\dew[+]    [PATTERN]      list foreign-data wrappers
\df[antw][S+] [PATRN]     list [only agg/normal/trigger/window] functions
\dF[+]     [PATTERN]      list text search configurations
\dFd[+]    [PATTERN]      list text search dictionaries
\dFp[+]    [PATTERN]      list text search parsers
--More--
```

4.4　psql 的使用技巧

本节将介绍 psql 最常用的使用技巧，如历史命令和补全技巧、关闭自动提交功能、获得快捷命令实际的 SQL，以便学习数据库的系统表等。

4.4.1　历史命令与补全功能

可以使用上下方向键把以前使用过的命令或 SQL 语句调出来，连续单击两次 Tab 键表示把命令补全或给出输入提示：

```
osdba=# \d ←这里连续单击了两次Tab键
\d    \db   \dC   \dD   \deu  \df   \dFd  \dFt  \di   \dn   \dp   \ds   \dt   \du
\da   \dc   \dd   \des  \dew  \dF   \dFp  \dg   \dl   \do   \drds \dS   \dT   \dv
osdba=# \d t←这里连续单击了两次Tab键
t         t2        t2_pkey  t_pkey
osdba=# \d x←这里连续单击了两次Tab键
x1        x1_pkey   x2       x2_pkey
osdba=# \d x
```

4.4.2　自动提交技巧

需要特别注意的是，在 psql 中事务是自动提交的，比如，执行完一条 DELETE 或 UPDATE 语句后，事务就会自动提交，如果不想让事务自动提交，方法有两种。

方法一：运行 "begin;" 命令，然后执行 DML 语句，最后再执行 commit 或 rollback 语句，示例如下。

```
osdba=# begin;
BEGIN
osdba=# update x1 set name='xxxxx' where id=1;
UPDATE 1
osdba=# select * from x1;
```

```
 id |  name
----+--------
  2 | bbbbbb
  3 | cccccc
  1 | xxxxx
(3 rows)

osdba=# rollback;
ROLLBACK
osdba=# select * from x1;
 id |  name
----+--------
  1 | aaaaaa
  2 | bbbbbb
  3 | cccccc
(3 rows)
```

方法二：直接使用 psql 中的命令关闭自动提交功能。

```
\set AUTOCOMMIT off
```

> **注意** 这个命令中的"AUTOCOMMIT"是大写的，不能使用小写，如果使用小写，虽不会报错，但会导致关闭自动提交的操作无效。

4.4.3 如何得到 psql 中快捷命令执行的实际 SQL

在启动 psql 的命令行中加上"-E"参数，就可以把 psql 中各种以"\"开头的命令执行的实际 SQL 语句打印出来，示例如下：

```
osdba@osdba-laptop:~$ psql -E postgres
psql (9.2.4)
Type "help" for help.

postgres=# \d
********* QUERY **********
SELECT n.nspname as "Schema",
  c.relname as "Name",
  CASE c.relkind WHEN 'r' THEN 'table' WHEN 'v' THEN 'view' WHEN 'i' THEN 'index'
    WHEN 'S' THEN 'sequence' WHEN 's' THEN 'special' WHEN 'f' THEN 'foreign
    table' END as "Type",
  pg_catalog.pg_get_userbyid(c.relowner) as "Owner"
FROM pg_catalog.pg_class c
    LEFT JOIN pg_catalog.pg_namespace n ON n.oid = c.relnamespace
WHERE c.relkind IN ('r','v','S','f','')
      AND n.nspname <> 'pg_catalog'
      AND n.nspname <> 'information_schema'
      AND n.nspname !~ '^pg_toast'
  AND pg_catalog.pg_table_is_visible(c.oid)
ORDER BY 1,2;
**************************

        List of relations
```

```
 Schema |   Name    | Type  | Owner
--------+-----------+-------+-------
 public | testtable | table | osdba
(1 row)

postgres=# \d testtable*
********* QUERY **********
SELECT c.oid,
  n.nspname,
  c.relname
FROM pg_catalog.pg_class c
    LEFT JOIN pg_catalog.pg_namespace n ON n.oid = c.relnamespace
WHERE c.relname ~ '^(testtable.*)$'
  AND pg_catalog.pg_table_is_visible(c.oid)
ORDER BY 2, 3;
**************************


********* QUERY **********
SEECT c.relchecks, c.relkind, c.relhasindex, c.relhasrules, c.relhastriggers,
  c.relhasoids, '', c.reltablespace, CASE WHEN c.reloftype = 0 THEN '' ELSE
  c.reloftype::pg_catalog.regtype::pg_catalog.text END, c.relpersistence
FROM pg_catalog.pg_class c
  LEFT JOIN pg_catalog.pg_class tc ON (c.reltoastrelid = tc.oid)
WHERE c.oid = '16390';
**************************


********* QUERY **********
SELECT a.attname,
  pg_catalog.format_type(a.atttypid, a.atttypmod),
  (SELECT substring(pg_catalog.pg_get_expr(d.adbin, d.adrelid) for 128)
    FROM pg_catalog.pg_attrdef d
    WHERE d.adrelid = a.attrelid AND d.adnum = a.attnum AND a.atthasdef),
  a.attnotnull, a.attnum,
  (SELECT c.collname FROM pg_catalog.pg_collation c, pg_catalog.pg_type t
    WHERE c.oid = a.attcollation AND t.oid = a.atttypid AND a.attcollation <>
      t.typcollation) AS attcollation,
  NULL AS indexdef,
  NULL AS attfdwoptions
FROM pg_catalog.pg_attribute a
WHERE a.attrelid = '16390' AND a.attnum > 0 AND NOT a.attisdropped
ORDER BY a.attnum;
**************************


********* QUERY **********
SELECT c.oid::pg_catalog.regclass FROM pg_catalog.pg_class c, pg_catalog.pg_
  inherits i WHERE c.oid=i.inhparent AND i.inhrelid = '16390' ORDER BY inhseqno;
**************************


********* QUERY **********
SELECT c.oid::pg_catalog.regclass FROM pg_catalog.pg_class c, pg_catalog.pg_
  inherits i WHERE c.oid=i.inhrelid AND i.inhparent = '16390' ORDER BY c.oid::pg_
  catalog.regclass::pg_catalog.text;
**************************


    Table "public.testtable"
```

```
 Column |  Type   | Modifiers
--------+---------+-----------
 id     | integer |
 note   | text    |

postgres=#
```

如果在已运行的 psql 中显示了某个命令实际执行的 SQL 语句后又想关闭此功能，该怎么办？这时可以使用 "\set ECHO_HIDDEN on | off" 命令，示例如下：

```
osdba@osdba-laptop:~$ psql postgres
psql (9.2.4)
Type "help" for help.

postgres=# \dn
List of schemas
  Name  | Owner
--------+-------
 public | osdba
(1 row)

postgres=# \set ECHO_HIDDEN on
postgres=# \dn
********* QUERY **********
SELECT n.nspname AS "Name",
  pg_catalog.pg_get_userbyid(n.nspowner) AS "Owner"
FROM pg_catalog.pg_namespace n
WHERE n.nspname !~ '^pg_' AND n.nspname <> 'information_schema'
ORDER BY 1;
**************************

List of schemas
  Name  | Owner
--------+-------
 public | osdba
(1 row)

postgres=# \set ECHO_HIDDEN off
postgres=# \dn
List of schemas
  Name  | Owner
--------+-------
 public | osdba
(1 row)
```

通过分析这个方法输出的 SQL 语句，可以让我们快速学习 PostgreSQL 的系统表原理。

4.5 小结

本章详细讲解了 psql 命令的使用方法。初学者需要认真学习 psql 命令的基本使用方法和使用技巧，并多加练习，这是 PostgreSQL DBA 必须掌握的一项技能。

数据类型

本章将详细讲解 PostgreSQL 数据库支持的各种数据类型及其与其他数据库的差异。通过本章的讲解大家会发现，PostgreSQL 数据库支持的数据类型远比其他数据库要多。

5.1 数据类型介绍

本节将介绍数据类型的分类、数据类型的输入与转换等知识。

5.1.1 数据类型的分类

这里首先对 PostgreSQL 数据库支持的数据类型进行分类，如表 5-1 所示，后面会按表中的分类进行讲解。

表 5-1 PostgreSQL 支持的数据类型分类

分类名称	说明	与其他数据库的对比
布尔类型	PostgreSQL 支持 SQL 标准的 boolean 数据类型	与 MySQL 中的 bool、boolean 类型相同，占用 1 字节存储空间
数值类型	整数类型有 2 字节的 smallint、4 字节的 int、8 字节的 bigint；精确类型的小数有 numeric；非精确类型的浮点小数有 real 和 double precision；还有 8 字节的货币（money）类型	无 MySQL 中的 unsigned 整数类型，也无 MySQL 中 1 字节长的 tinyint 整数类型和 3 字节长的 mediumint 整数类型
字符类型	有 varchar(n)、char(n)、text 3 种类型	PostgreSQL 中的 varchar(n) 最大可以存储 1GB，而 MySQL 中的 varchar(n) 最大只能是 64KB。PostgreSQL 中的 text 类型相当于 MySQL 中的 longtext 类型

(续)

分类名称	说明	与其他数据库的对比
二进制数据类型	只有一种 bytea 类型	对应 MySQL 中的 blob 和 longblob 类型
位串类型	位串就是一串由 1 和 0 组成的字符串，有 bit(n)、bit varying(n) 两种类型	MySQL 也支持此类型。不过 PostgreSQL 可以支持更长的 bit 位，最长可以支持 83886080 个 bit 位
日期和时间类型	有 date、time、timestamp，而 time 和 timestamp 又根据是否包括时区分为两种类型	在 PostgreSQL 中，可以精确到秒以下，如毫秒，而 MySQL5.6 也可以精确到毫秒，不过日期时间的范围与 MySQL 差异比较大
枚举类型	枚举类型是一个包含一系列有序静态值的集合的数据类型，相当于某些编程语言中的 enum 类型	PostgreSQL 使用枚举类型前需要先使用 CREATE TYPE 语句来创建该类型；MySQL 中也有枚举类型（enum）
几何类型	包括点（point）、直线（line）、线段（lseg）、路径（path）、多边形（polygon）、圆（cycle）等类型	PostgreSQL 中特有的类型，其他数据库中一般没有此类型，可以认为是一种数据库内置的自定义类型
网络地址类型	有 cidr、inet、macaddr 3 种类型	PostgreSQL 中特有的类型，其他数据库中一般没有此类型，可以认为是一种数据库内置的自定义类型
数组类型	可以存储一个数组	PostgreSQL 中特有的类型，其他数据库中一般没有此类型
复合类型	可以把已有的简单类型组合成用户自定义的类型，如 C 语言中的结构体一样	对应其他数据库的自定义类型
xml 类型	可以存储 XML 数据的类型	N/A
JSON/JSONB 类型	可以存储 JSON 数据的类型	N/A
range 类型	范围类型，可以存储范围数据	其他数据库中无此类型
对象标识符类型	PostgreSQL 内部标识对象的类型，如 oid 类型、regproc 类型、regclass 类型等	N/A
伪类型	伪类型不能作为字段的数据类型，但是它可以用于声明函数的参数或者结果的类型。有 any、anyarray、anyelement、cstring、internal、language_handler、record、trigger、void、opaque 等 10 种类型	N/A
其他类型	一些不易分类的类型都放到这里，如 UUID 类型、pg_lsn 类型等	N/A

为了提高 SQL 的兼容性，部分数据类型还有很多别名，如 integer 类型，可以用 int、int4 表示，smallint 也可以用 int2 表示；char varying(n) 可以用 varchar(n) 表示，numeric(m,n) 也可以用 decimal(m,n) 表示，等等。

通过上面的表，相信大家已经对 PostgreSQL 数据类型有了一个总体的认识。下面对除对象标识符类型以外的其他数据类型进行详细讲解。对象标识符类型将在后面的章节中详细介绍。

5.1.2　数据类型的输入与转换

对于一些简单的数据类型，如数字或字符串，使用一般的方法输入就可以了，示例如下：

```
osdba=# select 1, 1.1421, 'hello world';
 ?column? | ?column? |  ?column?
----------+----------+-------------
        1 |   1.1421 | hello world
(1 row)
```

对于复杂的数据类型，可以按照"类型名"加上单引号括起来的类型值格式来输入，示例如下：

```
osdba=# select bit '11110011';
    bit
----------
 11110011
(1 row)
```

实际上所有的数据类型（包括简单的数据类型）都可以使用上面的输入方法，示例如下：

```
osdba=# select int '1' + int '2';
 ?column?
----------
        3
(1 row)
```

PostgreSQL 支持用标准 SQL 的数据类型转换函数 CAST 来进行数据类型转换，示例如下：

```
osdba=# select CAST('5' as int), CAST('2014-07-17' as date);
 int4 |    date
------+------------
    5 | 2014-07-17
(1 row)
```

此外，PostgreSQL 中还有一种更简捷的类型转换方式，即双冒号方式，示例如下：

```
osdba=# select '5'::int, '2014-07-17'::date;
 int4 |    date
------+------------
    5 | 2014-07-17
(1 row)
```

在 PostgreSQL 中可以使用上面介绍的这两种数据类型转换方式输入各种类型的数据。

5.2　布尔类型

布尔类型也是常用的数据类型，本节将详细讲解此类型的使用方法。

5.2.1　布尔类型介绍

boolean 的值要么是 true（真），要么是 false（假），如果是 unknown（未知）状态，用

NULL 表示。boolean 在 SQL 中可以用不带引号的 TRUE 或 FALSE 表示，也可以用其他表示"真"和"假"的带引号字符表示，如 'true'、'false'、'yes'、'no'，等等，具体见下面的测试：

```
osdba=# CREATE TABLE t (id int, col1 boolean, col2 text);
CREATE TABLE
osdba=# INSERT INTO t VALUES (1,TRUE, 'TRUE');
INSERT 0 1
osdba=# INSERT INTO t VALUES (2,FALSE, 'FALSE');
INSERT 0 1
osdba=#
osdba=# INSERT INTO t VALUES (3,tRue, 'tRue');
INSERT 0 1
osdba=# INSERT INTO t VALUES (4,fAlse, 'fAlse');
INSERT 0 1
osdba=#
osdba=# INSERT INTO t VALUES (5,'tRuE', '''tRuE''');
INSERT 0 1
osdba=# INSERT INTO t VALUES (6,'fALsE', '''fALsE''');
INSERT 0 1
osdba=#
osdba=# INSERT INTO t VALUES (7,'true', '''true''');
INSERT 0 1
osdba=# INSERT INTO t VALUES (8,'false', '''false''');
INSERT 0 1
osdba=#
osdba=# INSERT INTO t VALUES (9,'t', '''t''');
INSERT 0 1
osdba=# INSERT INTO t VALUES (10,'f', '''f''');
INSERT 0 1
osdba=#
osdba=#
osdba=# INSERT INTO t VALUES (11,'y', '''y''');
INSERT 0 1
osdba=# INSERT INTO t VALUES (12,'n', '''n''');
INSERT 0 1
osdba=# INSERT INTO t VALUES (13,'yes', '''yes''');
INSERT 0 1
osdba=# INSERT INTO t VALUES (14,'no', '''no''');
INSERT 0 1
osdba=# INSERT INTO t VALUES (15,'1', '''1''');
INSERT 0 1
osdba=# INSERT INTO t VALUES (16,'0', '''0''');
INSERT 0 1
osdba=# select * from t;
 id | col1 |  col2
----+------+---------
  1 | t    | TRUE
  2 | f    | FALSE
  3 | t    | tRue
  4 | f    | fAlse
  5 | t    | 'tRuE'
  6 | f    | 'fALsE'
  7 | t    | 'true'
  8 | f    | 'false'
  9 | t    | 't'
```

```
10 |  f   | 'f'
11 |  t   | 'y'
12 |  f   | 'n'
13 |  t   | 'yes'
14 |  f   | 'no'
15 |  t   | '1'
16 |  f   | '0'
(16 rows)
osdba=# select * from t where col1;
 id | col1 | col2
----+------+--------
  1 |  t   | TRUE
  3 |  t   | tRue
  5 |  t   | 'tRuE'
  7 |  t   | 'true'
  9 |  t   | 't'
 11 |  t   | 'y'
 13 |  t   | 'yes'
 15 |  t   | '1'
(8 rows)

osdba=# select * from t where not col1;
 id | col1 | col2
----+------+---------
  2 |  f   | FALSE
  4 |  f   | fAlse
  6 |  f   | 'fALsE'
  8 |  f   | 'false'
 10 |  f   | 'f'
 12 |  f   | 'n'
 14 |  f   | 'no'
 16 |  f   | '0'
(8 rows)
```

5.2.2　布尔类型的操作符

布尔类型可以使用的操作符是逻辑操作符和比较操作符。

常用的逻辑操作符有：AND、OR、NOT。

SQL 使用三值的布尔逻辑：TRUE、FALSE 和 NULL，其中 NULL 代表"未知"。运算规则见表 5-2 和表 5-3。

操作符 AND 和 OR 左右两边的操作是可以互相交换的，也就是说，"a AND b"结果与"b AND a"的结果是相同的。

布尔类型可以使用"IS"这个比较运算符，具体如下：

❑ expression IS TRUE。

表 5-2　布尔 AND、OR 运算真值表

a	b	a AND b	a OR b
TRUE	TRUE	TRUE	TRUE
TRUE	FALSE	FALSE	TRUE
TRUE	NULL	NULL	TRUE
FALSE	FALSE	FALSE	FALSE
FALSE	NULL	FALSE	NULL
NULL	NULL	NULL	NULL

表 5-3　NOT 运行真值表

a	NOT a
TRUE	FALSE
FALSE	TRUE
NULL	NULL

❑ expression IS NOT TRUE。

❑ expression IS FALSE。

❑ expression IS NOT FALSE。

❑ expression IS UNKNOWN。

❑ expression IS NOT UNKNOWN。

5.3 数值类型

数值类型是最常用的几种数据类型之一，分为整型、浮点型、精确小数等类型，本节将详细讲解它们的使用方法。

5.3.1 数值类型介绍

PostgreSQL 中的所有数值类型及其介绍见表 5-4。

表 5-4 数值类型列表

类型名称	存储空间	描述	范围
smallint	2 字节	小范围的整数。Oracle 中没有此数值类型，使用 number 代替	$-2^{15} \sim 2^{15}-1$
int 或 integer	4 字节	常用的整数。Oracle 中 integer 等同于 number(38)，与此类型的意义不同	$-2^{31} \sim 2^{31}-1$
bigint	8 字节	大范围的整数。Oracle 中没有此数值类型，使用 number 代替	$-2^{63} \sim 2^{63}-1$
numeric 或 decimal	变长	用户声明的精度，精确。注意，Oracle 中叫 number，与 PostgreSQL 中的名称不一样	无限制
real	4 字节	变精度，不精确	6 位十进制数字精度
double precision	8 字节	变精度，不精确	15 位十进制数字精度
serial	4 字节	自增整数	$1 \sim 2^{31}-1$
bigserial	8 字节	大范围的自增整数	$1 \sim 2^{63}-1$

后面会对这些数值类型进行详细的讲解。

5.3.2 整数类型

整数类型有 3 种：smallint、int、bigint，注意，PostgreSQL 中没有 MySQL 中的 tinyint（1字节）、mediumint（3字节）这两种类型，也没有 MySQL 中的 unsigned 类型。

常用的数据类型是 int（或 integer），因为它提供了在范围、存储空间、性能之间的最佳平衡。一般只有在磁盘空间紧张的时候才使用 smallint 类型。通常，只有 integer 类型的取值范围不够时才使用 bigint 类型，因为前者的执行速度绝对快得多。

SQL 只声明了整数类型 integer（或 int）和 smallint。int 与 integer 和 int4 是等效的，int2 与 smallint 是等效的，bigint 与 int8 是等效的。

5.3.3 精确的小数类型

精确的小数类型可用 numeric、numeric(m,n)、numeric(m) 表示。

其中，numeric 类型和 decimal 类型是等效的，这两种类型都是 SQL 标准，可以存储最多 1000 位精度的数字，并且可准确地进行计算。它们特别适用于货币金额和其他要求精确计算的场合。不过，基于 numeric 类型的算术运算相比于基于整数类型或者下面介绍的浮点数类型的算术运算，其速度要慢很多。

如果要声明一个字段的类型为 numeric，可以用下面的语句：

```
NUMERIC(precision, scale)
```

其中，精度 precision 必须为正数，标度 scale 可以为 0 或者正数。

NUMERIC(precision) 表示标度为 0，与 NUMERIC(precision,0) 的含义是相同的。

如果不带任何精度与标度地声明 NUMERIC，则表示创建一个可以存储任意精度和标度的数值（当然不能超过系统可以实现的精度和标度），这种类型的字段不会把输入数值转化成任何特定的标度，而带有标度声明的 NUMERIC 字段会把输入值转化为指定标度。在标准 SQL 和 MySQL 中，语法 DECIMAL 等价于 DECIMAL(M,0)，M 在 MySQL 中默认为 10，PostgreSQL 中因作用不大而把它改成了一个任意精度和标度的数值。如果你关心可移植性，建议总是明确声明精度和标度。代码如下：

```
osdba=# create table t1(id1 numeric(3),id2 numeric(3,0),id3 numeric(3,2),id4
  numeric);
CREATE TABLE
osdba=# \d t1
        Table "public.t1"
 Column |     Type     | Modifiers
--------+--------------+-----------
 id1    | numeric(3,0) |
 id2    | numeric(3,0) |
 id3    | numeric(3,2) |
 id4    | numeric      |
osdba=# insert into t1 values(3.1,3.5,3.123,3.123);
INSERT 0 1
osdba=# select * from t1;
 id1 | id2 | id3  |  id4
-----+-----+------+-------
   3 |   4 | 3.12 | 3.123
(1 row)
osdba=# insert into t1 values(3.1,3.5,13.123,3.123);
ERROR:  numeric field overflow
DETAIL:  A field with precision 3, scale 2 must round to an absolute value less
  than 10^1.
STATEMENT:  insert into t1 values(3.1,3.5,13.123,3.123);
ERROR:  numeric field overflow
DETAIL:  A field with precision 3, scale 2 must round to an absolute value less
  than 10^1.
```

从上面的代码中可以看到，若字段声明了标度，超过小数点位数的标度会自动 4 舍 5 入后进行存储。而对于既没有声明精度也没有声明标度的 numeric 类型来说，则会原样存储。

对于声明了精度的数值，如果 INSERT 语句插入的数值超出声明的精度范围，则会报错。

5.3.4 浮点数类型

数据类型 real 和 double precision 是不精确的、变精度的数字类型。

对于浮点数，需要注意如下几个方面：

❏ 如果要求精确地计算（比如计算货币金额），应使用 numeric 类型。

❏ 如果想用这些类型做任何重要的复杂计算，尤其是那些对范围情况（无穷 / 下溢）严重依赖的复杂计算，那么应该仔细评估你的实现。

❏ 对两个浮点数值进行相等性比较时，有可能不会像你所想象的那样运转。

除了普通的数字值之外，浮点类型还有以下几个特殊值：

❏ Infinity。

❏ −Infinity。

❏ NaN。

这些值分别表示特殊值"正无穷大""负无穷大""不是一个数字"。在不遵循 IEEE 754 浮点算术的机器上，这些值的含义可能不是预期的。如果在 SQL 命令里把这些数值当作常量来写，必须在它们周围放上单引号，如" UPDATE table SET x = 'Infinity'"。输入时，这些值与大小写无关。

5.3.5 序列类型

在序列类型中，serial 和 bigserial 与 MySQL 中的自增字段含义相同。PostgreSQL 实际上是通过序列（sequence）实现的。PostgreSQL 数据库与 Oracle 一样有序列，而 MySQL 中没有序列。示例如下：

```
CREATE TABLE t (
  id SERIAL
);
```

上面的语句等价于声明下面几个语句：

```
CREATE SEQUENCE t_id_seq;
CREATE TABLE t (
  id integer NOT NULL DEFAULT nextval('t_id_seq')
);
ALTER SEQUENCE t_id_seq OWNED BY t.id;
```

5.3.6 货币类型

货币类型可以存储固定小数的货币数目，与浮点数不同，它是完全保证精度的。其输出格式与参数 lc_monetary 的设置有关，不同的国家其货币输出格式也不相同，示例如下：

```
osdba=# SELECT '12.34'::money;
   money
---------
  ￥12.34
(1 row)

osdba=# show lc_monetary;
  lc_monetary
-------------
  zh_CN.UTF-8
(1 row)

osdba=# set lc_monetary = 'en_US.UTF-8';
SET
osdba=# SELECT '12.34'::money;
  money
--------
  $12.34
(1 row)
```

从上面的例子中可以看出，如果是中文，输出的是"￥12.34"，如果是英文（美国），则输出为"$12.34"。

money 类型占用 8 字节空间来存储数据，表示的范围为 −92233720368547758.08 到 +92233720368547758.07。

5.3.7 数学函数和操作符

PostgreSQL 支持丰富的数学操作符，具体见表 5-5。

表 5-5 数学操作符

操作符	描述	示例	结果	操作符	描述	示例	结果
+	加	4 + 7	11	!!	阶乘（前缀操作符）	!! 5	120
−	减	4 − 7	−3	@	绝对值	@ −5.0	5
*	乘	4 * 7	28	&	二进制 AND	31 & 15	15
/	除（整数除法将截断结果）	7 / 3	2	|	二进制 OR	31 | 15	31
%	模（求余）	6 % 4	2	#	二进制 XOR	31 # 15	16
^	幂（指数运算）	3 ^ 3	27	~	二进制 NOT	~1	−2
|/	平方根	|/ 36.0	6	<<	二进制左移	1 << 8	256
||/	立方根	||/ 8.0	2	>>	二进制右移	16 >> 3	2
!	阶乘	5 !	120				

表 5-6 和表 5-7 中列出了可用的数学函数。其中，"dp"表示 double precision。所列函数中，许多都有多种不同的形式，不同形式的区别在于参数不同。除非特别指明，任何特定形式的函数都会返回和它的参数相同的数据类型。处理 double precision 数据的函数大多是在宿主系统的 C 库的基础上实现的。因此，精度和数值范围方面的行为都是根据宿主系统的不同而变化的。

表 5-6　数学函数

函数	描述	示例	结果
abs(x)	绝对值	abs(−23.7)	23.7
cbrt(dp)	立方根	cbrt(8.0)	2
ceil(dp 或 numeric) 别名：ceiling	不小于参数的最小的整数	ceil(−38.8) ceil(38.1) ceiling(38.1)	−38 39 39
degrees(dp)	把弧度转为角度	degrees(1.0)	57.2957795130823
exp(dp 或 numeric)	自然指数	exp(1.0)	2.71828182845905
floor(dp 或 numeric)	不大于参数的最大整数	floor(−42.8) floor(42.8)	−43 42
ln(dp 或 numeric)	自然对数	ln(2.71828)	0.9999993273472820
log(dp 或 numeric)	以 10 为底的对数	log(1000.0)	3
log(b numeric, x numeric)	以 b 为底数的对数	log(2.0, 32.0)	5.0000000000
mod(y, x)	y/x 的余数（模）	mod(7,3)	1
pi()	π 常量	pi()	3.14159265358979
power(a dp, b dp)	a 的 b 次幂	power(2.0, 3.0)	8
power(a numeric, b numeric)	a 的 b 次幂	power(2.0, 3.0)	8
radians(dp)	把角度转为弧度	radians(45.0)	0.785398163397448
random()	0.0 到 1.0 之间的随机数	random()	随机返回一个小数
round(dp 或 numeric)	圆整为最接近的整数（四舍五入）	round(36.5)	37
round(v numeric, s int)	圆整为 s 位小数（四舍五入）	round(36.5252, 2)	42.53
setseed(dp)	为随后的 random() 调用设置种子（0 到 1.0 之间）	setseed(0.54823)	1177314959
sign(dp 或 numeric)	参数的符号 (−1, 0, +1)	sign(−8.4)	−1
sqrt(dp 或 numeric)	平方根	sqrt(2.0)	1.4142135623731
trunc(dp 或 numeric)	截断（向零靠近）	trunc(42.8)	42
trunc(v numeric, s int)	截断为 s 位小数	trunc(42.4382, 2)	42.43
width_bucket(op numeric, b1 numeric, b2 numeric, count int)	返回一个桶，在一个有 count 个桶、上界为 b1、下界为 b2 的等深柱图中，operand 将被赋予的就是这个桶	width_bucket(5.35, 0.024, 10.06, 5)	3

表 5-7　数学函数之三角函数

函数	描述	示例	结果
acos(x)	反余弦	acos(1) acos(−1)	0 3.14159265358979
asin(x)	反正弦	asin(0) asin(1)*2	0 3.14159265358979
atan(x)	反正切	atan(1)	0.785398163397448
atan2(x, y)	x/y 的反正切	atan2(1, 1)	0.785398163397448

(续)

函数	描述	示例	结果
cos(x)	余弦	cos(pi()) cos(0)	−1 1
cot(x)	余切	cot(0)	Infinity
sin(x)	正弦	sin(0) sin(pi()/2)	0 1
tan(x)	正切	tan(pi()/4)	1

5.4　字符串类型

字符串类型是最常用的几种数据类型之一，分为变长和定长等类型。本节将详细讲解它们的使用方法。

5.4.1　字符串类型介绍

PostgreSQL 中的字符串类型见表 5-8。

表 5-8　字符串类型列表

类型名称	描述
character varying(n) varchar(n)	变长，最大为 1GB。存储空间为：4+ 实际的字符串长度。 与 MySQL 中的 varchar(n) 或 text(n)，以及 oracle 中的 varchar2(n) 类似，但是在 MySQL 中 varchar 最多长 64KB，oracle varchar2 最多为 4000 字节，而 PostgreSQL 中可以达到 1GB
character(n), char(n)	定长，不足补空白，最大为 1GB。存储空间为 4+n
text	变长，无长度限制。与 MySQL 中的 longtext 相类似

varchar(n) 和 char(n) 分别是 character varying(n) 和 character(n) 的别名，未声明长度的 character 等价于 character(1)；如果使用 character varying 时不带长度说明词，那么该类型接受任何长度的字符串。不带长度说明词是 PostgreSQL 的扩展，其他数据库中一般不能这样使用。

这些类型的存储长度是 4 字节加上实际的字符串长度，比如，character 的存储长度为 4+n，n 为定义时的长度。长的字符串会被系统自动压缩，因此在磁盘上的物理长度可能会更小些。长的内容也可能会存储在 toast 表中，这里只放一个指针，这样它们就不会干扰对短字段值的快速访问了。不管怎样，允许存储的最长字符串大概是 1GB。

虽然在某些其他的数据库系统里，定长的 character(n) 有一定的性能优势，但在 PostgreSQL 中，定长的 character(n) 与 varchar(n) 没有差别。故在大多数情况下，建议使用 text 或 varchar。

5.4.2　字符串函数和操作符

字符串类型有丰富的函数和操作符，具体见表 5-9。

表 5-9   标准 SQL 字符串函数和操作符

函数	返回类型	描述	示例	结果
string || string	text	字符串连接	'Post' || 'greSQL'	PostgreSQL
bit_length(string)	int	字符串中二进制位的个数	bit_length('jose')	32
char_length(string) 或 character_length(string)	int	字符串中的字符个数	char_length(' 数据库 ')	3
convert(string using conversion_name)	text	使用指定的转换名字改变编码。转换可以通过 CREATE CONVERSION 来定义。当然，系统中也有一些预定义的转换名字	convert('PostgreSQL' using iso_8859_1_to_utf8)	UTF8 编码的 'PostgreSQL'
lower(string)	text	把字符串转化为小写	lower('TOM')	tom
octet_length(string)	int	字符串中的字节数	octet_length('jose')	4
overlay(string placing string from int [for int])	text	替换子字符串	overlay('Txxxxas' placing 'hom' from 2 for 4)	Thomas
position(substring in string)	int	指定的子字符串的位置	position('om' in 'Thomas')	3
substring(string [from int] [for int])	text	抽取子字符串	substring('Thomas' from 2 for 3)	hom
substring(string from pattern)	text	抽取匹配 POSIX 正则表达式的子字符串	substring('Thomas' from '...$')	mas
substring(string from pattern for escape)	text	抽取匹配 SQL 正则表达式的子字符串	substring('Thomas' from '%#"o_a#"_' for '#')	oma
trim([leading | trailing | both] [characters] from string)	text	从字符串 string 的开头 / 结尾 / 两边删除只包含 characters 中字符（默认是一个空白）的最长的字符串	trim(both 'x' from 'xTomxx')	Tom
upper(string)	text	把字符串转化为大写	upper('tom')	TOM

除了表 5-9 中所列的字符串和操作符以外，还有其他的字符串操作函数可以使用（见表 5-10），其中有些用于在内部实现表 5-9 中列出的 SQL 标准字符串函数。

表 5-10   其他字符串函数

函数	返回类型	描述	示例	结果
ascii(string)	int	参数第一个字符的 ASCII 码	ascii('a')	97
btrim(string text [, characters text])	text	从 string 的开头和结尾删除包含在参数 characters 中的字符，直到遇到一个不是在 characters 中的字符为止，参数 characters 的默认值为空格	btrim('aaosdbaaa', 'aa')	osdb
			btrim(' osdba ',' ')	osdba
			btrim(' osdba ')	osdba
chr(int)	text	给出 ASCII 码的字符	chr(97)	a
convert(string text, [src_encoding name,] dest_encoding name)	text	把原来编码为 src_encoding 的字符串转换为 dest_encoding 编码（如果省略了 src_encoding，将使用数据库编码）	convert('aa', 'UTF8', 'GBK')	\x6161 以 GBK 编码表示的 aa

（续）

函数	返回类型	描述	示例	结果
decode(string text, type text)	bytea	把原来用 encode 编码的 string 中的二进制数据解码。参数类型和 encode 相同	decode('b3NkYmEA AQ==', 'base64')	\x6f736462610001
encode(data bytea, type text)	text	把二进制数据编码为只包含 ASCII 形式的数据。支持的类型有 base64、hex、escape 等	encode(E'osdba\\000 \\001','base64')	b3NkYmEAAQ==
initcap(string)	text	把每个单词的第一个字母转换为大写，其他的仍为小写。单词是一系列字母数字组成的字符串，用非字母数字分隔	initcap('hi osdba')	Hi Osdba
length(string)	int	string 中字符的数目	length('osdba')	5
lpad(string text, length int [, fill text])	text	通过填充字符 fill（默认为空白），把 string 填充为 length 长度。如果 string 已经比 length 长，则将其尾部截断	lpad('OK', 5, '12')	121OK
ltrim(string text [, characters text])	text	从字符串 string 的开头删除包含在参数 characters 中的字符，直到遇到一个不在 characters 中的字符为止，参数 characters 的默认值为空格	ltrim('213osdba213', '123')	osdba213
md5(string)	text	计算 string 的 MD5 散列，以十六进制返回结果	md5('osdba')	bc4e68be5b31f23 d8d56c7f4c3351fec
pg_client_encoding()	name	当前客户端编码名称	pg_client_encoding()	GBK
quote_ident(string)	text	返回适用于 SQL 语句的标识符形式（使用适当的引号来界定）。只有在必要的时候才会添加引号（字符串中包含非标识符字符或者会转换大小写的字符）。嵌入的引号会被恰当地写为双份	quote_ident('osdba')	"osdba"
quote_literal(string)	text	返回适于在 SQL 语句中当作文本使用的形式。嵌入的引号和反斜杠被恰当地写为双份	quote_literal('O\ 'Reilly')	'O''Reilly'
regexp_replace (string text, pattern text, replacement text [,flags text])	text	替换匹配 POSIX 正则表达式的子字符串	regexp_replace('os 123dba', '.[1-9]+','#');	o#dba
repeat(string text, number int)	text	将 string 重复 number 次	repeat('osdba', 3)	osdbaosdbaosdba
replace(string text, from text, to text)	text	把字符串 string 中出现的所有子字符串 from 替换成子字符串 to	replace('123osdba45 osdba78', 'osdba', '-')	123-45-78
rpad(string text, length int [, fill text])	text	使用填充字符 fill（默认为空白），把 string 填充到 length 长度。如果 string 已经比 length 长，则从尾部将其截断	rpad('os', 6, '123')	os1231

（续）

函数	返回类型	描述	示例	结果
rtrim(string text [, characters text])	text	从字符串 string 的结尾删除包含在参数 characters 中的字符，直至遇到一个不包含在 characters 中的字符为止，参数 characters 的默认值为空格	rtrim('trimxxxx', 'x')	trim
split_part(string text, delimiter text, field int)	text	根据 delimiter 分隔 string 返回生成的第 field 个子字符串（1 为基）	split_part('123#456#789','#',2)	456
strpos(string, substring)	int	指定子字符串的位置。和 position (substring in string) 一样，不过参数顺序相反	strpos('osdba', 'db')	3
substr(string, from [, count])	text	抽取子字符串。和 substring(string from from for count) 一样	substr('osdba', 2, 2)	sd
to_ascii(string text [, encoding text])	text	把 string 从其他编码转换为 ASCII（仅支持 LATIN1、LATIN2、LATIN9、WIN1250 编码）	to_ascii('Osdba')	Osdba
to_hex(number int 或 bigint)	text	把 number 转换成十六进制表现形式	to_hex(2147483647)	7fffffff
translate(string text, from text, to text)	text	把 string 中包含的所有匹配 from 的字符转化为对应的在 to 中的字符	translate('12345', '14', 'db')	d23b5

5.5　二进制数据类型

二进制类型是可以存放任意数据的一种类型，本节将详细讲解这些类型的使用方法。

5.5.1　二进制数据类型介绍

PostgreSQL 中只有一种二进制类型：bytea 类型。此数据类型允许存储二进制字符串，对应 MySQL 和 Oracle 中的 blob 类型。Oracle 中的 raw 类型也可以用该类型取代。

二进制字符串是一个字节序列。二进制字符串和普通字符串的区别有两个：第一，二进制字符串完全可以存储字节零值，以及其他"不可打印"的字节（定义在 32 到 126 范围之外的字节）。普通字符串不允许字节零值，而且也不允许存储那些不符合选定的字符集编码的非法字节值或者字节序列。第二，对二进制字符串的处理实际上就是对字节的处理，而对字符串的处理，则取决于区域设置。简单说，二进制字符串适于存储那些程序员认为是"原始字节"的数据，比如图片内容，而字符串则适合存储文本。

5.5.2　二进制数据类型转义表示

既然二进制字符串中的部分字符为不可打印字符，那么如何在 SQL 语句的文本串中输入 bytea 数值呢？答案是使用转义。通常来说，要转义一个字节值，需要把它的数值转换成对应的三位八进制数，并且加两个前导反斜杠。有些八进制数值可以加一个反斜杠直接转义，比如单引号和反斜杠本身，见表 5-11。

表 5-11　二进制字符串的转义表示方法

十进制数值	描述	示例
39	单引号	```osdba=# SELECT E'\''::bytea,E'\''::text;
bytea	text
-------+------
\x27	'
(1 (1 row)```
92	反斜杠	```osdba=# SELECT E'\\\\'::bytea,
osdba=#   E'\\134'::bytea,
osdba=#   E'\\'::text,
osdba=#   E'134'::text;
bytea	bytea	text	text
-------+-------+------+------
\x5c	\x5c	\	\
(1 row)```
0 到 31 及 127 到 255	"不可打印" 字节	```osdba=# SELECT E'\\001\\002'::bytea;
  bytea

 \x0102
(1 row)

osdba=# insert into t
osdba=#   values(E'\\001\\002');
INSERT 0 1
osdba=# select * from t;
  col1

 \x0102
(1 row)``` |

5.5.3　二进制数据类型的函数

二进制数据类型的函数见表 5-12。

表 5-12　二进制字符串函数和操作符

函数	返回类型	描述	示例	结果
string || string	bytea	字符串连接	E'\\\\Post'::bytea || E'\\047gres\\000'::bytea	\\Post'gres\000
get_bit(string, offset)	int	从字符串中抽取位	get_bit(E'os\\000dba'::bytea, 45)	1
get_byte(string, offset)	int	从字符串中抽取字节	get_byte(E'os\\000dba'::bytea, 4)	98

(续)

函数	返回类型	描述	示例	结果
octet_length(string)	int	二进制字符串中的字节数	octet_length(E'os\\000dba'::bytea)	6
position(substring in string)	int	特定子字符串的位置	position(E's\\000'::bytea in E'my#os\\000db'::bytea)	5
set_bit(string, offset, newvalue)	bytea	设置字符串中的位	set_bit(E'Th\\000omas'::bytea, 45, 0)	Th\000omAs
set_byte(string, offset, newvalue)	bytea	设置字符串中的字节	set_byte(E'Th\\000omas'::bytea, 4, 64)	Th\000o@as
substring(string [from int] [for int])	bytea	抽取子字符串	substring(E'Th\\000omas'::bytea from 2 for 3)	h\000o
trim([both] bytea from string)	bytea	从 string 的开头和结尾删除只包含 bytea 中字节的最长字符串	trim(E'\\000'::bytea from E'\\000Tom\\000'::bytea)	Tom

5.6 位串类型

位串类型是可以存放一系列二进制位的类型，相对于二进制类型来说，此类型在做一些位操作更方便、更直观，本节将详细讲解它们的使用方法。

5.6.1 位串类型介绍

位串就是一串由 1 和 0 组成的字符串。PostgreSQL 中可以直观地显式操作二进制位。下面是两种 SQL 位类型：

❑ bit(n)。

❑ bit varying(n)。

其中 n 是一个正整数。

bit(n) 类型的数据必须准确匹配长度 n，试图存储短一些或者长一些的数据都是错误的。

bit varying(n) 类型的数据是最长为 n 的变长类型，更长的串会被拒绝。写一个没有长度的 bit 等效于 bit(1)，没有长度的 bit varying 表示没有长度限制。

如果明确地把一个位串值转换成 bit(n)，那么它的右边将被截断，或者在右边补齐 0 到刚好为 n 位，而不会抛出任何错误。类似地，如果明确地把一个位串数值转换成 bit varying(n)，而其超过 n 位，那么它的右边将被截断。

5.6.2 位串类型的使用方法

下面介绍位串类型的使用方法，首先创建一个测试表，示例如下：

```
CREATE TABLE test (a BIT(3), b BIT VARYING(5));
```

插入一条测试数据：

```
osdba=# INSERT INTO test VALUES (B'101', B'00');
```

```
INSERT 0 1
```

对于 bit(n) 字段，如果插入的数据的长度小于定义的长度 n 或超过了定义的长度 n 都将报错：

```
osdba=# INSERT INTO test VALUES (B'10', B'101');
ERROR:  bit string length 2 does not match type bit(3)
osdba=# INSERT INTO test VALUES (B'11110', B'101');
ERROR:  bit string length 5 does not match type bit(3)
```

对于 bit varying(n)，如果插入的数据超过了匹配的长度 n 也会报错：

```
osdba=# INSERT INTO test VALUES (B'110', B'111101');
ERROR:  bit string too long for type bit varying(5)
```

5.6.3 位串的操作符及函数

位串除了常用的比较操作符之外，主要支持一些位运算的操作符，具体见表 5-13。

表 5-13 位串类型的操作符

操作符	描述	示例	结果	操作符	描述	示例	结果
‖	连接	B'10000' ‖ B'101'	10000101	~	位非	~B'1101'	0010
&	位与	B'1101' ‖ B'0011'	0001	<<	左移	B'1101' << 3	1000
		位或	B'1101' ‖ B'0011'	1111	>>	右移	B'1101' >> 3	0001
#	异或	B'1101' # B'0011'	1110				

下列 SQL 标准函数既可以用于字符串，也可以用于位串：

❑ length。

❑ bit_length。

❑ octet_length。

❑ position。

❑ substring。

❑ overlay。

下列函数既支持二进制字符串，也可用于位串：

❑ get_bit。

❑ set_bit。

当用于位串时，上述函数的位数将以串（最左边）的第一位作为 0 位。

另外，可以在整数和 bit 之间进行转换。示例如下：

```
osdba=# select 66::bit(10);
    bit
------------
 0001000010
(1 row)

osdba=# select 66::bit(3);
```

```
  bit
-----
  010
(1 row)

osdba=# select cast(-66 as bit(12));
     bit
--------------
  111110111110
(1 row)
```

下面来看一下 PostgreSQL 中十进制、十六进制、二进制之间的转换示例。

十进制转二进制的示例如下：

```
osdba=# select 85::bit(8);
    bit
----------
  01010101
(1 row)
```

十六进制转二进制的示例如下：

```
osdba=# select 'xff'::bit(8);
    bit
----------
  11111111
(1 row)
```

十六进制转十进制的示例如下：

```
osdba=# select 'xff'::bit(8)::int;
  int4
------
   255
(1 row)
```

十进制转十六进制的示例如下：

```
osdba=# select to_hex(255);
  to_hex
---------
   ff
(1 row)
```

5.7 日期 / 时间类型

日期 / 时间类型是最常用的几种数据类型之一，除包括不同日期 / 时间范围和精度的类型外，还包括了时间间隔类型，本节将详细讲解这些类型的使用方法。

5.7.1 日期 / 时间类型介绍

PostgreSQL 中有关日期和时间的数据类型见表 5-14。

表 5-14 日期 / 时间类型列表

名字	存储空间	描述	最低值	最高值	分辨率
timestamp [(p)] [without time zone]	8 字节	日期和时间	4713 BC	5874897 AD	1 毫秒 / 14 位
timestamp [(p)] with time zone	8 字节	日期和时间，带时区	4713 BC	5874897 AD	1 毫秒 / 14 位
interval [(p)]	12 字节	时间间隔	−178000000 年	178000000 年	1 毫秒 / 14 位
date	4 字节	只用于日期	4713 BC	5874897 AD	1 天
time [(p)] [without time zone]	8 字节	只用于一日内时间	00:00:00	24:00:00	1 毫秒 / 14 位
time [(p)] with time zone	12 字节	只用于一日内时间，带时区	00:00:00+1459	24:00:00-1459	1 毫秒 / 14 位

需要注意的是，PostgreSQL 中的时间类型可以精确到秒以下，而 MySQL 中的时间类型只能精确到秒。time、timestamp、interval 接受一个可选的精度值 p 以指明秒域中小数部分的位数。如果没有明确的默认精度，对于 timestamp 和 interval 类型，p 的取值范围是 0 ~ 6 。

timestamp 数值是以双精度浮点数的方式存储的，它以 2000-01-01 午夜之前或之后的秒数存储。可以想象，在 2000-01-01 前后几年的日期中精度是可以达到微秒的，而在更远一些的日子，精度可能达不到微秒，但达到毫秒是没有问题的。

也可以改变编译选项使 timestamp 以八字节整数的方式存储，那么微秒的精度就可以在数值的全部范围内得到保证，不过这样一来八位整数的时间戳范围就缩小到了 4713 BC 到 294276 AD 之间。此外，这个编译选项也决定了 time 和 interval 数值是保存成浮点数还是八字节整数。同样，在以浮点数存储的时候，随着时间间隔的增加，interval 数值的精度也会降低。

5.7.2 日期输入

在 SQL 中，任何日期或者时间的文本输入都需要由"日期 / 时间"类型加单引号括起来的字符串组成，语法如下：

```
type [ (p) ] 'value'
```

日期和时间的输入几乎可以是任何合理的格式，包括 ISO-8601 格式、SQL- 兼容格式、传统的 Postgres 格式及其他形式。对于一些格式，日期输入中的月和日可能会使人产生疑惑，因此系统支持自定义这些字段的顺序。如果 DateStyle 参数默认为"MDY"，则表示按"月 - 日 - 年"的格式进行解析，如果参数设置为"DMY"，则按照"日 - 月 - 年"的格式进行解析，设置为，"YMD"表示按照"年 - 月 - 日"的格式进行解析。示例如下：

```
osdba=# create table t(col1 date);
CREATE TABLE
osdba=# insert into t values(date '12-10-2010');
INSERT 0 1
osdba=# select * from t;
    col1
------------
```

```
    2010-12-10
(1 row)

osdba=# show datestyle;
  DateStyle
-----------
  ISO, MDY
(1 row)

osdba=# set datestyle='YMD';
SET
osdba=# insert into t values(date '2010-12-11');
INSERT 0 1
osdba=# select * from t;
    col1
------------
  2010-12-10
  2010-12-11
(2 rows)
```

更多的日期输入示例如表 5-15 所示。

表 5-15　日期输入的示例

示例	描述
date 'April 26, 2011'	在任何 DateStyle 输入模式下都无歧义
date '2011-01-08'	ISO 8601 格式（建议格式），任何方式下都是 2011 年 1 月 8 日，而不会是 2011 年 8 月 1 日
date '1/8/2011'	有歧义，当 DateStyel 参数设置为"MDY"时是 2011 年 1 月 8 日；如果 DateStyel 参数设置为"DMY"，则表示 2011 年 8 月 1 日
date '1/18/2011'	在 DateStyel 参数设置为"MDY"模式时是 2011 年 1 月 18 日；其他模式下被拒绝
date '03/04/11'	在 MDY 模式下表示 2011 年 3 月 4 日；在 DMY 模式下表示 2011 年 4 月 3 日；在 YMD 模式下表示 2003 年 4 月 11 日
date '2011-Apr-08'	任何模式下都表示 2011 年 04 月 08 日
date 'Apr-08-2011'	任何模式下都表示 2011 年 04 月 08 日
date '08-Apr-2011'	任何模式下都表示 2011 年 04 月 08 日
date '19980405'	ISO 8601；任何模式下都表示 1998 年 4 月 5 日
date '110405'	ISO 8601；任何模式下都表示 2011 年 4 月 5 日
date '2011.062'	2011 年的第 62 天，即 2011 年 03 月 03 日
date 'J2455678';	儒略日，即从公元前 4713 年 1 月 1 日到今天经过的天数，多为天文学家使用。2455768 天，就是 2011 年 04 月 26 日
date 'April 26, 202 BC'	公元前 202 年 4 月 26 日

对于中国人来说，使用"/"作为时间和日期分隔符容易产生歧义，最好使用"-"，然后以"年 - 月 - 日"的格式输入日期。

5.7.3　时间输入

输入时间时需要注意时区的输入。time 被认为是 time without time zone 的类型，这样即使字符串中有时区也会被忽略，示例如下：

```
osdba=# select time '04:05:06';
    time
----------
  04:05:06
(1 row)

osdba=# select time '04:05:06 PST';
    time
----------
  04:05:06
(1 row)

osdba=# select time with time zone'04:05:06 PST';
    timetz
-------------
  04:05:06-08
(1 row)
```

时间字符串可以使用冒号作分隔符，即输入格式为"hh:mm:ss"，如"10:23:45"，也可以不用分隔符，如"102345"表示 10 点 23 分 45 秒。

更多的时间类型的输入示例见表 5-16。

表 5-16　时间输入的示例

示例	描述
time '22:55:06.789'	ISO 8601
time '22:55:06'	ISO 8601
time '22:55'	ISO 8601
time '225506'	ISO 8601
time '10:55 AM'	与 10:55 一样；AM 不影响数值
time '10:55 PM'	与 22:55 一样；输入小时数必须小于等于 12
time with time zone '22:55:06.789+8'	带时区
time with time zone '22:55:06+08:00'	ISO 8601
time with time zone '22:55+08:00'	ISO 8601
time with time zone '225506+08'	ISO 8601
time with time zone '22:55:06 CCT'	缩写的时区，北京时间 22:55:06
select time with time zone '2003-04-12 04:05:06 Asia/Chongqing';	用名字声明的时区

 注意　最好不要用时区缩写来表示时区，因为这样有可能给阅读者带来困扰，如 CST 时间有可能有以下几种含义：

- ❑ Central Standard Time (USA) UT-6:00，即美国标准时间。
- ❑ Central Standard Time (Australia) UT+9:30，即澳大利亚标准时间。
- ❑ China Standard Time UT+8:00，即中国标准时间。
- ❑ Cuba Standard Time UT-4:00，即古巴标准时间。

这么多的时区都叫 CST，是不是让人困惑？ CST 在 PostgreSQL 中代表 Central Standard Time (USA) UT-6:00，缩写可以查询视图 "pg_timezone_abbrevs"：

```
osdba=# select * from pg_timezone_abbrevs where abbrev='CST';
 abbrev | utc_offset  | is_dst
--------+-------------+--------
 CST    | -06:00:00   | f
(1 row)
```

在输入的时间后加 "AT TIME ZONE" 可以转换或指定时区：

```
osdba=# SELECT TIMESTAMP WITH TIME ZONE '2001-02-16 20:38:40-05' AT TIME ZONE '+08:00';
      timezone
---------------------
 2001-02-16 17:38:40
(1 row)
```

5.7.4 特殊值

为方便起见，PostgreSQL 中用了一些特殊的字符串输入值表示特定的意义，具体见表 5-17。

表 5-17 日期时间输入的特殊值

输入字符串	适用类型	描述
epoch	date, timestamp	1970-01-01 00:00:00+00（UNIX 系统零时）
infinity	timestamp	时间戳的最大值，比任何其他时间戳都晚
-infinity	timestamp	时间戳的最小值，比任何其他时间戳都早
now	date, time, timestamp	当前事务的开始时间
today	date, timestamp	今日午夜
tomorrow	date, timestamp	明日午夜
yesterday	date, timestamp	昨日午夜
allballs	time	00:00:00.00 UTC

5.7.5 函数和操作符列表

日期、时间和 inteval 类型数值之间可以进行加减乘除运算，具体见表 5-18。

表 5-18 日期和时间操作符

操作符	示例	结果
+	date '2011-04-02' + integer '7'	date '2011-04-09'
+	date '2011-04-02' + interval '1 hour'	timestamp '2011-04-02 01:00:00'
+	date '2001-09-28' + time '03:00'	timestamp '2001-09-28 03:00:00'
+	interval '1 day' + interval '1 hour'	interval '1 day 01:00:00'
+	timestamp '2011-04-02 01:00' + interval '23 hours'	timestamp '2011-04-03 00:00:00'
+	time '01:00' + interval '2 hours'	time '03:00:00'

（续）

操作符	示例	结果
-	- interval '11 hours'	interval '-11:00:00'
-	date '2011-04-04' - date '2011-04-01'	3
-	date '2011-04-04' - integer '2'	date '2011-04-02'
-	date '2011-04-04' - interval '1 hour'	timestamp '2011-04-03 23:00:00'
-	time '07:00' - time '04:00'	interval '03:00:00'
-	time '07:00' - interval '4 hours'	time '03:00:00'
-	timestamp '2011-04-02 22:00' - interval '22 hours'	timestamp '20011-04-02 00:00:00'
-	interval '1 day' - interval '1 hour'	interval '1 day -01:00:00'
-	timestamp '2011-04-04 03:00' - timestamp '2011-04-02 12:00'	interval '1 day 15:00:00'
*	600 * interval '1 second'	interval '00:10:00'
*	15 * interval '1 day'	interval '15 days'
*	2.5 * interval '1 hour'	interval '02:30:00'
/	interval '2 hour' / 1.5	interval '01:20:00'

日期、时间和 inteval 类型的函数见表 5-19。

除了以上函数以外，PostgreSQL 还支持 SQL 的 OVERLAPS 操作符，如下：

```
(start1, end1) OVERLAPS (start2, end2)
(start1, length1) OVERLAPS (start2, length2)
```

上面的表达式在两个时间域（用它们的终点定义）重叠的时候生成真值。终点可以用一对日期、时间、时间戳来声明；或者是后面跟着一个表示时间间隔的日期、时间、时间戳，示例如下：

```
SELECT (DATE '2001-02-16', DATE '2001-12-21') OVERLAPS
       (DATE '2001-10-30', DATE '2002-10-30');
Result: true
SELECT (DATE '2001-02-16', INTERVAL '100 days') OVERLAPS
       (DATE '2001-10-30', DATE '2002-10-30');
Result: false
```

5.7.6 时间函数

PostgreSQL 提供了许多用于返回当前日期和时间的函数。下面的函数都是按照当前事务开始的时间返回结果的：

❑ CURRENT_DATE。

❑ CURRENT_TIME。

❑ CURRENT_TIMESTAMP。

❑ CURRENT_TIME(precision)。

❑ CURRENT_TIMESTAMP(precision)。

表 5-19 日期 / 时间函数

函数	返回值类型	描述	示例	结果
age(timestamp, timestamp)	interval	减去参数后的"符号化"结果	age(timestamp '2011-05-02', timestamp '1980-05-01')	31 years 4 mons 1 day
age(timestamp)	interval	从 current_date 减去参数后的结果	age(timestamp '1980-01-01')	31 years 4 mons 1 day
clock_timestamp()	timestamp with time zone	实时时钟的当前时间戳		
current_date	date	当前日期		
current_time	time with time zone	当日时间		
current_timestamp	timestamp with time zone	当前事务开始时的时间戳		
date_part(text, timestamp)	double precision	获取子域（等效于 extract）	date_part('hour', timestamp '2001-02-16 20:38:40')	20
date_part(text, interval)	double precision	获取子域（等效于 extract）	date_part('month', interval '2 years 3 months')	3
date_trunc(text, timestamp)	timestamp	截断成指定的精度	date_trunc('hour', timestamp '2001-02-16 20:38:40')	2001-02-16 20:00:00
extract(field from timestamp)	double precision	获取子域	extract(hour from timestamp '2001-02-16 20:38:40')	20
extract(field from interval)	double precision	获取子域	extract(month from interval '2 years 3 months')	3
isfinite(timestamp)	boolean	测试是否为有穷时间戳	isfinite(timestamp '2011-05-02 11:33:30')	true
isfinite(interval)	boolean	测试是否为有穷时间间隔	isfinite(interval '5 hours')	true
justify_days(interval)	interval	按照每月 30 天调整时间间隔	justify_days(interval '30 days')	1 month
justify_hours(interval)	interval	按照每天 24 小时调整时间间隔	justify_hours(interval '24 hours')	1 day
justify_interval(interval)	interval	使用 justify_days 和 justify_hours 调整时间间隔的同时进行正负号调整	justify_interval(interval '1 mon -1 hour')	29 days 23:00:00
localtime	time	当日时间		
localtimestamp	timestamp	当前事务开始时的时间戳		
now()	timestamp with time zone	当前事务开始时的时间戳		
statement_timestamp()	timestamp with time zone	实时时钟的当前时间戳		
timeofday()	text	与 clock_timestamp 相同，但结果是一个 text 字符串		
transaction_timestamp()	timestamp with time zone	当前事务开始时的时间戳		

   ❑ LOCALTIME。

   ❑ LOCALTIMESTAMP。

   ❑ LOCALTIME(precision)。

   ❑ LOCALTIMESTAMP(precision)。

   ❑ now()。

   ❑ transaction_timestamp()。

其中，CURRENT_TIME 和 CURRENT_TIMESTAMP 返回带时区的值；LOCALTIME 和 LOCALTIMESTAMP 返回不带时区的值。

CURRENT_TIME、CURRENT_TIMESTAMP、LOCALTIME、LOCALTIMESTAMP 可以选择性地给予一个精度参数，该精度会导致结果的秒数域被四舍五入到指定的小数位。如果没有精度参数，将给予所能得到的全部精度。示例如下：

```
osdba=# begin;
BEGIN
osdba=# SELECT CURRENT_TIME;
       timetz
--------------------
  11:59:58.280049+08
(1 row)

osdba=# SELECT CURRENT_DATE;
    date
------------
  2011-05-02
(1 row)

osdba=# SELECT CURRENT_TIMESTAMP;
             now
-------------------------------
  2011-05-02 11:59:58.280049+08
(1 row)

osdba=# SELECT CURRENT_TIMESTAMP(2);
       timestamptz
--------------------------
  2011-05-02 11:59:58.28+08
(1 row)

osdba=# SELECT LOCALTIMESTAMP;
          timestamp
--------------------------
  2011-05-02 11:59:58.280049
(1 row)

osdba=# end;
COMMIT
```

因为这些函数全部是按照当前事务开始的时间返回结果的，所以它们的值在整个事务运行期间都不会改变。PostgreSQL 这样做是为了允许一个事务在"当前时间"上有连贯的概念，这样同一个事务里的多个修改就可以保持同样的时间戳了。

PostgreSQL 同样也提供了返回实时时间值的函数，它们的返回值会在事务中随时间的推移而不断变化。这些函数列表如下：

❑ statement_timestamp()。

❑ clock_timestamp()。

❑ timeofday()。

now() 函数、CURRENT_TIMESTAMP 函数和 transaction_timestamp() 函数是等效的。不过，transaction_timestamp() 的命名更准确地表明了其含义。statement_timestamp() 返回当前语句开始时刻的时间戳。statement_timestamp() 和 transaction_timestamp() 在一个事务的第一条命令里的返回值相同，但是在随后的命令中返回结果却不一定相同。clock_timestamp() 返回实时时钟的当前时间戳，因此它的值甚至在同一条 SQL 命令中都会变化。timeofday() 相当于 clock_timestamp()，也返回实时时钟的当前时间戳，但它返回的是一个 text 字符串，而不是 timestamp with time zone 值。

所有日期 / 时间类型还接受特殊的文本值"now"，用于声明当前的日期和时间（重申：乃当前事务开始的时间）。因此，下面 3 个语句都返回相同的结果：

❑ SELECT CURRENT_TIMESTAMP。

❑ SELECT now()。

❑ SELECT TIMESTAMP with time zone 'now'。

示例如下：

```
osdba=# begin;
BEGIN
osdba=# SELECT CURRENT_TIMESTAMP;
              now
-------------------------------
  2011-05-02 12:26:13.679925+08
(1 row)

osdba=# SELECT now();
              now
-------------------------------
  2011-05-02 12:26:13.679925+08
(1 row)


osdba=# SELECT TIMESTAMP with time zone 'now';
            timestamptz
-------------------------------
  2011-05-02 12:26:13.679925+08
(1 row)
osdba=# end;
COMMIT
```

5.7.7 extract 和 date_part 函数

extract 函数格式如下：

```
extract (field FROM source)
```

extract 函数从日期/时间数值中抽取子域，比如年、小时等，其返回类型为 double precision 的数值。source 必须是一个 timestamp 或 time 或 interval 类型的值表达式，此外，类型为 date 的表达式可自动转换为 timestamp，因此 source 也可以用 date 类型。field 是一个标识符或者字符串，它指定从源数据中抽取的域。表 5-20 中列出了 field 可以取的各类值及示例。

表 5-20　extract 函数的示例

field值	说明	示例	结果
century	世纪	SELECT EXTRACT(CENTURY FROM TIMESTAMP'2011-12-16 12:21:13');	21
year	年份	SELECT EXTRACT(YEAR FROM TIMESTAMP'2011-05-01 12:41:00');	2011
decade	得到年份/10 的值	SELECT EXTRACT(decade FROM TIMESTAMP'2011-05-01 12:41:00');	201
millennium	得到第几个千年， 0～1000 是第一个千年 1001～2000 是第二个千年， 2001～3000 是第三个千年	SELECT EXTRACT(millennium FROM TIMESTAMP'2011-05-01 12:41:00')	3
quarter	得到第几季度的值	SELECT EXTRACT(quarter FROM TIMESTAMP'2011-05-01 12:41:00')	2
month	对于 timestamp 得到月分值（1～12），对于 interval 值，它是月的数目，然后对 12 取模（0～11）	SELECT EXTRACT(month FROM TIMESTAMP'2011-05-01 12:41:00');	5
		SELECT EXTRACT(MONTH FROM INTERVAL'2 years 11 months');	11
week	求日期是这一年的第几个星期	SELECT EXTRACT(YEAR FROM TIMESTAMP'2011-05-01 12:41:00');	17
dow	求日期是星期几，"0"表示星期天，"1"表示星期一，……	SELECT EXTRACT(dow FROM TIMESTAMP'2011-05-01 12:41:00');	0
day	本月的第几天	SELECT EXTRACT(YEAR FROM TIMESTAMP'2011-05-01 12:41:00');	1
doy	本年的第几天	SELECT EXTRACT(doy FROM TIMESTAMP'2011-05-01 12:41:00');	121
hour	得到时间中的小时（0～23）	SELECT EXTRACT(hour FROM TIMESTAMP'2011-05-01 12:41:00');	12
minute	得到时间中的分钟(0～59)	SELECT EXTRACT(min FROM TIMESTAMP'2011-05-01 12:41:00');	41
second	得到时间中的秒(0～59)，包括小数部分	SELECT EXTRACT(sec FROM TIMESTAMP'2011-05-01 12:41:22.56');	22.56

（续）

field值	说明	示例	结果
epoch	对于 date 和 timestamp 值而言，是自 1970-01-01 00:00:00-00 以来的秒数（结果可能是负数）；对于 interval 值而言，它是时间间隔的总秒数	SELECT EXTRACT(epoch FROM TIMESTAMP'2011-05-01 12:41:00')	1304224860
		SELECT EXTRACT(EPOCH FROM TIMESTAMP WITH TIME ZONE'2011-05-01 12:41:00+08');	1304224860
		SELECT EXTRACT(EPOCH FROM INTERVAL'1 days 1 hours');	90000
milliseconds	秒域（包括小数部分）乘以 1 000。即秒域的毫秒数，请注意，它包括全部的秒	SELECT EXTRACT(milliseconds FROM TIMESTAMP'2011-05-01 12:41:22.56');	22560
microseconds	秒域（包括小数部分）乘以 1 000 000。即秒域的微秒数，请注意它包括全部的秒	SELECT EXTRACT(microseconds FROM TIMESTAMP'2011-05-01 12:41:22.56');	22560000
timezone	与 UTC 的时区偏移量，以秒记。例如，中国的时区是 +8 区，所以就返回 3600 × 8=28800	SELECT EXTRACT(timezone FROM TIMESTAMP with time zone'2011-05-01 12:41:22.56');	28800
timezone_hour	时区偏移量的小时部分	SELECT EXTRACT(timezone_hour FROM TIMESTAMP with time zone'2011-05-01 12:41:22.56');	8
timezone_minute	时区偏移量的小时部分。整数时区都返回 0	SELECT EXTRACT(timezone_minute FROM TIMESTAMP with time zone'2011-05-01 12:41:22.56');	0

5.8 枚举类型

枚举类型是包含一系列有序的静态值集合的一个数据类型，等于某些编程语言中的 enum 类型。

5.8.1 枚举类型的使用

与 MySQL 不一样，在 PostgreSQL 中要使用枚举类型需要先使用 CREATE TYPE 来创建此枚举类型。示例如下。

先建一个名为"week"的枚举类型，并建一张测试表：

```
CREATE TYPE week AS ENUM ('Sun','Mon','Tues','Wed','Thur','Fri', 'Sat');
CREATE TABLE duty(person text, weekday week);
INSERT INTO duty values('张三', 'Sun');
INSERT INTO duty values('李四', 'Mon');
INSERT INTO duty values('王二', 'Tues');
INSERT INTO duty values('赵五', 'Wed');
```

试着查询一条数据：

```
osdba=# SELECT * FROM duty WHERE weekday = 'Sun';
 person | weekday
```

```
--------+---------
 张三     | Sun
(1 row)
```

如果输入的字符串不在枚举类型之间，则会报错：

```
osdba=# SELECT * FROM duty WHERE weekday = 'Sun.';
ERROR:  invalid input value for enum week: "Sun."
LINE 1: SELECT * FROM duty WHERE weekday = 'Sun.';
                                           ^
```

在 psql 中可以使用 "\dT" 命令查看枚举类型的定义：

```
osdba=# \dT+ week
                              List of data types
 Schema | Name | Internal name | Size | Elements | Access privileges | Description
--------+------+---------------+------+----------+-------------------+-------------
 public | week | week          | 4    | Sun    +|                   |
        |      |               |      | Mon    +|                   |
        |      |               |      | Tues   +|                   |
        |      |               |      | Wed    +|                   |
        |      |               |      | Thur   +|                   |
        |      |               |      | Fri    +|                   |
        |      |               |      | Sat     |                   |
(1 row)
```

直接查询表 "pg_enum" 也可以看到枚举类型的定义：

```
osdba=# select * from pq_enum;
 enumtypid | enumsortorder | enumlabel
-----------+---------------+-----------
     26394 |             1 | Sun
     26394 |             2 | Mon
     26394 |             3 | Tues
     26394 |             4 | Wed
     26394 |             5 | Thur
     26394 |             6 | Fri
     26394 |             7 | Sat
(7 rows)
```

5.8.2 枚举类型说明

在枚举类型中，值的顺序是创建枚举类型时定义的顺序。所有的比较标准运算符及相关的聚集函数都可支持枚举类型。示例如下：

```
osdba=# SELECT min(weekday), max(weekday) FROM duty;
 min | max
-----+-----
 Sun | Wed
(1 row)
osdba=# SELECT * FROM duty where weekday = (SELECT max(weekday) FROM duty);
 person | weekday
--------+---------
 赵五     | Wed
(1 row)
```

每个枚举类型都是独立的，不能与其他枚举类型混用。

一个枚举值在磁盘上占 4 字节空间。一个枚举值的文本标签长度由 NAMEDATALEN 设置并编译到 PostgreSQL 中，且是以标准编译的方式进行的，也就意味着，一个枚举值的文本标签长度至少是 63 字节。

枚举类型的值对大小写是敏感的，如 "Mon" 不等于 "mon"。标签中的空格也是一样，如 "Mon "（"Mon" 后有一个空格）不等于 "Mon"。

5.8.3　枚举类型的函数

与枚举类型相关的函数见表 5-21。

表 5-21　枚举类型的函数

函数	描述	示例	结果
enum_first (anyenum)	返回枚举类型的第一个值	enum_first('Mon'::week)	Sun
enum_last (anyenum)	返回枚举类型的最后一个值	enum_last('Mon'::week)	Sat
enum_range (anyenum)	以有序数组的形式返回输入枚举类型的所有值	enum_range('Sun'::week)	{Sun,Mon,Tues, Wed, Thur,Fri, Sat}
enum_range (anyenum, anyenum)	以有序数组的形式返回在给定两个枚举值之间的范围。两个参数值必须是相同的枚举类型。如果第一个参数为空，其结果将从枚举类型的第一个值开始。如果第二参数为空，其结果将以枚举类型的最后一个值结束	enum_range('Sun'::week, 'Wed'::week)	{Sun,Mon,Tues,Wed}
		enum_range('Sun'::week, null)	{Sun,Mon,Tues, Wed, Thur,Fri," Sat"}
		enum_range(null, 'Wed'::week)	{Sun,Mon,Tues,Wed}

上面例子中的枚举类型 "week" 的定义如下：

```
CREATE TYPE week AS ENUM ('Sun','Mon','Tues','Wed','Thur','Fri', 'Sat');
```

除了两个参数形式的 enum_range 外，其余函数会忽略传递给它们的具体值，因为它们只关心声明的数据类型。使用 null 加上类型转换也会得到相同的结果，示例如下：

```
osdba=# select enum_first(null::week), enum_last(null::week);
 enum_first | enum_last
------------+-----------
 Sun        | Sat
(1 row)
```

5.9　几何类型

PostgreSQL 数据库提供了点、线、矩形、多边形等几何类型，其他数据库大都没有这些类型，本节将详细讲解这些类型的使用方法。

5.9.1　几何类型概况

PostgreSQL 主要支持一些二维的几何数据类型。最基本的类型是"point"，它是其他类型的基础。PostgreSQL 支持的几何类型见表 5-22。

表 5-22　PostgreSQL 支持的几何类型列表

类型名称	存储空间	描述	表现形式
point	16 字节	平面中的点	(x,y)
line	32 字节	直线 [目前看到的版本（9.3）中还没有实现]	((x1,y1),(x2,y2))
lseg	32 字节	线段（有限长度）	((x1,y1),(x2,y2))
box	32 字节	矩形	((x1,y1),(x2,y2))
path	$16+16n$ 字节	闭合路径（与多边形类似）	((x1,y1),...)
path	$16+16n$ 字节	开放路径	[(x1,y1),...]
polygon	$40+16n$ 字节	多边形 (与闭合路径相似)	((x1,y1),...)
circle	24 字节	圆	<(x,y),r>

5.9.2　几何类型的输入

可以使用下面的格式输入几何类型：

类型名称 '表现形式'

也可以使用类型转换，形式如下：

'表现形式'::类型名称

下面用例子说明如何输入这些几何类型。

点的示例如下：

```
osdba=# select '1,1'::point;
  point
-------
  (1,1)
(1 row)

osdba=# select '(1,1)'::point;
  point
-------
  (1,1)
(1 row)
```

线段的示例如下：

```
osdba=# select lseg '1,1,2,2';
     lseg
---------------
  [(1,1),(2,2)]
(1 row)

osdba=# select lseg '(1,1),(2,2)';
```

```
        lseg
---------------
 [(1,1),(2,2)]
(1 row)

osdba=# select lseg '((1,1),(2,2))';
        lseg
---------------
 [(1,1),(2,2)]
(1 row)

osdba=# select lseg '[(1,1),(2,2)]';
        lseg
---------------
 [(1,1),(2,2)]
(1 row)

osdba=# select '1,1,2,2'::lseg;
        lseg
---------------
 [(1,1),(2,2)]
(1 row)

osdba=# select '(1,1),(2,2)'::lseg;
        lseg
---------------
 [(1,1),(2,2)]
(1 row)

osdba=# select '((1,1),(2,2))'::lseg;
        lseg
---------------
 [(1,1),(2,2)]
(1 row)

osdba=# select '[(1,1),(2,2)]'::lseg;
        lseg
---------------
 [(1,1),(2,2)]
(1 row)
```

矩形的示例如下：

```
osdba=# select box '1,1,2,2';
      box
-------------
 (2,2),(1,1)
(1 row)

osdba=# select box '(1,1),(2,2)';
      box
-------------
 (2,2),(1,1)
(1 row)
```

```
osdba=# select box '((1,1),(2,2))';
      box
-------------
 (2,2),(1,1)
(1 row)
```

注意，矩形类型不能使用类似线段类型中的中括号输入方法，示例如下：

```
osdba=# select box '[(1,1),(2,2)]';
ERROR:  invalid input syntax for type box: "[(1,1),(2,2)]"
LINE 1: select box '[(1,1),(2,2)]';
                    ^
```

路径的示例如下：

```
osdba=# select path '1,1,2,2,3,3,4,4';
             path
---------------------------
 ((1,1),(2,2),(3,3),(4,4))
(1 row)

osdba=# select path '(1,1),(2,2),(3,3),(4,4)';
             path
---------------------------
 ((1,1),(2,2),(3,3),(4,4))
(1 row)

osdba=# select path '((1,1),(2,2),(3,3),(4,4))';
             path
---------------------------
 ((1,1),(2,2),(3,3),(4,4))
(1 row)

osdba=# select path '[(1,1),(2,2),(3,3),(4,4)]';
             path
---------------------------
 [(1,1),(2,2),(3,3),(4,4)]
(1 row)

osdba=# select '1,1,2,2,3,3,4,4'::path;
             path
---------------------------
 ((1,1),(2,2),(3,3),(4,4))
(1 row)

osdba=# select '(1,1),(2,2),(3,3),(4,4)'::path;
             path
---------------------------
 ((1,1),(2,2),(3,3),(4,4))
(1 row)

osdba=# select '((1,1),(2,2),(3,3),(4,4))'::path;
             path
---------------------------
 ((1,1),(2,2),(3,3),(4,4))
```

```
(1 row)

osdba=# select '[(1,1),(2,2),(3,3),(4,4)]'::path;
            path
---------------------------
 [(1,1),(2,2),(3,3),(4,4)]
(1 row)
```

> 📷 **注意** 在路径中方括号"[]"表示开放路径，而圆括号"()"表示闭合路径。闭合路径是指最后一个点与第一个点是连接在一起的。

多边形的示例如下：

```
osdba=# select polygon '1,1,2,2,3,3,4,4';
          polygon
---------------------------
 ((1,1),(2,2),(3,3),(4,4))
(1 row)

osdba=# select polygon '(1,1),(2,2),(3,3),(4,4)';
          polygon
---------------------------
 ((1,1),(2,2),(3,3),(4,4))
(1 row)

osdba=# select polygon '((1,1),(2,2),(3,3),(4,4))';
          polygon
---------------------------
 ((1,1),(2,2),(3,3),(4,4))
(1 row)

osdba=# select polygon '[(1,1),(2,2),(3,3),(4,4)]';
ERROR:  invalid input syntax for type polygon: "[(1,1),(2,2),(3,3),(4,4)]"
LINE 1: select polygon '[(1,1),(2,2),(3,3),(4,4)]';
                       ^
osdba=# select '1,1,2,2,3,3,4,4'::polygon;
          polygon
---------------------------
 ((1,1),(2,2),(3,3),(4,4))
(1 row)

osdba=# select '(1,1),(2,2),(3,3),(4,4)'::polygon;
          polygon
---------------------------
 ((1,1),(2,2),(3,3),(4,4))
(1 row)

osdba=# select '((1,1),(2,2),(3,3),(4,4))'::polygon;
          polygon
---------------------------
 ((1,1),(2,2),(3,3),(4,4))
(1 row)
```

注意，多边形类型的输入方法中不能使用中括号"[ ]"：

```
osdba=# select polygon '[(1,1),(2,2),(3,3),(4,4)]';
ERROR:  invalid input syntax for type polygon: "[(1,1),(2,2),(3,3),(4,4)]"
LINE 1: select polygon '[(1,1),(2,2),(3,3),(4,4)]';
                       ^
```

圆型的示例如下:

```
osdba=# select circle '1,1,5';
   circle
-----------
 <(1,1),5>
(1 row)

osdba=# select circle '((1,1),5)';
   circle
-----------
 <(1,1),5>
(1 row)

osdba=# select circle '<(1,1),5>';
   circle
-----------
 <(1,1),5>
(1 row)

osdba=# select '1,1,5'::circle;
   circle
-----------
 <(1,1),5>
(1 row)

osdba=# select '((1,1),5)'::circle;
   circle
-----------
 <(1,1),5>
(1 row)

osdba=# select '<(1,1),5>'::circle;
   circle
-----------
 <(1,1),5>
(1 row)
```

注意,圆型不能使用下面的输入方式:

```
osdba=# select circle '(1,1),5';
ERROR:  invalid input syntax for type circle: "(1,1),5"
LINE 1: select circle '(1,1),5';
                      ^

osdba=# select '(1,1),5'::circle;
ERROR:  invalid input syntax for type circle: "(1,1),5"
LINE 1: select '(1,1),5'::circle;
               ^
```

5.9.3 几何类型的操作符

对于几何类型，PostgreSQL 提供了丰富的操作符，具体如下。

- ❏ + ：平移。
- ❏ − ：平移。
- ❏ * ：缩放 / 旋转。
- ❏ / ：缩放 / 旋转。
- ❏ # ：对于两个线段，计算出交点，而对于两个矩形，计算出相关的矩形。
- ❏ # ：对于路径或多边形，则计算出顶点数。
- ❏ @-@ ：计算出长度或周长。
- ❏ @@ ：计算中心点。
- ❏ ## ：第一个和第二个操作数的最近点。
- ❏ <-> ：计算间距。
- ❏ && ：是否重叠，有一个共同点为真。
- ❏ << ：是否严格在左。
- ❏ >> ：是否严格在右。
- ❏ &< ：没有延展到右边。
- ❏ &> ：没有延展到左边。
- ❏ <<| ：严格在下。
- ❏ |>> ：严格在上。
- ❏ &<| ：没有延展到上面。
- ❏ |&> ：没有延展到下面。
- ❏ <^ ：在下面（允许接触）。
- ❏ >^ ：在上面（允许接触）。
- ❏ ?# ：是否相交。
- ❏ ?- ：是否水平或水平对齐。
- ❏ ?| ：是否竖直或竖直对齐。
- ❏ ?-| ：两个对象是否垂直。
- ❏ ?|| ：两个对象是否平行。
- ❏ @> ：是否包含。
- ❏ <@ ：包含或在其上。
- ❏ ~= ：是否相同。

下面通过示例详细讲解这些运算符。

1. 平移运算符 "+" "-" 及缩放 / 旋转运算符 "*" "/"

这 4 个运算符都是二元运算符，运算符左值的类型可以是 "point" "box" "path" "circle"，运算符的右值只能是 "point"。下面来看看相关示例。

对于点与点之间，相当于把点看成一个复数，点和点之间的加减乘除相当于两个复数之间的加减乘除，示例如下：

```
osdba=# select point '(1,2)' + point '(10,20)';
 ?column?
----------
 (11,22)
(1 row)

osdba=# select point '(1,2)' - point '(10,20)';
 ?column?
----------
 (-9,-18)
(1 row)

osdba=# select point '(1,2)' * point '(10,20)';
 ?column?
----------
 (-30,40)
(1 row)

osdba=# select point '(1,2)' / point '(10,20)';
 ?column?
----------
 (0.1,0)
(1 row)
```

对于矩形与点之间，示例如下：

```
osdba=# select box '((0,0),(1,1))' + point '(2,2)';
   ?column?
--------------
 (3,3),(2,2)
(1 row)

osdba=# select box '((0,0),(1,1))' - point '(2,2)';
     ?column?
------------------
 (-1,-1),(-2,-2)
(1 row)
```

对于路径与点之间，示例如下：

```
osdba=# select path '(0,0),(1,1),(2,2)' + point '(10,20)';
          ?column?
--------------------------
 ((10,20),(11,21),(12,22))
(1 row)

osdba=# select path '(0,0),(1,1),(2,2)' - point '(10,20)';
            ?column?
-----------------------------
 ((-10,-20),(-9,-19),(-8,-18))
(1 row)
```

对于圆与点之间，示例如下：

```
osdba=# select circle '((0,0),1)' + point '10,20';
    ?column?
-------------
 <(10,20),1>
(1 row)

osdba=# select circle '((0,0),1)' - point '10,20';
      ?column?
---------------
 <(-10,-20),1>
(1 row)
```

对于乘法，如果乘数的 y 值为 0，比如" point 'x,0'"，则相当于几何对象缩放 x 倍，具体示例如下：

```
osdba=# select point '(1,2)' * point '(2,0)';
 ?column?
----------
 (2,4)
(1 row)

osdba=# select point '(1,2)' * point '(3,0)';
 ?column?
----------
 (3,6)
(1 row)
osdba=# select circle '((0,0),1)' * point '(3,0)';
 ?column?
----------
 <(0,0),3>
(1 row)

osdba=# select circle '((1,1),1)' * point '(3,0)';
 ?column?
----------
 <(3,3),3>
(1 row)
```

如果乘数为" point '0,1'"，则相当于几何对象逆时针旋转 90 度，而如果乘数为" point '0,-1'"，则表示顺时针旋转 90 度，示例如下：

```
osdba=# select point '(1,2)' * point '(0,1)';
 ?column?
----------
 (-2,1)
(1 row)

osdba=# select point '(1,2)' * point '(0,-1)';
 ?column?
----------
 (2,-1)
```

```
(1 row)

osdba=# select circle '((0,0),1)' * point '(0,1)';
  ?column?
-----------
  <(0,0),1>
(1 row)

osdba=# select circle '((1,1),1)' * point '(0,1)';
    ?column?
------------
  <(-1,1),1>
(1 row)
```

2. 运算符 "#"

运算符 "#" 有以下几种用法：

❑ 对于两个线段，计算出交点。

❑ 对于两个矩形，计算出相交的矩形。

❑ 对于路径或多边形，则计算出顶点数。

两个线段的示例如下：

```
osdba=# select lseg '(0,0), (2,2)' # lseg '(0,2), (2,0)';
  ?column?
----------
  (1,1)
(1 row)
```

如果两个线段没有相交，则返回空：

```
osdba=# select lseg '(0,0), (1,1)' # lseg '(2,2), (3,3)';
  ?column?
----------

(1 row)
```

两个矩形的示例如下：

```
osdba=# select box '(0,0), (2,2)' # box '(1,0), (3,1)';
    ?column?
-------------
  (2,1),(1,0)
(1 row)
```

路径或多边形的示例如下：

```
osdba=# select  # path '(1,1), (2,2), (3,3)';
  ?column?
----------
        3
(1 row)

osdba=# select  # polygon '(1,1), (2,2), (3,3)';
```

```
    ?column?
----------
        3
(1 row)
```

3. 运算符 "@-@"

运算符 "@-@" 为一元运算符，参数的类型只能为 "lseg" "path"。一般用于计算几何对象的长度，下面来看看相关示例。

计算线段长度的示例如下：

```
osdba=# select @-@ lseg '(0,0), (1,1)';
    ?column?
------------------
  1.4142135623731
(1 row)
```

计算 path 长度的示例如下：

```
osdba=# select @-@ path '(0,0), (2,2)';
     ?column?
------------------
  5.65685424949238
(1 row)

osdba=# select @-@ path '(0,0), (1,1),(2,2)';
     ?column?
------------------
  5.65685424949238
(1 row)
```

注意，开放式路径与闭合路径的长度是不一样的，示例如下：

```
osdba=# select @-@ path '[(0,0), (1,1),(0,1)]';
     ?column?
------------------
  2.41421356237309
(1 row)

osdba=# select @-@ path '(0,0), (1,1),(0,1)';
     ?column?
------------------
  3.41421356237309
(1 row)
```

4. 运算符 "@@"

运算符 "@@" 为一元运算符，用于计算中心点，示例如下：

```
osdba=# select @@ circle '<(1,1), 2>';
    ?column?
----------
    (1,1)
(1 row)
```

```
osdba=# select @@ box '(0,0), (1,1)';
  ?column?
-----------
  (0.5,0.5)
(1 row)

osdba=# select @@ lseg '(0,0), (1,1)';
  ?column?
-----------
  (0.5,0.5)
(1 row)
```

5. 运算符 "##"

运算符 "##" 为二元运算符，用于计算两个几何对象上距离最近的点，示例如下：

```
osdba=# select point '(0,0)' ## lseg '((2,0),(0,2))';
  ?column?
----------
  (1,1)
(1 row)

osdba=# select point '(0,0)' ## box '((1,1),(2,2))';
  ?column?
----------
  (1,1)
(1 row)

osdba=# select lseg '(1,0),(0,1.5)' ##  lseg'((2,0),(0,2))';
  ?column?
----------
  (0.25,1.75)
(1 row)
```

6. 运算符 "<->"

运算符 "<->" 为二元运算符，用于计算两个几何对象之间的间距，示例如下：

```
osdba=# select lseg '(0,1),(1,0)' <->  lseg'((0,2),(2,0))';
      ?column?
-------------------
  0.707106781186548
(1 row)

osdba=# select circle '((0,0),1)' <->  circle '((3,0),1)';
  ?column?
----------
        1
(1 row)

osdba=# select circle '((0,0),1)' <->  circle '((2,2),1)';
      ?column?
-------------------
  0.82842712474619
(1 row)
```

对于两个矩形来说，它们之间的间距实际上是中心点之间的距离：

```
osdba=# select box '((0,0),(1,1))' <->  box '((2,0),(4,1))';
  ?column?
 ----------
       2.5
(1 row)

osdba=# select box '((0,0),(1,1))' <->  box '((1,1),(2,2))';
     ?column?
 ----------------
  1.4142135623731
(1 row)
```

7. 运算符 "&&"

运算符 "&&" 为二元运算符，用于计算两个几何对象之间是否重叠，只要有一个共同点，返回结果即为真，示例如下：

```
osdba=# select box '((0,0),(1,1))' &&  box '((1,1),(2,2))';
  ?column?
 ----------
   t
(1 row)

osdba=# select box '((0,0),(1,1))' &&  box '((2,2),(3,3))';
  ?column?
 ----------
   f
(1 row)

osdba=# select circle '((0,0),1)' &&  circle '((1,1),1)';
  ?column?
 ----------
   t
(1 row)

osdba=# select circle '((0,0),1)' &&  circle '((2,2),1)';
  ?column?
 ----------
   f
(1 row)

osdba=# select polygon '(0,0),(2,2),(0,2)' && polygon '(0,1),(1,1),(2,0)';
  ?column?
 ----------
   t
(1 row)
```

8. 判断两个对象相对位置的运算符

判断左右位置的运算符有 4 个，具体如下。

❏ << ：是否严格在左。

❏ >> ：是否严格在右。

❑ &< : 没有延展到右边。

❑ &> : 没有延展到左边。

判断上下位置的运算符有 6 个，具体如下：

❑ <<| : 严格在下。

❑ |>> : 严格在上。

❑ &<| : 没有延展到上面。

❑ |&> : 没有延展到下面。

❑ <^ : 在下面（允许接触）。

❑ >^ : 在上面（允许接触）。

判断两个对象相对位置的其他运算符如下：

❑ ?# : 是否相交。

❑ ?- : 是否水平或水平对齐。

❑ ?| : 是否竖直或竖直对齐。

❑ ?-| : 两个对象是否垂直。

❑ ?|| : 两个对象是否平行。

❑ @> : 是否包含。

❑ <@ : 包含或在其上。

下面来看相关示例。

```
osdba=# select box '((0,0),(1,1))' <<  box '((1.1,1.1),(2,2))';
 ?column?
----------
 t
(1 row)
osdba=# select polygon '(0,0),(0,1),(1,0)' <<  polygon '(0,1.1),(1.1,1.1),(1.1,0)';
 ?column?
----------
 f
(1 row)

osdba=# select polygon '(0,0),(0,1),(1,0)' <<  polygon '(1.1,0),(1.1,1),(2,0)';
 ?column?
----------
 t
(1 row)
osdba=# select circle '((0,0),1)' <<  circle '((1,1),1)';
 ?column?
----------
 f
(1 row)

osdba=# select circle '((0,0),1)' <<  circle '((3,3),1)';
 ?column?
----------
 t
```

```
(1 row)
```

9. 判断两个几何对象是否相同的运算符 "~="

对于多边形，如果表示的起点不同，但实现上它们是两个相同的多边形，那么相应的判断代码如下：

```
osdba=# select polygon '((0,0),(1,1))' ~= polygon '((1,1),(0,0))';
 ?column?
----------
 t
(1 row)

osdba=# select polygon '((0,0),(1,1),(1,0))' ~= polygon '((1,1),(0,0),(1,0))';
 ?column?
----------
 t
(1 row)
```

对于矩形，示例代码如下：

```
osdba=# select box '(0,0),(1,1)' ~= box '(1,1),(0,0)';
 ?column?
----------
 t
(1 row)
```

5.9.4　几何类型的函数

可以用于几何类型的函数见表 5-23。

表 5-23　几何类型的函数

函数	返回类型	描述	示例	结果
area(object)	double precision	面积	area(box '((0,0),(1,1))')	1
center(object)	point	中心	center(box '((0,0),(1,2))')	(0.5,1)
diameter(circle)	double precision	圆直径	diameter(circle '((0,0),2)')	4
height(box)	double precision	矩形的高度	height(box '((0,0),(1,1))')	1
width(box)	double precision	矩形的宽度	width(box '((0,0),(2,1))')	2
isclosed(path)	boolean	路径是否闭合	isclosed(path '((0,0),(1,1),(2,0))')	t
isopen(path)	boolean	是否是开放路径	isopen(path '((0,0),(1,1),(2,0))')	f
length(object)	double precision	长度	length(path '((0,0),(1,1),(0,1))')	3.41421356237309
npoints(path)	int	路径中的点数	npoints(path '((0,0),(1,1),(0,1))')	3
npoints(polygon)	int	多边形中的点数	npoints(polygon '((0,0),(1,1),(0,1))')	3
pclose(path)	path	把路径转换成闭合路径	pclose(path '[(0,0),(1,1),(0,1)]')	((0,0),(1,1),(0,1)
popen(path)	path	把路径转换成开放路径	popen(path '((0,0),(1,1),(0,1))')	[(0,0),(1,1),(0,1)]
radius(circle)	double precision	圆的半径	radius(circle '((0,0),1)')	1

不同的几何类型间还可以进行互相转换，相关的转换函数见表 5-24。

表 5-24 几何类型的转换函数

函数	返回类型	描述
box(circle)	box	将圆转换成矩形
box(point，point)	box	把两个点转换成矩形
box(polygon)	box	把多边形转换成矩形
circle(box)	circle	将矩形转换成圆
circle(point，double precision)	circle	将圆心和半径转换成圆
circle(polygon)	circle	把多边形转换成圆
lseg(box)	lseg	将矩形转化成对角线线段
lseg(point，point)	lseg	将两个点转换成线段
path(polygon)	path	将多边形转换成路径
point(double precision，double precision)	point	构建一个点
point(box)	point	矩形的中心点
point(circle)	point	圆心
point(lseg)	point	线段的中心点
point(polygon)	point	多边形的中心点
polygon(box)	polygon	将矩形转换成有 4 个点的多边形
polygon(circle)	polygon	将圆转换成有 12 个点的多边形
polygon(npts，circle)	polygon	将圆转换成有 npts 个点的多边形
polygon(path)	polygon	将路径转换成多边形

5.10 网络地址类型

PostgreSQL 为 IPv4、IPv6 以及以太网 MAC 地址都提供了特有的类型，使用这些类型存储 IP 地址、MAC 地址相对于用字符串存储这些类型来说，不容易产生歧义，同时提供了相应的函数让 IP 地址的运算更方便，本节将详细讲解这些类型的使用方法。

5.10.1 网络地址类型概况

PostgreSQL 提供了专门的数据类型来存储 IPv4、IPv6 和 MAC 地址。这比使用字符串效果更好一些，因为使用这些类型有助于更好地做检测。涉及的类型见表 5-25。

表 5-25 网络地址类型列表

类型名称	存储空间	描述
cidr	7 或 19 字节	IPv4 或 IPv6 的网络地址
inet	7 或 19 字节	IPv4 或 IPv6 的网络地址或主机地址
macaddr	6 字节	以太网 MAC 地址

5.10.2 inet 与 cidr 类型

inet 和 cidr 类型都可以用于存储一个 IPv4 或 IPv6 的地址，示例如下：

```
osdba=# select '192.168.1.100'::inet;
      inet
---------------
  192.168.1.100
(1 row)

osdba=# select '192.168.1.100'::cidr;
       cidr
------------------
  192.168.1.100/32
(1 row)
```

这两种类型输入 IPv4 地址的格式相同，具体如下：

```
x.x.x.x/masklen
```

其掩码可以省略，格式如下：

```
x.x.x.x
```

注意，掩码的长度都是用一个数字表示的，不能使用如下格式：

```
osdba=# select '198.168.1.100/255.255.255.0'::cidr;
ERROR:  invalid input syntax for type cidr: "198.168.1.100/255.255.255.0"
LINE 1: select '198.168.1.100/255.255.255.0'::cidr;
               ^
osdba=# select '198.168.1.100 255.255.255.0'::inet;
ERROR:  invalid input syntax for type inet: "198.168.1.100 255.255.255.0"
LINE 1: select '198.168.1.100 255.255.255.0'::inet;
                   ^
```

IPv6 地址的输入格式如下：

```
ipv6_addr/masklen
```

其中 ipv6_addr 可以使用标准的 IPv6 地址表示方式，即分为 8 组，每组为 4 个十六进制
数的形式，具体格式如下：

```
DA70:0000:0000:0000:ABCD:0000:00F7:0003
```

如果觉得上面的表示方法太长，还可以使用零压缩法缩短输入。如果几个连续段位的值
都是 "0"，那么这些 "0" 就可以简单地以 "::" 来表示，上面的输入就可以压缩表示如下：

```
DA70::ABCD:0000:00F7:0003
```

需要注意的是，只能简化连续为 "0" 的组，每个组中间和后面的 "0" 都要保留，比
如 "DA70" 最后的这个 "0" 不能简化，并且这种简化方式只能用一次，上例中 "ABCD"
后面的 "0000" 就不能再进行简化了。这个限制是为了能准确还原被压缩的 "0"，不然
就无法确定每个 "::" 究竟代表多少个 "0"。不过，各组前导的 "0" 是可以省略的，如
"DA70::ABCD:0000:00F7:0003" 与 "DA70::ABCD:0000:F7:3" 是相同的。

以下几个 IPv6 地址都是等价的：

```
DA70:0000:0000:0000:ABCD:0000:00F7:0003
DA70:0000::ABCD:0000:00F7:0003
```

```
DA70::ABCD:0000:00F7:0003
DA70:0000:0000:0000:ABCD::00F7:0003
DA70::ABCD:0:F7:3
```

一个 IPv6 地址可以将一个 IPv4 地址内嵌进去，这样就把 IPv6 的地址写成了 IPv6 地址和 IPv4 地址混合的形式。IPv6 内嵌 IPv4 的方式有两种：

❑ IPv4 映像地址。

❑ IPv4 兼容地址。

IPv4 映像地址格式如下：

```
::ffff:192.168.1.100
```

这个地址仍然是一个 IPv6 地址，是 "::ffff:c0a8:164" 的另一种写法。

IPv4 兼容地址的写法如下：

```
::192.168.1.100
```

这个地址仍然是一个 IPv6 地址，它是 "::c0a8:164" 的另一种写法。

inet 与 cidr 的区别

对于 inet 来说，如果子网掩码是 32 并且地址是 IPv4，那么它不表示任何子网，所表示的只是一台主机的地址，示例如下：

```
osdba=# select '192.168.1.100/32'::inet;
      inet
---------------
  192.168.1.100
(1 row)
```

同样，IPv6 地址长度是 128 位，因此在 inet 中 128 位的掩码也表明是一个主机地址，而不是一个子网地址：

```
osdba=# select '::10.2.3.4/128'::inet;
    inet
------------
  ::10.2.3.4
(1 row)
```

而 cidr 总是显示出掩码，示例如下：

```
osdba=# select '198.168.1.100'::cidr;
        cidr
------------------
  198.168.1.100/32
(1 row)

osdba=# select '198.168.1.100/32'::cidr;
        cidr
------------------
  198.168.1.100/32
(1 row)
```

cidr 总是对地址与掩码之间的关系进行检查，如果不正确会报错，示例如下：

```
osdba=# select '192.168.1.100/16'::inet;
        inet
------------------
  192.168.1.100/16
(1 row)

osdba=# select '192.168.1.100/16'::cidr;
ERROR:  invalid cidr value: "192.168.1.100/16"
LINE 1: select '192.168.1.100/16'::cidr;
               ^
DETAIL:  Value has bits set to right of mask.
```

5.10.3　macaddr 类型

macaddr 类型用于存储以太网的 MAC 地址，可以接受多种自定义格式，示例如下：

```
'00:e0:4c:75:7d:5a'
'00-e0-4c-75-7d-5a'
'00e04c-757d5a'
'00e04c:757d5a'
'00e0.4c75.7d5a'
'00e04c757d5a'
```

上面声明的是同一个 MAC 地址。对于数据位中的 " a" 到 " f"，大小写都可以。输出总是上面的第一种形式，示例如下：

```
osdba=# select '00e04c757d5a'::macaddr;
      macaddr
------------------
  00:e0:4c:75:7d:5a
(1 row)

osdba=# select '00e04c:757d5a'::macaddr;
      macaddr
------------------
  00:e0:4c:75:7d:5a
(1 row)

osdba=# select '00-e0-4c-75-7d-5a'::macaddr;
      macaddr
------------------
  00:e0:4c:75:7d:5a
(1 row)
```

5.10.4　网络地址类型的操作符

可用于 cidr 类型和 inet 类型的操作符及其示例见表 5-26。

表 5-26　cidr 和 inet 类型的操作符

操作符	描述	示例	结果
<	小于	inet '192.168.1.1' < inet '192.168.1.2'	t
<=	小于等于	inet '192.168.1.1' <= inet '192.168.1.1'	t

（续）

操作符	描述	示例	结果
>	大于	inet '192.168.1.1' > inet '192.168.1.2'	f
>=	大于等于	inet '192.168.1.1' >= inet '192.168.1.1'	t
<>	不等于	inet '192.168.1.1' <> inet '192.168.1.2'	t
<<	包含于	inet '192.168.1.5' << inet '192.168.1.0/24'	t
		cidr '192.168.1.32/28' << cidr '192.168.1.0/24'	t
		cidr '192.168.1.32/28' << inet '192.168.1.0/24'	t
		inet '192.168.1.0/24' << inet '192.168.1.0/24'	f
<<=	包含于或等于	inet '192.168.1.0/24' <<= inet '192.168.1.0/24'	t
>>	包含	inet '192.168.1.0/24' >> inet '192.168.1.5'	t
		inet '192.168.1.0/24' >> inet '192.168.1.0/24'	f
>>=	包含或等于	inet '192.168.1.0/24' >>= inet '192.168.1.0/24'	t
~	位非	~ inet '0.0.0.255'	255.255.255.0
&	位与	inet '192.168.1.100' & inet '255.255.255.0'	192.168.1.0
|	位或	inet '192.168.1.100' | inet '255.255.255.0'	255.255.255.100
+	加	inet '192.168.1.100' + 25	192.168.1.125
-	减	inet '192.168.1.100' - 25	192.168.1.75
-	减	inet '192.168.1.100' - inet '192.168.1.25'	75

macaddr 类型支持一些简单的比较运算符和位运算符，具体见表 5-27。

表 5-27 macaddr 类型支持的操作符

操作符	描述	示例	结果
<	小于	macaddr '00e04c757d5a' < macaddr '00e04c757d5b'	t
<=	小于等于	macaddr '00e04c757d5a' <= macaddr '00e04c757d5a'	t
>	大于	macaddr '00e04c757d5a' > macaddr '00e04c757d5b'	f
>=	大于等于	macaddr '00e04c757d5a' >= macaddr '00e04c757d5a'	t
<>	不等于	macaddr '00e04c757d5a' <> macaddr '00e04c757d5b'	t
~	位非	~ macaddr '00e04c757d5a'	ff:1f:b3:8a:82:a5
&	位与	macaddr '00e04c757d5a' & macaddr 'ffffff000000'	00:e0:4c:00:00:00
|	位或	macaddr '00e04c757d5a' & macaddr 'ffffff000000'	ff:ff:ff:75:7d:5a

5.10.5 网络地址类型的函数

可以用于 cidr 类型和 inet 类型的函数及其示例见表 5-28。

表 5-28 网络地址类型函数

函数	返回类型	描述	示例	结果
abbrev(inet)	text	缩写格式的文本	abbrev(inet '10.1.0.0/16')	10.1.0.0/16
abbrev(cidr)	text	缩写格式的文本	abbrev(cidr '10.1.0.0/16')	10.1/16

（续）

函数	返回类型	描述	示例	结果
broadcast(inet)	inet	网络广播地址	broadcast(inet '10.1.0.0/16')	10.1.255.255/16
family(inet)	int	地址族，IPv4 返回 4，IPv6 返回 6	family(inet '10.1.0.0/16')	4
			family(inet '::10.1.0.0')	6
host(inet)	text	取主机地址	host(inet '192.168.1.100/24')	'192.168.1.100'
hostmask(inet)	inet	主机的掩码地址	hostmask(inet '192.168.1.100/24')	0.0.0.255
masklen(inet)	int	子网掩码长度	masklen(inet '192.168.1.100/24')	24
netmask(inet)	inet	子网掩码	netmask(inet '192.168.1.100/24')	255.255.255.0
network(inet)	inet	IP 地址的网络地址	network(inet '192.168.1.100/24')	192.168.1.0/24
set_masklen(inet, int)	inet	给 inet 类型设置子网掩码的长度	set_masklen(inet '192.168.1.100/24', 16)	192.168.1.100/16
set_masklen(cidr, int)	cidr	给 cidr 类型设置子网掩码的长度	set_masklen(cidr '192.168.1.0/24', 16)	192.168.0.0/16
text(inet)	text	转成换文本（包括掩码的长度）	text(inet '192.168.1.100')	'192.168.1.100/32'

可用于 macaddr 类型的函数只有一个 trunc(macaddr)，此函数把 MAC 地址的后 3 个字节置为 0，示例如下：

```
osdba=# select  trunc(macaddr '00e04c757d5a');
       trunc
-------------------
  00:e0:4c:00:00:00
(1 row)
```

5.11 复合类型

PostgreSQL 中可以如 C 语言中的结构体一样定义一个复合类型。

5.11.1 复合类型的定义

下面先举例说明复合类型是如何定义的。

示例 1，定义一个复数类型：

```
CREATE TYPE complex AS (
  r      double precision,
  i      double precision
);
```

示例 2，定义一个"person"类型：

```
CREATE TYPE person AS (
  name   text,
  age    integer,
sex    boolean
);
```

从上面的示例中我们可以看到，创建复合类型的语法类似于 CREATE TABLE，只是这里只能声明字段名字和类型，目前不能声明约束（比如 NOT NULL）。请注意，AS 关键字很重要，没有它，系统会认为这是另一种完全不同的 CREATE TYPE 命令，因此你会看到奇怪的语法错误。

定义了复合类型后，就可以用此类型创建表了，示例如下：

```
CREATE TABLE capacitance_test_data(
  test_time timestamp,
  voltage     complex,
  current     complex
);
```

当然也可以使用此类型作为函数的参数，下面的示例中定义了前面创建的复数的乘法函数：

```
CREATE FUNCTION complex_multi(complex, complex ) RETURNS complex
  AS $$ SELECT ROW($1.r*$2.r - $1.i*$2.i, $1.r*$2.i + $1.i*$2.r)::complex $$
  LANGUAGE SQL;
```

5.11.2　复合类型的输入

复合类型常量的一般格式如下：

```
'( val1 , val2 , ... )'
```

从以上格式可以看出，其使用的是单引号加圆括号的一种格式。在此格式中，可以在任何字段值周围加上双引号，如果值本身包含逗号或者圆括弧，则必须用双引号括起来。

示例如下：

```
CREATE TYPE person AS (
  name    text,
  age     integer,
sex     boolean
);
CREATE TABLE author(
id int,
person_info person,
book        text
);
insert into author values( 1, '("张三",29,TRUE)', '张三的自传');
```

要让一个字段值是"NULL"，那么在列表里它的位置上就不要写任何字符。比如，以下常量在第三个字段声明了一个"NULL"：

```
osdba=# insert into author values( 2, '("张三",,TRUE)', '张三的自传');
INSERT 0 1
```

如果想要一个空字符串，而不是"NULL"，则需要写一对双引号：

```
insert into author values(3,'("",,TRUE)', 'x的自传');
```

也可以用 ROW 表达式语法来构造复合类型值。在大多数场合下，这种方法比用字符串文本的语法更简单，因为不用操心多重引号转义导致的问题。示例如下：

```
insert into author values( 4, ROW('张三', 29, TRUE), '自传');
```

只要表达式里有一个以上的字段，那么关键字 ROW 实际上也就是可选的，上面的语句可以简化为如下 SQL 语句：

```
insert into author values(5, ('张三', 29, TRUE), '自传');
```

5.11.3　访问复合类型

访问复合类型字段的一个域就如 C 语言中访问结构体中的一个成员一样，即写出一个点以及域的名字就可以了。这也非常像从一个表名字里选出一个字段。实际上，因为这实在太像从表名字中选取字段了，所以我们经常需要用圆括弧来避免 SQL 解析器的混淆。比如，你可能需要从 person_info 字段中选取一些子域，示例如下：

```
osdba=# select person_info.name from author;
ERROR:  missing FROM-clause entry for table "person_info"
LINE 1: select person_info.name from author;
               ^
```

但系统会报错，这时就需要在字段名称中加圆括号，具体如下：

```
osdba=# select (person_info).name from author;
  name
------
 张三
 (1 rows)
```

或者也可以加上表名，具体如下：

```
select (author.person_info).name from author;
```

类似的语法问题适用于任何需要从一个复合类型值中查询一个域的情形。比如，要从一个返回复合类型值的函数中选取一个字段，SQL 语句如下：

```
SELECT (my_func(...)).field FROM ...
```

如果没有额外的圆括弧，就会产生语法错误。

5.11.4　修改复合类型

我们先来看插入或者更新整个字段的示例：

```
insert into author values(6('张三', 29, TRUE), '自传');
UPDATE author SET person_info = ROW('李四', 39, TRUE) WHERE id =1;
UPDATE author SET person_info = ('王二', 49, TRUE) WHERE id =2;
```

也可以只更新一个复合字段的某个子域：

```
UPDATE author SET person_info.name ='王二二' WHERE id =2;
```

```
UPDATE author SET person_info.age = (person_info).age + 1 WHERE id =2;
```

需要注意的是，不能在"SET"后的字段名周围加圆括弧，但是需要在等号右边的表达式里引用同一个字段的时候加上圆括弧，否则系统会报错：

```
osdba=# UPDATE author SET (person_info).name ='王二二' WHERE id =2;
ERROR:  syntax error at or near "."
LINE 1: UPDATE author SET (person_info).name ='王二二' WHERE id =2;
                                       ^
osdba=# UPDATE author SET person_info.age = person_info.age + 1 WHERE id =2;
ERROR:  missing FROM-clause entry for table "person_info"
LINE 1: UPDATE author SET person_info.age = person_info.age + 1 WHER...
                                            ^
```

INSERT 也可以指定复合字段的子域，示例如下：

```
INSERT INTO author (id, person_info.name, person_info.age) VALUES(10, '张三',29);
```

在上面的例子中，因子域未为复合字段提供数值，故将用"NULL"填充。

5.11.5　复合类型的输入输出

在 PostgreSQL 中，每个基本类型都有相应的 I/O 转换解析规则，而在解析复合类型的文本格式时，会先解析由复合结构定义的圆括号和相邻域之间的逗号等包含的部分，其子域会用各自子域的 I/O 转换解析规则进行分析。示例如下：

```
'(  42)'
```

如果子域类型是整数，那么"42"前的空格将被忽略，但是如果是文本，那么该空格就不会被忽略。

在给一个复合类型写数值的时候，可以将独立的子域数值用双引号括起来，就像前面的示例一样，特别是当子域数值会导致复合数值分析器产生歧义时，就必须加双引号，比如，子域包含圆括弧、逗号、双引号、反斜杠的情形。要想在双引号括起来的子域数值里面放双引号，那么就需要在它前面放一个反斜杠。同样，在双引号括起来的子域数值里面的一对双引号表示一个双引号字符，类似于 SQL 字符串文本的单引号规则。另外，也可以用反斜杠进行转义，而不必用引号。

需要注意的是，写的任何 SQL 命令都会先被当作字符串文本来解析，然后才是复合类型。这样一来，所需要的反斜杠数目就加倍了。比如，要插入一个包含双引号和一个反斜杠的 text 子域到一个复合类型的数值里，SQL 语句如下：

```
INSERT ... VALUES (E'("\\"\\\\")');
```

在上面的例子中，字符串文本处理器先吃掉一层反斜杠，使复合类型分析器中的内容变成"("\"\\")"。接着，将该字符串传递给 text 数据类型的输入过程，再吃掉一层反斜杠后内容变成我们需要的""\"。如果所使用的数据类型对反斜杠也有特殊意义，比如 bytea 类型，那么可能需要在命令里放多达 8 个的反斜杠，这样在存储的复合类型子域中才能有一个反斜杠。所以在 SQL 命令里写复合类型值的时候，ROW 构造器通常比复合文本语法更易于使用。

如果子域数值是空字符串，或者包含圆括弧、逗号、双引号、反斜杠、空白，那么复合类型的输出程序会在子域数值周围加上双引号。

5.12　xml 类型

xml 类型可用于存储 XML 数据。使用字符串类型（如 text 类型）也可以存储 XML 数据，但 text 类型不能保证其中存储的是合法的 XML 数据，通常需要由应用程序来负责保证所输入数据的正确性，这会增加应用程序的开发难度，而使用 xml 类型就不存在此类问题，数据库会对输入的数据进行检查，使不符合 XML 标准的数据不能存放到数据库中，同时还提供了函数对其类型进行安全性检查。

注意，要使用 xml 数据类型，在编译 PostgreSQL 源码时必须使用以下参数：

```
configure --with-libxml。
```

5.12.1　xml 类型的输入

与其他类型类似，可以使用下面两种语法来输入 xml 类型的数据：

```
xml '<osdba>hello world</osdba>'
'<osdba>hello world</osdba>'::xml
```

示例如下：

```
osdba=# select xml '<osdba>hello world</osdba>';
            xml
----------------------------
  <osdba>hello world</osdba>
(1 row)

osdba=# select '<osdba>hello world</osdba>'::xml;
            xml
----------------------------
  <osdba>hello world</osdba>
(1 row)
```

xml 中存储的 XML 数据有以下两种：

❑ 由 XML 标准定义的 documents。

❑ 由 XML 标准定义的 content 片段。

content 片段可以有多个顶级元素或 character 节点。但 documents 只能有一个顶级元素。可以使用"xmlvalue IS DOCUMENT"来判断一个特定的 XML 值是一个 documents 还是 content 片段。

PostgreSQL 的 xmloptions 参数用来指定输入的数据是 documents 还是 content 片段，默认情况下此值为 content 片段，所以输入的 xml 可以有多个顶级元素，但如果我们把此参数设置成"document"，将不能输入有多个顶级元素的内容，示例如下：

```
osdba=# show xmloption;
 xmloption
-----------
 content
(1 row)

osdba=# select xml '<a>a</a><b>b</b>';
        xml
------------------
 <a>a</a><b>b</b>
(1 row)

osdba=# SET xmloption TO document;
SET
osdba=# select xml '<a>a</a><b>b</b>';
ERROR:  invalid XML document
LINE 1: select xml '<a>a</a><b>b</b>';
                   ^
DETAIL:  line 1: Extra content at the end of the document
<a>a</a><b>b</b>
        ^
```

也可以通过函数 xmlparse 由字符串数据来产生 xml 类型的数据，使用 xmlparse 函数是 SQL 标准中将字串转换成 xml 的唯一方法。

函数 xmlparse 的语法如下：

```
XMLPARSE ( { DOCUMENT | CONTENT } value)
```

此函数中的参数"DOCUMENT"和"CONTENT"表示指定 XML 数据的类型。

示例如下：

```
osdba=# SELECT xmlparse (document '<?xml version="1.0"?><person><name>John</
  name><sex>F</sex></person>');
                     xmlparse
-------------------------------------------------
 <person><name>John</name><sex>F</sex></person>
(1 row)

osdba=# SELECT xmlparse (content '<person><name>John</name><sex>F</sex></person>');
                     xmlparse
-------------------------------------------------
 <person><name>John</name><sex>F</sex></person>
(1 row)
```

5.12.2　字符集的问题

PostgreSQL 数据库在客户端与服务器之间传递数据时，会自动进行字符集的转换。如果客户端的字符集与服务端不一致，PostgreSQL 会自动进行字符集转换。但也正是因为这一特性，用户在传递 XML 数据时需要格外注意。我们知道，对于 XML 文件来说，可以通过类似"encoding="XXX""的方式指定自己文件的字符集，但当这些数据在 PostgreSQL 之间传递时，

PostgreSQL 会把其原始内容的字符集变成数据库服务端的字符集，这会导致一系列问题，因为这意味着 XML 数据中的字符集编码声明在客户端和服务器之间传递时，可能变得无效。为了应对该问题，提交输入到 xml 类型的字符串中的编码声明将会被忽略，同时内容的字符集会被认为是当前数据库服务器的字符集。

正确处理 XML 字符集的方式是，将 XML 数据的字符串在当前客户端中编码成当前客户端的字符集，在发送到服务端后，再转换成服务端的字符集进行存储。当查询 xml 类型的值时，此数据又会被转换成客户端的字符集，所以客户端收到的 XML 数据的字符集就是客户端的字符集。

所以通常来说，如果 XML 数据的字符集编码、客户端字符集编码以及服务器字符集编码完全一致，那么用 PostgreSQL 来处理 XML 数据将会大大减少字符集问题，并且处理效率也会很高。通常 XML 数据都是以 UTF-8 编码格式进行处理的，因此把 PostgreSQL 数据库服务器端编码也设置成 UTF-8 将是一种不错的选择。

5.12.3 xml 类型函数

下面先介绍一些生成 xml 内容的函数，这些函数见表 5-29。

表 5-29 生成 XML 内容的函数

函数	描述	示例	结果
xmlcomment (text)	创建一个包含 xml 注释的特定文本内容的值。文本中不能包含 "--"，或文本不能以 "-" 结束，因为这样的文本是有效的 xml 注释。如果参数是空，结果也是空	xmlcomment('hello');	<!--hello-->
xmlconcat (xml[, ...])	把 xml 值列表拼接成 xml content 片段。忽略列表中的空值，只有当参数都为空时结果才是空	xmlconcat('<a/>', '<os> linux</os>')	<a/><os>linux</ os>
xmlelement (name name[, xmlattributes (value[AS attname][, ...])] [, content, ...])	xmlelement 表达式生成 一个带有给定名称、属性和内容的 xml 元素	xmlelement(name linux)	<linux/>
		xmlelement(name linux, xmlattributes('2.6.18' as version))	<linux version= "2.6.18"/>
xmlforest(content[ASname] [, ...])	xmlforest 表达式把指定的名称和内容元素生成为一个 xml "森林"	xmlforest('2.6' AS linux, 5.0 AS vers)	<linux>2.6</ linux><vers>5.0</ vers>
xmlpi(name target[, content])	xmlpi 表达式创建一条 xml 处理指令。内容不能包含字符序列 "?>"	xmlpi(name php, 'echo "hello world";')	<?php echo "hello world";?>
xmlroot(xml, version text | no value [, standalone yes|no|no value])	更改 root 节点的属性。如果指定 version，它将替换 root 节点的 version 值，如果指定一个 standalone，它将替换根节点的 standalone 值	xmlroot(xmlparse(document '<?xml version="1.1" standalone="no"?> <content>abc</content>'), version '1.0', standalone yes)	

（续）

函数	描述	示例	结果
xmlagg(xml)	聚合函数，把多行的 XML 数据聚合成一项	CREATE TABLE test (i int, d xml); INSERT INTO test VALUES (1, '<a>a</a>'); INSERT INTO test VALUES (2, '<b/>'); SELECT xmlagg(d) FROM test;	xmlagg ------------- <a>a</a><b/>

PostgreSQL 中提供了 xpath 函数来计算 XPath1.0 表达式的结果。XPath 是 W3C 的一个标准，它最主要的目的是在 XML1.0 或 XML1.1 文档节点树中定位节点。目前有 XPath1.0 和 XPath2.0 两个版本。其中 XPath1.0 是 1999 年成为 W3C 标准的，而 XPath2.0 标准的确立是在 2007 年，目前 PostgreSQL 只支持 XPath1.0 的表达式。

xpath 函数的定义如下：

```
xpath(xpath, xml[, nsarray])
```

此函数的第一个参数是一个 XPath1.0 表达式，第二个参数是一个 xml 类型的值，第三个参数是一个命名空间的数组映射。该数组应该是一个二维数组，第二维的长度等于 2，即包含两个元素。

示例如下：

```
SELECT xpath('/my:a/text()', '<my:a xmlns:my="http://example.com">test</my:a>',
             ARRAY[ARRAY['my','http://example.com']]);

  xpath
--------
 {test}
(1 row)
```

处理默认命名空间的访问示例如下：

```
SELECT xpath('//mydefns:b/text()', '<a xmlns="http://example.com"><b>test</b></a>',
             ARRAY[ARRAY['mydefns', 'http://example.com']]);

  xpath
--------
 {test}
(1 row)
```

PostgreSQL 还提供了把数据库中的内容导出成 XML 数据的以下函数：

❑ table_to_xmlschema(tbl regclass, nulls boolean, tableforest boolean, targetns text)。

❑ query_to_xmlschema(query text, nulls boolean, tableforest boolean, targetns text)。

❑ cursor_to_xmlschema(cursor refcursor, nulls boolean, tableforest boolean, targetns text)。

❑ table_to_xml_and_xmlschema(tbl regclass, nulls boolean, tableforest boolean, targetns text)。

❑ query_to_xml_and_xmlschema(query text，nulls boolean，tableforest boolean，targetns text)。

❑ schema_to_xml(schema name，nulls boolean，tableforest boolean，targetns text)。

❑ schema_to_xmlschema(schema name，nulls boolean，tableforest boolean，targetns text)。

❑ schema_to_xml_and_xmlschema(schema name，nulls boolean，tableforest boolean，targetns text)。

❑ database_to_xml(nulls boolean，tableforest boolean，targetns text)。

❑ database_to_xmlschema(nulls boolean，tableforest boolean，targetns text)。

❑ database_to_xml_and_xmlschema(nulls boolean，tableforest boolean，targetns text)。

下面来举例说明这几个函数的使用方法。

首先创建一张测试表：

```
CREATE TABLE test01(id int, note text);
INSERT INTO test01 select seq, repeat(seq::text, 2) from generate_series(1,5) as
t(seq);
```

下面来看其中第一个函数 table_to_xmlschema 的使用方法：

```
osdba=# select table_to_xmlschema('test01'::regclass, true, true, 'tangspace');
                          table_to_xmlschema
-------------------------------------------------------------------------------
  <xsd:schema                                                                 +
    xmlns:xsd="http://www.w3.org/2001/XMLSchema"                              +
    targetNamespace="tangspace"                                              +
    elementFormDefault="qualified">                                          +
                                                                              +
  <xsd:simpleType name="INTEGER">                                            +
    <xsd:restriction base="xsd:int">                                         +
      <xsd:maxInclusive value="2147483647"/>                                 +
      <xsd:minInclusive value="-2147483648"/>                                +
    </xsd:restriction>                                                       +
  </xsd:simpleType>                                                          +
                                                                              +
  <xsd:simpleType name="UDT.osdba.pg_catalog.text">                          +
    <xsd:restriction base="xsd:string">                                      +
    </xsd:restriction>                                                       +
  </xsd:simpleType>                                                          +
                                                                              +
  <xsd:complexType name="RowType.osdba.public.test01">                       +
    <xsd:sequence>                                                           +
      <xsd:element name="id" type="INTEGER" nillable="true"></xsd:element>   +
      <xsd:element name="note" type="UDT.osdba.pg_catalog.text" nillable="true">.
.</xsd:element>                                                              +
    </xsd:sequence>                                                          +
  </xsd:complexType>                                                         +
                                                                              +
  <xsd:element name="test01" type="RowType.osdba.public.test01"/>            +
                                                                              +
```

```
      </xsd:schema>
(1 row)
```

从上面的结果中可以看出，此函数把表的定义转换成了 xml 格式。

再来看第二个函数 query_to_xmlschema 的使用方法：

```
osdba=# select query_to_xmlschema('SELECT * FROM test01', true, true, 'tangspace');
                              query_to_xmlschema
--------------------------------------------------------------------------------
  <xsd:schema                                                                  +
      xmlns:xsd="http://www.w3.org/2001/XMLSchema"                             +
      targetNamespace="tangspace"                                             +
      elementFormDefault="qualified">                                         +
                                                                               +
  <xsd:simpleType name="INTEGER">                                             +
    <xsd:restriction base="xsd:int">                                          +
      <xsd:maxInclusive value="2147483647"/>                                   +
      <xsd:minInclusive value="-2147483648"/>                                  +
    </xsd:restriction>                                                        +
  </xsd:simpleType>                                                           +
                                                                               +
  <xsd:simpleType name="UDT.osdba.pg_catalog.text">                          +
    <xsd:restriction base="xsd:string">                                       +
    </xsd:restriction>                                                        +
  </xsd:simpleType>                                                           +
                                                                               +
  <xsd:complexType name="RowType">                                           +
    <xsd:sequence>                                                            +
      <xsd:element name="id" type="INTEGER" nillable="true"></xsd:element>     +
      <xsd:element name="note" type="UDT.osdba.pg_catalog.text" nillable="true">.
.</xsd:element>                                                                +
    </xsd:sequence>                                                           +
  </xsd:complexType>                                                          +
                                                                               +
  <xsd:element name="row" type="RowType"/>                                    +
                                                                               +
  </xsd:schema>                                                              +
(1 row)
```

从上面的结果中可以看到 query_to_xmlschema 把查询结果中行的定义转成了 xml 格式。
cursor_to_xmlschema 函数与前两个函数的意义相同，这里不再赘述。

我们再来看看函数 table_to_xml_and_xmlschema 和 query_to_xml_and_xmlschema 的使用方法：

```
osdba=# select table_to_xml_and_xmlschema('test01'::regclass, true, true,
'tangspace');
                         table_to_xml_and_xmlschema
--------------------------------------------------------------------------------
  <xsd:schema                                                                  +
      xmlns:xsd="http://www.w3.org/2001/XMLSchema"                             +
      targetNamespace="tangspace"                                             +
      elementFormDefault="qualified">                                         +
                                                                               +
  <xsd:simpleType name="INTEGER">                                             +
```

```
        <xsd:restriction base="xsd:int">                               +
          <xsd:maxInclusive value="2147483647"/>                       +
          <xsd:minInclusive value="-2147483648"/>                      +
        </xsd:restriction>                                             +
      </xsd:simpleType>                                                +
                                                                       +
      <xsd:simpleType name="UDT.osdba.pg_catalog.text">               +
        <xsd:restriction base="xsd:string">                           +
        </xsd:restriction>                                             +
      </xsd:simpleType>                                                +
                                                                       +
      <xsd:complexType name="RowType.osdba.public.test01">            +
        <xsd:sequence>                                                 +
          <xsd:element name="id" type="INTEGER" nillable="true"></xsd:element> +
          <xsd:element name="note" type="UDT.osdba.pg_catalog.text" nillable="true">.
..</xsd:element>                                                       +
        </xsd:sequence>                                                +
      </xsd:complexType>                                               +
                                                                       +
      <xsd:element name="test01" type="RowType.osdba.public.test01"/> +
                                                                       +
    </xsd:schema>                                                      +
                                                                       +
    <test01 xmlns:xsi="http://www.w3.org/2001/XMLSchema-instance" xmlns="tangspace.
.">                                                                    +
      <id>1</id>                                                       +
      <note>11</note>                                                  +
    </test01>                                                          +
                                                                       +
    <test01 xmlns:xsi="http://www.w3.org/2001/XMLSchema-instance" xmlns="tangspace.
.">                                                                    +
      <id>2</id>                                                       +
      <note>22</note>                                                  +
    </test01>                                                          +
                                                                       +
    <test01 xmlns:xsi="http://www.w3.org/2001/XMLSchema-instance" xmlns="tangspace.
.">                                                                    +
      <id>3</id>                                                       +
      <note>33</note>                                                  +
    </test01>                                                          +
                                                                       +
    <test01 xmlns:xsi="http://www.w3.org/2001/XMLSchema-instance" xmlns="tangspace.
.">                                                                    +
      <id>4</id>                                                       +
      <note>44</note>                                                  +
    </test01>                                                          +
                                                                       +
    <test01 xmlns:xsi="http://www.w3.org/2001/XMLSchema-instance" xmlns="tangspace.
.">                                                                    +
      <id>5</id>                                                       +
      <note>55</note>                                                  +
    </test01>                                                          +
                                                                       +

(1 row)
```

从上面的运行结果中可以看出，table_to_xml_and_xmlschema 函数与 table_to_xmlschema 函数的唯一不同之处在于把表中的数据也导出到 xml 中了。query_to_xml_and_xmlschema 函数与 table_to_xml_and_xmlschema 的差异这里不再赘述。

下面来看看函数 schema_to_xml、schema_to_xmlschema 和 schema_to_xml_and_xmlschema 的使用方法：

```
osdba=# select schema_to_xml('public', true, true, 'tangnamespace');
                          schema_to_xml
--------------------------------------------------------------------------------
 <public xmlns:xsi="http://www.w3.org/2001/XMLSchema-instance" xmlns="tangnames.+
 .pace">                                                                        +
                                                                               +
 <test01>                                                                       +
   <id>1</id>                                                                   +
   <note>11</note>                                                             +
 </test01>                                                                      +
                                                                               +
 <test01>                                                                       +
   <id>2</id>                                                                   +
   <note>22</note>                                                             +
 </test01>                                                                      +
                                                                               +
 <test01>                                                                       +
   <id>3</id>                                                                   +
   <note>33</note>                                                             +
 </test01>                                                                      +
                                                                               +
 <test01>                                                                       +
   <id>4</id>                                                                   +
   <note>44</note>                                                             +
 </test01>                                                                      +
                                                                               +
 <test01>                                                                       +
   <id>5</id>                                                                   +
   <note>55</note>                                                             +
 </test01>                                                                      +
                                                                               +
 <test02>                                                                       +
   <id>1</id>                                                                   +
   <note>11</note>                                                             +
 </test02>                                                                      +
                                                                               +
 <test02>                                                                       +
   <id>2</id>                                                                   +
   <note>22</note>                                                             +
 </test02>                                                                      +
                                                                               +
 </public>                                                                      +

(1 row)
```

从上面的运行结果中可以看出，schema_to_xml 把一个 schema 中的数据全部导成了 xml

格式。

可以想象，schema_to_xmlschema 只是导出了 schema 的定义，而 schema_to_xml_and_xmlschema 则是导出了全部定义及数据。

另外 3 个函数 database_to_xml、database_to_xmlschema、database_to_xml_and_xmlschema 只针对某个数据库对象，这里不再赘述。

5.13 JSON 类型

JSON 数据类型可以用来存储 JSON（JavaScript Object Notation）数据，而 JSON 数据格式是在 RFC 4627 中定义的。当然也可以使用 text、varchar 等类型来存储 JSON 数据，但使用这些通用的字符串格式将无法自动检测字符串是否为合法的 JSON 数据。而且，JSON 数据类型还可以使用丰富的函数。

5.13.1 JSON 类型简介

JSON 数据类型是从 PostgreSQL 9.3 版本开始提供的，在 9.3 版本中只有一种类型 JSON，在 PostgreSQL 9.4 版本中又提供了一种更高效的类型 JSONB，这两种类型在使用上几乎完全一致，两者主要区别是，JSON 类型是把输入的数据原封不动地存放到数据库中（当然在存储前会做 JSON 的语法检查），使用时需要重新解析数据，而 JSONB 类型是在存储时就把 JSON 解析成二进制格式，使用时就无须再次解析，所以 JSONB 在使用时性能会更高。另外，JSONB 支持在其上建索引，而 JSON 则不支持，这是 JSONB 类型一个很大的优点。

因为 JSON 类型是把输入的整个字符串原封不改动地保存到数据库中，因此 JSON 串中 key 之间多余的空格也会被保留下来。而且，如果 JSON 串中有重复的 key，这些重复的 key 也会保留下来（默认处理时以最后一个为准），同时也会保留输入时 JSON 串中各个 key 的顺序。而 JSONB 类型则恰恰相反，既不会保留多余的空格，也不会保留 key 的顺序和重复的 key。

PostgreSQL 中每个数据库只允许用一种服务器编码，如果数据库的编码不是 UTF-8，PostgreSQL 中的 JSON 类型是无法严格遵循 JSON 规范中对字符集的要求的。如果输入中包含无法在服务器编码中表示的字符数据，将无法导入数据库中。但是，能在服务器编码中表示的非 UTF-8 字符则是被允许的。可以使用 \uXXXX 形式的转义，从而忽视数据库的字符集编码。

当把一个 JSON 类型的字符串转换成 JSONB 类型时，JSON 字符串内的数据类型实际上被转换成了 PostgreSQL 数据库中的类型，两者的映射关系见表 5-30。需要注意的是，如果是在 JSONB 中，不能输入超出 PostgreSQL 的 numeric 数据类型范围的值。

表 5-30 JSON 类型与 PostgreSQL 数据库类型的映射

JSON 的类型	PostgreSQL类型	注意事项
string	text	注意字符集的一些限制

（续）

JSON 的类型	PostgreSQL类型	注意事项
number	numeric	JSON 中没有 PostgreSQL 中的 "NaN" 和 "infinity" 值
boolean	boolean	JSON 仅能接受小写的 "true" 和 "false"
null	(none)	SQL 中的 NULL 代表不同的意思

5.13.2　JSON 类型的输入与输出

这里举例来说明 JSON 类型的使用方法。

首先来看单个值的示例，具体如下：

```
osdba=# select '9'::json, '"osdba"'::json, 'true'::json, 'null'::json;
 json | json    | json | json
------+---------+------+------
 9    | "osdba" | true | null
(1 row)
```

当然也可以使用把类型名放在单引号的字符串前面的格式，示例如下：

```
osdba=# select json '"osdba"', json '9', json 'true', json 'null';
 json    | json | json | json
---------+------+------+------
 "osdba" | 9    | true | null
(1 row)
```

使用 JSONB 类型也一样，示例如下：

```
osdba=# select jsonb '"osdba"', jsonb '9', jsonb 'true', jsonb 'null';
 jsonb   | jsonb | jsonb | jsonb
---------+-------+-------+-------
 "osdba" | 9     | true  | null
(1 row)
```

JSON 中使用数组的示例如下：

```
osdba=# SELECT '[9, true, "osdba", null]'::json, '[9, true, "osdba", null]'::jsonb;
          json            |          jsonb
--------------------------+--------------------------
 [9, true, "osdba", null] | [9, true, "osdba", null]
(1 row)
```

使用字典的示例如下：

```
osdba=# SELECT json '{"name": "osdba", "age": 40, "sex": true, "money" : 250.12}';
                          json
---------------------------------------------------------
 {"name": "osdba", "age": 40, "sex": true, "money" : 250.12}
(1 row)
```

输入带小数点的示例如下：

```
osdba=# select json '{"p" : 1.6735777674525e-27}';
```

```
           json
----------------------------
  {"p" : 1.6735777674525e-27}
(1 row)

osdba=# select jsonb '{"p" : 1.6735777674525e-27}';
                    jsonb
----------------------------------------------------
  {"p": 0.0000000000000000000000000016735777674525}
(1 row)
```

从上面的示例中可以看出，JSONB 类型内部存储的是 numeric 类型，而不再是浮点数。

5.13.3　JSON 类型的操作符

JSON 类型和 JSONB 类型支持的操作符如表 5-31 所示。

表 5-31　JSON 类型及 JSONB 类型支持的操作符

操作符	右操作数类型	描述	示例	结果
->	int	取 JSON 数组的元素	'[1,2 ,3]'::json->1	2
			'{"a":1, "b":2}'::json->0	ERROR: cannot extract array element from a non-array
->	text	通过 key 取 JSON 中的子对象	'{"a":1, "b":2}'::json->'a'	1
->>	int	取 JSON 数组的元素，但返回结果是 text 类型	select '[1,2 ,3]'::json->>1;	'2'
->>	text	通过 key 取 JSON 中的子对象，但返回结果是 text 类型	'{"a":1, "b":2}'::json->>'a'	'1'
#>	text[]	通过指定路径取 JSON 中的对象	'{"a":{"b":{"c": 1}}}'::json#>'{a,b}'	{"c": 1}
			'{"a":{"b":{"c": 1}}}'::json#>'{a,b,c}'	1
#>>	text[]	通过指定路径取 JSON 中的对象，但返回结果是 text 类型	'{"a":{"b":{"c": 1}}}'::json#>>'{a,b}'	'{"c": 1}'
			'{"a":{"b":{"c": 1}}}'::json#>>'{a,b,c}'	'1'

还有一些操作符仅可用于 JSONB 类型，这部分操作符见表 5-32。

表 5-32　仅适用于 JSONB 类型的操作符

操作符	右操作数类型	描述	示例	结果
=	jsonb	两个 JSON 对象的内容是否相同	jsonb '[1,2]' = jsonb '[1,2]'	t
			jsonb '[2,1]' = jsonb '[1,2]'	f
			jsonb '{"a":1,"b":2}' = jsonb '{"b":2,"a":1}'	t
@>	jsonb	左边的 JSON 对象是否包含右边的 JSON 对象	jsonb '{"a":1, "b":2}' @> jsonb '{"b":2}'	t
			jsonb '[1,2]' @> jsonb '[1]'	t
			jsonb '[1,2,3]' @> jsonb '[1,3]'	t
			jsonb '{"a":1, "b": {"c":3}}' @> jsonb '{"c":3}'	f
<@	jsonb	左边的 JSON 对象是否包含于右边的 JSON 对象中	jsonb '[1]' <@jsonb '[1,2]'	t

（续）

操作符	右操作数类型	描述	示例	结果
?	text	指定的字符串是否存在于 JSON 对象中的 key 或字符串类型元素中。注意，JOSN 中的元素必须是字符串类型	jsonb '{"a":1, "b":2}' ? 'b'	t
			jsonb '["1","2","3"]' ? '1'	t
			jsonb '[1,2,3]' ? '1'	f
?|	text[]	右值是一个数组，指定此数组中的任意一个元素是否存在于 JSON 对象的字符串类型的 key 或元素中。注意，JSON 中的元素必须是字符串类型	jsonb '{"a":1, "b":2}' ?| array['b', 'c']	t
			jsonb '{"a":1, "b":2}' ?| array['c', 'd']	f
			jsonb '["1","2"]' ?| array['2', '3']	t
			jsonb '[1,2]' ?| array['2', '3']	f
?&	text[]	右值是一个数组，指定此数组中的所有元素是否都存在于 JSON 对象中的 key 或字符串类型元素中 注意，JSON 中的元素必须是字符串类型	jsonb '{"a":1, "b":2}' ?& array['b', 'c']	f
			jsonb '{"a":1, "b":2,"c":3}' ?& array['b', 'c']	t
			jsonb '["1","2","3"]' ?& array['2', '3']	t
			jsonb '[1,2,3]' ?& array['2', '3']	f

5.13.4　JSON 类型的函数

PostgreSQL 中提供了很多用于创建、操作 JSON 类型数据的函数。

用于创建 JSON 类型数据的函数见表 5-33。

表 5-33　JSON 类型的创建函数

函数名	描述	示例	结果
to_json (anyelement)	把任意类型的对象转换成 JSON 对象，数组被转换成 JSON 中的数组，复合类型被转换成 JSON 中的 key/ value 对	to_json(array[1,2,3])	[1,2,3]
		CREATE TYPE person AS (　name　text, 　age　integer, 　sex　boolean); select to_json('("osdba",40,tr ue)'::person);	to_json --- {"name":"osdba","age":40,"sex":true} (1 row)
array_to_json (anyarray [, pretty_bool])	把数组转换成 JSON 对象	select array_to_json(array [1,2]);	array_to_json --------------- [1,2]
		select array_to_json(array [1,2], true);	array_to_json --------------- [1,　　　+ 2]
row_to_json (record [, pretty_ bool])	把 ROW 类型转换成 JSON 类型	row_to_json(ROW(1,2,3))	{"f1":1,"f2":2,"f3":3}
json_build_ array (any,...)	构造 JSON 对象，其内容是由不同类型元素组成的数组	json_build_array(1,2,'3',true, null)	[1, 2, "3", true, null]

(续)

函数名	描述	示例	结果
json_build_object(any,...)	构造 JSON 对象，其内容是一个字典。字典的 key/value 对分别从函数参数中取得	json_build_object('a',1,'b', 2,'c', array[3,4])	{"a" : 1, "b" : 2, "c" : [3,4]}
json_object (text[])	构造 JSON 对象，其内容是一个字典。字典的 key/value 对从一个为 text[] 的函数中取得	json_object('{a,1,b,2,c,3}')	{"a" : "1", "b" : "2", "c" : "3"}
json_object (keys text[], values text[])	构造 JSON 对象，其内容是一个字典。字典的 key/value 对分别从函数中的两个数组参数中取得	json_object('{a, b}', '{1,2}')	{"a" : "1", "b" : "2"}

在表 5-33 中，array_to_json 和 row_to_json 除了可以指定一个 pretty_bool 的参数用其美化 JSON 的格式之外，其功能与 to_json 函数完全一样。

上述创建 JSON 的函数只能创建出 JSON 类型的 JSON 对象，而不能创建出 JSONB 类型的 JSON 对象，但实际上可以用类型转换把 JSON 类型的对象转换成 JSONB 类型。

操作 JSON 类型和 JSONB 类型数据的函数见表 5-34。

表 5-34 JSON/JSONB 类型数据的处理函数

函数	描述及示例

json_array_length(json)
jsonb_array_length(jsonb)
	获得 JSON 对象最外层元素的个数：
	`osdba=#select json_array_length('[1,2,3,{"a":1,"b":[1,2]},4]');`
	` json_array_length`
	`-------------------`
	`                 5`
	`(1 row)`

json_each(json) jsonb_each(jsonb)	将 JSON 对象最外层的 key/value 对展开为多行： `osdba=# select * from json_each(json '{"a":"1", "b":"2"}');` ` key	value` `-----+-------` ` a	"1"` ` b	"2"` `(2 rows)`
json_each_text(json) jsonb_each_text(jsonb)	将 JSON 对象最外层的 key/value 对展开为多行。各行中的每个值均为 text 类型： `osdba=# select * from json_each_text('{"a":"1", "b":"2"}');` ` key	value` `-----+-------` ` a	1` ` b	2` `(2 rows)`

（续）

函数	描述及示例

json_extract_path(json, text,[text,...])
jsonb_extract_path(jsonb, text,[text,...])
	返回 JSON 对象中指定路径的值：
	<pre>osdba=# select json_extract_path('{"a":"1","b":"2","c":"3"}','a');
	  json_extract_path
	------------------- 	
	  "1"
	(1 row)
	
	osdba=# select json_extract_path('{"a0":{"a1":"1"},"b":"2","c":
	"3"}','a0','a1');
	  json_extract_path
	------------------- 	
	  "1"
	(1 row)</pre>

json_extract_path_text(json, text,[text,...])
jsonb_extract_path_text(jsonb, text,[text,...])
	返回 JSON 对象中指定路径的值。返回值为 text 类型：
	<pre>osdba=# select json_extract_path_text('{"a0":{"a1":"1"},"b":"2",
	"c":"3"}','a0','a1');
	  json_extract_path_text
	------------------------ 	
	  1
	(1 row)</pre>

json_object_keys(json)
jsonb_object_keys(jsonb)
	获得 JSON 对象最外层的 key，返回的结果是多行：
	<pre>osdba=# select json_object_keys('{"a":1,"b":2,"c":3}');
	  json_object_keys
	------------------ 	
	  a
	  b
	  c
	(3 rows)</pre>

json_populate_record(base anyelement, from_json json, [, use_json_as_text bool=false])
jsonb_populate_record(base anyelement, from_json jsonb, [, use_json_as_text bool=false])
	<pre>osdba=# CREATE TYPE person AS (
	    name text,
	    age integer,
	    sex boolean);
	CREATE TYPE
	osdba=# select * from json_populate_record(null::person,
	'{"name":"osdba","age":40, "sex":true}');
	  name
		age	sex
			-------+-----+-----
			  osdba
				40	t
					(1 row)</pre>

json_populate_recordset(base anyelement, from_json json, [, use_json_as_text bool=false])
jsonb_populate_recordset(base anyelement, from_json jsonb, [, use_json_as_text bool=false])
	<pre>osdba=# select * from json_populate_recordset(null::person,
	    '[{"name":"osdba","age":40, "sex":true},
	      {"name":"john","age":29, "sex":true}]');
	  name
		age	sex
			-------+-----+-----
			  osdba
				40	t
					  john
						29	t
							(2 rows)</pre>

（续）

函数	描述及示例
json_array_elements (json) jsonb_array_elements (jsonb)	```osdba=# select * from json_array_elements('["1","2","3"]'); value ------- "1" "2" "3" (3 rows)```
json_array_elements_ text(json) jsonb_array_elements_ text(jsonb)	```osdba=# select * from json_array_elements_text('["1","2","3"]'); value ------- 1 2 3 (3 rows)```
json_typeof(json) jsonb_typeof(jsonb)	```osdba=# select json_typeof('1'); json_typeof ------------- number (1 row)```
json_to_record(json) jsonb_to_record(jsonb)	```osdba=# select * from json_to_record('{"a":1,"b":"bbb","c":true }',true) as x(a int, b text, c boolean); a	b	c ---+-----+--- 1	bbb	t (1 row)```
json_to_recordset(json) jsonb_to_recordset(jsonb)	```osdba=# select * from json_to_recordset('[{"a":1,"b":"bbb"},{"a ":"2","c":"ccc"}]',true) as t(a int, b text); a	b ---+----- 1	bbb 2	(2 rows)```
json_strip_nulls(from_ json json) jsonb_strip_nulls(from_ json jsonb)	去除 JSON 中空值键值对（数组中的 NULL 值不会去除）： ```osdba=# select json_strip_nulls('[{"a":1, "b":null}, null, 3, {"a":{"a":null}}]'); json_strip_nulls -------------------------- [{"a":1},null,3,{"a":{}}] (1 row)```
jsonb_set(target jsonb, path text[], new_value jsonb[, create_missing boolean])	设置指定 JSONB 中路径的值： ```osdba=# select jsonb_set('[{"f1":{"f11":3},"f2":2}, 2]', '{0,f1,f11}','{"a":2}'); jsonb_set --- [{"f1": {"f11": {"a": 2}}, "f2": 2}, 2] (1 row)```

（续）

函数	描述及示例

jsonb_insert(target jsonb, path text[], new_value jsonb, [insert_after boolean])	把值插入 JSONB 中的指定路径：
	<pre>osdba=# select jsonb_insert('{"a": [0,1,2]}', '{a, 1}', '99');
	     jsonb_insert
	--------------------- 	
	 {"a": [0, 99, 1, 2]}
	(1 row)</pre>

jsonb_pretty(from_json jsonb)	将 JSONB 数据美化后输出（有换行和缩进）：
	<pre>osdba=# select jsonb_pretty('[{"a":1,"b":2},2,3]');
	    jsonb_pretty
	----------------- 	
	 [+
	     { +
	         "a": 1,+
	         "b": 2 +
	     }, +
	     2, +
	     3 +
	]
	(1 row)</pre>

jsonb_path_exists(target jsonb, path jsonpath [, vars jsonb [, silent bool]])	以 jsonpath 表达式的格式查看满足条件的数据是否存在：
	<pre>osdba=# select jsonb_path_exists('{"a":[1,2,3,4,5]}', '$.a[*] ?
	(@ >= $min && @ <= $max)', '{"min":2,"max":4}');
	 jsonb_path_exists
	------------------- 	
	 t</pre>

jsonb_path_match(target jsonb, path jsonpath [, vars jsonb [, silent bool]])	是否匹配 jsonpath 的表达式：
	<pre>osdba=# select jsonb_path_match('{"a":[1,2,3,4,5]}', 'exists($.
	a[*] ? (@ >= $min && @ <= $max))', '{"min":2,"max":4}');
	 jsonb_path_match
	------------------- 	
	 t
	(1 row)</pre>

jsonb_path_query(target jsonb, path jsonpath [, vars jsonb [, silent bool]])	查询满足 jsonpath 表达式的值：
	<pre>osdba=# select * from jsonb_path_query('{"a":[1,2,3,4,5]}',
	'$.a[*] ? (@ >= $min && @ <= $max)', '{"min":2,"max":4}');
	 jsonb_path_query
	------------------- 	
	 2
	 3
	 4
	(3 rows)</pre>

（续）

函数	描述及示例

jsonb_path_query_array
(target jsonb, path jsonpath
[, vars jsonb [, silent bool]])
	查询满足 jsonpath 表达式指定的值，返回值是数组：
	`osdba=# select * from jsonb_path_query_array('{"a":[1,2,3,4,5]}',`
	`'$.a[*] ? (@ >= $min && @ <= $max)', '{"min":2,"max":4}');`
	` jsonb_path_query_array`
	`----------------------`
	` [2, 3, 4]`
	`(1 row)`

jsonb_path_query_first
(target jsonb, path jsonpath
[, vars jsonb [, silent bool]])
	查询满足 jsonpath 表达式的第一个值：
	`osdba=# select * from jsonb_path_query_first('{"a":[1,2,3,4,5]}',`
	`'$.a[*] ? (@ >= $min && @ <= $max)', '{"min":2,"max":4}');`
	` jsonb_path_query_first`
	`----------------------`
	` 2`
	`(1 row)`

表 5-34 中以"jsonb_path"开头的几个函数是 PostgreSQL 12 版本中开始加入的，同时增加了数据类型 jsonpath，jsonpath 是一个功能非常强大的表达式，称为"SQL/JSON Path Language"，具体的使用方法请参见 PostgreSQL 官方文档：

https://www.postgresql.org/docs/current/functions-json.html#FUNCTIONS-SQLJSON-PATH。

5.13.5　JSON 类型的索引

因为 JSON 类型没有提供相关的比较函数，所以无法在 JSON 类型的列上直接建索引，但可以在 JSON 类型的列上建函数索引。

JSONB 类型的列上可以直接建索引。除了可以建 BTree 索引以外，JSONB 还支持建 GIN 索引。GIN 索引可以高效地从 JSONB 内部的 key/value 对中搜索数据。

通常情况下，在 JSONB 类型上都会考虑建 GIN 索引，而不是 BTree 索引，因为该索引的效率可能不高，原因是 BTree 索引不关心 JSONB 内部的数据结构，只是简单地按照比较整个 JSONB 大小的方式进行索引，其比较原则如下：

❑ Object > Array > Boolean > Number > String > Null。

❑ n 个 key/value 对的 Object > $n-1$ 个 key/value 对的 Object。

❑ n 个元素的 Array > $n-1$ 个元素的 Array。

Object 内部的多个比较顺序如下：

key-1, value-1, key-2, value-2, …

键值之间的比较是按存储顺序进行的，示例如下：

{ "aa": 1, "a1": 1} > {"b": 1, "b1": 1}

同样，数组是按元素的顺序进行比较的：

element-1, element-2, element-3, …

在 JSONB 上创建 GIN 索引有以下两种方式：

❑ 使用默认的 jsonb_ops 操作符创建。

❑ 使用 jsonb_path_ops 操作符创建。

使用默认的操作符创建 GIN 索引的语法如下：

```
CREATE INDEX idx_name ON table_name USING gin (index_col);
```

使用 jsonb_path_ops 操作符建 GIN 索引的语法如下：

```
CREATE INDEX idx_name ON table_name USING gin (index_col jsonb_path_ops);
```

关于 GIN 索引，jsonb_ops 的 GIN 索引与 jsonb_path_ops 的 GIN 索引区别在于，jsonb_ops 的 GIN 索引中 JSONB 数据中的每个 key 和 value 都是作为一个单独的索引项，而 jsonb_path_ops 则只为每个 value 创建一个索引项。例如：有一个项 "{"foo": {"bar": "baz"}}"，对于 jsonb_path_ops 来说，是把 "foo" "bar" 和 "baz" 组合成一个 Hash 值作为索引项，而 jsonb_ops 则会分别为 "foo" "bar" "baz" 创建 3 个索引项。因为少了很多索引项，所以通常 jsonb_path_ops 的索引要比 jsonb_ops 的小很多，这样当然也就会带来性能的提升。

下面举例说明如何使用索引，先来看 JSON 类型上建函数索引的例子。

首先，创建测试表，并插放一些初始化的数据：

```
CREATE TABLE jtest01 (
  id int,
  jdoc json
);

CREATE OR REPLACE FUNCTION random_string(INTEGER)
RETURNS TEXT AS
$BODY$
SELECT array_to_string(
  ARRAY (
    SELECT substring(
      '0123456789ABCDEFGHIJKLMNOPQRSTUVWXYZabcdefghijklmnopqrstuvwxyz'
      FROM (ceil(random()*62))::int FOR 1
    )
    FROM generate_series(1, $1)
  ),
  ''
)
$BODY$
LANGUAGE sql VOLATILE;

insert into jtest01 select t.seq, ('{"a":{"a1":"a1a1", "a2":"a2a2"},
  "name":"'||random_string(10)||'","b":"bbbbb"}')::json from generate_
  series(1,100000) as t(seq);
```

然后使用函数 json_extract_path_text 建一个函数索引：

```
CREATE INDEX ON jtest01 USING btree (json_extract_path_text(jdoc,'name'));
```

分析该表：

```
ANALYZE jtest01;
```

接下来看看查询没有走索引的执行计划：

```
osdba=# EXPLAIN ANALYZE VERBOSE SELECT * FROM jtest01 WHERE jdoc-
 >>'name'='lnBtcJLR85';
                                QUERY PLAN
---------------------------------------------------------------------------
 Seq Scan on public.jtest01  (cost=0.00..2735.00 rows=500 width=36) (actual tim.
.e=17.764..154.870 rows=1 loops=1)
    Output: id, jdoc
    Filter: ((jtest01.jdoc ->> 'name'::text) = 'lnBtcJLR85'::text)
    Rows Removed by Filter: 99999
 Planning time: 0.141 ms
 Execution time: 154.911 ms
(6 rows)

Time: 155.583 ms
```

然后再看走了此函数索引的执行计划：

```
osdba=# EXPLAIN ANALYZE VERBOSE SELECT * FROM jtest01 WHERE json_extract_path_
 text(jdoc, 'name') = 'lnBtcJLR85';
                                QUERY PLAN
---------------------------------------------------------------------------
 Index Scan using jtest01_json_extract_path_text_idx on public.jtest01  (cost=0.
..42..8.44 rows=1 width=36) (actual time=0.044..0.046 rows=1 loops=1)
    Output: id, jdoc
    Index Cond: (json_extract_path_text(jtest01.jdoc, VARIADIC '{name}'::text[]).
. = 'lnBtcJLR85'::text)
 Planning time: 0.237 ms
 Execution time: 0.085 ms
(5 rows)

Time: 1.153 ms
```

从上面的对比可以看出，走了索引花费的时间为 1.153ms，而没有走索引花费的时间为 155.583ms，可见走索引快了 150 倍左右。

下面再来看一个 JSONB 类型上建 GIN 索引的例子。

创建测试表如下：

```
CREATE TABLE jtest02 (
  id int,
  jdoc jsonb
);
CREATE TABLE jtest03 (
  id int,
  jdoc jsonb
);
```

把前面建好的测试表"jtest01"中的数据导入表"jtest02"和"jtest03"中：

```
insert into jtest02 select id, jdoc::jsonb from jtest01;
insert into jtest03 select * from jtest02;
```

下面创建 GIN 索引：

```
CREATE INDEX idx_jtest02_jdoc ON jtest02 USING gin (jdoc);
CREATE INDEX idx_jtest03_jdoc ON jtest03 USING gin (jdoc jsonb_path_ops);
```

然后对表进行分析：

```
ANALYZE jtest02;
ANALYZE jtest03;
```

执行下面的查询：

```
SELECT * FROM jtest02 WHERE jdoc @> '{"name":"lnBtcJLR85"}'
SELECT * FROM jtest03 WHERE jdoc @> '{"name":"lnBtcJLR85"}'
```

现在来看一下这两个 SQL 语句的执行计划：

```
osdba=# EXPLAIN ANALYZE VERBOSE SELECT * FROM jtest02 WHERE jdoc @>
  '{"name":"lnBtcJLR85"}';
                              QUERY PLAN
--------------------------------------------------------------------------------
 Bitmap Heap Scan on public.jtest02  (cost=1108.78..1424.97 rows=100 width=89) .
.(actual time=7.108..7.109 rows=1 loops=1)
    Output: id, jdoc
    Recheck Cond: (jtest02.jdoc @> '{"name": "lnBtcJLR85"}'::jsonb)
    Heap Blocks: exact=1
    -> Bitmap Index Scan on idx_jtest02_jdoc  (cost=0.00..1108.75 rows=100 widt.
.h=0) (actual time=7.092..7.092 rows=1 loops=1)
          Index Cond: (jtest02.jdoc @> '{"name": "lnBtcJLR85"}'::jsonb)
  Planning time: 0.141 ms
  Execution time: 7.162 ms
(8 rows)

Time: 7.883 ms
osdba=# EXPLAIN ANALYZE VERBOSE SELECT * FROM jtest03 WHERE jdoc @>
  '{"name":"lnBtcJLR85"}';
                              QUERY PLAN
--------------------------------------------------------------------------------
 Bitmap Heap Scan on public.jtest03  (cost=1884.78..2200.97 rows=100 width=89) .
.(actual time=12.297..12.298 rows=1 loops=1)
    Output: id, jdoc
    Recheck Cond: (jtest03.jdoc @> '{"name": "lnBtcJLR85"}'::jsonb)
    Heap Blocks: exact=1
    -> Bitmap Index Scan on idx_jtest03_jdoc  (cost=0.00..1884.75 rows=100 widt.
.h=0) (actual time=12.280..12.280 rows=1 loops=1)
          Index Cond: (jtest03.jdoc @> '{"name": "lnBtcJLR85"}'::jsonb)
  Planning time: 0.140 ms
  Execution time: 12.352 ms
(8 rows)
```

从上面的运行结果中可以看到，这两个 SQL 都走到了索引上。

接下来看看这两个索引的大小：

```
osdba=# select pg_indexes_size('jtest02');
  pg_indexes_size
```

```
-----------------
        24731648
(1 row)

Time: 0.503 ms
osdba=# select pg_indexes_size('jtest03');
  pg_indexes_size
-----------------
        11173888
(1 row)

Time: 0.458 ms
```

从上面的运行结果中可以看出，jsonb_path_ops 类型的索引要比 jsonb_ops 的小。

5.14　Range 类型

本节介绍一个 PostgreSQL 数据库中特有的数据类型：Range 类型，此类型可以进行范围快速搜索，因此在一些场景中非常有用。

5.14.1　Range 类型简介

Range 类型是从 PostgreSQL 9.2 版本开始提供的一种特有的类型，用于表示范围，如一个整数的范围、一个时间的范围，而范围底下的基本类型（如整数、时间）被称为 Range 类型的 subtype。

现在大家可能有一个很大的疑问，这个类型有什么用，为什么不直接用开始值和结束值来表示，还要造一个 Range 类型？下面将举例说明 Range 类型的用途。

假设我们有以下需求，某个 IP 地址库中记录了每个地区的 IP 地址范围，现在需要查询客户的 IP 地址属于哪个地区。该 IP 地址库的定义如下：

```
CREATE TABLE ipdb1(
  ip_begin inet,
  ip_end inet,
  area text,
  sp text);
```

如果我们要查询的是 IP 地址 "115.195.180.105" 属于哪个地区，则查询的 SQL 语句如下：

```
select * from ipdb1 where  ip_begin <= '115.195.180.105'::inet and  ip_end >=
  '115.195.180.105'::inet;
```

因为表上没有索引，所以会进行全表扫描，执行速度会很慢。此时可以在 ip_begin 和 ip_end 上建索引，代码如下：

```
create index idx_ipdb_ip_start on ipdb1(ip_begin);
create index idx_ipdb_ip_end on ipdb1(ip_end);
```

在 PostgreSQL 中，上面的 SQL 查询可以使用到这两个索引，但都是分别扫描两个索引建位图，然后通过位图进行 AND 操作，执行计划如下：

```
osdba=# explain analyze verbose select * from ipdb1 where  ip_begin <=
  '115.195.180.105'::inet and  ip_end >= '115.195.180.105'::inet;
                              QUERY PLAN
--------------------------------------------------------------------------------
  Bitmap Heap Scan on public.ipdb1  (cost=2761.49..9277.91 rows=49454 width=128).
. (actual time=53.446..112.780 rows=1 loops=1)
    Output: ip_begin, ip_end, area, sp
    Recheck Cond: (ipdb1.ip_end >= '115.195.180.105'::inet)
    Filter: (ipdb1.ip_begin <= '115.195.180.105'::inet)
    Rows Removed by Filter: 317435
    Heap Blocks: exact=3070
    -> Bitmap Index Scan on idx_ipdb_ip_end  (cost=0.00..2749.13 rows=148361 wi.
.dth=0) (actual time=52.719..52.719 rows=317436 loops=1)
        Index Cond: (ipdb1.ip_end >= '115.195.180.105'::inet)
  Planning time: 0.204 ms
  Execution time: 113.163 ms
(10 rows)

Time: 114.623 ms
```

从上面的执行计划来看，对索引进行范围扫描效率仍不太高，那么有没有更高效的查询方法呢？答案是肯定的，这就是使用 Range 类型，通过创建空间索引的方式来执行，下面来看如何使用 Range 类型及空间索引。

首先，创建类似的 IP 地址库表：

```
CREATE TYPE inetrange AS RANGE (subtype = inet);
CREATE TABLE ipdb2(
  ip_range inetrange,
  area text,
  sp text);
insert into ipdb2 select ('[' || ip_begin || ',' || ip_end || ']') ::inetrange,
  area, sp from ipdb1;
```

然后创建 GiST 索引：

```
CREATE INDEX idx_ipdb2_ip_range ON ipdb2 USING gist (ip_range);
```

接下来就可以使用包含运算符 "@>" 来查找相应的数据了：

```
select * from ipdb1 where  ip_range @> '115.195.180.105'::inet;
```

相应 SQL 的执行计划如下：

```
osdba=# explain analyze verbose select * from ipdb2 where ip_range @>
  '115.195.180.105'::inet;
                              QUERY PLAN
--------------------------------------------------------------------------------
  Index Scan using idx_ipdb2_ip_range on public.ipdb2  (cost=0.29..8.30 rows=1 w.
.idth=52) (actual time=14.476..40.127 rows=1 loops=1)
    Output: ip_range, area, sp
    Index Cond: (ipdb2.ip_range @> '115.195.180.105'::inet)
```

```
    Planning time: 0.431 ms
    Execution time: 40.187 ms
(5 rows)
```

前面的 SQL 语句的 cost 值为 " cost=2761.49..9277.91"，而现在变为 " cost=0.29..8.30"，从中可以看到查询性能得到了很大的提高。

5.14.2 创建 Range 类型

PostgreSQL 中内置了一些常用的 Range 类型，这些类型不需要创建就可以直接使用，具体如下。

❑ int4range：4 字节整数的范围类型。

❑ int8range：8 字节大整数的范围类型。

❑ numrange：numeric 的范围类型。

❑ tsrange：无时区的时间戳的范围类型。

❑ tstzrange：带时区的时间戳的范围类型。

❑ daterange：日期的范围类型。

还可以使用 CREATE TYPE 函数创建 Range 类型，创建 Range 类型的语法如下：

```
CREATE TYPE name AS RANGE (
  SUBTYPE = subtype
  [ , SUBTYPE_OPCLASS = subtype_operator_class ]
  [ , COLLATION = collation ]
  [ , CANONICAL = canonical_function ]
  [ , SUBTYPE_DIFF = subtype_diff_function ]
)
```

语法中的子项的说明如下。

❑ SUBTYPE = subtype：指定子类型。

❑ SUBTYPE_OPCLASS = subtype_operator_class：指定子类型的操作符。

❑ COLLATION = collation：指定排序规则。

❑ CANONICAL = canonical_function：如果要创建一个稀疏的 Range 类型而不是一个连续的 Range 类型，那么就需要定义此函数。

❑ SUBTYPE_DIFF = subtype_diff_function：定义子类型的差别函数。

创建 Range 类型的示例如下：

```
CREATE TYPE floatrange AS RANGE (
  subtype = float8,
  subtype_diff = float8mi
);
```

5.14.3 Range 类型的输入与输出

Range 类型的输入格式如下：

- ❑ '[value1, value2]'。
- ❑ '[value1, value2)'。
- ❑ '(value1, value2]'。
- ❑ '(value1, value2)'。
- ❑ 'empty'。

其中 "（""（）"表示范围内不包括此元素，而 "[""]" 表示范围内包括此元素。如果是稀疏类型的 Range，其内部存储的格式为 "'[value1,value2)'"。"'empty'" 表示空，即范围内不包括任何内容。

下面通过一些示例来看 Range 类型的输出和输入。

int4range 类型的示例如下：

```
osdba=# select '(0,6)'::int4range;
  int4range
-----------
  [1,6)
(1 row)

osdba=# select '[0,6)'::int4range;
  int4range
-----------
  [0,6)
(1 row)

osdba=# select '[0,6]'::int4range;
  int4range
-----------
  [0,7)
(1 row)

osdba=# select 'empty'::int4range;
  int4range
-----------
  empty
(1 row)
```

从上面的示例中可以看出，int4range 总是把输入的格式转换成 "'[value1,value2)'" 格式。稀疏类型的 Range 必须定义 CANONICAL 函数，以便用来将其转换成 "'[value1,value2)'" 格式来存储。

对于连续类型的 Range，内部存储则是精确存储的，如 numrange 类型：

```
osdba=# select '[0,6]'::numrange;
  numrange
-----------
  [0,6]
(1 row)

osdba=# select '[0,6)'::numrange;
  numrange
-----------
```

```
   [0,6)
(1 row)

osdba=# select '(0,6]'::numrange;
  numrange
----------
   (0,6]
(1 row)

osdba=# select '(0,6)'::numrange;
  numrange
----------
   (0,6)
(1 row)
```

Range 类型还可以表示极值的区间，示例如下：

```
osdba=# select '[1,)'::int4range;
  int4range
-----------
   [1,)
(1 row)
```

上面的"(1,)"就表示从 1 到 int4 可以表示的最大数值。

```
osdba=# select '[,1)'::int4range;
  int4range
-----------
   (,1)
(1 row)
```

上面的"(,1)"指的是从 int4 类型可以表示的最小值到 1 的范围。

对于 numrange，表示的是无穷大或无穷小，比如，下面表示从 1 到无穷大：

```
osdba=# select '[1,)'::numrange;
  numrange
----------
   [1,)
(1 row)
```

而下面表示的是从负无穷到 1：

```
osdba=# select '[,1)'::numrange;
  numrange
----------
   (,1)
(1 row)
```

还可以使用 Range 类型的构造函数输入 Range 类型的值，Range 类型的构造函数名称与类型名称相同，示例如下：

```
osdba=# select int4range(1,10,'[)');
  int4range
-----------
   [1,10)
```

```
  (1 row)

osdba=# select int4range(1,10,'()');
  int4range
-----------
  [2,10)
(1 row)

osdba=# select int4range(1,10);
  int4range
-----------
  [1,10)
(1 row)
```

5.14.4　Range 类型的操作符

Range 类型支持的操作符见表 5-35。

表 5-35　Range 类型支持的操作符

操作符	描述	示例	结果
=	等于	int4range '[1,5)' = '[1,4]'::int4range	t
<>	不等于	numrange(1.1,1.2) <> numrange(1.1,1.3)	t
<	小于	int4range '[1,10)' < int4range '[2,3)'	t
>	大于	int4range '[2,3)' > int4range '[1,100)'	t
<=	小于等于	int4range '[1,2)' <= int4range '[1,2)'	t
>=	大于等于	int4range '[1,2)' >= int4range '[1,2)'	t
@>	包含	int4range '[1,3)' @> int4range '[1,2)'	t
		int4range '[1,3)' @> 1	t
<@	被包含	int4range '[1,2)' <@ int4range '[1,3)'	t
		1 <@ int4range '[1,3)'	t
&&	重叠	int4range '[2,4)' && int4range '[1,3)'	t
<<	严格在左	int4range '[1,2)' << int4range '[2,4)'	t
		int4range '[1,3)' << int4range '[2,4)'	f
>>	严格在右	int4range '[2,4)' >> int4range '[1,2)'	t
		int4range '[2,4)' >> int4range '[1,3)'	f
&<	没有扩展到右边	int4range '[1,3)' &< int4range '[2,3)'	t
		int4range '[1,4)' &< int4range '[2,3)'	f
&>	没有扩展到左边	int4range '[2,3)' &> int4range '[1,3)'	t
		int4range '[1,3)' &> int4range '[2,4)'	f
-|-	连接在一起	int4range '[1,2)' -|- int4range '[2,3)'	t
		int4range '[1,2)' -|- int4range '[3,4)'	f
		int4range '[1,3)' -|- int4range '[2,4)'	f
+	union	int4range '[1,3)' + int4range '[2,4)'	[1,4)
*	intersection	int4range '[1,3)' * int4range '[2,4)'	[2,3)
-	difference	int4range '[1,3)' - int4range '[2,4)'	[1,2)

5.14.5 Range 类型的函数

Range 类型支持的函数见表 5-36。

表 5-36 Range 类型支持的函数

函数	描述	示例	结果
lower(anyrange)	获得范围的起始值	lower(int4range '[11,22)')	11
		lower(int4range '[,22)') is null	t
		lower(int4range 'empty') is null	t
upper(anyrange)	获得范围的结束值	upper(int4range '[11,22)')	22
isempty(anyrange)	是否是空范围	isempty(int4range 'empty')	t
		isempty(int4range '(,)')	f
		isempty(int4range '(1,1)')	t
		isempty(int4range '[1,2)')	f
lower_inc(anyrange)	起始值是否在范围内	lower_inc(int4range '[1,2)')	t
		lower_inc(int4range '(1,1)')	f
upper_inc(anyrange)	结束值是否在范围内	upper_inc(int4range '[1,2)')	f
		upper_inc(numrange'[1,NaN]')	t
lower_inf(anyrange)	起始值是否是一个无穷值	lower_inf(int4range '(,2)')	t
upper_inf(anyrange)	结束值是否是一个无穷值	upper_inf(int4range '[1,)')	t

5.14.6 Range 类型的索引和约束

在 Range 类型的列上可以创建 GiST 和 SP-GiST 索引，创建语法如下：

```
CREATE INDEX index_name ON table_name USING gist (range_column);
```

在 SQL 查询语句中，可以使用运算符 "=" "&&" "<@" "@>" "<<" ">>" "-|-" "&<" "&>" 来执行索引。

当然，在 Range 类型上也可以建 BTree 索引，但 BTree 索引是使用比较运算符的，通常只在对 Range 的值进行排序时使用。

在 Range 的列上也可以建立约束，使其范围永不重叠，示例如下：

```
CREATE TABLE rtest01 (
  idrange int4range,
  EXCLUDE USING gist (idrange WITH &&)
);
```

接下来插入数据：

```
osdba=# insert into rtest01 values(int4range '[1,5)');
INSERT 0 1
  (1 row)

osdba=# insert into rtest01 values(int4range '[4,5)');
ERROR:  conflicting key value violates exclusion constraint "rtest01_idrange_excl"
```

```
DETAIL:  Key (idrange)=([4,5)) conflicts with existing key (idrange)=([1,5)).
```

从上面的示例中可以看出，当插入的数据与原数据的范围出现重叠时就会报错。

上面的约束条件只能限制在一个 Range 列上，如果是一个有两列的表，第一列是一个普通类型的列，第二列是 Range 类型，我们需要让第一列的值相等的行的第二列值也不重叠，这时就需要用另一个扩展模块 btree_gist 来实现此约束功能。

要使用此功能，需要先安装 btree_gist 模块，安装命令如下：

```
cd <postgres source code path/contrib/btree_gist
make
make install
```

下面来演示此功能：

```
CREATE EXTENSION btree_gist;
CREATE TABLE rtest02(
  id int,
  idrange int4range,
  EXCLUDE USING gist (id WITH =, idrange WITH &&)
);
```

现在插入数据：

```
osdba=# INSERT INTO rtest02 values(1, int4range '[1,5)');
INSERT 0 1
osdba=# INSERT INTO rtest02 values(2, int4range '[2,5)');
INSERT 0 1
```

此时，我们发现只要第一列 id 的值不相同，即使第二列 idrange 的范围重叠，系统也不会报错，但如果插入一个行，其 id 值与原有行相同，且 idrange 列的值也与此行 idrange 的范围重叠：

```
osdba=# INSERT INTO rtest02 values(1, int4range '[2,5)');
ERROR:  conflicting key value violates exclusion constraint "rtest02_id_idrange_
    excl"
DETAIL:  Key (id, idrange)=(1, [2,5)) conflicts with existing key (id,
    idrange)=(1, [1,5)).
```

那么系统就会报约束错误。

5.15　数组类型

PostgreSQL 支持表的字段使用定长或可变长度的一维或多维数组，数组的类型可以是任何数据库内建的类型、用户自定义的类型、枚举类型及组合类型。但目前还不支持 domain 类型。

5.15.1　数组类型的声明

现举例说明数组类型是如何声明的：

```
CRETE TABLE testtab04(id int, col1 int[], col2 int[10], col3 text[][]);
```

从上面的例子中可以看出，数组类型的定义就是通过在数组元素类型名后面附加方括号"[]"来实现的。方括号中可以给一个长度数字，也可以不给，同时也可以定义多维数组。多维数组是通过加多对方括号来实现的。实际上，在目前的 PostgreSQL 实现中，如果在定义数组类型中填一个数组长度的数字，这个数字是无效的，不会限制数组的长度；定义时指定数组维度也是没有意义的，数组的维度实际上也是根据实际插入的数据来确定的。也就是说，下面两个声明的意义是相同的。

```
CRETE TABLE testtab04(id int, col1 int[], col2 int[10], col3 text[][]);
CRETE TABLE testtab04(id int, col1 int[10], col2 int[], col3 text[]);
```

在第一个语句中第三列的声明"col2 int[10]"与在第二个语句中第三列的声明"col2 int[]"的意义是相同的；而在第一个语句中第四列的声明"col3 text[][]"与在第二个语句中第四列的声明"col3 text[]"的意义也是相同的。

5.15.2 如何输入数组值

下面通过几个例子来说明如何输入数组类型的数据，示例如下：

```
osdba=# create table testtab05(id int, col1 int[]);
CREATE TABLE
osdba=# insert into testtab05 values(1,'{1,2,3}');
INSERT 0 1
osdba=# insert into testtab05 values(2,'{4,5,6}');
INSERT 0 1
osdba=# select * from testtab05;
 id |  col1
----+---------
  1 | {1,2,3}
  2 | {4,5,6}
(2 rows)
```

上面的例子是输入一个整数类型的数组，那么字符串类型的数组数据又应如何输入呢？示例如下：

```
osdba=# create table testtab06(id int, col1 text[]);
CREATE TABLE
osdba=# insert into testtab06 values(1,'{how,howe,howl}');
INSERT 0 1
```

从上面的例子中可以看出，数组的输入值是使用单引号加大括号来表示的。各个元素值之间是用逗号分隔的。实际上，是否使用逗号分隔各个元素值与元素类型有关，在 PostgreSQL 中，每个类型都定义的分隔符如下：

```
osdba=# select typname, typdelim from pg_type where typname in ('int4','int8','bool','char','box');
 typname | typdelim
---------+----------
 bool    | ,
 char    | ,
```

```
int8    | ,
int4    | ,
box     | ;
(5 rows)
```

在 PostgreSQL 中，除了 box 类型的分隔符为分号以外，其他的类型基本上都使用逗号作为分隔符。

box 类型使用分号作为分隔符，示例如下：

```
osdba=# create table testtab08(id int, col1 box[]);
CREATE TABLE
osdba=# insert into testtab08 values(1, '{((1,1),(2,2)); ((3,3),(4,4));
  ((1,2),(7,9))}');
INSERT 0 1
osdba=# select * from testtab08;
 id |                 col1
----+--------------------------------------
  1 | {(2,2),(1,1);(4,4),(3,3);(7,9),(1,2)}
(1 row)
```

上面输入的字符串内容中是没有空格的，在有空格时，又该如何输入呢？示例如下：

```
osdba=# insert into testtab06 values(2,'{how many,how mach,how old}');
INSERT 0 1
```

从上面的示例中可以看到，有空格也可以直接输入。

那么字符串中有逗号时怎么办呢？这时可以使用双引号，示例如下：

```
osdba=# insert into testtab06 values(4,'{"who, what", "CO.,LTD."}');
INSERT 0 1
```

如果字符串中有单引号怎么办呢？这时可以使用两个连接的单引号表示一个单引号：

```
osdba=# insert into testtab06 values(3,'{"who''s bread", "It''s ok"}');
INSERT 0 1
```

如果输入的字符串中有括号"{"和"}"怎么办呢？只需要把它们放到双引号中即可：

```
osdba=# insert into testtab06 values(5,'{"{os,dba}", "{dba,os}"}');
INSERT 0 1
```

如果输入的字符串中有双引号怎么办呢？需要在双引号前加反斜扛，示例如下：

```
osdba=# insert into testtab06 values(6,'{os\"dba}');
INSERT 0 1
```

要将一个数组元素的值设为"NULL"，直接写上"NULL"即可（与大小写无关）。要将一个数组元素的值设为字符串""NULL""，那么就必须加上双引号。

除了上面介绍的方法以外，还可以使用 ARRAY 构造器语法输入数据，数组构造器是一个表达式，它从自身的成员元素上构造一个数组值。简单的数组构造器由关键字"ARRAY"、一个左方括弧"["、一个或多个表示数组元素值的表达式（用逗号分隔）、一个右方括弧"]"组成。示例如下：

```
osdba=# insert into testtab06 values(6,ARRAY['os','dba']);
INSERT 0 1
osdba=# insert into testtab06 values(6,ARRAY['os"dba','123"456']);
INSERT 0 1
osdba=# insert into testtab06 values(6,ARRAY['os''dba','123''456']);
INSERT 0 1
```

多维数组的示例如下：

```
osdba=# create table testtab07(id int, col1 text[][]);
CREATE TABLE
osdba=# insert into testtab07 values(1,ARRAY[['os','dba'],['dba','os']]);
INSERT 0 1
```

在向多维数组中插入值时，各维度元素的个数必须相同，否则会报如下错误：

```
osdba=# insert into testtab07 values(2, '{{a,b},{c,d,e}}');
ERROR:  multidimensional arrays must have array expressions with matching
  dimensions
LINE 1: insert into testtab07 values(2, '{{a,b},{c,d,e}}');
                                        ^
```

上面的第一个"{a,b}"中有两个元素，而第二个"{c,d,e}"中有 3 个元素，这是不行的，元素个数必须相同，此时就得补空值，SQL 语句如下：

```
osdba=# insert into testtab07 values(2, '{{a,b,null},{c,d,e}}');
INSERT 0 1
osdba=# select * from testtab07;
 id |         col1
----+---------------------
  2 | {{a,b,NULL},{c,d,e}}
(1 row)
```

默认情况下，PostgreSQL 数据库中数组的下标是从 1 开始的，但也可以指定下标的开始值，示例如下：

```
osdba=# create table test02(id int[]);
CREATE TABLE
osdba=# insert into test02 values('[2:4]={1,2,3}');
INSERT 0 1
osdba=# select id[2],id[3],id[4] from test02;
 id | id | id
----+----+----
  1 |  2 |  3
(1 row)
```

从上面的例子中可以看出，指定数组上下标的格式如下：

'［下标：上标］=［元素值1，元素值2，元素值3，....］'

5.15.3 访问数组

访问数组的示例如下：

```
osdba=# create table testtab08(id int, coll text[]);
CREATE TABLE
osdba=# insert into testtab08 values(1,'{aa,bb,cc,dd}');
INSERT 0 1
osdba=# insert into testtab08 values(2,'{ee,ff,gg,hh}');
INSERT 0 1
osdba=# select * from testtab08;
 id |      coll
----+---------------
  1 | {aa,bb,cc,dd}
  2 | {ee,ff,gg,hh}
(2 rows)
osdba=# select id, col1[1] from testtab08;
 id | col1
----+------
  1 | aa
  2 | ee
(2 rows)
```

从上面的示例中可以看出，访问数组中的元素时在方括号内加数字就可以了，就像 C 语言中一样。但需要注意的是，在 PostgreSQL 中，数组的下标默认是从 1 开始的，而不是像 C 语言中从 0 开始，当然也可以创建从 0（实际可以是任意数字）开始的数组，示例如下：

```
osdba=# create table test02(id int[]);
CREATE TABLE
osdba=# insert into test02 values('[0:2]={1,2,3}');
INSERT 0 1
osdba=# select id[0],id[1],id[2] from test02;
 id | id | id
----+----+----
  1 |  2 |  3
(1 row)
```

还可以使用数组切片，示例如下：

```
osdba=# select id, col1[1:2] from testtab08;
 id |   col1
----+----------
  1 | {aa,bb}
  2 | {ee,ff}
(2 rows)
```

二维数组的访问示例如下：

```
osdba=# create table testtab09(id int, col1 int[][]);
CREATE TABLE

osdba=# insert into testtab09 values(1,'{{1,2,3},{4,5,6},{7,8,9}}');
INSERT 0 1
osdba=# select id,col1[1][1],col1[1][2],col1[2][1],col1[2][2] from testtab09;
 id | col1 | col1 | col1 | col1
----+------+------+------+------
  1 |    1 |    2 |    4 |    5
(1 row)
```

在对二维数组进行访问时，如果只使用一个下标是否能返回其中一维的全部元素？示例如下：

```
osdba=# select id,col1[1] from testtab09;
 id | col1
----+------
  1 |
(1 row)
```

从上面的运行结果来看，答案是不行的，其返回结果为空。实际上，如果想返回多维数组中某一维的全部元素，可以使用切片，切片的起始位置与结束位置相同即可，示例如下：

```
osdba=# select id,col1[1:1] from testtab09;
 id |   col1
----+-----------
  1 | {{1,2,3}}
(1 row)
```

当我们把单个下标和切片混用时，下面的结果是否会让人看不懂？

```
osdba=# select id, col1[3][1:2] from testtab09;
 id |        col1
----+--------------------
  1 | {{1,2},{4,5},{7,8}}
(1 row)
```

以一般的理解来看，"col1[3]"表示"{7,8,9}"，然后取切片"[1:2]"应该返回"{7,8}"，为何返回的是"{{1,2},{4,5},{7,8}}"呢？原来PostgreSQL中规定，只要出现一个冒号，其他的单个下标隐含表示的都是从1开始的切片，下标的数据表示切片的结束值，"col1[3][1:2]"中的"col[3]"实际上表示的是"col1[1:3]"，这样这个表达式实际上就是"col1[1:3][1:2]"了，如此得到这样的结果也就很好理解了。同样，也更容易理解下面的结果：

```
osdba=# select id, col1[1:2][2] from testtab09;
 id |     col1
----+---------------
  1 | {{1,2},{4,5}}
(1 row)
```

其中"col1[1:2][2]"实际上等价于"col1[1:2][1:2]"。

5.15.4 修改数组

数组值可以整个被替换，也可以只替换数组中的单个元素。

替换整个数组值的示例如下：

```
osdba=# select * from testtab09;
 id |          col1
----+--------------------------
  1 | {{1,2,3},{4,5,6},{7,8,9}}
(1 row)
osdba=# update testtab09 set col1='{{10,11,12},{13,14,15},{16,17,18}}' where
```

```
      id=1;
UPDATE 1
osdba=# select * from testtab09;
 id |            col1
----+------------------------------------
  1 | {{10,11,12},{13,14,15},{16,17,18}}
(1 row)
```

只修改数组中的某个元素值的示例如下：

```
osdba=# update testtab09 set col1[2][1]=100  where id=1;
UPDATE 1
osdba=# select * from testtab09;
 id |            col1
----+------------------------------------
  1 | {{10,11,12},{100,14,15},{16,17,18}}
(1 row)
```

注意，不能直接修改多维数组中某一维的值：

```
osdba=# update testtab09 set col1[3]=100  where id=1;
ERROR:  wrong number of array subscripts
osdba=# update testtab09 set col1[3]='{200,300}'  where id=1;
ERROR:  invalid input syntax for integer: "{200,300}"
LINE 1: update testtab09 set col1[3]='{200,300}'  where id=1;
                                     ^
```

5.15.5　数组的操作符

这里先讲解一下数组类型支持的操作符，具体见表 5-37。

表 5-37　数组类型支持的普通比较操作符

操作符	描述	示例	结果
= ◇	比较是否相等，两个数组的维度、每个维度的元素个数及值必须完全相等才返回真，否则返回假	ARRAY[1,2,3]=ARRAY[1,2,3]	t
		ARRAY[1,2,3]=ARRAY[2,1,3]	f
		ARRAY[1,2]=ARRAY[1,2,3]	f
		ARRAY[[1,2,3]]=ARRAY[1,2,3]	f
		ARRAY[[1,2],[3,4]]=ARRAY[[3,4],[1,2]]	f
		ARRAY[[1,2],[3,4]]=ARRAY[[1,2],[3,4]]	t
		ARRAY[1.1,2.2,3.3]::int[] =ARRAY[1,2,3]	t
< > <= >=	小于、大于、小于等于、大于等于这4个比较符是按 BTree 比较函数逐个对元素进行比较的	ARRAY[1,1] < ARRAY[1,1,1]	t
		ARRAY[1,2] < ARRAY[1,1,1]	f
		ARRAY[1,2] < ARRAY[[1,2]]	t
		ARRAY[1,2] >= ARRAY[[1,2]]	f
		ARRAY[1,3] < ARRAY[[1,2]]	f
		ARRAY[1,2,3] < ARRAY[[1,2]]	f
		ARRAY[1,2,3] < ARRAY[[1,2],[3,1]]	t
		ARRAY[1,2,3] < ARRAY[[1,2],[2,1]]	f

数组类型支持一些集合关系的操作符，见表 5-38 所示。

表 5-38　数组类型的集合比较操作符

操作符	描述	示例	结果
@>	包含	ARRAY[1,2,3] @> ARRAY[1,2]	t
		ARRAY[1,2,3] @> ARRAY[2,1]	t
		ARRAY[1,3,2] @> ARRAY[2,1]	t
		ARRAY[1,3,2] @> ARRAY[1,4]	f
		ARRAY[[1,2,3]] @> ARRAY[[1,2]]	t
		ARRAY[[1,2,3]] @> ARRAY[1,2]	t
		ARRAY[[1,2,3]] @> ARRAY[[1,2],[2,3]]	t
		ARRAY[[1,2,3]] @> ARRAY[[1,2],[2,4]]	f
<@	被包含于	ARRAY[1,2] <@ ARRAY[1,2,3]	t
		ARRAY[2,1]<@ ARRAY[1,2,3]	t
		ARRAY[2,1]<@ ARRAY[1,3,2]	t
		ARRAY[1,4]<@ ARRAY[1,3,2]	f
		ARRAY[[1,2]]<@ ARRAY[[1,2,3]]	t
		ARRAY[1,2]<@ ARRAY[[1,2,3]]	t
		ARRAY[[1,2],[2,3]]<@ ARRAY[[1,2,3]]	t
		ARRAY[[1,2],[2,4]]<@ ARRAY[[1,2,3]]	f
&&	重叠，是否有共同元素	ARRAY[1,2,3] && ARRAY[3,4]	t
		ARRAY[[1,2],[3,4]] && ARRAY[4,5]	t
		ARRAY[1,2] && ARRAY[3,4]	f

从表中可以看出，不同维度之间的数组也可以进行"包含""重叠"等集合比较操作，这些操作与元素的顺序及维度基本无关，实际上可以认为，在做集合比较时，不管数组中的元素在哪一维，都可以把它们全部当成集合中的一个元素，而与数组的维度无关。

下面介绍最后一个操作符——连接操作符"||"，具体使用方法见表 5-39。

表 5-39　连接操作符"||"

操作符	描述	示例	结果
||	同维度数组的连接	ARRAY[1,2]||ARRAY[3,4]	{1,2,3,4}
		ARRAY[1,2]||ARRAY[2,3]	{1,2,2,3}
	不同维度数组的连接	ARRAY[1,2] || ARRAY[[3,4],[5,6]]	{{1,2},{3,4},{5,6}}
		ARRAY[1,2] || ARRAY[[[3,4],[5,6]]]	报错
	元素与数组之间的连接	1||ARRAY[2,3]	{1,2,3}
		ARRAY[2,3]||1	{2,3,1}
		1||ARRAY[[2,3]]	报错

5.15.6 数组的函数

与数组相关的函数见表 5-40。

表 5-40 数组函数

函数	描述	示例	结果
array_append (anyarray, anyelement)	向数组末尾添加元素，返回新数组	array_append(ARRAY[1,2],3)	{1,2,3}
array_cat (anyarray，anyarray)	连接两个数组，返回新数组	array_cat(ARRAY[1,2],ARRAY[3,4])	{1,2,3,4}
		array_cat(ARRAY[[1,2]],ARRAY[3,4])	{{1,2},{3,4}}
		array_cat(ARRAY[[1,2]],ARRAY[[3,4]])	{{1,2},{3,4}}
array_ndims (anyarray)	返回数组的维度，返回值的类型为 int	array_ndims(ARRAY[1,2,3])	1
		array_ndims(ARRAY[[1,2,3]])	2
		array_ndims(ARRAY[[1,2,3],[4,5,6]])	2
		array_ndims(ARRAY[[[1,2,3]]])	3
array_dims (anyarray)	返回数据维度结构的文本表示方式	array_dims(ARRAY[1,2,3]);	[1:3]
		array_dims(ARRAY[[1,2,3], [4,5,6]])	[1:2][1:3]
		array_dims(ARRAY[[1,2,3]])	[1:1][1:3]
array_fill(anyelement, int[], [, int[]])	创建一个数组（可以是多维），数组的元素值由第一个参数指定，数组的维度由第二个参数的个数指定；而数组每个维度元素的个数由第二个参数数组中的各个值指定；数组第一个元素的起始位置由第三个参数指定	array_fill('a'::text, ARRAY[3])	{a,a,a}
		array_fill('a'::text, ARRAY[3,1])	{{a},{a},{a}}
		array_fill('a'::text, ARRAY[3,2])	{{a,a},{a,a},{a,a}}
		array_fill('a'::text, ARRAY[3,2,1])	{{{a},{a}},{{a},{a}},{{a},{a}}}
		array_fill('a'::text, ARRAY[3],ARRAY[1])	{a,a,a}
		array_fill('a'::text, ARRAY[3],ARRAY[2])	[2:4]={a,a,a}
		array_fill('a'::text, ARRAY[3],ARRAY[3])	[3:5]={a,a,a}
		array_fill('a'::text, ARRAY[3,1],ARRAY[3,2])	[3:5][2:2]= {{a},{a},{a}}
		array_fill('a'::text, ARRAY[3,2],ARRAY[4,9])	[4:6][9:10]= {{a,a},{a,a},{a,a}}
array_length (anyarray，int)	返回数组指定维度的长度，第几维度是由第二个参数指定的	array_length(ARRAY[1,2,3], 1)	3
		array_length(ARRAY[1,2,3], 2)	返回空
		array_length(ARRAY[[1,2],[3,4],[5,6]],1)	3
		array_length(ARRAY[[1,2],[3,4],[5,6]],2)	2
array_lower (anyarray，int)	返回数组的下标	array_lower('[8:10]={1,2,3}'::int[], 1)	8
array_upper (anyarray，int)	返回数组的上标	array_upper('[8:10]={1,2,3}'::int[], 1)	10
array_prepend (anyelement, anyarray)	在数组的开头插入一个元素	array_prepend(7, ARRAY[8,9])	{7,8,9}
array_remove (anyarray, anyelement)	移除数组中的值为指定值的元素，只支持一维数组	array_remove(ARRAY[1,2,3], 2)	{1,3}
		array_remove(ARRAY[1,2,3,2,1,2], 2)	{1,3,1}
		array_remove(ARRAY[[1,2],[2,3]], 2)	报错，只支持一维数组

（续）

函数	描述	示例	结果
array_replace (anyarray, anyelement, anyelement)	把数组中等于指定值元素的值用另一个指定值替代	array_replace(ARRAY[1,4,3], 4, 2);	{1,2,3}
		array_replace(ARRAY['d','x','a'], 'x', 'b')	{d,b,a}
		array_replace(ARRAY[[1,2],[2,3]], 2, 8)	{{1,8},{8,3}}
array_to_string (anyarray，text)	使用指定的分隔符（第二个参数）将数组元素连接成字符串	array_to_string(ARRAY[1,2,3], ',')	'1,2,3'
string_to_array(text, text)	把用指定的分隔符分隔的字符串转换成数组	string_to_array('1,2,3', ',')	{1,2,3}
unnest(anyarray)	把数组变成多行返回	unnest(ARRAY[1,2,3])	unnest -------- 1 2 3 (3 rows)

数组还有一个聚合函数 array_agg，其使用方法如下。

首先建如下测试表：

```
osdba=# create table test03(id int, v int);
CREATE TABLE
osdba=# insert into test03 values(1,1);
INSERT 0 1
osdba=# insert into test03 values(1,2);
INSERT 0 1
osdba=# insert into test03 values(1,3);
INSERT 0 1
osdba=# insert into test03 values(2,20);
INSERT 0 1
osdba=# insert into test03 values(2,21);
INSERT 0 1
osdba=# insert into test03 values(2,22);
INSERT 0 1
osdba=# insert into test03 values(3,31);
INSERT 0 1
osdba=# insert into test03 values(3,32);
INSERT 0 1
osdba=# insert into test03 values(3,33);
INSERT 0 1
osdba=# select * from test03;
 id | v
----+----
  1 |  1
  1 |  2
  1 |  3
  2 | 20
  2 | 21
  2 | 22
  3 | 31
  3 | 32
```

```
 3 | 33
(9 rows)
```

然后就可以使用 array_agg 聚合函数了：

```
osdba=# select id, array_agg(v) from test03 group by id;
 id | array_agg
----+-----------
  1 | {1,2,3}
  2 | {20,21,22}
  3 | {31,32,33}
(3 rows)
```

5.16　伪类型

伪类型（Pseudo-Types）是 PostgreSQL 中不能作为字段的一种数据类型，但是它可以用于声明函数的参数或者结果类型，所包含的类型有以下几种。

❏ any：用于指示函数的输入参数可以是任意数据类型。
❏ anyelement：表示一个函数接受任何数据类型。
❏ anyarray：表示一个函数接受任何数组类型。
❏ anynonarray：表示一个函数接受任何非数组类型。
❏ anyenum：表示一个函数接受任何枚举类型。
❏ anyrange：表示一个函数接受任何范围类型。
❏ cstring：表示一个函数接受或返回一个以空字符（\0）结尾的 C 语言字符串。
❏ internal：表示一个函数接受或者返回一种服务器内部的数据类型。
❏ language_handler：声明一个函数的返回值类型是 PL 语言的 handler 函数。
❏ fdw_handler：声明一个函数的返回值类型是 FOREIGN-DATA WRAPPER 的 handler 函数。
❏ record：标识一个函数返回一个未详细定义各列的 row 类型。
❏ trigger：一个触发器函数要声明为返回 trigger 类型。
❏ void：表示一个函数没有返回值。
❏ opaque：已经过时的类型，早期的 PostgreSQL 版本中用于上面这些用途。

用 C 语言编写的函数（不管是内置的还是动态装载的）都可以声明为接受或返回上面任意一种伪数据类型。在把伪类型用作函数参数类型时，PostgreSQL 数据库本身对类型的检查就少了很多，保证类型正确的任务就交给了写函数的开发人员。

用过程语言编写的函数不一定都能使用上面列出的全部伪类型，具体能使用哪些伪类型需要查看相关的过程语言文档，或者查看过程语言的实现。通常情况下，过程语言不支持使用 any 类型，但基本都能支持使用 void 和 record 作为结果类型，能支持多态函数的过程语言还支持使用 anyarray、anyelement、anyenum 和 anynonarray 类型。

伪类型 internal 用于声明只能在数据库系统内部调用的函数，不能直接在 SQL 查询中调用它们。如果函数至少有一个 internal 类型的参数，那么就不能从 SQL 中调用它。为了保留这个限制的类型安全，我们一定要遵循以下编码规则：对于没有任何 internal 参数的函数，不要把返回类型创建为 internal 类型。

5.17   其他类型

PostgreSQL 中还有一些数据类型没有包括在前面介绍的类型中，本节来介绍这些数据类型。

5.17.1   UUID 类型

UUID（Universally Unique Identifier）用于存储一个 UUID。UUID 定义在 RFC 4122 和 ISO/IEC 9834-8:2005 中。它是一个 128bit 的数字。

PostgreSQL 中提供了 UUID 类型的比较运算符，示例如下：

```
osdba=# select uuid '1b34eaba-0d59-11e4-bf51-dc85de4d74f3' < uuid '1e0e95b0-
   0d59-11e4-bf51-dc85de4d74f3';
   ?column?
----------
   t
(1 row)
```

虽然 PostgreSQL 核心源代码中没有提供产生 UUID 的函数，但 contrib 下的 uuid-ossp 模块提供了产生 UUID 的函数。具体可参见官方手册：http://www.postgresql.org/docs/9.4/static/uuid-ossp.html。

5.17.2   pg_lsn 类型

pg_lsn 类型是 PostgreSQL9.4 以上版本提供的一种表示 LSN（Log Sequence Number）的数据类型。LSN 表示 WAL 日志的位置。一些记录 WAL 日志信息的系统表中某些字段的类型就是 pg_lsn 类型，示例如下：

```
osdba=# \d pg_stat_replication
          View "pg_catalog.pg_stat_replication"
      Column       |             Type            | Modifiers
-------------------+-----------------------------+-----------
 pid               | integer                     |
 usesysid          | oid                         |
 usename           | name                        |
 application_name  | text                        |
 client_addr       | inet                        |
 client_hostname   | text                        |
 client_port       | integer                     |
 backend_start     | timestamp with time zone    |
 backend_xmin      | xid                         |
 state             | text                        |
```

```
sent_location   | pg_lsn                     |
write_location  | pg_lsn                     |
flush_location  | pg_lsn                     |
replay_location | pg_lsn                     |
sync_priority   | integer                    |
sync_state      | text                       |

osdba=# \d pg_replication_slots
View "pg_catalog.pg_replication_slots"
     Column    |  Type    | Modifiers
--------------+---------+-----------
 slot_name    | name    |
 plugin       | name    |
 slot_type    | text    |
 datoid       | oid     |
 database     | name    |
 active       | boolean |
 xmin         | xid     |
 catalog_xmin | xid     |
 restart_lsn  | pg_lsn  |
```

在上面的示例中，pg_stat_replication 的"sent_location""write_location"等字段的类型就是 pg_lsn 类型，而 pg_replication_slots 视图中的"restart_lsn"字段也是 pg_lsn 类型。

在数据库内部，LSN 是一个 64bit 的大整数，其输出类似如下格式：

```
16/D374D848
```

pg_lsn 类型可以使用基本的比较运算符，如"="">""<"等，两个 pg_lsn 的值可以相减，此时使用"-"运算符，相减所得的结果是两个 WAL 日志相差的字节数。

5.18 小结

本章详细讲解了 PostgreSQL 数据库中各种数据类型的特点、使用方法，以及基于这些数据类型的函数，了解和学习这些数据类型及其相应的函数是使用 PostgreSQL 数据库的基础。

逻辑结构管理

6.1 数据库逻辑结构介绍

在一个 PostgreSQL 数据库系统中，数据的组织结构可以分为以下 3 层。

❑ 数据库：一个 PostgreSQL 数据库服务可以管理多个数据库，当应用连接到一个数据库时，一般只能访问这个数据库中的数据，而不能访问其他数据库中的内容（除非使用 DBLink 等其他手段）。

❑ 表、索引：一个数据库中有很多表、索引。一般来说，在 PostgreSQL 中表的术语为 "Relation"，而在其他数据库中则叫 "Table"。

❑ 数据行：每张表中都有很多行数据。在 PostgreSQL 中行的术语一般为 "Tuple"，而在其他数据库中则叫 "Row"。

> 注意 在 PostgreSQL 中，一个数据库服务（或叫实例）下可以有多个数据库，但一个数据库不能属于多个实例，这与 Oracle 数据库不同。在 Oracle 数据库中，一个实例只能有一个数据库，但一个数据库可以在多个实例中（如 RAC）。

6.2 数据库基本操作

数据库的基本操作包括创建、删除和修改数据库等，下面分别来进行介绍。

6.2.1 创建数据库

创建数据库的语法如下：

```
CREATE DATABASE name
  [ [ WITH ] [ OWNER [=] user_name ]
    [ TEMPLATE [=] template ]
    [ ENCODING [=] encoding ]
    [ LC_COLLATE [=] lc_collate ]
    [ LC_CTYPE [=] lc_ctype ]
    [ TABLESPACE [=] tablespace ]
    [ CONNECTION LIMIT [=] connlimit ] ]
```

一般情况下，创建数据库不需要上面那么多的参数，最简单的创建数据库的示例如下：

```
CREATE DATABASE osdbadb;
```

参数说明如下。

❑ OWNER [=] user_name：用于指定新建的数据库属于哪个用户，如果不指定，新建的
  数据库就属于当前执行命令的用户。

❑ TEMPLATE [=] template：模板名（从哪个模板创建新数据库），如果不指定，将使用
  默认模板数据库（template1）。

❑ [ENCODING [=] encoding]：创建新数据库使用的字符编码。比如使用 ISO-8859-1
  （LATIN1）编码创建一个数据库时，代码如下。

```
CREATE DATABASE testdb01 ENCODING 'LATIN1' TEMPLATE template0;
```

注意，在上面的命令中需要将模板数据库指定为"template0"，而不能指定为"template1"，
这是因为编码和区域设置必须与模板数据库的编码和区域相匹配，如果模板数据库中包含了
与需要新建的数据库的编码不匹配的数据，或者包含了排序受 LC_COLLATE 和 LC_CTYPE
影响的索引，那么复制这些数据将会导致数据库被新设置破坏。template0 是公认的不包含任
何会受字符集编码或排序影响的数据或索引，故其可以作为创建任意字符集数据库的模板。

❑ TABLESPACE [=] tablespace：用于指定和新数据库关联的表空间名称。

❑ CONNECTION LIMIT [=] connlimit]：用于指定数据库可以接受多少并发的连接。默
  认值为"-1"，表示没有限制。

通常使用时很少会用到指定数据库的字符集，因为 PostgreSQL 数据库服务端并不支持汉
字字符集 GBK GB180 30，所以一般都是使用 UTF8 字符集来支持中文的。

6.2.2 修改数据库

修改数据库的语法格式如下：

```
ALTER DATABASE name [ [ WITH ] option [ ... ] ]
```

这里的"option"可以以下几种语法结构：

❑ CONNECTION LIMIT connlimit。

❑ ALTER DATABASE name RENAME TO new_name。

❑ ALTER DATABASE name OWNER TO new_owner。

❑ ALTER DATABASE name SET TABLESPACE new_tablespace。

❑ ALTER DATABASE name SET configuration_parameter { TO | = } {value | DEFAULT}。

❑ ALTER DATABASE name SET configuration_parameter FROM CURRENT。

❑ ALTER DATABASE name RESET configuration_parameter。

❑ ALTER DATABASE name RESET ALL。

示例 1，将数据库"testdb01"的最大连接数修改为"10"，命令如下：

```
postgres=# alter database testdb01 CONNECTION LIMIT 10;
ALTER DATABASE
```

示例 2，将数据库"testdb01"的名称改为"mydb01"，命令如下：

```
postgres=# alter database testdb01 rename to mydb01;
ALTER DATABASE
```

示例 3，改变数据库"testdb01"的配置参数，使用户一旦连接到这个用户，某个配置参数就设置为指定的值。比如，关闭在数据库"testdb01"上的默认索引扫描，命令如下：

```
ALTER DATABASE testdb01 SET enable_indexscan TO off;
```

6.2.3 删除数据库

删除数据库的命令比较简单，语法格式如下：

```
DROP DATABASE [ IF EXISTS ] name
```

示例 1，直接删除数据库"mytestdb01"，命令如下：

```
osdba=# drop database mytestdb01;
DROP DATABASE
```

示例 2，如果某数据库存在，则将其删除，如果不存在，使用删除命令时也不报错：

```
osdba=# drop database if exists mytestdb01;
NOTICE:  database "mytestdb01" does not exist, skipping
DROP DATABASE
```

注意，如果还有用户连接在这个数据库上，将无法删除该数据库，命令如下：

```
osdba=# drop database mytestdb01;
ERROR:  database "mytestdb01" is being accessed by other users
DETAIL:  There is 1 other session using the database.
```

6.2.4 常见问题及解答

问题一：能否在事务块中删除数据库？

答：不能，示例如下：

```
osdba=# create database mytestdb02;
ERROR:  CREATE DATABASE cannot run inside a transaction block
STATEMENT:  create database mytestdb02;
ERROR:  CREATE DATABASE cannot run inside a transaction block
osdba=# create database mytestdb01;
```

```
CREATE DATABASE
osdba=# begin;
BEGIN
osdba=# drop database mytestdb01;
ERROR:  DROP DATABASE cannot run inside a transaction block
STATEMENT:  drop database mytestdb01;
ERROR:  DROP DATABASE cannot run inside a transaction block
```

问题二：能否在事务块中修改数据库？

答：可以，示例如下：

```
osdba=# begin;
BEGIN
osdba=# alter database mytestdb01 rename to mydb01;
ALTER DATABASE
osdba=# rollback;
ROLLBACK
```

6.3　模式

模式是数据库领域的一个基本概念，有些数据库把模式和用户合二为一了，而 PostgreSQL 是有清晰的模式定义。本节将学习 PostgreSQL 数据库中的模式及其使用方法。

6.3.1　什么是模式

模式（Schema）是数据库中的一个概念，可以将其理解为一个命名空间或目录，不同的模式下可以有相同名称的表、函数等对象而不会产生冲突。提出模式的概念是为了便于管理，只要有权限，各个模式的对象可以互相调用。

在 PostgreSQL 中，一个数据库包含一个或多个模式，模式中又包含了表、函数以及操作符等数据库对象。在 PostgreSQL 中，不能同时访问不同数据库中的对象，当要访问另一个数据库中的表或其他对象时，需要重新连接到这个数据库，而模式却没有此限制，一个用户在连接到一个数据库后，就可以同时访问这个数据库中多个模式的对象。从这个特性来说，PostgreSQL 中模式的概念与 MySQL 中的 Database 的概念是等价的，在 MySQL 中也可以同时访问多个 Database 中的对象，就与 PostgreSQL 中可以同时访问多个 Schema 中的对象是一样的。在 Oracle 数据库中，一个用户就对应一个 Schema。大家在以后的学习过程中需要注意在不同的数据库系统（Oracle、MySQL）中 Database、模式这些概念的不同。

我们需要模式的主要原因有以下几个：

❑ 允许多个用户使用同一个数据库且用户之间又不会互相干扰。

❑ 把数据库对象放在不同的模式下组织成逻辑组，使数据库对象更便于管理。

❑ 第三方的应用可以放在不同的模式中，这样就不会和其他对象的名字产生冲突了。

6.3.2　模式的使用

创建模式的语法如下：

```
CREATE SCHEMA schemaname [ AUTHORIZATION username ] [ schema_element [ ... ] ]
CREATE SCHEMA AUTHORIZATION username [ schema_element [ ... ] ]
```

下面举例说明如何创建、查看、删除和修改模式。

创建一个名为"osdba"的模式：

```
osdba=# CREATE SCHEMA osdba;
CREATE SCHEMA
```

查看已有模式的命令，如下：

```
osdba=# \dn
List of schemas
  Name   | Owner
---------+-------
 osdba   | osdba
 public  | osdba
(2 rows)
```

删除模式的示例如下：

```
osdba=# DROP SCHEMA osdba;
DROP SCHEMA
```

为用户"osdba"创建模式，模式名称也为"osdba"，命令如下：

```
osdba=# CREATE SCHEMA AUTHORIZATION osdba;
CREATE SCHEMA
osdba=# \dn
List of schemas
  Name   | Owner
---------+-------
 osdba   | osdba
 public  | osdba
(2 rows)
```

在创建一个模式的同时，还可以在该模式下创建表的视图，命令如下：

```
osdba=# CREATE SCHEMA osdba
osdba-#     CREATE TABLE t1 (id int, title text)
osdba-#     CREATE TABLE t2 (id int, content text)
osdba-#     CREATE VIEW v1 AS
osdba-#       SELECT a.id,a.title, b.content FROM t1 a, t2 b where a.id=b.id;
CREATE SCHEMA
osdba=# \d
          List of relations
 Schema |     Name      | Type  | Owner
--------+---------------+-------+-------
 osdba  | t1            | table | osdba
 osdba  | t2            | table | osdba
 osdba  | v1            | view  | osdba
```

在模式中可以修改名称和属主，语法格式如下：

```
ALTER SCHEMA name RENAME TO newname
```

```
ALTER SCHEMA name OWNER TO newowner
```

修改名称的示例如下：

```
osdba=# alter schema osdba rename to osdbaold;
ALTER SCHEMA
osdba=# \dn
 List of schemas
   Name    | Owner
----------+-------
 osdbaold | osdba
 public   | osdba
(2 rows)
```

修改属主的示例如下：

```
osdba=# alter schema osdbaold owner to web;
ALTER SCHEMA
osdba=# \dn
 List of schemas
   Name    | Owner
----------+-------
 osdbaold | web
 public   | osdba
(2 rows)
```

6.3.3　公共模式

要创建或者访问模式中的对象，需要先写出一个受修饰的名字，这个名字包含模式名及表名，它们之间用一个 "." 分隔开，语法如下：

```
schema_name.table_name
```

通常情况下，创建和访问表的时候都不用指定模式，实际上这时访问的都是 public 模式。每当我们创建一个新的数据库时，PostgreSQL 都会为我们自动创建一个名为 "public" 的模式。当登录到该数据库时，如果没有特意指定，都是以该模式（public 模式）操作各种数据对象的。

6.3.4　模式的搜索路径

使用数据库对象时，虽然可以使用全称来定位该对象，但是这样一来，每次都不得不键入 schema_name.object_name，这显然很烦琐。对此，PostgreSQL 中提供了模式搜索路径，这种形式有些类似 Linux 中 $PATH 环境变量的用法，当我们执行一个 Shell 命令时，只有该命令位于 $PATH 的目录列表中时才可以通过命令名直接执行，否则就需要输入它的全路径名。

在 PostgreSQL 中同样也需要通过查找搜索路径来判断一个表究竟是在哪个模式下，该路径是一个需要查找的模式列表。在搜索路径里找到的第一个表将被当作选定的表。如果搜索路径中没有匹配的表就会报错，即使匹配表的名称在数据库其他的模式中存在也会如此。

搜索路径中的第一个模式叫当前模式。除了是搜索的第一个模式之外，它还是在

CREATE TABLE 没有声明模式名时新建表所属的模式。要显示当前搜索路径，使用下面的命令：

```
osdba=#  SHOW search_path;
  search_path
----------------
 "$user",public
```

上面显示的是 search_path 的默认配置，从这个默认配置中可以看到 public 模式总是在搜索路径中。所以一般情况下，若创建的表没有指定模式，就会在 public 模式下。在 psql 中使用 "\d" 命令即可把 public 模式下的表显示出来。

6.3.5 模式的权限

默认情况下，用户无法访问模式中不属于它们的对象。若要访问此类对象，模式的所有者必须在模式下赋予它们 "USAGE" 权限。为了让用户使用模式中的对象，可能需要赋予适合该对象的额外权限。

用户也可以在别人的模式中创建对象，当然，这得被赋予了在该模式下的 CREATE 权限。请注意，默认情况下每个人在 public 模式下都有 CREATE 和 USAGE 权限，也就是说，允许所有可以连接到指定数据库上的用户在这里创建对象。当然，也可以撤销这个权限，命令如下：

```
REVOKE CREATE ON SCHEMA public FROM PUBLIC;
```

其中，第一个 "public" 是模式的名称，第二个 "PUBLIC" 的意思是 "所有用户"。第一句里它是个标识符，而第二句里是个关键字，关键字是大小写无关的。在回收权限后，其他用户就不能在 public 模式下创建对象了，示例如下：

```
osdba=# REVOKE CREATE ON SCHEMA public FROM PUBLIC;
REVOKE
osdba=# \c osdba web;
You are now connected to database "osdba" as user "web".
osdba=> create table t1(id int);
ERROR:  permission denied for schema public
STATEMENT:  create table t1(id int);
ERROR:  permission denied for schema public
osdba=>
```

6.3.6 模式的可移植性

在 SQL 标准里，同一个模式下的对象是不能被不同的用户拥有的，而且有些数据库系统不允许创建和它们的所有者不同名的模式，如 Oracle 数据库。实际上，在那些只实现了标准中规定的基本模式的数据库系统里，模式和用户的概念几乎是一样的，比如 Oracle 数据库。因此，许多用户考虑对名字加以修饰，使它们真正由 "username.tablename" 组成。如果在 PostgreSQL 中为每个用户都创建一个与用户名同名的模式，那么就能与 Oracle 数据库兼容了。

同样，在 SQL 标准中也没有 public 模式的概念。为了最大限度地遵循标准，并且与其他数据库兼容（如 Oracle 数据库），建议不要使用（甚至是应该删除）public 模式。

当然，有些数据库系统中可能根本没有模式，而是通过允许跨数据库访问来提供模式的功能，如 MySQL。如果需要在这些数据库上实现最大的可移植性，或许不应该使用模式。假设 MySQL 实例中有 3 个数据库，在移植到 PostgreSQL 中时，或许你应该建 3 个模式，使其与 MySQL 实例中的 3 个数据库相对应，而不是在 PostgreSQL 中建 3 个数据库与之对应。

6.4　表

本节将详细讲解 PostgreSQL 中表的各种类型、属性及使用方法。

6.4.1　创建表

在 PostgreSQL 数据库中，支持标准的创建表的语法，最简单的建表语法如下：

```
CREATE TABLE table_name (
col01_namme data_type,
col02_namme data_type,
col03_namme data_type,
col04_namme data_type,
);
```

建表示例如下：

```
postgres=# create table test01(id int, note varchar(20));
CREATE TABLE
```

一般的表都有主键，如果表的主键只是由一个字段组成的，则可以通过直接在字段定义后面加上"PRIMARY KEY"关键字来指定，示例如下：

```
postgres=# create table test01(id int primary key, note varchar(20));
NOTICE:  CREATE TABLE / PRIMARY KEY will create implicit index "test01_pkey" for
    table "test01"
CREATE TABLE
```

如果主键由两个及以上的字段组成（称为复合主键），这时就不能使用上面的语法了，而需要使用约束子句的语法，指定复合主键的约束子句语法如下：

```
CONSTRAINT constraint_name PRIMARY KEY (col1_name, col2_name,...)
```

指定复合主键的示例如下：

```
postgres=# create table test02(id1 int, id2 int, note varchar(20), CONSTRAINT
  pk_test02 primary key(id1,id2));
NOTICE:  CREATE TABLE / PRIMARY KEY will create implicit index "pk_test02" for
    table "test02"
CREATE TABLE
```

从上面的示例中可以看出，约束子句是放在列定义后面的。

建表的时候也可以指定唯一键，唯一键也是约束的一种，唯一键的约束子句语法如下：

```
CONSTRAINT constraint_name UNIQUE(col1_name, col2_name,...)
```

指定唯一键的示例如下：

```
postgres=# create table test03(id1 int, id2 int, id3 int, note varchar(20),
  CONSTRAINT pk_test03 primary key(id1,id2), CONSTRAINT uk_test03_id3
  UNIQUE(id3));
NOTICE:  CREATE TABLE / PRIMARY KEY will create implicit index "pk_test03" for
  table "test03"
NOTICE:  CREATE TABLE / UNIQUE will create implicit index "uk_test03_id3" for
  table "test03"
CREATE TABLE
```

此外，check 也是一种约束形式，用于定义某些字段的值必须满足某种要求，语法如下：

```
CONSTRAINT constraint_name CHECK(expression)
```

例如，建一张存储孩子信息的表"child"，其中的年龄字段（age）要求不能大于18岁，这时，应使用如下形式建表：

```
postgres=# CREATE TABLE child(name varchar(20), age int, note text,  CONSTRAINT
  ck_child_age CHECK(age <18));
CREATE TABLE
```

除了上面介绍的建表方式以外，还可以以其他表为模板来创建新表，示例如下：

```
postgres=# CREATE TABLE baby (LIKE  child);
CREATE TABLE
postgres=# \d baby
          Table "public.baby"
 Column |         Type          | Modifiers
--------+-----------------------+-----------
 name   | character varying(20) |
 age    | integer               |
 note   | text                  |
testdb=# \d child
          Table "public.child"
 Column |         Type          | Modifiers
--------+-----------------------+-----------
 name   | character varying(20) |
 age    | integer               |
 note   | text                  |
Check constraints:
  "ck_child_age" CHECK (age < 18)
```

注意，此处创建的表没有把源表列上的约束复制过来。如果想完全复制源表列上的约束和其他信息，则需要加"INCLUDING"关键字，可用的"INCLUDES"选项如下：

❑ INCLUDING DEFAULTS。
❑ INCLUDING CONSTRAINTS。
❑ INCLUDING INDEXES。
❑ INCLUDING STORAGE。

❑ INCLUDING COMMENTS。

❑ INCLUDING ALL。

其中"INCLUDING ALL"是把所有的属性全部复制过去，示例如下：

```
postgres=# CREATE TABLE baby2 (LIKE  child INCLUDING ALL);
CREATE TABLE
testdb=# \d baby2
            Table "public.baby2"
 Column |          Type         | Modifiers
--------+-----------------------+-----------
 name   | character varying(20) |
 age    | integer               |
 note   | text                  |
Check constraints:
  "ck_child_age" CHECK (age < 18)
```

当然也可以使用"CREATE TABLE ... AS"来创建表，示例如下：

```
testdb=# CREATE TABLE baby2 AS SELECT * FROM child WITH NO DATA;
CREATE TABLE
testdb=# \d baby2
            Table "public.baby2"
 Column |          Type         | Modifiers
--------+-----------------------+-----------
 name   | character varying(20) |
 age    | integer               |
 note   | text                  |
Check constraints:
"ck_child_age" CHECK (age < 18)
```

6.4.2　表的存储属性

在介绍表的存储属性之前，这里先讲解一个 TOAST 技术，"TOAST"是"The Oversized-Attribute Storage Technique"的缩写，主要用于存储大字段的值。由于 PostgreSQL 页面的大小是固定的（通常是 8KB），并且不允许行跨越多个页面，因此不可能直接存储非常大的字段值。为了突破这个限制，大的字段值通常被压缩或切片成多个物理行存到另一张系统表中，即 TOAST 表。

只有特定的数据类型支持 TOAST，这也很好理解，那些整数、浮点等不太长的数据类型是没有必要使用 TOAST 的。另外，支持 TOAST 的数据类型必须是变长的。在变长类型中，前 4 个字节（32bit）称为长度字，长度字后面存储的是具体的内容或一个指针（后面会介绍）。长度字的高 2bit 是标志位，后面的 30bit 是长度值，长度值中包括了自身占用的 4 个字节。由此可见，TOAST 数据类型的逻辑长度最多是 30bit，即 1GB（$2^{30}-1$）字节之内。前 2bit 的标志位，一个表示压缩标志位，另一个表示是否是行外存储，如果两个都是零，那么表示既未压缩也未行外存储。如果设置了第一个位，那么表示该数值被压缩过（使用的是非常简单且快速的 LZ 压缩方法），使用前必须先解压缩。如果设置了另一个位，则表示该数值是在行外存储的。此时长度字后面的部分只是一个指针，指向存储实际数据的 TOAST 表中的位置。如果两个位都设置了，那么这个行外数据也被压缩过了。不管是哪种情况，长度字里剩下的 30bit 的长度值都表示数据的实际尺寸，而不是压缩后的数据长度。

如果一个表中有任何一个字段是可以 TOAST 的，那么 PostgreSQL 会自动为该表建一个相关联的 TOAST 表，其 OID 存储在表的 pg_class.reltoastrelid 记录里，行外的内容保存在 TOAST 表里。

行外存储被切成多个 Chunk 块，每个 Chunk 块大约是一个 BLOCK 的四分之一大小，如果块大小为 8KB（默认为 8KB），则 Chunk 大约为 2KB（比 2KB 略小），每个 Chunk 都作为独立的行在 TOAST 表中存储。每个 TOAST 表都有 chunk_id 字段（一个表示特定 TOAST 值的 OID）、chunk_seq（一个序列号，该块存储在数值中的位置）和 chunk_data（该 Chunk 实际的数据）。在 chunk_id 和 chunk_seq 上有一个唯一的索引，用于提供对数值的快速检索。因此，一个表示行外存储的指针数据中包括了要查询的 TOAST 表的 OID 和特定数值的 chunk_id（也是 OID 类型）。为了方便起见，指针数据还存储了逻辑数据的尺寸（原始的未压缩时的数据长度）以及实际存储的尺寸（如果使用了压缩，则两者不同）。加上头部的长度字，一个 TOAST 指针数据的总长度是 20 字节。

每个字段有以下 4 种 TOAST 策略。

❑ PLAIN：避免压缩或者线外存储。对于那些不能 TOAST 的数据类型可选择此策略。

❑ EXTENDED：允许压缩和线外存储。这是大多数可以 TOAST 的数据类型默认的策略。先进行压缩，如果行仍然太大，则进行行外存储。

❑ EXTERNA：允许行外存储，但是不允许压缩。因为没有压缩，所以在 text 类型和 bytea 类型字段上的子字符串操作速度更快，原因是这些子字符串操作可以只读取整个数据中需要的部分，而不是整个数据，当然，代价是增加了存储空间。

❑ MAIN：允许压缩，但不允许行外存储。实际上，当行内无法放下时仍然会进行行外存储，但只是在无法把数据行变得更小时，将其作为最后的存储手段。

PostgreSQL 数据库会为每个可以 TOAST 的数据类型选择了一个默认的策略，可以用"ALTER TABLE SET STORAGE"改变某个字段的系统默认分配的 TOAST 策略。下面来看修改 TOAST 策略的示例。

假设有如下一张表：

```
CREATE TABLE blog(id int, title text, content text);
```

现在要把这个表的 content 字段的 TOAST 的策略改成"EXTERNAL"（这表示使用行外存储，且不使用压缩），则可使用如下语句：

```
postgres=# ALTER TABLE blog ALTER content SET STORAGE EXTERNAL;
ALTER TABLE
```

注意 只有当数据的长度超过 2040 字节（大约为一个 BLOCK 的四分之一）时，才会触发 TOAST 压缩机制对数据进行压缩。有时就会产生一个有趣的现象，即数据多的表反而占用空间少。例如：有两张表结构相同的表（A 表和 B 表），往 A 表中插入的字段

数据长度略小于 2040 字节，而 B 表中插入的某个字段数据长度略大于 2040 字节，你通常会发现字段内容更长的 B 表实际占用的空间却比 A 表小，这是由于 B 表触发了 TOAST 的压缩机制，压缩后的数据长度小于 A 表。

在 PostgreSQL 11 版本之前，触发 TOAST 的内容长度（2040 字节）在编译程序时是固定的，并不能改动，也就是说对于块大小为 8KB 的数据库来说，触发 TOAST 压缩机制的数据其字段内容长度必须超过 2040 字节，否则无法触发。而在 PostgreSQL11 版本之后，增加了存储参数 toast_tuple_target 来控制这个值，如我们可以用下面的 SQL 语句来改变这个值：

```
alter table test01 set (toast_tuple_target=128);
```

在 PostgreSQL 数据库中，表还有一些其他的存储属性，比如，在表上可以设定以下存储参数：fillfactor 和 toast.fillfactor。

fillfactor 为这个表的填充因子；toast.fillfactor 是这个表中 TOAST 表的填充因子。填充因子是一个从 10 到 100 的整数，表示在插入数据时，在一个数据块中填充百分之多少的空间后就不再填充，另一部分空间预留，更新时再使用。比如，设置该参数为"60"，则表示向一个数据块中插入的数据占用 60% 的空间后，就不再向其中插入数据了。而保留的这 40% 的空间就是用于更新数据的。

在 PostgreSQL 中更新一条数据时，原数据行并不会被覆盖，而是会插入一条新的数据行，如果块中有空闲空间，则新行直接插入这个数据块中，由于行仍然在这个数据块中，因此 PostsgreSQL 可以使用 Heap-Only Tuple 技术，在原数据行与新数据行之间建一个链表，这样一来，就不需要更新索引了，索引项仍会指向原数据行，但通过原数据行与新数据行之间的链表依然可以找到最新的数据行。因为 Heap-Only Tuple 的链表不能跨数据块，如果新行必须插入新的数据块中，则无法使用到 Heap-Only Tuple 技术，这时就需要更新表上的全部索引了，这会产生很大的开销。所以需要对更新频繁的表设置一个较小的 fillfactor 值。

6.4.3　临时表

PostgreSQL 支持两种临时表，一种是会话级的临时表；另一种是事务级的临时表。在会话级别的临时表中，数据可以一直保存在整个会话的生命周期中，而在事务级别的临时表中，数据只存在于这个事务的生命周期中。

> 注意　在 PostgreSQL 中，不管是事务级的临时表还是会话级的临时表，当会话结束时都会消失，这与 Oracle 数据库不同，在 Oracle 数据库中，只是临时表中的数据消失，而临时表还存在。

如果在两个不同的 session 中创建一个同名的临时表，实际上创建的是两张不同的表。

下面通过实例来讲解临时表的使用方法，先建一张临时表，命令如下：

```
postgres=# create TEMPORARY table tmp_t1(id int primary key, note text);
NOTICE:  CREATE TABLE / PRIMARY KEY will create implicit index "tmp_t1_pkey" for
```

```
    table "tmp_t1"
CREATE TABLE
```

在本 session 中可以看到如下表：

```
postgres=# \d
         List of relations
  Schema   | Name   | Type  | Owner
-----------+--------+-------+-------
 pg_temp_2 | tmp_t1 | table | osdba
 public    | blog   | table | osdba
 public    | child  | table | osdba
(3 rows)
```

从上面的示例中可以看出，临时表是生成一个特殊的 Schema 下的表，这个 Schema 名为 "pg_temp_××"，其中的 "××" 代表一个数字，如 "2" "3" 等，但不同的 session 数字是不同的。

另打开一个 psql，查看当前的表，命令如下：

```
osdba@osdba-laptop:~$ psql postgres
psql (9.2.4)
Type "help" for help.

postgres=# \d
        List of relations
 Schema | Name  | Type  | Owner
--------+-------+-------+-------
 public | blog  | table | osdba
 public | child | table | osdba
(2 rows)
```

从上面的结果中可以看到，在另一个 session 中直接用 "\d" 命令是看不到这张表的，试着把 Schema 的名称加上再查看：

```
postgres=# \d pg_temp_2.tmp_t1
   Table "pg_temp_2.tmp_t1"
 Column |  Type   | Modifiers
--------+---------+-----------
 id     | integer | not null
 note   | text    |
Indexes:
    "tmp_t1_pkey" PRIMARY KEY, btree (id)
```

从查询结果中可以看到其他 session 中的临时表，但能否访问呢？示例如下：

```
postgres=#  select * from pg_temp_2.tmp_t1;
ERROR:  cannot access temporary tables of other sessions
```

由此可见是不能访问其他 session 中的临时表的。

插入几条数据测试一下：

```
postgres=# insert into tmp_t1 values(1,'1111');
INSERT 0 1
```

```
postgres=# insert into tmp_t1 values(2,'2222');
INSERT 0 1
postgres=# select * from tmp_t1;
 id | note
----+------
  1 | 1111
  2 | 2222
(2 rows)
```

从上面的结果中可以看出，默认情况下创建的临时表是会话级的，如果想创建出事务级的临时表，可以加 "ON COMMIT DELETE ROWS" 子句，示例如下：

```
postgres=# create TEMPORARY table tmp_t2(id int primary key, note text) on commit
    delete rows;
NOTICE:  CREATE TABLE / PRIMARY KEY will create implicit index "tmp_t2_pkey" for
    table "tmp_t2"
CREATE TABLE
postgres=# begin;
BEGIN
postgres=# insert into tmp_t2 values(1,'aaaa');
INSERT 0 1
postgres=# insert into tmp_t2 values(2,'bbbb');
INSERT 0 1
postgres=# select * from tmp_t2;
 id | note
----+------
  1 | aaaa
  2 | bbbb
(2 rows)

postgres=# end;
COMMIT
postgres=# select * from tmp_t2;
 id | note
----+------
(0 rows)
```

从上面的示例中可以看出，事务一旦结束，这种临时表中的数据就会消失。

实际上，"ON COMMIT" 子句有以下 3 种形式。

❑ ON COMMIT PRESERVE ROWS：若不带 "ON COMMIT" 子句，默认情况下，数据会一直存在于整个会话周期中。

❑ ON COMMIT DELETE ROWS：数据只存在于事务周期中，事务提交后数据就消失了。

❑ ON COMMIT DROP：数据只存在于事务周期中，事务提交后临时表就消失了。这种情况下，创建临时表的语句与插入数据的语句需要放到一个事务中，若把创建临时表的语句放在一个单独的事务中，事务一旦结束，这张临时表就会消失。

创建临时表时，关键字 "TEMPORARY" 也可以缩写为 "TEMP"，下面的两条 SQL 语句是等价的：

```
create TEMPORARY table tmp_t1(id int primary key, note text);
create TEMP table tmp_t1(id int primary key, note text);
```

另外，PostgreSQL 为了能够与其他数据库创建临时表的语句兼容，还设有"GLOBAL"和 "LOCAL"两个关键字，但这两个关键字没有任何作用。如下面的几条 SQL 语句都是等价的：

```
create TEMPORARY table tmp_t1(id int primary key, note text);
create GLOBAL TEMPORARY table tmp_t1(id int primary key, note text);
create LOCAL TEMPORARY table tmp_t1(id int primary key, note text);
```

6.4.4 UNLOGGED 表

UNLOGGED 表是从 PostgreSQL9.1 版本开始新增的一种表，主要是通过禁止产生 WAL 日志的方式提升写性能。因为没有 WAL 日志，所以表的内容无法在主备库直接同步，如果此时数据库异常宕机，表的内容将丢失，所以可以把 UNLOGGED 表称为"半临时表"。当然如果数据库是正常关机的，则 UNLOGGED 表的内容不会丢失。

创建 UNLOGGED 表的命令是"CREATE UNLOGGED TABLE"，如下：

```
osdba=# CREATE UNLOGGED TABLE unlogged01(id int primary key, t text);
CREATE TABLE
```

UNLOGGED 表在使用上与普通表没有区别，仅仅在插入、删除、更新数据时不产生 WAL 日志，所以做这些 DML 操作的性能会更高。另外需要注意的是，数据库异常宕机时，UNLOGGED 表的数据可能会丢失。

6.4.5 默认值

建表时可以为字段指定默认值。对于指定默认值的列，如果插入了新行，但设定了默认值的字段数值没有声明，那么这些字段将被自动填充为它们各自的默认值。来看个示例，建一张表"student"，对字段"age"设定默认值为 15，当我们插放数据时，虽没有指定"age"字段，"age"字段还是会自动被设定为"15"：

```
postgres=# create table student(no int, name varchar(20), age int default 15);
CREATE TABLE
postgres=# insert into student(no,name) values(1,'张三');
INSERT 0 1
postgres=# insert into student(no,name) values(2,'李四');
INSERT 0 1
postgres=# select * from student;
 no | name | age
----+------+-----
  1 | 张三 |  15
  2 | 李四 |  15
(2 rows)
```

在使用 UPDATE 语句时，也可以使用关键字"DEFAULT"来代表默认值，示例如下：

```
postgres=# update student set age=16;
UPDATE 2
postgres=# update student set age=DEFAULT where no =2;
UPDATE 1
```

```
postgres=# select * from student;
 no | name | age
----+------+-----
  1 | 张三 |  16
  2 | 李四 |  15
(2 rows)
```

如果没有明确声明默认值，那么默认值是 NULL 。这么做通常是合理的，因为 NULL 表示"未知"。

默认值可以是一个表达式，在插入默认值的时候会进行计算（而不是在创建表的时候）。一个常见的示例是一个 timestamp 字段可能有默认值 now()，它表示插入行的时间，示例如下：

```
postgres=# create table blog(id int, title text, created_date timestamp default
  now() );
CREATE TABLE
postgres=# \d blog;
                Table "public.blog"
    Column     |            Type             | Modifiers
---------------+-----------------------------+---------------
 id            | integer                     |
 title         | text                        |
 created_date  | timestamp without time zone | default now()

postgres=# insert into blog values(1,'PostgreSQL创建临时表');
INSERT 0 1
postgres=# select * from blog;
 id |       title        |       created_date
----+--------------------+----------------------------
  1 | PostgreSQL创建临时表 | 2013-07-18 23:30:29.060435
(1 row)
```

6.4.6　约束

数据类型限制了在表的列中存储什么类型的数据，对于很多应用来说，这种限制仍不够，有时还需要如下限制：

- 一个人的年龄只接受正数的数值，但目前 PostgreSQL 中没有只接受正数的数值类型；而且人的年龄是有一定范围的，但目前的数值类型无法设定任意范围。
- 不允许表中出现完全相同的两行。
- 表与表之间是有关联的，比如，有"学生"与"班级"两张表，任何一个学生都是属于某一个班级的，因此要求"学生"表中的每一行记录中的"班级"一定存在于"班级"表中。

对于这些问题，SQL 允许在字段和表上定义约束，约束允许任意对数据进行控制。如果用户企图在字段里存储违反约束的数据，那么就会抛出错误。

目前，约束有以下几类：

- 检查约束。
- 非空约束。

❑ 唯一约束。

❑ 主键。

❑ 外键约束。

1. 检查约束

检查约束是最常见的约束类型。使用了该约束，在设置某个字段中的数值时必须使该约束的表达式的值为真。比如，要限制一个人的年龄在 0~150 之间，命令如下：

```
CREATE TABLE persons (
  name varchar(40),
  age int CHECK (age >= 0 and age <=150),
  sex boolean
);
```

还可以给此约束取一个独立的名字。这样出错的时候就会把约束的名字也打印出来，从而使错误信息更清晰，另外，在需要修改约束的时候也可以引用约束的名字，创建语法如下：

```
CREATE TABLE persons (
  name varchar(40),
  age int CONSTRAINT check_age CHECK (age >= 0 and age <=150),
  sex boolean
);
```

一个检查约束可以引用多个字段。假设在一张存储图书的表"book"中存储了一个正价和一个打折价，当然，折扣价会比正价低，相关语句如下：

```
CREATE TABLE books (
  book_no integer,
  name text,
  price numeric CHECK (price > 0),
  discounted_price numeric CHECK (discounted_price > 0),
  CHECK (price > discounted_price)
);
```

其中，前两个约束与前面的一样，第三个约束则使用了一个新的语法。它没有附在某个字段上，而是在逗号分隔的列表中以一个独立行的形式出现。我们称前两个约束是"字段约束"，第三个约束为"表约束"。在大多数的数据库中，字段约束也可以写成表约束，但反过来很可能不行，因为系统会假设字段约束只引用它所从属的字段，虽然在 PostgreSQL 中并非强制遵守这条规则，但是如果你希望自己的表定义可以和其他数据库系统兼容，那么最好还是遵守。

上面的示例也可以这么写：

```
CREATE TABLE books (
  book_no integer,
  name text,
  price numeric,
  discounted_price numeric,
    CHECK (price > 0)
```

```
  CHECK (discounted_price > 0),
  CHECK (price > discounted_price)
);
```

或者写成如下命令：

```
CREATE TABLE books (
  book_no integer,
  name text,
  price numeric,
  discounted_price numeric,
    CHECK (price > 0 and discounted_price > 0 and price > discounted_price)
);
```

和字段约束一样，我们也可以赋予表约束名称，方法相同，示例如下：

```
CREATE TABLE books (
  book_no integer,
  name text,
  price numeric,
  discounted_price numeric,
    CHECK (price > 0)
  CHECK (discounted_price > 0),
  CONSTRAINT valid_discount CHECK (price > discounted_price)
);
```

> **注意** 当约束表达式的计算结果为 NULL 时，检查约束会被认为是满足条件的。因为大多数表达式在含有 NULL 操作数的时候结果都是 NULL，所以这些约束不能阻止字段值为 NULL。要确保字段值不为 NULL，可以使用非空约束。

2. 非空约束

非空约束只是简单地声明一个字段必须不能是 NULL。示例如下：

```
CREATE TABLE books (
  book_no integer not null,
  name text,
  price numeric
);
```

非空约束总是被写成一个字段约束。非空约束在功能上等效于创建一个检查约束：

```
CHECK (column_name IS NOT NULL)
```

但是，很明显，创建一个明确的非空约束要更直观一些。

当然，一个字段可以有多个约束。只要一个接着一个写就可以了，它们的顺序不固定：

```
CREATE TABLE books (
  book_no integer NOT NULL,
  name text,
  price numeric NOT NULL CHECK (price >0)
);
```

3. 唯一约束

唯一约束可以保证在一个字段或者一组字段中的数据相较于表中其他行的数据是唯一的。它的语法如下：

```
CREATE TABLE books (
  book_no integer UNIQUE,
  name text,
  price numeric
);
```

上面的命令写成了字段约束，下面的命令则写成了表约束：

```
CREATE TABLE books (
  book_no integer,
  name text,
  price numeric,
  UNIQUE(book_no)
);
```

4. 主键

主键与唯一约束的区别是，主键不能为空。通常我们是建表时就指定了主键：

```
CREATE TABLE books (
  book_no integer primary key,
  name text,
  price numeric,
  UNIQUE(book_no)
);
```

当然也可以在后期在表上创建主键：

```
ALTER TABLE books add constraint pk_books_book_no primary key (book_no);
```

5. 外键约束

外键约束是对表之间关系的一种约束，用于约束本表中一个或多个字段的数值必须出现在另一个表的一个或多个字段中。这种约束也可以称为两个相关表之间的参照完整性约束。

例如，"学生表"与"班级表"之间的关系，一个学生一定是某个班级的学生：

```
CREATE TABLE class(
    class_no int primary key,
    class_name varchar(40)
);
CREATE TABLE student(
    student_no int primary key,
    student_name varchar(40),
    age int,
    class_no int REFERENCES class(class_no)
);
```

外键约束" REFERENCES class(class_no)"表明在学生表中" class_no"的取值必须出现在表"class"中，且为"class_no"中的一个数值。假设 class 表中的内容如下：

```
osdba=# select * from class;
 class_no | class_name
----------+------------
        1 | 初一(1)班
        2 | 初一(2)班
        3 | 初一(3)班
        4 | 初二(1)班
        5 | 初二(2)班
        6 | 初二(3)班
        7 | 初三(1)班
        8 | 初三(2)班
        9 | 初三(2)班
(9 rows)
```

现在，在 student 表中插入一条记录，其中班级号是一个不存在的数值 "10"，这时由于有外键约束，因此将无法插入这条数据，因为其违反了外键约束：

```
osdba=# insert into student values(1,'张三',13,10);
ERROR:  insert or update on table "student" violates foreign key constraint
  "student_class_no_fkey"
DETAIL:  Key (class_no)=(10) is not present in table "class".
STATEMENT:  insert into student values(1,'张三',13,10);
ERROR:  insert or update on table "student" violates foreign key constraint
  "student_class_no_fkey"
DETAIL:  Key (class_no)=(10) is not present in table "class".
```

6.4.7　修改表

修改表是通过 ALTER TABLE 命令来实现的。如果新建一张表后发现这张表的结构无法满足需求，那么可以删除这个表后再重建。但如果是过了一段时间后才发现表的结构有问题，这时表中已经填充了大量数据，或者该表已经被其他表作为外键引用，那么就不能再使用删除表后重建的方法了，这时就需要使用 ALTER TABLE 命令直接修改表的结构。使用该命令可以执行以下操作：

- ❑ 增加字段。
- ❑ 删除字段。
- ❑ 增加约束。
- ❑ 删除约束。
- ❑ 修改默认值。
- ❑ 删除默认值。
- ❑ 修改字段数据类型。
- ❑ 重命名字段。
- ❑ 重命名表。

1. 增加字段

例如，要给班级表增加一个"班主任（class_teacher）"字段，可使用如下命令：

```
ALTER TABLE class ADD COLUMN class_teacher varchar(40);
```

对于表中已经存在的行而言，最初会给新增的字段填充默认值，如果没有声明 DEFAULT 子句，那么默认填充的是 NULL（如上所示）。

也可以同时在新增的字段上定义约束，命令如下：

```
ALTER TABLE class  ADD COLUMN class_teacher varchar(40) CHECK (class_teacher <> '');
```

2. 删除字段

例如，要删除班级表中的字段"class_teacher"，可使用如下命令：

```
ALTER TABLE class drop COLUMN class_teacher;
```

在删除某个字段时，该字段中的内容都会消失，而且和这个字段相关的约束也会被删除。如果这个字段被另一个表的外键引用，删除时就会报错，如果想删除外键依赖，需要使用"CASCADE"指明删除所有依赖该字段的内容，命令如下：

```
osdba=# ALTER TABLE class drop column class_no;
ERROR:  cannot drop table class column class_no because other objects depend on it
DETAIL:   constraint student_class_no_fkey on table student depends on table
   class column class_no
HINT:  Use DROP ... CASCADE to drop the dependent objects too.
STATEMENT:  ALTER TABLE class drop column class_no;
ERROR:  cannot drop table class column class_no because other objects depend on it
DETAIL:   constraint student_class_no_fkey on table student depends on table
   class column class_no
HINT:  Use DROP ... CASCADE to drop the dependent objects too.
Time: 0.902 ms
```

使用 CASCADE 可以把表"student"上的外键"student_class_no_fkey"删除掉：

```
osdba=# ALTER TABLE class drop column class_no CASCADE;
NOTICE:  drop cascades to constraint student_class_no_fkey on table student
ALTER TABLE
Time: 12.169 ms
```

3. 增加约束

增加约束的命令如下：

```
ALTER TABLE student ADD CHECK (age <16);
ALTER TABLE class ADD CONSTRAINT unique_class_teacher UNIQUE (class_teacher);
```

在给表添加约束之前要确定该表符合约束条件，否则会操作失败：

```
osdba=# ALTER TABLE student ADD CHECK (age <16);
ERROR:  check constraint "student_age_check" is violated by some row
STATEMENT:  ALTER TABLE student ADD CHECK (age <16);
ERROR:  check constraint "student_age_check" is violated by some row
Time: 1.080 ms
```

增加非空约束的方法如下：

```
ALTER TABLE student ALTER COLUMN student_name SET NOT NULL;
```

4. 删除约束

删除约束的命令如下：

```
ALTER TABLE student DROP CONSTRAINT constraint_name;
```

删除约束时需要知道约束的名称。一般要使用"\d"命令查出约束的名称，再删除之，查询约束名称的命令如下：

```
osdba=# \d student;
             Table "public.student"
     Column    |         Type          | Modifiers
--------------+-----------------------+-----------
 student_no   | integer               | not null
 student_name | character varying(40) | not null
 age          | integer               |
 class_no     | integer               |
Indexes:
    "student_pkey" PRIMARY KEY, btree (student_no)
Check constraints:
    "student_age_check" CHECK (age < 18)
```

然后使用下面的命令删除约束"student_age_check"：

```
osdba=# ALTER TABLE student DROP CONSTRAINT student_age_check;
ALTER TABLE
Time: 9.319 ms
```

注意，非空约束是没有名称的，需要使用下面的语法去除约束：

```
ALTER TABLE student ALTER COLUMN student_name DROP NOT NULL;
```

5. 修改默认值

要给一个字段设置默认值，可以使用如下命令：

```
ALTER TABLE student ALTER COLUMN age SET DEFAULT 15;
```

> **注意** 设置默认值的操作并不会影响表中现有的数据行，它只会改变之后的 INSERT 命令的默认值。

6. 删除默认值

删除默认值的语法如下：

```
ALTER TABLE student ALTER COLUMN age DROP DEFAULT;
```

这实际上相当于把默认值设置为"NULL"。

> **注意** 如果一个字段上没有定义默认值，执行上面的语句也不会因此而报错。

7. 修改字段数据类型

修改字段数据类型的语法如下：

```
ALTER TABLE student ALTER COLUMN student_name TYPE text;
```

只有字段中现有的项都可以隐式地转换成新类型时，上面的语句才能执行成功，否则会执行失败。示例如下，把"varchar(40)"改成"varchar(5)"时，会因为数据放不下而执行失败，在把"varchar(40)"改成数字时，会因字符串类型无法隐式转换成数字类型而导致操作失败：

```
osdba=# select * from class;
 class_name | class_teacher
------------+---------------
 初一(1)班   |
 初一(2)班   |
 初一(3)班   |
 初二(1)班   |
 初二(2)班   |
 初二(3)班   |
 初三(1)班   |
 初三(2)班   |
 初三(2)班   |
 初三(3)班   | 王老师
(10 rows)

Time: 21.520 ms
osdba=# ALTER TABLE class ALTER COLUMN class_name TYPE varchar(5);
ERROR:  value too long for type character varying(5)
STATEMENT:  ALTER TABLE class ALTER COLUMN class_name TYPE varchar(5);
ERROR:  value too long for type character varying(5)
Time: 1.391 ms
osdba=# ALTER TABLE class ALTER COLUMN class_name TYPE int;
ERROR:  column "class_name" cannot be cast automatically to type integer
HINT:  Specify a USING expression to perform the conversion.
STATEMENT:  ALTER TABLE class ALTER COLUMN class_name TYPE int;
ERROR:  column "class_name" cannot be cast automatically to type integer
HINT:  Specify a USING expression to perform the conversion.
Time: 0.397 ms
```

改变字段 numeric 类型的精度，虽然精度改小后命令执行成功，但会导致精度数据丢失：

```
osdba=# select * from books;
 book_no |        name        | price | discounted_price
---------+--------------------+-------+------------------
       1 | flex与bison         | 49.12 |            45.34
       1 | javascript学习指南   | 49.12 |            45.34
(2 rows)

Time: 0.272 ms
osdba=# ALTER TABLE books ALTER COLUMN price TYPE numeric(9,1);
ALTER TABLE
Time: 66.521 ms
osdba=# select * from books;
 book_no |        name        | price | discounted_price
---------+--------------------+-------+------------------
       1 | flex与bison         | 49.1  |            45.34
       1 | javascript学习指南   | 49.1  |            45.34
(2 rows)

Time: 0.446 ms
```

这里，PostgreSQL 试图把字段的默认值（如果存在）转换成新的类型，该字段上的约束也会做相应的转换。但是这些转换可能会执行失败，也可能会生成奇怪的结果。所以在修改某字段类型之前，最好删除该字段上的约束，修改完后再把约束添加上去。

8. 重命名字段

重命名字段的语法如下：

```
ALTER TABLE books RENAME COLUMN book_no TO book_id;
```

9. 重命名表

重命名表的语法如下：

```
ALTER TABLE class RENAME TO classes;
```

6.4.8　表继承

表继承是 PostgreSQL 中特有的。假设有一张人员表"persons"：

```
CREATE TABLE persons (
  name text,
  age int,
  sex boolean
);
```

现在要再加一个学生表"student"，学生表比人员表多了一个班级号字段"class_no"，查询"persons"可以查询到这两条数据：

```
CREATE TABLE students (
  class_no int
)INHERITS (persons);
```

这时如果向"students"表中插入两条数据，命令如下：

```
osdba=# insert into students values('张三',15,true,1);
INSERT 0 1
Time: 29.364 ms
osdba=# insert into students values('翠莲',14,false,2);
INSERT 0 1
Time: 32.840 ms
osdba=# select * from persons;
 name | age | sex
------+-----+-----
 张三 |  15 | t
 翠莲 |  14 | f
(2 rows)

Time: 0.434 ms
osdba=# select * from students;
 name | age | sex | class_no
------+-----+-----+----------
 张三 |  15 | t   |        1
 翠莲 |  14 | f   |        2
(2 rows)
```

```
Time: 0.322 ms
```

更改 students 表中的数据后，通过查看 persons 表也可以看到上述变化：

```
osdba=# update students set age=13 where name='张三';
UPDATE 1
Time: 78.830 ms
osdba=# select * from persons;
 name | age | sex
------+-----+-----
 翠莲 |  14 | f
 张三 |  13 | t
(2 rows)
```

但如果向 persons 表中插入一条数据，查询 student 表是看不到这条数据的：

```
osdba=# insert into persons values('王五',30,true);
INSERT 0 1
Time: 12.971 ms
osdba=# select * from persons;
 name | age | sex
------+-----+-----
 王五 |  30 | t
 翠莲 |  14 | f
 张三 |  13 | t
(3 rows)
osdba=# select * from students;
 name | age | sex | class_no
------+-----+-----+----------
 翠莲 |  14 | f   |        2
 张三 |  13 | t   |        1
(2 rows)
```

这里对表继承中父表与子表的关系总结如下，当查询父表时会把父表中子表的数据也查询出来，反之则不行。

如果只想把父表本身的数据查询出来，只需要在查询的表名前加 ONLY 关键字，示例如下：

```
osdba=# select * from only persons;
 name | age | sex
------+-----+-----
 王五 |  30 | t
(1 row)
```

所有父表的检查约束和非空约束都会自动被所有子表继承。不过其他类型的约束（唯一、主键、外键）不会被继承。

一个子表可以从多个父表继承，这种情况下它将拥有所有父表字段的总和，并且子表中定义的字段也会加入其中。如果同一个字段名出现在多个父表中，或者同时出现在父表和子表的定义里，那么这些字段就会被"融合"，因此在子表里就只有一个这样的字段。要想融合，字段的数据类型必须相同，否则就会报错。融合的字段将会拥有其父字段的所有检查约束，并且如果某个父字段存在非空约束，那么融合后的字段也必须是非空的。

采用 SELECT、UPDATE、DELETE 等命令访问或操作父表时，也会同时访问或操作相应的子表，而使用 ALTER TABLE 命令修改父表的结构定义时，大多数情况下也会同时修改子表的结构定义，但"REINDEX""VACUUM"命令不会影响到子表。

此外，唯一约束、外键的使用域也不会扩大到子表上。

6.4.9　通过表继承实现分区表

PostgreSQL 内部是通过表继承来实现分区表的。PostgreSQL10.X 之前的版本只能通过表继承来实现分区表。而 PostgreSQL10.X 提供了相应的 DDL 语句可以直接创建分区表，这种方式在 PostgreSQL 中被称为声明式分区（Declarative Partitioning），但内部原理仍是表继承。本节先介绍如何通过表继承来实现分区表，在 6.4.10 节中介绍 PostgreSQL10 版本的声明式分区。

表分区就是把逻辑上的一个大表分割成物理上的几块。表分区有若干好处：

❑ 使删除历史数据更快，如果是按时间分区的，在删除历史数据时，直接删除历史分区即可，如果没有分区，通过 DELETE 删除历史数据时会很慢，还容易导致 VACUUM超载。

❑ 某些类型的查询性能可以得到极大提升。特别是在表中访问率较高的行位于一个单独分区或少数几个分区上的情况下。在按时间分区的表中，如果大多数查询发生在时间最近的一个或几个分区中，而较早时间的分区较少查询，那么，在建分区表后，各个分区表均有各自的索引，使用率较高的分区表的索引就可能完全缓存在内存中，这样效率就会提高很多。

❑ 当查询或更新一个分区的大部分记录时，连续扫描该分区而不是使用索引离散地访问整个表，可以获得巨大的性能提升。

❑ 很少用到的历史数据可以使用表空间的技术移动到便宜一些的慢速存储介质上。因为使用分区表可以将不同的分区安置在不同的物理介质上。

多大数据适合使用分区表？一般取决于具体的应用，不过也有个简单的基本原则，即表的大小超过了数据库服务器的物理内存大小时使用。

在使用通过继承实现的分区表时，一般会让父表为空，数据都存储在子表中。

建分区表的步骤如下：

1）创建"父表"，所有分区都从它继承。该表中没有数据，不要在其上定义任何检查约束，除非你希望约束所有的分区。同样，在其上定义索引或者唯一约束也没有意义。

2）创建几个"子表"，每个都是从主表上继承的。通常这些表不会增加任何字段。我们将把子表称作分区，实际上它们就是普通的 PostgreSQL 表。

3）给分区表增加约束，定义每个分区允许的健值。

4）对于每个分区，在关键字字段上创建一个索引，也可创建其他你想创建的索引。严格来说，关键字字段索引并非必需的，但是在大多数情况下它是很有帮助的。如果你希望关键字值是唯一的，那么应该总是给每个分区创建一个唯一约束或者主键约束。

5）定义一个规则或者触发器，把对主表的数据插入重定向到合适的分区表中。

6）确保 constraint_exclusion 中的配置参数 "postgresql.conf" 是打开的。打开后，如果查询中 WHERE 子句的过滤条件与分区的约束条件匹配，那么该查询会智能地只查询此分区，而不会查询其他分区。

下面来看一个实现分区表的例子。假设有一张销售明细表，定义如下：

```
CREATE TABLE sales_detail (
  product_id      int not null, --产品编号
  price           numeric(12,2), --单价
  amount          int not null, --数量
  sale_date       date not null,--销售日期
  buyer           varchar(40),--买家名称
  buyer_contact   text    --买家的联系方式
);
```

先建主表，主表就是上面的 sales_detail 表。按销售日期进行分区，每个月为一个分区，建各个分区的语句如下：

```
CREATE TABLE sales_detail_y2014m01 (CHECK (sale_date >= DATE '2014-01-01' AND
  sale_date < DATE '2014-02-01' ) ) INHERITS (sales_detail);

CREATE TABLE sales_detail_y2014m02 (CHECK (sale_date >= DATE '2014-02-01' AND
  sale_date < DATE '2014-03-01' ) ) INHERITS (sales_detail);

CREATE TABLE sales_detail_y2014m03 (CHECK (sale_date >= DATE '2014-03-01' AND
  sale_date < DATE '2014-04-01' )) INHERITS (sales_detail);
...

CREATE TABLE sales_detail_y2014m12 (CHECK (sale_date >= DATE '2014-12-01' AND
  sale_date < DATE '2015-01-01' ) ) INHERITS (sales_detail);
```

每个分区实际上都是一张完整的表，只不过是从 sales_detail 表中继承定义的。父表 "sales_deail" 中实际是不存放数据的。以后要删除旧数据，只需要删除月份最早的表。不知大家是否注意到每个分区表中都加了一个约束，这表示只允许插入本月内的数据。

一般情况下，还可以在分区键 "sale_date" 上建索引：

```
CREATE INDEX sale_detail_y2014m01_sale_date ON sales_detail_y2014m01 (sale_date);
CREATE INDEX sale_detail_y2014m02_sale_date ON sales_detail_y2014m02 (sale_date);
CREATE INDEX sale_detail_y2014m03_sale_date ON sales_detail_y2014m03 (sale_date);
...
CREATE INDEX sale_detail_y2014m12_sale_date ON sales_detail_y2014m12 (sale_date);
```

当然，如果需要还可以在其他字段上建索引。

目前还有一个插入数据的问题没有解决，在向 sale_detail 表中插入数据时，怎样才能自动地把数据正确地插入到正确的分区呢？可能有人已经想到了，是使用触发器，那么，接下来我们先建一个触发器：

```
CREATE OR REPLACE FUNCTION sale_detail_insert_trigger()
RETURNS TRIGGER AS $$
BEGIN
```

```
   IF ( NEW.sale_date >= DATE '2014-01-01' AND
       NEW. sale_date < DATE '2014-02-01' ) THEN

     INSERT INTO sales_detail_y2014m01 VALUES (NEW.*);

   ELSIF (NEW.sale_date >= DATE '2014-02-01' AND
       NEW.sale_date < DATE '2014-03-01' ) THEN

     INSERT INTO sales_detail_y2014m02 VALUES (NEW.*);
   ...

   ELSIF ( NEW.sale_date >= DATE '2014-12-01' AND
           NEW.sale_date < DATE '2015-01-01' ) THEN

     INSERT INTO sales_detail_y2014m02 VALUES (NEW.*);
   ELSE
     RAISE EXCEPTION 'Date out of range.  Fix the sale_detail_insert_trigger ()
       function!';
   END IF;
   RETURN NULL;
END;
$$
LANGUAGE plpgsql;
CREATE TRIGGER insert_sale_detail_trigger
  BEFORE INSERT ON sale_detail
  FOR EACH ROW EXECUTE PROCEDURE sale_detail_insert_trigger ();
```

　　至此，分区表就建好了。不过需要用户注意的是，上面的分区表中只包括了 2014 年 1 月到 2014 年 12 月的分区表，如果日期为 2015 年 01 月 01 日时，再向表" sale_detail"中插入数据就会报错，所以在 2015 年 1 月之前就应该把新的分区表加上去，同时还要改掉触发器中的内容。

　　用户使用 Oracle 数据库的 DBA 时可能会有一个疑问：在删除历史表" sales_detail_y2014m01"时，如果触发器函数引用了这张表，那会不会导致触发器函数失效，从而导致无法插入数据？实际上在 PostgreSQL 中没有这么强的依赖关系，删除表" sales_detail_y2014m01"并不会导致触发器函数失效，验证如下：

```
postgres=# drop table sales_detail_y2014m01;
DROP TABLE
postgres=# insert into sales_detail values(1,43.12,1,date '2014-03-02', '李四',
  '杭州yyyyyy');
INSERT 0 0
```

　　从上面的运行结果中可以看出，插入数据仍然是正常的，只有在插入 2014 年 1 月的数据时才会报错，示例如下：

```
postgres=# insert into sales_detail values(1,43.12,1,date '2014-01-02', '李四',
  '杭州yyyyyy');
ERROR: relation "sales_detail_y2014m01" does not exist at character 13
QUERY:  INSERT INTO sales_detail_y2014m01 VALUES (NEW.*)
CONTEXT:  PL/pgSQL function sales_detail_insert_trigger() line 5 at SQL statement
```

从上面的运行结果中可以看出，分区表是使用触发器来把插入的数据重新定位到相应的分区中的，实际上也可以使用 PostgreSQL 中的规则来实现同样的功能，示例如下：

```
CREATE RULE sales_detail_insert_y2014m01 AS
ON INSERT TO sales_detail WHERE
  ( sale_date >= DATE '2014-01-01' AND sale_date < DATE '2014-02-01' )
DO INSTEAD
  INSERT INTO sales_detail_y2014m01 VALUES (NEW.*);

CREATE RULE sales_detail_insert_y2014m02 AS
ON INSERT TO sales_detail WHERE
  ( sale_date >= DATE '2014-02-01' AND sale_date < DATE '2014-03-01' )
DO INSTEAD
  INSERT INTO sales_detail_y2014m01 VALUES (NEW.*);

....

CREATE RULE sales_detail_insert_y2014m12 AS
ON INSERT TO sales_detail WHERE
  ( sale_date >= DATE '2014-12-01' AND sale_date < DATE '2015-01-01' )
DO INSTEAD
  INSERT INTO sales_detail_y2014m12 VALUES (NEW.*);
```

但该规则也有如下缺点：

❑ 相比触发器，该规则有明显较大的开销。而且每次检查时都会产生此开销，不过，批量插入时只会产生一次开销，所以在批量插入的情况下，相对于触发器其更有优势。然而在更多的情况下，触发器的方法更好一些。

❑ 如果想用 COPY 插入数据，由于 COPY 不会触发"规则"，因此先得把要复制的数据直接 COPY 到分区表（不是主表）中。不过，COPY 是会触发触发器的，所以用触发器的方法就可以正常使用。

❑ 如果插入数据是在规则设置范围之外的，如 2014 年 1 月之前的数据，那么将会插入到主表中。如果此时我们希望这种情况下直接报错，而不是把数据插入到主表中，使用规则是无法达到此目的的。

分区的优化技巧

打开约束排除（constraint_exclusion）是一种查询优化技巧，它改进了用上面的方法定义的表分区的性能。在 PostgreSQL9.2.4 中，参数"constraint_exclusion"默认就是"partition"，如果采用默认值，在 SQL 查询中将 WHERE 语句的过滤条件与表上的 CHECK 条件进行对比，可以得到不需要扫描的分区，从而跳过这些不需要访问的分区表，从而使性能得到提高：

```
postgres=# explain SELECT count(*) FROM sales_detail WHERE sale_date >= DATE
  '2014-12-01';
                                QUERY PLAN
----------------------------------------------------------------------------
 Aggregate  (cost=15.73..15.74 rows=1 width=0)
   -> Append  (cost=0.00..15.38 rows=144 width=0)
     -> Seq Scan on sales_detail  (cost=0.00..0.00 rows=1 width=0)
```

```
              Filter: (sale_date >= '2014-12-01'::date)
         ->  Seq Scan on sales_detail_y2014m12 sales_detail  (cost=0.00..15.38
           rows=143 width=0)
              Filter: (sale_date >= '2014-12-01'::date)
(6 rows)
```

如上所示，将 WHERE 条件中的"sale_date >= DATE '2014-12-01'"与各个分区子表上的 CHECK 条件进行对比，可知只需扫描主表和"sales_detail_y2014m12"即可，而不需要扫描其他的分区子表。

如果把参数"constraint_exclusion"设置成"off"，则会扫描每张分区子表，示例如下：

```
postgres=# set constraint_exclusion='off';
SET
postgres=# explain SELECT count(*) FROM sales_detail WHERE sale_date >= DATE
  '2014-12-01';
                                    QUERY PLAN
--------------------------------------------------------------------------------
 Aggregate  (cost=188.79..188.80 rows=1 width=0)
     ->  Append  (cost=0.00..184.50 rows=1717 width=0)
     ->  Seq Scan on sales_detail  (cost=0.00..0.00 rows=1 width=0)
           Filter: (sale_date >= '2014-12-01'::date)
         ->  Seq Scan on sales_detail_y2014m02 sales_detail  (cost=0.00..15.38
           rows=143 width=0)
              Filter: (sale_date >= '2014-12-01'::date)
           ->  Seq Scan on sales_detail_y2014m03 sales_detail  (cost=0.00..15.38
           rows=143 width=0)
              Filter: (sale_date >= '2014-12-01'::date)
           ->  Seq Scan on sales_detail_y2014m04 sales_detail  (cost=0.00..15.38
           rows=143 width=0)
              Filter: (sale_date >= '2014-12-01'::date)
         ->  Seq Scan on sales_detail_y2014m05 sales_detail  (cost=0.00..15.38
           rows=143 width=0)
              Filter: (sale_date >= '2014-12-01'::date)
         ->  Seq Scan on sales_detail_y2014m06 sales_detail  (cost=0.00..15.38
           rows=143 width=0)
              Filter: (sale_date >= '2014-12-01'::date)
         ->  Seq Scan on sales_detail_y2014m07 sales_detail  (cost=0.00..15.38
           rows=143 width=0)
              Filter: (sale_date >= '2014-12-01'::date)
         ->  Seq Scan on sales_detail_y2014m08 sales_detail  (cost=0.00..15.38
           rows=143 width=0)
              Filter: (sale_date >= '2014-12-01'::date)
         ->  Seq Scan on sales_detail_y2014m09 sales_detail  (cost=0.00..15.38
           rows=143 width=0)
              Filter: (sale_date >= '2014-12-01'::date)
         ->  Seq Scan on sales_detail_y2014m10 sales_detail  (cost=0.00..15.38
           rows=143 width=0)
              Filter: (sale_date >= '2014-12-01'::date)
         ->  Seq Scan on sales_detail_y2014m11 sales_detail  (cost=0.00..15.38
           rows=143 width=0)
              Filter: (sale_date >= '2014-12-01'::date)
         ->  Seq Scan on sales_detail_y2014m12 sales_detail  (cost=0.00..15.38
           rows=143 width=0)
              Filter: (sale_date >= '2014-12-01'::date)
```

```
      ->  Seq Scan on sales_detail_y2014m01 sales_detail  (cost=0.00..15.38
        rows=143 width=0)
        Filter: (sale_date >= '2014-12-01'::date)
(28 rows)
```

6.4.10　声明式分区

所谓 "声明式分区" 就是 PostgreSQL 提供了相应的 DDL 语句来创建分区表，而不需要像 6.4.8 节中那样以表继承的方式创建分区表，声明式分区方式更简单。我们先来看一下创建声明式分区的示例以便理解如何创建声明式分区表，同样以 6.4.8 节中的示例来说明：

```
CREATE TABLE sales_detail (
  product_id       int not null, --产品编号
  price            numeric(12,2), --单价
  amount           int not null, --数量
  sale_date        date not null,--销售日期
  buyer            varchar(40),--买家名称
  buyer_contact    text    --买家的联系方式
) PARTITION BY RANGE (sale_date);
```

需要特别注意上面语句中的 "PARTITION BY RANGE (sale_date)"，也就是说，PostgreSQL10.X 在 CREATE TABLE 语句中增加了语法 "PARTITION BY" 来支持声明式分区。

注意，因为现在还没有创建分区表的分区，所以是不能插入数据的，示例如下：

```
osdba=# insert into sales_detail values(1, 99.99, 2, now(), 'tangcheng',
  'HangZhou');
ERROR:  no partition of relation "sales_detail" found for row
DETAIL:  Partition key of the failing row contains (sale_date) = (2019-01-11).
```

下面我们来创建分区表的分区：

```
CREATE TABLE sales_detail_y2014m01 PARTITION OF sales_detail
  FOR VALUES FROM ('2014-01-01') TO ('2014-02-01')
;

CREATE TABLE sales_detail_y2014m02 PARTITION OF sales_detail
  FOR VALUES FROM ('2014-02-01') TO ('2014-03-01')
;

CREATE TABLE sales_detail_y2014m03 PARTITION OF sales_detail
  FOR VALUES FROM ('2014-03-01') TO ('2014-04-01')
;
```

从上面的语句中我们可以知道，给分区表加分区的语法就是在原先的 CREATE TABLE 语法中加上 PARTITION OF 语法，PARTITION OF 后面指定分区的名称，以指定当前分区是哪个分区表的分区，最后的语法 "FOR VALUES FROM (XXX) TO (XXX)" 表明分区的范围。

查看一下分区表的定义：

```
osdba=# \d+ sales_detail
                       Table "public.sales_detail"
```

```
     Column     |         Type        | Collation | Nullable | Default |
       Storage   | Stats target | Description
---------------+----------------------+-----------+----------+---------+-------
---+-------------+-------------
 product_id    | integer              |           | not null |         | plain    |        |
 price         | numeric(12,2)        |           |          |         | main     |        |
 amount        | integer              |           | not null |         | plain    |        |
 sale_date     | date                 |           | not null |         | plain    |        |
 buyer         | character varying(40)|           |          |         | extended |        |
 buyer_contact | text                 |           |          |         | extended |        |
Partition key: RANGE (sale_date)
Partitions: sales_detail_y2014m01 FOR VALUES FROM ('2014-01-01') TO ('2014-02-01'),
            sales_detail_y2014m02 FOR VALUES FROM ('2014-02-01') TO ('2014-03-01'),
            sales_detail_y2014m03 FOR VALUES FROM ('2014-03-01') TO ('2014-04-01')
```

插入几条数据测试一下：

```
osdba=# insert into sales_detail values(1, 99.99, 2, '2014-01-01', 'tangcheng',
  'HangZhou');
INSERT 0 1
osdba=# insert into sales_detail values(2, 99.99, 2, '2014-01-31', 'osdba',
  'Bingjiang');
INSERT 0 1
osdba=# insert into sales_detail values(3, 99.99, 2, '2014-02-01', 'osdba',
  'Bingjiang');
INSERT 0 1
```

插入一条不在分区范围的数据：

```
osdba=# insert into sales_detail values(10, 99.99, 2, '2014-04-01', 'xiangyuan',
  'xianghu');
ERROR:  no partition of relation "sales_detail" found for row
DETAIL:  Partition key of the failing row contains (sale_date) = (2014-04-01).
```

从上面的运行结果中可以看到，系统看到报错了，因为无法插入不在分区范围的数据。
下面查询分区表：

```
osdba=# select * from sales_detail;
 product_id | price | amount | sale_date  |   buyer    | buyer_contact
------------+-------+--------+------------+------------+---------------
          1 | 99.99 |      2 | 2014-01-01 | tangcheng  | HangZhou
          2 | 99.99 |      2 | 2014-01-31 | osdba      | Bingjiang
          3 | 99.99 |      2 | 2014-02-01 | juxian     | xiaoshan
(3 rows)
```

下面来看执行计划：

```
osdba=# explain select * from sales_detail;
                                QUERY PLAN
-------------------------------------------------------------------------------
 Append  (cost=0.00..42.90 rows=1290 width=158)
   -> Seq Scan on sales_detail_y2014m01  (cost=0.00..14.30 rows=430 width=158)
   -> Seq Scan on sales_detail_y2014m02  (cost=0.00..14.30 rows=430 width=158)
```

```
           -> Seq Scan on sales_detail_y2014m03  (cost=0.00..14.30 rows=430 width=158)
(4 rows)
```

按分区键来做等值查询，看是否进行了分区裁剪：

```
osdba=# explain select * from sales_detail where sale_date='2014-01-01';
                                      QUERY PLAN
------------------------------------------------------------------------------
 Append  (cost=0.00..15.38 rows=2 width=158)
    -> Seq Scan on sales_detail_y2014m01  (cost=0.00..15.38 rows=2 width=158)
       Filter: (sale_date = '2014-01-01'::date)
(3 rows)
```

从上面的查询结果来看只扫描一个分区，说明在做等值查询时分区裁剪生效了。

按分区键来做范围查询，看是否进行了分区裁剪：

```
osdba=# explain select * from sales_detail where sale_date >'2014-01-10' and
    sale_date < '2014-01-20';
                                      QUERY PLAN
------------------------------------------------------------------------------
 Append  (cost=0.00..16.45 rows=2 width=158)
    -> Seq Scan on sales_detail_y2014m01  (cost=0.00..16.45 rows=2 width=158)
       Filter: ((sale_date > '2014-01-10'::date) AND (sale_date < '2014-01-
          20'::date))
(3 rows)

osdba=# explain select * from sales_detail where sale_date between '2014-01-10'
    and '2014-01-20';
                                      QUERY PLAN
------------------------------------------------------------------------------
 Append  (cost=0.00..16.45 rows=2 width=158)
    -> Seq Scan on sales_detail_y2014m01  (cost=0.00..16.45 rows=2 width=158)
       Filter: ((sale_date >= '2014-01-10'::date) AND (sale_date <= '2014-01-
          20'::date))
(3 rows)
```

从上面的运行结果中可以看出，不管是用"＞"加"＜"这种范围还是通过"between XXX and XXX"的语法分区裁剪都生效了。

分区表的分区仍然是一个单独的表，可以直接查询，示例如下：

```
osdba=# select * from sales_detail_y2014m01;
 product_id | price | amount | sale_date  |  buyer    | buyer_contact
------------+-------+--------+------------+-----------+---------------
          1 | 99.99 |      2 | 2014-01-01 | tangcheng | HangZhou
          2 | 99.99 |      2 | 2014-01-31 | osdba     | Bingjiang
(2 rows)
```

6.5 触发器

触发器（Trigger）是由事件自动触发执行的一种特殊的存储过程，触发事件可以是对一个表进行 INSERT、UPDATE、DELETE 等操作。

触发器经常用于加强数据的完整性约束和业务规则上的约束等。

6.5.1　创建触发器

创建触发器的语法如下：

```
CREATE [ CONSTRAINT ] TRIGGER name { BEFORE | AFTER | INSTEAD OF } { event [ OR ... ] }
  ON table_name
  [ FROM referenced_table_name ]
  { NOT DEFERRABLE | [ DEFERRABLE ] { INITIALLY IMMEDIATE | INITIALLY DEFERRED } }
  [ FOR [ EACH ] { ROW | STATEMENT } ]
  [ WHEN ( condition ) ]
  EXECUTE PROCEDURE function_name ( arguments )
```

创建触发器的步骤如下：

1）先为触发器建一个执行函数，此函数的返回类型为触发器类型。

2）然后建一个触发器。

下面举例说明触发器的使用方法，假设有一张学生表（student 表）和一张学生的考试成绩表（score 表），定义如下：

```
CREATE TABLE student(
  student_no int primary key,
  student_name varchar(40),
  age int
);
CREATE TABLE score (
  student_no int,
  chinese_score int,
  math_score int,
  test_date date
);
```

如果想要在删除学生表中的一条记录时同时删除该学生在成绩表（score 表）中的成绩记录，就可以使用触发器。先建触发器的执行函数：

```
CREATE OR REPLACE FUNCTION student_delete_trigger()
RETURNS TRIGGER AS $$
BEGIN
  DELETE FROM score WHERE student_no = OLD.student_no;
  RETURN OLD;
END;
$$
LANGUAGE plpgsql;
```

再创建触发器：

```
CREATE TRIGGER delete_student_trigger
  AFTER DELETE  ON student
  FOR EACH ROW EXECUTE PROCEDURE student_delete_trigger ();
```

按上面的语句建好触发器后还需要进行相应的测试，先插入一些测试数据：

```
INSERT INTO student VALUES(1, '张三', 14);
INSERT INTO student VALUES(2, '李四', 13);
INSERT INTO student VALUES(3, '王二', 15);

INSERT INTO score VALUES(1, 85, 75, date '2013-05-23');
INSERT INTO score VALUES(1, 80, 73, date '2013-09-18');
INSERT INTO score VALUES(2, 68, 83, date '2013-05-23');
INSERT INTO score VALUES(2, 73, 85, date '2013-09-18');
INSERT INTO score VALUES(3, 72, 79, date '2013-05-23');
INSERT INTO score VALUES(3, 78, 82, date '2013-05-23');
```

现在把学号为"3"的学生"王二"从表"student"中删除：

```
osdba=# DELETE FROM student where student_no = 3;
DELETE 1
```

这时查询成绩表"score"会发现学号"student_no"为"3"的学生及其成绩记录均被删除了，命令如下：

```
osdba=# SELECT * FROM score;
 student_no | chinese_score | math_score | test_date
------------+---------------+------------+------------
          1 |            85 |         75 | 2013-05-23
          2 |            68 |         83 | 2013-05-23
          1 |            85 |         75 | 2013-05-23
          1 |            80 |         73 | 2013-09-18
          2 |            68 |         83 | 2013-05-23
          2 |            73 |         85 | 2013-09-18
(6 rows)
```

6.5.2 语句级触发器与行级触发器

语句级触发器是指执行每个 SQL 语句时只执行一次，行级触发器是执行每行 SQL 语句都会执行一次。一个修改 0 行的操作仍然会导致合适的语句级触发器被执行。下面来看看相应的示例。

假设要对表"student"的更新情况记录 log，可以为 student 表建一张 log 表，命令如下：

```
CREATE TABLE log_student(
  update_time  timestamp, --操作的时间
  db_user varchar(40), --操作的数据库用户名
  opr_type varchar(6) --操作类型: insert、delete、update
);
```

创建记录 log 的触发器函数，命令如下：

```
CREATE FUNCTION log_student_trigger ()
RETURNS trigger AS
$$
BEGIN
  INSERT INTO log_student values(now(), user, TG_OP);
  RETURN NULL;
END;
$$
```

```
LANGUAGE "plpgsql";
```

上面函数中的"TG_OP"是触发器函数中的特殊变量，代表 DML 操作类型。

然后在表"student"上创建一个语句级触发器：

```
CREATE TRIGGER log_student_trigger
  AFTER INSERT OR DELETE OR UPDATE  ON student
  FOR STATEMENT EXECUTE PROCEDURE log_student_trigger ();
```

这里先执行一个 SQL 语句插入两条记录来看一下：

```
osdba=# INSERT INTO student VALUES(1, '张三', 14), (2, '李四', 14);
INSERT 0 2
osdba=# select * from student;
 student_no | student_name | age
------------+--------------+-----
          1 | 张三         | 14
          2 | 李四         | 14
(2 rows)
osdba=# select * from log_student;
        update_time        | db_user | opr_type
---------------------------+---------+----------
 2014-09-08 21:39:12.363339 | osdba   | INSERT
(1 row)
```

从上面的运行结果中可以看出，虽然插入了两条记录，由于执行的只是一条语句，所以只在 log_student 记录了一次操作。试着把 log_student 中的记录删除掉，然后更新两行记录：

```
osdba=# delete from log_student;
DELETE 1
osdba=# update student set age = 15;
UPDATE 2
osdba=# select * from log_student;
        update_time        | db_user | opr_type
---------------------------+---------+----------
 2014-09-08 21:23:35.080323 | osdba   | UPDATE
(1 row)
```

从上面的运行结果中可以看到，虽然一条 UPDATE 语句更新了两行，但在 log_student 中只记录了一条记录。以上结果说明语句触发器是按语句进行触发的，而不管这条语句实际操作了多少行数据。

下面执行一个更新，但实际没有更新任何数据：

```
osdba=# delete from log_student;
DELETE 1
osdba=# update student set age = 16 where student_no = 3;
UPDATE 0
osdba=# select * from log_student;
        update_time        | db_user | opr_type
---------------------------+---------+----------
 2014-09-08 21:25:09.004371 | osdba   | UPDATE
(1 row)
```

从上面的运行结果中可以看出，语句触发器即使在没有更新数据时，也会被触发。

下面演示行级触发器的行为，演示前我们先删除之前的触发器，清除 log_student 中的记录：

```
osdba=# drop trigger log_student_trigger on student;
DROP TRIGGER
osdba=# delete from log_student;
DELETE 1
osdba=# delete from student;
DELETE 2
```

然后建一个行级触发器：

```
CREATE TRIGGER log_student_trigger2
  AFTER INSERT OR DELETE OR UPDATE  ON student
  FOR ROW EXECUTE PROCEDURE log_student_trigger ();
```

然后执行与前面的语句级触发器相同的操作：

```
osdba=# INSERT INTO student VALUES(1, '张三', 14), (2, '李四', 14);
INSERT 0 2
osdba=# select * from log_student;
        update_time         | db_user | opr_type
----------------------------+---------+----------
 2014-09-08 21:45:11.629286 | osdba   | INSERT
 2014-09-08 21:45:11.629286 | osdba   | INSERT
(2 rows)
```

从上面的运行结果中可以看到，一个语句插入了两条记录后在 log_student 中也记录了两条日志。

尝试执行一个更新：

```
osdba=# delete from log_student;
DELETE 2
osdba=# update student set age = 15;
UPDATE 2
osdba=# select * from log_student;
        update_time         | db_user | opr_type
----------------------------+---------+----------
 2014-09-08 21:46:24.420107 | osdba   | UPDATE
 2014-09-08 21:46:24.420107 | osdba   | UPDATE
(2 rows)
```

同样可以看到，在更新了两行后 log_student 中也记录了两行日志。

下面执行一个更新，但实际并没有更新任何数据：

```
osdba=# delete from log_student;
DELETE 2
osdba=# update student set age = 16 where student_no = 3;
UPDATE 0
osdba=# select * from log_student;
 update_time | db_user | opr_type
```

```
-------------+---------+----------
(0 rows)
```

从上面的运行结果中可以看出，如果执行的语句没有更新实际的行，在日志表中就没有相应的记录，即行触发器不会被触发。

6.5.3　BEFORE 触发器与 AFTER 触发器

通常来说，语句级别的 BEFORE 触发器是在语句开始做任何事情之前就被触发了的，而语句级别的 AFTER 触发器是在语句结束时才触发的。行级别的 BEFORE 触发器是在对特定行进行操作之前触发的，而行级别的 AFTER 触发器是在语句结束时才触发的，但是它会在任何语句级别的 AFTER 触发器之前触发。

BEFORE 触发器可以直接修改 NEW 值以改变实际的更新值，具体示例如下。

先建一个触发器函数：

```
CREATE FUNCTION student_use_new_name_tirgger ()
RETURNS trigger AS '
BEGIN
  NEW.student_name = NEW.student_name||NEW.student_no;
  RETURN NEW;
END;'
LANGUAGE "plpgsql";
```

上面这个函数的作用是，在插入或更新表时，把"student_name"后加上"student_no"，也就是直接修改"NEW.student_name"，语句如下：

```
NEW.student_name = NEW.student_name||NEW.student_no;
```

在这种情况下，只能使用 BEFORE 触发器，因为 BEFORE 触发器是在更新数据之前触发的，所以这时修改了"NEW.student_name"，后面实际更新到数据库中的值就变成了"student_name||student_no"，示例如下：

```
osdba=# CREATE TRIGGER user_new_name_student_trigger
osdba=#     BEFORE INSERT OR UPDATE  ON student
osdba=#     FOR EACH ROW EXECUTE PROCEDURE student_use_new_name_tirgger ();
CREATE TRIGGER
osdba=# INSERT INTO student values(3,'王二', 15);
INSERT 0 1
osdba=# SELECT * FROM student;
 student_no | student_name | age
------------+--------------+-----
          3 | 王二3        |  15
(1 rows)
```

如果使用 AFTER 触发器，则修改 NEW 是没有意义的，示例如下：

```
osdba=# DROP  TRIGGER user_new_name_student_trigger ON student;
DROP TRIGGER
osdba=# delete  from student;
DELETE 1
```

```
osdba=# CREATE TRIGGER user_new_name_student_trigger
osdba-#      AFTER INSERT OR UPDATE  ON student
osdba-#      FOR EACH ROW EXECUTE PROCEDURE student_use_new_name_tirgger ();
CREATE TRIGGER
osdba=# INSERT INTO student values(3,'王二', 15);
INSERT 0 1
osdba=# select * from student;
 student_no | student_name | age
------------+--------------+-----
          3 | 王二         |  15
(1 row)
```

6.5.4   删除触发器

删除触发器的语法如下：

```
DROP TRIGGER [ IF EXISTS ] name ON table [ CASCADE | RESTRICT ];
```

其中的语法说明如下。

❑ **IF EXISTS**：如果指定的触发器不存在，那么发出一个 notice 而不是抛出一个错误。

❑ **CASCADE**：级联删除依赖此触发器的对象。

❑ **RESTRICT**：默认值，有依赖对象存在就拒绝删除。

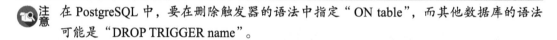 在 PostgreSQL 中，要在删除触发器的语法中指定 "ON table"，而其他数据库的语法可能是 "DROP TRIGGER name"。

示例如下：

```
osdba=# DROP  TRIGGER user_new_name_student_trigger ON student;
DROP TRIGGER
```

删除触发器时，触发器的函数不会被删除。不过，当删除表时，表上的触发器也会被删除。

6.5.5   触发器的行为

触发器函数有返回值。语句级触发器应该总是返回 NULL，即必须显式地在触发器函数中写上 "RETURN NULL"，如果没有写将导致报错，示例如下：

```
CREATE FUNCTION log_student_trigger ()
RETURNS trigger AS
$$
BEGIN
  INSERT INTO log_student values(now(), user, TG_OP);
END;
$$
LANGUAGE "plpgsql";

CREATE TRIGGER log_student_trigger
  AFTER INSERT OR DELETE OR UPDATE  ON student
  FOR STATEMENT EXECUTE PROCEDURE log_student_trigger ();
```

所导致的错误如下：

```
osdba=# INSERT INTO student VALUES(1, '张三', 14);
ERROR:  control reached end of trigger procedure without RETURN
CONTEXT:  PL/pgSQL function log_student_trigger()
```

对于 BEFORE 和 INSTEAD OF 这类行级触发器来说，如果返回的是 NULL，则表示忽略对当前行的操作。如果是返回非 NULL 的行，对于 INSERT 和 UPDATE 操作来说，返回的行将成为被插入的行或者是将要更新的行。

对于 AFTER 这类行级触发器来说，其返回值会被忽略。

如果同一事件上有多个触发器，则将按触发器名称的顺序来触发。如果是 BEFORE 和 INSTEAD OF 行级触发器，每个触发器返回的行（可能已经被修改）将成为下一个触发器的输入。如果 BEFORE 和 INSTEAD OF 行级触发器返回的内容为空，那么该行上的其他行级触发器也不会被触发。

6.5.6　触发器函数中的特殊变量

当把一个 PL/pgSQL 函数当作触发器函数调用时，系统会在顶层声明段中自动创建几个特殊变量，比如在前面示例中的"NEW""OLD""TG_OP"变量等。可以使用的变量如下。

- ❏ NEW：该变量为 INSERT/UPDATE 操作触发的行级触发器中存储新的数据行，数据类型是"RECORD"。在语句级别的触发器中此变量未分配，DELETE 操作触发的行级触发器中此变量也未分配。
- ❏ OLD：该变量为 UPDATE/DELETE 操作触发的行级触发器中存储原有的数据行，数据类型是"RECORD"。在语句级别的触发器中此变量未分配，INSERT 操作触发的行级触发器中此变量也未分配。
- ❏ TG_NAME：数据类型是 name 类型，该变量包含实际触发的触发器名。
- ❏ TG_WHEN：内容为"BEFORE"或"AFTER"字符串用于指定是 BEFORE 触发器还是 AFTER 触发器。
- ❏ TG_LEVEL：内容为"ROW"或"STATEMENT"字符串用于指定是语句级触发器还是行级触发器。
- ❏ TG_OP：内容为"INSERT""UPDATE""DELETE""TRUNCATE"之一的字符串，用于指定 DML 语句的类型。
- ❏ TG_RELID：触发器所在表的 OID。
- ❏ TG_RELNAME：触发器所在表的名称，该变量即将废弃，建议使用 TG_TABLE_NAME 变量来替换此变量。
- ❏ TG_TABLE_NAME：触发器所在表的名称。
- ❏ TG_TABLE_SCHEMA：触发器所在表的模式。
- ❏ TG_NARGS：CREATE TRIGGER 语句中赋予触发器过程参数的个数。
- ❏ TG_ARGV[]：为 text 类型的数组；是 CREATE TRIGGER 语句中的参数。

6.6 事件触发器

PostgreSQL 从 9.3 版开始支持一种称为"Event Trigger"的触发器，这种触发器主要用于弥补 PostgreSQL 以前版本不支持 DDL 触发器的不足。目前，事件触发器支持以下 3 种 DDL 事件。

❑ ddl_command_start：DDL 开始执行前被触发。

❑ ddl_command_end：一个 DDL 执行完成后被触发。

❑ sql_drop：删除数据库对象前被触发。

由于事件触发器涉及的权限较大，比如能禁止 DDL 操作等，所以只有超级用户才能创建和修改事件触发器。

各种 DDL 操作会触发的事件见表 6-1。

表 6-1　各种 DDL 操作会触发的事件列表

command tag	DDL_command_start	DDL_command_end	sql_drop
ALTER AGGREGATE	√	√	–
ALTER COLLATION	√	√	–
ALTER CONVERSION	√	√	–
ALTER DOMAIN	√	√	–
ALTER EXTENSION	√	√	–
ALTER FOREIGN DATA WRAPPER	√	√	–
ALTER FOREIGN TABLE	√	√	√
ALTER FUNCTION	√	√	–
ALTER LANGUAGE	√	√	–
ALTER OPERATOR	√	√	–
ALTER OPERATOR CLASS	√	√	–
ALTER OPERATOR FAMILY	√	√	–
ALTER SCHEMA	√	√	–
ALTER SEQUENCE	√	√	–
ALTER SERVER	√	√	–
ALTER TABLE	√	√	√
ALTER TEXT SEARCH CONFIGURATION	√	√	–
ALTER TEXT SEARCH DICTIONARY	√	√	–
ALTER TEXT SEARCH PARSER	√	√	–
ALTER TEXT SEARCH TEMPLATE	√	√	–
ALTER TRIGGER	√	√	–
ALTER TYPE	√	√	–
ALTER USER MAPPING	√	√	–
ALTER VIEW	√	√	–
CREATE AGGREGATE	√	√	–
CREATE CAST	√	√	–

（续）

command tag	DDL_command_start	DDL_command_end	sql_drop
CREATE COLLATION	√	√	−
CREATE CONVERSION	√	√	−
CREATE DOMAIN	√	√	−
CREATE EXTENSION	√	√	−
CREATE FOREIGN DATA WRAPPER	√	√	−
CREATE FOREIGN TABLE	√	√	−
CREATE FUNCTION	√	√	−
CREATE INDEX	√	√	−
CREATE LANGUAGE	√	√	−
CREATE OPERATOR	√	√	−
CREATE OPERATOR CLASS	√	√	−
CREATE OPERATOR FAMILY	√	√	−
CREATE RULE	√	√	−
CREATE SCHEMA	√	√	−
CREATE SEQUENCE	√	√	−
CREATE SERVER	√	√	−
CREATE TABLE	√	√	−
CREATE TABLE AS	√	√	−
CREATE TEXT SEARCH CONFIGURATION	√	√	−
CREATE TEXT SEARCH DICTIONARY	√	√	−
CREATE TEXT SEARCH PARSER	√	√	−
CREATE TEXT SEARCH TEMPLATE	√	√	−
CREATE TRIGGER	√	√	−
CREATE TYPE	√	√	−
CREATE USER MAPPING	√	√	−
CREATE VIEW	√	√	−
DROP AGGREGATE	√	√	√
DROP CAST	√	√	√
DROP COLLATION	√	√	√
DROP CONVERSION	√	√	√
DROP DOMAIN	√	√	√
DROP EXTENSION	√	√	√
DROP FOREIGN DATA WRAPPER	√	√	√
DROP FOREIGN TABLE	√	√	√
DROP FUNCTION	√	√	√
DROP INDEX	√	√	√
DROP LANGUAGE	√	√	√
DROP OPERATOR	√	√	√

（续）

command tag	DDL_command_start	DDL_command_end	sql_drop
DROP OPERATOR CLASS	√	√	√
DROP OPERATOR FAMILY	√	√	√
DROP OWNED	√	√	√
DROP RULE	√	√	√
DROP SCHEMA	√	√	√
DROP SEQUENCE	√	√	√
DROP SERVER	√	√	√
DROP TABLE	√	√	√
DROP TEXT SEARCH CONFIGURATION	√	√	√
DROP TEXT SEARCH DICTIONARY	√	√	√
DROP TEXT SEARCH PARSER	√	√	√
DROP TEXT SEARCH TEMPLATE	√	√	√
DROP TRIGGER	√	√	√
DROP TYPE	√	√	√
DROP USER MAPPING	√	√	√
DROP VIEW	√	√	√
SELECT INTO	√	√	−

6.6.1 创建事件触发器

创建事件触发器的语法如下：

```
CREATE EVENT TRIGGER name
  ON event
  [ WHEN filter_variable IN (filter_value [, ... ]) [ AND ... ] ]
  EXECUTE PROCEDURE function_name()
```

在创建事件触发器之前，必须先创建触发器函数，事件触发器函数的返回类型为 event_trigger，注意，其与普通触发器函数的返回类型（trigger）是不一样的。

官方手册中讲解了一个禁止所有 DDL 语句的示例，命令如下：

```
CREATE OR REPLACE FUNCTION abort_any_command()
    RETURNS event_trigger
  LANGUAGE plpgsql
    AS $$
BEGIN
    RAISE EXCEPTION 'command % is disabled', tg_tag;
END;
$$;

CREATE EVENT TRIGGER abort_DDL ON DDL_command_start
      EXECUTE PROCEDURE abort_any_command();
```

按该示例创建事件触发器，然后我们可以看到，现在执行 DDL 语句将会报错，命令如下：

```
postgres=# drop table test01;
ERROR:  command DROP TABLE is disabled
STATEMENT:  drop table test01;
ERROR:  command DROP TABLE is disabled
postgres=# create table test02(id int);
ERROR:  command CREATE TABLE is disabled
STATEMENT:  create table test02(id int);
ERROR:  command CREATE TABLE is disabled
postgres=# truncate table test01;
TRUNCATE TABLE
```

但是，请读者注意，truncate table 语句还是可以执行的。因为在 PostgreSQL 中 truncate 事件是使用普通触发器触发的，事件触发器是不会触发 truncate table 的。

另外，事件触发器本身的操作是不会再触发事件触发器的，否则禁止 DDL 语句后，数据库就无法再执行 DDL 操作了，这显然是不行的。

对于上面的例子，如果想再次允许 DDL 操作，可以禁止事件触发器，语句如下：

```
ALTER EVENT TRIGGER abort_ddl DISABLE;
```

在 PostgreSQL9.3 中，事件触发器函数中仅仅支持 TG_EVENT 和 TG_TAG 变量。

❑ TG_EVENT：为 "ddl_command_start" "ddl_command_end" "sql_drop" 之一。

❑ TG_TAG：指具体的哪种 DDL 操作，如 "CREATE TABLE" "DROP TABLE" 等。

所以目前做 DDL 操作时还很难分清是操作了哪个数据库对象。

不过，对于 sql_drop 事件触发器中的函数，可以调用函数 "pg_event_trigger_dropped_objects()" 来获得删除数据库对象的信息，该函数会返回一个结果集，该结果集中的信息如表 6-2 所示。

表 6-2 pg_event_trigger_dropped_objects 函数返回结果集的定义

列名称	列类型	列说明
classid	oid	数据库对象类型（catalog）的 OID
objid	oid	数据库对象的 OID
objsubid	int32	数据库对象的子对象（如列）
object_type	text	数据库对象的类型
schema_name	text	数据库对象的模式名
object_name	text	数据库对象的名称
object_identity	text	数据库对象的标识符

查询系统视图 "pg_event_trigger" 可以看到已有的事件触发器：

```
postgres=# select * from pg_event_trigger ;
      evtname        |     evtevent      | evtowner | evtfoid | evtenabled | evttags
--------------------+-------------------+----------+---------+------------+--------
 abort_ddl          | ddl_command_start |       10 |   16384 | D          |
 (1 rows)
```

下面创建一个事件触发器，用于记录表、索引、视图等所有数据库对象删除操作的审计日志：

```
CREATE TABLE log_drop_objects(
  op_time timestamp, --实际执行的时间
    ddl_tag text, --记录实际的DDL类型
  classid Oid,
  objid    Oid,
  objsubid OID,
  object_type text,
  schema_name text,
  object_name text,
  object_identity text
);

CREATE FUNCTION event_trigger_log_drops()
      RETURNS event_trigger LANGUAGE plpgsql AS $$
DECLARE
  obj record;
BEGIN
  INSERT INTO log_drop_objects SELECT now(), tg_tag, classid,objid,objsubid,object_
    type,schema_name,object_name, object_identity FROM pg_event_trigger_dropped_
    objects();
END
$$;
CREATE EVENT TRIGGER event_trigger_log_drops
  ON sql_drop
  EXECUTE PROCEDURE event_trigger_log_drops();
```

下面进行测试，先建一张表：

```
postgres=# create table test01(id int primary key, note varchar(20));
CREATE TABLE
```

然后删除测试表中的一个字段：

```
postgres=# alter table test01 drop column note;
ALTER TABLE
postgres=# select ddl_tag, object_type, object_name, object_identity from log_
  drop_objects;
   ddl_tag   |   object_type   | object_name |      object_identity
-------------+-----------------+-------------+------------------------------
 ALTER TABLE | table column    |             | public.test01.note
 (1 rows)
```

从上面的运行结果中可以看到，日志表中记录了删除字段“public.test01.note”的操作记录。

把测试表删除，然后查看日志表：

```
postgres=# drop table test01;
DROP TABLE
postgres=# select ddl_tag, object_type, object_name, object_identity from log_
  drop_objects;
   ddl_tag   |   object_type   | object_name |      object_identity
-------------+-----------------+-------------+------------------------------
 ALTER TABLE | table column    |             | public.test01.note
```

```
DROP TABLE  | table                | test01       | public.test01
DROP TABLE  | table constraint     |              | test01_pkey on public.test01
DROP TABLE  | index                | test01_pkey  | public.test01_pkey
DROP TABLE  | type                 | test01       | public.test01
DROP TABLE  | type                 | _test01      | public.test01[]
(6 rows)
```

从上面的运行结果中可以看到，删除该表后，数据库实际还删除了表上的主键约束、主键索引及和与表名相同的类型等内容。

6.6.2 修改事件触发器

修改事件触发器的语法如下：

```
ALTER EVENT TRIGGER name DISABLE
ALTER EVENT TRIGGER name ENABLE [ REPLICA | ALWAYS ]
ALTER EVENT TRIGGER name OWNER TO new_owner
ALTER EVENT TRIGGER name RENAME TO new_name
```

可以使用上面的 DISABLE 语法禁止执行已有的事件触发器，也可以使用 ENABLE 语法打开原先禁止的事件触发器。

6.7 表空间

本节介绍 PostgreSQL 中表空间的概念和使用方法。

6.7.1 什么是表空间

有时我们需要把不同的表放到不同的存储介质或文件系统下，这时就需要用到表空间，在 PostgreSQL 中，表空间实际上是为表指定一个存储目录。在创建数据库时可以为其指定默认的表空间。创建表、创建索引的时候可以指定表空间，这样表、索引就可以存储到表空间对应的目录下了。

6.7.2 表空间的使用方法

创建表空间的语法如下：

```
CREATE TABLESPACE tablespace_name [ OWNER user_name ] LOCATION 'directory'
```

创建表空间的示例如下：

```
osdba=# CREATE TABLESPACE tbs_data location '/data/pgdata';
CREATE TABLESPACE
```

创建数据库时可以指定默认的表空间，这样以后在此数据库中创建表、索引时就可以自动存储到表空间指定的目录下：

```
create database db01 tablespace tbs_data;
```

改变数据库的默认表空间的语法如下：

```
osdba=# ALTER DATABASE db01 set TABLESPACE tbs_data;
ALTER DATABASE
```

注意，在执行该操作时，不能有用户连接到这个数据库上，否则会报如下错误：

```
osdba=# ALTER DATABASE db01 set TABLESPACE pg_default;
ERROR:  database "db01" is being accessed by other users
DETAIL:  There is 1 other session using the database.
```

另外，改变数据库的默认表空间时，数据库中已有表的表空间不会改变。

创建表时也可以指定表空间，命令如下：

```
osdba=# create table test01(id int, note text) tablespace tbs_data;
CREATE TABLE
```

创建索引时同样可以指定表空间，命令如下：

```
osdba=# create index idx_test01_id on test01(id) tablespace tbs_data;
CREATE INDEX
```

创建唯一约束时可指定约束索引的表空间，命令如下：

```
osdba=# ALTER TABLE test01 ADD CONSTRAINT unique_test01_id unique(id) USING
  INDEX TABLESPACE tbs_data;
NOTICE:  ALTER TABLE / ADD UNIQUE will create implicit index "unique_test01_id"
  for table "test01"
ALTER TABLE
```

增加主键时也可以指定主键索引的表空间，命令如下：

```
ALTER TABLE test01 ADD CONSTRAINT pk_test01_id primary key(id) USING INDEX
  TABLESPACE tbs_data;
```

把表从一个表空间移到另一个表空间的命令如下：

```
osdba=# alter table test01 set tablespace pg_default;
ALTER TABLE
```

注意，在移动表的时候表会被锁定，对此表的所有操作都将无法执行，包括 SELECT 操作，所以请考虑在合适的时机做这个操作。

6.8　视图

本节介绍 PostgreSQL 中视图的概念和使用方法。

6.8.1　什么是视图

通俗地说，视图就是由查询语句定义的虚拟表。对用户来说，视图就如同一张真的表。从视图中看到的数据可能来自数据库中的一张或多张表，也可能来自数据库外部，这主要取决于视图的查询语句是如何定义的。

使用视图一般出于几个原因：

❑ 可使复杂的查询易于理解和使用。

❑ 安全原因，视图可以隐藏一些数据，如在一张用户表中，可以通过定义视图把密码等敏感字段去掉。

❑ 把一些函数返回的结果映射成视图。

一般数据库提供的视图大多是只读的，PostgreSQL 数据库中提供的视图默认也是只读的，但也可以使用规则系统做出可更新的视图。

6.8.2　创建视图

创建视图的语法如下：

```
CREATE [ OR REPLACE ] [ TEMP | TEMPORARY ] VIEW name [ ( column_name [, ...] ) ]
  AS query
```

来看个示例，建一张用户表"users"，其中包含了敏感字段"password"，现在要建一张视图把敏感字段"password"排除掉，命令如下：

```
CREATE TALBE users(
  id int,
  user_name varchar(40),
  password varchar(256),
  user_email text, user_mark text
  );
CREATE VIEW vw_users AS SELECT id, user_name, user_email, user_mark FROM users;
```

也可以使用 TEMP 或 TEMPORARY 关键字建一张临时视图，当 session 结束时，这张视图就会消失，命令如下：

```
osdba=# create temp view vw_users as select id, user_name, user_email, user_mark
  from users;
CREATE VIEW
osdba=# CREATE VIEW
osdba-# \d
        List of relations
  Schema   |  Name    | Type  | Owner
-----------+----------+-------+-------
 pg_temp_3 | vw_users | view  | osdba
 public    | users    | table | osdba
(2 rows)
osdba=# insert into users values(1,'张三','123456', 'zhangsan@163.com');
INSERT 0 1
osdba=# select * from vw_users;
 id | user_name |   user_email      | user_mark
----+-----------+-------------------+-----------
  1 | 张三      | zhangsan@163.com  |
(1 row)

osdba=# \d
```

```
       List of relations
  Schema    |   Name    | Type  | Owner
-----------+----------+-------+-------
 pg_temp_3 | vw_users | view  | osdba
 public    | users    | table | osdba
(2 rows)
```

完成上述操作后退出，再打开后使用"\d"命令就看不到该临时视图了：

```
osdba=# \q
osdba@osdba-work:~$ psql
psql (9.2.4)
Type "help" for help.

osdba=# \d
       List of relations
 Schema | Name  | Type  | Owner
--------+-------+-------+-------
 public | users | table | osdba
(1 row)
```

视图也可以为查询的各列定义另一个名称。例如，将原表中的"id""user_name""user_email""user_mark"等列名重新定义为"no""name""email""mark"，命令如下：

```
osdba=# CREATE VIEW vw_users(no, name,email, mark)  AS SELECT id, user_name,
  user_email, user_mark FROM users;
CREATE VIEW
osdba=# select * from vw_users;
 no | name |      email       | mark
----+------+------------------+------
  1 | 张三 | zhangsan@163.com |
(1 row)
```

6.8.3　可更新视图

PostgreSQL9.3 以上的版本中创建的简单视图默认是可以更新的。如果是之前的老版本，可以用下面的方法实现可更新视图。

这里还是使用上面的例子：

```
CREATE TABLE users(
  id int,
  user_name varchar(40),
  password varchar(256),
  user_email text, user_mark text
  );
CREATE VIEW vw_users AS SELECT id, user_name, user_email, user_mark FROM users;
insert into users values(1,'张三','123456','zhangsan@yahoo.com.cn', 'hello');
```

这时如果要更新视图中"user_email"字段的值会有如下错误：

```
osdba=# update vw_users set user_email='zhangsan@163.com' where id=1;
ERROR:  cannot update view "vw_users"
HINT:  You need an unconditional ON UPDATE DO INSTEAD rule or an INSTEAD OF
  UPDATE trigger.
```

事实上，可以通过定义一个规则来达到更新视图的目的，命令如下：

```
CREATE RULE vw_users_upd AS
  ON UPDATE TO vw_users DO INSTEAD UPDATE users SET user_email = NEW.user_email;
```

这时若再更新视图中的"user-email"字段就没有问题了：

```
osdba=# update vw_users set user_email='zhangsan@163.com' where id=1;
UPDATE 1
osdba=# select * from vw_users;
 id | user_name |      user_email       | user_mark
----+-----------+-----------------------+-----------
  1 | 张三      | zhangsan@yahoo.com.cn | hello
(1 row)
```

上面的命令在定义规则的时候只更新了"user_email"字段，这时如果更新其他字段（如"user_mark"字段）会发生什么呢？

可能有读者认为会报错，实际上既不会报错，也不会改变"user_mark"的值，命令如下：

```
osdba=# update vw_users set user_mark='world' where id=1;
UPDATE 1
osdba=# select * from vw_users;
 id | user_name |      user_email       | user_mark
----+-----------+-----------------------+-----------
  1 | 张三      | zhangsan@yahoo.com.cn | hello
(1 row)
```

上面解决了视图更新的问题，如果此时对视图执行删除操作，仍然是会报错的：

```
osdba=# delete from vw_users where id=1;
ERROR:  cannot delete from view "vw_users"
HINT:  You need an unconditional ON DELETE DO INSTEAD rule or an INSTEAD OF
DELETE trigger.
```

同样，可以通过加一个删除规则的方式来删除视图中的数据，命令如下：

```
CREATE RULE vw_users_del AS
  ON DELETE TO vw_users DO INSTEAD DELETE FROM users WHERE id = OLD.id;
```

这样就可以删除视图中的数据了：

```
osdba=# delete from vw_users where id=1;
DELETE 1
osdba=# select * from vw_users;
 id | user_name | user_email | user_mark
----+-----------+------------+-----------
(0 rows)
osdba=# select * from users;
 id | user_name | password | user_email | user_mark
----+-----------+----------+------------+-----------
(0 rows)
```

同样，也可以加上一个插入规则来实现可插入数据的视图，命令如下：

```
CREATE RULE vw_users_ins AS
```

```
ON INSERT TO vw_users DO INSTEAD INSERT INTO users(id, user_name,password,
    user_email, user_mark) values(NEW.id, NEW.user_name, '111111', NEW.user_
    email, NEW.user_mark);
```

在视图中插入数据的示例如下：

```
osdba=# CREATE RULE vw_users_ins AS
osdba-#         ON INSERT TO vw_users DO INSTEAD INSERT INTO users(id, user_
  name,password, user_email, user_mark) values(NEW.id, NEW.user_name, '111111',
  NEW.user_email, NEW.user_mark);
CREATE RULE
osdba=# insert into vw_users values(2,'李四', 'lisi@yahoo.com.cn','hello lisi');
INSERT 0 1
osdba=# select * from vw_users;
 id | user_name |    user_email     | user_mark
----+-----------+-------------------+------------
  2 | 李四      | lisi@yahoo.com.cn | hello lisi
(1 row)

osdba=# select * from users;
 id | user_name | password |    user_email     | user_mark
----+-----------+----------+-------------------+------------
  2 | 李四      | 111111   | lisi@yahoo.com.cn | hello lisi
(1 row)
```

从 PostgreSQL9.1 版本开始，用户可以通过 INSTEAD OF 的触发器来实现视图更新，示例如下：

```
CREATE OR REPLACE FUNCTION vw_users_insert_trigger()
RETURNS TRIGGER AS $$
BEGIN
  INSERT INTO users VALUES(NEW.id, NEW.user_name,'111111', NEW.user_email, NEW.
    user_mark);
  RETURN NULL;
END;
$$
LANGUAGE plpgsql;

CREATE OR REPLACE FUNCTION vw_users_update_trigger()
RETURNS TRIGGER AS $$
BEGIN
  UPDATE users SET user_email = NEW.user_email WHERE id= NEW.id;
  RETURN NULL;
END;
$$
LANGUAGE plpgsql;

CREATE OR REPLACE FUNCTION vw_users_delete_trigger()
RETURNS TRIGGER AS $$
BEGIN
  DELETE FROM  users WHERE id= NEW.id;
  RETURN NULL;
END;
$$
LANGUAGE plpgsql;
```

```
CREATE TRIGGER insert_vw_users_trigger
  INSTEAD OF INSERT ON vw_users
  FOR EACH ROW EXECUTE PROCEDURE vw_users_insert_trigger();

CREATE TRIGGER update_vw_users_trigger
  INSTEAD OF UPDATE ON vw_users
  FOR EACH ROW EXECUTE PROCEDURE vw_users_update_trigger();

CREATE TRIGGER delete_vw_users_trigger
  INSTEAD OF DELETE ON vw_users
  FOR EACH ROW EXECUTE PROCEDURE vw_users_delete_trigger();
```

注意，上面示例中触发器类型必须是 “INSTEAD OF”，而不能是 “BEFORE” 或 “AFTER”。

6.9　索引

本节介绍 PostgreSQL 中索引的概念和使用方法。PostgreSQL 中有极其丰富的索引功能，这里先让读者有一个全面的了解，更深入的一些索引特色功能在后面的章节详细讲解。

6.9.1　索引简介

索引是数据库中的一种快速查询数据的方法。索引中记录了表中的一列或多列值与其物理位置之间的对应关系，就好比是一本书前面的目录，通过目录中页码就能快速定位到我们需要查询的内容。

建立索引的好处是加快对表中记录的查找或排序。但建索引要付出以下代价：

❏ 增加了数据库的存储空间。

❏ 在插入和修改数据时要花费较多的时间，因为索引也要随之更新。

除有加快查询的作用外，索引还有一些其他的用途，如唯一索引还可以起到唯一约束的作用。

6.9.2　索引的分类

PostgreSQL 中支持以下几类索引。

❏ BTree：最常用的索引，BTree 索引适合用于处理等值查询和范围查询。

❏ HASH：只能处理简单的等值查询。

❏ GiST：不是单独一种索引类型，而是一种架构，可以在这种架构上实现很多不同的索引策略。GiST 索引定义的特定操作符可以用于特定索引策略。PostgreSQL 的标准发布中包含了用于二维几何数据类型的 GiST 操作符类，比如，一个图形包含另一个图形的操作符 “@>”，一个图形在另一个图形的左边且没有重叠的操作符 “<<”，等等。

❏ SP-GiST：SP-GiST 是 “Space-Partitioned GiST” 的缩写，即空间分区 GiST 索引。它

是从 PostgreSQL9.2 版本开始提供的一种新索引类型，主要是通过一些新的索引算法来提高 GiST 索引在某种情况下的性能。

❑ GIN：反转索引，可以处理包含多个键的值，如数组等。与 GiST 类似，GIN 支持用户定义的索引策略，可通过定义 GIN 索引的特定操作符类型实现不同的功能。PostgreSQL 的标准发布中包含了用于一维数组的 GIN 操作符类，比如，它支持包含操作符 "@>"、被包含操作符 "<@"、相等操作符 "="、重叠操作符 "&&"，等等。

6.9.3　创建索引

创建索引的语法如下：

```
CREATE [ UNIQUE ] INDEX [ CONCURRENTLY ] [ name ] ON table_name [ USING method ]
  ( { column_name | ( expression ) } [ COLLATE collation ] [ opclass ] [ ASC |
  DESC ] [ NULLS { FIRST | LAST } ] [, ...] )
  [ WITH ( storage_parameter = value [, ... ] ) ]
  [ TABLESPACE tablespace_name ]
  [ WHERE predicate ]
```

一般，在创建索引的过程中会把表中的数据全部读一遍，该过程所用时间由表的大小决定，对于较大的表，可能会花费很久的时间。在创建索引的过程中，对表的查询可以正常运行，但对表的增、删、改等操作需要等索引建完后才能进行，为此 PostgreSQL 提供了一种并发建索引的方法，具体见 6.9.4 节的内容。

下面举例说明如何在不同的情况下创建索引。

假设有一张联系人的表，命令如下：

```
CREATE TABLE contacts(
  id int primary key,
  name varchar(40),
  phone varchar(32)[],
  address text
);
```

在该表中，由于一个人可能有多个电话号码，所以把 "phone" 定义为一个数组。

为了实现按姓名 "name" 快速查询，可以在字段 "name" 上建一个简单的 BTree 索引，命令如下：

```
CREATE INDEX idx_contacts_name on contacts(name);
```

如果想按电话号码 "phone" 字段做快速查询，比如，想查询某个电话号码是谁的，由于此字段是一个数组，前面所建的 BTree 索引将不再起作用，这时可以建一个 GIN 索引，命令如下：

```
CREATE INDEX idx_contacts_phone on contacts using gin(phone);
```

如果想查询号码 "13422334455" 是谁的，则可以使用下面的查询语句：

```
SELECT * FROM contacts WHERE phone @> array['13422334455'::varchar(32)];
```

注意，"@>"是数组操作符，表示"包含"的意思，GIN 索引能在"@>"上起作用。

HASH 索引的更新不会记录到 WAL 日志中，所以在实际场景中应用得较少，这里不作讲解。

创建索引的时候可以指定存储参数"WITH (storage_parameter = value)"，常用的存储参数为 FILLFACTOR，比如，可以这样创建索引：

```
CREATE INDEX idx_contacts_name on contacts(name) WITH (FILLFACTOR=50);
```

也可以按降序创建索引：

```
CREATE INDEX idx_contacts_name on contacts(name desc);
```

如果字段"name"中有空值，则可以在创建索引时指定空值排在非空值前面：

```
CREATE INDEX idx_contacts_name on contacts(name DESC NULLS FIRST);
```

也可以指定空值排在非空值后面：

```
CREATE INDEX idx_contacts_name on contacts(name DESC NULLS LAST);
```

6.9.4　并发创建索引

通常情况下，在创建索引的时候 PostgreSQL 会锁定表以防止写入，然后对表做全表扫描，从而完成创建索引的操作。在此过程中，其他用户仍然可以读取表，但是插入、更新、删除等操作将一直被阻塞，直到索引创建完毕。如果这张表是更新较频繁且比较大的表，那么创建索引可能需要几十分钟，甚至数个小时，这段时间内都不能做任何插入、删除、更新操作，这在大多数的在线数据库中都是不可接受的。鉴于此，PostgreSQL 支持在不长时间阻塞更新的情况下建立创建索引，这是通过在 CREATE INDEX 中加 CONCURRENTLY 选项来实现的。当该选项被启用时，PostgreSQL 会执行表的两次扫描，因此该方法需要更长的时间来建索引。尽管如此，该选项也是很有用的。

下面来做一个测试。

先建一张测试表：

```
CREATE TABLE testtab01(id int primary key, note text);
```

插入测试数据：

```
INSERT INTO testtab01 select generate_series(1,5000000), generate_series(1,5000000);
```

这时开两个 psql 窗口，在其中一个窗口中建索引：

```
osdba@osdba-work:~$ psql postgres
psql (9.3beta2)
Type "help" for help.
postgres=# \timing
Timing is on.

postgres=# CREATE INDEX idx_testtab01_note on testtab01(note);
Time: 31756.438 ms
```

在另一个窗口中删除一条数据，我们可以看到，它一直在等另一个窗口中创建索引的操作完成：

```
osdba@osdba-work:~$ psql postgres
psql (9.3beta2)
Type "help" for help.

postgres=# \timing
Timing is on.
postgres=# DELETE FROM testtab01 where id=1;
DELETE 1
Time: 32812.668 ms
postgres=#
```

在创建索引时启用 CONCURRENTLY 选项，命令如下：

```
postgres=# DROP INDEX idx_testtab01_note;
DROP INDEX
Time: 42.601 ms
postgres=# CREATE INDEX CONCURRENTLY idx_testtab01_note on testtab01(note);
CREATE INDEX
Time: 40286.451 ms
```

另一个窗口的删除操作会立即执行，命令如下：

```
postgres=# DELETE FROM testtab01 where id=2;
DELETE 1
Time: 14.005 ms
postgres=# DELETE FROM testtab01 where id=3;
DELETE 1
Time: 34.539 ms
postgres=#
```

如果想要重建频繁更新的表上的索引，要怎么做？要知道，在 PostgreSQL 中，重建索引不支持 CONCURRENTLY 选项，但 PostgreSQL 中在同个字段中可以建两个索引，因此可以考虑这样做：使用 CONCURRENTLY 选项建一个新的索引，然后把旧索引删除掉，这样就相当于重建了这个索引，命令如下。

```
postgres=# CREATE INDEX CONCURRENTLY idx_testtab01_note on testtab01(note);
CREATE INDEX
Time: 40286.451 ms
postgres=# CREATE INDEX CONCURRENTLY idx_testtab01_note_2 on testtab01(note);
CREATE INDEX
Time: 39087.164 ms
postgres=# DROP INDEX idx_testtab01_note;
DROP INDEX
Time: 33.645 ms
postgres=# \d testtab01
     Table "public.testtab01"
 Column |  Type   | Modifiers
--------+---------+-----------
 id     | integer | not null
 note   | text    |
```

```
Indexes:
    "testtab01_pkey" PRIMARY KEY, btree (id)
    "idx_testtab01_note_2" btree (note)

postgres=#
```

并发创建索引的时候需要注意，如果在索引创建过程中被强行取消可能会留下一个无效的索引，这个索引仍然会导致更新速度变慢。如果所创建的是一个唯一索引，这个无效的索引还会导致插入重复值失败，测试示例如下。

先在创建过程中取消操作，命令如下：

```
postgres=# CREATE INDEX CONCURRENTLY idx_testtab01_note on testtab01(note);
^CCancel request sent
ERROR:  canceling statement due to user request
STATEMENT:  CREATE INDEX CONCURRENTLY idx_testtab01_note on testtab01(note);
ERROR:  canceling statement due to user request
Time: 38777.354 ms
```

然后使用"\d"命令查看表，可以看到遗留了一个 INVALID 索引：

```
postgres=# \d testtab01
    Table "public.testtab01"
 Column |  Type   | Modifiers
--------+---------+-----------
 id     | integer | not null
 note   | text    |
Indexes:
    "testtab01_pkey" PRIMARY KEY, btree (id)
    "idx_testtab01_note" btree (note) INVALID
```

此时插入重复数据时，此无效唯一索引的约束仍然有效：

```
postgres=# INSERT INTO testtab01 VALUES(10,'10');
ERROR:  duplicate key value violates unique constraint "testtab01_pkey"
DETAIL:  Key (id)=(10) already exists.
Time: 0.528 ms
```

这时，手动删除此索引就可以了：

```
postgres=# DROP INDEX idx_testtab01_note;
DROP INDEX
Time: 152.110 ms
```

6.9.5　修改索引

修改索引的语法如下：

```
ALTER INDEX name RENAME TO new_name
ALTER INDEX name SET TABLESPACE tablespace_name
ALTER INDEX name SET ( storage_parameter = value [, ... ] )
ALTER INDEX name RESET ( storage_parameter [, ... ] )
```

下面举例来讲解这些语法。

给索引改名的命令如下：

```
ALTER INDEX idx_contacts_name RENAME TO idx_contacts_name_old;
```

把索引移到表空间"tbs_data01"下，命令如下：

```
ALTER INDEX idx_contacts_name_old SET TABLESPACE tbs_data01;
```

把索引的填充因子"fillfactor"设置为"50"，命令如下：

```
ALTER INDEX idx_contacts_name_old  SET (fillfactor = 75);
```

把索引的填充因子重置为默认值，命令如下：

```
ALTER INDEX idx_contacts_name_old  RESET (fillfactor);
```

查看索引信息，命令如下：

```
postgres=# \d+ idx_contacts_name_old
           Index "public.idx_contacts_name_old"
 Column |         Type          | Definition | Storage
--------+-----------------------+------------+----------
 name   | character varying(40) | name       | extended
btree, for table "public.contacts"
Tablespace: "tbs_data01"
Options: fillfactor=75
```

6.9.6 删除索引

删除索引的语法如下：

```
DROP INDEX [ IF EXISTS ] name [, ...] [ CASCADE | RESTRICT ]
```

删除索引比较简单，示例如下。

如果索引"idx_contacts_name_old"存在则删除，如果不存在也不报错：

```
postgres=# DROP INDEX IF EXISTS idx_contacts_name_old;
DROP INDEX
postgres=# DROP INDEX IF EXISTS idx_contacts_name_old;
NOTICE:  index "idx_contacts_name_old" does not exist, skipping
DROP INDEX
```

删除索引时，默认使用选项"RESTRICT"，所以加不加关键字"RESTRICT"效果都是一样的，如果有对象依赖该索引，则会删除失败，而使用CASCADE选项表示当有依赖这个索引的对象时，一并把这些对象删除掉，如外键约束。示例如下：

```
CREATE TABLE class(
class_no int,
class_name varchar(40)
);

CREATE UNIQUE INDEX index_unique_class_no ON class(class_no);

CREATE TABLE student(
student_no int primary key,
```

```
student_name varchar(40),
age int,
class_no int REFERENCES class(class_no)
);
```

如果表"student"上的外键引用了表"class"上的唯一索引"index_unique_class_no"，这时想删除此索引，将会操作失败：

```
postgres=# DROP INDEX index_unique_class_no;
ERROR:  cannot drop index index_unique_class_no because other objects depend on it
DETAIL:  constraint student_class_no_fkey on table student depends on index
  index_unique_class_no
HINT:  Use DROP ... CASCADE to drop the dependent objects too.
```

此时加上"CASCADE"即可删除成功，命令如下：

```
postgres=# DROP INDEX index_unique_class_no CASCADE;
NOTICE:  drop cascades to constraint student_class_no_fkey on table student
DROP INDEX
```

6.10　用户及权限管理

本节描述了一些与用户、角色、权限相关的内容，包括如何创建和管理角色等，并介绍了 PostgreSQL 的权限系统。

6.10.1　用户和角色

PostgreSQL 使用角色的概念管理数据库访问权限。角色是一系列相关权限的集合。为了管理方便，通常把一系列相关的数据库权限赋给一个角色，如果哪个用户需要这些权限，就把角色赋给相应的用户。由于用户也拥有一系列的相关权限，为了简化管理，在 PostgreSQL 中，角色与用户是没有区别的，一个用户也是一个角色，我们可以把一个用户的权限赋给另一个用户。

用户和角色在整个数据库实例中是全局的，在同一个实例中的不同数据库中，看到的用户都是相同的。

在初始化数据库系统时有一个预定义的超级用户，这个用户的名称与初始化该数据库的操作系统用户名相同。如果数据库是建在操作系统用户"postgres"（通常我们把数据库安装在此用户下）下的，那么这个数据库超级用户的名称也叫"postgres"。可以用这个超级用户连接数据库，然后创建出更多的普通用户或其他超级用户。

6.10.2　创建用户和角色

创建用户和角色的语法如下：

```
CREATE ROLE name [ [ WITH ] option [ ... ] ]
```

或

```
CREATE USER name [ [ WITH ] option [ ... ] ]
```

前面讲到，在 PostgreSQL 中，用户与角色是没有区别的，除了 CREATE USER 默认创建出来的用户有 LOGIN 权限，而 CREATE ROLE 创建出来的用户没有 LOGIN 权限之外，CREATE RULE 与 CREATE USER 没有其他的区别。

这里的"option"可以为如下内容。

❑ SUPERUSER | NOSUPERUSER：表示创建出来的用户是否为超级用户。当然只有超级用户才能创建超级用户。

❑ CREATEDB | NOCREATEDB：指定创建出来的用户是否有执行 CREATE DATABASE 的权限。

❑ CREATEROLE | NOCREATEROLE：指定创建出来的用户是否有创建其他角色的权限。

❑ CREATEUSER | NOCREATEUSER：指定创建出来的用户是否有创建其他用户的权限。

❑ INHERIT | NOINHERIT：如果创建的用户拥有某个或某几个角色，这时若指定 INHERIT，则表示用户自动拥有相应角色的权限，否则该用户没有相应角色的权限。

❑ LOGIN | NOLOGIN：创建出来的用户是否有 LOGIN 权限，可以临时禁止用户的 LOGIN 权限，此时用户无法连接到数据库。

❑ CONNECTION LIMIT connlimit：这个参数指明了该用户可以使用的并发连接的数量。默认值是"−1"，表示没有限制。

❑ [ENCRYPTED | UNENCRYPTED] PASSWORD 'password'：用于控制存储在系统表中的口令是否加密。

❑ VALID UNTIL 'timestamp'：密码失效时间，如果不指定该子句，那么口令将永远有效。

❑ IN ROLE role_name [, ...]：指定用户成为哪些角色的成员，请注意，没有任何选项可以把新角色添加为管理员，只有使用独立的 GRANT 命令才行。

❑ IN GROUP role_name [, ...]：与 IN ROLE 相同，是已过时的语法。

❑ ROLE role_name [, ...]：role_name 将成为这个新建的角色的成员。

❑ ADMIN role_name [, ...]：role_name 将有这个新建角色的 WITH ADMIN OPTION 权限。

❑ USER role_name [, ...]：与 ROLE 子句相同，但已过时。

❑ SYSID uid：此子句主要是为了 SQL 向下兼容，实际没有什么用途。

6.10.3　权限的管理

在 PostgreSQL 数据库中，每个数据库的逻辑结构对象（包括数据库）都有一个所有者，也就是说，任何数据库对象都是属于某个用户的。所以，无须把对象的权限再赋予所有者，因为所有者默认就拥有所有的权限。这也很好理解，自己创建的数据库对象，自己当然有全部的权限了，当然，出于安全考虑也可以选择废弃一些所有者权限。在 PostgreSQL 数据库中，删除及任意修改对象的权限都不能赋予别人，它是所有者固有的权限，不能赋予或撤销。所有者也隐式地拥有把操作该对象的权限赋予其他用户的权利。

用户的权限分为两类，一类是在创建用户时就指定的权限，有如下几种：

❑ 超级用户的权限。

❑ 创建数据库的权限。

❑ 是否允许 LOGIN 的权限。

这些权限是创建用户时指定的，后面可使用 ALTER ROLE 命令来修改。

另一类权限是由 GRANT 命令和 REVOKE 命令来管理的，有如下几种：

❑ 在数据库中创建模式（SCHEMA）。

❑ 允许在指定的数据库中创建临时表的权限。

❑ 连接某个数据库的权限。

❑ 在模式中创建数据库对象的权限，如创建表、视图、函数等。

❑ 在一些表中做 SELECT、UPDATE、INSERT、DELETE 等操作的权限。

❑ 在一张具体的表的列上进行 SELECT、UPDATE、INSERT 操作的权限。

❑ 对序列进行查询（执行序列的 currval 函数）、使用（执行序列的 currval 函数和 nextval 函数）、更新的权限。

❑ 在声明表上创建触发器的权限。

❑ 把表、索引等建到指定表空间的权限。

在使用时要分清上述两类权限，如果要给用户赋予创建数据库的权限，需要使用 ALTER ROLE 命令，而要给用户赋予创建模式的权限时，则需要使用 GRANT 命令。

ALTER ROLE 命令的语法格式如下：

```
ALTER ROLE name [ [ WITH ] option [ ... ] ]
```

命令中的"option"与 CREATE ROLE 中的含义相同，这里不再赘述。

从上面的语法中可以看出，"GRANT""REVOKE"命令有两个作用，一个作用是让某个用户成为某个角色的成员从而使其拥有角色的权限（GRANT），或把某个角色的权限收回（REVOTE）：

```
GRANT role_name [, ...] TO role_name [, ...] [ WITH ADMIN OPTION ]
REVOKE [ ADMIN OPTION FOR ]  role_name [, ...] FROM role_name [, ...] [ CASCADE
  | RESTRICT ]
```

另一个作用是把某些数据库逻辑结构对象的操作权限赋予某个用户（或角色）或收回，GRANT 命令的语法格式如下：

```
GRANT { { SELECT | INSERT | UPDATE | DELETE | TRUNCATE | REFERENCES | TRIGGER }
  [,...] | ALL [ PRIVILEGES ] }
  ON { [ TABLE ] table_name [, ...]
    | ALL TABLES IN SCHEMA schema_name [, ...] }
  TO { [ GROUP ] role_name | PUBLIC } [, ...] [ WITH GRANT OPTION ]

GRANT { { SELECT | INSERT | UPDATE | REFERENCES } ( column [, ...] )
  [,...] | ALL [ PRIVILEGES ] ( column [, ...] ) }
  ON [ TABLE ] table_name [, ...]
```

```
   TO { [ GROUP ] role_name | PUBLIC } [, ...] [ WITH GRANT OPTION ]

GRANT { { USAGE | SELECT | UPDATE }
  [,...] | ALL [ PRIVILEGES ] }
  ON { SEQUENCE sequence_name [, ...]
    | ALL SEQUENCES IN SCHEMA schema_name [, ...] }
  TO { [ GROUP ] role_name | PUBLIC } [, ...] [ WITH GRANT OPTION ]

GRANT { { CREATE | CONNECT | TEMPORARY | TEMP } [,...] | ALL [ PRIVILEGES ] }
  ON DATABASE database_name [, ...]
  TO { [ GROUP ] role_name | PUBLIC } [, ...] [ WITH GRANT OPTION ]

GRANT { USAGE | ALL [ PRIVILEGES ] }
  ON FOREIGN DATA WRAPPER fdw_name [, ...]
  TO { [ GROUP ] role_name | PUBLIC } [, ...] [ WITH GRANT OPTION ]

GRANT { USAGE | ALL [ PRIVILEGES ] }
  ON FOREIGN SERVER server_name [, ...]
  TO { [ GROUP ] role_name | PUBLIC } [, ...] [ WITH GRANT OPTION ]

GRANT { EXECUTE | ALL [ PRIVILEGES ] }
  ON { FUNCTION function_name ( [ [ argmode ] [ arg_name ] arg_type [, ...] ] ) [, ...]
    | ALL FUNCTIONS IN SCHEMA schema_name [, ...] }
  TO { [ GROUP ] role_name | PUBLIC } [, ...] [ WITH GRANT OPTION ]

GRANT { USAGE | ALL [ PRIVILEGES ] }
  ON LANGUAGE lang_name [, ...]
  TO { [ GROUP ] role_name | PUBLIC } [, ...] [ WITH GRANT OPTION ]

GRANT { { SELECT | UPDATE } [,...] | ALL [ PRIVILEGES ] }
  ON LARGE OBJECT loid [, ...]
  TO { [ GROUP ] role_name | PUBLIC } [, ...] [ WITH GRANT OPTION ]

GRANT { { CREATE | USAGE } [,...] | ALL [ PRIVILEGES ] }
  ON SCHEMA schema_name [, ...]
  TO { [ GROUP ] role_name | PUBLIC } [, ...] [ WITH GRANT OPTION ]

GRANT { CREATE | ALL [ PRIVILEGES ] }
  ON TABLESPACE tablespace_name [, ...]
  TO { [ GROUP ] role_name | PUBLIC } [, ...] [ WITH GRANT OPTION ]
```

REVOKE 命令的语法格式如下：

```
REVOKE [ GRANT OPTION FOR ]
  { { SELECT | INSERT | UPDATE | DELETE | TRUNCATE | REFERENCES | TRIGGER }
  [, ...] | ALL [ PRIVILEGES ] }
  ON { [ TABLE ] table_name [, ...]
    | ALL TABLES IN SCHEMA schema_name [, ...] }
  FROM { [ GROUP ] role_name | PUBLIC } [, ...]
  [ CASCADE | RESTRICT ]

REVOKE [ GRANT OPTION FOR ]
  { { SELECT | INSERT | UPDATE | REFERENCES } ( column_name [, ...] )
  [, ...] | ALL [ PRIVILEGES ] ( column_name [, ...] ) }
  ON [ TABLE ] table_name [, ...]
```

```
    FROM { [ GROUP ] role_name | PUBLIC } [, ...]
    [ CASCADE | RESTRICT ]

REVOKE [ GRANT OPTION FOR ]
    { { USAGE | SELECT | UPDATE }
    [, ...] | ALL [ PRIVILEGES ] }
    ON { SEQUENCE sequence_name [, ...]
        | ALL SEQUENCES IN SCHEMA schema_name [, ...] }
    FROM { [ GROUP ] role_name | PUBLIC } [, ...]
    [ CASCADE | RESTRICT ]

REVOKE [ GRANT OPTION FOR ]
    { { CREATE | CONNECT | TEMPORARY | TEMP } [, ...] | ALL [ PRIVILEGES ] }
    ON DATABASE database_name [, ...]
    FROM { [ GROUP ] role_name | PUBLIC } [, ...]
    [ CASCADE | RESTRICT ]

REVOKE [ GRANT OPTION FOR ]
    { USAGE | ALL [ PRIVILEGES ] }
    ON DOMAIN domain_name [, ...]
    FROM { [ GROUP ] role_name | PUBLIC } [, ...]
    [ CASCADE | RESTRICT ]

REVOKE [ GRANT OPTION FOR ]
    { USAGE | ALL [ PRIVILEGES ] }
    ON FOREIGN DATA WRAPPER fdw_name [, ...]
    FROM { [ GROUP ] role_name | PUBLIC } [, ...]
    [ CASCADE | RESTRICT ]

REVOKE [ GRANT OPTION FOR ]
    { USAGE | ALL [ PRIVILEGES ] }
    ON FOREIGN SERVER server_name [, ...]
    FROM { [ GROUP ] role_name | PUBLIC } [, ...]
    [ CASCADE | RESTRICT ]

REVOKE [ GRANT OPTION FOR ]
    { EXECUTE | ALL [ PRIVILEGES ] }
    ON { FUNCTION function_name [ ( [ [ argmode ] [ arg_name ] arg_type [, ...] ]
        ) ] [, ...]
        | ALL FUNCTIONS IN SCHEMA schema_name [, ...] }
    FROM { [ GROUP ] role_name | PUBLIC } [, ...]
    [ CASCADE | RESTRICT ]

REVOKE [ GRANT OPTION FOR ]
    { USAGE | ALL [ PRIVILEGES ] }
    ON LANGUAGE lang_name [, ...]
    FROM { [ GROUP ] role_name | PUBLIC } [, ...]
    [ CASCADE | RESTRICT ]

REVOKE [ GRANT OPTION FOR ]
    { { SELECT | UPDATE } [, ...] | ALL [ PRIVILEGES ] }
    ON LARGE OBJECT loid [, ...]
    FROM { [ GROUP ] role_name | PUBLIC } [, ...]
    [ CASCADE | RESTRICT ]
```

```
REVOKE [ GRANT OPTION FOR ]
  { { CREATE | USAGE } [, ...] | ALL [ PRIVILEGES ] }
  ON SCHEMA schema_name [, ...]
  FROM { [ GROUP ] role_name | PUBLIC } [, ...]
  [ CASCADE | RESTRICT ]

REVOKE [ GRANT OPTION FOR ]
  { CREATE | ALL [ PRIVILEGES ] }
  ON TABLESPACE tablespace_name [, ...]
  FROM { [ GROUP ] role_name | PUBLIC } [, ...]
  [ CASCADE | RESTRICT ]

REVOKE [ GRANT OPTION FOR ]
  { USAGE | ALL [ PRIVILEGES ] }
  ON TYPE type_name [, ...]
  FROM { [ GROUP ] role_name | PUBLIC } [, ...]
  [ CASCADE | RESTRICT ]
```

上述语法格式可以简化为如下形式：

```
GRANT some_privileges ON database_object_type object_name TO role_name;
REVOKE some_privileges ON database_object_type object_name FROM role_name;
```

"role_name"是具体的用户名或角色名，如"public"表示所有用户，示例如下：

```
GRANT select on TABLE mytab to public;
```

上面的命令是把查询表"mytab"的权限赋予所有用户。

"some_privileges"表示在该数据库对象中的权限，"database_object_type"是数据库对象的类型，如"TABLE""SEQUENCE""SCHEMA"，等等。

"some_privileges"的各种权限说明见表 6-3。

表 6-3 "some_privileges"的各种权限说明

权限名称	权限使用说明
SELECT	对于表和视图来说，表示允许查询表或视图，如果限制了列，则允许查询特殊的列。对于大对象来说，表示允许读取大对象。对于序列来说，表示允许使用 currval 函数
INSERT	表示允许向特定表中插入行。如果特定列被列出，在插入行时仅允许指定这些特定列的值，其他的列则使用默认值。拥有此权限表示也允许使用语句"COPY FROM"向表中插入数据
UPDATE	对于表来说，如果没有指定特定的列，则表示允许更新表中任意列的数据，如果指定了特定的列，则只允许更新特定列的数据。要想使用 SELECT ... FOR UPDATE 和 SELECT ... FOR SHARE 语句也需要请求该权限。对于序列来说，该权限允许使用 nextval 和 setval 函数。对于大对象来说，允许写或截断大对象
DELETE	允许删除表中的数据
TRUNCATE	表示允许在指定的表上执行 TRUNCATE 操作
REFERENCES	为了创建外键约束，有必要使参照列和被参照列都有该权限。可以将该权限授予一个表的所有列或者仅仅是特定列

（续）

权限名称	权限使用说明
TRIGGER	允许在指定的表上创建触发器
CREATE	对于数据库，表示允许在该数据库中创建新的模式（SCHEMA）。所以要想获得特定数据库中的 CREATE SCHEMA 权限，需要先获得该数据库中的 CREATE 权限 对于模式来说，有了 CREATE 权限，就可以在模式中创建各种数据库对象了，如表、索引、视图、函数等。如果要重命名一个已有对象，除了需要拥有该对象以外，还要求包含该对象的模式拥有此权限。所以要想拥有 CREATE TABLE 权限，需要在模式中有 CREATE 权限，这一点与其他数据库不同，其他数据库中可能有单独的 CREATE TABLE 权限 对于表空间来说，此权限表示允许把表、索引创建到此表空间或使用 ALTER 命令把表、索引移到此表空间。注意，撤销该权限不会改变现有表的存放位置
CONNECT	表示允许用户连接到指定的数据库。该权限将在连接启动时进行检查（除 pg_hba.conf 中的限制之外）
TEMPORARY 或 TEMP	表示允许在使用指定数据库的时候创建临时表
EXECUTE	表示允许使用指定的函数，并且可以使用利用这些函数实现的所有操作符。这是可用于函数上的唯一权限。该权限同样适用于聚集函数
USAGE	对于过程语言来说，表示允许使用指定的过程语言（PL/pgSQL、PL/Python 等）创建相应的函数。目前过程语言上只有这一种权限控制 对于模式来说，表示允许被授权者"查找"模式中的对象，当然，如果要查询一个模式中的表，实际上还需要有表的 SELECT 权限，不过，即使没有 USAGE 权限仍然可以查看这些对象的名字，比如通过查询系统视图来查看 对于序列来说，该权限表示允许使用 currval 和 nextval 函数 对于外部数据封装器来说，表示允许被授权者使用外部数据封装器（Foreign-Data Wrappers）创建新的外部服务器（Foreign Servers） 对于外部服务器来说，该权限表示允许被授权者使用此外部服务器创建外部表，并且可创建、更改和删除与服务器关联的其自身用户的用户映射，或允许被授权者删除与外部服务器相关的其自身用户映射
ALL PRIVILEGES	一次性给予所有可以赋予的权限。PRIVILEGES 关键字在 PostgreSQL 中是可以省略的，但是在其他数据库中可能需要有此关键字

从上面的权限可以看出，PostgreSQL 没有专门的 DDL 语句的权限，能否创建表，是看在模式（SCEHME）中是否有 CREATE 的权限，这一点需要特别注意。

6.10.4　函数和触发器的权限

在创建了用户自定义的函数和触发器后，其他用户就可能在无意识的情况下执行这些函数或触发器，如果这些函数或触发器中存在不良代码或恶意代码是很危险的，所以需要严格控制谁可以创建这些函数和触发器。

后端服务器中运行着函数（包括触发器函数）的操作系统用户，与数据库服务器守护进程的操作系统用户是同一个用户，如果这些函数所使用的 PL 编程语言允许无检查的内存访问，那么可能会给这些函数传入一些不正常的参数或其他的一些方法，甚至有可能读取或修改服务器的内部数据结构，因此这类函数可以绕过任何系统访问控制。允许这样的 PL 语言（如

PL/Python）写函数的行为被认为是"不可信的"，为了加强安全性，PostgreSQL 只允许超级用户使用这样的 PL 语言写函数。

6.10.5 权限的总结

PostgreSQL 中的权限是按以下几个层次进行管理的：

1）首先管理赋在用户特殊属性上的权限，如超级用户的权限、创建数据库的权限、创建用户的权限、LOGIN 权限，等等。

2）然后是在数据库中创建模式的权限。

3）接着是在模式中创建数据库对象的权限，如创建表、索引等。

4）之后是查询表、向表中插入数据、更新表、删除表中数据的权限。

5）最后是操作表中某些字段的权限。

6.10.6 权限的示例

下面的示例展示了如何创建一个只读用户。

首先需要执行下面的 SQL 命令：

```
REVOKE  CREATE  ON SCHEMA public from public;
```

这是因为在 PostgreSQL 中默认任何用户都可以在名为"public"的 Schema 中创建表，而只读用户是不允许创建表的，所以先要把此权限给收回。

下面的 SQL 命令将创建一个名为"readonly"的用户：

```
CREATE USER readonly with password 'query';
```

然后把 public 下现有的所有表的 SELECT 权限赋予用户"readonly"，并执行下面的 SQL 命令：

```
GRANT SELECT ON  ALL TABLES IN SCHEMA public TO readonly;
```

上面的 SQL 命令只是把现有表的权限赋予了用户"readonly"，如果此时创建了表，readonly 用户仍不能读，需要使用下面的 SQL 命令把所建表的 SELECT 权限也赋予该用户：

```
ALTER DEFAULT PRIVILEGES IN SCHEMA public grant select on tables to readonly;
```

注意，上面的过程只是给名为"public"的 Schema 下的表赋予了只读权限，如果想让该用户访问其他 Schema 下的表，需要重复执行如下 SQL 语句：

```
GRANT SELECT ON  ALL TABLES IN SCHEMA other_schema TO readonly;
ALTER DEFAULT PRIVILEGES IN SCHEMA other_schema grant select on tables to
readonly;
```

6.11　事务、并发和锁

本节详细讲解 PostreSQL 中的事务、并发控制及锁的概念及其操作方法。

6.11.1　什么是 ACID

在日常操作中，对于一组相关操作，通常需要其全部成功或全部失败。在关系型数据库中，将这组相关操作称为"事务"。在一个事务中，多个插入、修改、删除操作要么全部成功，要么全部失败，这称为"原子性"，实际上一个事务还需要有其他 3 个特性，即"一致性""隔离性"和"持久性"，英文简称为"ACID"，下面分别说明这 4 种特性。

- ❏ 原子性（Atomicity）：事务必须以一个整体单元的形式进行工作，对于其数据的修改，要么全都执行，要么全都不执行。如果只执行事务中多个操作的前半部分就出现错误，那么必须回滚所有的操作，让数据在逻辑上回滚到原先的状态。
- ❏ 一致性（Consistency）：在事务完成时，必须使所有的数据都保持在一致状态。
- ❏ 隔离性（Isolation）：事务查看数据时数据所处的状态，要么是另一并发事务修改它之前的状态，要么是另一事务修改它之后的状态，事务是不会查看中间状态的数据的。
- ❏ 持久性（Durability）：事务完成之后，它对于系统的影响是永久性的。即使今后出现致命的系统故障（如机器重启、断电），数据也将一直保持。

数据库的 ACID 性质让应用开发人员的开发工作得到了最大限度的简化，使开发人员不必考虑过于复杂的并发问题，有利于保证程序在并发状态下的正确性。

在 PostgreSQL 中，可使用多版本并发控制（MVCC）来维护数据的一致性。相比于锁定模型，其主要优点是在 MVCC 下对检索（读）数据的锁请求与写数据的锁请求不冲突，读不会阻塞写，而写也从不阻塞读。在 PostgreSQL 中也提供了表和行级别的锁定语句，让应用能更方便地操作并发数据。

6.11.2　DDL 事务

在 PostgreSQL 中，与其他数据库最大的不同是，大多数 DDL 也是可以包含在一个事务中的，而且也是可以回滚的。该功能非常适合把 PostgreSQL 作为 Sharding 的分布式数据系统的底层数据库。比如，在 Sharding 中，常常需要在多个节点中建相同的表，此时可以考虑把建表语句放在同一个事务中，这样就可以在各个节点上先启动一个事务，然后再执行建表语句，如果某个节点执行失败，也可以回滚前面已执行建表成功的操作，自然就不会出现部分节点建表成功，部分节点建表失败的情况。

6.11.3　事务的使用方法

在 psql 的默认配置下，自动提交功能"AUTOCOMMIT"是打开的，也就是说，每执行一条 SQL 语句都会自动提交。可以通过设置 psql 中的内置变量"AUTOCOMMIT"来关闭自动提交功能：

```
postgres=# \set AUTOCOMMIT off
postgres=# \echo :AUTOCOMMIT
off
postgres=# insert into testtab01 values(1);
```

```
INSERT 0 1
postgres=# insert into testtab01 values(2);
INSERT 0 1
postgres=# select * from testtab01;
 id
----
  1
  2
(2 rows)

postgres=# rollback;
ROLLBACK
postgres=# select * from testtab01;
 id
----
(0 rows)
```

还可以通过使用 BEGIN 语句来启动一个事务，这也相当于关闭了自动提交功能：

```
postgres=# begin;
BEGIN
postgres=# insert into testtab01 values(1);
INSERT 0 1
postgres=# insert into testtab01 values(2);
INSERT 0 1
postgres=# select * from testtab01;
 id
----
  1
  2
(2 rows)

postgres=# rollback;
ROLLBACK
postgres=# select * from testtab01;
 id
----
(0 rows)
```

6.11.4　SAVEPOINT

PostgreSQL 支持保存点（SAVEPOINT）的功能，在一个大的事务中，可以把操作过程分成几个部分，第一个部分执行成功后可以建一个保存点，若后面的部分执行失败，则回滚到此保存点，而不必回滚整个事务。

下面来看相关示例。

先使用"begin"命令启动一个事务：

```
postgres=# begin;
BEGIN
```

然后向第一个表中插入两条记录：

```
postgres=# insert into testtab01 values(1);
```

```
INSERT 0 1
postgres=# insert into testtab01 values(2);
INSERT 0 1
```

再使用"savepoint"命令建一个保存点"my_savepoint01":

```
postgres=# savepoint my_savepoint01;
SAVEPOINT
```

之后向第二个表中插入数据:

```
postgres=# insert into testtab02 values(1);
INSERT 0 1
postgres=# insert into testtab02 values(1);
ERROR:  duplicate key value violates unique constraint "testtab02_pkey"
DETAIL:  Key (id)=(1) already exists.
postgres=# select * from testtab02;
ERROR:  current transaction is aborted, commands ignored until end of transaction
  block
```

此时,由于唯一键约束导致插入失败,我们不必回滚整个事务,只需要回滚到上一个保存点就可以了,命令如下:

```
postgres=# rollback to SAVEPOINT my_savepoint01;
ROLLBACK
postgres=# select * from testtab02;
  id
----
(0 rows)
```

从上面的运行结果中可以看到,在 testtab01 中插入的数据并没有被回滚掉:

```
postgres=# select * from testtab01;
  id
----
   1
   2
(2 rows)
```

最后,再次向第二张表中插入数据,插入成功后,提交整个事务:

```
postgres=# insert into testtab02 values(1);
INSERT 0 1
postgres=# insert into testtab02 values(2);
INSERT 0 1
postgres=# commit;
COMMIT
```

此时再查看表中数据,可以发现向两个表中插入的数据全部插入成功:

```
postgres=# select * from testtab01;
  id
----
   1
   2
```

```
(2 rows)

postgres=# select * from testtab02;
 id
----
  1
  2
(2 rows)
```

6.11.5　事务隔离级别

数据库的事务隔离级别有以下 4 种。

❏ READ UNCOMMITTED：读未提交。

❏ READ COMMITTED：读已提交。

❏ REPEATABLE READ：重复读。

❏ SERIALIZABLE：串行化。

对于并发事务，我们不希望发生不一致的情况，这类情况的级别从高到低排序如下。

❏ 脏读：一个事务读取了另一个未提交事务写入的数据。这是我们最不希望发生的，因为如果发生了脏读，则在并发控制上，应用程序会变得很复杂。

❏ 不可重复读：指一个事务重新读取前面读取过的数据时，发现该数据已经被另一个已提交事务修改了。在大多数情况下，这还是可以接受的，只是在少数情况下会出现问题。

❏ 幻读：一个事务开始后，需要根据数据库中现有的数据做一些更新，于是重新执行一个查询，返回一套符合查询条件的行，这时发现这些行因为其他最近提交的事务而发生了改变，此时现有的事务如果再进行下去的话就可能会导致数据在逻辑上的一些错误。

不同的事务隔离级别下的行为见表 6-4。

表 6-4　不同事务隔离级别下的行为

隔离级别	脏读	不可重复读	幻读
读未提交	可能	可能	可能
读已提交	不可能	可能	可能
重复读	不可能	不可能	可能
可串行化	不可能	不可能	不可能

在 PostgreSQL 里，虽然可以使用命令设置事务隔离级别为上面 4 种中的任意一种，但实际上 9.1 版本之前只有两种独立的隔离级别分别对应读已提交和可串行化，9.1 版本之后增加了重复读。如果你选择了读未提交的级别，实际上还是读已提交，也就是说，在 PostgreSQL 的一个事务中不可能读到其他事务中未提交的数据。在选择可重复读级别的时候，实际上仍是可串行化，所以实际的隔离级别可能比你选择的更加严格。

读已提交是 PostgreSQL 中的默认隔离级别。当一个事务运行于这个隔离级别时，SELECT 查询（没有 FOR UPDATE/SHARE 子句）只能看到查询开始之前已提交的数据，而无法看到未提交的数据或在查询执行期间其他事务已提交的数据。不过，SELECT 查询看得见其自身所在事务中前面尚未提交的更新结果。实际上，SELECT 查询看到的是在查询开始运行瞬间的一个快照。请注意，在同一个事务中两个相邻的 SELECT 命令可能看到不同的快照，因为可能有其他事务会在第一个 SELECT 查询执行期间被提交。

6.11.6　两阶段提交

PostgreSQL 数据库支持两阶段提交协议。

在分布式系统中，事务中往往包含了多台数据库上的操作，虽然单台数据库的操作能够保证原子性，但多台数据库之间的原子性就需要通过两阶段提交来实现了，两阶段提交是实现分布式事务的关键。

两阶段提交协议有如下 5 个步骤。

1）应用程序先调用各台数据库做一些操作，但不提交事务。然后应用程序调用事务协调器（该协调器可能也是由应用自己实现的）中的提交方法。

2）事务协调器将联络事务中涉及的每台数据库，并通知它们准备提交事务，这是第一阶段的开始。PostgreSQL 中一般是调用 PREPARE TRANSACTION 命令。

3）各台数据库接收到 PREPARE TRANSACTION 命令后，如果要返回成功，则数据库必须将自己置于如下状态：确保后续能在被要求提交事务的时候提交事务，或后续能在被要求回滚事务的时候回滚事务。所以 PostgreSQL 会将已准备好提交的信息写入持久存储区中。如果数据库无法完成此事务，它会直接返回失败给事务协调器。

4）事务协调器接收所有数据库的响应。

5）在第二阶段，如果任何一个数据库在第一阶段返回失败，则事务协调器将会发一个回滚命令"ROLLBACK PREPARED"给各台数据库。如果所有数据库的响应都是成功的，则向各台数据库发送 COMMIT PREPARED 命令，通知各台数据库事务成功。

下面用实际应用来演示两阶段提交。

在演示前，需要把参数"max_prepared_transactions"设置成一个大于 0 的数字，以便使用两阶段提交功能，如果没有设置该参数，会显示如下错误：

```
ERROR:  prepared transactions are disabled
HINT:  Set max_prepared_transactions to a nonzero value.
```

注意，设置该参数后需要重启数据库，直接设置此参数是不能成功的：

```
postgres=# set max_prepared_transactions = 10;
ERROR:  parameter "max_prepared_transactions" cannot be changed without
restarting the server
```

我们修改 postgresql.conf 文件中的"max_prepared_transactions"为"10"：

```
max_prepared_transactions = 10
```

然后建一张表做测试：

```
postgres=# create table testtab01(id int primary key);
NOTICE:  CREATE TABLE / PRIMARY KEY will create implicit index "testtab01_pkey"
for table "testtab01"
CREATE TABLE
```

启动一个事务，插入一条记录：

```
postgres=# begin;
BEGIN
postgres=# insert into testtab01 values(1);
INSERT 0 1
```

再使用 PREPARE TRANSACTION 命令准备好事务提交（第一阶段）：

```
postgres=# PREPARE TRANSACTION 'osdba_global_trans_0001';
PREPARE TRANSACTION
```

上述命令中"osdba_global_trans_0001"是两阶段提交中全局事务的 ID，由事务协调器生成（事务协调器也可能是由应用来实现的，事务协调器会持久化该全局事务 ID。PostgreSQL 数据库一旦成功执行这条命令，也会把此事务持久化。此事务持久化的意思就是，即使数据库重启，此事务也不会回滚或丢失）。

至此，先停止然后再启动数据库：

```
osdba@osdba-laptop:~$ pg_ctl stop -D $PGDATA
waiting for server to shut down.... done
server stopped
osdba@osdba-laptop:~$ pg_ctl start -D $PGDATA
server starting
```

重启数据库后，可以使用 COMMIT PREPARED 命令真正提交该事务提交（第二阶段）：

```
osdba@osdba-laptop:~/pgdata$ psql postgres
psql (9.2.4)
Type "help" for help.
postgres=# COMMIT PREPARED  'osdba_global_trans_0001';
COMMIT PREPARED
```

之后就可以查看之前插入的数据了：

```
postgres=# select * from testtab01;
 id
----
  1
(1 row)
```

从上面的示例中可以看出，一旦成功执行 PREPARE TRANSACTION 命令，事务就会被持久化，即使数据库重启，仍然可以提交该事务，事务中的操作不会丢失。

6.11.7　锁机制

PostgreSQL 数据库中有两类锁：表级锁和行级锁。当要查询、插入、更新、删除表中的数据时，首先会获得表上的锁，然后再获得行上的锁。

1. 表级锁模式

表级锁模式及其说明见表 6-5。

表 6-5　表级锁模式

锁模式	解释
ACCESS SHARE	只与 ACCESS EXCLUSIVE 模式冲突。 SELECT 命令将在所引用的表上加此类型的锁。通常情况下，任何只读取表而不修改表的查询都会请求这种锁模式
ROW SHARE	与 EXCLUSIVE 和 ACCESS EXCLUSIVE 锁模式冲突。 SELECT FOR UPDATE 和 SELECT FOR SHARE 命令会在目标表上加此类型的锁
ROW EXCLUSIVE	与 SHARE、SHARE ROW EXCLUSIVE、EXCLUSIVE、ACCESS EXCLUSIVE 锁模式冲突。 UPDATE、DELETE、INSERT 命令会自动在所修改的表上请求加此类型的锁。通常情况下，修改表中数据的命令都是在表上加此类型的锁
SHARE UPDATE EXCLUSIVE	与 SHARE UPDATE EXCLUSIVE、SHARE、SHARE ROW EXCLUSIVE、EXCLUSIVE、ACCESS EXCLUSIVE 锁模式冲突。模式改变和运行 VACUUM 并发的情况下，这种锁模式可以保护表。 VACUUM(不带 FULL 选项)、ANALYZE、CREATE INDEX CONCURRENTLY 命令请求此类型的锁
SHARE	与 ROW EXCLUSIVE、SHARE UPDATE EXCLUSIVE、SHARE ROW EXCLUSIVE、EXCLUSIVE、ACCESS EXCLUSIVE 锁模式冲突。这种锁模式避免表的并发数据修改。 CREATE INDEX（不带 CONCURRENTLY 选项）语句要求这种锁模式
SHARE ROW EXCLUSIVE	与 ROW EXCLUSIVE、SHARE UPDATE EXCLUSIVE、SHARE、SHARE ROW EXCLUSIVE、EXCLUSIVE、ACCESS EXCLUSIVE 锁模式冲突。 任何 PostgreSQL 命令都不会自动请求这种锁模式
EXCLUSIVE	与 ROW SHARE、ROW EXCLUSIVE、SHARE UPDATE EXCLUSIVE、SHARE、SHARE ROW EXCLUSIVE、EXCLUSIVE、ACCESS EXCLUSIVE 锁模式冲突。这种锁模式只允许并发 ACCESS SHARE 锁，也就是说，只有对表的读操作可以和持有这个锁的事务并发执行。 任何 PostgreSQL 命令都不会在用户表上自动请求这种锁模式。不过，在执行某些操作时，会在某些系统表上请求这种锁模式
ACCESS EXCLUSIVE	与所有锁模式冲突（包括 ACCESS SHARE、ROW SHARE、ROW EXCLUSIVE、SHARE UPDATE EXCLUSIVE、SHARE、SHARE ROW EXCLUSIVE、EXCLUSIVE、ACCESS EXCLUSIVE）。 这种锁模式保证只能有一个用户访问此表。 ALTER TABLE、DROP TABLE、TRUNCATE、REINDEX、CLUSTER、VACUUM FULL 命令要求此类型的锁。在 LOCK TABLE 命令中没有明确声明需要的锁模式时，它是默认锁模式

表级锁冲突矩阵见表 6-6。

表 6-6　表级锁冲突矩阵

请求的锁模式	已申请到的锁模式							
	ACCESS SHARE	ROW SHARE	ROW EXCLUSIVE	SHARE UPDATE EXCLUSIVE	SHARE	SHARE ROW EXCLUSIVE	EXCLUSIVE	ACCESS EXCLUSIVE
ACCESS SHARE	Y	Y	Y	Y	Y	Y	Y	N
ROW SHARE	Y	Y	Y	Y	Y	Y	N	N
ROW EXCLU SIVE	Y	Y	Y	Y	N	N	N	N
SHARE UP DATE EXCLU SIVE	Y	Y	Y	N	N	N	N	N
SHARE	Y	Y	N	N	Y	N	N	N
SHARE ROW EXCLUSIVE	Y	Y	N	N	N	N	N	N
EXCLUSIVE	Y	N	N	N	N	N	N	N
ACCESS EX CLUSIVE	N	N	N	N	N	N	N	N

在表 6-6 中，"N"表示这两种锁冲突，也就是说，同一用户不能同时持有这两种锁，"Y"表示两种锁可以兼容。

从上面的表中可以看出，表级锁的模式很多，哪些锁模式之间会互相发生冲突不容易记忆，下面就详细解析这些锁类型，以帮助大家更好的理解。

首先，表级锁只有 SHARE 和 EXCLUSIVE 这两种，这很容易理解，这两种锁基本上就是读写锁的意思。加上 SHARE 锁后相当于加了读锁，表中的内容就不能变化了。可为多个事务加上此锁，只要任意一个用户不释放此读锁，其他用户就不能修改这个表。加上 EXCLUSIVE 锁后相当于加了写锁，这时别的进程既不能写也不能读这条数据。但是，后来数据库又加上了多版本的功能。有了该功能后，如果改某一行的数据，实际上并没有改变原先那行数据，而是另复制出了一个新行，修改都在新行上进行，事务进行不提交，别人是看不到这条数据的。由于原先的那行数据没有变化，在修改过程中，读数据的人仍然可以读到原有数据，这样就没有必要阻塞其他用户读数据了。若是在多版本功能下，除了以前的 SHARE 锁和 EXCLUSION 锁外，还需要增加两个锁，一个叫作"ACCESS SHARE"，表明加上这个锁，即使是正在修改数据的情况下也允许读数据，另一个锁叫作"ACCESS EXCLUSION"，意思是即使有多版本的功能，也不允许访问数据。至于"SHARE"锁和"EXCLUSIVE"锁，意思与原来差不多，这里不再赘述。

表级锁加锁的对象是表，由于加锁的范围太大而导致并发不高，于是人们提出了行级锁的概念，但行级锁与表级锁之间会产生冲突，这时就需要有一种机制来描述行级锁与表级锁之间的关系。在 MySQL 中是使用"意向锁"的概念来解决这一问题的，方法就是当我们要修改表中的某一行数据时，需要先在表上加一种锁，表示即将在表的部分行上加共享锁或排它锁。PostgreSQL 中也是这样实现的，如 ROW SHARE、ROW EXCLUSIVE 这两个锁，这两个锁实际上就对应 MySQL 中的共享意向锁（IS）和排它意向锁（IX）。从"意向锁"的概念出发，我们可以得到意向锁如下两个特点：

- ❑ 意向锁之间是不会发生冲突的，即使是 ROW EXCLUSIVE 之间也不会发生冲突，因为它们都只是"有意"要做什么但还没有真做，所以是可以兼容的。
- ❑ 意向锁与其他非意向锁之间的关系和普通锁与普通锁之间的关系是相同的。例如，"X"与"X"锁是冲突的，所以"IX"锁与"X"是冲突的；"X"与"S"锁是冲突的，所以"IX"锁与"S"也是冲突的；"S"与"S"锁是不冲突的，所以"IS"锁与"S"也是不冲突的。

如果把共享锁"SHARE"简写为"S"，把排它锁"EXCLUSIVE"简写为"X"，把"ROW SHARE"锁简写为"IS"，把"ROW EXCLUSIVE"锁简写为"IX"，这 4 种锁之间的关系如表 6-7 所示。

表 6-7　意向锁与非意向之间的冲突矩阵

	X	S	IX	IS
X	N	N	N	N
S	N	Y	N	Y
IX	N	N	Y	Y
IS	N	Y	Y	Y

我们知道，意向排它锁"IX"之间是不会冲突的，这时可能就需要一种稍严格的锁，就是这种锁自身也会冲突，而和其他锁的冲突情况与"IX"相同，这种锁在 PostgreSQL 中就叫"SHARE UPDATE EXCLUSIVE"。不带 FULL 选项的 VACUUM、CREATE INDEX CONCURRENTLY 命令都请求此类型的锁。这也很好理解，因为这些命令除了不允许在同一个表上并发执行本操作外，其他情况与更新表时对表加锁的需求是一样的。

在 PostgreSQL 中还有一种锁，称为"SHARE ROW EXCLUSIVE"，这种锁可以看成是同时加了"S"锁和"IX"锁的结果，PostgreSQL 命令都不会自动请求这种锁模式，也就是说，PostgreSQL 内部目前不会使用这种锁。

总结一下，PostgreSQL 中有 8 种表锁，最普通的共享锁"SHARE"和排它锁"EXCLUSIVE"，因为多版本的原因，修改一条数据的同时允许读数据，所以为了处理这种情况，又加了两种锁"ACCESS SHARE"和"ACESS EXCLUSIVE"，所以锁中的"ACCESS"这个关键字是与多版本读相关的。此外，为了处理表锁和行锁之间的关系，于是有了意向锁的概念，这时又加了两种锁，即意向共享锁和意向排它锁。这样就有了 6 种锁。由于意向锁之间不会产生冲突，而且意向排它锁互相之间也不会产生冲突，于是又需要更严格一些的锁，这样就产生了 SHARE UPDATE EXCLUSIVE 和 SHARE ROW EXCLUSIVE 两种锁，于是就有了 8 种锁。

2. 行级锁模式

行级锁模式比较简单，只有两种，即"共享锁""排它锁"，或者可以说是"读锁"或"写锁"。而在 PostgreSQL 中不称其为"读锁"的原因是，由于有多版本的实现，所以实际读取行数据时，并不会在行上执行任何锁（包括"读锁"）。

6.11.8 死锁及防范

死锁是指两个或两个以上的事务在执行过程中相互持有对方期待的锁，若没有其他机制，它们都将无法进行下去。例如，事务 1 在表 A 上持有一个排它锁，同时试图请求一个在表 B 上的排它锁，而事务 2 已经持有表 B 的排它锁，同时却在请求表 A 上的一个排它锁，那么两个事务就都不能执行了。PostgreSQL 能够自动侦测到死锁，然后退出其中一个事务，从而允许其他事务执行。不过，哪个事务会被退出是很难预测的。

死锁的发生必须具备以下 4 个必要条件。

❑ 互斥条件：指事务对所分配到的资源加了排它锁，即在一段时间内只能由一个事务加锁占用。如果此时还有其他进程请求排它锁，则请求者只能等待，直至持有排它锁的事务释放排它锁。

❑ 请求和保持条件：指事务已经至少持有了一把排它锁，但又提出了新的排它锁请求，而该资源上的排它锁已被其他事务占有，此时请求被阻塞，但同时它对自己已获得的排它锁又持有不放。

❑ 不剥夺条件：指事务已获得的锁在未使用完之前不能被其他进程剥夺，只能在使用完时由自己释放。

❑ 环路等待条件：指在发生死锁时，必然存在一个事务——资源的环形链，即事务集合 $\{T_0, T_1, T_2, \cdots, T_n\}$ 中的 T_0 正在等待 T_1 持有的排它锁；P_1 正在等待 P_2 持有的排它锁，……，P_n 正在等待已被 P_0 持有的排它锁。

理解了死锁的原因，尤其是死锁产生的 4 个必要条件，就可以最大可能地避免、预防和解除死锁。

防止死锁最好的方法通常是保证使用一个数据库的所有应用都以相同的顺序在多个对象上请求排它锁。比如，在应用编程中，人为规定在一个事务中只能以一个固定顺序来更新表。假设在数据库中，有 A、B、C、D 4 张表，现规定只能按如下顺序修改这几张表：B → C → A → D，若某个进程先更新了 A 表，如果想更新 C 表，则必须先回滚先前对 A 表的更新，然后再按规定的顺序，先更新 C 表，再更新 A 表。

由于数据库可以自动检测出死锁，所以应用也可以通过捕获死锁异常来处理死锁。但这个方法并不是很好，因为数据库检测死锁需要付出一定的代价，可能会导致应用程序过久地持有排它锁而使系统的并发处理能力下降。

排它锁持有的时间越长也就越容易导致死锁，所以在进行程序设计时要尽量短时间地持有排它锁。

6.11.9 表级锁命令 LOCK TABLE

在 PostgreSQL 中，显式地在表上加锁的命令为 "LOCK TABLE"，此命令的语法如下：

```
LOCK [ TABLE ] [ ONLY ] name [, ...] [ IN lockmode MODE ] [ NOWAIT ]
```

其中各参数的说明如下。

- ❑ name：表名。
- ❑ lockmode：就是前面介绍的几种表级锁模式，即 ACCESS SHARE、ROW SHARE、ROW EXCLUSIVE、SHARE UPDATE EXCLUSIVE、SHARE、SHARE ROW EXCLUSIVE、EXCLUSIVE、ACCESS EXCLUSIVE。
- ❑ NOWAIT：如果没有 NOWAIT 这个关键字，当无法获得锁时会一直等待，而如果加了 NOWAIT 关键字，在无法立即获取该锁时，此命令会立即退出并且报错。

在 PostgreSQL 中，事务自己的锁是从不冲突的，因此一个事务可以在持有 SHARE 模式的锁时再请求 ROW EXCLUSIVE 锁，而不会出现自己的锁阻塞自己的情况。

当事务要更新表中的数据时，应该申请 ROW EXCLUSIVE 锁，而不应该申请 SHARE 锁，因为在更新数据时，事务还是会对表加 ROW EXCLUSIVE 锁，想象一下，在两个并发的事务都请求 SHARE 锁后，开始更新数据前要对表加 ROW EXCLUSIVE 锁，但由于各自先前已加了 SHARE 锁，所以都要等待对方释放 SHARE 锁，因而出现死锁。从这个示例中可以看出，如果涉及多种锁模式，那么事务应该总是最先请求最严格的锁模式，否则就容易出现死锁。

6.11.10　行级锁命令

显式的行级锁命令是由 SELECT 命令后面加如下子句来构成的：

```
SELECT .....    FOR { UPDATE | SHARE } [ OF table_name [, ...] ] [ NOWAIT ] [...] ]
```

此命令中的 NOWAIT 关键字与在 LOCK TABLE 中是相同的，加了 NOWAIT 关键字后，如果无法获得锁则直接报错，而不会一直等待。

如果在 FOR UPDATE 或 FOR SHARE 中使用了 "OF table_name" 明确指定表名字，那么只有被指定的表会被锁定，其他在 SELECT 中使用的表则不会。一个后面不带 "OF table_name" 的 FOR UPDATE 或 FOR SHARE 子句将锁定该命令中使用的所有表。如果 FOR UPDATE 或 FOR SHARE 是应用于一个视图或者子查询的，那么它将同样锁定该视图或子查询中使用到的所有表。但有一个例外，就是主查询中引用了 WITH 查询时，WITH 查询中的表并不会被锁定。如果你想锁定 WITH 查询内的表行，需要在 WITH 查询内指定 FOR UPDATE 或者 FOR SHARE 关键字。

6.11.11　锁的查看

我们经常需要查看一个事务产生了哪些锁，哪个事务被哪个事务阻塞了，若执行一条 SQL 语句时阻塞住了，需要查询为什么阻塞，是谁阻塞住的，这些信息可通过查询系统视图 "pg_locks" 来得到。pg_locks 视图中各列的描述见表 6-8。

表 6-8　pg_locks 解析

列名称	列类型	引用	描述
locktype	text		被锁定的对象类型：relation、extend、page、tuple、transactionid、virtualxid、object、userlock、advisory

（续）

列名称	列类型	引用	描述
database	oid	pg_database.oid	锁定对象的数据库的 OID，如果对象是一个共享对象，不属于任何数据库，此值为"0"，如果对象是"transaction ID"，此值为空
relation	oid	pg_class.oid	如果对象不是表或只是表的一部分，则此值为"NULL"，否则此值是表的 OID
page	integer		表中的页号，如果对象不是表行（tuple）或表页（relation page），则此值为"NULL"。
tuple	smallint		页内的行号（tuple），如果对象不是表行（tuple），则此值为空
virtualxid	text		是一个虚拟事务 ID（virtual ID of a transaction），如果对象不是虚拟事务，则此值为"NULL"
transactionid	xid		事务 ID（ID of a transaction），如果对象不是事务 ID，此值则为"NULL"
classid	oid	pg_class.oid	包含该对象的系统目录（System Catalog）的 OID，如果对象不是通常的数据库对象，则此值为空
objid	oid	any OID column	对象在系统目录中的 OID，如果对象不是通常的数据库对象，则此值为空。对于 advisory locks，此字段用于区别两类 key 空间（"1"表示 int8 的 key，"2"表示 two int4 的 key）
objsubid	smallint		如果对象是表列（table column），此列的值为列号，这时"classid"和"objid"指向表，在其他的数据库类型中，此值为"0"。如果不是数据库对象，则此值为"NULL"
virtualtransaction	text		持有或等待这把锁的虚拟事务的 ID
pid	integer		持有或等待这把锁的服务进程的 PID。如果此锁是被一个两阶段提交的事务持有，则此值为"NULL"
mode	text		锁的模式名称，如"ACCESS SHARE""SHARE""EXCLUSIVE"等锁模式，具体见表 6-5
granted	boolean		如果锁已被持有，此值为"True"，如果等待获得此锁，则此值为"False"

在表 6-8 中，描述事务 ID 的字段就有以下 3 个：

❏ virtualxid。

❏ transactionid。

❏ virtualtransaction。

可能有读者会对这 3 个字段的意思产生疑惑，这里详细解释一下，首先"transactionid"代表事务 ID，简写为"xid"，"virtualxid"代表虚拟事务 ID，简写为"vxid"。每产生一个事务 ID，都会在 pg_clog 下的 commit log 文件中占用 2bit。最早在 PostgreSQL 中是没有虚拟事务 ID 的，但后来发现，有一些事务根本没有产生任何实质的变更，如一个只读事务或一个空事务，若在这种情况下也分配一个事务 ID 会造成资源浪费，于是提出了虚拟事务 ID 的概念。对于这类只读事务，只分配一个虚拟事务 ID，而不实际分配一个真实的事务 ID，这样就不需要在 commit log 中占用 2bit 的空间了。

上面解释了事务 ID 和虚拟事务 ID 的概念。但字段"virtualxid"与"virtualtransaction"

呢？从字面上来看两者都是虚拟事务 ID 的意思，它们有什么区别呢？实际上，pg_locks 这张视图的字段分为以下两个部分：

- ❑ virtualtransaction 字段之前的字段（不包括 virtualtransaction 字段），我们称其为"第一部分"。
- ❑ virtualtransaction 字段之后的字段（包括 virtualtransaction 字段）我们称其为"第二部分"。

第一部分字段用于描述锁定对象（Locked Object）的信息，第二部分字段描述的是持有锁或等待锁 session 的信息。

了解了上面的概念，就容易理解"virtualxid"和"virtualtransaction"这两个字段的意思了，"virtualxid"在第一部分字段中，表示锁对象是一个"virtualxid"，而"virtualtransaction"表示持有锁或等待锁 session 的虚拟事务 ID。

下面通过实际操作来演示如何查看 pg_locks 视图中的信息。

先开一个 psql 的窗口，命令如下：

```
osdba@osdba-laptop:~$ psql postgres
psql (9.2.4)
Type "help" for help.

postgres=# select pg_backend_pid();
 pg_backend_pid
----------------
           8127
(1 row)
```

可以看到该窗口连接到的服务进程 PID 为"8127"。

然后开第二个 psql 窗口，命令如下：

```
osdba@osdba-laptop:~$ psql postgres
psql (9.2.4)
Type "help" for help.

postgres=# select pg_backend_pid();
 pg_backend_pid
----------------
           8112
(1 row)
```

可以看到第二个窗口连接到的服务进程 PID 为"8112"。

这时，在第一个 psql 窗口中锁定一张表：

```
postgres=# begin;
BEGIN
postgres=# lock table testtab01;
LOCK TABLE
```

通过在第三个 psql 窗口中运行的 SQL 命令查看数据库中的锁的情况，命令如下：

```
select locktype,
    relation::regclass as rel,
    virtualxid as vxid,
    transactionid as xid ,
    virtualtransaction as vxid2,
    pid,
    mode,
    granted
  from pg_locks
where pid = 8127;
```

查询结果如图 6-1 所示。

```
postgres=# select locktype,
postgres-#        relation::regclass as rel,
postgres-#        virtualxid as vxid,
postgres-#        transactionid as xid ,
postgres-#        virtualtransaction as vxid2,
postgres-#        pid,
postgres-#        mode,
postgres-#        granted
postgres-#   from pg_locks
postgres-# where pid=8127;
  locktype  |             rel              | vxid  | xid | vxid2 | pid  |        mode         | granted
------------+------------------------------+-------+-----+-------+------+---------------------+---------
 relation   | pg_class_relname_nsp_index   |       |     | 2/284 | 8127 | AccessShareLock     | t
 relation   | pg_class_oid_index           |       |     | 2/284 | 8127 | AccessShareLock     | t
 relation   | pg_namespace_oid_index       |       |     | 2/284 | 8127 | AccessShareLock     | t
 relation   | pg_namespace_nspname_index   |       |     | 2/284 | 8127 | AccessShareLock     | t
 relation   | pg_namespace                 |       |     | 2/284 | 8127 | AccessShareLock     | t
 relation   | pg_class                     |       |     | 2/284 | 8127 | AccessShareLock     | t
 virtualxid |                              | 2/284 |     | 2/284 | 8127 | ExclusiveLock       | t
 relation   | testtab01                    |       |     | 2/284 | 8127 | AccessExclusiveLock | t
(8 rows)
```

图 6-1　第一次看到的锁的情况

从图 6-1 中可以看出，执行加锁命令后，有时会在系统表上产生一些附加的锁。这些系统表上的锁在系统第一次启动后可以看到，而第二次运行后就看不到了。如果从第一个窗口中退出，再重新进去，重新执行“lock table testtab01”命令，这时只会看到图 6-2 所示的界面。

```
postgres=# select locktype,
       relation::regclass as rel,
       virtualxid as vxid,
       transactionid as xid ,
       virtualtransaction as vxid2,
       pid,
       mode,
       granted
  from pg_locks
where pid=8416;
  locktype  |    rel    | vxid  | xid | vxid2 | pid  |        mode         | granted
------------+-----------+-------+-----+-------+------+---------------------+---------
 virtualxid |           | 2/292 |     | 2/292 | 8416 | ExclusiveLock       | t
 relation   | testtab01 |       |     | 2/292 | 8416 | AccessExclusiveLock | t
(2 rows)
```

图 6-2　第二次看到的锁的情况

由于是从第一个窗口中退出后又重新进来的，所以在图 6-2 中，PID 变成了“8416”。

在最后两行中，第一行显示的是事务在自己的“virtualxid”上加的 ExclusiveLock 锁，这是必定会加上的。

最后一行才是我们实际在表上加的锁“AccessExclusiveLock”。

从图 6-2 中也可以看出，执行一个锁表的命令后，并没有做实际的修改操作，此时"xid"列为空，这也验证了我们之前的说法，事务 ID 是在实际需要的时候才产生的。

若在第二个 SQL 窗口中也显式地对表"testtab01"加锁，这时第二个窗口的锁表语句会被阻塞住：

```
postgres=# begin;
BEGIN
postgres=# lock table testtab01;
```

这时，在第三个窗口查询表"pg_locks"，看到的锁情况如图 6-3 所示。

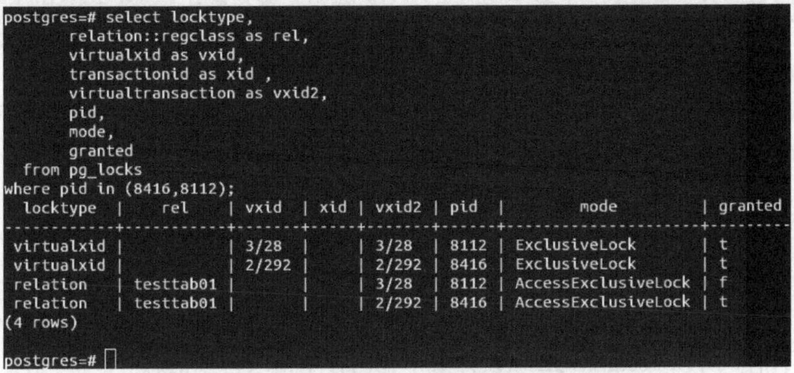

图 6-3　Lock Table 被阻塞时锁的情况

从图 6-3 中可以看到，进程"8416"和"8112"都对表"testtab01"加了锁，进程"8416"对应的"granted"字段值为"t"，表明它获得了这把锁，而进程"8112"对应的"granted"字段值为"f"，表明 8112 进程没有获得这把锁，从而被阻塞。

从上面的示例中可以看出，想查看被锁阻塞的进程只要查询视图"pg_locks"中"granted"字段值为"False"的进程就可以了。

下面演示显示加行锁后在视图"pg_locks"中看到的情况。

先在第一个 psql 窗口中执行下面的操作：

```
postgres=# select * from testtab01 where id=1;
 id | note
----+------
  1 | 1111
(1 row)
postgres=# begin;
BEGIN
postgres=# select * from testtab01 where id=1 for update;
 id | note
----+------
  1 | 1111
(1 row)
```

这时到第三个窗口查看锁的情况，查询结果如图 6-4 所示。

```
postgres=# select locktype,
            relation::regclass as rel,
            virtualxid as vxid,
            transactionid as xid,
            virtualtransaction as vxid2,
            pid,
            mode,
            granted
    from pg_locks
where pid in (8416);
  locktype    |      rel      |  vxid |  xid | vxid2 | pid  |      mode       | granted
--------------+---------------+-------+------+-------+------+-----------------+---------
 relation     | testtab01_pkey|       |      | 2/297 | 8416 | AccessShareLock | t
 relation     | testtab01     |       |      | 2/297 | 8416 | RowShareLock    | t
 virtualxid   |               | 2/297 |      | 2/297 | 8416 | ExclusiveLock   | t
 transactionid|               |       | 3543 | 2/297 | 8416 | ExclusiveLock   | t
(4 rows)

postgres=#
```

图 6-4　显示加行锁看到的锁的情况

根据前面介绍的理论可以知道，加行锁的过程，是先在表上加一个表级意向锁，而从图 6-4 中可以看到，行锁不仅会在表上加意向锁，也会在相应的主键上加意向锁。其中"testtab01_pkey"就是表"testtab01"的主键。

为什么从图 6-4 中没有发现行锁？实际上 pg_locks 并不能显示出每个行锁的信息，原因也很简单，行锁信息并不会记录到共享内存中。这也很好理解，如果每个行锁在内存中都有一条记录的话，在对表做全表更新时，表有多少行就需要在内存中记录多少条行锁信息，那么内存会吃不消。所以 PostgreSQL 被设计成不在内存中记录行锁信息。

如果在 pg_locks 中没有行锁信息，如何知道一个进程被另一个进程的行锁阻塞了呢？实际上，pg_locks 中提供了另一种信息来表示这种阻塞关系。我们在第二个 psql 中也运行上面这种加行锁的 SQL 语句：

```
postgres=# begin;
BEGIN
postgres=# select * from testtab01 where id=1 for update;
```

第二个 psql 会被阻塞。

然后再到第三个 psql 窗口中查看锁的情况，如图 6-5 所示。

前面说过，如果想查看哪个进程被阻塞住了，只需要查看"granted"字段值为"False"的 PID，这里在图 6-5 中找到了一行，就是倒数第 2 行，从中可以了解到，8112 进程（第二个 psql 窗口对应的数据库服务进程）申请一个类型为"transactionid"的锁时被阻塞了，这个 transactionid 锁对应的 xid 为"3543"。从最后一行可以看出，xid 为"3543"的锁被进程"8416"（第一个 psql 窗口对应的数据库服务进程）持有了。

从上面的分析中我们知道，实际上，行锁中的阻塞信息是通过 transactionid 类型的锁体现出来的。从原理上来说，行锁是会在数据行上加上自己的 xid 的，另一个进程读到这一行时，如果发现这一行上有行锁，会把行上另一个事务的 xid 读出来，然后申请在这个 xid 上加 SHARE 锁。而持有行锁的进程已经在此 xid 上加了 EXCLUSIVE 锁，所以后面要更新的行的进程会被阻塞。

图 6-5　显示加行锁被阻塞时看到的锁的情况

若要查询因行锁被阻塞的进程信息，只需要查询视图"pg_locks"中类型为"transactionid"的锁信息就可以了。

那么进程是在哪一行上被阻塞的呢？可以通过查看 pg_locks 的"page"和"touple"字段来了解。演示示例如下。

在第一个 psql 窗口中运行如下 SQL 语句：

```
postgres=# update testtab01 set note='aaaa' where id=1;
UPDATE 1
postgres=#
```

在第二个 psql 窗口中运行如下 SQL 语句：

```
postgres=# begin;
BEGIN
postgres=# update testtab01 set note='aaaa' where id=1;
```

显然第二个窗口被 hang 住了。

我们把查询锁的情况的 SQL 命令加上"page"和"tuple"这两个字段，实际上这两个字段的组合就是表上系统字段"ctid"的值：

```
select locktype,
    relation::regclass as rel,
    page||','||tuple as ctid,
    virtualxid as vxid,
    transactionid as xid ,
    virtualtransaction as vxid2,
    pid,
    mode,
    granted
  from pg_locks
where pid in (8416,8112);
```

在第三个 psql 窗口中运行上面的 SQL 命令，可看到图 6-6 所示的信息。

```
postgres=# select locktype,
postgres-#           relation::regclass as rel,
postgres-#           page||','||tuple as ctid,
postgres-#           virtualxid as vxid,
postgres-#           transactionid as xid,
postgres-#           virtualtransaction as vxid2,
postgres-#           pid,
postgres-#           mode,
postgres-#           granted
postgres-#     from pg_locks
postgres-# where pid in (8416,8112);
   locktype   |      rel       | ctid | vxid |  xid | vxid2 | pid  |      mode       | granted
--------------+----------------+------+------+------+-------+------+-----------------+---------
 relation     | testtab01_pkey |      |      |      | 3/30  | 8112 | RowExclusiveLock | t
 relation     | testtab01      |      |      |      | 3/30  | 8112 | RowExclusiveLock | t
 virtualxid   |                |      | 3/30 |      | 3/30  | 8112 | ExclusiveLock   | t
 relation     | testtab01_pkey |      |      |      | 2/299 | 8416 | RowExclusiveLock | t
 relation     | testtab01      |      |      |      | 2/299 | 8416 | RowExclusiveLock | t
 virtualxid   |                |      | 2/299|      | 2/299 | 8416 | ExclusiveLock   | t
 transactionid|                |      |      | 3546 | 3/30  | 8112 | ExclusiveLock   | t
 transactionid|                |      |      | 3545 | 2/299 | 8416 | ExclusiveLock   | t
 tuple        | testtab01      | 0,1  |      |      | 3/30  | 8112 | ExclusiveLock   | t
 transactionid|                |      |      | 3545 | 3/30  | 8112 | ShareLock       | f
(10 rows)

postgres=#
```

图 6-6　显示更新哪一行时被阻塞

此时，可以看到事务被阻塞在表"testtab01"的 ctid 为"(0,1)"的行上，查询该行信息的 SQL 命令如下：

```
SELECT * FROM testtab01 WHERE ctid='(0,1)';
```

在第三个 psql 窗口中运行上面这条 SQL 语句，可以看到如下信息：

```
postgres=# SELECT * FROM testtab01 WHERE ctid='(0,1)';
 id | note
----+------
  1 | 1111
(1 row)
```

从上面的运行结果中我们知道，事务阻塞在表"testtab01"中的"id"为"1"的行上。

6.12　小结

本章首先详细讲解了 PostgreSQL 数据库中的数据库、模式、表、触发器、视图、索引等数据库逻辑对象，对于初学者来说，深刻理解这些逻辑对象的概念和它们之间的层次关系是很有必要的。

然后介绍了数据库用户和权限方面的知识，PostgreSQL 用户的权限与其他数据库有一些不同，部分权限在用户的属性上，部分权限是通过 GRANT/REVOKE 管理的。另外，PostgreSQL 没有单独的 DDL 权限，是否能创建表、视图等数据库对象，要看用户在模式（SCHEMA）中是否拥有 CREATE 权限。

本章最后介绍了事物、并发和锁的概念，学习这些内容，可以深入学习数据库的锁和并发原理，为今后解决一些常见的数据库锁问题打下基础。

PostgreSQL 的核心架构

7.1 进程及内存结构

本节将详细讲解 PostgreSQL 数据库的进程和内存架构，同时会详细介绍一些常见进程的作用。

7.1.1 进程和内存架构图

进程和内存架构如图 7-1 所示。

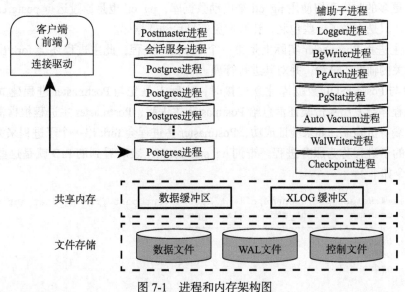

图 7-1　进程和内存架构图

启动 PostgreSQL 数据库时，会先启动一个叫 Postmaster 的主进程，还会 fork 出一些辅助子进程，这些辅助子进程各自负责一部分功能。辅助子进程的分类如下。

❑ Logger（系统日志）进程。

❑ BgWriter（后台写）进程。

❑ WalWriter（预写式日志）进程。

❑ PgArch（归档）进程。

❑ AutoVacuum（系统自动清理）进程。

❑ PgStat（统计信息收集）进程。

后面会详细讲解这些进程的作用。

7.1.2 主进程 Postmaster 介绍

PostgreSQL 数据库的主要功能都集中于 Postgres 程序，该程序位于安装目录的 bin 目录下，命令如下：

```
osdba@osdba-laptop:~$ which postgres
/usr/local/pgsql/bin/postgres
osdba@osdba-laptop:~$ ls -l /usr/local/pgsql/bin/postgres
-rwxr-xr-x 1 root root 5964188  7月  8 22:35 /usr/local/pgsql/bin/postgres
```

主进程 Postmaster 是整个数据库实例的总控进程，负责启动和关闭该数据库实例。用户可以运行 postmaster、postgres 命令并加上合适的参数来启动数据库。实际上，postmaster 命令是一个指向 Postgres 的链接，示例如下：

```
osdba@osdba-laptop:~$ ls -l /usr/local/pgsql/bin/postmaster
lrwxrwxrwx 1 root root 8  7月  8 22:35 /usr/local/pgsql/bin/postmaster -> postgres
```

当然，更多的时候我们使用 pg_ctl 来启动数据库，pg_ctl 也是通过运行 postgres 命令来启动数据库的，只是它做了一些包装，让我们更容易启动数据库。

所以，主进程 Postmaster 实际上是第一个 Postgres 进程，此主进程还会 fork 出一些与数据库实例相关的辅助子进程，并对其进行管理。

当用户与 PostgreSQL 数据库建立连接时，实际上是先与 Postmaster 进程建立连接，此时，客户端程序会发出身份验证消息给 Postmaster 主进程，Postmaster 主进程根据消息中的信息进行客户端身份验证，如果验证成功，Postmaster 主进程会 fork 出一个子进程来为该连接服务。fork 出的子进程称为服务进程。查询 pg_stat_activity 表时看到的 PID 就是这些服务进程的 PID，命令如下：

```
postgres=# select pid,usename,client_addr,client_port from pg_stat_activity;
 pid  | usename | client_addr | client_port
------+---------+-------------+-------------
 3753 | osdba   |             |          -1
 3766 | osdba   |             |          -1
 3768 | osdba   |             |          -1
(3 rows)
```

因为每次客户端与数据库建立连接时，PostgreSQL 数据库都会启动一个服务进程来为该连接服务，所以 PostgreSQL 数据库是进程架构模型，这与 MySQL 数据库是不一样的，MySQL 数据库每建立一个连接时启动的是一个线程，所以 MySQL 数据库是线程架构模型。

当某个服务进程出现错误的时候，Postmaster 主进程会自动完成系统恢复。恢复过程中会停掉所有的服务进程，然后进行数据库数据的一致性恢复，等恢复完成后，数据库才可以接受新的连接。

7.1.3　Logger 系统日志进程介绍

在配置文件 postgresql.conf 中有很多与日志相关的参数，这些参数后面会介绍。其中，只有在参数 logging_collect 设置为"on"时，主进程才会启动 Logger 辅助进程。

Logger 辅助进程通过 Postmaster 进程、所有服务进程及其他辅助进程收集所有的 stderr 输出，并将这些输出写入日志文件中。在 postgresql.conf 配置文件中则设置了日志文件的大小和存留时间。当一个日志文件达到了配置中的大小或其他条件时，Logger 就会关闭旧的日志文件，并创建一个新的日志文件。如果收到了装载配置文件的信号（SIGHUP），就会检查配置文件中的配置参数 log_directory 和 log_fileanme 与当前配置是否相同，如果不相同则会切换日志文件并使用新的配置。

7.1.4　BgWriter 后台写进程介绍

在 PostgreSQL 中，BgWriter 辅助进程是把共享内存中的脏页写到磁盘上的进程。当向数据库中插入或更新数据时，并不会马上把数据持久化到数据文件中。这主要是为了提高插入、更新、删除数据的性能。BgWriter 辅助进程可周期性地把内存中的脏数据刷新到磁盘中，刷新频率既不能太快，也不能太慢。如果一个数据块被改变了多次，而此时刷新频率又太快，那么这些改变每次都会被保存到磁盘中，这会导致 I/O 次数增多。在刷新频率太慢的情况下，若有新的查询或更新需要使用内存来保存从磁盘中读取的数据块时，由于没有空闲空间来存储这些数据块，就需要把内存腾出来，即先把一些内存中的脏页写到磁盘中，这样就会导致查询或更新需要等更长的时间，自然就会降低性能。上面提到的这些机制由以"bgwriter_"开头的配置参数来控制，后面的章节会详细介绍这些参数的作用。

7.1.5　WalWriter 预写式日志写进程介绍

WAL 是 Write Ahead Log 的缩写，中文名称为"预写式日志"。WAL 日志也被简称为"xlog"。WalWriter 进程就是写 WAL 日志的进程。预写式日志的概念就是，在修改数据之前必须把这些修改操作记录到磁盘中，这样后面更新实际数据时就不需要实时地把数据持久化到文件中了。如果机器突然宕机或数据库异常退出，导致一部分内存中的脏数据没有及时地刷新到文件中，在数据库重启后，通过读取 WAL 日志把最后一部分的 WAL 日志重新执行一遍，就可以将数据库恢复到宕机时的状态。

WAL 日志保存在 pg_xlog 下。xlog 文件的默认大小是 16MB，为了满足恢复要求，在 xlog 目录下会产生多个 WAL 日志，这样就可以保证在宕机后，未持久化的数据都可以通过 WAL 日志来恢复，那些不需要的 WAL 日志会被自动覆盖。

7.1.6 PgArch 归档进程

WAL 日志会循环使用，也就是说，较早期的 WAL 日志会被覆盖。PgArch 归档进程会在 覆盖前把 WAL 日志备份出来。PostgreSQL 从 8.X 版本开始提供 PITR（Point-In-Time-Recovery） 技术，通俗来讲，就是在对数据库进行过一次全量备份后，使用该技术将备份时间点之后的 WAL 日志通过归档进行备份，使用数据库的全量备份再加上后面产生的 WAL 日志，即可把 数据库向前回滚到全量备份后的任意一个时间节点了。

7.1.7 AutoVacuum 自动清理进程

在 PostgreSQL 数据库中，对表进行 DELETE 操作后，原有数据并不会立即被删除，而且 在更新数据时，也并不会在原有数据上做更新，而是会新生成一行数据。这在前面"锁"相 关章节中已经介绍，我们称之为"多版本"。此时，原有数据只是被标识为删除状态，只有在 没有并发的其他事务读到这些旧数据时，才会将其清除。这个清除工作就是由 AutoVacuum 进 程来完成的。

7.1.8 PgStat 统计数据收集进程

PgStat 辅助进程主要做数据的统计收集工作。收集的信息主要用于查询优化时的代价估 算，这些信息包括在一个表和索引上进行了多少次插入、更新、删除操作，磁盘块读写的次 数，以及行的读次数。系统表 pg_statistic 中存储了 PgStat 收集的各类统计信息。

7.1.9 共享内存

PostgreSQL 启动后会生成一块共享内存，共享内存主要用作数据块的缓冲区，以便提高 读写性能。WAL 日志缓冲区和 CLOG（Commit Log）缓冲区也存在于共享内存中。除此以外， 一些全局信息也保存在共享内存中，如进程信息、锁的信息、全局统计信息等。

PostgreSQL 9.3 之前的版本与 Oracle 数据库一样，都是使用 System V 类型的共享内存， 但自 PostgreSQL 9.3 版本之后，PostgreSQL 使用 mmap() 方式的共享内存。使用这种共享内存 的好处是无须再配置 System V 共享内存的内核参数 kernel.shmmax 和 kernel.shmall，就能使用 较大的共享内存。

共享内存中存放的内容如图 7-2 所示。

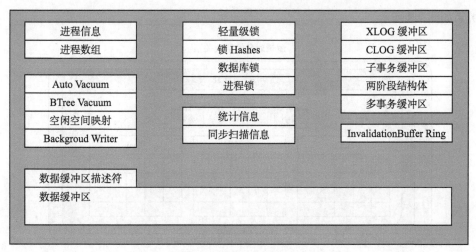

图 7-2　共享内存中的内容

7.1.10　本地内存

后台服务进程除访问共享内存以外，还会申请分配一些本地内存，以便暂存一些不需要全局存储的数据。这些内存缓冲区主要有以下几个：

❑ 临时缓冲区：用于访问临时表的本地缓冲区。

❑ work_mem：内部排序操作和 Hash 表在使用临时磁盘文件之前使用的内存缓冲区。

❑ maintenance_work_mem：在维护性操作（比如 VACUUM、CREATE INDEX 和 ALTER TABLE ADD FOREIGN KEY 等）中使用的内存缓冲区。

7.2　存储结构

对于数据库来说，存储结构一般分为逻辑存储结构和物理存储结构。逻辑存储结构通常指表、索引、视图、函数等逻辑对象，在本书中逻辑对象也称为数据库对象。物理存储结构表示数据库在物理层面上是如何存储的，目前 PostgreSQL 数据库是运行在文件系统之上的，后面会详细介绍 PostgreSQL 软件和数据文件在文件系统上是如何放置的。

7.2.1　逻辑存储结构

在 PostgreSQL 中，逻辑对象是有层次关系的，数据库创建后，有一个叫数据库簇的概念，虽然数据库簇的英文为 database cluster，但它并不是数据库集群的意思，故而翻译为数据库簇。在数据库簇中可以创建很多数据库（使用 create database 创建），也就是说，数据库簇相当于是一个数据库的容器。而 PostgreSQL 中的 database 与 MySQL 中的 Database 完全不是一个概念，PostgreSQL 的 Database 是一个多租户的概念，与 Oracle 12C 的 Pluggable Database 类似，主要实现租户隔离。在 Database 下，可以有多个模式（Schema），数据库逻辑存储结构的层次关系如图 7-3 所示。

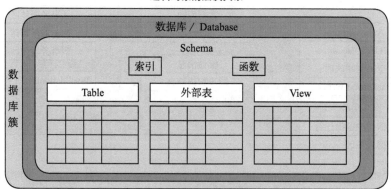

图 7-3　安装目录的结构图

7.2.2　软件目录结构

二进制安装的 PostgreSQL 软件是在 /usr/pgsql-<main_version>（main_version 是主版本号，如 /usr/pgsql-12）下编译安装的，PostgreSQL 软件通常安装在 "/usr/local" 目录下，当然也可以安装在其他目录下，其软件的目录结构如图 7-4 所示。

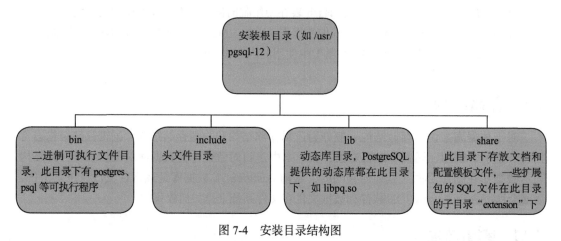

图 7-4　安装目录结构图

7.2.3　物理存储结构

一般使用环境变量 PGDATA 指向数据目录的根目录。该目录是在安装时指定的，所以在安装时需要指定一个合适的目录作为数据目录的根目录，而且每一个数据库实例都需要一个根目录。目录的初使化是使用 initdb 来完成的，初始化完成后，数据根目录下就会生成以下 6 个配置文件。

❑ postgresql.conf：此数据库实例的主配置文件，基本上所有的配置参数都在此文件中。

❑ postgresql.auto.conf：使用 ALTER SYSTEM 修改的配置参数存储在该文件中（PostgreSQL 9.4 及更高版本）。

❑ pg_hba.conf：认证配置文件，用于配置允许哪些 IP 的主机访问数据库、认证的方法是什么等信息。

❑ pg_ident.conf：ident 认证方式的用户映射文件。

❑ PG_VERSION：存储 PostgreSQL 主版本号。

❑ postmaster.opts：记录服务器上次启动的命令行参数。

此目录下还会生成如下子目录。

❑ base：默认表空间的目录。

❑ global：一些共享系统表的目录。

❑ log：程序日志目录，在查询一些系统错误时可查看此目录下的日志文件。在 10 版本之前此目录是"pg_log"。

❑ pg_commit_ts：视图提交的时间戳数据（PostgreSQL 9.5 及更高版本）。

❑ pg_dynshmem：动态共享内存子系统使用的文件（PostgreSQL 9.4 及更高版本）。

❑ pg_logical：逻辑复制的状态数据（PostgreSQL 9.4 及更高版本）。

❑ pg_multixact：多事务状态数据。

❑ pg_notify：LISTEN/NOTIFY 状态数据。

❑ pg_repslot：复制槽数据（PostgreSQL 9.4 及更高版本）。

❑ pg_serial：已提交的可串行化事务相关信息（PostgreSQL 9.1 及更高版本）。

❑ pg_snapshot：PostgreSQL 函数"pg_export_snapshot"导出的快照信息文件（PostgreSQL 9.2 及更高版本）。

❑ pg_stat：统计子系统的永久文件。

❑ pg_stat_tmp：统计子系统的永久文件。

❑ pg_subtrans：子事务状态数据。

❑ pg_tblsp：存储了指向各个用户自建表空间实际目录的链接文件。

❑ pg_twophase：使用两阶段提交功能时分布式事务的存储目录。

❑ pg_wal：WAL 日志的目录，在 PostgreSQL 10 版本之前此目录是"pg_xlog"。

❑ pg_xact：Commit Log 的目录，在 PostgreSQL 10 版本之前此目录是"pg_clog"。

在默认表空间的 base 目录下有很多子目录，这些子目录的名称与相应数据库的 OID 相同。

```
osdba-mac:~ osdba$ psql
psql (12.1)
Type "help" for help.

osdba=# select oid, datname from pg_database;
  oid  | datname
-------+------------
 12937 | postgres
```

```
 16384 | osdba
     1 | template1
 12936 | template0
(4 rows)

osdba=# \q
osdba-mac:~ osdba$ ls -l $PGDATA/base
total 0
drwx------  304 osdba  staff   9728 Jan 27 17:22 1
drwx------  304 osdba  staff   9728 Jan 27 17:22 12936
drwx------  304 osdba  staff   9728 Feb 12 09:59 12937
drwx------  329 osdba  staff  10528 Feb 12 22:09 16384
drwx------    2 osdba  staff     64 Feb  5 23:00 pgsql_tmp
```

例如上面的内容中 "osdba" 数据库的 oid 为 16384，则它对应的子目录名称就是 16384。在 16384 目录下，存放着 "osdba" 这个数据库的表、索引等数据文件。每个表或索引都会分配一个文件号 relfilenode，数据文件格式则以 "<relfilenode>[.顺序号]" 命名，每个文件最大为 1GB，当表或索引的内容大于 1GB 时，就会从 1 开始生成顺序号。所以一张表的数据文件的路径为：

```
<默认表空间的目录>/<database oid> /<relfilenode>[.顺序号]
```

而一张表或索引的 "relfilenode" 是记录在系统表 pg_class 的 relfilenode 字段中的。如果要查询数据库 "osdba" 中表 "test01" 的数据文件，根据前面已经查出的数据库 "osdba" 的 oid（为 16384）来查，假设表 "test01" 是在默认表空间下的，那么查询这张表的 relfilenode 的命令如下：

```
osdba=# select relnamespace, relname, relfilenode from pg_class where
  relname='test01';
 relnamespace | relname | relfilenode
--------------+---------+-------------
         2200 | test01  |       33103
(1 row)
```

可以看出这个表的 relfilenode 为 "33103"，则这张表的数据文件为 "$PGDATA/base/16384/33103"：

```
osdba-mac:~ osdba$ ls -l $PGDATA/base/16384/33103
-rw-------  1 osdba  staff  0 May  4 17:51 /Users/osdba/pgdata12/base/16384/33103
```

7.2.4 表空间的目录

前面讲解了表的数据文件在默认表空间下是如何存储的。对于用户创建的表空间，相当于一个对应的目录，在创建完一个表空间后，会在表空间的根目录下生成带有 "Catalog version" 的子目录，示例如下：

```
CREATE TABLESPACE tbs01 LOCATION '/home/osdba/tbs01';
```

此时，在表空间的根目录下会生成一个子目录名 "PG_12_201909212"：

```
osdba@osdba-laptop:~$ ls -l /home/osdba/tbs01
total 4
drwx------ 3 osdba osdba 4096 10月 19 14:29 PG_12_201909212
```

子目录"PG_12_201909212"中的"12"代表大版本，而"201909212"就是"Catalog version"，"Catalog version"可以由 pg_controldata 命令查询出来：

```
osdba-mac:~ osdba$ pg_controldata |grep "Catalog version number"
Catalog version number:               201909212
```

在"PG_12_201909212"子目录下，又会有一些子目录，这些子目录的名称就是数据库的 oid。

```
osdba-mac:~ osdba$ ls -l /Users/osdba/tbs12_01/PG_12_201909212/
total 0
drwx------  3 osdba  staff  96 Feb 12 22:25 16384
```

比如，上面的"16384"子目录就是"osdba"数据库的 oid。

所以对于用户创建的表空间，表和索引存储数据文件的目录名为：

```
<表空间的根目录>/< Catalog version 目录>/<database oid> /<relfilenode>[.顺序号]
```

7.3 应用程序访问接口

本节将详细讲解 PostgreSQL 为应用提供的访问接口，重点介绍各类编程语言的驱动程序。

7.3.1 访问接口总体图

访问接口总体图如图 7-5 所示。

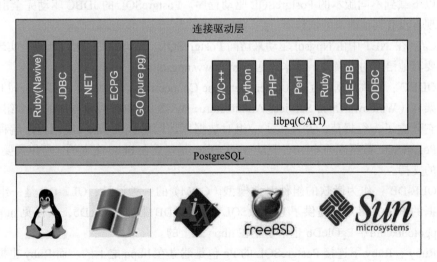

图 7-5 访问接口总体图

在整个应用架构中，PostgreSQL 数据库工作在操作系统与应用程序之间。PostgreSQL 数据库可以运行在各种操作系统（如 Linux、Windows、AIX、FreeBSD、Solaris）和其他类 UNIX 操作系统上。

不同的编程语言使用不同的驱动程序连接到 PostgreSQL 数据库上。总的来说这些驱动分为两类：

❑ 使用纯语言实现的 PostgreSQL 驱动，如 JDBC、.NET 等方式。这种连接方式不需要 libpq 库。

❑ 通过包装 PostgreSQL 的 C 语言接口库 libpq 实现的驱动，比如 Python 下的 psycopg 库、Perl 的 DBD::pg 模块、ODBC 等。所以在安装这些驱动之前，需要先安装 PostgreSQL 的 libpq 库。

在一般情况下，各种应用程序都是通过 TCP/IP 连接到 PostgreSQL 数据库的。如果应用程序与数据库在一台机器上，也可以使用 UNIX domain sockets 连接到 PostgreSQL 数据库。

7.3.2 不同编程语言的 PostgreSQL 驱动介绍

不同编程语言使用不同驱动来连接 PostgreSQL 数据库，具体如下。

❑ C/C++ 语言：C 语言直接使用 libpq 库就可以访问 PostgreSQL 数据库。PostgreSQL 也提供了一种在 C 程序中嵌入 SQL 语句访问 PostgreSQL 数据库的工具，这个工具就是 ECPG。ECPG 类似 Oracle 数据库中的 Proc*c。

❑ Java：Java 语言制定了连接数据库的标准 JDBC，各种数据库只需要按 JDBC 规范实现相应的驱动程序，Java 应用程序就可以通过 JDBC API 使用相同的方法访问不同类型的数据库，如 MySQL、Oracle 或 PostgreSQL。在 http://jdbc.postgresql.org/ 网站可以下载到不同版本的 PostgreSQL 驱动程序。PostgreSQL 的 JDBC 驱动完全由 Java 实现，没有其他语言的依赖库。

❑ C#：在 .NET 中由 Npgsql 驱动来访问 PostgreSQL。Npgsql 完全由 C# 语言实现，不需要其他语言的依赖库。具体请见 http://www.npgsql.org/。

❑ ODBC：开放数据库互连（Open Database Connectivity，ODBC）是微软公司开放服务架构（Windows Open Services Architecture，WOSA）中有关数据库的一个组成部分，它建立了一组规范，并提供了一组对数据库访问的标准 API（应用程序编程接口）。PosgreSQL 数据库的 ODBC 驱动 psqlODBC 是建立在 libpq 之上的，所以需要 libpq 库的支持。

❑ OLE-DB：作为微软的组件对象模型（COM）的一种设计，OLE-DB 是一组读写数据的方法。第三方提供了 PostgreSQL 的 OLE-DB 驱动 PgOleDb，具体见 http://www.pgoledb.com。PgOleDb 也是建立在 libpq 之上的。

❑ Ruby：Ruby 下连接 PostgreSQL 的 Pg 包是建立在 libpq 之上的。而 Ruby 也提供了不需要 libpq 库的纯语言驱动 postgres-pr。

❑ Perl: Perl 语言制定了访问数据库的标准接口 DBI 模块，各种语言提供相应的 DBD 驱动即可。在 Perl 语言中，PostgreSQL 的 DBD 驱动为 DBD::Pg。具体请见 http://search.cpan.org/~turnstep/DBD-Pg-2.19.3/Pg.pm。

❑ PHP：在 PHP 中有相应的函数访问 PostgreSQL，这些函数是建立在 libpq 之上的。

❑ Golang：Google 公司开发的 Go 语言。Go 语言访问 PostgreSQL 可以使用 https://github.com/lib/pq 驱动，这个驱动也是一个纯 Go 语言实现的驱动，不需要 libpq 的支持，可以充分利用 Go 语言协程的优势来获得很高的性能。

❑ Node.js：Node.js 语言使用 node-postgres 驱动访问 PostgreSQL。node-postgres 提供了纯 JavaScript 驱动，也提供了绑定 libpq 的方式来访问 PostgreSQL 数据库。纯 JavaScript 驱动访问使用 "with require('pg')"，而绑定 libpq 的方式则使用 "with require('pg').native"。

7.4　小结

本章包含三部分内容，第一部分介绍了 PostgreSQL 数据库的进程和内存结构，这部分对于架构师来说是必须要学习的，对于初学者来说也需要有一定的了解。第二部分介绍了 PostgreSQL 存储结构，对于初学者来说必须掌握其中的一些概念。第三部分介绍了 PostgreSQL 数据库提供的访问接口及驱动程序，对于架构师和开发人员有比较好的指导意义，数据库管理员通过学习也可以拓宽知识面。

Chapter 8 第 8 章

服 务 管 理

8.1 服务的启停及原理

本节详细介绍 PostgreSQL 启动和停止的方法，以及其中的原理。

8.1.1 服务的启停方法

启动数据库实例的方法有以下两种：

❑ 直接运行 postgres 进程启动。

❑ 使用 pg_ctl 命令启动数据库。

直接启动数据库的示例如下：

```
postgres -D /home/osdba/pgdata &
```

上面的命令中，"-D /home/osdba/pgdata"用于指定数据目录。命令的最后一个"&"表示后台执行。

使用 pg_ctl 命令启动数据库的示例如下：

```
pg_ctl -D /home/osdba/pgdata start
```

停止数据库也有两种方法：

❑ 直接向运行的 postgres 主进程发送 signal 信号，停止数据库。

❑ 使用 pg_ctl 命令停止数据库。

停止数据库的模式有以下 3 种。

❑ Smart Shutdown：智能关机模式。在接受此关机请求后，服务器将不允许新连接，等已有的连接全部结束后才关闭数据库。如果服务器处于联机备份模式，它将等到联机备份模式不再活动时才关闭。如果联机备份模式处于活动状态，它将仍然允许超级用户建立新的连接，这是为了允许超级用户连接上来以终止联机备份模式。如果向处于恢复状态的服务器（如 Standby 数据库）发送智能关机请求，服务器会等待恢复和流复制中的正常会话全部终止后才会停止。这种停库模式用得比较少，因为在这种模式下，用户主动断开数据库连接后数据库才会停止，如果用户一直不断开连接，服务器就无法停止。

❑ Fast Shutdown：快速关闭模式。不再允许新的连接，向所有活跃服务进程发送 SIGTERM 信号，让它们立刻退出，然后等待所有子进程退出并关闭数据库。如果服务处于在线备份状态，将直接终止备份，这将导致此次备份失败。这种关机模式比较常用。

❑ Immediate Shutdown：立即关闭模式。主进程 postgres 向所有子进程发送 SIGQUIT 信号，并且立即退出，所有的子进程也会立即退出。采用这种模式退出时，并不会妥善地关闭数据库系统，下次启动时数据库会重放 WAL 日志进行恢复，因此建议只在紧急的时候使用该方法。

直接向数据库的主进程发送的 signal 信号有以下 3 种。

❑ SIGTERM：发送此信号为 Smart Shutdown 关机模式。

❑ SIGINT：发送此信号为 Fast Shutdown 关机模式。

❑ SIGQUIT：发送此信号为 Immediate Shutdown 关机模式。

pg_ctl 命令用不同的命令行参数来表示不同的关机模式，具体如下。

❑ pg_ctl stop -D DATADIR -m smart：表示 Smart Shutdown 关机模式。

❑ pg_ctl stop -D DATADIR -m fast：表示 Fast Shutdown 关机模式。

❑ pg_ctl stop -D DATADIR -m immediate：表示 Immediate Shutdown 关机模式。

8.1.2 pg_ctl 工具

pg_ctl 是一个实用工具，它具有以下功能：

❑ 初始化 PostgreSQL 数据库实例。

❑ 启动、终止或重启 PostgreSQL 数据库服务。

❑ 查看 PostgreSQL 数据库服务的状态。

❑ 让数据库实例重新读取配置文件。

❑ 允许给一个指定的进程发送信号。

❑ 在 Windows 平台下允许为数据库实例注册或取消一个系统服务。

初始化 PostgreSQL 数据库实例的命令如下：

```
pg_ctl init[db] [-s] [-D datadir] [-o options]
```

上面的示例中调用 initdb 命令创建了一个新的 PostgreSQL 数据库实例，其参数说明如下。

❑ -s：只打印错误和警告信息，不打印提示性信息。

❑ -D datadir：指定数据库实例的数据目录。

❑ -o options：直接传递给 initdb 命令的参数，具体可见 initdb 命令的帮助信息。

应用示例如下：

```
osdba@osdba-laptop:~$ pg_ctl init -D /home/osdba/pgdata
The files belonging to this database system will be owned by user "osdba".
This user must also own the server process.

The database cluster will be initialized with locales
  COLLATE:  en_US.utf8
  CTYPE:    en_US.utf8
  MESSAGES: en_US.utf8
  MONETARY: zh_CN.UTF-8
  NUMERIC:  zh_CN.UTF-8
  TIME:     zh_CN.UTF-8
The default database encoding has accordingly been set to "UTF8".
The default text search configuration will be set to "english".

fixing permissions on existing directory /home/osdba/pgdata ... ok
creating subdirectories ... ok
selecting default max_connections ... 100
selecting default shared_buffers ... 24MB
creating configuration files ... ok
creating template1 database in /home/osdba/pgdata/base/1 ... ok
initializing pg_authid ... ok
initializing dependencies ... ok
creating system views ... ok
loading system objects' descriptions ... ok
creating collations ... ok
creating conversions ... ok
creating dictionaries ... ok
setting privileges on built-in objects ... ok
creating information schema ... ok
loading PL/pgSQL server-side language ... ok
vacuuming database template1 ... ok
copying template1 to template0 ... ok
copying template1 to postgres ... ok

WARNING: enabling "trust" authentication for local connections
You can change this by editing pg_hba.conf or using the option -A, or
--auth-local and --auth-host, the next time you run initdb.

Success. You can now start the database server using:

  /usr/local/pgsql9.2.4/bin/postgres -D /home/osdba/pgdata or
  /usr/local/pgsql9.2.4/bin/pg_ctl -D /home/osdba/pgdata -l logfile start
```

如果加上"-s"参数只会输出错误或告警信息，示例如下：

```
osdba@osdba-laptop:~$ pg_ctl init -s -D /home/osdba/pgdata

WARNING: enabling "trust" authentication for local connections
You can change this by editing pg_hba.conf or using the option -A, or
--auth-local and --auth-host, the next time you run initdb.
```

启动 PostgreSQL 数据库的示例如下：

```
pg_ctl start [-w] [-t seconds] [-s] [-D datadir] [-l filename] [-o options] [-p
  path] [-c]
```

其参数说明如下。

❑ start：启动数据库实例。

❑ -w：等待启动完成。

❑ -t：等待启动完成的等待秒数，默认为 60 秒。

❑ -s：只打印错误和警告信息，不打印提示性信息。

❑ -D datadir：指定数据库实例的数据目录。

❑ -l：把服务器日志输出附加在 filename 文件上，如果该文件不存在则自动创建。

❑ -o options：声明要直接传递给 postgres 的选项，具体可见 postgres 命令的帮助信息。

❑ -p path：指定 postgres 可执行文件的位置。默认 postgres 可执行文件来自与 pg_ctl 相同的目录，不必使用该选项，除非进行一些特殊的操作，或者产生 postgres 执行文件找不到的错误。

❑ -c：提高服务器的软限制（ulimit -c），尝试允许数据库实例在发生某些异常时产生一个 coredump 文件，以便进行问题定位和故障分析。

应用示例如下：

```
osdba@osdba-laptop:~$ pg_ctl start -w -D /home/osdba/pgdata
waiting for server to start....LOG:  database system was shut down at 2013-09-12
  23:14:21 CST
LOG:  database system is ready to accept connections
LOG:  autovacuum launcher started
  done
server started
```

停止 PostgreSQL 数据库的示例如下：

```
pg_ctl stop [-W] [-t seconds] [-s] [-D datadir] [-m s[mart] | f[ast] |
  i[mmediate] ]
```

其参数说明如下。

❑ -W：不等待数据库停止，就返回命令。

❑ -m：指定停止的模式。停止的几种模式前面已做介绍，这里不再赘述。

未说明的参数的含义与启动数据库命令中的相应参数含义相同。

应用示例如下：

```
osdba@osdba-laptop:~$ pg_ctl stop -D /home/osdba/pgdata -m f
waiting for server to shut down...LOG:  received fast shutdown request
.LOG:  aborting any active transactions
LOG:  autovacuum launcher shutting down
LOG:  shutting down
LOG:  database system is shut down
  done
```

```
server stopped
```

重启 PostgreSQL 数据库的示例如下：

```
pg_ctl restart [-w] [-t seconds] [-s] [-D datadir] [-c] [-m s[mart] | f[ast] |
  i[mmediate] ] [-o options]
```

此命令中的参数与启动或停止命令中的相应参数含义相同，这里不再赘述。

让数据库实例重新读取配置文件的命令如下：

```
pg_ctl reload [-s] [-D datadir]
```

在配置文件中改变参数后，需要使用上面的命令使参数生效，如修改 pg_hba.conf 中的配置后就可以使用该命令使之生效。

应用示例如下：

```
osdba@osdba-laptop:~$ pg_ctl reload -D /home/osdba/pgdata
server signaled
LOG:  received SIGHUP, reloading configuration files
```

查询数据库实例状态的命令如下：

```
pg_ctl status [-D datadir]
```

应用示例如下：

```
osdba@osdba-laptop:~$ pg_ctl status -D /home/osdba/pgdata
pg_ctl: server is running (PID: 3537)
/usr/local/pgsql9.2.4/bin/postgres "-D" "/home/osdba/pgdata"
```

下面的命令用于给指定的进程发送信号。此命令在 Windows 平台下比较有用，因为 Windows 平台下没有 kill 命令：

```
pg_ctl kill [signal_name] [process_id]
```

下面举例说明。此示例是针对 Windows 平台下的 PostgreSQL 数据库的，在使用 psql 连接到数据库时，运行 "select pg_sleep(600)" 命令，然后在操作系统的另一个窗口下用 "pg_ctl kill" 命令中断前一个窗口中正在执行的命令。连接到 psql 后，执行命令之前先查询该连接对应的后台数据库服务的进程号，命令如下：

```
postgres=# select pg_backend_pid();
  pg_backend_pid
----------------
           3900
(1 行记录)
```

然后在此 psql 中运行如下命令：

```
select pg_sleep(600);
```

再向此后台数据库服务进程发送 kill 信号，取消上面的 SQL 命令的执行。运行如下命令：

```
pg_ctl kill INT 3900
```

在前面的 psql 窗口中可以看到如下输出：

```
postgres=# select pg_sleep(60);
错误：  由于用户请求而正在取消查询
```

上面的示例说明向进程发送的 INT 信号把正在执行的 SQL 命令取消了。

不过，一般都使用函数"pg_cancel_backend(pid int)"来实现上述功能。在 Windows 平台下注册和取消服务的命令如下：

```
pg_ctl register [-N servicename] [-U username] [-P password] [-D datadir] [-w] [-t
    seconds] [-o options]
pg_ctl unregister [-N servicename]
```

其参数说明如下。

❑ -N servicename：要注册的系统服务的名称。此名称将用作服务名和显示名。

❑ -P password：用户启动服务的密码。

❑ -U：用于启动服务的用户名。如果是域用户，需要使用"DOMAIN\username"格式。

应用示例如下。

删除一个服务的命令如下：

```
pg_ctl unregister -N postgresql-9.2
```

增加一个服务的命令如下：

```
pg_ctl register -D "C:\Program Files\PostgreSQL\9.2\data"
```

8.1.3 信号

前面讲过，发送以下几种信息，数据库实例主进程会产生相应的关机模式。

❑ SIGTERM：Smart Shutdown 关机模式。

❑ SIGINT：Fast Shutdown 关机模式。

❑ SIGQUIT：Immediate Shutdown 关机模式。

发送 SIGHUP 命令会让服务器重新装载配置文件，使用"pg_ctl reload"命令和直接调用函数"pg_reload_conf()"时，其本质也是发送 SIGHUP 命令给服务主进程。

直接发送 SIGINT 命令给数据库服务进程，会导致此服务进程正在执行的 SQL 命令被取消，这与调用函数"pg_cancel_backend"效果相同。而发送 SIGTERM 信号给数据库服务进程，同调用"pg_terminate_backend"函数的效果相同。

8.1.4 postgres 及单用户模式

启动 PostgreSQL 数据库服务器，实际上就是使用不同的参数运行 postgres 程序。postgres 程序有很多命令行参数，大家可以查看 PostgreSQL 中的相关内容，此处不再详细介绍 postgres 程序的使用方法。本节主要介绍 postgres 的单用户模式。postgres 单用户模式就是启动 postgres 程序时加上"--single"参数，这时 postgres 进程不会进入后台服务模式，而是进入交互式的命令行模式下，示例如下：

```
osdba@osdba-laptop:~$ postgres --single -D /home/osdba/pgdata postgres

PostgreSQL stand-alone backend 9.2.4
backend>
```

在此交互模式下可以执行一些命令，如一些 SQL 语句等。

单用户模式主要用于修复数据库的以下几种场景：

❑ 当多用户模式不接收所有命令时，可以使用单用户模式连接到数据库。

❑ initdb 阶段。

❑ 修复系统表。

下面来举例说明。

在 PostgreSQL 中的一条记录上，事务年龄不能超过 2^{31}，如果超过该范围，这条数据就会丢失。PostgreSQL 数据库不允许这种情况发生，当记录的年龄离 2^{31} 还有 1 千万的时候，数据库的日志中就会发出如下告警：

```
WARNING:  database "osdba" must be vacuumed within 177000234 transactions
HINT:  To avoid a database shutdown, execute a database-wide VACUUM in "osdba".
```

如果不处理，当记录的年龄离 2^{31} 还有 1 百万时，出于安全考虑，数据库服务器将自动禁止来自任何用户的连接，同时在日志中提示如下信息：

```
ERROR:  database is not accepting commands to avoid wraparound data loss in
  database "osdba"
HINT:  Stop the postmaster and use a standalone backend to VACUUM in "osdba".
```

在这种情况下，只能把数据库启动到单用户模式下执行 VACUUM 命令来修复。

```
osdba@osdba-laptop:~$ postgres --single -D /home/osdba/pgdata postgres

PostgreSQL stand-alone backend 9.2.4
backend> vacuum full;
backend> Ctrl+D
```

8.2 服务配置介绍

本节将介绍 PostgreSQL 的配置方法及一些常用的配置参数。

8.2.1 配置参数

PostgreSQL 的配置参数是在 postgresql.conf 文件中集中管理的，该文件位于数据库实例的目录（$PGDATA）下。此文件中的每个参数配置项的格式都是"参数名 = 参数值"，格式如下面的配置项：

```
# 这是一个注释
```

```
log_connections = yes
log_destination = 'syslog'
search_path = '"$user", public'
shared_buffers = 128MB
```

配置文件中可以使用"#"进行注释。

所有配置项的参数名都是大小写不敏感的。参数值有以下 5 种数据类型。

❏ 布尔：布尔值都是大小写无关的，可以是 on、off、true、false、yes、no、1、0。

❏ 整数：数值可以指定单位，如一些内存配置的参数可以指定 KB、MB、GB 等单位。

❏ 浮点数：可以指定小数的数值，如"1.0"。

❏ 字符串：单引号包起来的字符串，如 'csvlog'。

❏ 枚举：不需要单引号引起来的字符串。

postgresql.conf 文件中还可以使用 include 指令包含其他文件中的配置内容，示例如下：

```
include 'filename'
```

如果指定被包含的文件名不是绝对路径，那么就是相对于当前配置文件所在目录的相对路径。包含还可以被嵌套。

所有的配置参数都在系统视图"pg_settings"中，见下面的例子。

当不知道枚举类型的配置参数"client_min_messages"可以取哪些值时，可用如下语句查询：

```
osdba=# select enumvals from pg_settings where name = 'client_min_messages';
                          enumvals
-----------------------------------------------------------------
 {debug5,debug4,debug3,debug2,debug1,log,notice,warning,error}
(1 row)
```

当不知道参数"autovacuum_vacuum_cost_delay"的时间单位时，可以使用如下命令查询：

```
osdba=# select unit from pg_settings where name = 'autovacuum_vacuum_cost_delay';
 unit
------
 ms
(1 row)
```

关于参数"autovacuum_vacuum_cost_delay"的描述可以使用如下命令查询：

```
osdba=# select short_desc,extra_desc from pg_settings where name = 'autovacuum_
  vacuum_cost_delay';
                        short_desc                      | extra_desc
-------------------------------------------------------+------------
 Vacuum cost delay in milliseconds, for autovacuum.|
(1 row)
```

参数的访问和设置也有多种情况，有些参数发生改变后必须重启服务器才能生效，有些参数可以直接修改，还有一些参数只有超级用户才有权限修改。在 PostgreSQL 中把参数分为以下几类。

❑ internal：这类参数是只读参数，其中，有些参数是 postgres 程序写死的，或者是用不同的编辑选项确定的；有些参数是数据库实例初使化时就确定了的，比如创建实例时运行 initdb，可以使用一些命令行参数选项来确定某些参数的值，如可以在 initdb 中使用 -k 把参数 "data_checksums" 初使化为 "on"，之后就不能再改变此参数值了。这类参数值不能在 postgresql.conf 中配置，因为它们是由 postgres 程序或在初始化实例时写死的。

❑ postmaster：改变这类参数的值需要重启 PostgreSQL 实例。在 postgresql.onf 文件中可改变这些参数后，需要重启 PostgreSQL 实例修改才能生效。

❑ sighup：在 postgresql.conf 文件中改变这类参数的值不需要重启数据库，只需要向 postmaster 进程发送 SIGHUP 信号，让其重启装载配置新的参数值就可以了。当然 postmaster 进程接收到 SIGHUP 信号后，也会向它的子进程发送 SIGHUP 信号，让新的参数值在所有的进程中生效。

❑ backend：在 postgresql.conf 文件中更改这类设置无须重新启动服务器，只需要向 postmaster 发送一个 SIGHUP 信号，让它重新读取 postgresql.conf 文件中新的配置值，但新的配置值只会出现在修改之后的新连接中，已有的连接中该参数的值不会改变。这类参数的值也可以在新建连接时由连接的一些参数改变。例如，通过 libpq 的 PGOPTIONS 环境变量可以改变本连接的配置值。

❑ superuser：这类参数可以由超级用户使用 SET 命令来改变，如检测死锁的超时时间的参数 "deadlock_timeout"。而超级用户改变此参数值时只会影响自身的 sesssion 配置，不会影响其他用户关于此参数的配置。向 Postmaster 进程发送 SIGHUP 信号也只会影响后续创建的连接，不会影响已有的连接。

❑ user：这类参数可以由普通用户使用 SET 命令来改变本连接中的配置值。除了普通用户也可以改变外，这类参数与 superuser 类参数没有区别。

可以通过查询 pg_settings 表中的 context 字段值来了解改变参数在 postgresql.conf 文件中的配置值时，是否需要重启数据库，示例如下。

要想知道改变参数 "wal_buffers" 的值是否需要重启数据库，可以用如下 SQL 语句查询：

```
osdba=# select name,context from pg_settings where name like 'wal_buffers';
    name     | context
-------------+------------
 wal_buffers | postmaster
(1 row)
```

上例查询返回的结果是 "postmaster"，说明此参数值修改后必须重启服务器才会生效。

要想知道改变参数 "local_preload_libraries" 的值是否需要重启数据库，可用如下 SQL 语句查询：

```
osdba=# select name,context from pg_settings where name like 'local_preload_
  libraries';
```

```
              name        | context
-------------------------+---------
 local_preload_libraries | backend
(1 row)
```

上例得出的参数类型是"backend",说明此参数值修改后不需要重启数据库,只需要运行 pg_ctl reload 命令就可以了:

```
osdba@osdba-laptop:~/pgdata$ pg_ctl reload -D /home/osdba/pgdata
server signaled
```

8.2.2 连接配置项

本节主要介绍连接数据库相关的配置项,这些配置项有以下几种。

❑ listen_addresses:string 类型,声明服务器监听客户端连接的 TCP/IP 地址,改变此参数需要重启数据库服务。如果主机有多个 IP 地址,则让 PostgreSQL 服务在多个 IP 地址上监听,该参数的配置值就是由逗号分隔的多个 IP 地址值或 IP 地址值对应的主机名组成的一个列表。通常把此项配置为"*",表示在本机的所有 IP 地址上监听。当然也可以配置成"0.0.0.0",它与"*"相同,也表示在本机所有的 IP 地址上监听。如果这个列表是空的,那么服务器不会监听任何 IP 地址,在这种情况下,只有 UNIX 域套接字可以连接到数据库。此参数的默认值是"localhost",表示只允许本地使用"loopback"连接到数据库,其他机器无法连接。更精细的控制项,如哪些 IP 或哪些网段可以连接服务器,是由配置文件"pg_hba.conf"来控制的。当然,listen_addresses 也可以控制只在一个特定的 IP 地址上监听,所以可以有针对性地阻止不安全网卡的恶意连接请求。

❑ port:integer 类型,指定服务器监听的 TCP 端口,默认为"5432"。改变该参数需要重启数据库服务。请注意,同一个端口号用于服务器监听的所有 IP 地址。

❑ max_connections:integer 类型,允许与数据库连接的最大并发连接数。改变该参数需要重启数据库服务。默认值通常是"100",但是如果内核设置不支持(在 initdb 时判断),该值可能会小于这个数。这个参数只能在服务器启动的时候设置。增大该参数可能会让 PostgreSQL 申请更多的 System V 共享内存或信号灯,可能会因超过操作系统默认配置值而导致实例无法启动。当运行 HOT Standby 服务器时,该参数必须大于或等于主服务器上的参数,否则 HOT Standby 服务器上可能无法执行查询操作。

❑ superuser_reserved_connections:integer 类型,决定为 PostgreSQL 超级用户连接而保留的连接数。改变该参数需要重启数据库服务。默认值是"3"。设置该参数的目的在于防止因普通用户消耗掉允许的所有连接而导致超级用户无法连接到数据库。普通用户最多建 max_connections-superuser_reserved_connections 个连接后就不再允许连接数据库了,这时超级用户还可以连接到数据库。该值必须小于 max_connections 的值。

❑ unix_socket_directory:string 类型,声明服务器监听客户端连接的 UNIX 域套接字目录。该参数只能在编译时修改。默认值通常是"/tmp"。除了套接字文件本身,名为

".s.PGSQL.nnnn"".s.PGSQL.nnnn.lock"（nnnn 是服务器的端口号）的文件会在 unix_socket_directory 路径下创建，这两个文件都不应被手动删除。Windows 下没有 UNIX 域套接字，因此该参数与 Windows 无关。

❑ unix_socket_group：string 类型，设置 UNIX 域套接字的所属组（套接字的所属用户总是启动服务器的用户）。改变该参数需要重启数据库服务。可以与选项"unix_socket_permissions"一起用于对套接字进行访问控制。默认是一个空字符串，表示启动服务器的用户所属的默认组。该选项只能在服务器启动时设置。Windows 下没有 UNIX 域套接字，因此该参数与 Windows 无关。

❑ unix_socket_permissions：integer 类型，设置 UNIX 域套接字的访问权限。改变该参数需要重启数据库服务。UNIX 域套接字文档的权限与普通的 UNIX 文件系统权限相同，该选项的值应该是数值形式，也就是 chmod 函数和 umask 函数中接受的形式。如果使用八进制格式，数字必须以 0 开头。默认的权限是"0777"，意思是任何用户都可以连接。通常合理的设置也可能是"0770"（只有用户和同组的用户可以访问）和"0700"（只有用户自己可以访问）。需要注意的是，对于 UNIX 域套接字，只有写权限有意义，读和执行权限没有任何意义。Windows 下没有 UNIX 域套接字，因此该参数与 Windows 无关。

❑ bonjour：boolean 类型，Bonjour 也称为零配置联网，是苹果电脑公司的一个服务器搜索协议，此参数表示是否让 Bonjour 搜索到 PostgreSQL 服务。改变该参数需要重启数据库服务。默认值是"off"。

❑ bonjour_name：string 类型，声明 Bonjour 服务名称。改变该参数需要重启数据库服务。默认值为空字符串，表示使用本机名。如果编译时没有打开 Bonjour 支持，那么将忽略该参数。

❑ tcp_keepalives_idle：integer 类型，表示在一个 TCP 连接中空闲多长时间后会发送一个 keepalive 报文。默认值为"0"，表示使用操作系统设置的默认值，因为 Windows 不支持读取系统默认值，在 Windows 操作系统上此值若设置为"0"，系统会将该参数设置为 2 小时。该参数只有在支持 TCP_KEEPIDLE 或 TCP_KEEPALIVE 功能的操作系统上才可用，如 Windows 和 Linux。在不支持此功能的操作系统上必须设置为"0"。此参数只对 TCP 连接有用，UNIX 域套接连接会忽略该参数。

❑ tcp_keepalives_interval：integer 类型，在一个空闲 TCP 连接中，定义在发送第一个 TCP keepalive 包后，如果在该参数给定的时间间隔内没有收到对端的回包，则开始发送第二个 TCP keepalive 包，若在给定的时间间隔内仍未收到回包的话则发送第三个 keepalive 包，直到达到 tcp_keepalives_count 次后都没有收到回包，则认为连接已中断，关闭连接。若指定为"0"，即表示使用操作系统设置的默认值，但在 Windows 操作系统上，因为 Windows 不支持读取系统默认值，此值若设置为"0"，系统会将该参数设置为 1 秒。该参数只有在支持 TCP_KEEPIDLE 或 TCP_KEEPALIVE 功能的操作系统上才可用，如 Windows 和 Linux。在不支持此功能的操作系统上，必须设置为"0"。此参数只对 TCP 连接有用,UNIX 域套接连接会忽略该参数。

❑ tcp_keepalives_count:integer 类型,在一个空闲 TCP 连接上,发送 keepalive 包后,如果一直没有收到对端的回包,最多发送 keepalive 次报文后就认为 TCP 连接已中断。若指定为"0",即表示使用操作系统设置的默认值。该参数只有在支持 TCP_KEEPCNT 功能的操作系统上才可用,在不支持此功能的操作系统上,必须设置为"0"。Windows 操作系统也不支持此参数,所以也必须设置为"0"。此参数只对 TCP 连接有用,UNIX 域套接连接会忽略该参数。

在上面的参数中,需要注意的是 TCP 的 keepalive 参数的设置,在 Linux 环境下,通常要把 tcp_keepalives_idle 设置为较短的时间值。默认设置为"0"时,使用操作系统的设置值,通常为 7200 秒,即 2 小时,这个时间间隔对于大多数应用来说都太长了,所以需要设置为较短的时间值,如下面的配置:

```
tcp_keepalives_idle = 180
tcp_keepalives_interval = 10
tcp_keepalives_count = 3
```

8.2.3 内存配置项

对于任何数据库软件来说,内存配置项都是很重要的配置项。在 PostgreSQL 中主要有以下几个内存配置参数。

❑ shared_buffers:integer 类型,设置数据库服务器将使用的共享内存缓冲区数量,此缓冲区为数据块的缓存使用。此缓冲区是放在共享内存中的。每个缓冲区大小的典型值是 8KB,除非在编译时修改了 BLCKSZ 的值。默认值通常是"4000",对于 8KB 的数据块则共享内存缓冲区大小为 $4000 \times 8KB \approx 32MB$。这个数值必须大于 16,并且至少是 max_connections 数值的两倍。通常会把此值设置得大一些,这样可以改进性能。在安装生产系统时,建议至少将该值设置为几千。如果有专用的 1GB 或更多内存的数据库服务器,一个合理的 shared_buffers 开始值可以是物理内存的 25%。但把 shared_buffers 设置得太大,如超过物理内存的 40% 后,就会发现缓存的效果并不明显,这是因为 PostgreSQL 是运行在文件系统之上的,若文件系统也有缓存,将导致双缓存过多,产生负面影响。通常情况下,将 share_buffers 设置为物理内存的 25%,而把更多的内存留给文件系统的缓存。在 Windows 环境下也是如此。在早期的 PostgreSQL 版本下,增大该参数的值可能会要求更多 System V 共享内存,可能会超出操作系统共享内存配置参数允许的大小。

❑ temp_buffers:integer 类型,设置每个数据库会话使用的临时缓冲区的最大数目。此本地缓冲区只用于访问临时表。临时缓冲区是在某个连接会话的服务进程中分配的,属于本地内存。临时缓冲区的大小也是按数据块大小来分配的,默认值是"1000",对于 8KB 的数据块大小为 8MB。每个会话可以使用 SET 命令改变此设置值,但是必须在会话第一次使用临时表前设置才有效,一旦使用了临时表,再改变该数值将是无效的。并不是一启动会话就分配这么多临时缓冲区的内存，而是按需分配，在需要时才分配实际的临时缓冲区内存。如果在一个并不需要大量临时缓冲区的会话里设置一个较大的数值，它的开销只是一个缓冲区描述符，每个 BLOCK 就会增加大约 64B 的内存用于存储缓冲区描述符。

❑ work_mem：integer 类型，声明内部排序操作和 Hash 表在开始使用临时磁盘文件之前使用的内存数目。这个内存也是本地内存，以千字节为单位，默认是 1024 KB（1MB）。请注意，对于复杂的查询，可能会同时并发运行多个排序或散列（Hash）操作；每个排序或散列操作都会分配该参数声明的内存来存储中间数据，只有存不下时才会使用临时文件。同样，多个正在运行的会话可能会同时进行排序操作，因此使用的总内存可能是 work_mem 的好几倍。ORDER BY、DISTINCT 和 MERGE JOINS 都要用到排序操作。Hash 表在 Hash Join、以 Hash 为基础的聚集、以 Hash 为基础的 IN 子查询处理中也都要用到排序。

❑ maintenance_work_mem：integer 类型，声明在维护性操作，比如 VACUUM、CREATE INDEX 和 ALTER TABLE ADD FOREIGN KEY 中使用的最大内存数以 KB 为单位，默认是 16MB。在一个数据库会话里，只有这样的操作可以执行，并且一个数据库实例通常不会有太多这样的工作并发执行，通常把该数值设置得比 work_mem 大一些较为合适。更大的设置可以提高上述操作的执行效率。

> **注意** 配置 AutoVacuum 后，达到 autovacuum_max_workers 的时间，内存会被分配，因此也不要将默认值设置得太大，而当需要手动执行上述操作时，可以使用 SET 命令把此参数值设置得大一些。

❑ max_stack_depth：integer 类型，声明服务器的执行堆栈的最大安全深度。此设置默认为 2MB，如果发现不能运行复杂的函数时，可以适当提高此配置的值，不过通常情况下保持默认值就足够了。

把 max_stack_depth 参数设置得大于实际的操作系统内核限制值时，意味着一个正在运行的递归函数可能会导致 PostgreSQL 后台服务进程崩溃。在一些操作系统平台上，PostgreSQL 能够检测出内核限制，这时 PostgreSQL 将不允许其设置为一个不安全的值。但 PostgreSQL 并不能在所有的操作系统平台上都能检测出操作系统的内核限制值，所以建议还是设置一个明确的值。

8.2.4 预写式日志的配置项

1）wal_level：enum 类型，可以选择的值为"minimal""replica""logical"，此配置项决定了多少信息写入 WAL 日志中。改变该参数需要重启数据库服务。默认值是"minimal"，即只写入在数据库崩溃或突然关机后进行恢复时所需要的信息。设置为"replica"，则会添加一些备库只读查询时需要的信息。当执行"CREATE TABLE AS""CREATE INDEX""CLUSTER"和"COPY into tables"等批量操作时，如果 wal_level 设置为

"minimal"，那么批量操作只会产生很少的 WAL 日志，原因是这些批量操作的具体过程可以安全地跳过，并不会影响数据库的恢复，但"minimal"级别的 WAL 不包括所有从基础备份和 WAL 日志中重建数据的信息。如果要搭建物理备库，需要把此参数设置为"replica"；如果需要使用逻辑同步，需要把此参数设置为"logical"。

2）fsync：boolean 类型，即是否使用 fsync() 系统调用（或等价调用）把文件系统中的脏页刷新到物理磁盘，确保数据库能在操作系统或者硬件崩溃的情况下恢复到一致的状态。改变该参数需要重新装载配置文件。此参数默认值为"on"，大多数情况下都应该把这个参数设置为"on"。但当此数据库不是很重要，或者此数据库中的数据很容易在其他系统中重建时，为了提高性能，可以把此参数设置为"off"。例如，从备份文件中初始加载一个新数据库时，可以把此参数设置为"off"，这样可以提升重建的速度。如果这个选项被关闭，那么可以考虑关闭 full_page_writes，因为把 fsync 设置为"off"后，把 full_page_writes 设置为"on"也无法保证数据的安全性，不如索性全部设置为"off"。

3）synchronous_commit：boolean 类型，声明提交一个事务是否需要等待其把 WAL 日志写入磁盘后才返回，默认值是"on"。为了事务的安全，通常都应当设置为"on"。不同于 fsync，将此参数设置为"off"不会产生数据库不一致性的风险，只会导致用户已提交成功的最近的几个事务丢失，即在数据库崩溃或突然关机后，重启数据库时用户会发现故障时间点附近的几个事务实际上并没有提交成功，而是回滚了，而数据库状态是一致的。一般用户可以直接改变此参数值，因此在提交一些不重要的事务时，可以先把此参数设置为"off"，然后再提交，这样就可以提高数据库性能。

4）wal_sync_method：enum 类型，用来指定向磁盘强制更新 WAL 日志数据的方法。一般保持默认值就可以了。如果 fsync 设置为"off"，那么该参数的设置就没有意义。该参数的可选项有以下几种。

❑ open_datasync：使用 O_DSYNC 选项的 open() 函数打开 WAL 日志，Linux 操作系统不支持此选项。Windows 下默认使用此选项。

❑ fdatasync：每次提交时调用 fdatasync 函数。Linux 操作系统上默认使用此选项。fsync_writethrough：每次提交时调用 fsync() 函数，同时把所有 Cache 都刷新到物理硬盘中。Linux 操作系统不支持此选项。Windows 下支持此选项。

❑ fsync：每次提交时调用 fsync() 函数。大多数平台都支持此选项。

❑ open_sync：使用 O_SYNC 选项的 open() 函数来打开 WAL 日志。大多数平台都支持此选项。

5）full_page_writes：boolean 类型。打开该选项时，PostgreSQL 服务器会在检查点（checkpoints）之后对页面进行第一次修改时将整个页面写到 WAL 日志中。这样做是因为在操作系统崩溃过程中可能只有部分页面写入磁盘了，从而导致在同一个页面中会有新旧数据混合的情况。在崩溃后的恢复期，如果 WAL 日志中没有记录完整的页，且页中的数据是新旧混合的，则无法完全恢复该页。把完整的页面保存在 WAL 日志中就可以直接使用 WAL 日志中的页覆盖坏页（包含新旧混合的数据）以完成恢复工作。此参数的默认值为"on"，为了数据安全，通常使用该默认设置。

📷 **注意** 运行到检查点时，若页面第一次被修改，则整个页面会被写入 WAL 日志中，但在下一个检查点到来之后该页面若再发生变化，将不会再记录整个页面。也就是说，在两个检查点之间，不管这个页面变化了多少次，只在第一次变化时记录整个页面到 WAL 日志中，后面的就不会再记录了。所以，增加检查点产生的时间间隔就能减少 WAL 的日志量。

6）wal_buffers：integer 类型，指定放在共享内存中用于存储 WAL 日志的缓冲区的数目。默认值为 "8"，即 64KB 。改变此参数需要重启数据库服务。此参数设置值的大小只需要能够保存一次事务生成的 WAL 数据即可，这些数据在每次事务提交时都会写入磁盘。通常此参数设置为 8~128（64KB~1MB）。

7）wal_writer_delay：integer 类型，指定 wal writer process 把 WAL 日志写入磁盘的周期。在每个周期中会把缓存中的 WAL 日志刷新到磁盘上，休眠 wal_writer_delay 时间，然后重复上述过程。默认时间为 200 毫秒。当把 synchronous_commit 参数设置为 "on" 时，实际上在每次事务提交时都会把缓存中的 WAL 日志刷新到磁盘上，因此该参数通常在 synchronous_commit 参数设置为 "off" 时比较有用。当 synchronous_commit 参数设置为 "off" 时，wal_writer_delay 参数的值决定了数据库实例、操作系统或硬件崩溃时，最多丢失多长时间内已提交事务的数据。

8）commit_delay：integer 类型，指定向 WAL 缓冲区写入记录和将缓冲区刷新到磁盘上之间的时间延迟，以微秒为单位。非零的设置值允许多个事务共用一个 fsync() 系统调用刷新数据。如果系统负载足够高，那么在给出的时间间隔里，其他事务可能已经准备好提交了。但是如果没有其他事务准备提交，那么该延迟就是在浪费时间。因此，该延迟只在一个服务器进程写其提交日志时，且至少 commit_siblings 个其他事务处于活跃状态的情况下执行。默认是 "0"（无延迟）。

9）commit_siblin gs：integer 类型，在执行 commit_delay 延迟时要求同时打开的最小并发事务数。默认是 "5"。

8.2.5　错误报告和日志项

通常在刚安装完成的 PostgreSQL 中，只需对打开日志项进行如下设置，其他项保持默认值，就可以满足用户的大多数要求：

```
logging_collector = on
```

采用上述配置后，基本上每天超过 10MB 大小时会生成一个日志文件，因为即使没有设置，也相当于默认设置了以下两个参数：

```
log_rotation_age = 1d
log_rotation_size = 10MB
```

每次重启数据库时也会生成一个新的日志文件。

在这种方式下，PostgreSQL 并不会自动清理日志文件，需要写一个脚本程序来清理日志文件。

实际上，PostgreSQL 数据库也可以把日志发送到操作系统的 syslog 中，或者多生成一个 csv 格式的日志，此操作通过配置 log_destination 参数来完成。如下配置就是把日志发送到 syslog 中：

```
log_destination = 'syslog'
```

如果是在 Windows 操作系统中，把日志发送到 Windows 的事件日志中的配置方法如下：

```
log_destination = 'eventlog'
```

如果想要生成一个 csv 格式的日志文件，需要进行如下配置：

```
logging_collector = on
log_destination = 'csvlog'
```

> **注意**　要生成 csvlog，需要打开"logging_collector"，如果在 syslog 和 eventlog 中生成日志，则不需要打开"logging_collector"。

还有一种常用的日志方法是将 PostgreSQL 数据库配置成保留固定数目的日志，如保留一周的日志，到了星期一，则把上星期一的日志覆盖掉，配置方法如下：

```
log_filename = 'postgresql-%u.log'
log_rotation_age = 1d
log_truncate_on_rotation = on
```

日志文件名只能是"postgresql-%u.log'"，其中"%u"代表星期几，星期一到星期日对应的值是 1~7，将 log_truncate_on_rotation 设置为"on"，就会覆盖上周的日志文件，以此来保证只保留 7 天的日志文件，示例如下：

```
postgresql-1.log
postgresql-2.log
postgresql-3.log
postgresql-4.log
postgresql-5.log
postgresql-6.log
postgresql-7.log
```

> **注意**　如果今天是星期三，postgresql-3.log 是今天的文件，而 postgresql-4.log 则是上星期四的文件。这与 Linux 操作系统中的 syslog 日志文件是不一样的，在 syslog 日志中，"syslog"是当前的日志文件，而"syslog.1"是前一段时间的日志文件，"syslog.2"则是更早一段时间的日志文件，也就是说，"syslog.N"中"N"（值为 1，2，3，…）的数值越大表示时间越早的日志文件。而本示例中，这个数据仅代表星期几。在 PostgreSQL 数据库中，日志文件无法配置成如 Linux 中的 syslog 那种保持固定数目的方式。

在上面的例子中，"%u"代表星期几，这个格式符实际上就是 C 函数的 strftime 中的格式符。可以在 Linux 下运行命令 "man strftime"来查询这些格式串。

下面列出日志的配置项。

❑ log_destination：前面讲过，可以设置为 "stderr" "csvlog" 和 "syslog"。

❑ logging_collector：可以设置为 "on"或 "off"。

❑ log_directory：日志输出的路径，可以是绝对路径或数据目录的相对路径。

❑ log_filename：文件名，可以带上格式字符串。

❑ log_rotation_age：日志超过多长时间后就生成一个新的文件。

❑ log_rotation_size：日志超过多大时就生成一个新的文件。

❑ log_truncate_on_rotation：当生成的新文件的文件名已经存在时，是否覆盖同名旧文件。

> 注意 只有基于时间的文件切换才会覆盖，服务器重启时的文件切换并不会覆盖。

❑ syslog_facility：该参数是设置了 log_destination = 'syslog' 后，指定 syslog 的 "facility"项。可以设置为 LOCAL0、LOCAL1、LOCAL2、LOCAL3、LOCAL4、LOCAL5、LOCAL6、LOCAL7 中的一个值。

❑ syslog_ident：当使用 syslog 时，用于在 syslog 日志中标识 PostgreSQL 的程序名。默认为 "postgresql.conf"。

PostgreSQL 数据库也可以设置 log 的级别，log 的级别控制着记录日志的多少，而 log 的级别由参数 "log_min_messages"来控制，可以取值为：DEBUG5、DEBUG4、DEBUG3、DEBUG2、DEBUG1、INFO、NOTICE、WARNING、ERROR、LOG、FATAL、PANIC，级别排序越靠后，则打印到日志文件中的内容就越少。

PostgreSQL 也有类似 MySQL 中的慢查日志功能，也就是把一些运行慢的 SQL 语句记录到日志中，在 PostgreSQL 中该功能是由参数 "log_min_duration_statement"来控制的，如果某个 SQL 语句的运行时间大于或等于设定的毫秒数，那么该 SQL 语句和它运行的时间就会被记录到日志中。当设置为 "0"时，则所有运行的 SQL 语句及其时间都会被记录到日志文件中。

另外，PostgreSQL 也可以记录一个 SQL 语句产生了一定级别的日志（通常是错误日志，也可以把该 SQL 语句记录到日志中），这一功能是由参数 "log_min_error_statement"来控制的，该参数的取值与 log_min_messages 的取值一样，可以取 DEBUG5、DEBUG4、DEBUG3、DEBUG2、DEBUG1、INFO、NOTICE、WARNING、ERROR、LOG、FATAL、PANIC 中的一个值，如果设置为 "NOTICE"，这条 SQL 语句运行时产生了 NOTICE 日志，则该 SQL 语句也会被记录到日志中。设置为 "PANIC"，则表示关闭该功能，因为 SQL 语句不可能生成 "PANIC"日志。

PostgreSQL 日志还可以控制是否记录 DDL、DML 或所有 SQL 语句，该功能是由参数 "log_statement"来控制的。当设置为 "none"时，不记录 SQL 语句。当设置为 "ddl"

时，记录所有 DDL 语句。当设置为"mod"时，记录 INSERT、UPDATE、DELETE、TRUNCATE、COPY FROM 等，如果 PREPARE、EXECUTE 或 EXPLAIN ANALYZE 语句产生了更新，这些语句也同样会被记录下来。当设置为"all"时，则所有 SQL 语句都会被记录，如果使用了参数"log_min_duration_statement"，超过一定时间的 SQL 语句已在日志中被打印，而这些 SQL 语句又符合 log_statement 参数配置并要求输出到日志中，则 SQL 语句不会在日志中重复打印两次，只会打印一次。

PostgreSQL 中还有以下调试 SQL 执行计划及过程的日志参数。

❑ debug_print_parse：设置为"on"时，把 SQL 的解析树打印到日志中。

❑ debug_print_rewritten：设置为"on"时，把 SQL 的查询重写打印到日志中。

❑ debug_print_plan：设置为"on"时，把 SQL 的执行计划打印到日志中。

❑ debug_pretty_print：是否缩进上面 3 种日志以使其更易读。

PostgreSQL 还有很多日志开关，可以由用户决定把哪些信息记录到日志中。

❑ log_checkpoints：是否记录 checkpoint。

❑ log_connections：是否记录客户端的连接。

❑ log_disconnections：是否记录客户端断开连接的信息。

❑ log_duration：是否记录每个已完成语句的持续时间，对于使用扩展查询协议的客户端，语法分析、绑定、执行，每一步所用的时间都分别进行记录。

❑ log_hostname：是否记录客户端的主机名。

❑ log_lock_waits：当一个会话等待时间超过 deadlock_timeout 时，是否记录一条日志信息。

当 SQL 有排序、临时查询结果或 Hash 时会生成临时文件，这些临时文件有时会比较大，需要进行监控，可以设置参数"log_temp_files"为一个整数值，当生成的临时文件大于这个值时，则把临时文件的信息打印到日志文件中。

也可以控制输出日志时每行的行头固定输出哪些信息，这是由参数"log_line_prefix"来控制的，该参数指定一个与 printf 函数类似的格式串，可用格式串如表 8-1 所示。

表 8-1　log 行前缀格式串

格式串	说明	仅用于会话
%a	应用程序名	是
%u	用户名	是
%d	数据库名	是
%r	远程主机名（或 IP 地址）加上远端端口	是
%h	远程主机名（或 IP 地址）	是
%p	进程 ID	否
%t	时间戳（没有毫秒）	否
%m	带毫秒的时间戳	否
%i	Command tag，当前会话的命令类型	是

（续）

格式串	说明	仅用于会话
%e	SQLSTATE 错误码	否
%c	Session ID，由两个 4 位十六进制数字（不包含前导 0x）组成，以点分隔。这两个数字分别表示进程开始时间和进程 ID	否
%l	每个会话或进程的日志行编号，从 1 开始	否
%s	进程开始的时间戳	否
%v	virtual transaction ID，由 "backendID/localXID" 组成	否
%x	transaction ID，如果没有分配事务 ID，则值为 "0"	否
%q	不产生任何输出，只是为了告诉非会话进程在字符串的指定位置停止	否
%%	输出 %	否

8.3 访问控制配置文件

在 PostgreSQL 中，允许哪些 IP 地址的机器访问数据库服务器是由 pg_hba.conf 文件来控制的。HBA 是 "Host-Based Authentication" 的缩写，也就是基于主机的认证。后面将介绍 pg_hba.conf 的配置方法。

8.3.1 pg_hba.conf 文件

initdb 初始化数据目录时会生成一个默认的 pg_hba.conf 文件。

pg_hba.conf 文件由很多记录组成，每条记录占一行。以 # 开头的注释及空白行会被忽略。一条记录由若干个空格或制表符分隔的字段组成，如果字段用引号引起来，那么它可以包含空白。

每条记录声明一种连接类型、一个客户端 IP 地址范围（如果和连接类型相关）、一个数据库名、一个用户名字，以及对匹配这些参数的连接使用的认证方法。第一条匹配连接类型、客户端地址、连接请求的数据库名和用户名的记录将用于执行认证。这个处理过程没有 "fall-through" 或 "backup" 的说法：如果选择了一条记录而且认证失败，那么将不再考虑后面的记录。如果没有匹配的记录，访问将被拒绝。

每条记录可以是下面 7 种格式之一：

```
local <dbname> <user> <auth-method> [auth-options]
host    <dbname> <user> <ip/masklen> <auth-method> [auth-options]
hostssl <dbname> <user> <ip/masklen> <auth-method>  [auth-options]
hostnossl <dbname> <user> <ip/masklen> <auth-method>[auth-options]
host <dbname>  <user>  <ip>  <mask> <auth-method>  [auth-options]
hostssl  <dbname> <user> <ip> <mask> <auth-method>  [auth-options]
hostnossl <dbname> <user> <ip> <mask> <auth-method>  [auth-options]
```

也就是说，记录中第一个字段只能取下面的值。

❑ local：这条记录匹配通过 UNIX 域套接字的连接认证。没有这种类型的记录就不允许

UNIX 域套接字的连接。当 psql 后面不指定主机名或 IP 地址时，即用 UNIX 域套接字的方式连接数据库。

❑ host：这条记录匹配通过 TCP/IP 进行的连接，包括 SSL 和非 SS 的连接。

❑ hostssl：这条记录匹配使用 TCP/IP 的 SSL 连接，且必须是使用 SSL 加密的连接。要使用该选项，编译服务器时必须打开 SSL 支持，而且启动服务器时必须打开 SSL 配置选项。

❑ hostnossl：这条记录与 hostssl 相反，只匹配那些在 TCP/IP 上不使用 SSL 的连接请求。

记录中第二个字段设置一个数据库名称，如果设置为"all"，表示可以匹配任何数据库。如果设置为"replication"，表示允许流复制连接，而不是允许连接到一个名为"replication"的数据库上。记录中第三个字段设置一个用户的名称，如果设置为"all"，表示可以匹配任何用户。

<ip/masklen> 表示允许哪些 IP 地址来访问此服务器，如 192.168.1.10/32 表示只允许 192.168.1.10 这台主机访问该数据库（因为掩码为 32，完全匹配此 IP），192.168.1.0/24 表示 IP 地址前缀为 192.168.1.X 的主机都允许访问数据库服务器。

<auth-method> 表示验证方法，PostgreSQL 支持的认证方式很多，但常用的只有 trust、reject、md5 和 ident 方法。平时只需要掌握这几种方式的配置方法就可以了，其他认证方法在使用时查询相关的资料即可。

记录中最后一项 [auth-options] 表示认证选项。

8.3.2　认证方法介绍

PostgreSQL 中支持以下几种验证方法。

❑ trust：无条件地允许连接。此方法允许任何可以与 PostgreSQL 数据库服务器连接的用户以任意 PostgreSQL 数据库用户身份进行连接，不需要口令或任何其他认证。

❑ reject：无条件地拒绝连接。reject 行可以阻止一个特定的主机连接，而允许其他主机连接数据库。这相当于设置了一个黑名单。

❑ md5：要求客户端提供一个 MD5 加密的口令进行认证。

❑ password：要求客户端提供一个未加密的口令进行认证。因为口令是以明文形式在网络上传递的，所以不应该在不安全的网络上使用此方式。一般这种方法使用得很少。

❑ gss：用 GSSAPI 认证用户。只有在进行 TCP/IP 连接时才能用。

❑ sspi：用 SSPI 来认证用户。仅在 Windows 系统上使用。

❑ krb5：用 Kerberos V5 认证用户。只有在进行 TCP/IP 连接时才能用。

❑ ident：通过联系客户端的 ident 服务器获取客户端操作系统的用户名，并且检查它是否匹配被请求的数据库用户名。ident 认证只能在 TCP/IP 连接上使用。当为本地连接指定这种认证方式时，将用 peer 认证来替代。服务器为了确定接收到的连接请求确实是客户端机器上的 osdba 用户发起的，而不是这台机器上其他用户发起的假冒请求，会向客户端机器上的 ident 服务发起请求，让 ident 服务查看此 TCP 连接是否是 osdba

用户发起的，如果不是，则认证失败。如果客户端通过本地连接连接到服务器，因为客户端与服务器在一台机器上，数据库服务器可以直接检查客户端用户的操作系统用户身份，就不需要向 ident 服务发送请求进行判断了。

❑ peer：数据库端允许客户端上的特定操作系统用户连接到数据库。这种认证方式的使用场景如下。客户端是主机上某个操作系统用户，已经通过了操作系统的身份认证，是数据库服务器可以信任的用户，不需要在数据库层面再次检测其身份。例如，如果配置了这种认证方式（配置中允许的用户名为"osdba"），这时在操作系统用户"osdba"下，就能以数据库用户 osdba 的身份连接到数据库。这种认证方式与 Oracle 数据库的操作系统用户认证类似，在 Oracle 数据库中，进入操作系统 oracle 用户后，不需要密码就能以"sysdba"的身份连接到本机的 Oracle 数据库上。

❑ ldap：用 LDAP 服务器认证。

❑ radius：用 RADIUS 服务器认证。

❑ cert：用 SSL 客户端证书认证。

❑ pam：用操作系统提供的可插入认证模块服务（PAM）来认证。

trust 认证方法一般与 UNIX 域套接字的连接认证组合使用，对于单用户工作站的本地连接是非常合适和方便的，因为这台机器只有用户使用，不存在安全性问题。如果在多用户的机器上使用 trust 认证方式，默认情况下，这台机器上的任何操作系统用户都可以使用数据库超级用户连接到数据库，这会导致安全问题。为了防止一般的操作系统用户连接到数据库，需要设置 PostgreSQL 的 UNIX 域套接字文件（默认为 /tmp/.s.PGSQL.5432）的访问权限。要做这些限制，可以设置 unix_socket_permissions 参数 和 unix_socket_group 参数，也可以设置 unix_socket_directory，把 UNIX 域套接字文件放在一个其他用户无法访问的目录中。

对于 TCP/IP 的连接认证，也可以使用 trust 认证方法，但 TCP/IP 方式会导致远程机器上的任何操作用户都可以连接到数据库，从而带来安全问题。

以密码为基础的认证方法包括 md5 和 password。这两种方法在操作上非常类似，但在 password 方式中，密码是明文在网络上传输的，在不安全的网络上密码可能会被截取，所以通常都用 md5 方式。

ident 认证方法也是用得较多的认证方式，这种方式通常与 UNIX 域套接字的连接认证方式组合使用，这样就可以以操作系统用户认证的方式连接到数据库中。例如，在操作系统下创建了一个用户"postgres"，数据库中也有一个用户"postgres"，设定 ident 认证方式后，在操作系统用户"postgres"下，可以直接连接到数据库中，而不需要密码。

8.3.3 认证方法实战

如果一台机器只给数据库使用，而没有其他用途，则可以在 pg_hba.conf 中进行如下配置：

```
local   all    all     trust
```

该命令行表示在这台机器上，任何操作系统的用户都可以以任何数据库用户身份（包括数据库超级用户）连接到数据库上而不需要密码。因为这台主机只供数据库使用，可以把不用的操作系统用户都禁止，以保证安全性。

如果想在数据库主机上使用密码验证，可以使用如下配置：

```
local   all    all                     md5
```

如果想让其他主机的连接都使用 md5 密码验证，则使用如下配置：

```
host    all    all       0.0.0.0/0     md5
```

如果数据库中有一个用户 "osdba"，操作系统中也有一个用户 "osdba"，在操作系统 "osdba" 用户下连接数据库不需要密码验证的设置方法如下：

```
local   all    osdba                   ident
```

8.4　备份和还原

防止数据丢失的第一道防线就是备份。数据丢失有的是因硬件损坏以致数据库损坏而导致的，有的是人为原因（如误操作）导致的，也有的是因为应用 Bug 误删数据。数据库备份是一件很重要的事情。作为一个合格的 DBA，一定要对数据库备份的重要性有充分的认识。

数据库备份有多种方式，如逻辑备份和物理备份。物理备份的方式有 PostgreSQL 本身提供的 WAL 日志之上的热备份功能和物理存储快照。本节只介绍物理存储快照备份方式，前者将在 Standby 数据库的相关章节中介绍。DBA 可以根据需要选择合适的备份方式。

8.4.1　逻辑备份

PostgreSQL 中提供了 pg_dump、pg_dumpall 命令进行数据库的逻辑备份。pg_dump 与 pg_dumpall 命令的功能差不多，只是 pg_dumpall 是将一个 PostgreSQL 数据库集群全部转储到一个脚本文件中，而 pg_dump 命令可以选择一个数据库或部分表进行备份。这里不介绍 pg_dumpall 的使用方法。

使用 pg_dump 命令甚至可以在数据库处于使用状态时进行完整一致的备份，它并不阻塞其他用户对数据库的访问（读或写）。

pg_dump 生成的备份文件可以是一个 SQL 脚本文件，也可以是一个归档文件。SQL 脚本文件是纯文本格式的文件，它包含许多 SQL 命令，执行这些 SQL 命令可以重建该数据库并将之恢复到保存成脚本时的状态。使用 psql 程序来执行该 SQL 脚本文件即可恢复数据，甚至可以在其他机器或其他硬件体系的机器上重建该数据库，对脚本进行适当修改后，还可以在非 PostgreSQL 数据库上执行该 SQL 脚本文件来重建备份的表。归档格式的备份文件必须与 pg_restore 一起使用来重建数据库，这种格式允许 pg_restore 选择恢复哪些数据，甚至可以在恢复之前对需要恢复的条目重新排序。归档格式的备份文件也可以设计成能够跨平台移植的。

pg_dump 生成归档格式的备份文件，然后与 pg_restore 配合使用，能提供一种灵活的备份和恢复机制。pg_dump 可以将整个数据库备份到一个归档格式的备份文件中，而 pg_restore

则可以从这个归档格式的备份文件中选择性地恢复部分表或数据库对象，而不必恢复所有的数据。归档格式的备份文件又分为两种，最灵活的输出文件格式是"custom"自定义格式（使用命令项参数"-Fc"来指定），它允许对归档元素进行选取和重新排列，并且默认是压缩的；另一种是 tar 格式（使用命令项参数"-Ft"来指定），这种格式的文件不是压缩的，并且加载时不能重新排序，但是它也很灵活，可以用标准 UNIX 下的 tar 工具进行处理。custom 自定义格式比较常用。

8.4.2　pg_dump 命令

运行 pg_dump 命令时应该检查输出，看看是否有警告存在。

pg_dump 命令的语法格式如下：

```
pg_dump [connection-option...] [option...] [dbname]
```

pg_dump 连接选项参数如下。

❑ -h host 或 --host=host：指定运行服务器的主机名。如果以斜杠开头，则被用作到 UNIX 域套接字的路径。默认情况下，如果设置了 $PGGHOST 环境变量则从此环境变量中获取，否则尝试一个 UNIX 域套接字连接。

❑ -p port 或 --port=port：指定服务器正在侦听的 TCP 端口或本地 UNIX 域套接字文件的扩展。默认情况下，如果设置了 $PGPORT 环境变量则从此环境变量中获取，否则取默认端口 5432（编译时可以修改此默认端口）。

❑ -U username 或 --username=username：指定要连接的用户名。

❑ -w 或 --no-password：从不提示密码。如果服务器请求密码身份认证，而且密码不能通过其他方式（如 .pgpass 文件）来获得，则此命令会导致连接失败。该选项常常用于后台脚本，因为后台脚本是无法输入密码的。

❑ -W 或 --password：强制 pg_dump 在连接到一个数据库之前提示密码。该选项通常是不重要的，因为如果服务器请求密码身份认证，pg_dump 将自动提示一个密码。然而，当不提供"-W"选择时，pg_dump 将会浪费一个连接并试图找出服务器是否需要密码。在某些情况下，输入"-W"可以避免额外的连接尝试。

❑ --role=rolename：该选项会导致 pg_dump 在连接到数据库之前发布一个 SET ROLE rolename 命令。这相当于切换到另一个角色。当已验证用户缺少 pg_dump 需要的权限，但是可以切换到一个拥有相应权限的角色时，可以使用该功能。

❑ dbname：指定连接的数据库名，实际上也是要备份的数据库名。如果没有使用该参数，则使用环境变量"$PGDATABASE"。如果 $PGDATABASE 也未声明，那么使用发起连接的用户名。

下面的参数是 pg_dump 命令专有的，用来控制备份哪些表的数据以及输出数据的格式。

1）-j, --jobs=NUM：指定并行导出的并行度。

2）-a 或 --data-only：该选项只对纯文本格式有意义。只输出数据，不输出数据定义的

SQL 语句。

3）-b 或 --blobs：在转储中是否包含大对象。除非指定了选择性转储的选项 "--schema" "--table""--schema-only" 开关，否则默认会转储大对象。此选项仅用于选择性转储时控制是否转储大对象。

4）-c 或 --clean：该选项只对纯文本格式有意义。用于控制输出的脚本中是否生成清理该数据库对象的语句（如 drop table 命令）。

5）-C 或 --create：该选项只对纯文本格式有意义。指定脚本中是否输出一条 create database 语句和连接到该数据库的语句。一般在备份的源数据库与恢复的目标数据库的名称一致时才指定该参数。

6）-E encoding 或 --encoding=encoding：以指定的字符集编码创建转储。默认转储是依据数据库编码创建的。如果不指定此参数，可以通过设置环境变量 "$PGCLIENTENCODING" 达到相同的目的。

7）-f file 或 --file=file：输出到指定的文件。如果没有指定此参数，则输出到标准输出。

8）-F format 或 --format=format：选择输出的格式。"format" 可以是 p、c 或 t。

❑ "p" 是 "plain" 的意思，纯文本 SQL 脚本文件的格式，这是默认值。

❑ "c" 是 "custom" 的意思，输出一个适合 pg_restore 使用的自定义格式存档。这是最灵活的输出格式，该格式允许手动查询并且可以在 pg_restore 恢复时重排归档项的顺序。该格式默认是压缩的。

❑ "t" 是 "tar" 的意思，输出一个适合输入 pg_restore 的 tar 格式的归档。该输出格式允许手动选择并且可以在恢复时重排归档项的顺序，但是这个重排序是有限制的，表数据项的相关顺序在恢复时不能更改。同时，tar 格式不支持压缩，且对独立表的大小限制为 8GB。

9）-n schema 或 --schema=schema：只转储匹配 schema 模式的内容，包括模式本身及其包含的对象。如果没有声明此选项，所有目标数据库中的非系统模式都会被转储。可以使用多个 -n 选项指定多个模式。同样，schema 参数将按照 psql 中的 \d 命令的规则（参见 Patterns）被解释为匹配模式，因此可以使用通配符匹配多个模式。在使用通配符时，最好用引号进行界定，以防 Shell 对通配符进行扩展。

> 注意 如果指定了 -n，那么 pg_dump 将不会转储模式所依赖的其他数据库对象，因此无法保证转储的内容一定能够在另一个干净的数据库中成功恢复。非模式对象，比如大对象，不会在指定 -n 时被转储。可以使用 --blobs 明确要求转储大对象。

10）-N schema 或 --exclude-schema=schema：不转储任何匹配 schema 模式的内容。匹配规则与 "-n" 完全相同，可以指定多个 "-N" 以排除多种匹配的模式。如果同时指定了 -n 和 -N，那么将只转储匹配 -n 但不匹配 -N 的模式。如果指定 -N 但是不指定 -n，那么匹配 -N 的模式将不会被转储。

11）-o 或 --oids：是否为每个表都输出对象标识（OID）。如果应用中需要 OID 字段（比如用于外键约束）则使用该选项，否则不应使用该选项。

12）-O 或 --no-owner：该选项只对纯文本格式有意义，不把对象的所有权设置为对应源数据库中的 owner。pg_dump 默认发出 ALTER OWNER 或 SET SESSION AUTHORIZATION 语句以设置创建的数据库对象的所有者。如果这些脚本将来没有被超级用户（或者拥有脚本中全部对象的用户）运行，会导致恢复失败，设置 -O 选项就是为了让该脚本可以被任何用户使用。

13）-s 或 --schema-only：只输出对象定义（模式），不输出数据。该选项在备份表结构或在另一个数据库上创建相同结构的表时比较有用。

14）-S username 或 --superuser=username：指定关闭触发器时需要用到的超级用户名。它只有在使用了 --disable-triggers 时才有影响。一般情况下，最好不要输入该参数，而是用超级用户启动生成的脚本。

15）-t table 或 --table=table：只转储匹配 table 的表、视图、序列。可以使用多个 -t 选项匹配多个表。同样 table 参数将按照 psql 中 \d 命令的规则被解释为匹配模式，因此可以使用通配符匹配多个模式。在使用通配符时，最好用引号进行界定，以防 Shell 对通配符进行扩展。使用了 -t 之后，-n 和 -N 选项就失效了，因为被 -t 选中的表将无视 -n 和 -N 选项而被转储，同时除了表之外的其他对象也不会被转储。

> **注意** 如果指定了 -t，那么 pg_dump 将不会转储选中的表依赖的所有其他数据库对象，因此无法保证转储出来的表能在一个干净的数据库中成功恢复。
>
> -t 选项与 PostgreSQL8.2 之前的版本不兼容。8.2 之前的 -t tab 将转储所有名为 "tab" 的表，但是 8.2 以上的版本只转储在默认搜索路径中可见的表。写成 "-t '*.tab'" 将等价于之前版本的行为。同样，必须用 "-t sch.tab" 而不是之前版本的 "-n sch -t tab" 选择特定模式中的表。

16）-T table 或 --exclude-table=table：不转储任何匹配 table 模式的表。模式匹配规则与 -t 完全相同。可以指定多个 -T 以排除多种匹配的表。如果同时指定了 -t 和 -T，那么将只转储匹配 -t 但不匹配 -T 的表。如果指定 -T 但是不指定 -t，那么匹配 -T 的表将不会被转储。

17）-v 或 --verbose：执行过程中打印更详细的信息。使用此选项后，pg_dump 将输出详细的对象评注及转储文件的启停时间和进度信息（输出到标准错误上）。

18）-V 或 --version：输出 pg_dump 版本并退出。

19）-x 或 --no-privileges 或 --no-acl：禁止转储访问权限（grant/revoke 命令）。

20）-Z 0..9 或 --compress=0..9：指定要使用的压缩级别，"0" 表示不压缩。对于自定义归档格式，该参数指定压缩的单个表数据段，并且默认用中等水平压缩。对于纯文本输出，设置一个非零的压缩级别会导致全部输出文件被压缩；默认不压缩。tar 归档格式目前完全不支持压缩。

21）--binary-upgrade：该选项是专为升级工具准备的，其功能可能会在将来的版本中有所改变，因此不要将其用于其他目的。

22）--inserts：该选项像 INSERT 命令一样转储数据。默认使用 COPY 命令的格式转储数据，使用该选项将使恢复非常缓慢。该选项主要用于把数据加载到非 PostgreSQL 数据库。该选项为每一行生成一个单独的 INSERT 命令，如果在数据库恢复过程中遇到一行错误，仅会导致丢失一行数据而不是全部表内容。请注意，若目标表列的顺序与源表列的顺序不一样，恢复操作可能会完全失败，这时应该使用 --column-inserts 选项。

23）--column-inserts 或 --attribute-inserts：该选项像有显式列名的 INSERT 命令一样转储数据（INSERT INTO table（column, ...）VALUES ...)，这将使恢复非常缓慢。主要用于可以加载到非 PostgreSQL 数据库的转储。

24）--disable-dollar-quoting：该选项关闭使用美元符界定函数体。强制用 SQL 标准的字符串语法的引号将函数体内容括起来。

25）--disable-triggers：该选项仅对纯文本格式有意义，只与创建仅有数据的转储相关。该选项指定 pg_dump 在恢复数据时，临时关闭目标表上触发器的命令。如果在表上有参照完整性检查或者其他触发器，恢复数据时不想重载它们，那么就应该使用此选项。目前，发出 --disable-triggers 命令的必须是超级用户，执行转储的脚本时应该用 -S 执行一个超级用户的名称。

26）--lock-wait-timeout=timeout：不要永远等待在开始转储时获取共享表锁。相反，如果不能在指定的 timeout 时间内锁住一个表，那么转储就会失败。在 SET statement_timeout 接受的任何格式中都可以声明超时。

27）--no-tablespaces：该选项只对纯文本格式有意义，不输出命令来选择表空间。该选项内，转储期间当表空间默认时，所有的对象都会创建表空间。

28）--use-set-session-authorization：输出符合 SQL 标准的 SET SESSION AUTHORIZATION 命令而不是 ALTER OWNER 命令。这样可以使转储更加符合标准，但是如果转储文件中对象的历史信息有问题，那么可能无法正确恢复。并且，使用 SET SESSION AUTHORIZATION 的转储必须有数据库超级用户的权限，而 ALTER OWNER 需要的权限则低得多。

8.4.3 pg_restore 命令

前面介绍了使用 pg_dump 的自定义备份或 tar 类型的备份需要使用 pg_restore 工具来恢复。下面介绍 pg_restore 命令的使用方法。

pg_restore 命令的语法格式如下：

```
pg_restore [connection-option...] [option...] [filename]
```

pg_restore 的连接参数与 pg_dump 基本相同：

❑ -h host 或 --host=host。
❑ -p port 或 --port=port。
❑ -U username 或 --username=username。
❑ -w 或 --no-password。

- ❑ -W 或 --password。
- ❑ --role=rolename。

只是 pg_restore 使用参数 -d dbname 或 --dbname=dbname 来连接指定的数据库。

而 pg_dump 命令连接到特定的数据库不是由以"-"或"--"开头的选项参数来指定的，而是直接由最后一个不带"-"或"--"的参数来指定。pg_restore 最后一个不带""-"或"--"的参数是一个转储文件名。

pg_restore 的参数说明如下。

1）filename：要恢复的备份文件的位置。如果未声明则使用标准输入。

2）-a 或 --data-only：只恢复数据，而不恢复表模式（数据定义）。

3）-c 或 --clean：创建数据库对象前先清理（删除）它们。

4）-C 或 --create：在恢复数据库之前先创建它。如果出现该选项，与 -d 在一起的数据库名只是用于发出最初的 CREATE DATABASE 命令，所有数据都恢复到名字出现在归档中的数据库中。

5）-d dbname 或 --dbname=dbname：与数据库"dbname"连接并且直接恢复到该数据库中。

6）-e 或 --exit-on-error：如果在向数据库发送 SQL 命令时遇到错误，则退出。默认是继续执行，并且在恢复结束时显示一个错误计数。

7）-f filename 或 --file=filename：指定生成脚本的输出文件，或者出现 -l 选项时用于列表的文件，默认是标准输出。

8）-F format 或 --format=format：指定备份文件的格式。pg_restore 可自动判断格式，如果一定要指定，值可以是 t 或 c 之一。

- ❑ "t"表示"tar"，表示备份文件是一个 tar 文件。
- ❑ "c"表示"custom"，备份的格式是来自 pg_dump 的自定义格式。这是最灵活的备份格式，因为它允许对数据重新排序，也允许重载表模式元素。默认该格式是压缩的。

9）-I index 或 --index=index：只恢复命名的索引。

10）-j number-of-jobs 或 --jobs=number-of-jobs：运行 pg_restore 中最耗时部分如加载数据、创建索引或创建约束时，使用多个并发工作来完成。该选项可以显著缩短恢复时间。每个并发工作是一个进程或一个线程，且使用一个单独数据库连接。通常选择一个大的并发数能加快恢复性能，但过高的并发数也会因为抖动而降低恢复性能。pg_dump 的自定义格式才支持该选项。输入文件不能是一个管道，必须是一个常规文件，同时，并发作业不能与 --single-transaction 选项同时使用。

11）-l 或 --list：列出归档文件的内容。该操作的输出可以用作输入 -L 选项。请注意如果过滤选项（如 -n 或 -t）与 -l 一同使用，将限制列出的项。

12）-L list-file 或 --use-list=list-file：仅恢复 list-file 中列出的归档元素，并按它们在文件中出现的顺序进行恢复。请注意，如果像 -n 或 -t 这样的过滤开关与 -L 一起使用，将进一步限制恢复哪些对象。通常会通过运行"pg_restore-l"命令创建一个初始的列表文件，然后编辑该文件（删除或移动文件中的行，或者在行前加一个分号注释掉该行）。

13）-n namespace 或 --schema=schema：只恢复指定名字模式中的定义和 / 或数据。该选项可以与 -t 选项一起使用，只恢复一个表的数据。

14）-O 或 --no-owner：不输出设置与最初数据库对象权限匹配的命令。默认情况下，pg_restore 发出 ALTER OWNER 或 SET SESSION AUTHORIZATION 语句，设置所创建的模式元素的所有者权限。如果最初的数据库连接不是由超级用户（或者是拥有所有创建出来的对象的同一个用户）发起的，那么这些语句将执行失败。如果使用 -O，那么任何用户都可以用于初始连接，并且该用户将拥有创建出来的所有对象。

15）--no-tablespaces：不输出命令来选择表空间。使用该选项，恢复数据时，所有对象被创建在默认表空间中，而不是对象原先的表空间。

16）-P function-name(argtype [, ...]) 或 --function=function-name(argtype [, ...])：只恢复指定的命名函数。请注意仔细拼写函数名及其参数，应该与备份内容列表完全一致。

17）-s 或 --schema-only：只恢复表结构（数据定义），不恢复数据（数据表中的内容），序列的当前值也不会得到恢复。请不要与 --schema 选项混淆。

18）-S username 或 --superuser=username：设置关闭触发器时声明超级用户的用户名。只有在设置了 --disable-triggers 时才有效。

19）-t table 或 --table=table：只恢复指定的表的定义和 / 或数据。可以与 -n 参数（指定schema）联合使用。

20）-T trigger 或 --trigger=trigger：只恢复指定的触发器。

21）-v 或 --verbose：声明详细模式。

22）-V 或 --version：输出 pg_restore 版本并退出。

23）-x 或 --no-privileges 或 --no-acl：禁止恢复访问权限 (grant/revoke 命令)。

24）--disable-triggers：该选项只有在仅恢复数据时才相关。该选项指示 pg_restore 在加载数据时执行一些命令临时关闭在目标表上的触发器。如果表上有完整性检查或者其他触发器，而又不希望在加载数据时激活它们，那么可以使用该选项。目前，只有超级用户才能为 --disable-triggers 发出命令，因此，应该用 -S 声明一个超级用户名，最好是以超级用户身份运行 pg_restore。

25）--use-set-session-authorization：输出 SQL 标准的 SET SESSION AUTHORIZATION 命令，而不是 ALTER OWNER 命令。这样可以令转储与标准兼容得更好，但是根据转储中对象的历史，该转储可能无法正确恢复。

26）--no-data-for-failed-tables：默认情况下，即使创建表的命令因为该表已经存在而执行失败，表中的数据仍将被恢复。使用此选项之后，这些表的数据将跳过恢复操作。当目标数据库可能已经包含所需恢复的某些表的内容时，该选项就很有用处了。比如，用于 PostgreSQL 扩展的辅助表（如 PostGIS）就可能已经在目标数据库中恢复了，使用该选项就可以防止多次恢复以致重复或覆盖已经恢复的数据。该选项仅在直接向一个数据库中恢复时有效，在生成 SQL 脚本输出时无效。

27）-1 或 --single-transaction：把恢复操作放到一个单独的事务中来执行（也就是把恢复操作都放在一个 BEGIN/COMMIT 事务块中封装发射命令），这就确保了要么所有的命令都成功完成，要么没有恢复任何数据，不会出现只恢复了一部分数据的情况。该选项包含 --exit-on-error 选项，即只要发生一个错误，所有的操作都会回滚。

8.4.4　pg_dump 和 pg_restore 应用示例

当连接一个本地的数据库且不需要密码时，如对 osdba 数据库进行备份，备份文件的格式是脚本文件格式，可以使用如下命令：

```
pg_dump osdba >osdba.sql
```

使用 pg_dump 也可以备份一个远程的数据库，如下命令用于备份 192.168.122.1 机器上的 osdba 数据库：

```
pg_dump -h 192.168.122.1 -Uosdba osdba >osdba.sql
```

如果想要让生成的备份文件为自定义格式，可以使用如下命令：

```
pg_dump -Fc -h 192.168.122.1 -Uosdba osdba >osdba.dump
```

把上述备份文件恢复到另一个数据库"osdba2"中：

```
createdb osdba2
pg_restore -d osdba2 osdba.dump
```

如果只想备份表"testtab"，则可以使用如下命令：

```
pg_dump -t testtab  >testtab.sql
```

如果想备份 sche1 模式中所有以"job"开头的表，但是不包括 job_log 表，可使用如下命令：

```
pg_dump -t 'sche1.job*' -T schema1.job_log osdba > schema1.emp.sql
```

转储所有数据库对象，但是不包括名字以"log"结尾的表，可使用如下命令：

```
pg_dump -T '*_log' osdba > log.sql
```

如先从 192.168.122.1 备份数据库"osdba"，然后恢复到 192.168.122.2 机器上，可使用如下命令：

```
pg_dump -h 192.168.122.1 -Uosdba osdba -Fc >osdba.dump
pg_restore -h 192.168.122.2 -Uosdba -C -d postgres osdba.dump
```

在 pg_restore 命令中，-d 中指定的数据库可以是 192.168.122.2 机器上实例中的任意数据库，pg_restore 仅用该数据库名称进行连接，先执行 CREATE DATABASE 命令创建 osdba 数据库，然后再重新连接到 osdba 数据库，最后把备份的表和其他对象转储到 osdba 数据库中。

将备份出来的数据重新加载到一个不是新建的且名称不同的数据库"osdba2"中，可使用如下命令：

```
createdb -T template0 osdba2
pg_restore -d osdba2 osdba.dump
```

注意，上面的命令从 template0 而不是 template1 来创建新数据库，这可以确保数据库内容最少。这里没有使用 -C 选项，而是直接连接到要恢复的数据库上。

8.4.5 物理备份

最简单的物理备份就是冷备份，也就是把数据库停下来，然后拷贝数据库的 PGDATA 目录。PostgreSQL 把与数据库实例有关的配置文件和数据文件都存放在 PGDATA 目录下，所以 PostgreSQL 做冷备份很简单，这里不再赘述。

还有一种物理备份的方法是在不停止数据库的前提下完成数据库的备份，称之为热备份或在线备份。在 PostgreSQL 中通常的热备份方法有以下两种。

❑ 第一种方法：使用数据库的 PITR 方法进行热备份。PITR 的原理参见第 13 章中的内容。

❑ 第二种方法：使用文件系统或块设备级别的快照功能完成备份。使用快照也能让备份出来的数据库与原数据库一致。

在 Linux 下最简单的备份方法是使用 LVM 的快照功能，该方法要求数据库建立在 LVM 上。在 Solaris 下可以使用 ZFS 的快照功能。用户可以在快照上直接启动数据库或把数据库从快照所在的文件系统中备份出来。

后面将讲述如何使用 LVM 对数据库做在线备份。

8.4.6 使用 LVM 快照进行热备份

如果读者对 LVM 不熟悉，请先在网上学习 LVM 的相关知识再学习本节内容。

我们先来讲解如何把数据库创建到 LVM 上。

如果没有安装 LVM，则需要先进行安装。在 Debian 或 Ubuntu 环境下，安装方法如下：

```
sudo aptitude install lvm2
```

使用 LVM 建一个卷组，卷组相当于一个存储池，卷组中可以放一些物理硬盘或物理硬盘分区。本示例把卷组建在一个 loop 设置上，建卷组的命令如下：

```
sudo vgcreate vgpg01 /dev/loop1
```

如果是生产系统，一般把卷组建在真实的物理硬盘 sdb、sdc 等上，命令如下：

```
sudo vgcreate vgpg01 /dev/sdb /dev/sdc
```

建好卷组后，需要建一个逻辑卷。这里建一个名为"lvpg01"的逻辑卷，命令如下：

```
sudo lvcreate -n lvpg01 vgpg01 -L 2000M
```

上面命令中的"-n"参数后面指定了逻辑卷的名称，"-L 2000M"表示所建逻辑卷的大小为 2000MB。

在逻辑卷上建文件系统。在本示例中创建一个 xfs 文件系统，命令如下：

```
sudo mkfs.xfs -f -i size=512,attr=2 -l lazy-count=1 -d su=1m,sw=2 -L lvpg01 /
    dev/vgpg01/lvpg01
```

建好后挂载该文件系统，命令如下：

```
sudo mount -o noatime,nodiratime,noikeep,nobarrier,logbufs=8,logbsize=32k,allocs
    ize=512M,attr2,largeio,inode64,swalloc /dev/vgpg01/lvpg01 /home/osdba/pgdata
```

运行 initdb 初步化一个数据库，命令如下：

```
osdba@osdba-laptop:~$ initdb
The files belonging to this database system will be owned by user "osdba".
This user must also own the server process.
```

启动数据库，命令如下：

```
alias pgstart='pg_ctl -D $PGDATA start'
pgstat
```

在数据加中建一张测试表，命令如下：

```
osdba@osdba-laptop:~$ psql postgres
psql (9.3.2)
Type "help" for help.

postgres=# \d
No relations found.
postgres=# create table test01(id int primary key, note text);
CREATE TABLE
postgres=# insert into test01 values(1,'1111');
INSERT 0 1
postgres=# select * from test01;
 id | note
----+------
  1 | 1111
(1 row)
```

在创建快照之前，建议在主库上做一下 checkpoint，命令如下：

```
osdba@osdba-laptop:~$ psql postgres
psql (9.3.2)
Type "help" for help.

postgres=# checkpoint;
CHECKPOINT
```

接下来创建一个 LVM 快照，命令如下：

```
sudo lvcreate -s -n snap201402221343 vgpg01/lvpg01 -L 500M
```

上面命令中的 "-s" 表示要创建快照，"vgpg01/lvg01" 表示基于哪个逻辑卷创建快照，"-L 500M" 表示快照可以使用的最大空间，该空间的大小可以小于逻辑卷，主要存储 COW（Copy On Write）数据。当逻辑卷与此快照之间的数据差异大于此值时，该快照就会失效。

创建好快照后，可以使用 lvs 命令查看快照：

```
osdba@osdba-laptop:~$ sudo lvs
  LV              VG     Attr      LSize    Pool Origin Data% Move Log Copy%  Convert
  lvpg01          vgpg01 owi-aos--   1.95g
  snap201402221343 vgpg01 swi-aos-- 500.00m      lvpg01 0.41
```

之后把快照挂载成一个文件系统：

```
sudo mount -o nouuid /dev/vgpg01/snap201402221343 -t xfs /home/osdba/pgdatasnap
```

> **注意** nouuid 选项是必需的，这是因为快照上文件系统的 uuid 与实际逻辑卷的文件系统完全一致，如果不加该选项会导致 mount 失败。

快照挂载上后，可以使用 tar 命令把数据库备份成 tar 包：

```
cd /home/osdba
tar czvf /media/osdba/lsp02/backup201402221343.tar.gz pgdatasnap
```

备份完成后，可以删除此快照，命令如下：

```
sudo umount /home/osdba/pgdatasnap
sudo lvremove vgpg01/snap201402221343
```

如果想查看备份中的内容，可以把备份中的数据库解压到另一台机器上并运行。注意，另一台机器上的 PostgreSQL 版本要与本机上的一样。

如本例中，把备份复制到 10.0.3.101 机器上的命令如下：

```
osdba@osdba-laptop:~$ scp /media/osdba/lsp02/backup201402221343.tar.gz
  10.0.3.101:/home/osdba/.
backup201402221343.tar.gz
```

在 10.0.3.101 机器上解压此备份，命令如下：

```
osdba@db01:~$ tar xvf backup201402221343.tar.gz
```

文件全部解压到了 "/home/osdba/pgdatasnap" 目录下，因为要与原先的目录结构相同，所以要把目录 "/home/osdba/pgdatasnap" 改成 "/home/osdba/pgdata"，命令如下：

```
mv /home/osdba/pgdatasnap /home/osdba/pgdatasnap
```

启动数据库，命令如下：

```
pg_ctl -D /home/osdba/pgdata start
```

查看数据库中的内容，可以看到与原数据库中的内容完全一样，命令如下：

```
osdba@db01:~$ psql postgres
psql (9.3.2)
Type "help" for help.

postgres=# \d
        List of relations
```

```
 Schema |  Name  |  Type  | Owner
--------+--------+--------+-------
 public | test01 | table  | osdba
(1 row)

postgres=# select * from test01;
 id | note
----+------
  1 | 1111
(1 row)
```

理论上可以直接在本机的快照上把数据库打开，但需要注意，如果使用了表空间，就不要在本地打开快照，因为表空间是一个链接，可能导致两个数据库指向同一个目标文件，从而损坏主数据库。如果没有使用表空间，还需要注意以下事项：

❑ 打开快照上的数据库之前，需要修改 postgresql.conf 中配置的端口，防止与主数据库的端口冲突。

❑ 需要修改一些内存参数，防止占用太多的内存。

❑ 最后还需要删除 /home/osdba/pgdatasnap/postmaster.pid 文件。因为备份中的 postmaster.pid 中记录了主数据的进程，不删除该文件会误伤主数据。

8.5 常用的管理命令

本节介绍维护数据库过程中涉及的一些常用的命令。

8.5.1 查看系统信息的常用命令

本节通过一些示例来展示如何查询系统信息。

查看当前数据库实例的版本信息，命令如下：

```
osdba=# select version();
                                      version
--------------------------------------------------------------------------------
  PostgreSQL 9.4beta1 on x86_64-unknown-linux-gnu, compiled by gcc (Ubuntu 4.8.2.
.-19ubuntu1) 4.8.2, 64-bit
(1 row)
```

查看数据库的启动时间，命令如下：

```
osdba=# select pg_postmaster_start_time();
    pg_postmaster_start_time
-------------------------------
  2014-07-19 16:52:05.318742+08
(1 row)
```

查看最后 load 配置文件的时间，命令如下：

```
osdba=# select pg_conf_load_time();
    pg_conf_load_time
```

```
--------------------------------
 2014-07-19 09:21:20.12755+00
(1 row)
```

使用 **pg_ctl reload** 后会改变配置的装载时间，命令如下：

```
osdba@db01:~$ pg_ctl reload
server signaled
osdba@db01:~$ psql
psql (9.3.2)
Type "help" for help.

osdba=# select pg_conf_load_time();
       pg_conf_load_time
--------------------------------
 2014-07-19 09:36:06.292696+00
(1 row)
```

显示当前数据库时区，命令如下：

```
osdba=# show timezone;
  TimeZone
----------
   PRC
(1 row)
```

注意，数据库的时区有时并不是当前操作系统的时区，此时在数据库中看到的时间就与在操作系统中看到的不一致，示例如下：

```
osdba@db01:~$ date
Sat Jul 19 17:39:10 CST 2014
osdba@db01:~$ psql
psql (9.3.2)
Type "help" for help.

osdba=# show timezone;
  TimeZone
----------
   UTC
(1 row)

osdba=# select now();
              now
--------------------------------
 2014-07-19 09:39:22.189974+00
(1 row)
```

查看当前实例中有哪些数据库，命令如下：

```
osdba@osdba-laptop:~$ psql -l
                         List of databases
   Name    | Owner | Encoding |  Collate   |   Ctype    | Access privileges
-----------+-------+----------+------------+------------+-------------------
 osdba     | osdba | UTF8     | en_US.utf8 | en_US.utf8 |
 postgres  | osdba | UTF8     | en_US.utf8 | en_US.utf8 |
```

```
template0 | osdba | UTF8   | en_US.utf8 | en_US.utf8 | =c/osdba        +
          |       |        |            |            | osdba=CTc/osdba
template1 | osdba | UTF8   | en_US.utf8 | en_US.utf8 | =c/osdba        +
          |       |        |            |            | osdba=CTc/osdba
(4 rows)
```

也可以使用如下命令：

```
osdba=# \l
                          List of databases
    Name    | Owner | Encoding |  Collate   |   Ctype    | Access privileges
------------+-------+----------+------------+------------+-------------------
 osdba      | osdba | UTF8     | en_US.utf8 | en_US.utf8 |
 postgres   | osdba | UTF8     | en_US.utf8 | en_US.utf8 |
 template0  | osdba | UTF8     | en_US.utf8 | en_US.utf8 | =c/osdba         +
            |       |          |            |            | osdba=CTc/osdba
 template1  | osdba | UTF8     | en_US.utf8 | en_US.utf8 | =c/osdba         +
            |       |          |            |            | osdba=CTc/osdba
(4 rows)
```

查看当前用户名，命令如下：

```
osdba=# select user;
  current_user
--------------
  osdba
(1 row)

osdba=# select current_user;
  current_user
--------------
  osdba
(1 row)
```

上例中使用 current_user 与使用 user 的结果是完全相同的。

查看 session 用户，命令如下：

```
osdba=> select session_user;
  session_user
--------------
  osdba
(1 row)
```

注意，通常情况下“session_user”与“user”是相同的。但当用命令“SET ROLE”改变用户的角色时，这两者就不同了，示例如下：

```
osdba=# set role u01;
SET
osdba=> select session_user;
  session_user
--------------
  osdba
(1 row)

osdba=> select user;
```

```
   current_user
--------------
  u01
(1 row)
```

从上例中可以看出，session_user 始终是原始用户，而 user 是当前的角色用户。

查询当前连接的数据库名称，命令如下：

```
osdba=# select current_catalog, current_database();
 current_database | current_database
------------------+------------------
 osdba            | osdba
(1 row)
```

注意，使用 current_catalog 与 current_database() 都显示当前连接的数据库名称，两者的功能完全相同，只不过 catalog 是 SQL 标准中的用语。

查询当前 session 所在客户端的 IP 地址及端口，命令如下：

```
osdba=# select inet_client_addr(),inet_client_port();
 inet_client_addr | inet_client_port
------------------+------------------
 10.0.3.102       |            45174
(1 row)
```

查询当前数据库服务器的 IP 地址及端口，命令如下：

```
osdba=# select inet_server_addr(),inet_server_port();
 inet_server_addr | inet_server_port
------------------+------------------
 10.0.3.101       |             5432
(1 row)
```

查询当前 session 的后台服务进程的 PID，命令如下：

```
osdba=# select pg_backend_pid();
 pg_backend_pid
----------------
            487
(1 row)
```

通过操作系统命令查看此后台服务进程，命令如下：

```
osdba@db01:~/pgdata$ ps -ef|grep 487 |grep -v grep
osdba           487     470   0 17:21 ?                00:00:00 postgres: osdba osdba
  10.0.3.102(45174) idle
```

查看当前参数配置情况，命令如下：

```
osdba=# show shared_buffers;
  shared_buffers
----------------
  128MB
(1 row)

osdba=# select current_setting('shared_buffers');
  current_setting
```

```
-----------------
   128MB
(1 row)
```

修改当前 session 的参数配置，命令如下：

```
osdba=# set maintenance_work_mem to '128MB';
SET
osdba=# SELECT set_config('maintenance_work_mem', '128MB', false);
  set_config
------------
   128MB
(1 row)
```

查看当前正在写的 WAL 文件，命令如下：

```
osdba=# select pg_xlogfile_name(pg_current_xlog_location());
    pg_xlogfile_name
------------------------
  00000001000000010000028
(1 row)
```

查看当前 WAL 文件的 buffer 中还有多少字节的数据没有写入磁盘中，命令如下：

```
osdba=# select pg_xlog_location_diff(pg_current_xlog_insert_location(), pg_
  current_xlog_location());
  pg_xlog_location_diff
-----------------------
                82056
(1 row)

osdba=# select pg_xlog_location_diff(pg_current_xlog_insert_location(), pg_
  current_xlog_location());
  pg_xlog_location_diff
-----------------------
                  336
(1 row)
```

查看数据库实例是否正在做基础备份，命令如下：

```
osdba=# select pg_is_in_backup(), pg_backup_start_time() ;
 pg_is_in_backup | pg_backup_start_time
-----------------+----------------------
 f               |
(1 row)
```

查看当前数据库实例处于 Hot Standby 状态还是正常数据库状态，命令如下：

```
osdba=# select pg_is_in_recovery();
  pg_is_in_recovery
-------------------
   f
(1 row)
```

如果上面命令的运行结果为真，说明数据库处于 Hot Standby 状态。

查看数据库的大小，命令如下：

```
osdba=# select pg_database_size('osdba'), pg_size_pretty(pg_database_
  size('osdba'));
 pg_database_size | pg_size_pretty
------------------+----------------
        207622612 | 198 MB
(1 row)
```

上面的命令用于查看数据库 "osdba" 的大小。注意，如果数据库中有很多表，使用上述命令查询将比较慢，也可能对当前系统产生不利的影响。在上面的命令中，pg_size_pretty() 函数会把数字以 MB、GB 等格式显示出来，这样的结果更加直观。

查看表的大小，命令如下：

```
osdba=# select pg_size_pretty(pg_relation_size('ipdb2')) ;
  pg_size_pretty
----------------
  36 MB
(1 row)

osdba=# select pg_size_pretty(pg_total_relation_size('ipdb2')) ;
  pg_size_pretty
----------------
  64 MB
(1 row)
```

上例中，pg_relation_size() 仅计算表的大小，不包括索引的大小，而 pg_total_relation_size() 则会把表上索引的大小也计算进来。

查看表上所有索引的大小，命令如下：

```
osdba=# select pg_size_pretty(pg_indexes_size('ipdb2'));
  pg_size_pretty
----------------
  28 MB
(1 row)
```

注意，pg_indexes_size() 函数的参数名是一个表对应的 OID（输入表名会自动转换成表的 OID），而不是索引的名称。

查看表空间的大小，命令如下：

```
osdba=# select pg_size_pretty(pg_tablespace_size('pg_global'));
  pg_size_pretty
----------------
  437 kB
(1 row)

osdba=# select pg_size_pretty(pg_tablespace_size('pg_default'));
  pg_size_pretty
----------------
  217 MB
(1 row)
```

上面的示例中查看了全局表空间"pg_global"和默认表空间"pg_default"的大小。

查看表对应的数据文件，命令如下：

```
osdba=# select pg_relation_filepath('test01');
  pg_relation_filepath
----------------------
  base/16384/17065
(1 row)
```

8.5.2　系统维护常用命令

修改配置文件"postgresql.conf"后，要想让修改生效，有以下两种方法。

方法一：在操作系统下使用如下命令：

```
pg_ctl reload
```

方法二：在 psql 中使用如下命令：

```
osdba=# select pg_reload_conf();
  pg_reload_conf
----------------
  t
(1 row)
```

注意，如果是需要重启数据库服务才能使修改生效的配置项，使用上面的方法无效。使用上面的方法能使修改生效的配置项都是不需要重启数据库服务就能使修改生效的配置项。

切换 log 日志文件到下一个，命令如下：

```
osdba=# select pg_rotate_logfile();
  pg_rotate_logfile
-------------------
  t
(1 row)
```

切换 WAL 日志文件，命令如下：

```
osdba=# select pg_switch_xlog();
  pg_switch_xlog
----------------
  1/281AD248
(1 row)
```

手动产生一次 checkpoint，命令如下：

```
osdba=# checkpoint;
CHECKPOINT
```

取消正在长时间执行的 SQL 命令的方法有以下两种。

❑ pg_cancel_backend(pid)：取消一个正在执行的 SQL 命令。

❑ pg_terminate_backend(pid)：终止一个后台服务进程，同时释放此后台服务进程的资源。

这两个函数的区别是，pg_cancel_backend() 函数实际上是给正在执行的 SQL 任务置一个取消标志，正在执行的任务在合适的时候检测到此标志后会主动退出；但如果该任务没有主动检测到此标志就无法正常退出，此时就需要使用 pg_terminate_backend 命令来中止 SQL 命令的执行。

通常先查询 pg_stat_activity 以找出长时间运行的 SQL 命令，命令如下：

```
osdba=# select pid,usename,query_start, query from pg_stat_activity;
 pid | usename |         query_start          |            query
-----+---------+------------------------------+-------------------------------
 567 | osdba   | 2014-07-19 13:45:35.21096+00 | select pg_sleep(300);
 599 | osdba   | 2014-07-19 13:46:19.322478+00| select pid,usename,query_start.
     |         |                              |., query from pg_stat_activity;
(2 rows)
```

然后再使用 pg_cancel_backend() 取消该 SQL 命令，如果 pg_cancel_backend() 取消失败，再使用 pg_terminate_backend()，命令如下：

```
osdba=# select pg_cancel_backend(567);
 pg_cancel_backend
-------------------
 t
(1 row)

osdba=# select pid,usename,query_start, query from pg_stat_activity;
 pid | usename |         query_start          |            query
-----+---------+------------------------------+-------------------------------
 567 | osdba   | 2014-07-19 13:45:35.21096+00 | select pg_sleep(300);
 599 | osdba   | 2014-07-19 13:48:14.425728+00| select pid,usename,query_start.
     |         |                              |., query from pg_stat_activity;
(2 rows)

osdba=# select pg_terminate_backend(567);
 pg_terminate_backend
----------------------
 t
(1 row)

osdba=# select pid,usename,query_start, query from pg_stat_activity;
 pid | usename |         query_start          |            query
-----+---------+------------------------------+-------------------------------
 599 | osdba   | 2014-07-19 13:48:30.38567.   | select pid,usename,query_start, qu.
     |         |.8+00                         |.ery from pg_stat_activity;
(1 row)
```

8.6　小结

本章主要介绍了在日常维护过程中需要掌握的内容，如数据库的启停、配置、备份和还原、常用命令等，这些是数据库管理员必须掌握的内容。

第三篇 *Part 3*

提 高 篇

第 9 章

PostgreSQL 执行计划

9.1 执行计划的解释

本节将详细介绍如何查看执行计划，同时针对执行计划进行详细解释。

9.1.1 EXPLAIN 命令

在关系型数据库中，一般使用 EXPLAIN 命令来显示 SQL 命令的执行计划，只是不同的数据库中，该命令的具体格式有一些差别。

 注意 此处先介绍 EXPLAIN 命令的语法，如果读者对语法的部分解释无法理解，可以先看后面的示例，示例能够帮助读者更好地理解 EXPLAIN 命令的使用方法。

PostgreSQL 中 EXPLAIN 命令的语法格式如下：

```
EXPLAIN [ ( option [, ...] ) ] statement
EXPLAIN [ ANALYZE ] [ VERBOSE ] statement
```

该命令的可选项 "options" 如下：

```
ANALYZE [ boolean ]
VERBOSE [ boolean ]
COSTS [ boolean ]
BUFFERS [ boolean ]
FORMAT { TEXT | XML | JSON | YAML }
```

ANALYZE 选项通过实际执行 SQL 来获得 SQL 命令的实际执行计划。ANALYZE 选项查看到的执行计划因为真正被执行过，所以可以看到执行计划每一步耗费了多长时间，以及它实际返回的行数。

> **注意**　加上 ANALYZE 选项后是真正执行实际的 SQL 命令，如果 SQL 语句是一个插入、删除、更新或 CREATE TABLE AS 语句（这些语句会修改数据库），为了不影响实际数据，可以把 EXPLAIN ANALYZE 放到一个事务中，执行完后即回滚事务，命令如下：
>
> ```
> BEGIN;
> EXPLAIN ANALYZE ...;
> ROLLBACK;
> ```

VERBOSE 选项显示计划的附加信息，如计划树中每个节点输出的各个列，如果触发器被触发，还会输出触发器的名称。该选项的值默认为 "FALSE"。

COSTS 选项显示每个计划节点的启动成本和总成本，以及估计行数和每行宽度。该选项的值默认为 "TRUE"。

BUFFERS 选项显示缓冲区使用的信息。该参数只能与 ANALYZE 参数一起使用。显示的缓冲区信息包括共享块读和写的块数、本地块读和写的块数，以及临时块读和写的块数。共享块、本地块和临时块分别包含表和索引、临时表和临时索引，以及在排序和物化计划中使用的磁盘块。上层节点显示出来的块数包括所有其子节点使用的块数。该选项的值默认为 "FALSE"。

FORMAT 选项指定输出格式，输出格式可以是 TEXT、XML、JSON 或者 YAML。非文本输出包含与文本输出格式相同的信息，但其他程序更易于解析。该参数默认为 "TEXT"。

9.1.2　EXPLAIN 输出结果解释

下面以一个简单的 EXPLAIN 的输出结果做解释：

```
osdba=# explain select * from testtab01;
                      QUERY PLAN
-------------------------------------------------------------
 Seq Scan on testtab01  (cost=0.00..184.00 rows=10000 width=36)
(1 row)
```

上面的运行结果中 "Seq Scan on testtab01" 表示顺序扫描表 "testtab01"，顺序扫描也就是全表扫描，即从头到尾地扫描表。后面的内容 "(cost=0.00..184.00 rows=10000 width=36)" 可以分为以下 3 个部分。

❑ cost=0.00..184.00："cost=" 后面有两个数字，中间由 ".." 分隔，第一个数字 "0.00" 表示启动的成本，也就是说，返回第一行需要多少 cost 值；第二个数字表示返回所有数据的成本，关于成本 "cost" 后面会解释。

❑ rows=10000：表示会返回 10000 行。

❑ width=36：表示每行平均宽度为 36 字节。

成本 "cost" 用于描述 SQL 命令的执行代价，默认情况下，不同操作的 cost 值如下：

❑ 顺序扫描一个数据块，cost 值定为 "1"。

❑ 随机扫描一个数据块，cost 值定为 "4"。

❑ 处理一个数据行的 CPU 代价，cost 值定为 "0.01"。

❑ 处理一个索引行的 CPU 代价，cost 值定为 "0.005"。

❑ 每个操作符的 CPU 代价为 "0.0025"。

根据上面的操作类型，PostgreSQL 可以智能地计算出一个 SQL 命令的执行代价，虽然计算结果不是很精确，但大多数情况下够用了。

更复杂的执行计划如下：

```
osdba=# explain select a.id,b.note from testtab01 a,testtab02 b where a.id=b.id;
                                QUERY PLAN
-------------------------------------------------------------------------------
 Hash Join  (cost=309.00..701.57 rows=9102 width=36)
   Hash Cond: (b.id = a.id)
   -> Seq Scan on testtab02 b  (cost=0.00..165.02 rows=9102 width=36)
   -> Hash  (cost=184.00..184.00 rows=10000 width=4)
     -> Seq Scan on testtab01 a  (cost=0.00..184.00 rows=10000 width=4)
(5 rows)
```

除 "Seq Scan" 全表扫描外，还有一些其他的操作，如 "Hash" "Hash Join" 等，这些内容后面会详细讲解。

9.1.3 EXPLAIN 使用示例

默认情况下输出的执行计划是文本格式，但也可以输出 JSON 格式，示例如下：

```
osdba=# explain (format json) select * from testtab01;
         QUERY PLAN
---------------------------------------
 [                                     +
   {                                   +
     "Plan": {                         +
       "Node Type": "Seq Scan",        +
       "Relation Name": "testtab01",   +
       "Alias": "testtab01",           +
       "Startup Cost": 0.00,           +
       "Total Cost": 184.00,           +
       "Plan Rows": 10000,             +
       "Plan Width": 36                +
     }                                 +
   }                                   +
 ]
(1 row)
```

也可以输出 XML 格式，示例如下：

```
osdba=# explain (format xml) select * from testtab01;
                    QUERY PLAN
---------------------------------------------------------
 <explain xmlns="http://www.postgresql.org/2009/explain">+
   <Query>                                               +
     <Plan>                                              +
       <Node-Type>Seq Scan</Node-Type>                   +
```

```
        <Relation-Name>testtab01</Relation-Name>          +
        <Alias>testtab01</Alias>                          +
        <Startup-Cost>0.00</Startup-Cost>                 +
        <Total-Cost>184.00</Total-Cost>                   +
        <Plan-Rows>10000</Plan-Rows>                      +
        <Plan-Width>36</Plan-Width>                       +
      </Plan>                                             +
    </Query>                                              +
  </explain>
(1 row)
```

还可以输出 YAML 格式，示例如下：

```
osdba=# explain (format YAML ) select * from testtab01;
           QUERY PLAN
-------------------------------
 - Plan:                          +
   Node Type: "Seq Scan"         +
   Relation Name: "testtab01"    +
   Alias: "testtab01"            +
   Startup Cost: 0.00            +
   Total Cost: 184.00            +
   Plan Rows: 10000              +
   Plan Width: 36
(1 row)
```

添加"analyze"参数，通过实际执行来获得更精确的执行计划，命令如下：

```
osdba=# explain analyze select * from testtab01;
                                                    QUERY PLAN
--------------------------------------------------------------------------------
Seq Scan on testtab01  (cost=0.00..184.00 rows=10000 width=36) (actual
  time=0.493..4.320 rows=10000 loops=1)
  Total runtime: 5.653 ms
(2 rows)
```

从上面的运行结果中可以看出，加了"analyze"参数后，可以看到实际的启动时间（第一行返回的时间）、执行时间、实际的扫描行数（actual time=0.493..4.320 rows=10000 loops=1），其中启动时间为 0.493 毫秒，返回所有行的时间为 4.320 毫秒，返回的行数是 10000。

analyze 选项还有另一种语法，即放在小括号内，得到的结果与上面的结果完全一致，示例如下：

```
osdba=# explain (analyze true) select * from testtab01;
                                                    QUERY PLAN
--------------------------------------------------------------------------------
  Seq Scan on testtab01  (cost=0.00..184.00 rows=10000 width=36) (actual
    time=0.019..2.650 rows=10000 loops=1)
  Total runtime: 4.004 ms
(2 rows)
```

如果只查看执行的路径情况而不看 cost 值，则可以加"(costs false)"选项，命令如下：

```
osdba=# explain (costs false) select * from testtab01;
```

```
     QUERY PLAN
----------------------
 Seq Scan on testtab01
(1 row)
```

联合使用 analyze 选项和 buffers 选项，通过实际执行来查看实际的代价和缓冲区命中的情况，命令如下：

```
osdba=# explain (analyze true,buffers true ) select * from testtab03;
                                                      QUERY PLAN
----------------------------------------------------------------------------
 Seq Scan on testtab03  (cost=0.00..474468.18 rows=26170218 width=36) (actual
   time=0.498..8543.701 rows=10000000 loops=1)
   Buffers: shared hit=16284 read=196482 written=196450
 Total runtime: 9444.707 ms
(3 rows)
```

因为加了 buffers 选项，执行计划的结果中就会出现一行"Buffers: shared hit=16284 read=196482 written=196450"，其中"shared hit=16284"表示在共享内存中直接读到 16284 个块，从磁盘中读到 196482 块，写磁盘 196450 块。有人可能会问，SELECT 为什么会写？这是因为共享内存中有脏块，从磁盘中读出的块必须把内存中的脏块挤出内存，所以产生了很多的写。

来看下面这个"create table as"的执行计划：

```
osdba=# explain  create table testtab04 as select * from testtab03 limit 100000;
                             QUERY PLAN
----------------------------------------------------------------------------
 Limit  (cost=0.00..3127.66 rows=100000 width=142)
   ->  Seq Scan on testtab03  (cost=0.00..312766.02 rows=10000002 width=142)
(2 rows)
```

看一下 insert 语句的执行计划：

```
osdba=# explain insert into testtab04 select * from testtab03 limit 100000;
                             QUERY PLAN
----------------------------------------------------------------------------
 Insert on testtab04  (cost=0.00..4127.66 rows=100000 width=142)
   ->  Limit  (cost=0.00..3127.66 rows=100000 width=142)
     ->  Seq Scan on testtab03  (cost=0.00..312766.02 rows=10000002 width=142)
(3 rows)
```

删除语句的执行计划如下：

```
osdba=# explain delete from  testtab04;
                        QUERY PLAN
----------------------------------------------------------------
 Delete on testtab04  (cost=0.00..22.30 rows=1230 width=6)
   ->  Seq Scan on testtab04  (cost=0.00..22.30 rows=1230 width=6)
(2 rows)
```

更新语句的执行计划如下：

```
osdba=# explain update testtab04 set note='bbbbbbbbbbbbbbbb';
```

```
                          QUERY PLAN
----------------------------------------------------------------
 Update on testtab04  (cost=0.00..22.30 rows=1230 width=10)
   -> Seq Scan on testtab04  (cost=0.00..22.30 rows=1230 width=10)
(2 rows)
```

9.1.4　全表扫描

全表扫描在 PostgreSQL 中也称顺序扫描（Seq Scan），全表扫描就是把表中的所有数据块从头到尾读一遍，然后从中找到符合条件的数据块。

全表扫描在 EXPLAIN 命令的输出结果中用 "Seq Scan" 表示，示例如下：

```
osdba=# EXPLAIN SELECT * FROM testtab01;
                          QUERY PLAN
----------------------------------------------------------------
 Seq Scan on testtab01  (cost=0.00..2754.05 rows=151905 width=36)
(1 row)
```

9.1.5　索引扫描

索引通常是为了加快查询数据的速度而增加的。索引扫描，就是在索引中找出需要的数据行的物理位置，然后再到表的数据块中把相应的数据读出来的过程。

索引扫描在 EXPLAIN 命令的输出结果中用 "Index Scan" 表示，示例如下：

```
osdba=# EXPLAIN SELECT * FROM testtab01 where id=1000;
                              QUERY PLAN
--------------------------------------------------------------------------------
 Index Scan using idx_testtab01_id on testtab01  (cost=0.29..8.31 rows=1
   width=70)
   Index Cond: (id = 1000)
(2 rows)
```

9.1.6　位图扫描

位图扫描也是走索引的一种方式。方法是扫描索引，把满足条件的行或块在内存中建一个位图，扫描完索引后，再根据位图到表的数据文件中把相应的数据读出来。如果走了两个索引，可以把两个索引形成的位图通过 AND 或 OR 计算合并成一个，再到表的数据文件中把数据读出来。

当执行计划的结果行数很多时会走这种扫描，如非等值查询、IN 子句或有多个条件都可以走不同的索引时。

下面是非等值的一个示例：

```
osdba=# explain select * from testtab02 where id2 >10000;
                              QUERY PLAN
--------------------------------------------------------------------------------
 Bitmap Heap Scan on testtab02  (cost=18708.13..36596.06 rows=998155 width=16)
   Recheck Cond: (id2 > 10000)
   -> Bitmap Index Scan on idx_testtab02_id2  (cost=0.00..18458.59 rows=998155
      width=0)
```

```
        Index Cond: (id2 > 10000)
(4 rows)
```

在位图扫描中可以看到，"Bitmap Index Scan"先在索引中找到符合条件的行，然后在内存中创建位图，再到表中扫描，也就是我们看到的"Bitmap Heap Scan"。

大家还会看到"Recheck Cond: (id2 > 10000)"，这是因为多版本的原因，从索引中找出的行从表中读出后还需要再检查一下条件。

下面是一个因为 IN 子句走位图索引的示例：

```
osdba=# explain select * from testtab02 where id1 in (2,4,6,8);
                              QUERY PLAN
-------------------------------------------------------------------------------
  Bitmap Heap Scan on testtab02  (cost=17.73..33.47 rows=4 width=16)
    Recheck Cond: (id1 = ANY ('{2,4,6,8}'::integer[]))
    -> Bitmap Index Scan on idx_testtab02_id1  (cost=0.00..17.73 rows=4 width=0)
        Index Cond: (id1 = ANY ('{2,4,6,8}'::integer[]))
(4 rows)
```

下面是走两个索引后将位图进行 BitmapOr 运算的示例：

```
osdba=# explain select * from testtab02 where id2 >10000 or  id1  <200000;
                              QUERY PLAN
-------------------------------------------------------------------------------
  Bitmap Heap Scan on testtab02  (cost=20854.46..41280.46 rows=998446 width=16)
    Recheck Cond: ((id2 > 10000) OR (id1 < 200000))
    -> BitmapOr  (cost=20854.46..20854.46 rows=1001000 width=0)
      -> Bitmap Index Scan on idx_testtab02_id2  (cost=0.00..18458.59 rows=998155
        width=0)
        Index Cond: (id2 > 10000)
      -> Bitmap Index Scan on idx_testtab02_id1  (cost=0.00..1896.65 rows=102430
        width=0)
          Index Cond: (id1 < 200000)
(7 rows)
```

在上面的执行计划中，可以看到 BitmapOr 操作，即使用 OR 运算合并两个位图。

9.1.7　条件过滤

条件过滤，一般就是在 WHERE 子句上加过滤条件，当扫描数据行时会找出满足过滤条件的行。条件过滤在执行计划中显示为"Filter"，示例如下：

```
osdba=# EXPLAIN SELECT * FROM testtab01 where id<1000 and note like 'asdk%';
                              QUERY PLAN
-------------------------------------------------------------------------------
  Index Scan using idx_testtab01_id on testtab01  (cost=0.29..48.11 rows=1
    width=70)
    Index Cond: (id < 1000)
    Filter: (note ~~ 'asdk%'::text)
```

如果条件的列上有索引，可能会走索引而不走过滤，示例如下：

```
osdba=# EXPLAIN SELECT * FROM testtab01 where  id<1000;
```

```
                             QUERY PLAN
--------------------------------------------------------------------------------
  Index  Scan  using  idx_testtab01_id  on  testtab01    (cost=0.29..45.63 rows=991
    width=70)
    Index Cond: (id < 1000)
(2 rows)

osdba=# EXPLAIN SELECT * FROM testtab01 where  id>1000;
                             QUERY PLAN
--------------------------------------------------------------------------------
  Seq Scan on testtab01   (cost=0.00..2485.00 rows=99009 width=70)
    Filter: (id > 1000)
(2 rows)
```

9.1.8　嵌套循环连接

嵌套循环连接（NestLoop Join）是在两个表做连接时最朴素的一种连接方式。在嵌套循环中，内表被外表驱动，外表返回的每一行都要在内表中检索找到与它匹配的行，因此整个查询返回的结果集不能太大（大于 1 万不适合），要把返回子集较小的表作为外表，而且在内表的连接字段上要有索引，否则速度会很慢。

执行的过程如下：确定一个驱动表（Outer Table），另一个表为 Inner Table，驱动表中的每一行与 Inner Table 表中的相应记录 Join 类似一个嵌套的循环。适用于驱动表的记录集比较小（<10000）而且 Inner Table 表有有效的访问方法（Index）。需要注意的是，Join 的顺序很重要，驱动表的记录集一定要小，返回结果集的响应时间才是最快的。

9.1.9　散列连接

优化器使用两个表中较小的表，利用连接键在内存中建立散列表，然后扫描较大的表并探测散列表，找出与散列表匹配的行。

这种方式适用于较小的表可以完全放于内存中的情况，这样总成本就是访问两个表的成本之和。但是如果表很大，不能完全放入内存，优化器会将它分割成若干不同的分区，把不能放入内存的部分写入磁盘的临时段，此时要有较大的临时段从而尽量提高 I/O 的性能。

下面就是一个散列连接（Hash Join）的例子：

```
osdba=# explain select a.id,b.id,a.note from testtab01 a, testtab02 b where a.id=b.
  id and b.id<=1000000;
                                        QUERY PLAN
--------------------------------------------------------------------------------
  Hash Join  (cost=20000041250.75..20000676975.71 rows=999900 width=93)
    Hash Cond: (a.id = b.id)
    ->  Seq Scan on testtab01 a  (cost=10000000000.00..10000253847.55 rows=10000055
      width=89)
    ->  Hash  (cost=10000024846.00..10000024846.00 rows=999900 width=4)
      ->  Seq Scan on testtab02 b  (cost=10000000000.00..10000024846.00 rows=999900
        width=4)
        Filter: (id <= 1000000)
(6 rows)
```

先看表大小，命令如下：

```
osdba=# select pg_relation_size('testtab01');
 pg_relation_size
------------------
     1260314624
(1 row)

osdba=# select pg_relation_size('testtab02');
 pg_relation_size
------------------
     101138432
(1 row)
```

因为表"'testtab01"大于"'testtab02"，所以 Hash Join 是先在较小的表"testtab02"上建立散列表，然后扫描较大的表"testtab01"并探测散列表，找出与散列表匹配的行。

9.1.10 合并连接

通常情况下，散列连接的效果比合并连接要好，然而如果源数据上有索引，或者结果已经被排过序，此时执行排序合并连接不需要再进行排序，合并连接的性能会优于散列连接。

下面的示例中，表"testtab01"的"id"字段上有索引，表"testtab02"的"id"字段上也有索引，这时从索引扫描的数据已经排好序了，就可以直接进行合并连接（Merge Join）：

```
osdba=# explain select a.id,b.id,a.note from testtab01 a, testtab02 b where a.id=b.
id and b.id<=100000;
                                          QUERY PLAN
--------------------------------------------------------------------------------
 Merge Join  (cost=1.47..47922.57 rows=99040 width=93)
   Merge Cond: (a.id = b.id)
   ->  Index Scan using idx_testtab01_id on testtab01 a  (cost=0.43..413538.43
       rows=10000000 width=89)
   ->  Index Only Scan using idx_testtab02_id on testtab02 b  (cost=0.42..4047.63
       rows=99040 width=4)
         Index Cond: (id <= 100000)
(5 rows)
```

把表"testtab02"上的索引删除，下面的示例中的执行计划是把 testtab02 排序后再走 Merge Join：

```
osdba=# drop index idx_testtab02_id;
DROP INDEX
osdba=# explain select a.id,b.id,a.note from testtab01 a, testtab02 b where a.id=b.
id and b.id<=100000;
                                          QUERY PLAN
--------------------------------------------------------------------------------
 Merge Join  (cost=34419.21..78788.84 rows=99040 width=93)
   Merge Cond: (a.id = b.id)
   ->  Index Scan using idx_testtab01_id on testtab01 a  (cost=0.43..413538.43
       rows=10000000 width=89)
   ->  Materialize  (cost=34418.70..34913.90 rows=99040 width=4)
     ->  Sort  (cost=34418.70..34666.30 rows=99040 width=4)
```

```
              Sort Key: b.id
              ->  Seq Scan on testtab02 b  (cost=0.00..24846.00 rows=99040 width=4)
                    Filter: (id <= 100000)
        (8 rows)
```

从上面的执行计划中可以看到"Sort Key：b.id"，就是对表"testtab02"的"id"字段进行排序。

9.2　与执行计划相关的配置项

本节详细介绍与执行计划有关的配置参数和配置项。

9.2.1　ENABLE_* 参数

在 PostgreSQL 中有一些以"ENABLE_"开头的参数，这些参数提供了影响查询优化器选择不同执行计划的方法。有时，如果优化器为特定查询选择的执行计划并不是最优的，可以设置这些参数强制优化器选择一个更好的执行计划来临时解决这个问题。一般不会在 PostgreSQL 中配置来改变这些参数值的默认值，因为通常情况下，PostgreSQL 不会走错执行计划。PostgreSQL 走错执行计划是统计信息收集得不及时导致的，可通过更频繁地运行 ANALYZE 来解决这个问题，使用"ENABLE_"只是一个临时的解决方法。这些参数的详细说明见表 9-1。

表 9-1　ENABLE_* 参数

参数名称	类型	说明
enable_seqscan	boolean	是否选择全表顺序扫描。实际上，并不能完全禁止全表扫描，但是把该变量关闭会让优化器在存在其他方法时优先选择其他方法
enable_indexscan	boolean	是否选择索引扫描
enable_bitmapscan	boolean	是否选择位图扫描
enable_tidscan	boolean	是否选择位图扫描
enable_nestloop	boolean	多表连接时，是否选择嵌套循环连接。如果设置为"off"，执行计划只有走嵌套循环连接一条路时，优化器也只能选择这条路，但如果有其他连接方法可以选择，优化器会优先选择其他方法
enable_hashjoin	boolean	多表连接时，是否选择 Hash 连接
enable_mergejoin	boolean	多表连接时，是否选择 Merge 连接
enable_hashagg	boolean	是否使用 Hash 聚合
enable_sort	boolean	是否使用明确的排序，如果设置为"off"，执行计划只有排序一条路时，优化器也只能选择这条路，但如果有其他方法可以选择，优化器会优先选择其他方法

9.2.2　COST 基准值参数

执行计划在选择最优路径时，不同路径的 cost 值只有相对意义，同时缩放它们将不会对不同路径的选择产生任何影响。默认情况下，它们以顺序扫描一个数据块的开销作为基准单位，也就是说，将顺序扫描的基准参数"seq_page_cost"默认设为"1.0"，其他开销的基准参数都对照它来设置。从理论上来说也可以使用其他基准方法，如以毫秒计的实际执行时间作基准，但这些基准方法可能会更复杂一些。这些 COST 基准值参数如表 9-2 所示。

表 9-2　COST 基准值参数

参数名称	类型	说明
seq_page_cost	float	执行计划中一次顺序访问一个数据块页面的开销。默认值是 "1.0"
random_page_cost	float	执行计划中计算随机访问一个数据块页面的开销。默认值是 "4.0"，也就是说，随机访问一个数据块页的开销是顺序访问的开销的 4 倍
cpu_tuple_cost	float	执行计划中计算处理一条数据行的开销。默认值为 "0.01"
cpu_index_tuple_cost	float	执行计划中计算处理一条索引行的开销。默认值为 "0.005"
cpu_operator_cost	float	执行计划中执行一个操作符或函数的开销。默认值为 "0.0025"
effective_cache_size	int	执行计划中在一次索引扫描中可用的磁盘缓冲区的有效大小。该参数会在计算一个索引的预计开销值时加以考虑。更高的数值会导致更可能使用索引扫描，更低的数值会导致更有可能选择顺序全表扫描。该参数对 PostgreSQL 分配的共享内存大小没有任何影响，它只用于执行计划中代价的估算。数值是用数据页来计算的，通常每个页面大小是 8KB。默认是 16384 个数据块大小，即 128MB

在上面的配置项中，"seq_page_cost" 一般作为基准，不用改变。可能需要改变的是 "random_page_cost"，如果在读数据时，数据基本都命中在内存中，这时随机读和顺序读的差异不大，可能需要把 "random_page_cost" 的值调得小一些。如果想让优化器偏向走索引，而不走全表扫描，可以把 "random_page_cost" 的值调得低一些。

9.2.3　基因查询优化的参数

GEQO 是一个使用探索式搜索来执行查询规划的算法，它可以缩短负载查询的规划时间。GEQO 的检索是随机的，因此它生成的执行计划会有不可确定性。

基因查询优化器的相关的配置参数如表 9-3 所示。

表 9-3　基因查询优化器的相关参数

参数名称	类型	说明
geqo	boolean	允许或禁止基因查询优化，在生产系统中建议把此参数打开，默认是打开的。geqo_threshold 参数提供了一种控制是否使用基因查询优化方法的更精细的控制方法
geqo_threshold	integer	只有当涉及的 FROM 关系数量至少有 geqo_threshold 个时，才使用基因查询优化。对于数量小于此值的查询，也许使用判定性的穷举搜索更有效。但是对于有许多表的查询，规划器做判断要花费很长时间。默认是 "12"。请注意，一个 FULL OUTER JOIN 只算一个 FROM 项
geqo_effort	integer	控制 GEQO 中规划时间和查询规划的有效性之间的平衡。该变量必须是一个从 1 到 10 的整数。默认值是 "5"。大的数值增加花费在进行查询规划上的时间，但是也很可能提高选中更有效的查询规划的概率 geqo_effort 实际上并没有直接干什么事情；只是用于计算其他影响 GEQO 行为变量的缺省值（在下面描述）。如果需要，可以手动设置其他参数
geqo_pool_size	integer	控制 GEQO 使用的池大小。池大小是基因全体中的个体数量，它必须至少是 "2"，有用的数值通常在 100 到 1000 之间。如果把它设置为 "0"（默认值），那么就会基于 geqo_effort 和查询中表的数量选取一个合适的值

（续）

参数名称	类型	说明
geqo_generations	integer	控制 GEQO 使用的子代数目。子代的意思是算法的迭代次数。它必须至少是"1"，有用值的范围和池大小相同。如果设置为"0"（默认值），那么将基于 geqo_pool_size 选取合适的值
geqo_selection_bias	float	控制 GEQO 使用的选择性偏好。选择性偏好是在一个种群中的选择性压力。数值可以在 1.5 到 2.0 之间，默认值是"2.0"
geqo_seed	float	控制 GEQO 使用的随机数产生器的初始值，用以选择随机路径。这个值可以在从 0（默认）到 1 之间。修改此值会改变连接路径搜索的设置，同时会找到最优或最差路径

当没有很多表做关连查询时，并不需要关注这些基因查询优化器的参数，因为此时基本不会走基因查询，只有当关连查询表的数目超过"geqo_threshold"配置项时才会走基因查询优化算法。如果不清楚基因查询的原理，不能理解以上参数，保留它们的默认值就可以了。

9.2.4　其他执行计划配置项

其他与执行计划相关的配置项如表 9-4 所示。

表 9-4　其他执行计划配置项

参数名称	类型	说明
default_statistics_target	integer	此参数设置表字段的默认直方图统计目标值，如果表字段的直方图统计目标值未用 ALTER TABLE SET STATISTICS 明确设置，则使用此参数指定的值。此值越大，ANALYZE 需要花费的时间越长，同时统计出的直方图信息也越详细，这样生成的执行计划也越准确。默认值是"100"，最大值是"10000"
constraint_exclusion	enum	指定在执行计划中是否使用约束排除。可以取 3 个值："partition""on""off"。默认值为"partition"。约束排除就是指优化器分析 WHERE 子句中的过滤条件与表上的 CHECK 约束，当从语义上就能分析出而不需要访问这张表时，执行计划会直接跳过这张表，如表上的一个字段有约束"check col1>10000"，当查询表"select * from t where col1<900;"时，优化器对比约束条件知道根本没有符合"col1<900"条件的记录，跳过对表的扫描直接返回 0 条记录 当优化器使用约束排除时，需要花费更多的时间去对比约束条件和 WHERE 子句中的过滤条件，在大多数情况下，对无继承的表打开约束排除意义不大，所以 PostgreSQL 把此值默认设置为"partition"。当对一张表做查询时，如果这张表有很多继承的子表，通常也需要扫描这些子表，设置为"partition"，优化器会对这些子表做约束排除分析
cursor_tuple_fraction	float	游标在选择执行计算时有两种策略：第一种是选择总体执行代价最小的；第二种是返回第一条记录时代价最小的。有时总体执行代价最小，但返回第一条记录的代价不是最小的，这时返回给用户的第一条记录的时间比较长，这会让用户觉得等待较长的时间系统才会响应，从而导致用户体验不太好。为了让用户体验比较好，可以选择返回第一条记录代价最小的执行计划，这时用户可以比较快地看到第一条记录。 设置游标，在选择总体代价最小的执行计划和返回第一条记录代价最小的执行计划两者之间比较倾向性的大小。默认值是"0.1"。最大值是"1.0"，此时游标会选择总体代价最小的执行计划，而不考虑多久才会输出第一个行
from_collapse_limit	integer	默认值是"8"。如果查询重写生成的 FROM 后的项目数不超过限制数目，优化器将把子查询融合到上层查询。小的数值缩短规划的时间，但是可能会生成差一些的查询计划。将此值设置得与配置项"geqo_threshold"的数值相同或更大，可能触发使用 GEQO 规划器，从而产生不确定的执行计划

（续）

参数名称	类型	说明
join_collapse_limit	integer	如果查询重写生成的 FROM 后的项目数不超过限制数目，优化器把显式使用 JOIN 子句（不包括 FULL JOIN）的连接也重写到 FROM 后的列表中。小的数值缩短规划的时间，但是可能会生成差一些的查询计划值。默认值与 from_collapse_limit 一样。将此值设置得与配置项"geqo_threshold"的数值相同或更大，可能会触发使用 GEQO 规划器，从而产生不确定的执行计划

9.3　统计信息的收集

信息主要是 AutoVacuum 进程收集的，用于查询优化时的代价估算。表和索引的行数、块数等统计信息记录在系统表"pg_class"中，其他的统计信息主要收集在系统表"pg_statistic"中。而 Stats Collector 子进程是 PostgreSQL 中专门的性能统计数据收集器进程，其收集的性能数据可以通过"pg_stat_*"视图来查看，这些性能统计数据对数据库活动的监控及分析性能有很大的帮助。

9.3.1　统计信息收集器的配置项

统计信息收集器的配置项如表 9-5 所示。

表 9-5　统计信息收集器的配置项

参数名称	类型	说明
track_counts	boolean	控制是否收集表和索引上的访问的统计信息。默认是打开的
track_functions	enum	是否收集函数调用次数和时间的统计信息。可以取"none""pl""all"3 个值。"none"表示不收集，"pl"表示只收集过程语言函数，"all"表示收集所有的函数，包括 SQL 和 C 语言函数。默认值为"none"
track_activities	boolean	是否允许跟踪每个 session 正在执行的 SQL 命令的信息和命令开始执行的时间。这些信息可以在视图"pg_stat_activity"中看到。此参数默认是打开的
track_activity_query_size	integer	在 pg_stat_activity 视图中的 query 字段最多显示多少字节，默认值是"1024"，超过此设置的内容会被截断
track_io_timing	boolean	是否允许统计 I/O 调用的时间，默认为关掉。如果打开此选项，在带"BUFFERS"选项的 EXPLAIN 命令中将显示 I/O 调用的时间。这些 I/O 统计信息也可以在 pg_stat_database 和 pg_stat_statements 中看到，这是 PostgreSQL 9.2 版本之后新增加的参数
update_process_title	boolean	当后台服务进程正在执行命令（如一条 SQL 语句）时，是否更新其 title 信息。在 Linux 环境下此参数默认是打开的，所以在 Linux 环境下，默认可以使用 ps 命令查看一个后台服务进程是否正在执行命令
stats_temp_directory	string	设置存储临时统计数据的路径，可以是一个相对于数据目录的相对路径，也可以是一个绝对路径。默认值是"pg_stat_tmp"

9.3.2　SQL 执行的统计信息输出

可以使用以下 4 个 boolean 类型的参数来控制是否输出 SQL 执行过程的统计信息到日

志中：

- [ ] log_statement_stats。
- [ ] log_parser_stats。
- [ ] log_planner_stats。
- [ ] log_executor_stats。

参数 "log_statement_stats" 控制是否输出所有 SQL 语句的统计信息，其他的参数控制每个 SQL 命令是否输出不同执行模块中的统计信息。

9.3.3　手动收集统计信息

手动收集统计信息的命令是 ANALYZE 命令，此命令用于收集表的统计信息，然后把结果保存在系统表 "pg_statistic" 中。优化器可以使用收集到的统计信息来确定最优的执行计划。

在默认的 PostgreSQL 配置中，AutoVacuum 守护进程是打开的，它能自动分析表、收集表的统计信息。当 AutoVacuum 进程关闭时，需要周期性地，或者在表的大部分内容变更后运行 ANALYZE 命令。准确的统计信息能帮助优化器生成最优的执行计划，从而改善查询的性能。比较常用的一种策略是每天在数据库比较空闲的时候运行一次 VACUUM 和 ANALYZE 命令。

ANALYZE 命令的语法格式如下：

```
ANALYZE [ VERBOSE ] [ table [ ( column [, ...] ) ] ]
```

命令中的选项说明如下。

- [ ] VERBOSE：增加此选项将显示处理的进度以及表的一些统计信息 。
- [ ] table：要分析的表名，如果不指定，则对整个数据库中的所有表进行分析。
- [ ] column：要分析的特定字段的名称。默认分析所有字段。

ANALYZE 命令的应用示例如下。

只分析表 "test01" 中的 "id2" 列：

```
osdba=# ANALYZE test01(id2);
ANALYZE
```

分析表 "test01" 中的 "id1" 和 "id2" 两个列：

```
osdba=# ANALYZE test01(id1,id2);
ANALYZE
```

分析表 "test01" 中的所有列：

```
osdba=# ANALYZE test01;
ANALYZE
```

ANALYZE 命令只需在表上加一个读锁，因此它可以与表上的其他 SQL 命令并发执行。ANALYZE 命令会收集表的每个字段的直方图和最常用数值的列表。

对于大表，ANALYZE 命令只读取表的部分内容做一个随机抽样，不读取表的所有内容，这样就保证了即使是在很大的表上也只需要很少时间就可以完成统计信息的收集。统计信息只是近似的结果，即使表内容实际上没有改变，运行 ANALYZE 命令后 EXPLAIN 命令显示的执行计划中的 COST 值也会有一些变化。为了增加所收集的统计信息的准确度，可以增大随机抽样比例，这可以通过调整参数 "default_statistics_target" 来实现，该参数可在 session 级别设置，比如在分析不同的表时设置不同的值。在下面的示例中，假设表 "test01" 的行数较少，设置 "default_statistics_target" 为 "500"，然后分析 test01 表，表 "test02" 行数较多，设置 "default_statistics_target" 为 "10"，再分析 test02 表，命令如下：

```
osdba=# set default_statistics_target to 500;
SET
osdba=# analyze test01;
ANALYZE
osdba=# set default_statistics_target to 10;
SET
osdba=# analyze test02;
ANALYZE
```

也可以直接设置表的每个列的统计 target 值，命令如下：

```
osdba=# ALTER TABLE test01 ALTER COLUMN id2 SET STATISTICS 200;
ALTER TABLE
```

ANALYZE 命令的一个统计项是估计出现在每列的不同值的数目。仅仅抽样部分行，该统计项的估计值有时会很不准确，为了避免因此导致差的查询计划，可以手动指定这个列有多少个唯一值，其命令是 "ALTER TABLE ... ALTER COLUMN ... SET (n_distinct = ...)"，示例如下：

```
osdba=# ALTER TABLE test01 ALTER COLUMN id2 SET (n_distinct=2000);
ALTER TABLE
```

另外，如果表是有继承关系的其他子表的父表，还可以设置 "n_distinct_inherited"，这样子表会继续父表的设置值，示例如下：

```
osdba=# ALTER TABLE test01 ALTER COLUMN id2 SET (n_distinct_inherited=2000);
ALTER TABLE
```

9.4 小结

本章主要介绍了执行计划的基础知识，这些知识是做 SQL 优化的基础。

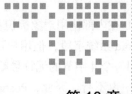

第 10 章 *Chapter 10*

PostgreSQL 中的技术内幕

10.1 表中的系统字段

每个表都有多个系统字段，这些字段是由系统隐式定义的。这些系统字段在 psql 中使用"\d"命令返回的结果中并不显示，所以需要记住实际表中还存在这些隐含字段。因为表中已隐含这些名字的字段，所以用户定义的名称不能与这些字段的名称相同，这一限制与名字是否为关键字没有关系，即使字段名称用双引号括起来也不行。

这些系统字段如下。

- oid：行对象标识符（对象 ID）。该字段只有在创建表时使用了"with oids"或配置参数"default_with_oids"的值为真时出现。该字段的类型是 oid（类型名和字段名相同）。
- tableoid：包含本行的表的 oid。对父表（该表存在有继承关系的子表）进行查询时，使用此字段就可以知道某一行来自父表还是子表，以及是来自哪个子表。tableoid 可以和 pg_class 的 oid 字段连接起来获取表名字。
- xmin：插入该行版本的事务 ID。
- xmax：删除此行时的事务 ID，第一次插入时，此字段为 0。如果查询出来此字段不为 0，则可能是删除这行的事务还未提交，或者是删除此行的事务回滚了。
- cmin：事务内部的插入类操作的命令 ID，此标识是从 0 开始的。
- cmax：事务内部的删除类操作的命令 ID，如果不是删除命令，此字段为 0。
- ctid：一个行版本在它所处的表内的物理位置。

后面将重点介绍 oid、xmin、xmax、cmin、cmax、ctid，而 tableoid 比较简单，就不详细介绍了。

10.1.1 oid

PostgreSQL 在内部使用对象标识符（OID）作为各种系统表的主键。系统不会给用户创建的表增加一个 oid 系统字段，但用户可以在建表时使用" with oids"选项为表增加 oid 字段。目前 oid 类型用一个 4 字节的无符号整数实现，它不能提供大数据范围内的唯一性保证，甚至在单个的大表中也不行。因此，PostgreSQL 官方不鼓励在用户创建的表中使用 oid 字段，建议 oid 字段只是用于系统表。

另外，不同表的 oid 字段生成的序列值是全局的，就好像所有的 oid 都使用了一个全局的序列，示例如下。

先建两个带 oid 字段的测试表，命令如下：

```
osdba=# create table t3(id int ) with oids;
CREATE TABLE
osdba=# create table t4(id int ) with oids;
CREATE TABLE
```

向 t3 表中插入一条记录，查看到其 oid 为"16652"，会发现新插入记录的 oid 并不是从 1 开始的，而是从一个比较大的数字开始，命令如下：

```
osdba=# insert into t3 values(10);
INSERT 16652 1
osdba=# select oid,id from t3;
  oid  | id
-------+----
 16652 | 10
(1 row)
```

再向 t4 表中插入一条记录，查看得知其 oid 为"16656"，命令如下：

```
osdba=# insert into t4 values(20);
INSERT 16656 1
osdba=# select oid,id from t4;
  oid  | id
-------+----
 16656 | 20
(1 row)
```

再向 t3 表中插入一条记录，查看得知其 oid 为"16657"，命令如下：

```
osdba=# insert into t3 values(11);
INSERT 16657 1
osdba=# select oid,id from t3;
  oid  | id
-------+----
 16652 | 10
 16657 | 11
(2 rows)
```

由此可以看出，oid 是全局分配的，并不是由某一张表单独分配。

oid 类型代表一个对象标识符。除此以外，oid 还有几个表示具体对象类型的别名，如

表 10-1 所示。

表 10-1　对象标识符类型

类型名称	引用	描述	数值示例
oid	任意	数字化的对象标识符	36657
regproc	pg_proc	函数名字	Sum
regprocedure	pg_proc	带参数类型的函数	sum(int)
regoper	pg_operator	操作符名	+
regoperator	pg_operator	带参数类型的操作符	*(integer，integer)
regclass	pg_class	表名或索引名	pg_type
regtype	pg_type	数据类型名	Integer
regconfig	pg_ts_config	全文检索配置	English
regdictionary	pg_ts_dict	全文检索路径	Simple

表（包括 toast 表）、索引、视图的对象标识符就是系统表 "pg_class" 的 oid 字段的值，示例如下：

```
osdba=# select oid,relname,relkind from pg_class where relname like 't_';
  oid  | relname | relkind
-------+---------+---------
 16628 | t1      | r
 16631 | t2      | r
 16649 | t3      | r
 16653 | t4      | r
(4 rows)
```

上例显示表 "t1" 的对象标识符为 "16628"，表 "t2" 的对象标识符为 "16631"，表 "t3" 的对象标识符为 "16649"，表 "t4" 的对象标识符为 "16653"。

除 oid 这种通用的对象标识符类型外，其他的类型都提供一种把字符串转换成 oid 类型的操作符，这可以大大简化查询对象信息时的 SQL 语句，示例如下。

想要知道对象标识符为 "1259" 的表是哪一张，可以使用如下 SQL 命令查询：

```
osdba=# select 1259::regclass;
 regclass
----------
 pg_class
(1 row)
```

要查询系统表，看表 "t" 有哪些字段，一般的 SQL 命令是需要先查询 pg_attribute 表再关联 pg_class 表的，示例如下：

```
osdba=# SELECT attrelid,attname,atttypid,attlen, attnum,attnotnull FROM pg_
  attribute
 WHERE attrelid = (SELECT oid FROM pg_class WHERE relname = 't');
 attrelid | attname   | atttypid | attlen | attnum | attnotnull
----------+-----------+----------+--------+--------+------------
    16625 | tableoid  |       26 |      4 |     -7 | t
    16625 | cmax      |       29 |      4 |     -6 | t
```

```
   16625 | xmax       |      28 |      4 |      -5 | t
   16625 | cmin       |      29 |      4 |      -4 | t
   16625 | xmin       |      28 |      4 |      -3 | t
   16625 | ctid       |      27 |      6 |      -1 | t
   16625 | id         |      23 |      4 |       1 | f
(7 rows)
```

使用 regclass 类型的自动转换运算符就可以不关联查询 pg_class 了, 示例如下:

```
osdba=# SELECT attrelid,attname,atttypid,attlen, attnum,attnotnull FROM pg_
  attribute
  WHERE attrelid = 't'::regclass;
 attrelid | attname  | atttypid | attlen | attnum | attnotnull
----------+----------+----------+--------+--------+------------
   16625 | tableoid  |      26 |      4 |      -7 | t
   16625 | cmax      |      29 |      4 |      -6 | t
   16625 | xmax      |      28 |      4 |      -5 | t
   16625 | cmin      |      29 |      4 |      -4 | t
   16625 | xmin      |      28 |      4 |      -3 | t
   16625 | ctid      |      27 |      6 |      -1 | t
   16625 | id        |      23 |      4 |       1 | f
(7 rows)
```

下例中的 SQL 命令是查询操作符的左右操作数的类型, 使用 "::regtype" 后也不再需要关联查询 pg_type 系统表, 示例如下:

```
osdba=# select oprname,oprleft::regtype, oprright::regtype,oprresult::regtype,
  oprcode from pg_operator limit 3;
 oprname | oprleft | oprright | oprresult | oprcode
---------+---------+----------+-----------+---------
 =       | integer | bigint   | boolean   | int48eq
 <>      | integer | bigint   | boolean   | int48ne
 <       | integer | bigint   | boolean   | int48lt
(3 rows)
```

10.1.2　ctid

ctid 表示数据行在它所处的表内的物理位置。ctid 字段的类型是 tid。尽管 ctid 可以非常快速地定位数据行, 但每次 VACUUM FULL 之后, 数据行在块内的物理位置会移动, 即 ctid 会发生变化, 所以 ctid 是不能作为长期的行标识符的, 应该使用主键来标识逻辑行。

查看 ctid 的示例如下:

```
osdba=# select ctid, id from t limit 10;
  ctid  | id
--------+----
 (0,1)  | 1
 (0,2)  | 1
 (0,3)  | 2
 (0,4)  | 3
 (0,5)  | 4
 (0,6)  | 5
 (0,7)  | 6
 (0,8)  | 7
```

```
 (0,9)  |  8
 (0,10) |  9
(10 rows)
```

从上例中可以看出，ctid 由两个数字组成，第一个数字表示数据行所在的物理块的物理块号，第二个数字表示数据行在物理块中的行号。

tid 类型可以使用字符串输入，如查询表 "testtab01" 的第 10 个物理块的第 2 行内容的命令如下：

```
osdba=# select ctid, id from testtab01 where ctid='(10,2)';
  ctid  | id
--------+-----
 (10,2) | 652
(1 row)
```

利用 ctid 可以删除表中的重复记录，如表 "t" 中有如下数据：

```
osdba=# select * from t;
 id
----
  1
  2
  3
  1
  2
  3
(6 rows)
```

删除此表中重复数据的 SQL 命令如下：

```
DELETE FROM t a
WHERE a.ctid <> (SELECT min(b.ctid)
                 FROM   t b
                 WHERE  a.id = b.id);
```

上例的 SQL 语句在表 "t" 中的记录比较多时，效率比较低，这时可以使用一个更高效的删除此表重复数据的 SQL 命令：

```
DELETE FROM t
  WHERE ctid = ANY(ARRAY(SELECT ctid
                    FROM (SELECT row_number() OVER (PARTITION BY id), ctid
                          FROM t) x
                WHERE x.row_number > 1));
```

10.1.3　xmin、xmax、cmin、cmax

xmin、xmax、cmin、cmax 这 4 个字段在多版本实现中用于控制数据行是否对用户可见。PostgreSQL 将修改前后的数据存储在相同的结构中，分为以下几种情况：

- ❑ 新插入一行时，将新插入行的 xmin 填写为当前的事务 ID，xmax 填 "0"。
- ❑ 修改这一行时，实际上新插入一行，原数据行上的 xmin 不变，xmax 改为当前的事务 ID，新数据行上的 xmin 填为当前的事务 ID，xmax 填 "0"。
- ❑ 删除一行时，把被删除行上的 xmax 填写当前的事务 ID。

从上面的叙述中就可以知道，xmin 就是标记插入数据行的事务 ID，而 xmax 就是标记删除数据行的事务 ID。

> **注意** 没有修改数据行的操作，因为修改数据行，实际上就是把原数据行上的 xmax 标记上自己的事务 ID（相当于打上删除标记），然后再新插入一条记录。

上面解释了 xmin 和 xmax 的含义，另两个字段"cmin"和"cmax"有什么作用呢？cmin 和 cmax 用于判断同一个事务内的不同命令导致行版本的变化是否可见。如果一个事务内的所有命令都是严格顺序执行的，那么每个命令都能看到之前该事务内的所有变更，这种情况下不需要使用命令标识。一般编程中，遍历一个数组或列表时，是不允许在遍历过程中删除或增加元素的，因为这样会导致逻辑错误。而在数据库中，对游标进行遍历时，可以对游标引用的表进行插入或删除行的操作而不会出现逻辑错误，这是因为游标是一个快照，遍历过程中的删除或增加操作不会影响游标的数据，遍历游标时看到的是声明游标时的数据快照而不是执行时的数据，所以它在扫描数据时会忽略声明游标后对数据的变更，因为这些变更对该游标都应该是无效的。

游标后续看到的数据都是声明游标之前的快照，相当于游标与后续的命令并发交错执行，这与事务之间的交错执行类似，存在数据可见性的问题。PostgreSQL 使用与解决事务内可见性问题类似的方法引入了命令 ID 的概念。行上记录了操作这行的命令 ID，当其他命令读取这行数据时，如果当前的命令 ID 大于等于数据行上的命令 ID，说明这行数据是可见的；如果当前的命令 ID 小于数据行上的命令 ID，则这条数据不可见。

命令 ID 的分配规则如下：
- 每个命令使用事务内一个全局命令标识计数器的当前值作为当前命令标识。
- 事务开始时，命令标识计数器被置为初值"0"。
- 执行更新性的命令时，如 INSERT、UPDATE、DELETE、SELECT ... FOR UPDATE，在 SQL 命令执行后命令标识计数器加 1。
- 当命令标识计数器经过不断累加又回到初值"0"时，报错"cannot have more than 2^32-1 commands in a transaction"，即一个事务中命令的个数最多为 $2^{32}-1$ 个。

10.2 多版本并发控制

多版本并发控制（Multi-Version Concurrency Control，MVCC），是数据库中并发访问数据时保证数据一致性的一种方法。本节将详细讲解 MVCC 的原理及 PostgreSQL 中 MVCC 实现中的一些特色。

10.2.1 多版本并发控制的原理

在并发操作中，当正在写时，如果有用户在读，这时写可能只写了一半，如一行的前半部分刚写入，后半部分还没有写入，这时可能读的用户读取到的数据行的前半部分数据是新的，后半部分数据是原来的，这就导致了数据一致性问题。解决这个问题的最简单的方法是使用读写锁，写的时候不允许读，正在读的时候也不允许写，但这种方法会导致读和写的操作不能并发执行。于是，有人想到了一种能够让读写并发执行的方法，这种方法就是 MVCC。MVCC 方法是写数据时，原数据并不删除，并发的读还能读到原数据，这样就不会有数据一致性问题了。

实现 MVCC 的方法有以下两种。

❑ 第一种：写新数据时，把原数据移到一个单独的位置，如回滚段中，其他用户读数据时，从回滚段中把原数据读出来。

❑ 第二种：写新数据时，原数据不删除，而是把新数据插入进来。

PostgreSQL 数据库使用的是第二种方法，而 Oracle 数据库和 MySQL 数据库中的 InnoDB 引擎使用的是第一种方法。10.2.2 节将详细讲解 PostgreSQL 中多版本实现的原理。

10.2.2　PostgreSQL 中的多版本并发控制

前面讲过，PostgreSQL 中的多版本实现是通过把原数据留在数据文件中，新插入一条数据来实现多版本的功能的。如上所述，每张表上都有 4 个系统字段 "xmin" "xmax" "cmin" "cmax"，这 4 个字段就是为多版本的功能而添加的。当两个事务同时访问记录时，通过参考 xmin 和 xmax 的标记判断记录的版本，根据版本号与自己当前的事务标识进行比较，确定自己的数据权限。当删除数据时，记录并没有从数据块中被删除，空间也没有立即释放。

PostgreSQL 的多版本实现中首先要解决的是原数据的空间释放问题。PostgreSQL 通过运行 Vaccum 进程来回收之前的存储空间，默认 PostgreSQL 数据库中的 AutoVacuum 是打开的，也就是说，当一个表的更新量达到一定值时，AutoVacuum 自动回收空间。当然也可以关闭 AutoVacuum 进程，然后在业务低峰期手动运行 VACUUM 命令来回收空间。

在 PostgreSQL 中，若一个事务执行失败，在数据文件中该事务产生的数据并不会在事务回滚时被清理掉。为什么要这样做呢？为什么不在事务提交时把这些数据标记成有效，而在事务回滚时把这些数据标记成无效呢？这是出于效率的考虑。若事务提交或回滚时再次标记数据，那这些数据就有可能会被刷新到磁盘中，再次标记会导致另一次 I/O，从而降低性能。那么如何知道这些数据是有效还是无效呢？ PostgreSQL 通过记录事务的状态来实现。数据行上记录了 xmin 和 xmax，只需了解 xmin 和 xmax 对应的事务是成功提交还是回滚了，就可以知道这些数据行是否有效。PostgreSQL 把事务状态记录在 Commit Log 中，简称 CLOG，CLOG 在数据目录的 pg_clog 子目录下，示例如下：

```
osdba@osdba-VirtualBox:~/pgdata$ ls -l pg_clog
total 8
-rw------- 1 osdba osdba 8192 Nov 30 21:43 0000
```

事务的状态有以下 4 种。

❑ TRANSACTION_STATUS_IN_PROGRESS =0x00：表示事务正在进行中。

❑ TRANSACTION_STATUS_COMMITTED =0x01：表示事务已提交。

❑ TRANSACTION_STATUS_ABORTED= 0x02：表示事务已回滚。

❑ TRANSACTION_STATUS_SUB_COMMITTED= 0x03：表示子事务已提交。

事务 ID，在 PostgreSQL 中有时缩写为 xid，是一个 32bit 的数字。有以下 3 个特殊的事务 ID 是给系统内部使用的，代表特殊的含义。

❑ InvalidTransactionId = 0：表示是无效的事务 ID。

❑ BootstrapTransactionId = 1：表示系统表初使化时的事务 ID。

❑ FrozenTransactionId = 2：冻结的事务 ID。

所以数据库系统第一个正常的事务 ID 是从 3 开始的，然后连续递增，达到最大值后，再从 3 开始。事务 ID 为 0 、1 、2 的始终保留。

通常，使用值为 0 的事务 ID 是为了让内部编程更为方便，当 PostgreSQL 内部的事务 ID 设置为 0 时，表示它是一个无效的事务 ID。比如，使用函数 GetCurrentTransactionIdIfAny 查询当前的事务 ID 时，如果返回的事务 ID 为 0，则表示当前还没有分配事务 ID。

值为 1 的事务 ID 是 Initdb 服务初始化系统表时在表上填写的事务 ID，此时数据库还没有启动，但在系统表中的 cmin 下也需要一个有效的事务 ID，这个事务 ID 就为 1，示例如下：

```
osdba=# select cmin, cmax, relname from pg_class where relname in ('pg_type','pg_
  attribute');
 cmin | cmax |    relname
------+------+--------------
    1 |    1 | pg_type
    1 |    1 | pg_attribute
(2 rows)
```

事务 ID 一直递增，总会到达 4 字节整数的最大值，到达最大值后再从头开始时，以前的事务 ID 都会比当前的事务 ID 大，在进行比较时，会认为以前的事务 ID 是将来的事务 ID，这会导致严重的问题，即事务 ID 回卷的问题。另外，PostgreSQL 中多版本实现中经常需要判断事务之间的新旧关系，例如：如果数据行中的已提交的事务比当前事务更早，则在当前事务中这行数据应该是可见的。在事务 ID 没有回卷时，简单比较两个事务 ID 的大小就可以知道事务之间的先后关系。如 4294967290<4294967295，所以事务 ID 为 4294967290 的事务必然比事务 ID4294967295 的事务更早。但在事务 ID 回卷后，事务 ID 为 5 的事务应该比事务 ID4294967295 的事务更新，再简单地比较大小就行不通了。为了解决事务回卷问题和满足比较事务新旧的需求，PostgreSQL 中规定，存在的最早和最新两个事务之间的年龄差最多是 2^{31}，而不是无符号整数的最大范围 2^{32}，只有该范围的一半，当要超过 2^{31} 时，就把旧的事务换成一个特殊的事务 ID，也就是前面介绍的名为"FrozenTransactionId"的特殊事务。当正常事务 ID 与冻结事务 ID 进行比较时，会认为正常事务 ID 比冻结事务 ID 更新。做了以上的规定后，两个普通的事务 ID 比较新旧就可以使用如下公式：

```
((int32) (id1 - id2)) < 0
```

如果该公式的返回结果为真，则表明事务 id1 比事务 id2 更早。从这个公式中可以看出，当事务 ID 没有回卷时，上面的公式相当于直接比较大小，在事务 ID 回卷后，如 id1=4294967295， id2=5，id1−id2=4294967290，这是一个正数，但转换成有符号的 int32 时，由于超出了有符号数的取值范围，会转换成一个负数，这样的结果对于事务 ID 回卷后的情况也适用。

10.2.3　PostgreSQL 多版本的优劣分析

Oracle 数据库和 MySQL 数据库的 InnoDB 引擎也都实现了多版本的功能，但它们与 PostgreSQL 的实现方式是不一样的，在这两个数据库中，旧版本的数据并不记录在原先的数据块中，而是被记录在回滚段中，如果要读取旧版本的数据，需要根据回滚段的数据重构旧版本数据。

PostgreSQL 的多版本机制与 Java 虚拟机的垃圾回收机制比较相像。事务提交前，只需要访问原来的数据即可；提交后，系统更新元组的存储标识，直到 Vaccum 进程收回为止。

相对于 InnoDB 和 Oracle，PostgreSQL 的多版本的优势在于以下几点：

❏ 事务回滚可以立即完成，无论事务进行了多少操作。
❏ 数据可以进行很多更新，不必像 Oracle 和 InnoDB 那样需要经常保证回滚段不会被用完，也不会像 Oracle 数据库那样，经常遇到"ORA-1555"错误的困扰。

相对于 InnoDB 和 Oracle，PostgreSQL 的多版本的劣势在于以下几点：

❏ 旧版本数据需要清理。PostgreSQL 清理旧版本称为 VACUUM，并提供了 VACUUM 命令进行清理。
❏ 旧版本的数据会导致查询更慢一些，因为旧版本的数据存储于数据文件中，查询时需要扫描更多的数据块。

10.3　物理存储结构

PostgreSQL 数据库目前不支持使用裸设备和块设备，所以 PostgreSQL 数据库的表中的数据总是存储在一个或多个物理的数据文件中。具体的数据文件又分为多个固定大小的数据块，每行数据就存放在这些数据块中。本节主要讲解 PostgreSQL 数据文件中的数据块的结构原理及一些附加文件的存储原理。

10.3.1　PostgreSQL 中的术语

PostgreSQL 中有一些术语与其他数据库中的名称不一样，了解了这些术语的含义，就能更好地看懂 PostgreSQL 中的文档。

与其他数据库不同的术语有如下几个。

❏ Relation：表示表或索引，也就是其他数据库的 Table 或 Index。具体表示的是 Table 还是 Index 需要看具体情况。
❏ Tuple：表示表中的行，在其他数据库中使用 Row 来表示。
❏ Page：表示在磁盘中的数据块。

❏ Buffer：表示在内存中的数据块。

10.3.2 数据块结构

数据块的结构如图 10-1 所示。

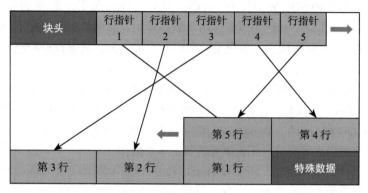

图 10-1　数据块结构示意图

数据块的大小默认是 8KB，最大是 32KB，一个数据块中存储了多行的数据。块中的结构是先有一个块头，后面记录了块中各个数据行的指针，行指针是向后顺序排列的，而实际的数据行内容是从块尾向前反向排列的。行数据指针与行数据之间的部分就是空闲空间。

块头记录了如下信息：

❏ 块的 checksum 值。

❏ 空闲空间的起始位置和结束位置。

❏ 特殊数据的超始位置。

❏ 其他一些信息。

行指针是一个 32bit 的数字，具体结构如下：

❏ 行内容的偏移量，占用 15bit。

❏ 指针的标记，占用 2bit。

❏ 行内容的长度，占用 15bit。

行指针中表示行内容的偏移量是 15bit，能表示的最大偏移量是 2^{15}=32768，因此在 PostgreSQL 中，块的最大大小是 32768，即 32KB。

10.3.3 Tuple 结构

在 PostgreSQL 数据库中，Tuple 是指数据行。行的结构如图 10-2 所示。

从图 10-2 中可以看出，行的物理结构是先有一个行头，后面跟了各项数据。行头中记录了以下重要信息。

❏ oid、ctid、xmin、xmax、cmin、cmax、ctid：这些信息的含义在前面已介绍过。

❏ natts&infomask2：字段数，其中低 11 位表示这行有多少个列。其他的位则是 HOT

（Heap Only Touples）技术及行可见性的标志位。

- ❑ infomask：用于标识行当前的状态，比如行是否具有 OID，是否有空属性，共有 16 位，每位都代表不同的含义。
- ❑ hoff：表示行头的长度。
- ❑ bits：是一个数组，用于标识该行上哪些字段（列）为空。

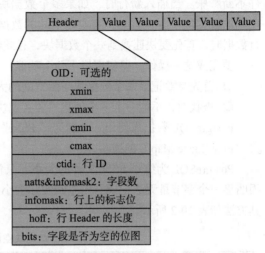

图 10-2　Tuple 的结构图

在 10.2 节中已讲过，行上的 xmin、xmax、cmin、cmax 和 CLOG 日志一起用于控制行的可见性。每个事务在 CLOG 中占用两个 bit，数据库运行一段时间后，如几年，就可能产生上亿个事务，最多时甚至可能达到 20 亿个事务，它们使用的 CLOG 可能占用 512MB 的空间，在这么大的 CLOG 中查询事务的状态，效率可能不高，于是 PostgreSQL 对查询行的可见性做了优化，把一些可见性的信息记录在 infomask 字段上，该字段的 t_infomask 中有以下与可见性相关的标志位：

- ❑ #define HEAP_XMIN_COMMITTED 0x0100 /* t_xmin committed */。
- ❑ #define HEAP_XMIN_INVALID 0x0200 /* t_xmin invalid/aborted */。
- ❑ #define HEAP_XMAX_COMMITTED 0x0400 /* t_xmax committed */。
- ❑ #define HEAP_XMAX_INVALID 0x0800 /* t_xmax invalid/aborted */。
- ❑ #define HEAP_XMAX_IS_MULTI 0x1000 /* t_xmax is a MultiXactId */。

如果 t_infomask 中 HEAP_XMIN_COMMITTED 为真，而 HEAP_XMAX_INVALID 为假，则说明该行是新插入的行，是可见的，此时就不需要到 CLOG 中查询 xmin 和 xmax 的事务状态了。

而如果未设置 HEAP_XMIN_COMMITTED，并不表示该行没有提交，而是说不知道 xmin 是否提交了，需要到 CLOG 中去判断 xmin 的状态。HEAP_XMAX_COMMITTED 也是如此。

第一次插入数据时，t_infomask 中的 HEAP_XMIN_COMMITTED 和 HEAP_XMAX_INVALID 并未设置，但当事务提交后，有用户再读取这个数据块时会通过 CLOG 判断出这些行的事务已提交，会设置 t_infomask 中的 HEAP_XMIN_COMMITTED 和 HEAP_XMAX_INVALID 标志位。下次再查询该行时，直接使用 t_infomask 中的 HEAP_XMIN_COMMITTED 和 HEAP_XMAX_INVALID 标志位就可以判断出行的可见性了，不再需要到 CLOG 中查询事务的状态。

10.3.4　数据块空闲空间管理

在表中的数据块中插入、更新和删除数据会在表中产生旧版本的数据，这些旧版本数据通过 Vacuum 进程的清理会在数据块中产生空闲空间。再向表中插入数据时，最好的办法就是继续使用这些旧数据块中的空闲空间，如果所有的新数据都分配新的数据块，会导致数据文件不断膨胀。当插入新行时，如果多个数据块中都有空闲空间，应把数据行插到哪个有空闲空间的数据块中呢？首先，有空闲空间的数据块不一定能容纳下新的数据行，所以要插入一行数据时，首先要快速找到一个数据块，且此数据块中的空闲空间能够放下此数据行。

要完成这一操作，要实现以下两个功能：

❏ 首先是要记录每个数据块空闲空间的大小。

❏ 查找时，不能一个一个地找，要实现快速查找。

PostgreSQL 数据库使用一个名为"FSM"的文件记录每个数据块的空闲空间。FSM 是英文"Free Space Map"的缩写。

PostgreSQL 为缩小 FSM 文件的大小，只使用一个字节来记录一个数据块中的空闲空间，很明显一个字节是无法记录空闲空间实际大小的，该字节值实际上代表空闲空间的一个范围，其方法如表 10-2 所示。

表 10-2　数据块空闲空间范围表示方法

字节值	表示空闲空间的范围（单位：字节）	字节值	表示空闲空间的范围（单位：字节）
0	0 ~ 31	3	96 ~ 127
1	32 ~ 63	...	...
2	64 ~ 95	255	8164 ~ 8192

从表 10-2 中可以看到，如果该字节值为"0"，则表示数据块中存在的空闲空间大小的范围为 0~31 字节；如果为"1"，则表示空闲空间大小的范围为 32 ~ 63 字节，然后以此类推。

在 PostgreSQL 8.4 之前的版本中，使用一个全局的 FSM 文件来记录所有表文件的空闲空间，但这会导致管理的复杂和低效，所以从 PostgreSQL 8.4 版本之后，对每个数据文件创建一个名为"< 表 oid>_fsm"的文件，如假设一个表"test01"的 OID 为"25566"，则它的 FSM 文件名为"25566_fsm"。

为了快速查找到满足要求的数据块，PostgreSQL 使用了树型结构组织 FSM 文件。FSM 文件固定使用 3 层树型结构，第 0 层和第 1 层为查找辅助层，第 2 层中每个块的每个字节代表其对应的数据块中的空闲空间。在第 1 层中，每个块中的字节值代表其下一层（第 2 层）相应的数据块中的最大值。假设第 2 层的每个数据块可以填 4000 个字节，则这 4000 个字节对应着在真正的数据文件中的 4000 个数据块各有多少空闲空间，而第 1 层中的这个字节，则表示第 2 层中对应数据块中的最大值，也就是指对应到真正的数据文件中这 4000 个数据块最大的空闲空间，同时第 0 层中的每个字节表示的是下一层中数据块中的最大值。第 0 层只有一个数据块，当需要判断数据块的空闲空间是否足够大时，只需要查询第 0 层的这个数据块就可确定是否有合适大小的空闲空间的数据块了。

下面通过一个示意图让读者更容易理解上面的思路。为了简化示意图，该图中每个块只能放 4 个字节的数据，其原理与实际情况下放 4000 个字节是一样的。具体示意图如图 10-3 所示。

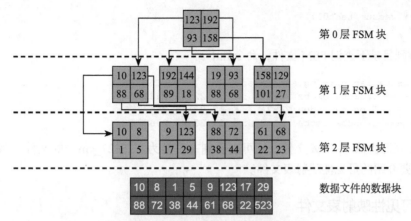

这里的各个方块代表数据文件的各个数据块，
方块中的数字代表该数据块中的空闲空间范围

图 10-3　FSM 空闲空间管理示意图

从图 10-3 中可以看出，第 0 层数据块中的每个字节的数字代表它下一层（第 1 层）数据块中每个字节数字的最大值，第 1 层数据块中每个字节的数字代表它下一层数据块（第 2 层）中每个字节数字的最大值，而第 2 层数据块（叶子节点）中每个字节的数字则代表数据文件中数据块中的空闲空间范围。第 0 层只有一个数据块，该数据块中的第 1 个字节值为 "123"，表示它下层（第 1 层）的第 1 个数据块中各字节的最大值为 "123"，同样，第 0 层的数据块的第 2 个字节值为 "192"，表示它下一层（第 1 层）的第 2 个数据块中各字节的最大值为 "192"，以此类推。第 1 层到第 2 层的映射也类似。

FSM 文件并不是在创建表文件时立即创建的，而是等到需要时才会创建，也就是执行 VACUUM 操作时，或者在为了插入行第一次查询 FSM 文件时才创建。下面通过示例来验证这个过程，先建一张表，命令如下：

```
osdba=# create table test01(id int, note text);
CREATE TABLE
osdba=# insert into test01 values(1,'11111');
INSERT 0 1

osdba=# select oid from pg_class where relname='test01';
  oid
-------
 25827
(1 row)
```

然后到数据目录下查看 FSM 文件，命令如下：

```
osdba@osdba-laptop:~/pgdata/base/16384$ ls -l 25827*
-rw------- 1 osdba osdba 8192  5月 17 22:43 25827
```

从上面的运行结果中可以看到并没有生成 FSM 文件，再做一个 VACUUM 操作，命令如下：

```
osdba=# vacuum test01;
VACUUM
```

然后再到目录下查询 FSM 文件，命令如下：

```
osdba@osdba-laptop:~/pgdata/base/16384$ ls -l 25827*
-rw------- 1 osdba osdba  8192  5月 17 22:43 25827
-rw------- 1 osdba osdba 24576  5月 17 22:44 25827_fsm
-rw------- 1 osdba osdba  8192  5月 17 22:44 25827_vm
```

我们看到已生成了 FSM 文件，还可以看到一个名为"25827_vm"的文件，该文件就是 10.3.5 节中要介绍的可见性映射表文件。

10.3.5 可见性映射表文件

在 PostgreSQL 中更新、删除行后，数据行并不会马上从数据块中被清理掉，而是需要等 VACUUM 时清理。为了能加快 VACUUM 清理的速度并降低对系统 I/O 性能的影响，PostgreSQL 在 8.4.1 版本之后为每个数据文件加了一个后缀为"_vm"的文件，此文件被称为可见性映射表文件，简称 VM 文件。VM 文件中为每个数据块存储了一个标志位，用来标记数据块中是否存在需要清理的行。有该文件后，做 VACUUM 扫描此文件时，如果发现 VM 文件中该数据块上的位表示该数据块没有需要清理的行，VACUUM 就可以跳过对这个数据块的扫描，从而加快 VACUUM 清理的速度。

VACUUM 有两种方式，一种被称为"Lazy VACUUM"，另一种被称为"Full VACUUM"，VM 文件仅在 Lazy VACUUM 中使用，Full VACUUM 操作则需要对整个数据文件进行扫描。

10.4 控制文件解密

本节详细介绍了 PostgreSQL 中控制文件的作用、原理等。

10.4.1 控制文件介绍

PostgreSQL 的控制文件记录了数据库的重要信息，如数据库的系统标识符"system_identifier"、系统表版本"Catalog version number"、实例状态、Checkpoint 信息、数据页的块大小、WAL 日志的页大小及文件大小、一些实例备份和恢复信息等。所以 PostgreSQL 的控制文件与 Oracle 数据库的控制文件的作用基本相同，都是记录数据库的重要信息，只是在细节上有所不同，PostgreSQL 的控制文件没有 Oracle 数据库中的那么复杂。

在 PostgreSQL 中提供了 pg_controldata 命令显示控制文件中的内容：

```
osdba-mac:~ osdba$ pg_controldata
pg_control version number:            1002
Catalog version number:               201707211
Database system identifier:           6531601841114581486
Database cluster state:               in production
pg_control last modified:             Mon Nov 26 15:35:41 2018
```

```
Latest checkpoint location:              2/5DB47D48
Prior checkpoint location:               2/5DB42E90
Latest checkpoint's REDO location:       2/5DB47D10
Latest checkpoint's REDO WAL file:       00000001000000020000005D
Latest checkpoint's TimeLineID:          1
Latest checkpoint's PrevTimeLineID:      1
Latest checkpoint's full_page_writes:    on
Latest checkpoint's NextXID:             0:4000
Latest checkpoint's NextOID:             56205
Latest checkpoint's NextMultiXactId:     1
Latest checkpoint's NextMultiOffset:     0
Latest checkpoint's oldestXID:           548
Latest checkpoint's oldestXID's DB:      1
Latest checkpoint's oldestActiveXID:     4000
Latest checkpoint's oldestMultiXid:      1
Latest checkpoint's oldestMulti's DB: 1
Latest checkpoint's oldestCommitTsXid:0
Latest checkpoint's newestCommitTsXid:0
Time of latest checkpoint:               Mon Nov 26 15:35:38 2018
Fake LSN counter for unlogged rels:      0/1
Minimum recovery ending location:        0/0
Min recovery ending loc's timeline:      0
Backup start location:                   0/0
Backup end location:                     0/0
End-of-backup record required:           no
wal_level setting:                       replica
wal_log_hints setting:                   off
max_connections setting:                 100
max_worker_processes setting:            8
max_prepared_xacts setting:              0
max_locks_per_xact setting:              64
track_commit_timestamp setting:          off
Maximum data alignment:                  8
Database block size:                     8192
Blocks per segment of large relation:    131072
WAL block size:                          8192
Bytes per WAL segment:                   16777216
Maximum length of identifiers:           64
Maximum columns in an index:             32
Maximum size of a TOAST chunk:           1996
Size of a large-object chunk:            2048
Date/time type storage:                  64-bit integers
Float4 argument passing:                 by value
Float8 argument passing:                 by value
Data page checksum version:              0
Mock authentication nonce:
73be4963d7bef303c8a6fd8924270c65137fd18d3ec7db097388565d7fc782f8
```

后面我们会逐一介绍控制文件中的一些重要的内容项。

10.4.2 数据库的唯一标识串解密

数据库的唯一标识串"Database system identifier"用于唯一标识一套数据库系统，物理复制的主数据库和备数据库有相同的数据库唯一标识串。

　　数据库的唯一标识串是在 Initdb 初始化数据库实例时生成的，它是一个 64bit 的整数。该整数由当前的时间戳和执行 Initdb 进程的 PID 的两个部分组成，生成的算法可参见 PostgreSQL 源码 xlog.c 中的 BootStrapXLOG 函数，内容如下：

```
pg_control version number:
gettimeofday(&tv, NULL);
sysidentifier = ((uint64) tv.tv_sec) << 32;
sysidentifier |= ((uint64) tv.tv_usec) << 12;
sysidentifier |= getpid() & 0xFFF;
```

　　从上面的算法中我们可以知道，高 44 位的时间戳中由于取了时间戳的微秒部分，所以重复的概率极低。低 12 位是进程 PID。

　　根据上面的原理我们就可以知道，如果知道了 PostgreSQL 数据库的唯一标识串，就能知道该数据库是什么时候创建的，我们可以用下面的 SQL 语句把唯一标识串中的时间戳取出来：

```
SELECT to_timestamp(((6531601841114581486>>32) & (2^32 -1)::bigint));
```

　　实际执行效果如下：

```
osdba-mac:~ osdba$ psql
psql (10.5)
Type "help" for help.

osdba=# SELECT to_timestamp(((6531601841114581486>>32) & (2^32 -1)::bigint));
     to_timestamp
----------------------
 2018-03-11 16:31:00+08
(1 row)
```

10.4.3　Checkpoint 信息解密

　　我们先简单介绍一下什么是检查点（Checkpoint），可以想象一个场景：如果 WAL 重做日志可以无限地增大，如果仅从不丢失数据的角度来看是不需要把缓冲池中的脏数据块写入磁盘的，因为当发生宕机时，完全可以通过 WAL 重做日志来恢复整个数据库系统中的数据到宕机发生的时刻。但这种想法明显存在以下几个问题：

- ❑ WAL 重做日志不可以无限增大，因为 WAL 日志会占用一定的空间。
- ❑ 重放 WAL 日志会占用时间，不可能一个数据库宕机后我们花费很长时间来进行恢复，通常需要在有限的时间内完成恢复，如在几分钟之内完成。
- ❑ 缓冲区不可能无限大，所以不管怎么样，都需要把一定的脏数据刷新到磁盘中，需要考虑必须要先刷新哪些脏数据等问题。

　　应用检查点技术就是为了解决这些问题。当恢复数据库时，不需要把所有的 WAL 日志全部重新应用，只需要应用某个时间点之后的 WAL 日志应用就可以了，当然要做到这一点，就需要把这一时间点之前产生的脏数据全部刷新到磁盘中，所以检查点只是一个数据库事件，该事件触发后将会执行一个操作，而此操作可以保证把事件之前的脏数据全部刷新到磁盘中。

当然，我们让 Checkpoint 发生得越频繁，在数据库实例宕机后重放的 WAL 日志量就越少，当然重做的日志量的多少也取决于发生宕机的时间点，发生宕机的时间点越靠近最后的检查点，重做的日志量也就越少。

我们通过 pg_controldata 命令看到控制文件中关于 Checkpoint 的信息有以下几项：

```
Latest checkpoint location:            2/5DB47D48
Prior checkpoint location:             2/5DB42E90
Latest checkpoint's REDO location:     2/5DB47D10
Latest checkpoint's REDO WAL file:     0000000100000002000005D
```

"Latest checkpoint location" 和 "Prior checkpoint location" 这两项容易理解，就是 "最后一次的 Checkpoint 位置" 和 "前一次的 Checkpoint 位置"，但当看到 "Latest checkpoint's REDO location" 中也有一个 Checkpoint 的位置时就让人疑惑了："Latest checkpoint location" "Latest checkpoint's REDO location" 为什么有两个 "最后的 Checkpoint 位置"？

为了向读者讲明白这个问题，我们需要简单介绍一下发生 Checkpoint 的操作过程，虽然 Checkpoint 事件是一个时间点，但执行 Checkpoint 刷盘的操作是需要进行一段时间的，如现在我们要开始做 Checkpoint 了，先记录当前点，该当前点就记录在 "Latest checkpoint's REDO location" 中，当完成刷盘操作之后，把 Checkpoint 相关信息也生成一条 WAL 记录，再把这条 WAL 记录也写入 WAL 日志文件中，此 WAL 日志的位置就是 "Latest checkpoint location: 2/5DB47D48"，然后更新控制文件中有关 Checkpoint 的信息。

从上面的分析中我们知道，在数据库实例宕机之后，开始重做 WAL 日志时，开始的日志点为 "Latest checkpoint's REDO location"，而不是 "Latest checkpoint location"，而 "Latest checkpoint location" 指向的是 WAL 日志中的一条 Checkpoint 的 WAL 记录，这条记录中记录了本次 Checkpoint 事件的一些信息。

10.4.4　与 Standby 相关的信息

如果我们用 pg_controldata 显示备库的控制文件会发现以下两项不同。

在主库中下面这两项都是 "0/0" 和 "0"：

```
Minimum recovery ending location:     0/0
Min recovery ending loc's timeline:   0
```

而在备库中这两项不为 "0"，示例如下：

```
Minimum recovery ending location:     0/271E81A8
Min recovery ending loc's timeline:   1
```

这两项是做什么的呢？下面我们解释一下。

我们知道备库在不停地应用 WAL 日志，对于 Hot Standby，在应用 WAL 日志的同时，还会对外提供服务。备库本身也可能因断电或其他故障而宕机，当备库在重新启动时，不能一启动就对外提供只读服务，因为这时的数据可能还不一致，如果这时提供只读服务，用户会读到不一致的数据。这两个参数用于指定当备库异常终止再启动时，只有应用 WAL 日志超过指定点之后才能对外提供只读服务。而有人可能会问，为什么在主库上不需要这两项内容呢？因为在主库上，只有把当前所有的 WAL 日志全部应用完成之后才能对外提供服务，而备库是不断地从主库接收日志，然后不断地应用日志，没有把当前 WAL 日志应用完的说法，所以在备库上需要知道应用多少日志之后就可以对外提供只读服务了。

10.5　WAL 文件解密

本节详细介绍了 PostgreSQL 中 WAL 文件的作用、原理等关键技术。

10.5.1　WAL 文件介绍

WAL 文件是"Write Ahead Log"的简称，就是数据库重做日志，与 Oracle 的 Redo Log 的功能是一样的。

WAL 文件在 PostgreSQL9.X 及以下版本是在 pg_xlog 目录下的，而在 PostgreSQL10.X 及以上版本是在 pg_wal 目录下的。查看 WAL 文件所在的目录，会看到如下文件列表：

```
[postgres@pg01 pg_wal]$ ls -l
total 81924
-rw------- 1 postgres postgres      312 Nov 26 14:10
   000000010000000000000020.00000028.backup
-rw------- 1 postgres postgres 16777216 Dec  2 15:13 000000010000000000000026
-rw------- 1 postgres postgres 16777216 Dec  2 15:16 000000010000000000000027
-rw------- 1 postgres postgres 16777216 Dec  2 14:20 000000010000000000000028
-rw------- 1 postgres postgres 16777216 Dec  2 14:44 000000010000000000000029
-rw------- 1 postgres postgres 16777216 Dec  2 14:46 00000001000000000000002A
drwx------ 2 postgres postgres       96 Dec  2 15:13 archive_status
```

上面的文件中文件名为 24 个字母长度的都是 WAL 文件，如"000000010000000000000026""000000010000000000000027""000000010000000000000028"等。

10.5.2　WAL 文件名的秘密

初学者会看不懂 24 个字母长度的 WAL 文件名，为了解释清楚其中的奥秘，我们先解释一下另一个概念 LSN，即"Log Sequence Number（日志序列号）"，是一个不断增长的 8 字节（64bit）长数字，用于记录 WAL 日志的绝对位置，随着数据库 WAL 日志的不断增加，LSN 也会不断地增长。

而 WAL 文件名的 24 个字符由三部分组成，如图 10-4 所示。

从图 10-4 中可知，WAL 文件名由下面三部分组成。

❏ 时间线：英文为 timeline，是以 1 开始的递增数字，如 1, 2, 3, …。

❏ LogId：32bit 长的一个数字，是以 0 开始递增

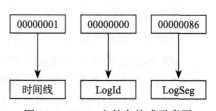

图 10-4　WAL 文件名构成示意图

的，如 0，1，2，3，…。实际为 LSN 的高 32bit。

❑ LogSeg：32bit 长的一个数字，是以 0 开始递增的，如 0，1，2，3，…。LogSeg 是 LSN 的低 32bit 的值再除以 WAL 文件大小（通常为 16MB）的结果。注意：当 LogId 为 0 时，LogSeg 是从 1 开始的。

WAL 日志文件默认大小为 16MB，如果想改变其大小，在 PostgreSQL10.X 及之前的版本中需要重新编译程序，在 PostgreSQL11.X 版本之后，可以在 Initdb 初始化数据库实例时指定 WAL 文件的大小。

如果 WAL 文件是默认大小，即 16MB 时，LogSeg 最大为 FF，即 000000 ～ 0000FF，即在文件名中，最后 8 字节中前 6 字节总是 0。这时因为 LSN 的低 32bit 的值再除以 WAL 文件大小 [2**32/（16*1024*1024）= 256] 最大只能是 256，换算成十六进制，即 FF。

10.5.3　WAL 文件循环复用原理

当我们查看 WAL 日志的目录时，从表面上来看好像是旧文件不断地被删除，新的 WAL 文件会不断地产生。熟悉 Oracle 数据库的人会发现这点与 Oracle 数据库中的 Redo Log 不一样。Oracle 数据库中 Redo Log 的个数固定，是会被循环覆盖的。这种以循环覆盖的方式写 Redo Log 的机制在文件系统上相比于 append 方式有更高的性能，因为对于文件系统来说，如果用 append 方式，文件不断地增加时，除了添加的内容数据，文件的尺寸大小数据也需要持久化下去，这样相当于每次写产生了两次 I/O，一次是内容数据的 I/O，一次是记录文件大小的 I/O。而对于 Oracle 数据库是先初始化 Redo Log，真正在写 Redo Log 时是覆盖写，这样每次写，只有一次 I/O。

所以从表面上来看，PostgreSQL 不是循环覆盖写，这样看起来，PostgreSQL 在 WAL 日志这一块要比 Oracle 性能低，但实际上，PostgreSQL 也是循环覆盖写，WAL 写的性能并不比 Oracle 中低，下面我们详细讲解一下，PostgreSQL 循环覆盖写的原理。

PostgreSQL 的循环覆盖写是通过把旧的 WAL 日志"重命名"来实现的。发生一次 Checkpoint 之后，此 Checkpoint 点之前的 WAL 日志文件都可以删除，而 PostgreSQL 中一般并不会将其删除，而是"重命名"旧的 WAL 文件使之成为一个新的 WAL 文件。所以 WAL 文件目录下文件序号最大的那个 WAL 文件并不是当前正在写的 WAL 文件，因为这个 WAL 文件有可能是前一次 Checkpoint 时重命名旧文件产生的。我们用一个示例来说明这种情况。

在笔者的机器上看 WAL 目录，可以看到如下文件：

```
[postgres@pg01 pg_wal]$ ls -l
total 81924
-rw------- 1 postgres postgres      312 Nov 26 14:10
  000000010000000000000020.00000028.backup
-rw------- 1 postgres postgres 16777216 Dec  2 16:16 000000010000000000000027
-rw------- 1 postgres postgres 16777216 Dec  2 14:20 000000010000000000000028
-rw------- 1 postgres postgres 16777216 Dec  2 14:44 000000010000000000000029
-rw------- 1 postgres postgres 16777216 Dec  2 14:46 00000001000000000000002A
-rw------- 1 postgres postgres 16777216 Dec  2 15:13 00000001000000000000002B
drwx------ 2 postgres postgres       59 Dec  2 16:16 archive_status
```

序号最大的文件名为"000000010000000000000002B"，接下来我们进到数据库中，查看当前正在写的文件是哪一个：

```
postgres=# select pg_walfile_name(pg_current_wal_lsn());
    pg_walfile_name
--------------------------
 00000001000000000000027
(1 row)
```

上面的 SQL 语句中先用函数"pg_current_wal_lsn"获得当前正在写的 LSN 号，然后用函数"pg_walfile_name"找出当前 LSN 号对应的 WAL 文件，发现是"00000001000000000000027"说明这时"00000001000000000000028""00000001000000000000029""000000010000000000000002A""000000010000000000000002B"都是以前的 WAL 文件。

我们用 pg_waldump 命令（注：在 PostgreSQL 9.X 及之前版本中是 pg_xlogdump）查看这个 WAL 文件会报错，示例如下：

```
[postgres@pg01 pg_wal]$ pg_waldump 000000010000000000000002B
pg_waldump: FATAL:  could not find a valid record after 0/2B000000
```

报错也说明了这个文件是由一个旧文件重命名产生的。那该文件是由哪个旧文件重命名的呢？我们可以查看其二进制内容：

```
0000000: 97d0 0700 0100 0000 0000 0026 0000 0000  ...........&....
0000010: d30b 0000 0000 0000 4a14 0467 fd2d f95b  ........J..g.-.[
0000020: 0000 0001 0020 0000 2020 2020 2020 2020  ..... ..
0000030: 2020 2020 2020 2020 2020 2020 2020 2020
0000040: 2020 2020 2020 2020 2020 2020 2020 2020
0000050: 2020 2020 2020 2020 2020 2020 2020 2020
```

在二进制文件的第 8 个字节开始的 8 个字节"0000 0026 0000 0000"中，由于是在 X86 平台上，是小端系统，所以该值代表的二进制数字为"0x0000000026000000"，换算成 LSN 号为"0/26000000"，所以该文件的原文件名如下：

```
postgres=# select pg_walfile_name('0/26000008');
    pg_walfile_name
--------------------------
 00000001000000000000026
(1 row)
```

所以，"000000010000000000000002B"文件实际上是原来的文件"00000001000000000000026"。此时将文件"000000010000000000000002B"复制成"00000001000000000000026"，再执行 pg_waldump 命令就不会报错了：

```
[postgres@pg01 pg_wal]$ cp 000000010000000000000002B /tmp/00000001000000000000026
[postgres@pg01 pg_wal]$ pg_waldump /tmp/00000001000000000000026 |more
rmgr: Heap2       len (rec/tot):   6515/   6515, tx:      750, lsn: 0/26000C00, prev
0/25FFF260, desc: MULTI_INSERT+INIT 61 tuples, blkref #0: rel 1663/13806/16588 blk 1108
rmgr: Heap2       len (rec/tot):   6515/   6515, tx:      750, lsn: 0/26002590, prev
0/26000C00, desc: MULTI_INSERT+INIT 61 tuples, blkref #0: rel 1663/13806/16588 blk 1109
```

```
rmgr: Heap2      len (rec/tot):  4289/   4289, tx:     750, lsn: 0/26003F08, prev
0/26002590, desc: MULTI_INSERT+INIT 40 tuples, blkref #0: rel 1663/13806/16588 blk 1110
    rmgr: Heap2      len (rec/tot):  2317/   2317, tx:     750, lsn: 0/26004FE8, prev
0/26003F08, desc: MULTI_INSERT 21 tuples, blkref #0: rel 1663/13806/16588 blk 1110
    ...
    ...
    ...
```

PostgreSQL 在源代码中的"改名"方法实际上并不是用改名的方法实现的，而是用先创建一个新硬链接文件指向旧文件，然后再删除旧文件的方法，这种"改名"方法在 UNIX 平台下相对改名操作更通用一些。

10.6　CommitLog 文件与事务 ID 技术解密

本节详细介绍了 CommitLog 文件的作用和原理。

10.6.1　CommitLog 文件介绍

前面我们讲过，PostgreSQL 把事务状态记录在 CommitLog 中。PostgreSQL 9.X 及之前版本中 CLOG 文件在数据目录的 pg_clog 子目录下，从 PostgreSQL10 版本开始，CLOG 文件是在 pg_xact 子目录下。

前面也介绍过事务的状态有以下 4 种。

❏ TRANSACTION_STATUS_IN_PROGRESS =0x00：表示事务正在进行中。

❏ TRANSACTION_STATUS_COMMITTED =0x01：表示事务已提交。

❏ TRANSACTION_STATUS_ABORTED= 0x02：表示事务已回滚。

❏ TRANSACTION_STATUS_SUB_COMMITTED= 0x03：表示子事务已提交。

实际上，CommitLog 文件是一个位图文件，因为事务有上述 4 种状态，所以需要用两位来表示一个事务的状态。理论上数据库最多记录 20 亿个事务，所以 CommitLog 最多占用 512MB 空间。CommitLog 也会被 VACUUM 清理，而数据库中的参数"autovacuum_freeze_max_age"的默认设置为 2 亿，这样 AutoVacuum 会尽力保证数据库的事务数是 2 亿个，所以通常数据库的 CommitLog 占用的空间是 51MB 左右。

可能会有人有这样的疑问，如果每读到一行时都需要判断这一行上的 xmin 和 xmax 代表的事务是否已提交或回滚，因而都去读 CommitLog 文件，这样效率会不会很低？实际上是不会的，对此 PostgreSQL 做了以下优化：

❏ PostgreSQL 对 CommitLog 文件进行了 Cache，即在共享内存中有 clog buffer，所以多数情况下不需要读取 CommitLog 文件。

❏ 在每行上有一个标志字段"t_infomask"，如果标志位"HEAP_XMIN_COMMITTED"被设置，就知道 xmin 代表的事务已提交，则不需要到 CommitLog 文件中去判断。同样，如果"HEAP_XMAX_COMMITTED"被设置，就知道 xmax 代表的事务已提交，则不需要到 CommitLog 文件中去判断。

PostgreSQL 数据库通过以上优化手段解决了读取行时判断事务状态效率低的问题。

10.6.2 事务 ID 技术

前面介绍了，事务 ID 是一个 32bit 长的数字，其总是会消耗完的，消耗完之后会重新从头开始分配，但这些旧的事务 ID 已经被分配过，如果重新分配，需要先把旧的事务 ID 回收。而原先分配的旧事务是写到每个表中每一行的 xmin 或 xmax 字段上的，所以回收旧的事务 ID 的工作实际上就是清理表中行上的 xmin 或 xmax 字段。此工作是由 VACUUM 动作来完成的，如果行上的 xmin 是较旧的事务 ID，则把其替换成 FrozenXID，即替换成 2 的值。

如果旧的事务 ID 未来得及清理会发生什么？如果我们把 40 亿个事务 ID 放到一个环上，如果最新分配的事务 ID 与最早的事务 ID 之间的距离还有 1 千万时，数据库会在日志中告警：

```
WARNING:  database "XXX" must be vacuumed within 177009986 transactions
    HINT:  To avoid a database shutdown, execute a database-wide VACUUM in "XXX".
```

如果还不处理，最新分配的事务 ID 与最早的事务 ID 之间的距离还有 1 百万时，数据库会宕机，同时在日志文件中打印以下错误日志：

```
ERROR:  database is not accepting commands to avoid wraparound data loss in
    database "XXXX"
```

所以我们要特别关注数据库的事务 ID 回卷问题，以防因此导致数据库宕机。

10.7 实例恢复与热备份原理解密

本节对 PostgreSQL 数据库实例恢复的原理及热备份原理进行了详细解析。

10.7.1 实例恢复的原理

导致数据库实例异常终止的原因有以下几种：

❑ 内存不足时被 OOM Killer 或用户 kill 掉。
❑ 操作系统崩溃。
❑ 硬件故障导致机器停机或重启。

但只要磁盘上的数据没有丢失，PostgreSQL 就能保证数据不会丢失，这里说的不丢数据是指如下情况：

❑ 数据库实例还能再次启动，如果数据库无法启动，很多时候相当于数据全部丢失，PostgreSQL 会全力保证这种情况不会发生。
❑ 已提交的数据，数据库重启后还在。
❑ 不会出现数据错乱的情况。

数据库一般是通过重做日志来保证不丢失数据的，每项操作都记录到重做日志中，实例重新启动后，重演（replay）重做日志，这个动作称为"前滚"。前滚完成后，多数数据库还会把未完成的事务取消掉，就像这些事务从来没有执行过一样，这个动作称为"回滚"。在前滚过程中，数据库是不能被用户访问的。每次前滚时，从哪个点开始？Checkpoint 点的概念产生了，每次 Checkpoint 操作之后都保证 Checkpoint 点之前的数据已持久化到硬盘中了，实例恢复是，只需要从上一次的 Checkpoint 点开始重演重做日志就可以了，因为这个点之前的数据已经持久化了，不需要再重演该点之前的重做日志了。在 PostgreSQL 数据库中重做日志叫WAL 日志，即 "Write Ahead Log" 的缩写。

　　上一次 Checkpoint 发生的时间越久，如果数据库异常宕机，则做实例恢复需要的时间就越长。为了保证数据库异常宕机后能在可控的时间内恢复实例，PostgreSQL 提供了参数"checkpoint_timeout" 来控制 Checkpoint 发生的间隔时间，默认参数值是 5 分钟，一般情况下够用了。每次 Checkpoint 会把内存中的脏数据强制写到磁盘中，这会产生大量 I/O。如果增加Checkpoint 的时间间隔就会减少一些 I/O，为什么呢？想象这个场景：如果一个内存中的数据块在发生两次 Checkpoint 的间隔中被修改了多次，则 Checkpoint 时只会写一次 I/O，所以加长Checkpoint 的时间间隔，这段时间内，即使数据块被修改了多次，也只会产生一次 I/O。

　　上一次发生的 Checkpoint 点是记录在控制文件中的，所以没有控制文件，数据库也是无法启动的。

　　这里面还有一个问题，从上一次的 Checkpoint 点开始重演重做日志，这些重做日志中有一部分已经执行过了，再次重演是否会产生问题？所以这里有一些约束，也就是重演重做日志要求是 "幂等"，"幂等" 就是不管执行过多少次，都能获得同样的结果，否则就会产生问题。PostgreSQL 的数据块大小是 8KB，在异常宕机时，有可能写数据块只是写了一部分，这时重演重做日志就不一定是 "幂等"，为了避免这种情况，PostgreSQL 提供了参数 "full_page_writes"，当这个参数设置为 "on" 时，当一个数据块前一次 Checkpoint 后在发生第一次变化时，会把该数据块的全部内容写入到重做日志中，当开始恢复时，先把该数据库的全部内存恢复出来，然后应用后续这个数据块的变化，从而防止发生数据块损坏的问题。当然，数据块只有前一次 Checkpoint 后在发生第一次变化时才记录整个数据块的内容到重做日志中，第二次即之后变化时，只记录变化，不再记录整个数据块。所以从这个原理来讲，加长Checkpoint 的时间间隔，也能尽可能地减少重做日志的产生量。

　　Oracle 或其他数据库的 DBA 可能会奇怪，PostgreSQL 数据库是没有回滚段的，那么PostgreSQL 数据库在实例恢复的阶段会把未完成的事务回滚掉吗？实际上既不会也不需要，因为这些未完成的事务的状态在 CommitLog 文件中不是已提交状态，其产生的数据对于其他人来说是不可见的，也就是不用管，最后等 VACUUM 操作把这些垃圾数据清理掉就可以了。对于其他数据库来说，回滚操作也需要记录重做日志，所以整个恢复过程比 PostgreSQL 更复杂。另外，因为 PostgreSQL 数据库没有回滚段，所以也不会有因回滚段损坏导致数据库无法启动的烦恼。

10.7.2　热备份的原理

　　我们通过底层执行热备份的过程如下：

❑ 调用函数 pg_start_backup() 开始热备份，如 "select pg_start_backup('osdba20190128

2217');"。

❑ 使用你熟悉的文件系统备份工具（如 tar 或者 cpio，不是 pg_dump 或者 pg_dumpall）来执行备份。

❑ 调用函数 pg_stop_backup() 结束热备份，如 "SELECT * FROM pg_stop_backup();"。

❑ 把热备份开始时的 WAL 日志文件全部进行备份。

使用热备份做恢复的过程如下：

❑ 把备份的 WAL 文件复制到备份文件集中的 pg_wal 目录中。

❑ 启动数据库即可完成恢复。

在上述过程中，我们首先会有一个疑问：使用熟悉的文件系统备份工具备份正在运行的数据库，备份文件是不一致的，这是因为备份会持续一段时间，先复制的和后复制的文件或即使同一个文件中不同部分的内容，也不是同一个时间点的内容，在备份文件集上启动数据库后，数据明显是不一致的，这怎么能行呢？但实际上我们打开数据库后会发现数据却是一致的，其中的奥秘就是热备份使用备份过程中产生的 WAL 纠正了不一致的日志，简单来说就是通过重演这些 WAL 文件把数据文件集恢复到一致的状态，这就是热备份的最基本的原理。

具体执行过程的解释如下：

执行函数 pg_start_backup() 时，会对数据库做一次 Checkpoint，同时会把这次 Checkpoint 的点记录到一个特殊的文件中，即 backup_label 文件，该文件中有如下内容：

```
START WAL LOCATION: 0/20000028 (file 000000010000000000000020)
CHECKPOINT LOCATION: 0/20000060
BACKUP METHOD: pg_start_backup
BACKUP FROM: master
START TIME: 2019-01-28 23:37:38 CST
LABEL: osdba201901282217
START TIMELINE: 1
```

从上面的文件内容中可以看到开始备份时 WAL 日志的位置。这个 backup_label 在源数据库的数据目录下。

然后我们不管是开始 tar 还是使用 scp 做文件系统的备份时，backup_label 都会被复制到备份中。当我们执行 pg_stop_backup() 时，backup_label 文件会被删除，当然在删除该文件之前已经将其复制到了备份中。当我们在备份文件集中启动数据库时，数据库开始做实例恢复，但因为存在 backup_label 文件，其不会从备份集中的控制文件中指定的上一次 Checkpoint 点开始应用 WAL 日志，而是从 backup_label 文件中指定的 WAL 日志点开始恢复数据库，然后不停地应用 WAL 日志，把数据文件推到一个一致点。这里有一个问题，不停地应用 WAL 日志，什么时候才能知道到达了备份结束的时候呢？如果没有到备份的结束时间点，打开数据库还是会出现不一致的情况。这个过程是靠 pg_stop_backup() 来实现的，调用 pg_stop_backup() 时会在数据库的 WAL 日志中写入一条 "XLOG_BACKUP_END" 记录，当应用到这条 "XLOG_BACKUP_END" 记录时就可以知道数据库的备份结束了，数据到达了一致点，这时候数据库就可以对外提供服务了，且不必再担心数据不一致问题。

因为执行 pg_start_backup() 后，在数据目录中生成了一个固定名字的 backup_label 文件，所以不能再次执行 pg_start_backup()，否则会再次生成一个 backup_label 文件，这会导致数据混乱。所以这种备份只能启动一个，不能对主库同时启动多个备份，这种备份称为独占型备份（Exclusive Backup）。

除了不能对同一个数据库同时启动多个备份的缺点外，独占型备份实际上还有一个更严重的缺点。如果主库在备份中突然宕机了，backup_label 文件就会留在主库的目录中，这时候启动主库，PostgreSQL 会分不清这是主库的情况还是备份集做恢复的情况，就会按备份集做恢复的情况对数据库做恢复操作。如果数据库不大，备份持续的时间很短，备份过程中没有发生新的 Checkpoint，就不会有太大问题，但如果发生了 Checkpoint，数据库原本应该从最后一次的 Checkpoint 开始恢复，但却从更早的时间开始恢复，会导致数据库的恢复时间变长，更严重的是，发生 Checkpoint 之后，该 Checkpoint 之前的 WAL 文件可能被删除了，而从更早的时间恢复数据库的操作会因为找不到更早的 WAL 文件而导致数据库无法启动，此时报如下错误：

```
ERROR:  could not find redo location referenced by checkpoint record
HINT:  If you are not restoring from a backup, try removing the file "backup_
label".
```

当然解决方法也很简单，就是删除主库数据目录下的 backup_label 文件，但这增加了人工操作。所以 PostgreSQL 9.1 版本开始提供的 pg_basebackup 工具提供了另一种备份方式，称为"非独占型备份"方式。也就是说，使用 pg_basebackup 备份不会遇到上述问题。但 pg_basebackup 使用一个连接到主库上去备份，没有并发，而我们前面讲的手工备份可以同时启动几个 scp 同时拷贝文件，可以并发。于是从 PostgreSQL 9.6 版本开始把"非独占型备份"的功能以底层 API 的方式暴露出来给大家使用：

原先的 pg_start_backup() 函数只有两个参数，现在增加了第三个参数"exclusive"，我们使用"SELECT pg_start_backup('osdba202001282217', false, false);"就可以启动非独占型备份，在非独占型备份模式下不会在主库中产生 backup_label 文件，从而不会产生前面所讲的独占型备份面临的问题。

当然，结束备份时也需要以非独占式的方式结束备份：

```
postgres=# SELECT * FROM pg_stop_backup(false);
    lsn     |        labelfile         |     spcmapfile
------------+--------------------------+-----------------------------------------------------------------+---
 0/1D000130 | START WAL LOCATION: 0/1D000028 (file 000000010000000000000001D) +|
            | CHECKPOINT LOCATION: 0/1D000060                                 +|
            | BACKUP METHOD: streamed                                         +|
            | BACKUP FROM: master                                            +|
            | START TIME: 2020-01-28 22:52:54 CST                            +|
            | LABEL: osdba202001282217                                       +|
            | START TIMELINE: 1                                              +|
            |                                                                 |
(1 row)
```

以非独占式的方式结束备份，实际上就是给函数 pg_stop_backup() 增加了一个参数

"exclusive"，当然 pg_stop_backup 函数的返回值也与原来不一样了，其返回了原先 backup_label 中的内容。我们可以手动创建备份文件集中的 backup_label，再把上面的内容填入即可。

当然，为了恢复的"幂等"，不管你是否设置了参数"full_page_writes"为"on"，在备份过程中总是会强制达到"full_page_writes"为"on"的效果，所以热备份可能会导致主库产生更多的 WAL 日志。

10.8 一些技术解密

本节对 PostgreSQL 数据库的 Index-only scans、HOT 等技术进行了详细的说明，并分析了原理。

10.8.1 Index-Only Scans

在 PostgreSQL 数据库中，索引上并没有多版本信息，因此即使 SELECT 的列都是索引列，在 PostgreSQL 9.2 之前的版本中还是需要再到表上去查询一次，但在 PostgreSQL 9.2 版本之后，该查询就可以省略了。这种扫描方式被称为"Index-Only Scans"。实际上，9.2 版本也没有在索引中添加多版本信息，那它是如何实现该功能的呢？它是靠使用可见性映射表（Visibility Map）来实现这一功能的。可见性映射表文件中记录了一个数据块（大小通常是 8KB）中的行是否对全部事务可见（当然还存在数据块中的行对部分事务可见和部分不可见的情况），如果对全事务可见，则 PostgreSQL 不需要通过访问表中的行来做可见性判断了。

下面用一个示例来说明 PostgreSQL 9.2 版本之后的 Index-Only Scans 与之前版本中的不同。首先在 PostgreSQL 8.4 版本和 PostgreSQL 9.3 中同时建一个测试表，命令如下：

```
CREATE TABLE test01(id int primary key, note text);
insert into test01 select generate_series(1,100000), 'testcontent';
```

在 PostgreSQL 8.4 中查看执行计划，命令如下：

```
osdba@pg8:~$ psql postgres
psql (8.4.21)
Type "help" for help.

postgres=# explain select id from test01 where id>10 and id <20;
                                QUERY PLAN
-------------------------------------------------------------------------
 Index Scan using test01_pkey on test01  (cost=0.00..8.42 rows=8 width=4)
   Index Cond: ((id > 10) AND (id < 20))
(2 rows)
```

在 PostgreSQL 9.3 中查看执行计划，命令如下：

```
osdba@osdba-laptop:~$ psql
psql (9.3.2)
Type "help" for help.
```

```
osdba=# explain select id from test01 where id>10 and id <20;
                              QUERY PLAN
-------------------------------------------------------------------------------
 Index Only Scan using test01_pkey on test01  (cost=0.29..4.49 rows=10 width=4)
   Index Cond: ((id > 10) AND (id < 20))
(2 rows)
```

我们可以看到，上面的执行计划中的"Index Scan"被换成了"Index Only Scan"。

如果数据块中的行对部分事务可见，部分不可见，就不能仅通过索引来获得数据了，还需要读取数据块，但此时执行计划中仍然显示为"Index Only Scan"，因此当看到执行计划中有"Index Only Scan"这几个词时，并不表示仅读取索引就可以了，这几个词或许改成"Index Mostly Scans"更合适一些。要查看一个 SQL 的"Index Only Scan"实际上访问了多少数据块中的行，可以在 EXPLAIN 语句中加上"ANALYZE"，让其实际执行一下，然后查看其执行结果，命令如下：

```
osdba=# explain analyze select id from test01 where id>10 and id <20;
                              QUERY PLAN
-------------------------------------------------------------------------------
 Index Only Scan using test01_pkey on test01  (cost=0.29..8.49 rows=10 width=4)
   (actual time=0.036..0.041 rows=9 loops=1)
   Index Cond: ((id > 10) AND (id < 20))
   Heap Fetches: 9
 Total runtime: 0.090 ms
(4 rows)
```

从上面的执行计划中可以看到"Heap Fetches: 9"，说明从数据块中读取了 9 行，这实际上是数据块中所有的行，说明"Index Only Scan"基本没有起作用。要衡量一个表的"Index Only Scan"的效果，关键在于这个表的数据块有多少对所有事务可见。该信息可以在 pg_class 中查询，命令如下：

```
osdba=# select relname,relpages,relallvisible from  pg_class where relname=
  'test01';
 relname | relpages | relallvisible
---------+----------+---------------
 test01  |      541 |             0
(1 row)
```

从上面的查询可以知道，该测试表的"relallvisiable"是"0"，所以"Index Only Scan"没起到任何优化效果。这时可以 VACUUM 一个表，命令如下：

```
osdba=# vacuum test01;
VACUUM
osdba=# select relname,relpages,relallvisible from pg_class where
  relname='test01';
 relname | relpages | relallvisible
---------+----------+---------------
 test01  |      541 |           541
(1 row)
```

这时再运行命令看其效果，命令如下：

```
osdba=# explain analyze select id from test01 where id>10 and id <20;
                                                      QUERY PLAN
--------------------------------------------------------------------------------
   Index Only Scan using test01_pkey on test01  (cost=0.29..4.49 rows=10 width=4)
     (actual time=0.051..0.055 rows=9 loops=1)
     Index Cond: ((id > 10) AND (id < 20))
     Heap Fetches: 0
   Total runtime: 0.096 ms
(4 rows)
```

从上面的运行结果中可以看到 "Heap Fetches: 0"，即从表的数据文件中读取的行数为 0，说明所有的数据都直接从索引中得到了。

10.8.2 Heap-Only Tuples

因为多版本的原因，当 PostgreSQL 中更新一行时，实际上原数据行并不会被删除，只是插入了一个新行。如果表上有索引，而更新的字段不是索引的键值时，由于新行的物理位置发生了变化，仍然需要更新索引，这将导致性能下降，为了解决这一问题，PostgreSQL 自 8.3 版本之后引入了一个名为 "Heap-Only Tuple" 的新技术，简称 HOT。使用 HOT 技术之后，如果更新后的行与原数据行在同一个数据块内时，原数据行会有一个指针，指向新行，这样就不必更新索引了，当从索引访问到数据行时，会根据这个指针找到新行。

HOT 的详细说明见图 10-5，图中表上有一个索引，其中 "索引项 n" 指向某个数据块的第 3 行。

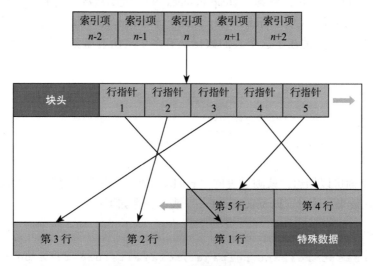

图 10-5　HOT 数据块示意图

更新第 3 行后使用 HOT 技术，索引项仍然指向原数据行（第 3 行），而第 3 行原数据行中有一个指针指向新数据行（第 6 行），见图 10-6。

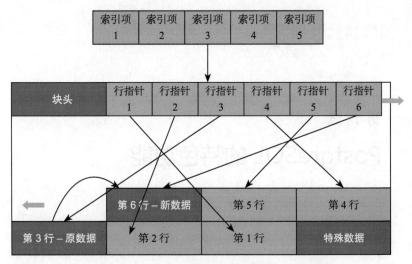

图 10-6　HOT 更新数据后的数据块内的结构图

注意，如果原先的数据块中无法放下新行就不能使用 HOT 技术了，即 HOT 技术中的行之间的指针只能在同一个数据块内，不能跨数据块。所以为了使用 HOT 技术，应该在数据块中留出较大的空闲空间，其方法是可以把表的填充因子"fillfactor"设置为一个较小值。该参数的含义是插入数据时，表中的空间占用率到达多少后就不再插入数据了，默认值为"100"，表示不预留空间，但对于删除、插入、更新等操作较多的表来说，需要设置一个较低的值，如 50%。该参数可以在建表时设置，命令如下：

```
CREATE TABLE mytest01(id int primary key, col2 text, col3 text, col4 text) WITH
    (fillfactor=50);
```

也可以使用 ALTER TABLE 命令来修改该参数配置：

```
ALTER TABLE mytest01 SET (fillfactor=50);
```

10.9　小结

这一章是为想深入了解 PostgreSQL 原理的读者准备的，本章的内容对数据库架构设计、数据库优化以及解决 PostgreSQL 数据库的疑难杂症等都具有很好的指导作用。

Chapter 11 第 11 章

PostgreSQL 的特色功能

PostgreSQL 提供了很多其他数据库没有的或很有特色的功能，这些功能给应用开发带来了极大的便利。本章主要介绍这些特色功能。

11.1 规则系统

规则系统更准确地说是查询重写规则系统。从使用上来说，规则系统上的一些功能也可以通过函数和触发器来实现，但规则系统与触发器完全不同，它是把用户发过来的 SQL 命令在执行前通过内部的规则定义改编成另一个 SQL 命令后再执行的一种方式。

11.1.1 SELECT 规则

PostgreSQL 的视图是通过 SELECT 规则来实现的。创建视图的命令如下：

```
CREATE VIEW myview AS SELECT * FROM mytab;
```

上面创建视图的 SQL 语句与下面两个命令的执行结果是相同的：

```
CREATE TABLE myview (same column list as mytab);
CREATE RULE "_RETURN" AS ON SELECT TO myview DO INSTEAD SELECT * FROM mytab;;
```

由此可见，视图实际上是一张表，然后在这张表中加了一个 SELECT 规则。

下面再用一些示例来说明 SELECT 规则的使用方法。

先建一张测试表，命令如下：

```
osdba=# CREATE TABLE mytab1(id int, note varchar(40));
CREATE TABLE
osdba=# CREATE TABLE mytab2(id int, note varchar(40));
```

```
CREATE TABLE
osdba=# \d mytab2
          Table "public.mytab2"
 Column |         Type          | Modifiers
--------+-----------------------+-----------
 id     | integer               |
 note   | character varying(40) |
```

在表"mytab2"上建一个 SELECT 规则，命令如下：

```
osdba=# CREATE RULE myrule AS ON SELECT TO mytab2 DO ALSO SELECT * from mytab1;
ERROR:  rules on SELECT must have action INSTEAD SELECT
```

从上面的示例中可以看到，SELECT 规则的后续动作只能是 INSTEAD SELECT，即只能用另一个 SELECT 语句取代。

再看下面的示例。

```
osdba=# CREATE RULE myrule AS ON SELECT TO mytab2 DO INSTEAD SELECT * from
  mytab1;
ERROR:  view rule for "mytab2" must be named "_RETURN"
```

我们可以看到 SELECT 规则的名称只能是"_RETURN"，示例如下：

```
osdba=# CREATE RULE "_RETURN" AS ON SELECT TO mytab2 DO INSTEAD SELECT  * from
  mytab1;
CREATE RULE
osdba=# \d mytab2;
           View "public.mytab2"
 Column |         Type          | Modifiers
--------+-----------------------+-----------
 id     | integer               |
 note   | character varying(40) |
```

建好 SELECT 规则后，使用"\d"命令查看"mytab2"的定义时，我们发现原来的表"mytab2"显示为视图了。

11.1.2　更新规则

创建规则的完整语法如下：

```
CREATE [ OR REPLACE ] RULE name AS ON event
  TO table_name [ WHERE condition ]
  DO [ ALSO | INSTEAD ] { NOTHING | command | ( command ; command ... ) }
```

创建规则语法中的"event"可以取以下值。

❑ SELECT：前面已讲解过 SELECT 规则。当 SQL 的查询计划中存在查询表的操作时会重写查询计划。

❑ INSERT：当 SQL 的查询计划中存在向表中插入数据的操作时会重写查询计划。

❑ UPDATE：当 SQL 的查询计划中存在向表更新数据的操作时会重写查询计划。

❑ DELETE：当 SQL 的查询计划中存在从表中删除数据的操作时会重写查询计划。

我们所说的更新规则就是指事务为"INSERT""UPDATE""DELETE"的这 3 种规则。

创建规则语法中的关键字"ALSO"与"INSTEAD"的说明如下。

❑ ALSO：除执行原操作外还执行一些附加操作，这些附加操作由后面的"command"指定。

❑ INSTEAD：把原操作替换为后面的"command"的操作。

创建规则语法中的"NOTHING"表示什么都不执行。

下面用一个示例来进行说明。

假设有一张表"mytab"，创建这张表的 SQL 命令如下：

```
CREATE TABLE mytab(id int primary key, note text);
```

对这张表的操作都记录在一张日志表中，该日志表的定义如下：

```
CREATE TABLE mytab_log(
  seq bigserial primary key,
  oprtype char(1),
  oprtime timestamp,
  old_id int,
  new_id int,
  old_note text,
new_note text);
```

日志表中有一个序列字段"seq"作为主键，这样可以记录操作表"mytab"的先后顺序。oprtype 用于记录操作的类型，INSERT 操作记为"i"，UPDATE 操作记为"u"，"DELETE"操作记为"d"。old_id、new_id、old_note、new_note 分别记录表"mytab"中"id"和"note"字段在操作过程中的原值和新值。

下面建 3 个规则来实现此功能：

```
CREATE RULE rule_mytab_insert  AS ON INSERT
  TO mytab
  DO ALSO INSERT INTO mytab_log(oprtype, oprtime, new_id, new_note)
    VALUES('i', now(), new.id, new.note);

CREATE RULE rule_mytab_update  AS ON UPDATE
  TO mytab
  DO ALSO INSERT INTO mytab_log(oprtype, oprtime, old_id, new_id, old_note, new_
    note)
    VALUES('u', now(), old.id, new.id, old.note, new.note);

CREATE RULE rule_mytab_delete  AS ON DELETE
  DO ALSO INSERT INTO mytab_log(oprtype, oprtime, old_id, old_note)
      VALUES('d', now(), old.id, old.note);
```

下面做插入、更新、删除操作检测一下效果：

```
osdba=# insert into mytab values(1, '11111');
INSERT 0 1
osdba=# insert into mytab values(2, '22222');
INSERT 0 1
osdba=# update mytab set note ='aaaaa' where id=1;
UPDATE 1
```

```
osdba=# update mytab set note ='bbbbb' where id=2;
UPDATE 1
osdba=# delete from mytab;
DELETE 2
osdba=# select * from mytab_log;
 seq | oprtype |        oprtime         | old_id | new_id | old_note | new_note
-----+---------+------------------------+--------+--------+----------+----------
   1 | i       | 2014-10-02 12:13:21.62.|        |      1 |          | 11111
     |         | .8203                  |        |        |          |
   2 | i       | 2014-10-02 12:13:27.95.|        |      2 |          | 22222
     |         | .8142                  |        |        |          |
   3 | u       | 2014-10-02 12:13:34.10.|      1 |      1 | 11111    | aaaaa
     |         | .5187                  |        |        |          |
   4 | u       | 2014-10-02 12:13:40.76.|      2 |      2 | 22222    | bbbbb
     |         | .3281                  |        |        |          |
   5 | d       | 2014-10-02 12:13:47.42.|      1 |        | aaaaa    |
     |         | .9205                  |        |        |          |
   6 | d       | 2014-10-02 12:13:47.42.|      2 |        | bbbbb    |
     |         | .9205                  |        |        |          |
(6 rows)
```

上面示例中使用的日志表，用了专门的字段来记录更新前后的原值和新值，实际上，对于插入操作，原值总是为空；而对于删除操作，新值总是为空，这样会显得日志表不够紧凑。可以稍作优化，把更新操作转换成两个操作，即删除原记录的操作和插入新记录的操作，这样优化后日志表的定义就可以简化为如下形式：

```
CREATE TABLE mytab_log(
   seq bigserial primary key,
   oprtype char(1),
   oprtime timestamp,
   id int,
   note text);
```

相应地，创建的规则也发生了变化：

```
CREATE RULE rule_mytab_insert  AS ON INSERT
   TO mytab
   DO ALSO INSERT INTO mytab_log(oprtype, oprtime, id, note)
     VALUES('i', now(), new.id, new.note);

CREATE RULE rule_mytab_update  AS ON UPDATE
   TO mytab
   DO ALSO ( INSERT INTO mytab_log(oprtype, oprtime, id, note)
     VALUES('d', now(), old.id, old.note);
    INSERT INTO mytab_log(oprtype, oprtime, id, note)
     VALUES('i', now(), new.id, new.note));

CREATE RULE rule_mytab_delete  AS ON DELETE
   TO mytab
   DO ALSO INSERT INTO mytab_log(oprtype, oprtime, id, note)
      VALUES('d', now(), old.id, old.note);
```

上面的规则中变化最大的是 UPDATE 事件的规则。在日志表上执行了两条 SQL 命令，一条插入一个操作类型标记为 "d" 的记录；另一条插入一个操作类型标记为 "i" 的记录。

下面来检测执行效果：

```
osdba=# insert into mytab values(1, '11111');
INSERT 0 1
osdba=# insert into mytab values(2, '22222');
INSERT 0 1
osdba=# update mytab set note ='aaaaa' where id=1;
UPDATE 1
osdba=# update mytab set note ='bbbbb' where id=2;
UPDATE 1
osdba=# delete from mytab;
DELETE 2
osdba=# select * from mytab_log;
 seq | oprtype |          oprtime            | id | note
-----+---------+-----------------------------+----+-------
   1 | i       | 2014-10-02 12:20:24.941245  |  1 | 11111
   2 | i       | 2014-10-02 12:20:31.740192  |  2 | 22222
   3 | d       | 2014-10-02 12:20:38.515588  |  1 | 11111
   4 | i       | 2014-10-02 12:20:38.515588  |  1 | aaaaa
   5 | d       | 2014-10-02 12:20:45.146904  |  2 | 22222
   6 | i       | 2014-10-02 12:20:45.146904  |  2 | bbbbb
   7 | d       | 2014-10-02 12:20:53.321478  |  1 | aaaaa
   8 | d       | 2014-10-02 12:20:53.321478  |  2 | bbbbb
(8 rows)
```

从上面的运行结果中可以看到，日志表明显紧凑多了。

11.1.3 规则和权限

规则（RULE）是从属于表或视图的。如果一张表属于一个用户，则这张表上的所有规则都是属于这个用户的。由于 PostgreSQL 规则系统对查询进行了重写，因此通过规则系统用户可间接访问到其他表，如果用户对这些间接表没有权限是否会报权限错误呢？规则的权限控制是如何规定的呢？

下面看一下规则系统的权限规定。

因规则而使用的关系要对定义规则的属主进行权限检查，而不是检查执行规则的用户，这意味着，用户只需要对查询中明确指定的表／视图拥有所需的权限就可进行操作。

应该如何理解这句话呢？来看下面的示例。

用户"osdba"有一张视图"myview"，其定义如下：

```
osdba=# create view myview as select id from mytab;
CREATE VIEW
```

其中表"mytab"的属主也是 osdba 用户。

把查询的权限赋于用户"user01"，命令如下：

```
osdba=# grant select on myview to user01;
GRANT
```

这时以用户"user01"的身份登录系统，命令如下：

```
osdba=> select * from myview;
 id
----
  1
  2
(2 rows)
osdba=> select id from mytab;
ERROR:  permission denied for relation mytab
```

我们可以看到，因为前面明确地把查询 myview 的权限赋予了 user01，所以 user01 可以查询 myview 视图，而 user01 对视图的底层表 "mytab" 没有权限，直接查询 mytab 时报错。

在 user01 用户下创建一张视图 "myview2"，而此视图的底层表为 mytab，命令如下：

```
osdba=> create view myview2 as select id from mytab;
CREATE VIEW
```

我们可以看到，虽然用户 "user01" 并不能访问底层表 "mytab"，但可以在这张表上建视图。查询视图，命令如下：

```
osdba=> select * from myview2;
ERROR:  permission denied for relation mytab
```

我们可以看到，user01 用户虽然可以在不能访问的表上建视图，但查询视图时会因无底层表的查询权限而查询失败。这时再让 user01 把视图 "myview2" 的查询权限赋予 osdba，现在来看看此时 osdba 登录系统后能否查询视图 "myview2"，命令如下：

```
osdba=# select * from myview2;
ERROR:  permission denied for relation mytab
osdba=# select * from mytab;
 id | note
----+------
  1 | 1111
  2 | 2222
(2 rows)
```

虽然视图 "myview2" 的底层表 "mytab" 就是用户 "osdba" 的表，但 osdba 对视图 "myview2" 执行查询时仍会失败，由此证明了在规则系统中检测权限时，是对规则的属主进行权限检查，而不是执行规则的用户。因 myview2 的属主为 user01，虽然执行查询的用户是 osdba，但检查权限时，是检查 user01 的权限，而不是 osdba 的权限。即使用户 osdba 对 mytab 有查询权限，但因为属主 user01 对 mytab 没有查询权限，所以用户 osdba 查询视图 "myview2" 的操作也会失败。

11.1.4　规则和命令状态

PostgreSQL 服务器为收到的每个命令返回一个命令状态字符串来表示这条 SQL 命令影响的行数（对于 INSERT 命令返回当前行的 OID），命令如下：

```
osdba=# insert into mytab values(3,'33333');
```

```
INSERT 0 1
osdba=# delete from mytab where id = 3;
DELETE 1
osdba=# update mytab set note = 'xxxxx';
UPDATE 2
osdba=# create table t(id int ) with oids;
CREATE TABLE
osdba=# insert into t values(1);
INSERT 16684 1
osdba=# insert into t values(1);
INSERT 16685 1
```

从上面的运行结果中可以看出，INSERT 返回的命令状态字符串有 3 个字段，第一个为 "INSERT"，第二个为这一行的 OID，如果表中没有 oid 字段，则返回 "0"，第三个表示实际插入的行数。DELETE 语句返回的命令状态字符串中包含了删除的行数，而 UPDATE 语句返回的命令状态字符串中包含了更新的行数。

规则会改变这些命令影响的行数，如果查询是被规则重写的，会如何影响命令的返回状态呢？

规则对命令状态的影响如下：

如果查询中存在有条件的 INSTEAD 规则（创建规则时指定了 WHERE 子句），那么规则的条件就会加到最初的查询里，可能会导致查询处理的数据行数减少，从而使 SQL 执行结果状态中返回的行数也减少。如果查询中无任何 INSTEAD 规则，原始查询会完整执行，所以结果中的状态行数不会发生变化。

如果查询中有任何无条件的 INSTEAD 规则，那么最初的查询语句将不会被执行。在这种情况下，服务器返回的命令状态为与由 INSTEAD 规则（条件的或非条件的）插入的最后一条和最初查询语句命令类型（INSERT、UPDATE、DELETE）相同的 SQL 语句的命令状态。如果规则添加的查询都不符合这些要求，那么返回的命令状态显示源查询类型，而影响的行数和 oid 字段为 0。

11.1.5　规则与触发器的比较

从外部导入数据的命令 "COPY FROM" 会让触发器执行，但不会调用规则系统。

触发器能做的很多事情使用 PostgreSQL 的规则系统也可以完成，使用哪种方法取决于具体的应用场景。规则系统是通过查询重写来实现的，而触发器通常是为每个行都触发执行一次，所以对于批量操作，使用规则可能会生成更好的执行计划，从而效率更高一些。

规则修改或生成额外的查询，有时让人觉得不好理解，而触发器的方法从概念上远比规则的方法要简单，更容易掌握。

11.2　模式匹配和正则表达式

PostgreSQL 提供了强大的模式匹配和正则表达式的功能，本节将对此进行详细介绍。

11.2.1　PostgreSQL 中的模式匹配和正则表达式

PostgreSQL 提供了以下 3 种实现模式匹配的方法：
- ❑ 传统 SQL 的 LIKE 操作符。
- ❑ SQL99 标准新增的 SIMILAR TO 操作符。
- ❑ POSIX 风格的正则表达式。

另外，还有一个模式匹配函数 substring 可用，它可以使用 SIMILAR TO 风格或者 POSIX 风格的正则表达式。后面会详细介绍 substring 函数的使用方法。

11.2.2　传统 SQL 的 LIKE 操作符

传统的 LIKE 操作符比较简单，其中百分号 "%" 代表 0 个或任意个字符，而下划线 "_" 代表任意一个字符，示例如下：

```
osdba=# select * from testtab03 order by id;
 id |   note
----+----------
  1 | abcabefg
  2 | abxyz
  3 | 123abe
  4 | ab_abefg
  5 | ab%abefg
  6 | ababefg
(6 rows)

osdba=# select * from testtab03 where note like 'ab_ab%';
 id |   note
----+----------
  1 | abcabefg
  4 | ab_abefg
  5 | ab%abefg
(3 rows)

osdba=# select * from testtab03 where note like 'ab%ab%';
 id |   note
----+----------
  1 | abcabefg
  4 | ab_abefg
  6 | ababefg
  5 | ab%abefg
(4 rows)
```

如果想匹配字符串中的百分号 "%" 自身或下划线 "_" 自身怎么办呢？可以在字符串前加转义字符反斜杠 "\"，示例如下：

```
osdba=# select * from testtab03 where note like '%\%%';
 id |   note
----+----------
  5 | ab%abefg
(1 row)
```

```
osdba=# select * from testtab03 where note like '%\_%';
 id |   note
----+----------
  4 | ab_abefg
(1 row)
```

转义字符也可以通过 ESCAPE 子句指定为其他字符，如指定成"#"，命令如下：

```
osdba=# select * from testtab03 where note like '%#%%' escape '#';
 id |   note
----+----------
  5 | ab%abefg
(1 row)

osdba=# select * from testtab03 where note like '%#_%' escape '#';
 id |   note
----+----------
  4 | ab_abefg
(1 row)
```

转义字符本身可以通过使用连续两个转义字符去除转义字符的特殊意义，示例如下：

```
osdba=# insert into testtab03 values(7,'\');
INSERT 0 1
osdba=# insert into testtab03 values(8,'#');
INSERT 0 1
osdba=# select * from testtab03 where note like '%\\%';
 id | note
----+------
  7 | \
(1 row)
osdba=# select * from testtab03 where note like '%##%' escape '#';
 id | note
----+------
  8 | #
(1 row)
```

另外，表达式不仅可以用在 WHERE 子句中，也可以用于其他表达式可以用到的地方，示例如下：

```
osdba=# select 'osdba' like 'os%';
 ?column?
----------
 t
(1 row)
```

PostgreSQL 还提供了标准 SQL 中没有的 ILIKE 操作符，用于忽略大小写的模式匹配。
PostgreSQL 还提供了如下与 LIKE 等价的操作符。

❑ ～～：等效于 LIKE。

❑ ～～*：等效于 ILIKE 。

❑ !～～：等效于 NOT LIKE。

❑ !～～*：操作符 NOT ILIKE。

11.2.3　SIMILAR TO 正则表达式

SIMILAR TO 是 SQL99 标准定义的正则表达式。SQL 标准的正则表达式是混合了 LIKE 和普通的正则表达式的一个杂合体。

SIMILAR TO 操作符只有匹配整个字符串时才能匹配成功，这一点与 LIKE 相同，而与普通的正则表达式只匹配部分的习惯不同。SIMILAR TO 与 LIKE 一样也使用下划线和百分号分别匹配单个字符和任意字符串。

除了从 LIKE 借用的这些功能之外，SIMILAR TO 还支持以下几个与 POSIX 正则表达式相同的模式匹配元字符。

- | ：表示选择两个候选项之一。
- * ：表示重复前面的项 0 次或更多次。
- + ：表示重复前面的项一次或更多次。
- ? ：表示重复前面的项 0 次或一次。
- {m} ：表示重复前面的项 m 次。
- {m, } ：表示重复前面的项 m 次或更多次。
- {m, n} ：表示重复前面的项至少 m 次，不超过 n 次。
- 括号 () ：可以作为项目分组到一个独立的逻辑项。
- [...] ：声明一个字符类，就像 POSIX 正则表达式。

> **注意**　在 SIMILAR TO 中英文的句号 "." 并不是元字符。

和 LIKE 操作符一样，可以使用反斜杠关闭这些元字符所有的特殊含义，当然也可以用 ESCAPE 声明另外一个转义字符。

示例如下：

```
osdba=# select 'osdba' SIMILAR TO 'a';
 ?column?
----------
 f
(1 row)

osdba=# select 'osdba' SIMILAR TO '%(b|a)';
 ?column?
----------
 t
(1 row)

osdba=# select 'osdb' SIMILAR TO '%(b|a)';
 ?column?
----------
 t
(1 row)

osdba=# select 'osdba' SIMILAR TO '(s|d)%';
 ?column?
----------
```

```
    f
(1 row)
```

11.2.4 POSIX 正则表达式

POSIX 正则表达式的模式匹配操作符有以下几个。

❏ ~ ：匹配正则表达式，区分大小写。

❏ ~* ：匹配正则表达式，不区分大小写。

❏ !~ ：不匹配正则表达式，区分大小写。

❏ !~* ：不匹配正则表达式，不区分大小写。

POSIX 正则表达式提供了比 LIKE 和 SIMILAR TO 操作符更强大的模式匹配方法。许多 UNIX 的命令如 egrep、sed、awk 都使用类似的模式匹配语言。

示例如下：

```
osdba=# select 'osdba' ~ 'a';
  ?column?
----------
  t
(1 row)

osdba=# select 'osdba' ~ '(b|a)*';
  ?column?
----------
  t
(1 row)

osdba=# select 'osdb'  ~ '.*(b|a).*';
  ?column?
----------
  t
(1 row)

osdba=# select 'osdba' ~ '(s|d).*';
  ?column?
----------
  t
(1 row)
```

在 POSIX 正则表达式中，百分号与下划线没有像 LIKE 或 SIMILAR TO 操作符中的特殊意义，示例如下：

```
osdba=# select 'osdba' ~ '%';
  ?column?
----------
  f
(1 row)
osdba=# select 'osdba' ~ '_sdba';
  ?column?
----------
  f
(1 row)
```

注意　在 POSIX 正则表达式中与 SIMILAR TO 和 LIKE 操作符不一样的是，只要部分匹配到字符串就返回真，这与 UNIX 中的 grep 命令是一样的。

示例如下：

```
osdba=# select 'osdba' ~ 'os';
 ?column?
----------
 t
(1 row)
```

如果想匹配开头或结尾，需要使用 POSIX 中的 "^" 或 "$" 元字符，示例如下：

```
osdba=# select 'aosdba' ~ 'os';
 ?column?
----------
 t
(1 row)

osdba=# select 'aosdba' ~ '^os';
 ?column?
----------
 f
(1 row)
osdba=# select 'osdba' ~ 'db';
 ?column?
----------
 t
(1 row)

osdba=# select 'osdba' ~ 'db$';
 ?column?
----------
 f
(1 row)

osdba=# select 'osdba' ~ 'dba$';
 ?column?
----------
 t
(1 row)
```

11.2.5　模式匹配函数 substring

PostgreSQL 中有一个很强大的函数 substring，该函数可以使用正则表达式。substring 有以下 3 种用法。

第一种：substring（<字符串>,<数字>,[数字]）。

后两个参数为数字，该函数和其他语言中的 substr 函数的含义相同，示例如下。

```
osdba=# select substring('osdba',2);
 substring
-----------
```

```
sdba
(1 row)
```

第二种：substring（<字符串>,<字符串>）。

有两个参数且都是字符串，这是一种使用 POSIX 正则表达式的方式。

前面说过，在 PostgreSQL 中有两种正则表达式，一种被称为 SQL 正则表达式；另一种被称为 POSIX 正则表达式。POSIX 正则表达式就是一般在脚本语言中使用的标准正则表达式，而 SQL 正则表达式首先是遵循 SQL 语句中的 LIKE 语法的，如字符"."在 POSIX 正则表达式中代表任意字符，而在 SQL 表达式中就只能表示自己，表示任意字符的元字符是"_"。

SQL 正则表达式中"%"可以表示任意个字符，而这在 POSIX 正则表达式中要用".*"来表示。

同时 SQL 正则表达式也支持以下语法。

❑ |：表示选择（两个候选之一），这在 POSIX 正则表达式中不支持。

❑ *：表示重复前面的项 0 次或更多次。

❑ +：表示重复前面的项一次或更多次。

❑ ()：把项组合成一个逻辑项。

❑ [...]：声明一个字符类。

SIMILAR TO 中使用的就是 SQL 正则表达式，而"~"使用的是 POSIX 正则表达式，注意两者间的如下区别：

```
osdba=# select 'osdba' ~ 'sdb';
?column?
----------
t
(1 row)

osdba=# select 'osdba' similar to 'sdb';
?column?
----------
f
(1 row)

osdba=# select 'osdba' similar to '%sdb%';
?column?
----------
t
(1 row)
```

从上面的示例中可以看出，SQL 正则表达式要求全部匹配才为真，而 POSIX 表达式中只要包含就为真。

只有两个参数的 substring 中的正则表达式是 POSIX 正则表达式，而不是 SQL 正则表达式，示例如下：

```
osdba=# select substring('osdba-5-osdba',E'(\\d+)');
substring
```

```
-----------
5
(1 row)
```

这种方式的 substring 函数返回正则表达式中"()"中匹配的部分。

第三种：substring（<字符串>,<字符串>,<字符串>）或 substring（<字符串> from <字符串 > for <字符串>）。

这种形式的 substring 使用 SQL 正则表达式，第三个参数为指定一个转义字符。示例如下：

```
osdba=# select substring('osdba-5-osdba','%#"[0-9]+#"%','#');
substring
-----------
5
(1 row)
```

该示例中的 substring 函数的第二个字符串参数是模式匹配字符串，该字符串中必须要有两个标记串，此函数返回这两个标记串之间的字符串，而标记串由转义字符和一个双引号组成，上面的示例中此标记串为"#""。

11.3　LISTEN 与 NOTIFY 命令

PostgreSQL 提供了 client 端和其他 client 端通过服务器端进行消息通信的机制。这种机制是通过 LISTEN 和 NOTIFY 命令来完成的。

11.3.1　LISTEN 与 NOTIFY 的简单示例

接下来举例说明 LISTEN 和 NOTIFY 的使用方法。

先运行一个 psql（这里称为"session1"），执行 LISTEN 命令，示例如下：

```
osdba@osdba-laptop:~$ psql
psql (9.4beta1)
Type "help" for help.

osdba=# listen osdba;
LISTEN
```

上面的命令"listen osdba"中的"osdba"是一个消息通道名称，实际上也可以是其他任何字符串。

再运行另一个 psql（这里称为"session2"），执行 NOTIFY 命令，示例如下：

```
osdba=# notify osdba,'hello world';
NOTIFY
```

NOTIFY 命令后的消息通道名称要与前面的 LISTEN 命令后的消息通道名称一致。

此时，session1 还没有反应，在 session1 上随便运行一条命令，示例如下：

```
osdba=# select 1;
  ?column?
----------
        1
(1 row)

Asynchronous notification "osdba" with payload "hello world" received from server
    process with PID 9872.
```

可以看到最后一行显示收到一个异步消息 "Asynchronous notification "osdba" with payload "hello world"......"。

11.3.2 LISTEN 与 NOTIFY 的相关命令

LISTEN 与 NOTIFY 的相关命令及函数主要有以下几个。

❏ LISTEN：监听消息通道。

❏ UNLISTEN：取消先前的监听。

❏ NOTIFY：发送消息到消息通道中。

❏ pg_notify()：与 NOTIFY 命令的功能相同，也可以发送消息到消息通道中。

❏ pg_listening_channels()：调用此函数可以查询当前 session 已注册了哪些消息监听。

下面讲解每个命令的用法。先看 LISTEN 命令，示例如下：

```
LISTEN channel
```

此命令比较简单，后面跟一个通道名称。如果当前会话已经被注册为该消息通道的监听器，再次执行 LISTEN 命令，此消息通道的命令不会报错，相当于什么也不做。

注册消息监听后，如果不想再收到相应的消息，可以使用 UNLISTEN 命令取消监听，UNLISTEN 命令的语法格式如下：

```
UNLISTEN { channel | * }
```

使用特殊的条件通配符 "*" 可以取消对当前会话所有监听的注册。

下面介绍 NOTIFY 命令，示例如下：

```
NOTIFY channel [ ,' payload' ]
```

NOTIFY 命令发送一个通知事件，同时可以带一个可选的消息信息字符串到每个客户端应用程序，这些应用程序已经预先为当前数据库的指定名称的通道执行 LISTEN channel 命令。如果上面的命令没有指定消息信息字符串，则消息信息字符串是空字符串。

也可以使用函数 pg_notify() 来发送通知事件，此函数的语法格式如下：

```
pg_notify(text, text)
```

第一个参数是消息通道的名称，第二个参数是要发送的消息信息字符串。

调用函数 pg_listening_channels() 查询当前 session 注册的消息监听，命令如下：

```
osdba=# listen osdba1;
LISTEN
osdba=# listen osdba2;
LISTEN
osdba=# select pg_listening_channels();
  pg_listening_channels
-----------------------
  osdba
  osdba2
(2 rows)
```

11.3.3　LISTEN 与 NOTIFY 的使用详解

多个 session 可以同时监听同一个消息通道。当发送端发送一个消息时，所有监听者都可能收到此消息。示例如下。

先运行一个 psql（这里称为"session1"），执行 LISTEN 命令，命令如下：

```
osdba@osdba-laptop:~$ psql
psql (9.4beta1)
Type "help" for help.

osdba=# listen osdba;
LISTEN
```

再运行另一个 psql（这里称为"session2"），执行 LISTEN 命令，命令如下：

```
osdba@osdba-laptop:~$ psql
psql (9.4beta1)
Type "help" for help.

osdba=# listen osdba;
LISTEN
```

运行另一个 psql（这里称为"session3"），执行 NOTIFY 命令，命令如下：

```
osdba@osdba-laptop:~$ psql
psql (9.4beta1)
Type "help" for help.

osdba=# notify osdba,'hello world1';
NOTIFY
osdba=# notify osdba,'hello world2';
NOTIFY
osdba=#
```

这时，在 session1 上随便运行一条命令，命令如下：

```
osdba=# select 1;
  ?column?
----------
        1
(1 row)

Asynchronous notification "osdba" with payload "hello world1" received from server
```

```
    process with PID 31453.
Asynchronous notification "osdba" with payload "hello world2" received from server
    process with PID 31453.
osdba=#
```

在 session2 上随便运行一条命令，命令如下：

```
osdba=# select 1;
  ?column?
----------
        1
(1 row)

Asynchronous notification "osdba" with payload "hello world1" received from server
    process with PID 31453.
Asynchronous notification "osdba" with payload "hello world2" received from server
    process with PID 31453.
```

从上面的运行结果中可以看到 session1 和 session2 都可以接收到此消息。

如果在事务中调用 NOTIFY 发送消息，实际上消息在事务提交时才会被发送，如果事务回滚了，消息将不会被发送，示例如下。

先运行一个 psql（这里称为"session1"），执行 LISTEN 命令，命令如下：

```
osdba=# listen osdba;
LISTEN
```

再运行另一个 psql（这里称为"session2"），在此窗口中运行如下命令：

```
osdba=# begin;
BEGIN
osdba=# notify osdba,'hello world';
NOTIFY
```

上面启动了一个事务，然后调用了 NOTIFY 发送消息，但事务没有提交。然后再到 session1 中随便运行一条命令，可以看到并没有收到消息，命令如下：

```
osdba=# select 1;
  ?column?
----------
        1
(1 row)
```

如果再到 session2 中提交事务，命令如下：

```
osdba=# begin;
BEGIN
osdba=# notify osdba,'hello world';
NOTIFY
osdba=# end;
COMMIT
```

这时再回到 session1 中随便运行一条命令，就可以看到收到了消息，命令如下：

```
osdba=# select 1;
```

```
    ?column?
----------
         1
(1 row)

Asynchronous notification "osdba" with payload "hello world" received from server
    process with PID 31501.
```

另外，使用 **pg_notify** 函数也可以发送消息，还是前面的示例，在 session2 中使用 pg_notify 发送消息，命令如下：

```
osdba=# begin;
BEGIN
osdba=# select pg_notify('osdba','pg_notify send');
  pg_notify
-----------

(1 row)

osdba=# end;
COMMIT
```

然后在 session1 中随便运行一条命令就收到了 **pg_notify()** 函数发送过来的消息，命令如下：

```
osdba=# select 1;
  ?column?
-----------
         1
(1 row)

Asynchronous notification "osdba" with payload "pg_notify send" received from
    server process with PID 31501.
```

如果在一个事务中发送两条消息通道名称相同、消息字符串也完全相同的消息，实际上只有一条消息会被发送出去，示例如下。

先运行一个 psql（这里称为 "session1"），执行 LISTEN 命令，命令如下：

```
osdba=# listen osdba;
LISTEN
```

再运行另一个 psql（这里称为 "session2"），在此窗口中运行如下命令：

```
osdba=# begin;
BEGIN
osdba=# notify osdba, 'hello world';
NOTIFY
osdba=# notify osdba, 'hello world';
NOTIFY
osdba=# end;
COMMIT
```

再到 session1 中随便运行一条命令，看能收到几条消息，命令如下：

```
osdba=# select 1;
 ?column?
----------
        1
(1 row)

Asynchronous notification "osdba" with payload "hello world" received from server
  process with PID 10637.
```

从上面的示例中可以看到，只收到了一条消息，由此验证了前面的结论：同一个事务中的重复消息会自动去重。

NOTIFY 能保证来自同一个事务的信息按照发送时的顺序交付，也能保证来自不同事务的信息会按照事务提交的顺序交付。

消息队列持有被发送但是未被监听会话处理的消息，这些消息太多会导致该队列变满，此时调用 NOTIFY 命令会在提交时发生失败。不过队列通常都很大，在默认安装中是 8GB，所以一般不太会满。然而，如果一个会话执行 LISTEN 后，长时间处于一个事务中，不清理消息就可能导致队列变满。

📖**注意**   在两阶段提交中不能使用 NOTIFY 命令，示例如下：

```
osdba=# begin;
BEGIN
osdba=# notify osdba, 'hello world';
NOTIFY
osdba=# PREPARE TRANSACTION 'myxid';
ERROR:  cannot PREPARE a transaction that has executed LISTEN, UNLISTEN, or
  NOTIFY
```

11.4 索引的特色

PostgreSQL 提供了强大的索引功能，本节将进行详细讲解。

11.4.1 表达式上的索引

如 Oracle 数据库一样，PostgreSQL 也支持函数索引。实际上，PostgreSQL 索引的键除了可以是一个函数外，还可以是从一个或多个字段计算出来的标量表达式。

在做大小写无关比较时，常用的方法是使用 lower 函数，示例如下：

```
SELECT * FROM mytest WHERE lower(note) = 'hello world';
```

但因为使用了函数，无法利用到 "note" 字段上的普通索引，这时就需要建一个函数索引，命令如下：

```
CREATE INDEX mytest_lower_note_idx ON mytest (lower(note));
```

表达式上的索引并不是在索引查找时进行表达式的计算，而是在插入或更新数据行时进行计算，因此在插入或更新时，表达式上的索引会慢一些。

如果把表达式上的索引声明为 UNIQUE，命令如下：

```
CREATE UNIQUE INDEX mytest_lower_note_idx ON mytest (lower(note));
```

那么它会禁止向“note”列中插入只是大小写有区别而内容完全相同的数据行。因此，表达式上的索引可以实现简单唯一约束无法实现的一些约束。

11.4.2 部分索引

部分索引是只对一个表中的部分行进行的索引，是由一个条件表达式把这部分行筛选出来，该条件表达式被称为部分索引的谓词。部分索引在一些情况下非常有用，官方手册上给出了以下 3 个很好的示例。

第一个示例：设置一个部分索引以排除普通数值

假设公司内部有一个对象存储（类似 Amazon 的 S3），数据库中存储了该对象存储中 Nginx 服务器上的访问日志。公司内部有一些内部服务要使用该对象存储，它们的 IP 地址不是很多，只有几个到几十个内网 IP 地址，但这些内网的访问量很大；还有一些访问是由互联网上的用户发起的，而这些用户的 IP 地址则是多种多样的。如果主要查询和统计这些来自互联网外部用户的访问的 IP，那么就不需要对内网的 IP 进行索引，另因为内网的 IP 地址少，访问量大，索引的效率也不高。假设有如下表：

```
CREATE TABLE access_log (
  url varchar,
  client_ip inet,
  ...
);
```

建的部分索引如下：

```
CREATE INDEX access_log_client_ip_ix ON access_log (client_ip)
WHERE NOT(client_ip > inet '192.168.100.0' AND
          client_ip < inet '192.168.100.255');
```

如下 SQL 命令就可以使用到上面创建的部分索引：

```
SELECT *
FROM access_log
WHERE client_ip = inet '114.113.220.27';
```

而如下 SQL 命令就不能走到此部分索引，因为它的数据不在索引中：

```
SELECT *
FROM access_log
WHERE client_ip = inet '192.168.100.55';
```

第二个示例：设置一个部分索引以排除不感兴趣的数值

假如有一个表，其中包含已付款和未付款的定单，而未付款的定单占总表的一小部分，并且是经常使用的部分，那么可以只在未付款定单上创建一个索引来改善查询性能。

这张表的定义大致如下：

```
CREATE TABLE orders(
order_nr int,
amount decimal(12,2),
billed boolean
);
```

创建的索引如下：

```
CREATE INDEX orders_unbilled_index ON orders (order_nr)
  WHERE billed is not true;
```

造一些数据如下：

```
osdba=# insert into orders select t.seq, t.seq*2.44, true from generate_
  series(1,500000) as t(seq);
INSERT 0 500000
osdba=# insert into orders select t.seq, t.seq*2.44, false from generate_
  series(500001,509000) as t(seq);
INSERT 0 9000
```

下面这条 SQL 语句就可以用到这个索引：

```
SELECT * FROM orders WHERE billed is not true AND order_nr < 10000;
```

看一下执行计划，命令如下：

```
osdba=# explain SELECT * FROM orders WHERE billed is not true AND order_nr <
  10000;
                                QUERY PLAN
--------------------------------------------------------------------------------
  Index Scan using orders_unbilled_index on orders   (cost=0.29..12.75 rows=198
    width=13)
    Index Cond: (order_nr < 10000)
(2 rows)
```

该索引也可以用于那些完全不涉及索引键 order_nr 的查询，示例如下：

```
osdba=# explain SELECT * FROM orders WHERE billed is not true AND amount >
  40105960.00;
                                QUERY PLAN
--------------------------------------------------------------------------------
  Index Scan using orders_unbilled_index on orders   (cost=0.29..331.24 rows=1
    width=13)
  Filter: (amount > 40105960.00)
(2 rows)
```

  PostgreSQL 支持带任意谓词的部分索引，条件是只涉及被索引表的字段。不过，谓词必须和那些希望从该索引中获益的查询中的 WHERE 条件相匹配。准确地说，只有在系统能够识别出该查询的 WHERE 条件简单地包含了该索引的谓词时，这个部分索引才能用于该查询。PostgreSQL 还没有智能到可以完全识别那些形式不同但数学上意义相等的谓词。要做到这个不仅非常困难，而且在实际使用中效率也可能非常低。系统可以识别简单的不相等的包含，比如"$x<1$"包含了"$x<2$"，其他情况下，谓词条件必须准确匹配查询的 WHERE 条件，不

然系统将无法识别该索引是否可用。示例如下。

把 WHERE 条件中的"billed is not true"改成"(not billed)",从数学意义上看,它们应该相等的,但"not billed"与索引中的"billed is not true"无法匹配,则走不到索引上,命令如下:

```
osdba=# explain SELECT * FROM orders WHERE (not billed ) AND order_nr < 10000;
                         QUERY PLAN
-----------------------------------------------------------
  Seq Scan on orders  (cost=0.00..9114.50 rows=198 width=13)
    Filter: ((NOT billed) AND (order_nr < 10000))
(2 rows)
```

> **注意** 条件匹配发生在执行计划的规划期间,而不是运行期间,因此带绑定变量的条件不能使用部分索引。

第三个示例:设置一个部分唯一索引

部分索引的第三种用途是在表的子集里创建唯一索引,这样就强制在满足谓词的行中保持唯一性,而并不约束那些不需要唯一的行。

官方手册中的示例如下:假设有一个记录测试项目是否成功的表,希望确保在每个目标和课题的组合中只有一条成功的记录,但是可以有任意数量的不成功记录。实现方法如下:

```
CREATE TABLE tests (
  subject text,
  target text,
  success boolean,
  ...
);
CREATE UNIQUE INDEX tests_success_constraint ON tests (subject, target)
  WHERE success;
```

如果只有少数测试的结果为成功,而更多测试的结果为不成功,那么这将是一种非常高效的实现方法。

11.4.3　GiST 索引

GiST 是 Generalized Search Trees 的缩写,意思是通用搜索树。它是一种平衡树结构的访问方法,是用户建立自定义索引的基础模版,用户只要按模板实现所要求的 GiST 操作类中的一系列的回调函数就可以实现自定义的索引,而不用关心 GiST 索引具体是如何存储的。BTree 和许多其他的索引都可以用 GiST 来实现。

通常,实现一种新的索引访问方法意味着大量的非常有难度的开发工作,如必须理解 PostgreSQL 的内部工作机制、锁的机制和 WAL 日志等,而 GiST 实现了一个高级的编程接口,只要求实现者实现被访问的数据类型的一些回调函数,而 GiST 框架层本身会处理并发、WAL 日志和搜索树结构处理的任务,这样大大降低了开发一种新索引访问方式的难度。

PostgreSQL 支持在任意数据类型上建立 BTree 索引,但是 BTree 索引只支持范围谓词

（<, =, >），HASH 索引仅支持相等查询，而 GiST 的索引还能支持包含（@>）、重叠（&&）等复杂运算。

要实现一个自定义的 GiST 索引操作类，需要实现 GiST 索引操作类的 7 个必选函数和两个可选函数，这 9 个函数的说明如下（后两个是可选函数）。

- ❑ consistent：给出一个索引项 p 和一个查询 q，该函数确定索引项是否与查询相容（consistent），也就是说，条件" indexed_column indexable_operator q"对于此索引项下的所有行是否都为真，这主要是为了测试是否需要扫描此索引节点下的子节点，如果返回为真，会返回一个 recheck 标志，表明这个条件是可能为真还是确定为真。如果 recheck 为" false"表示条件确定为真，反之，表示条件可能为真。
- ❑ union：表示如何在树中组合信息。将多个项联合成一个索引项。
- ❑ compress：如何把数据项转换成一种适合存储在索引页中的格式。
- ❑ decompress：compress 的反向操作。
- ❑ penalty：返回一个值，用于表示把一个新节点插入到一个树叉上的代价（cost）。返回值应该是一个非负值，如果是负值则被当作 0。
- ❑ picksplit：当一个索引列需要分裂时，该函数决定哪些节点需要留在原索引页中，哪些节点需要移到新的索引页中。
- ❑ same：判断两个索引项是否相等，相等则返回 true，否则返回 false。
- ❑ distance：返回索引项 p 和查询值 q 之间的"距离"。
- ❑ fetch：将一个压缩过的索引数据项转换成原始的数据项。

PostgreSQL 数据库对一些内置类型已经实现了 GiST 索引操作类，在这些类型上可以直接建 GiST 索引，具体的类型见表 11-1。

表 11-1　内置的 GiST 索引操作类

操作类名称	数据类型	索引操作符	排序操作符
box_ops	box	&& &> &< &<| >> << <<| <@ @> @ |&> |>> ~ ~=	
circle_ops	circle	&& &> &< &<| >> << <<| <@ @> @ |&> |>> ~ ~=	
network_ops	inet, cidr	&& >> >>= > >= <> << <<= < <= =	
point_ops	point	>> >^ << <@ <^ ~=	<->
poly_ops	polygon	&& &> &< &<| >> << <<| <@ @> @ |&> |>> ~ ~=	
range_ops	任何 range	&& &> &< >> << <@ -|- = <@ @>	
tsquery_ops	tsquery	<@ @>	
tsvector_ops	tsvector	@@	

下面给出建 GiST 索引的示例。

```
osdba=# create table test01(p point, b box, ip inet);
CREATE TABLE
osdba=# CREATE INDEX ON test01 USING gist (ip inet_ops);
CREATE INDEX
osdba=# CREATE INDEX ON test01 USING gist (p);
```

```
CREATE INDEX
osdba=# CREATE INDEX ON test01 USING gist (b);
CREATE INDEX
```

> **注意** 因为 inet_ops 操作类不是 inet 和 cidr 类型的默认操作类，所以建 GiST 索引时需要指定此操作类的名称（USING gist (ip inet_ops)）。

contrib 下的以下模块也提供了一些类型的 GiST 索引的操作类。

- ❑ btree_gist：使用 GiST 实现的 BTree。
- ❑ cube：多维的 cube 类型。
- ❑ hstore：一种 key/value 存储类型。
- ❑ intarray：一维 int4 数据的 RD-Tree 实现。
- ❑ ltree：树型结构的索引。
- ❑ pg_trgm：文件相似性的索引。
- ❑ seg：浮点范围类型的索引。

11.4.4　SP-GiST 索引

SP-GiST 是"Space-Partitioned GiST"的缩写，即空间分区 GiST 索引。它是从 PostgreSQL 9.2 版本开始提供的一种新索引类型，主要是通过一些新的索引算法提高 GiST 索引在某种情况下的性能。它与 GiST 索引一样，是一个通用的索引框架，基于此框架可以开发自定义的空间分区索引，如可以使用此框架实现以下类型的索引：

- ❑ quad-trees。
- ❑ k-d trees。
- ❑ radix trees。

要实现一个自定义的 SP-GiST 索引操作类，需要实现以下 5 个用户自定义函数。

- ❑ config：返回索引实现中的一些静态信息，如前缀的数据类型的 OID、节点 label 的数据类型的 OID 等。
- ❑ choose：选择如何把新的值插入到索引内部 tuple 中的方法。
- ❑ picksplit：决定如何在一些叶子 tuple 上创建一个新的内部 tuple。
- ❑ inner_consistent：在树的搜索过程中返回一系列的节点（树叉上的）。
- ❑ leaf_consistent：如果一个叶子节点满足查询则返回真。

关于这 5 个函数的更详细的信息请参见官方手册：http://www.postgresql.org/docs/9.4/static/spgist-extensibility.html。

PostgreSQL 数据库已经对一些内置类型实现了 SP-GiST 索引操作类，在这些类型上可以直接建 SP-GiST 索引，具体的类型见表 11-2。

表 11-2　内置的 SP-GiST 索引操作类

操作类名称	数据类型	索引操作符
kd_point_ops	point	<< <@ <^ >> >^ ~=
quad_point_ops	point	<< <@ <^ >> >^ ~=
range_ops	任何 range 类型	&& &< &> -|- << <@ = >> @>
text_ops	text	< <= = >= > ~<~ ~<=~ ~>=~ ~>~

对于 point 类型，有两种索引操作类"kd_point_ops"和"quad_point_ops"，其中 quad_point_ops 是默认的索引操作类，在某些场景下，kd_point_ops 索引操作类会更高效一些。

下面给出建 SP-GiST 索引的示例：

```
osdba=# create table test01(p point);
CREATE TABLE
Query buffer reset (cleared).
osdba=# CREATE INDEX  ON test01 USING spgist (p);
CREATE INDEX
osdba=# \d test01;
  Table "public.test01"
 Column | Type  | Modifiers
--------+-------+-----------
 p      | point |
Indexes:
    "test01_p_idx" spgist (p)
```

从示例中可以知道，建 SP-GiST 索引的方法是使用"USING spgist (colname)"子句。

11.4.5　GIN 索引

GIN 索引是 Generalized Inverted Index 的缩写，即广义倒排索引。通常 GIN 索引作为全文检索使用，即在文章中搜索指定的词。GIN 索引中存储了一系列"key，位置列表"对，位置列表中存储了包含此 key 值的行的列表。同一行的 rowid 会出现在多个位置列表中。

与 GiST 索引一样，GIN 索引也是一个通用的索引框架，基于此框架可以开发自定义的 GIN 索引。

要实现一个自定义的 GIN 索引操作类，需要实现以下两个用户自定义函数。

❑ extractValue：给定一个要被索引的项，返回一个 key 值的数组。

❑ extractQuery：给定一个要被查询的值，返回一个键的数组。

还有以下可选的函数：

❑ consistent：检查索引项的满足情况。

❑ triConsistent：键值的三种可能的检查：GIN_TRUE、GIN_FALSE 和 GIN_MAYBE。

❑ compare：比较两个键。

❑ comparePartial：比较一个部分匹配键和一个索引键。

关于这些函数的更详细的信息请参见官方手册：

https://www.postgresql.org/docs/12/gin-extensibility.html。

PostgreSQL 数据库已经对一些内置的数组类型实现了 GIN 索引操作类，在这些类型上可以直接建 GIN 索引，具体的类型见表 11-3。

表 11-3　内置的 GIN 索引操作类

操作类名称	数据类型	索引操作符
_abstime_ops	abstime[]	&& <@ = @>
_bit_ops	bit[]	&& <@ = @>
_bool_ops	boolean[]	&& <@ = @>
_bpchar_ops	character[]	&& <@ = @>
_bytea_ops	bytea[]	&& <@ = @>
_char_ops	"char"[]	&& <@ = @>
_cidr_ops	cidr[]	&& <@ = @>
_date_ops	date[]	&& <@ = @>
_float4_ops	float4[]	&& <@ = @>
_float8_ops	float8[]	&& <@ = @>
_inet_ops	inet[]	&& <@ = @>
_int2_ops	smallint[]	&& <@ = @>
_int4_ops	integer[]	&& <@ = @>
_int8_ops	bigint[]	&& <@ = @>
_interval_ops	interval[]	&& <@ = @>
_macaddr_ops	macaddr[]	&& <@ = @>
_money_ops	money[]	&& <@ – @>
_name_ops	name[]	&& <@ = @>
_numeric_ops	numeric[]	&& <@ = @>
_oid_ops	oid[]	&& <@ = @>
_oidvector_ops	oidvector[]	&& <@ = @>
_reltime_ops	reltime[]	&& <@ = @>
_text_ops	text[]	&& <@ = @>
_time_ops	time[]	&& <@ = @>
_timestamp_ops	timestamp[]	&& <@ = @>
_timestamptz_ops	timestamp with time zone[]	&& <@ = @>
_timetz_ops	time with time zone[]	&& <@ = @>
_tinterval_ops	tinterval[]	&& <@ = @>
_varbit_ops	bit varying[]	&& <@ = @>
_varchar_ops	character varying[]	&& <@ = @>
jsonb_ops	jsonb	? ?& ?| @>
jsonb_path_ops	jsonb	@>
tsvector_ops	tsvector	@@ @@@

GIN 索引对于插入更新操作效率比较低，如果要向一张表中插入大量数据，最好先把 GIN 索引删除，然后插入数据，最后再把 GIN 索引重新建起来。

把 maintenance_work_mem 参数调大，可以更快地完成 GIN 索引的创建工作。

在实际应用中，我们常常会遇到全文索引返回海量结果的情形，如查询高频词。这样的结果集没什么用途，因为从磁盘读取大量记录并对其进行排序会消耗大量资源。为了更好地控制这种情况，GIN 中提供了一个可配置的结果集大小"软"上限配置参数"gin_fuzzy_search_limit"，此参数默认为"0"，表示没有限制；如果设置了非零值，那么返回的结果就是从完整结果集中随机选择的一部分。根据经验，该参数一般设置为几千到两万比较好，如5000 到 20000 之间。

contrib 下的以下模块也实现了一些 GIN 索引操作类。

❏ btree_gin：实现类型 BTree 的功能。

❏ hstore：存储（key，value）对的一种类型。

❏ intarray：增强 int[]。

❏ pg_trgm：文本相似匹配。

下面给出一个建 GIN 索引的示例：

```
osdba=# CREATE TABLE test01(idlist int[]);
CREATE TABLE
osdba=# CREATE INDEX on test01 USING gin(idlist);
CREATE INDEX
osdba=# \d test01
    Table "public.test01"
 Column |   Type    | Modifiers
--------+-----------+-----------
 idlist | integer[] |
Indexes:
    "test01_idlist_idx" gin (idlist)
```

11.4.6　BRIN 索引

BRIN 表示块范围索引。BRIN 是为处理这样的表而设计的：表的规模非常大，并且其中某些列与它们在表中的物理位置存在某种自然关联。一个块范围是一组在表中物理上相邻的页面，对于每一个块范围在索引中存储了一些摘要信息。

如果索引中存储的摘要信息与查询条件一致，BRIN 索引可以通过常规的位图索引扫描满足查询，并且将会返回每个范围中所有页面中的所有元组。查询执行器负责再次检查这些元组并且抛弃那些不匹配查询条件的元组。换句话说，这些索引是有损的。由于一个 BRIN 索引很小，扫描这种索引虽然比使用顺序扫描开销大一点儿，但是可能会避免扫描表中很多已知的不包含匹配元组的部分。

一个 BRIN 索引将存储的特定数据以及该索引将能满足的特定查询，都依赖于为该索引的每一列所选择的操作符类。具有一种线性顺序的数据类型的操作符类可以存储在每个块范围内的最小值和最大值，如几何类型可能会存储在块范围内的所有对象的外包盒。

块范围的尺寸在索引创建时由 pages_per_range 存储参数决定。索引项的数量将等于该关系的尺寸（以页面计）除以 pages_per_range 选择的值。因此，该值越小，索引会变得越大（因为需要存储更多索引项），但是与此同时，存储的摘要数据可以更加精确并且在索引扫描期间可以跳过更多数据块。

在创建时，所有已有的堆页面将被扫描并且会为每一个范围创建一个摘要索引元组，对于末尾的可能不完整的范围也是这样做。随着新页面被数据填充，已经创建摘要的页面范围的摘要信息会被来自新元组的数据所更新。当一个创建的新页面没有落在最后一个被摘要的范围内时，该范围不会自动获得一个摘要元组，那些元组将保持未被摘要的状态，直到后面调用一次摘要操作来创建初始摘要。这种处理可以用 brin_summarize_range(regclass, bigint) 或 brin_summarize_new_values(regclass) 函数手动调用，或者在 VACUUM 命令处理该表时自动调用。或者在发生插入时通过 AutoVacuum 执行自动汇总（最后一个触发器默认是禁用的，可以使用 autosummarize 参数启用）。相反，可以使用 brin_desummarize_range(regclass, bigint) 函数对范围进行解除摘要，当现有的值已经改变，索引元组不再是一个很好的表示形式时，这个函数是很有用的。

PostgreSQL 数据库中已经实现了 BRIN 索引操作类的内置数组类型（见表 11-4）。

表 11-4　内置 BRIN 操作符类

操作类名称	数据类型	索引操作符
abstime_minmax_ops	abstime	< <= = >= >
int8_minmax_ops	bigint	< <= = >= >
hit_minmax_ops	bit	< <= = >= >
varbit_minmax_ops	bit varying	< <= = >= >
box_inclusion_ops	box	<< &< && &> >> ~= @> <@ &<| <<| |>> |&>
bytea_minmax_ops	bytea	< <= = >= >
bpchar_minmax_ops	character	< <= = >= >
char_minmax_ops	"char"	< <= = >= >
date_minmax_ops	date	< <= = >= >
float8_minmax_ops	double precision	< <= = >= >
inet_minmax_ops	inet	< <= = >= >
network_inclusion_ops	inet	< <= = >= >
int4_minmax_ops	integer	&& >>= <<= = >> <<
interval_minmax_ops	interval	< <= = >= >
macaddr_minmax_ops	macaddr	< <= = >= >
macaddr8_minmax_ops	macaddr8	< <= = >= >
name_minmax_ops	name	< <= = >= >
numeric_minmax_ops	numeric	< <= = >= >
pg_lsn_minmax_ops	pg_lsn	< <= = >= >
oid_minmax_ops	oid	< <= = >= >
range_inclusion_ops	任何 range 类型	<< &< && &> >> @> <@ -|- = < <= > >=
float4_minmax_ops	real	< <= = >= >
reltime_minmax_ops	reltime	< <= = >= >

（续）

操作类名称	数据类型	索引操作符
int2_minmax_ops	smallint	< <= = >= >
text_minmax_ops	text	< <= = >= >
tid_minmax_ops	tid	< <= = >= >
timestamp_minmax_ops	timestamp without time zone	< <= = >= >
timestamptz_minmax_ops	timestamp with time zone	< <= = >= >
time_minmax_ops	time without time zone	< <= = >= >
timetz_minmax_ops	time with time zone	< <= = >= >
uuid_minmax_ops	uuid	< <= = >= >

BRIN 接口具有高层的抽象，要求访问方法实现者只需实现被访问的数据类型的语义。BRIN 层本身会负责并发、日志以及对索引结构的搜索。

获得 BRIN 访问方法所需的全部工作是实现一些用户定义的方法，这些方法定义存储在索引中的汇总值的行为以及它们与扫描键交互的方式。简言之，BRIN 将可扩展性与通用性、代码重用和简洁的接口相结合。

BRIN 的一个操作符类必须提供以下 4 种方法。

❑ BrinOpcInfo *opcInfo(Oid type_oid)：返回有关被索引列的摘要数据的内部信息。返回值必须指向一个已经用函数 palloc 分配了内存的 BrinOpcInfo 结构，该结构的定义如下：

```
typedef struct BrinOpcInfo
{
  /* 这个 opclass 的一个索引列中存储的列数 */
  uint16      oi_nstored;

  /* 该 opclass 私有用途的不透明指针 */
  void       *oi_opaque;

  /* 被存储列的类型缓冲项 */
  TypeCacheEntry *oi_typcache[FLEXIBLE_ARRAY_MEMBER];
} BrinOpcInfo;
```

❑ bool consistent(BrinDesc *bdesc, BrinValues *column, ScanKey key)：返回 ScanKey 是否和一个范围的被索引值一致。要使用的索引号作为扫描键的一部分传递。

❑ bool addValue(BrinDesc *bdesc, BrinValues *column, Datum newval, bool isnull)：给定一个索引元组和一个被索引值，修改该元组的指示属性让该元组能额外地表示新的值。如果对该元组做出了任何修改，就返回 true。

❑ bool unionTuples(BrinDesc *bdesc, BrinValues *a, BrinValues *b)：联合两个索引元组。给定两个索引元组，修改第一个索引元组的指示属性让它能表示两个元组。第二个索引元组不会被修改。

下面给出一个建 BRIN 索引的示例：

```
postgres=# create table test01(id int,info text);
CREATE TABLE
postgres=# create index idx_test01_id on test01 using brin(id);
CREATE INDEX
postgres=# \d test01
             Table "public.test01"
 Column |  Type   | Collation | Nullable | Default
--------+---------+-----------+----------+---------
 id     | integer |           |          |
 info   | text    |           |          |
Indexes:
    "idx_test01_id" brin (id)
```

11.5　序列的使用

PostgreSQL 数据库与 Oracle 数据库一样，都有单独的序列，而不像 MySQL 数据库中的序列是绑定在一张表的字段上的。MySQL 数据库中的序列有如下限制：

❑ 自增长只能用于表中的其中一个字段。

❑ 自增长只能被分配给固定表的固定的某一个字段，不能被多个表共用。

PostgreSQL 数据库中就没有上述限制。

11.5.1　序列的创建

创建序列的语法格式如下：

```
CREATE [ TEMPORARY | TEMP ] SEQUENCE name [ INCREMENT [ BY ] increment ]
  [ MINVALUE minvalue | NO MINVALUE ] [ MAXVALUE maxvalue | NO MAXVALUE ]
  [ START [ WITH ] start ] [ CACHE cache ] [ [ NO ] CYCLE ]
  [ OWNED BY { table.column | NONE } ]
```

创建语法中的一些参数说明如下。

❑ TEMPORARY 或 TEMP：如果创建语句中包含了此修饰词，那么会创建出只存在于该会话中的临时序列，在会话结束时该序列会自动删除。创建出的临时序列，除非用模式修饰，否则同一个会话中同名的非临时序列是不可见的。

❑ INCREMENT [BY] increment：指定序列的步长，正数产生一个递增的序列，负数产生一个递减的序列。默认值是 1。

❑ MINVALUE minvalue | NO MINVALUE：指定序列的最小值，对于递增序列，最小值默认为 1；对于递减序列，最小值默认为 $-2^{63}-1$。NO MINVALUE 相当于使用默认值。

❑ MAXVALUE maxvalue | NO MAXVALUE：指定序列的最大值，对于递增序列，最大值默认为 $2^{63}-1$；对于递减序列，最大值默认为 -1。NO MAXVALUE 相当于使用默认值。

❑ START [WITH] start：指定开始的起点值。

❑ [CACHE cache]：指定 cache 的数值。最小值（也是默认值）是 1，表示一次只能生成一个值，也就是说没有缓存。

- [NO] CYCLE：CYCLE 选项可用于使序列到达 maxvalue 或 minvalue 时循环并继续下去。也就是说，如果达到极限，生成的下一个数据将分别是 minvalue 或 maxvalue。如果声明了 NO CYCLE，那么在序列达到其最大值后，任何对 nextval 的调用都将返回一个错误。如果既没有声明 CYCLE 也没有声明 NO CYCLE，那么默认是 NO CYCLE。
- OWNED BY { table.column | NONE }：OWNED BY 选项将序列关联到一个特定的表字段上。这样，在删除该字段或其所在的表时将自动删除绑定的序列。指定的表和序列必须被同一个用户所拥有，并且在同一个模式中。默认的 OWNED BY NONE 表示无关联。

11.5.2　序列的使用及相关函数

PostgreSQL 通过一些全局函数来使用序列。这些序列函数见表 11-5。

表 11-5　序列的相关函数

类型名称	返回类型	描述
currval(regclass)	bigint	返回最近一次用 nextval 获取的指定序列的数值
lastval()	bigint	返回最近一次用 nextval 获取的任何序列的数值
nextval(regclass)	bigint	递增序列并返回新值
setval(regclass，bigint)	bigint	设置序列的当前数值
setval(regclass，bigint，boolean)	bigint	设置序列的当前数值及 is_called 标志

最常用的是 nextval 函数，示例如下：

```
osdba=# CREATE SEQUENCE seqtest01;
CREATE SEQUENCE
osdba=# SELECT nextval('seqtest01');
  nextval
---------
        1
(1 row)
```

从前面的函数说明来看，nextval 函数的参数是 regclass，而输入的是一个字符串，这是因为 regclass 类型会自动把字符串转换成 regclass 类型。

使用 currval 函数可以返回最近一次使用 nextval 获得的指定序列的数值，示例如下：

```
osdba=# SELECT currval('seqtest01');
  currval
---------
        1
(1 row)
```

注意，如果另外新开一个 session 时，调用 currval 函数会报错，示例如下：

```
osdba@osdba-work:~$ psql
```

```
psql (9.3.2)
Type "help" for help.

osdba=# SELECT currval('seqtest01');
ERROR:  currval of sequence "seqtest01" is not yet defined in this session
STATEMENT:  SELECT currval('seqtest01');
ERROR:  currval of sequence "seqtest01" is not yet defined in this session
```

所以调用 currval 函数之前，一般都需要执行过 nextval 函数。

lastval 函数与 currval 函数的不同之处在于，不管最后调用的是哪个序列，总返回最后一次调用 nextval 函数返回的值，示例如下：

```
osdba=# SELECT nextval('seqtest01');
 nextval
---------
       4
(1 row)
osdba=# select lastval();
 lastval
---------
       4
(1 row)
osdba=# SELECT nextval('seqtest02');
 nextval
---------
       7
(1 row)
osdba=# select lastval();
 lastval
---------
       7
(1 row)
```

setval 函数能够改变序列的当前值，然后再调用 nextval 函数时，返回的值会变成改变后的当前值 +1：

```
osdba=# select setval('seqtest01', 1);
 setval
--------
      1
(1 row)
osdba=# SELECT nextval('seqtest01');
 nextval
---------
       2
(1 row)
```

两个参数形式的 setval 函数相当于把第 3 个参数设置为 "true"，即将 is_called 字段设置为 "true"，表示下一次 nextval 将在返回数值之前递增该序列。如果在 3 个参数形式的 setval 函数中将 is_called 设置为 "false"，那么下一次 nextval 将返回声明的数值，再次调用 nextval 才开始递增该序列，示例如下：

```
osdba=# select setval('seqtest01', 1, false);
  setval
 --------
       1
(1 row)
osdba=# select nextval('seqtest01');
  nextval
 ---------
        1
(1 row)
osdba=# select nextval('seqtest01');
  nextval
 ---------
        2
(1 row)
```

11.5.3　常见问题及解答

问题一：在事务中使用序列，当事务回滚后，序列会回滚吗？

答：不会。示例如下：

```
osdba=# begin;
BEGIN
osdba=# select nextval('seqtest01');
  nextval
 ---------
        3
(1 row)

osdba=# rollback;
ROLLBACK
osdba=# select currval('seqtest01');
  currval
 ---------
        3
(1 row)
```

问题二：序列的范围是多少？

答：序列是基于 bigint 运算的，因此其范围不能超过 8 字节的整数范围（−9223372036854775808 到 9223372036854775807）。一些较早的平台可能没有对 8 字节整数的编译器支持，这种情况下，序列是普通的 integer 运算范围（−2147483648 到 +2147483647）。

问题三：cache 子句中有什么需要注意的？

答：如果 cache 大于 1，并且这个序列对象将被用于多会话并发的场合时，每个会话在每次访问序列对象的过程中都将分配并缓存随后的序列值，并且相应增加序列对象的 last_value。这样，同一个事务中的随后的 cache-1 次 nextval 将只返回预先分配的数值。因此，所有在会话中分配了却没有使用的数字都将在会话结束时丢失，从而导致序列里面出现"空洞"。

另外，尽管系统保证为多个会话分配独立的序列值，但是如果考虑所有会话，这些数值可能会丢失顺序。比如，如果 cache 为 10，那么会话 A 保留了 1..10 并且返回 nextval=1，然后会话 B 可能会保留 11..20，然后在会话 A 生成 nextval=2 之前会话 B 有可能返回 nextval=11。因此，当 cache 等于 1 时，可以安全地假设 nextval 值是顺序生成的；而如果把 cache 设置为大于 1，那么只能假设 nextval 值总是保持唯一，却不按顺序生成。同样，last_value 将反映任何会话保留的最后的数值，不管它是否曾被 nextval 返回。

再者，这样的序列上执行的 setval 不会被其他会话注意到，直到它们用尽自己缓存的数值。

问题四：当序列满了会发生什么？

答：默认不加 CYCLE 选项，创建出来的序列满时会报错，而如果加了 CYCEL 选项，序列会从开始值重新开始，示例如下。

没有加 CYCLE 选项的序列示例如下：

```
osdba=# CREATE SEQUENCE seqtest03 MINVALUE 1 MAXVALUE 4;
CREATE SEQUENCE
osdba=# select nextval('seqtest03');
  nextval
---------
        1
(1 row)
osdba=# select nextval('seqtest03');
  nextval
---------
        2
(1 row)
osdba=# select nextval('seqtest03');
  nextval
---------
        3
(1 row)
osdba=# select nextval('seqtest03');
  nextval
---------
        4
(1 row)
osdba=# select nextval('seqtest03');
ERROR:  nextval: reached maximum value of sequence "seqtest03" (4)
STATEMENT:  select nextval('seqtest03');
ERROR:  nextval: reached maximum value of sequence "seqtest03" (4)
```

加 CYCLE 选项的序列示例如下：

```
osdba=# CREATE SEQUENCE seqtest04 START 2 MINVALUE 1 MAXVALUE 3 CYCLE;
CREATE SEQUENCE
osdba=# select nextval('seqtest04');
  nextval
---------
        2
(1 row)

osdba=# select nextval('seqtest04');
  nextval
```

```
---------
        3
(1 row)

osdba=# select nextval('seqtest04');
  nextval
---------
        1
(1 row)
```

11.6　咨询锁的使用

本节将详细介绍咨询锁的概念和使用方法。

11.6.1　什么是咨询锁

PostgreSQL 允许创建由应用定义其含义与数据库本身没有关系的锁，这种锁被称为咨询锁，英文为 Advisory Lock。通过这种锁，PostgreSQL 数据库可以提供给应用一种与具体的表数据没有任何关系的锁，PostgreSQL 变成一个锁服务提供中心。有人可能会说，建一张表，在表上插入一些记录，然后通过" select * from table where pid= <id> for update "也可以实现相同的锁功能，为什么还需要咨询锁？这是因为咨询锁与具体的数据没有关系，可以提供更好的性能。

在很多应用中，多个进程访问同一个数据库，这时如果想协调这些进程对一些非数据库资源的并发访问，就可以使用这种咨询锁。

可以使用 PostgreSQL 中的咨询锁实现很多分布式系统中的类似 Zookeeper 的锁服务。在分布式系统中，多台服务器需要不断竞争使自己成为 master，这可以通过竞争咨询锁来实现，谁得到咨询锁，谁就成为了 master。

最先在 PostgreSQL 中的咨询锁是 session 级别的，但从 PostgreSQL 9.1 开始增加了事务级的咨询锁。session 级别的咨询锁，在 session 结束时会自动释放；事务级别的咨询锁，则在事务结束时自动释放。

11.6.2　咨询锁的函数及使用

咨询锁用一个 64bit 的数字或两个 32bit 的数字来表示，并提供了一些函数来实现加锁和释放锁的操作。这些函数如表 11-6 所示。

表 11-6　咨询锁函数

类型名称	返回类型	描述
pg_advisory_lock(key bigint)	void	获得 session 级别的咨询排他锁。锁 ID 用一个 64bit 的数字来表示
pg_advisory_lock(key1 int, key2 int)	void	获得 session 级别的咨询排他锁。锁 ID 用两个 32bit 的数字来表示

（续）

类型名称	返回类型	描述
pg_advisory_lock_shared(key bigint)	void	获得 session 级别的咨询共享锁。锁 ID 用一个 64bit 的数字来表示
pg_advisory_lock_shared(key1 int, key2 int)	void	获得 session 级别的咨询共享锁。锁 ID 用两个 32bit 的数字来表示
pg_advisory_unlock(key bigint)	boolean	释放 session 级别的咨询排他锁。锁 ID 用一个 64bit 的数字来表示
pg_advisory_unlock(key1 int, key2 int)	boolean	释放 session 级别的咨询排他锁。锁 ID 用两个 32bit 的数字来表示
pg_advisory_unlock_all()	void	释放本 session 持有的所有 session 级别的咨询锁
pg_advisory_unlock_shared(key bigint)	boolean	释放 session 级别的咨询共享锁。锁 ID 用一个 64bit 的数字来表示
pg_advisory_unlock_shared(key1 int, key2 int)	boolean	释放 session 级别的咨询共享锁。锁 ID 用两个 32bit 的数字来表示
pg_advisory_xact_lock(key bigint)	void	获得事务级别的咨询排他锁。锁 ID 用一个 64bit 的数字来表示
pg_advisory_xact_lock(key1 int, key2 int)	void	获得事务级别的咨询排他锁。锁 ID 用两个 32bit 的数字来表示
pg_advisory_xact_lock_shared(key bigint)	void	获得事务级别的咨询共享锁。锁 ID 用一个 64bit 的数字来表示
pg_advisory_xact_lock_shared(key1 int, key2 int)	void	获得事务级别的咨询共享锁。锁 ID 用两个 32bit 的数字来表示
pg_try_advisory_lock(key bigint)	boolean	试图获得 session 级别的咨询排他锁。如果成功则返回 true，否则返回 false。锁 ID 使用一个 64bit 的数字来表示
pg_try_advisory_lock(key1 int, key2 int)	boolean	试图获得 session 级别的咨询共享锁。如果成功则返回 true，否则返回 false。锁 ID 用两个 32bit 的数字来表示
pg_try_advisory_lock_shared(key bigint)	boolean	试图获得 session 级别的咨询共享锁。如果成功则返回 true，否则返回 false。锁 ID 用一个 64bit 的数字来表示
pg_try_advisory_lock_shared(key1 int, key2 int)	boolean	试图获得 session 级别的咨询共享锁。如果成功则返回 true，否则返回 false。锁 ID 用两个 32bit 的数字来表示
pg_try_advisory_xact_lock(key bigint)	boolean	试图获得事务级别的咨询排他锁。如果成功则返回 true，否则返回 false。锁 ID 用一个 64bit 的数字来表示
pg_try_advisory_xact_lock(key1 int, key2 int)	boolean	试图获得事务级别的咨询排他锁。如果成功则返回 true，否则返回 false。锁 ID 用两个 32bit 的数字来表示
pg_try_advisory_xact_lock_shared(key bigint)	boolean	试图获得事务级别的咨询共享锁。如果成功则返回 true，否则返回 false。锁 ID 用一个 64bit 的数字来表示
pg_try_advisory_xact_lock_shared(key1 int, key2 int)	boolean	试图获得事务级别的咨询共享锁。如果成功则返回 true，否则返回 false。锁 ID 用两个 32bit 的数字来表示

对上面的锁函数总结分析如下：

❑ 名称中有"lock"的是加锁函数，有"unlock"的是释放锁函数。

❑ 名称中有"xact"的是事务级别的咨询锁，而名称中没有"xact"的是 session 级别的咨询锁。事务级别的咨询锁只有 lock 函数，没有 unlock 函数，这是因为事务锁在事务结束时释放。

❑ 函数中有两个 32bit 长的 int 类型的参数，表明此函数使用的是由两个 32bit 的数字表示的咨询锁，函数中有一个 64bit 长的 bigint 类型的参数，表明此函数使用的是由一个 64bit 的数字表示的咨询锁。

❑ 函数名称中有"try"的表示试图加锁，这样的函数不管是否能获得锁，都立即返回，如果成功获得了，返回 true，否则返回 false。这为编程带来了很大的便利，因为通过"try"函数，可以不让程序一直被 hang，当得不到锁时，应用可以先做其他事，然后再回来，看能否获得这把锁；或者让程序优雅地退出，而不会被 hang 住，如使用带"try"的函数去获得锁，当无法获得时，检查用户是否发送了退出请求，如果是，就可以优雅地退出了，而不会像原来一样一直被 hang 住。

---

 session 级别的排他锁，调用了 lock 多少次，释放时也需要调用同样次数的 unlock 才能释放。

事务级别的咨询锁与 session 级别的咨询锁，实际上指向同一把锁，也就是说，当事务级别锁住一把锁时，试图获得 session 级别的这把锁也会被阻塞，示例如下。

在第一个窗口中获得 session 级别的锁（key=1），命令如下：

```
osdba=# select pg_advisory_lock(1);
  pg_advisory_lock
------------------

(1 row)
```

在第二个窗口中，使用 begin 启动事务后，也想获得一个事务级别的锁（key 也是 1）时，会发现被阻塞住了，命令如下：

```
osdba=# begin;
BEGIN
osdba=# select pg_advisory_xact_lock(1); -- 此处被阻塞
```

在第一个窗口中释放锁，命令如下：

```
osdba=# select pg_advisory_lock(1);
  pg_advisory_lock
------------------

(1 row)
osdba=# select pg_advisory_unlock(1); -- 此处释放锁
  pg_advisory_unlock
--------------------
  t
(1 row)
```

在第二个窗口中可以看到不再阻塞了，命令如下：

```
osdba=# begin;
```

```
BEGIN

osdba=# select pg_advisory_xact_lock(1);
 pg_advisory_xact_lock
-----------------------

(1 row)
```

现在锁被第二个窗口持有了，如果想在第一个窗口中再获得这把锁，将会被阻塞，命令如下：

```
osdba=# begin;
BEGIN
osdba=# select pg_advisory_lock(1);
 pg_advisory_lock
------------------

(1 row)
osdba=# select pg_advisory_unlock(1);
 pg_advisory_unlock
--------------------
 t
(1 row)

osdba=# select pg_advisory_lock(1); <-- 此处被阻塞
```

在第二个窗口中结束事务，命令如下：

```
osdba=# begin;
BEGIN
osdba=# select pg_advisory_xact_lock(1);
 pg_advisory_xact_lock
-----------------------

(1 row)

osdba=# end;
COMMIT
```

现在，第一个窗口中就不再阻塞了，命令如下：

```
BEGIN
osdba=# select pg_advisory_lock(1);
 pg_advisory_lock
------------------

(1 row)
osdba=# select pg_advisory_unlock(1);
 pg_advisory_unlock
--------------------
 t
(1 row)

osdba=# select pg_advisory_lock(1); <-- 此处不再阻塞
pg_advisory_lock
```

```
------------------

(1 row)
```

注意，咨询锁的 key 值一共是 64bit，可以用一个 64bit 的整数来表示，也可以选择用两个 32bit 的整数来表示，虽然拼凑起来就是 64bit，但两者是在不同的地址空间内，也就是说，在一个 64bit 上的 key 上加锁，永远不会阻塞用两个 32bit 的整数表示的锁，这是因为 PostgreSQL 的代码实现中有专门的其他字段类来识别该锁是用一个 64bit 的整数表示的锁还是用两个 32bit 的整数表示的锁。做如下测试。

在第一个窗口中运行 64bit 形式的锁，命令如下：

```
osdba=# select pg_advisory_lock(1);
  pg_advisory_lock
------------------

(1 row)
```

在第二个窗口中运行如下 SQL 语句总是不会被锁住的：

```
osdba=# select pg_advisory_lock(0,1);
  pg_advisory_lock
------------------

(1 row)
osdba=# select pg_advisory_lock(1,0);
  pg_advisory_lock
------------------

(1 row)
```

11.6.3 常见问题及解答

问题：当连接中断后，数据库中持有的咨询锁是否会被释放？
答：会的。当连接中断后，数据库的会话就会被中止，其持有的咨询锁也会被释放。
问题：当事务回滚或提交后，持有的 session 级别的咨询锁是否会被释放？
答：不会。session 级别的咨询锁与事务没有任何关系。
问题：如果第一个 session 持有一把事务级别的 key 为 1 的锁，另一个 session 能否同时持有一把 session 级别的 key 为 1 的锁？
答：不能。因为不管是 session 级别还是事务级别的，它们都代表同一把锁。只是事务级别的锁在事务结束时会自动释放。

11.7 SQL/MED

本节将详细介绍在几个 PostgreSQL 之间或其与其他类型的数据库之间把数据打通的技术 SQL/MED。

11.7.1　SQL/MED 的介绍

SQL/MED 是 SQL 语言中管理外部数据的一个扩展标准。MED 是英文"Management of External Data"的缩写。这个扩展定义在 SQL:2003 标准中的"ISO/IEC 9075-9:2003"中。它通过定义一个外部数据包装器和数据连接类型去管理外部数据。PostgreSQL 从 9.1 版本开始提供对 SQL/MED 标准的支持，通过 SQL/MED 可以连接到各种异构数据库或其他 PostgreSQL 数据库。为什么需要 SQL/MED 呢？SQL/MED 可以帮助开发人员简化应用架构，减少开发代价。如果没有 SQL/MED，应用程序的架构可能如图 11-1 所示。

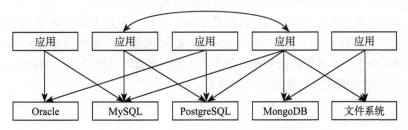

图 11-1　无 SQL/MED 时的应用架构

从图 11-1 中可以看出，数据库无法互联，应用必须和各种不同的数据库连接，应用与数据库的连接也较复杂，应用需要与各种不同的数据库交互，开发起来很困难，配置也很复杂。使用 SQL/MED 后，架构就可以优化成如图 11-2 所示的形式。

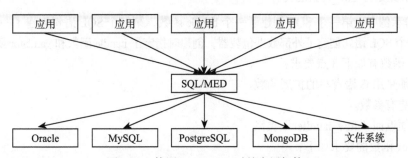

图 11-2　使用 SQL/MED 时的应用架构

从图 11-2 中可以看出，使用 SQL/MED 后，PostgreSQL 通过 SQL/MED 访问其他各种异构数据库或其他 PostgreSQL 数据库，应用程序只需要与这一台 PostgreSQL 数据库交互，大大减化了应用架构，提高了开发效率。

SQL/MED 相当于一种连接其他数据源的框架和标准。第三方可以根据 PostgreSQL 提供的外部数据源开发各种插件来连接其他数据库。目前，基本上各种常用的数据库或 NoSQL 产品都有第三方的 FDW 插件可以使用。

在 SQL/MED 标准中，实现了以下 4 类数据库对象来访问外部数据源。

❑ Foreign Data Wrapper：外部数据包装器，可以缩写为"FDW"，相当于定义外部数据驱动。

❑ Server：外部数据服务器，相当于定义一个外部数据源，需要指定外部数据源的 Foreign Data Wrapper。

❑ User Mapping：用户映射，主要把外部数据源的用户映射到本地用户，用于控制权限。

❑ Foreign Table：外部表，把外部数据源映射成数据库中的一张外部表。

后面会分别讲解这 4 种对象。

11.7.2 外部数据包装器对象

本节讲解 SQL/MED 中的第一个对象：外部数据包装器（FDW）。

创建 FDW 时需要指定一个函数，该函数定义了 PostgreSQL 数据库如何从外部数据源取得数据，该函数是使用 C 语言编写的 PostgreSQL 扩展函数，返回类型为 fdw_handler。在创建时也可以指定一个可选的校验函数和一些参数，校验函数可以检查 User Mapping、Server 和 FDW 的参数。创建外部文件包装器的示例如下：

```
CREATE FUNCTION file_fdw_handler()
RETURNS fdw_handler
AS 'file_fdw' LANGUAGE C STRICT;
CREATE FUNCTION file_fdw_validator(text[], oid)
RETURNS void
AS 'file_fdw' LANGUAGE C STRICT;
CREATE FOREIGN DATA WRAPPER file_fdw
HANDLER file_fdw_handler
VALIDATOR file_fdw_validator;
```

上面的示例中，第一个 SQL 创建了一个 handle 函数，第二个 SQL 语句创建了一个 validator 函数，第三个 SQL 语句创建了外部数据包装器，创建时指定了 handle 函数和 validator 函数。

handle 函数有如下 3 点要求：

❑ 必须是用 C 语言写的扩展函数。

❑ 不能有参数。

❑ 必须返回 "fdw_handler" 类型。

validator 函数的要求如下：

❑ 必须有两个参数。

❑ 第一个参数类型必须是 text[]，表示要校验的可选参数。

❑ 第二个参数类型必须是 oid，指定可选参数的分类，分类为 "server" "user mapping" "FDW" "Table"。

下面给出创建外部数据包装器的完整的语法：

```
CREATE FOREIGN DATA WRAPPER name
  [ HANDLER handler_function | NO HANDLER ]
  [ VALIDATOR validator_function | NO VALIDATOR ]
  [ OPTIONS ( option 'value' [, ... ] ) ]
```

语法说明如下。

❑ name：指定要创建的外部包装器的名称。

❑ NO HANDLER：此选项可以创建一个无 handle 函数的外部包装器，但是会导致使用此包装器的外部表只能声明，不能被访问。

❑ NO VALIDATOR：此选项可以创建一个无校验函数的外部包装器。无校验函数的包装器在创建时不对选项进行检查。

❑ OPTIONS (option 'value' [, ...])：指定一些参数，参数名称必须是唯一的。

创建外部数据包装器的示例如下。

创建一个无用的外部数据包装器"dummy"，命令如下：

```
CREATE FOREIGN DATA WRAPPER dummy;
```

创建一个带选项的外部数据包装器，命令如下：

```
CREATE FOREIGN DATA WRAPPER mywrapper OPTIONS (debug 'true');
```

注意，外部数据包装器必须由超级用户创建，其他用户没有创建权限，但创建后，其他用户可以使用，赋权给其他用户的方法如下：

```
GRANT USAGE ON FOREIGN DATA WRAPPER postgres_fdw TO user01;
```

上面的 SQL 语句让用户"user01"可以使用外部数据包装器"postgres_fdw"。

在实际操作中，CREATE EXTENSION 命令会自动创建外部数据包装器，示例如下：

```
create extension file_fdw;
CREATE EXTENSION postgres_fdw;
```

这样外部数据包装器"file_fdw"和"postgres_fdw"就创建完成了，不需要再运行 CREATE FOREIGN DATA WRAPPER 命令。

11.7.3　外部服务器对象

下面讲解外部服务器对象，即 Server 对象。Server 对象是把 FDW 与连接外部数据源的连接参数关联起来的对象，主要定义如何连接外部数据源。创建 Server 对象的语法格式如下：

```
CREATE SERVER server_name [ TYPE 'server_type' ] [ VERSION 'server_version' ]
  FOREIGN DATA WRAPPER fdw_name
  [ OPTIONS ( option 'value' [, ... ] ) ]
```

语法说明如下。

❑ server_name：外部 Server 的名称。

❑ server_type：可选项，指定外部服务器的类型，是否使用此选项与具体的外部数据包装器有关，如果外部数据包装器没有此选项，则不需要定义此选项。

❑ server_version：外部服务器的版本，也与具体的外部数据包装器有关。

❑ fdw_name：指定此外部服务器的外部数据包装器。

❑ OPTIONS (option 'value' [, ...])：这些选项主要用于如何连接外部数据源，如连接外部数据源的 IP 地址、端口及其他一些参数，也与具体的外部数据包装器有关。

下面的示例是创建一个指向另一台 PostgreSQL 数据库的外部数据服务器：

```
CREATE SERVER postgres_fdw_server FOREIGN DATA WRAPPER postgres_fdw
  OPTIONS (host '10.0.3.236', dbname 'user01', port '5432');
```

下面的示例是创建一个指向 MySQL 数据库的外部数据服务器：

```
CREATE SERVER mysql_fdw_server
  FOREIGN DATA WRAPPER mysql_fdw
  OPTIONS (address '10.0.3.236', port '3306');
```

一个用户创建的外部服务器，如果想让另一个用户使用，也需要赋权，命令如下：

```
GRANT USAGE ON FOREIGN SERVER mysql_fdw_server to user02;
```

11.7.4 用户映射对象

下面讲解 SQL/MED 中的用户映射，用户映射主要解决 PostgreSQL 用户与外部服务器的用户之间的映射关系。创建用户映射的语法格式如下：

```
CREATE USER MAPPING FOR { user_name | USER | CURRENT_USER | PUBLIC }
  SERVER server_name
  [ OPTIONS ( option 'value' [ , ... ] ) ]
```

语法说明如下。

❑ user_name：代表本地 PostgreSQL 数据库的用户，如果为 "CURRENT_USER" 或 "USER" 则代表当前的用户。当声明 PUBLIC 时，一个所谓的公共映射就创建完成了，当没有特定用户的映射时就会使用该公共映射。

❑ server_name：指定一个服务名称，就是前面用 CREATE SERVER 命令创建的名称。

❑ OPTIONS (option 'value' [, ...])：该选项通常定义映射的远程数据源上实际的用户名和密码。选项名称必须是唯一的。具体允许哪些选项是由外部数据包装器决定的。

示例如下：

```
CREATE USER MAPPING FOR  user01
  SERVER postgres_fdw_server
  OPTIONS ( user 'user02', password 'okuser02')
```

上面的示例中，用户 "user01" 是本地数据库中的一个用户，而用户 "user02" 则是远程数据库中的用户。

11.7.5 外部表对象

实际上，SQL/MED 就是把外部数据源中的数据对象映射成一张外部表，然后就可以像访问普通表一样访问这张外部表了。

创建外部表的语法格式如下：

```
CREATE FOREIGN TABLE [ IF NOT EXISTS ] table_name ( [
    column_name data_type [ OPTIONS ( option 'value' [, ... ] ) ] [ COLLATE
      collation ] [ column_constraint [ ... ] ]
    [, ... ]
```

```
] )
  SERVER server_name
[ OPTIONS ( option 'value' [, ... ] ) ]
```

创建外部表的语法与创建本地表的语法类似，定义的列也可以加上一些列约束，可以加的列约束如下：

```
[ CONSTRAINT constraint_name ]
{ NOT NULL |
  NULL |
  DEFAULT default_expr }
```

具体示例如下：

```
CREATE FOREIGN TABLE fttest01 (
  id int,
  note text
  ) SERVER postgres_fdw_server
  OPTIONS (table_name 'testtab01');
```

11.7.6　file_fdw 使用实例

file_fdw 插件为 PostgreSQL 数据库提供了访问外部文件数据的能力。该插件是内置在 PostgreSQL 的源码的 contrib 中的，使用这个包可以很方便地把外部文本文件映射成一张外部表。当前此类外部表是只读的。

下面通过一个示例来讲解 file_fdw 的使用方法。把 Linux 下的 /etc/passwd 文件映射成一张外部表，命令如下：

```
osdba=# create extension file_fdw;
CREATE EXTENSION
osdba=# CREATE SERVER file_fdw_server FOREIGN DATA WRAPPER file_fdw;
CREATE SERVER
osdba=# CREATE FOREIGN TABLE passwd (
osdba(#     username text,
osdba(#     pass text,
osdba(#     uid int4,
osdba(#     gid int4,
osdba(#     gecos text,
osdba(#     home text,
osdba(#     shell text
osdba(# ) SERVER file_fdw_server
osdba-# OPTIONS (format 'text', filename '/etc/passwd', delimiter ':', null '');
CREATE FOREIGN TABLE
osdba=# select * from passwd limit 5;
 username | pass | uid |  gid  | gecos  |   home    |   shell
----------+------+-----+-------+--------+-----------+-----------
 root     | x    |   0 |     0 | root   | /root     | /bin/bash
 daemon   | x    |   1 |     1 | daemon | /usr/sbin | /bin/sh
 bin      | x    |   2 |     2 | bin    | /bin      | /bin/sh
 sys      | x    |   3 |     3 | sys    | /dev      | /bin/sh
 sync     | x    |   4 | 65534 | sync   | /bin      | /bin/sync
(5 rows)
```

可以对 /etc/passwd 中的数据进行排序，命令如下：

```
osdba=# select * from passwd order by uid asc limit 10;
 username | pass | uid |  gid  | gecos  |       home       |   shell
----------+------+-----+-------+--------+------------------+-----------
 root     | x    |   0 |     0 | root   | /root            | /bin/bash
 daemon   | x    |   1 |     1 | daemon | /usr/sbin        | /bin/sh
 bin      | x    |   2 |     2 | bin    | /bin             | /bin/sh
 sys      | x    |   3 |     3 | sys    | /dev             | /bin/sh
 sync     | x    |   4 | 65534 | sync   | /bin             | /bin/sync
 games    | x    |   5 |    60 | games  | /usr/games       | /bin/sh
 man      | x    |   6 |    12 | man    | /var/cache/man   | /bin/sh
 lp       | x    |   7 |     7 | lp     | /var/spool/lpd   | /bin/sh
 mail     | x    |   8 |     8 | mail   | /var/mail        | /bin/sh
 news     | x    |   9 |     9 | news   | /var/spool/news  | /bin/sh
(10 rows)
```

file_fdw 中有以下选项，各选项的说明如下。

❏ filename：指定外部文件名。

❏ format：指定文件的格式，与 COPY 命令中的 format 选项相同。

❏ header：指定文件是否有行头，与 COPY 命令中的 header 选项相同。

❏ delimiter：指定分隔字符，与 COPY 命令中的 delimiter 选项相同。

❏ quote：指定字符串的包裹字符，与 COPY 命令中的 quote 选项相同。

❏ escape：指定转义字符，与 COPY 命令中的 escape 选项相同。

❏ null：指定为"空"表示字符串，与 COPY 命令中的 null 选项相同。

❏ encoding：指定文件的字符集编码，与 COPY 命令中的 encoding 选项相同。

实际上，file_fdw 是通过 COPY API 来访问外部文本文件的，所以 file_fdw 的选项除 filename 外都与 COPY 命令相同。目前 file_fdw 还不支持 COPY 命令中的 oids、force_quote 和 force_not_null 选项。如果熟悉了 COPY 命令的使用方法，就可以很快熟悉 file_fdw 的使用。

下面讲解把 PostgreSQL 日志转成一张外部表的示例。

首先需要把 PostgreSQL 日志格式配置成 CSV 格式，在 postgresql.conf 文件中做如下配置：

```
log_destination = 'csvlog'

logging_collector = on
```

这里把日志配置成最多保存一周，postgresql.conf 中的参数配置如下：

```
log_filename = 'postgresql-%u.log'
log_truncate_on_rotation = on
```

建 7 张外部表，分别对应星期日、星期一到星期六的日志文件 postgresql-0.log 到 postgresql-6.log，命令如下：

```
CREATE FOREIGN TABLE pglog0 (
  log_time timestamp(3) with time zone,
```

```
    user_name text,
    database_name text,
    process_id integer,
    connection_from text,
    session_id text,
    session_line_num bigint,
    command_tag text,
    session_start_time timestamp with time zone,
    virtual_transaction_id text,
    transaction_id bigint,
    error_severity text,
    sql_state_code text,
    message text,
    detail text,
    hint text,
    internal_query text,
    internal_query_pos integer,
    context text,
    query text,
    query_pos integer,
    location text,
    application_name text
) SERVER file_fdw_server
OPTIONS ( filename '/home/osdba/pgdata/pg_log/ postgresql-0.csv', format 'csv' );

CREATE FOREIGN TABLE pglog1 (
    log_time timestamp(3) with time zone,
    user_name text,
    database_name text,
    process_id integer,
    connection_from text,
    session_id text,
    session_line_num bigint,
    command_tag text,
    session_start_time timestamp with time zone,
    virtual_transaction_id text,
    transaction_id bigint,
    error_severity text,
    sql_state_code text,
    message text,
    detail text,
    hint text,
    internal_query text,
    internal_query_pos integer,
    context text,
    query text,
    query_pos integer,
    location text,
    application_name text
) SERVER file_fdw_server
OPTIONS ( filename '/home/osdba/pgdata/pg_log/ postgresql-1.csv', format 'csv' );
...
...
...
```

```
CREATE FOREIGN TABLE pglog6(
  log_time timestamp(3) with time zone,
  user_name text,
  database_name text,
  process_id integer,
  connection_from text,
  session_id text,
  session_line_num bigint,
  command_tag text,
  session_start_time timestamp with time zone,
  virtual_transaction_id text,
  transaction_id bigint,
  error_severity text,
  sql_state_code text,
  message text,
  detail text,
  hint text,
  internal_query text,
  internal_query_pos integer,
  context text,
  query text,
  query_pos integer,
  location text,
  application_name text
) SERVER file_fdw_server
OPTIONS ( filename '/home/osdba/pgdata/pg_log/postgresql-6.csv', format 'csv' );
```

创建完成后就可以很容易地查询日志了，命令如下：

```
osdba=# select log_time,error_severity,message from pglog6 limit 5;
         log_time          | error_severity |                message
---------------------------+----------------+-------------------------------------
 2013-12-29 12:16:14.545+08 | LOG           | ending log output to stderr
 2013-12-29 12:16:14.547+08 | LOG           | database system was shut down at
                           |                | 2013-12-28 22:16:09 CST
 2013-12-29 12:16:14.56+08  | LOG           | database system is ready to accept
                           |                | connections
 2013-12-29 12:16:14.56+08  | LOG           | autovacuum launcher started
 2013-12-29 12:25:24.604+08 | ERROR         | LIKE is not supported for creating
                           |                | foreign tables
```

11.7.7 postgres_fdw 使用实例

postgres_fdw 是访问服务其他 PostgreSQL 数据库的外部数据包装器，它提供了与原先已有的 dblink 模块相同的功能，但使用 postgres_fdw 更符合 SQL 标准，在某些场景下比 dblink 有更好的性能。下面来看个示例。

首先在远程数据库中建测试表 "testtab01"，此表在 user01 用户下，命令如下：

```
ubuntu@ubuntu-lxc-vm:~/pgdata$ psql -Uuser01 -d user01
psql (9.3.2)
Type "help" for help.

user01=> create table testtab01(id int, note text);
CREATE TABLE
```

```
user01=> insert into testtab01 select generate_series(1,10000), 'aaaaaaaaaaaaaaa
  aaaaaaaaaaaaaaaaaaaaaaaaa';
INSERT 0 10000
```

在本地数据库中安装 postgres_fdw 插件，建外部数据表，命令如下：

```
CREATE EXTENSION postgres_fdw;
```

建外部数据服务器，命令如下：

```
CREATE SERVER postgres_fdw_server FOREIGN DATA WRAPPER postgres_fdw
  OPTIONS (host '10.0.3.236', dbname 'user01', port '5432');
```

建用户映射，指定连接远程数据库的用户名和密码，命令如下：

```
CREATE USER MAPPING FOR  CURRENT_USER
  SERVER postgres_fdw_server
  OPTIONS ( user 'user01', password 'okuser01');
```

创建外部表，命令如下：

```
CREATE FOREIGN TABLE fttest01 (
  id int,
  note text
  ) SERVER postgres_fdw_server
  OPTIONS (table_name 'testtab01');
```

查询外部表，命令如下：

```
osdba=# select * from fttest01 limit 2;
 id |                 note
----+----------------------------------------
  1 | aaaaaaaaaaaaaaaaaaaaaaaaaaaaaaaaaaaaaaaa
  2 | aaaaaaaaaaaaaaaaaaaaaaaaaaaaaaaaaaaaaaaa
(2 rows)
```

查看查询外部表的 SQL 命令的执行计划，命令如下：

```
osdba=# explain select * from fttest01 limit 2;
                             QUERY PLAN
-------------------------------------------------------------------------
 Limit  (cost=100.00..100.07 rows=2 width=36)
   -> Foreign Scan on fttest01  (cost=100.00..150.95 rows=1365 width=36)
(2 rows)
```

11.7.8　oracle_fdw 使用实例

oracle_fdw 是一个 PostgreSQL 扩展，它提供了一个外部数据包装器，可以轻松高效地访问 Oracle 数据库，包括 WHERE 的下推条件和所需列以及全面的 EXPLAIN 支持。PG 可以跨库增删改查 Oracle 数据库中的表，可以查询 Oracle 数据库中的视图，可以使 PG 中的表和 Oracle 数据库中的表/视图做 Join 查询，类似 dblink 的功能。实例如下。

创建外部表扩展，命令如下：

```
postgres=# create extension oracle_fdw ;
CREATE EXTENSION
```

查看创建的 EXTENSION，命令如下：

```
postgres=# \dx
                             List of installed extensions
      Name      | Version |   Schema   |              Description
----------------+---------+------------+---------------------------------------
 dblink         | 1.2     | public     | connect to other PostgreSQL databases from
                                          within a database
 oracle_fdw     | 1.1     | public     | foreign data wrapper for Oracle access
 plpgsql        | 1.0     | pg_catalog | PL/pgSQL procedural language
 postgres_fdw   | 1.0     | public     | foreign-data wrapper for remote PostgreSQL
                                          servers
(4 rows)
```

创建外部数据源服务，命令如下：

```
postgres=# CREATE SERVER oradb FOREIGN DATA WRAPPER oracle_fdw OPTIONS (dbserver '
  //192.168.56.8:1521/orcl');
```

建用户映射，指定连接远程数据库的用户名和密码，命令如下：

```
postgres=# CREATE USER MAPPING FOR postgres SERVER osdba_fdw OPTIONS (user
  'test', password 'cstech');
CREATE USER MAPPING
```

没有报错的情况下说明已经建好，可以创建外部表进行测试了，注意，外部表的字段必须包含在数据源数据的字段内，可以一一对应，也可以只使用其中的某些字段，但是不能指定数据源中没有的字段，并且每个字段的数据类型要一一对应，否则创建外部表的操作会执行失败。

```
postgres=# CREATE  FOREIGN TABLE "test_tab" (id int,name text SERVER osdba_fdw
  OPTIONS (table 'TEST_TAB');
CREATE FOREIGN TABLE
```

数据测试

```
postgres=# \d test_tab
              Foreign table "public.test_tab"
 Column |  Type   | Collation | Nullable | Default | FDW options
--------+---------+-----------+----------+---------+-------------
 id     | integer |           |          |         |
 name   | text    |           |          |         |
Server: osdba_fdw
FDW options: ("table" 'TEST_TAB')


postgres=# select * from test_tab ;
 id | name
----+--------
  1 | jas
```

```
2 | Mark
3 | Lily
4 | knight
(4 rows)
```

11.7.9　odbc_fdw 使用实例

这个 PostgreSQL 扩展实现了一个外部数据包装器，使用开放式数据库连接（ODBC）的远程数据库，是专门用来访问 SQL-Sever 数据库中数据的。

下面举例说明如何使用该插件。

需要编辑 ODBC 驱动的配置文件 /etc/odbcinst.ini，在这个文件中加入以下内容：

```
[ODBC Driver 13 for SQL Server]
Description=Microsoft ODBC Driver 13 for SQL Server
Driver=/opt/microsoft/msodbcsql/lib64/libmsodbcsql-13.1.so.9.0
UsageCount=1
```

编辑 ODBC 的配置文件 /etc/odbc.ini，增加一个 SQL Server 数据库的 DSN，这样方便后面直接通过这个 DSN 中的 IP 地址和端口访问 SQL-Server：

```
[MSSQL]
Driver=ODBC Driver 13 for SQL Server
Description=My Sample ODBC Database Connection #驱动名称，需和odbcinst.ini中的名称一致
Server=192.168.XXX.XXX
Port=1433
Database=GreenERP_2013
```

安装 odbc_fdw，命令如下：

```
wget https://github.com/CartoDB/odbc_fdw/archive/0.3.0.tar.gz
make
make install
```

创建扩展，命令如下：

```
CREATE EXTENSION odbc_fdw;
```

使用 odbc.ini 中配置的 DSN 创建 Server，谁创建归属谁，命令如下：

```
CREATE SERVER odbc_mssql FOREIGN DATA WRAPPER odbc_fdw OPTIONS (dsn 'MSSQL');
#需要和odbc.ini中DSN名称一致
```

创建用户和 Server 之间的映射关系，命令如下：

```
CREATE USER MAPPING FOR inofa SERVER odbc_mssql OPTIONS (odbc_UID 'sa',odbc_PWD
  'web_dj');
```

11.8　全文检索

本节将详细介绍 PostgreSQL 的全文检索功能和使用方法。

11.8.1 全文检索介绍

PostgreSQL 内置了全文检索功能，但内置的功能只能检索英文。当然，配置一些插件如 zhparser（https://github.com/amutu/zhparser）也可以对中文进行全文检索。实际上，PostgreSQL 已经实现了一套全文检索的框架代码并开放了接口，只要写一个插件，实现一些特有的分词规则，就可以实现自己特有的全文检索功能。zhparser 插件就是实现中文分词之后的一个中文全文检索插件，安装该插件之后，PostgreSQL 就具备了中文的全文检索功能。

11.8.2 全文检索入门

PostgreSQL 把长文本分解成很多 token 的集合，这个 token 集合叫 tsvector，代表了文档，搜索实际上是在 token 集合中进行的。示例如下：

```
osdba=# select 'we love postgresql database'::tsvector;
            tsvector
-----------------------------------
  'database' 'love' 'postgresql' 'we'
(1 row)
```

从上面的例子中可以看出，把文本转换成 tsvector 类型，实际上就是一个分词的过程。上面的示例中是通过类型转换，实际上 PostgreSQL 也提供了函数 to_tsvector 来实现这个分词过程：

```
osdba=# select to_tsvector('we love postgresql database');
                 to_tsvector
---------------------------------------------
  'database':4 'love':2 'postgresql':3 'we':1
(1 row)
```

PostgreSQL 增加了一个检索条件的类型"tsquery"，tsquery 是一个由简单逻辑运行符号组成的字符串，示例如下：

```
osdba=# select 'postgresql & love'::tsquery;
    tsquery
-----------------------
  'postgresql' & 'love'
(1 row)
```

PostgreSQL 也提供了函数"to_tsquery"来实现这个转换：

```
osdba=# select to_tsquery('postgresql & love');
    to_tsquery
-----------------------
  'postgresql' & 'love'
(1 row)
```

PostgreSQL 全文检索的搜索过程实际上使用一个 tsvector 和 tsquery 进行匹配，tsvector 代表了文档，而 tsquery 代表了检索条件，匹配的运算符是"@@"，示例如下：

```
osdba=# select 'we love postgresql database'::tsvector @@ 'postgresql &
  love'::tsquery;
  ?column?
----------
  t
(1 row)
osdba=# select 'we love postgresql database'::tsvector @@ 'mysql |
  love'::tsquery;
  ?column?
----------
  t
(1 row)

Time: 0.383 ms
osdba=# select 'we love postgresql database'::tsvector @@ 'mysql &
  love'::tsquery;
  ?column?
----------
  f
(1 row)

Time: 0.457 ms
```

下面我们将数据放到表中来看看实际中怎么使用全文检索，我们建一张存博客文章的表：

```
create table myblog(
  id int primary key,
  content text,
  content_tsv tsvector
);
```

表中的字段"content_tsv"是把博客内容分词后的 tsvector 类型的内容。

我们造 100 万条记录，命令如下：

```
insert into myblog(id, content) select seq, 'PostgreSQL'||seq|| '
  MySQL'||(seq+10) from generate_series(1, 1000000) as seq;
```

把博客内容进行分词处理，命令如下：

```
update myblog set content_tsv = to_tsvector(content);
```

查询文本中存在"Postgresql1323"字符串的内容的命令如下：

```
osdba=# select * from myblog where content_tsv @@ 'postgresql1323'::tsquery;
  id  |        content        |           content_tsv
------+-----------------------+---------------------------------
 1323 | PostgreSQL1323 MySQL1333 | 'mysql1333':2 'postgresql1323':1
(1 row)

Time: 658.635 ms
```

上面的命令执行耗时 658 毫秒，这是因为是全表扫描的原因。我们来看一下执行计划：

```
osdba=# explain select * from myblog where content_tsv @@ 'postgresql1323'::tsquery;
                        QUERY PLAN
```

```
-----------------------------------------------------------------------------
 Seq Scan on myblog  (cost=10000000000.00..10000048826.56 rows=9675 width=80)
   Filter: (content_tsv @@ '''postgresql1323'''::tsquery)
(2 rows)

Time: 1.804 ms
```

如果都是全表扫描，这样的全文检索就没有意义了。PostgreSQL 是通过建 GIN 索引来加快全文检索速度的，建 GIN 索引的命令如下：

```
osdba=# CREATE INDEX idx_myblog_content_tsv ON myblog USING GIN(content_tsv);
CREATE INDEX
Time: 22478.190 ms (00:22.478)
```

然后我们再来查询文本中存在"Postgresql1323"的内容：

```
osdba=# select * from myblog where content_tsv @@ 'postgresql1323'::tsquery;
  id  |           content           |            content_tsv
------+-----------------------------+-----------------------------------
 1323 | PostgreSQL1323 MySQL1333 | 'mysql1333':2 'postgresql1323':1
(1 row)

Time: 2.409 ms
```

这时可以看出很快就查询出来了，只用了 2.4 毫秒。我们来看执行计划：

```
osdba=# explain select * from myblog where content_tsv @@ 'postgresql1323'::tsquery;
                                    QUERY PLAN
------------------------------------------------------------------------------
 Bitmap Heap Scan on myblog  (cost=62.75..12075.79 rows=5000 width=80)
   Recheck Cond: (content_tsv @@ '''postgresql1323'''::tsquery)
   ->  Bitmap Index Scan on idx_myblog_content_tsv  (cost=0.00..61.50 rows=5000
       width=0)
         Index Cond: (content_tsv @@ '''postgresql1323'''::tsquery)
(4 rows)

Time: 2.646 ms
```

从上面的运行结果中可以看出，查询已经走到了 GIN 索引上。

11.8.3 使用 zhparser 做中文全文检索

zhparser 可以在 GitHub 上下载，目录为"https://github.com/amutu/zhparser"。

安装插件前一般需要安装 PostgreSQL 数据库的开发包，如对于 PostgreSQL10 版本，安装命令如下：

```
yum install postgresql10-devel
```

安装 zhparser 之前需要先安装 scws，安装 scws 的方法如下：

```
wget -q http://www.xunsearch.com/scws/down/scws-1.2.3.tar.bz2
tar xvf scws-1.2.3.tar.bz2
cd scws-1.2.3
./configure
```

```
make
make install
```

安装 zhparser 的方法如下：

```
git clone https://github.com/amutu/zhparser.git
cd zhparser
make
make install
```

使用 zhparser 的方法如下：

```
CREATE EXTENSION zhparser;
CREATE TEXT SEARCH CONFIGURATION testzhcfg (PARSER = zhparser);
ALTER TEXT SEARCH CONFIGURATION testzhcfg ADD MAPPING FOR n,v,a,i,e,l WITH
  simple;
```

注意，这里创建了一个配置"testzhcfg"，后续该配置会作为参数使用到函数"to_tsvector"和"to_tsquery"中。

"n""v""a""i""e""l"这几个字母分别表示一种 Token 策略，只启用了这几种 Token Mapping，其他均被屏蔽。具体支持的参数和含义可以用"\dFp+ zhparser"命令显示：

```
postgres=# \dFp+ zhparser
      Text search parser "public.zhparser"
     Method        |   Function      | Description
------------------+-----------------+-------------
 Start parse       | zhprs_start     |
 Get next token    | zhprs_getlexeme |
 End parse         | zhprs_end       |
 Get headline      | prsd_headline   | (internal)
 Get token types   | zhprs_lextype   |

Token types for parser "public.zhparser"
 Token name |        Description
------------+------------------------
 a          | adjective,形容词
 b          | differentiation,区别词
 c          | conjunction,连词
 d          | adverb,副词
 e          | exclamation,感叹词
 f          | position,方位词
 g          | root,词根
 h          | head,前连接成分
 i          | idiom,成语
 j          | abbreviation,简称
 k          | tail,后连接成分
 l          | tmp,习用语
 m          | numeral,数词
 n          | noun,名词
 o          | onomatopoeia,拟声词
 p          | prepositional,介词
 q          | quantity,量词
 r          | pronoun,代词
 s          | space,处所词
```

```
t              | time,时语素
u              | auxiliary,助词
v              | verb,动词
w              | punctuation,标点符号
x              | unknown,未知词
y              | modal,语气词
z              | status,状态词
(26 rows)
```

然后我们还是用博客的示例演示 zhparser 的使用方法：

```
create table myblog(
  id int primary key,
  content text,
  content_tsv tsvector
);
insert into myblog(id, content) values('1', '中国南京市长江大桥');
insert into myblog(id, content) values('2', '是一种特性非常齐全的自由软件的对象-关系型
    数据库管理系统');
insert into myblog(id, content) values('3', '是以加州大学计算机系开发的POSTGRES');
insert into myblog(id, content) values('4', '4.2版本为基础的对象关系型数据库管理系统');
insert into myblog(id, content) values('5', 'PostgreSQL是一个功能非常强大的、源代码开
    放的客户/服务器关系型数据库管理系统（RDBMS）');
insert into myblog(id, content) values('6', 'PostgreSQL是一个非常健壮的软件包,有很多
    在大型商业RDBMS中所具有的特性');
insert into myblog(id, content) values('7', '包括事务、子选择、触发器、视图、外键引用完
    整性和复杂锁定功能');
insert into myblog(id, content) values('8', '全球开发组今天宣布,世界上功能最为强大的开
    源数据库发布');

update myblog set content_tsv = to_tsvector('testzhcfg', content);
CREATE INDEX idx_myblog_content_tsv ON myblog USING GIN(content_tsv);
```

接下来来使用中文的全文检索，命令如下：

```
postgres=# select * from myblog where content_tsv @@ to_tsquery('testzhcfg', '南
    京市');
 id |      content       |          content_tsv
----+--------------------+---------------------------------
  1 | 中国南京市长江大桥 | '中国':1 '南京市':2 '长江大桥':3
(1 row)
```

中文的全文检索中也可以查询英文单词，示例如下：

```
postgres=# select id,content from myblog where content_tsv @@ to_tsquery
    ('testzhcfg', 'postgresql');
 id |                            content
----+----------------------------------------------------------------------
  5 | PostgreSQL是一个功能非常强大的、源代码开放的客户/服务器关系型数据库管理系统（RDBMS）
  6 | PostgreSQL是一个非常健壮的软件包,有很多在大型商业RDBMS中所具有的特性
(2 rows)
```

如果我们要检索以"南京"开头的文章，检索命令如下：

```
postgres=# select id,content from myblog where content_tsv @@ to_tsquery
    ('testzhcfg', '南京');
```

```
 id | content
----+---------
(0 rows)
```

我们会发现匹配不出来，原来分词一般需要精确匹配，如果分词中没有，则无法查出，我们看"中国南京市长江大桥"分词后是什么：

```
postgres=# select to_tsvector('testzhcfg', '中国南京市长江大桥');
              to_tsvector
----------------------------------
 '中国':1 '南京市':2 '长江大桥':3
(1 row)
```

我们发现分词中只有"南京市"而没有"南京"所以无法查出，但 tsquery 有一种前缀查询的语法，方法如下：

```
postgres=# select id,content from myblog where content_tsv @@ to_
    tsquery('testzhcfg', '南京:*');
 id |       content
----+--------------------
  1 | 中国南京市长江大桥
(1 row)
```

上面的"南京:*"，即词后面加冒号再加星号，就是前缀查询。

11.9　数组的特色功能

数组是 PostgreSQL 数据库的一大特色，本节将详细介绍它的使用场景、方法及技巧。

11.9.1　数组的应用场景介绍

数组可以简化操作和表结构的设计。我们有如下客户表：

```
CREATE TABLE customer(
  uid int primary key,
  user_name varchar(40),
  mobile varchar(32),
  address text
);
```

在此表中有一个手机的字段"mobile"，但现在很多人都有多个手机，该怎么存？其他的数据库表，结构可能会设计成如下形式：

```
CREATE TABLE customer (
  uid int primary key,
  user_name varchar(40),
  address text
);

CREATE TABLE customer_mobile (
  uid int primary key,
```

```
    mobile varchar(32)
);
```

从上面的示例中可以看出一张表被拆成了两张。如果是 PostgreSQL 数据库，我们只需要把手机字段的类型改成数组就可以了，命令如下：

```
CREATE TABLE customer(
  uid int primary key,
  user_name varchar(40),
  mobile varchar(32)[],
  address text
);
```

这样是不是比分两张表要简单一些？

在每个人只有一个电话号码的时候，如果我们要查询使用指定号码的人是谁，原先的查询语句如下：

```
select * from customer where mobile='13456763128';
```

为了加快查询，我们还会在 mobile 字段上建索引：

```
create index idx_customer_mobile on customer(mobile);
```

如果把手机字段变成数组还能走到索引上吗？答案是可以的，只是我们不能在数组上建普通的 B 树索引了，需要建 GIN 索引：

```
create index idx_customer_mobile on customer using gin(mobile);
```

注意，上面的语句中"using gin(mobile)"就是我们前面介绍过的建 GIN 索引的语法。

查询时需要用如下 SQL 语句：

```
select * from customer where mobile @> array['13456763128'::varchar(32)];
```

注意，上面的 SQL 语句的查询条件中的 "@>"表示包含的意思，后面特定的电话号码也需要转成一个数组才可以查询。此查询会利用到我们前面建的 GIN 索引，即使表的数据量很大的时候，也可以在毫秒级返回查询结果。

我们还可以在存储过程中使用数组，示例如下：

```
CREATE OR REPLACE FUNCTION f_test01(
)
returns int[]
AS $BODY$
  declare v_list int[];
begin
    v_list = array[1,2];
    v_list = array_append(v_list, 10);
    return v_list;
end;
$BODY$
LANGUAGE plpgsql;
```

在存储过程中使用数组可以方便写编程。

11.9.2　数组的使用技巧

PosOtgreSQL 数据库也提供了类似 Python 的 split 函数的把一个字符串切分成一个数组的功能，通过函数"string_to_array"来实现：

```
osdba=# select string_to_array('111|222|333', '|');
  string_to_array
-----------------
 {111,222,333}
(1 row)

Time: 0.359 ms
osdba=# select (string_to_array('111|222|333', '|'))[2];
  string_to_array
-----------------
 222
(1 row)

Time: 0.489 ms
```

> **注意**　上面的取一个数组的第二个元素的操作"[2]"之前多加了括号，是"(string_to_array('111|222|333', '|'))[2]"，而不能是"select string_to_array('111|222|333', '|')[2];"。

当然，也可以使用函数"array_to_string"把一个数组合并成一个字符串，示例如下：

```
osdba=# select array_to_string(array[1,2,3], '|');
  array_to_string
-----------------
 1|2|3
(1 row)

Time: 0.736 ms
```

我们还可以用函数"unnest"把数组转换成多行，示例如下：

```
osdba=# select unnest(array[1,2,3]);
  unnest
--------
      1
      2
      3
(3 rows)
```

我们还可以用聚合函数"array_agg"把多行聚合成数组，示例如下：

```
osdba=# select array_agg(seq) from generate_series(1,10) as seq;
        array_agg
------------------------
 {1,2,3,4,5,6,7,8,9,10}
(1 row)
```

使用更复杂的组合可以生成一个指定长度的随机字符串：

```
osdba=# SELECT array_to_string(array_agg(chr((65 + round(random() * 26)) ::
  integer)), '') FROM generate_series(1,12);
  array_to_string
-----------------
  ATHZYEPJPP[T
(1 row)
```

前面我们介绍了在存储过程中可以使用数组，但我们需要注意，数组是一个常量，每次改变实际上都是生成了一个新的数组，这可能会导致效率不高，如使用 array_append 函数添加元素时实际上是生成了一个新的数组，每次拷贝都会生成一个新的数组。所以下面的示例是比较低效的：

```
CREATE OR REPLACE FUNCTION f_test03(
)
returns int
AS $BODY$
  declare v_list int[];
  declare v_cnt int;
begin
    v_cnt := 5000000;
    v_list = array_fill(0, array[v_cnt]);
    FOR i IN 1..v_cnt LOOP
      v_list[i] = i;
    END LOOP;
    return v_cnt;
end;
$BODY$
LANGUAGE plpgsql;
```

我们执行一下看看：

```
osdba=# select f_test02();
  f_test02
----------
   5000000
(1 row)

Time: 3802.756 ms (00:03.803)
```

我们可以看到执行了 3.8 秒，所以需要注意在 PL/pgSQL 中数组不是特别高效，如果需要处理大量数据，建议使用临时表。

11.10 并行查询功能

了解 Oracle 数据库的读者应该知道 Oracle 支持并行查询。并行查询利用多 CPU 和多核的能力，可以大大缩短单个 SQL 对一些大数据的查询和处理时间。PostgreSQL 数据库从 9.6 版本开始支持并行查询。在 PostgreSQL 9.6 版本中并行查询支持的范围比较有限，PostgreSQL 10 版本并行查询的功能则得到了很大的扩展，在 PostgreSQL 11 版本中，并行查询的功能得到了进一步提升。

11.10.1　并行查询相关的配置参数

PostgreSQL 数据库是通过以下参数来控制并行查询的开启和关闭以及并行度的。

❑ dynamic_shared_memory_type：必须被设置为除 none 之外的值。并行查询要求动态共享内存以便在合作的进程之间传递数据。修改需要重启机器。

❑ max_worker_processes：设置整个数据库实例层面允许支持的最大后台工作进程数，默认值为 8。调整此参数需要重启数据库。数据库的一些系统进程如 SysLogger、Bgwriter、WaLWriter、Pgarch、AutoVacuum、PgStat 并不包含在这个参数控制的进程数内，即这些系统进程不是后台工作进程。而一些第三方插件产生的后台进程和并行的工作进程都算是后台工作进程，受这个参数的限制。

❑ max_parallel_workers：设置整个数据库实例层面允许用做并行的后台工作进程数。修改无须重启机器。默认值为 8。若此参数设置为比 max_worker_processes 高则无效。

❑ max_parallel_workers_per_gather：设置某个并行操作允许并行度。修改无须重启机器。默认值为 2。如果设置为 0 表示关闭并行查询。此参数比 max_parallel_workers 高则无效。一般设置为 max_worker_processes >= max_parallel_workers >= max_parallel_workers_per_gather。

❑ force_parallel_mode：是否强制开启并行，一般用于并行测试目的。OLTP 生产系统开启此参数需要慎重。

❑ parallel_setup_cost：浮点值，设置优化器启动并行进程的成本，默认值为 1000。

❑ parallel_tuple_cost：浮点值，设置优化器处理一行数据的成本，默认值为 0.1。

❑ min_parallel_table_scan_size：表的大小小于此值，则不会走并行。默认值为 8MB。

❑ min_parallel_index_scan_size：索引扫描的大小小于此值，则不会走并行。默认值为 512KB。

一个 SQL 执行时是否使用并行计算，取决于 CBO 计算的结果，即选择成本最低的方法。主要用配置参数 parallel_setup_cost 和 parallel_tuple_cost 估算成本，如果非并行的执行计划成本低于并行的成本，则不使用并行。

如果表扫描数据块小于阈值 min_parallel_table_scan_size 或索引扫描数据块小于阈值 min_parallel_table_scan_size，则这个表扫描或索引扫描不启用并行。

11.10.2　支持的并行操作介绍

PostgreSQL10 之后的数据库版本支持以下类型的并行操作。

❑ 并行顺序扫描：即全表扫描（sequential scan）可以走到并行。

❑ 并行索引扫描：即索引扫描（index scan）可以走到并行。

❑ 并行 index-only 扫描：即 index only 扫描可以走到并行。

❑ 并行 bitmap heap 扫描：即 bitmap heap 扫描可以走到并行。

❑ 并行聚合：聚合操作如 count()、sum 等可以走到并行。

❑ Nested loop 并行：即 Nested loop 多表关联可以走并行。

❑ Merge join 并行：即 Merge join 多表关联可以走并行。

❑ HashJoin 并行：即 Hash Join 多表关联可以走并行。

❑ 并行 Append：实现 UNION ALL 或扫描分区表时常常会发生这种情况。

从 PostgreSQL 11 版本开始的并行操作如下。

❑ 并行 create index：对 Btree 索引可以并行创建。

❑ CREATE TABLE ... AS：可以支持并行。

❑ CREATE MATERIALIZED VIEW：可以支持并行。

❑ 某些 UNION 的查询也可能可以并行。

另自定义函数也可以走并行，示例如下：

```
create or replace function osdbatest (int, int) returns int as $$
  select $1+$2;
$$ language sql strict
parallel safe;
```

即需要指定自定义函数是"parallel safe"时，此函数就可以走到并行。

11.11　小结

这一章介绍了 PostgreSQL 大量的特色功能，这些功能代表着 PostgreSQL 数据库的先进性和强大，在实际工作中灵活使用这些功能，将会带来很大的价值。

第 12 章 *Chapter 12*

数据库优化

12.1　数据库优化准则和方法

本节将介绍数据库的优化准则和方法，扩展读者的优化思路。

12.1.1　数据库优化准则

数据库优化的思路有很多种。比较常用的是下面两种优化思路。

- ❑ 第一种思路：有人说过，"The fastest way to do something is don't do it"，意思是说，"做得最快的方法就是不做"。从这个思路上来说，把一些无用的步骤或作用不大的步骤去掉就是一种优化。
- ❑ 第二种思路：做同样一件事情，要想更快有多种方法，最简单的方法就是换硬件，让数据库跑在更快的硬件上。但换硬件一般都是最后的选择，除此之外，最有效的方法是优化算法，如让 SQL 走到更优的执行计划上。

在数据库优化中，主要有以下优化指标。

- ❑ 响应时间：衡量数据库系统与用户交互时多久能够发出响应。
- ❑ 吞吐量：衡量在单位时间内可以完成的数据库任务。

进行数据库优化时，笔者都是围绕着上述指标进行优化的。

数据库优化工作中，第一项就是确定优化目标。

- ❑ 性能目标：如 CPU 利用率或 IOPS 需要降到多少。
- ❑ 响应时间：需要从多少毫秒降到多少毫秒。
- ❑ 吞吐量：每秒处理的 SQL 数或 QPS 需要提高到多少。

一个已运行的数据库系统，如果前期设计不合理、性能不高，后期在优化时会非常困难，有可能永远无法达到高性能，因此，在新建一套数据库系统前，首要的事应该是设计优化。良好的设计能最大限度地发挥系统的性能。

12.1.2 优化方法

优化的第一件事是确定目标，那么要如何确定一个合理的目标呢？这就需要使用测试工具。熟练使用常用的测试工具是做数据库优化的基础。下面是一些常用的测试工具。

- ❑ memtest86+：内存测试工具。
- ❑ STREAM：内存测试工具。
- ❑ sysbench：综合测试工具，可以测试 CPU、I/O、数据库等。
- ❑ pgbench：PostgreSQL 自带的测试工具，可以仿真 TPC-B 的测试模型。
- ❑ fio：最强大的免费 I/O 测试工具。
- ❑ orion：Oracle 的 I/O 测试工具，测试裸设备的 I/O 能力，功能比 fio 要少，但使用简单。

熟练掌握以上几种测试工具的使用方法，对数据库的优化很有帮助。

在数据库优化中，首先需要了解一些常用硬件的相关知识，熟悉这些硬件的特性和性能，才能知道目前数据库系统使用的硬件是否到达了瓶颈、更换硬件是否能提高数据库的性能。

12.2 硬件知识

CPU、内存、网络、硬盘的响应时间和吞吐量都是不一样的，了解这些知识，有助于理解如何优化硬件。

各个层次的响应时间如图 12-1 所示。

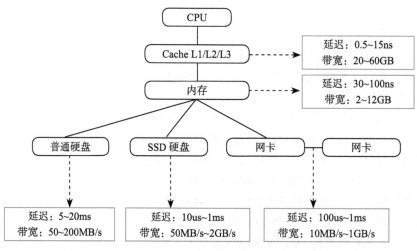

图 12-1 CPU、内存、网络、硬盘等各层次的响应时间

下面将介绍有关硬件的基础知识和部分硬件的性能。虽然不要求记住各种硬盘的详细性能情况，但需要了解某种硬件的性能在哪个数量级上。

12.2.1 CPU 及服务器体系结构

服务器系统可以分为以下几种体系结构。

（1）SMP/UMA - Symmetric Multi Processing/Uniform Memory Architecture

❑ 优点：服务器中多 CPU 对称工作，无主次关系。各 CPU 共享相同的物理内存，访问内存任何地址所需的时间相同，因此程序设计较为简单。

❑ 缺点：因多 CPU 无主次关系，需要解决内存访问冲突，所以硬件实现成本高。

（2）NUMA-Non-Uniform Memory Access

❑ 优点：多 CPU 模块，每个 CPU 模块具有独立的本地内存（快），但访问其他 CPU 内存（慢），硬件实现成本低。

❑ 缺点：全局内存访问性能不一致；设计程序时需要特殊考虑。

（3）MPP-Massive Parallel Processing

❑ 优点：由多个 SMP 服务器通过节点互联网络连接而成，每个节点都可访问本地资源（内存、存储等），完全无共享（Share-Nothing）。最易扩展，软件层面即可实现。

❑ 缺点：数据重分布；程序设计复杂。

目前，Intel 的 X86 架构属于 NUMA 架构。Intel 的 Nehalem 的架构图如图 12-2 所示。

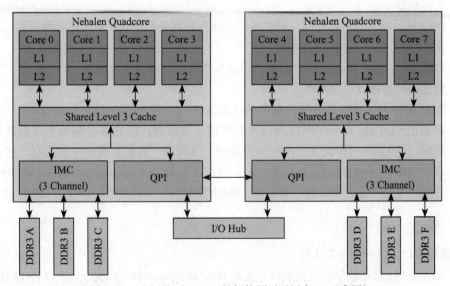

图 12-2 Intel 的 Nehalem 的架构图（引用自 Intel 官网）

从图 12-2 中可以看到，两颗 4 核的 CPU 通过总线连接，内存分别连接到各自的 CPU 上。所以从一个 CPU 的内存访问挂在另一个 CPU 上的内存，速度会慢一些。

下面介绍一些 CPU 的相关知识。先看看 CPU 的部分术语。

❑ 主频：CPU 的时钟频率，内核工作的时钟频率。

❑ 外频：系统总线的工作频率。

❑ 倍频：CPU 外频与主频相差的倍数。

❑ 前端总线：将 CPU 连接到北桥芯片的总线。

❑ 总线频率：与外频相同，或者是外频的倍数。

❑ 总线数据带宽：（总线频率 × 数据位宽）/ 8。

Intel CPU 有以下 3 级 cache。

❑ L1、L2 级 cache：核心 core 独占；带宽为 20 ～ 80GB/S；延时为 1 ～ 5ns。

❑ L3 级 cache：核心 core 之间共享；带宽为 10 ～ 20GB/S；延时为 10ns。

Intel CPU 通过 QPI（QuickPath Interconnect 技术）与其他 CPU 通信，QPI 大约在 20GB/s。

12.2.2　内存

内存是 CPU 与外部沟通的桥梁。CPU 运算时所需的数据都临时保存在内存中，计算机的所有程序也都运行在内存中，内存通常也用于硬盘等外部存储器的数据缓存。

内存从硬件上分为以下几种。

❑ SRAM：静态随机存储器。随机是指数据不是线性依次存储的，而是自由指定地址进行数据读写的。CPU 的 cache 一般使用这种存储方式，特点是速度快但造价高，不能大规模使用。

❑ DRAM：动态随机存储器。动态是指存储阵列需要不断刷新来保证数据不丢失。造价比 SRAM 低得多，但速度也慢一些。

❑ SDRAM：同步动态随机存储器，同步是指工作时需要同步时钟，内部命令的发送与数据的传输都以它为基准。

❑ DDR SDRAM：双倍数据传输率的 SDRAM，DDR 是" Double Data Rate "的缩写。普通的 SDRAM 在一个时钟周期内只传输一次数据，即它在时钟的上升期进行数据传输；而 DDR 内存则在一个时钟周期的上升期和下降期各传输一次数据，因此称为双倍速率同步动态随机存储器。DDR 内存又分 DDR1、DDR2、DDR3、DDR4 几种，分别对应第一代、第二代、第三代、第四代 DDR。目前主流的内存为 DDR4 内存。

12.2.3　硬盘

硬盘按接口可以分为以下 3 种。

❑ ATA 系列：包括较早的硬盘接口，比如 IDE（Integrated Drive Electronics）、PATA（Parallel ATA）及 SATA（Serial ATA）。

❑ SCSI 系列：包括早期的并行 SCSI 和现在使用较广泛的 SAS（串行 SCSI）。

❑ FC 接口：支持 FC 协议接口的硬盘。

FC 接口的硬盘一般只在专用存储上使用，通常见到的硬盘都是 SATA 或 SAS 接口的。

硬盘按存储介质来区分，可以分为以下两种。

- ❑ HDD：普通机械硬盘。
- ❑ SSD：固态硬盘。

机械硬盘和 SSD 硬盘都有 SATA 和 SAS 接口的这两种。

硬盘通常通过 SAS 或 SATA 接口的卡连接到主机上。SAS 卡既能接 SAS 硬盘，也能接 SATA 硬盘，但 SATA 卡只能接 SATA 硬盘。

目前 SAS 的接口速度一般是 3Gb/s 或 6Gb/s。

目前在服务器上使用的硬盘其大小有以下两种：

- ❑ 2.5 英寸。
- ❑ 3.5 英寸。

当前 SSD 硬盘的大小一般是 2.5 英寸。

机械硬盘的转速通常有以下几种：

- ❑ 7200 转，目前大多数的 SATA 硬盘都是 7200 转。
- ❑ 10000 转。
- ❑ 15000 转。

转速的单位是转 / 分钟，也就是 10000 转的硬盘的转速实际是 1 分钟 10000 转。

机械硬盘有以下性能指标。

- ❑ 平均寻道时间（E）：15000 转的 SAS 硬盘为 4ms 左右。
- ❑ 旋转延时（L）：15000 转的 SAS 硬盘为 2ms 左右。
- ❑ 内部传输时间（X）：通常为 0.8ms。
- ❑ 吞吐率（Throughput）：15000 转的 SAS 硬盘为 170Mb/s 左右，机械硬盘为 50 ～ 200Mb/s。
- ❑ 磁盘服务时间：RS = E+L+X = 6.8ms。
- ❑ 硬盘的 IOPS：可以算出硬盘的 IOPS = 1/RS=1000ms/6.8 =147。

SSD 硬盘一般分为如下两种。

- ❑ SLC：是"Single Layer Cell"的缩写，特点是成本高、容量小、速度快，约 10 万次擦写寿命。
- ❑ MLC：是"Multi-Level Cell"的缩写，特点是容量大、成本低，但速度慢，约 1 万次擦写寿命。
- ❑ TLC：是"Trinary-Level Cell"的缩写，特点是容量最大、成本最低，但速度最慢，约 1000 次擦写寿命。

MLC 并不像 SLC 一个单元只对应一个比特位。SLC 一个单元，根据电压的高低只对应一个比特位，不是 0 就是 1，而 MLC 一个单元根据电压的高低存储多个值，如 0、1、2、3 等 4 个值。所以在 MLC 中，同样的一个单元中可以存储更多的数据，但也因此要通过不同的电压值来识别出多个值，不像 SLC 只需要识别出两个值就可以了，所以 MLC 识别一个单元值的出错概率会增加，必须进行错误修正，这就导致其性能大幅落后于结构简单的 SLC 闪存。也正是因为这个原因，MLC 闪存的复写次数通常只有 SLC 的十分之一。

TLC 利用不同电位的电荷来存储，一个浮动栅存储 3 个 bit 的信息，TLC 的复写次数通常只有 MLC 的十分之一。目前因为价格的原因，SLC 的 SSD 基本看不到了，大都是 MLC 和 TLC 的 SSD。

服务器上使用的 SSD 硬盘的性能指标如下。

❑ IOPS：读通常可以达到几万以上，写通常在几千以上。

❑ 吞吐率：读通常可以达到 250Mb/s 以上，写通常可以达到 150Mb/s 以上。

❑ 响应时间（Latency）：读在几十微秒到 100 微秒之间，写在 200 微秒到 1 毫秒之间。擦除时间在 2 毫秒左右。

SSD 硬盘与机械硬盘最大的差别有以下几点：

❑ SSD 的随机性能好。SSD 的读 IOPS 通常在机械硬盘的两个数据级以上，写 IOPS 也至少是 1 个数量级以上。但读写吞吐率一般只有机械硬盘的数倍，最多 10 倍左右。

❑ SSD 内部存在擦除。也就是在重写旧数据时，不能像机械硬盘一样直接改写，而是需要经过一个擦除的过程后，才能再写。每次擦除的数据块比读写的块要大很多，通常在 128KB 到 512KB 之间，而读写的块大小通常为 4KB。

❑ SSD 中闪存芯片的写次数是有限的，写到一定次数时就会损坏。这个次数通常为 10000 ～ 100000 次。所以 SSD 内部需要一定的算法，让写比较平均地分散到其他各处。也就是说，如果一直写 SSD 硬盘的相同逻辑地址的同一个位置，实际写的物理芯片并不是同一个位置。

由于物理所需要的"擦除"特性及写寿命等原因，SSD 硬盘存在着写放大的情况，也就是说，外部写 4K 的数据，内部实际写的数据量有可能大大超过这个数值。具体会产生多少的写放大，与应用的 I/O 特点以及不同 SSD 厂家内置在 SSD 内部的平衡写的算法有很大关系。不同厂家的产品会有很大的不同。所以对于考察一款 SSD 硬盘，除了看 IOPS 和吞吐率外，还需要测试其 I/O 性能的抖动情况。

SSD 硬盘内部通常有以下几种优化。

❑ FTL（Flash Translation Layer）：物理逻辑地址映射。防止某个逻辑地址写太多次数而损坏芯片。

❑ Reclamation：异步擦除策略，降低延时。

❑ Wear Leveling：均衡写磨损，延长寿命。

❑ Spare Area：预留空间，减少写放大。一般情况下，SSD 出厂后，内部会有一部分预留空间，而 Intel 的 SSD 用户还可以再多预留一部分空间，这样可以提高写性能。

12.3　文件系统及 I/O 调优

目前 PostgreSQL 数据库还不支持直接在裸设备上存储数据，也就是说，PostgreSQL 的数据必须存储在文件系统上，故而选择一个合适的文件系统对 PostgreSQL 数据库来说非常重要。

12.3.1　文件系统的崩溃恢复

文件系统中除记录文件内容信息外，还记录了一些元数据（如目录树、文件名、文件的块分配列表），以及和文件相关的一些属性（如文件名、文件的创建时间等），还有磁盘的空间分配信息（如哪些块已被分配、哪些块是空闲的）。

在写一个文件时，除了写文件的内容信息外，还会写一些元数据。为了保证数据的可靠性，在出现宕机等异常情况后，文件系统除了要保证元数据本身一致，还要求文件内容的数据与元数据之间也是一致的。

元数据一致性当然是最重要的，不能将同一个数据块分配给两个文件，这会导致一个文件的内容被另一个文件覆盖。分配出去的数据块必须有文件在使用，否则会导致明明现有文件并未占用多少空间，但文件系统上却没有空间了。

当向一个文件的末尾添加数据时，文件会扩大，如果元数据记录了该文件的扩大，但新数据没有实际写入，就会导致新扩大的数据块中存在垃圾数据，这有可能导致问题产生。

早期的文件系统并不能保证元数据与数据的一致性，如 Windows 下的 FAT 文件系统和 Ext2 文件系统。当一个操作需要多次写元数据或一次写元数据一次写数据时，操作中的多个步骤通常不是原子性的，要保证一致性就必须要有类似数据库中的事务的概念。要有事务就需要有日志，也就是说，要通过日志来保证整个操作的一致性。

所以现在流行的文件系统都被设计成有日志的，如 Ext3、Ext4 及 Windows 下的 NTFS 文件系统。

但写日志相当于原先的一次写变成了两次写，可能会降低写的性能。为了降低对性能的影响，多数文件系统通常只是把元数据写入日志，而实际数据块内容的变更并不会写入日志。

如果一个文件已被写过，再写以前的数据块时，不会分配新的数据块；关于空间分配的元数据也不会被更新，通常只更新文件上的时间戳。对于数据库来说，这种情况下通常不会产生不一致，所以数据库使用重写会更安全一些，PostgreSQL 中 WAL 日志的写就是这样的。

12.3.2　Ext2 文件系统

早期的 Linux 系统使用 Ext2 文件系统。Ext2 文件系统不是一种日志文件系统，它的性能比较好，但由于没有日志，在写数据时，如果机器突然宕机，文件系统中的数据可能会不一致。当不一致产生时，因为没有日志，做 fsck 可能会需要很长时间。基于上述原因，Ext2 文件系统并不适合存放 PostgreSQL 的数据文件。

PostgreSQL 中 WAL 日志文件一般都是事先建好的文件，在初始化到指定大小后再开始写，所以后期的写不会产生元数据的写，机器崩溃也不会导致数据不一致，所以可以把 WAL 日志放在一个单独的 Ext2 文件系统中。在 PostgreSQL 数据库中写 WAL 日志不是性能的短板，所以不建议选择虽然速度快但有些危险的 Ext2 文件系统。

12.3.3　Ext3 文件系统

Ext3 文件系统是 Linux 下使用最广泛的文件系统，它提供以下 3 种数据日志记录方式。

❑ data=writeback：对数据不提供任何日志记录，只记录元数据的变更。所以元数据的写与数据块之间的写的先后顺序及多个数据块写的先后顺序都不能被保证。

❑ data=ordered：记录元数据，同时在逻辑上将元数据和数据块分组到被称为"事务"的单个单元中。将新的元数据写到磁盘上时，首先写的是相关的数据块，这样就保证了元数据与数据之间的一致性。但如果写一个数据块时出现宕机，有可能出现这个数据块只有一部分被写入，而另一部分还是旧数据的情况。

❑ data=journal：这种方式提供了完整的数据和元数据日志记录。对于所有新数据，首先写入日志，然后写入它的最终位置。在系统崩溃的情况下可以重放日志，使数据和元数据处于一致的状态。

实际操作时，指定日志记录方式的方法如下：

❑ 向 /etc/fstab 中与此文件系统相关的行中添加适当的字符串，如"data=journal"。

❑ 在调用 mount 时直接指定 -o data=journal 命令行选项。

指定根文件系统的日志记录方式的方法稍有不同，需要在名为"rootflags"的特殊内核引导选项上进行设置，示例如下：

```
rootflags=data=journal
```

从理论上说，writeback 模式的性能最好，但可靠性最差；journal 模式的性能最差，但可靠性最好。如果硬件是带电池的 Raid 卡，而 Raid 卡上都有写缓存，在写缓存的帮助下，三者的性能差异并不是很大。因为文件系统日志的写通常是顺序写，这些顺序写的数据写入 Raid 卡的缓存中后会立即返回，而 Raid 卡会在后台再把数据刷新到磁盘中，所以这种情况下三种模式的性能差异并不大。

在 PostgreSQL 中通常会使用默认的 ordered 模式。当然也不应该完全放弃 journal 模式，因为 journal 模式提供了更全面的完整性保证。

12.3.4　Ext4 文件系统

Ext4 是 Ext3 文件系统的重大改进版，不像 Ext3 相对于 Ext2 只是增加了一个日志功能，Ext4 修改了 Ext3 部分重要的数据结构，因此可以提供更佳的性能和更大的可靠性。Linux 内核自 2.6.28 开始正式支持 Ext4，不过直到 2.6.32 才达到一个较稳定的程度，所以建议用户在 2.6.32 之后的内核中再使用 Ext4。

Ext4 最有用的功能如下。

❑ 与 Ext3 兼容：只需执行一些命令就能将 Ext3 在线迁移到 Ext4，而无须重新格式化磁盘或重新安装系统。原有的 Ext3 数据结构照样保留，Ext4 将作用于新数据。

❑ 完善的 barrier 和 fsync 功能：Ext3 在处理 barrie 和 fsync 功能时有一些问题，Ext4 真正解决了这些问题，可以让 PostgreSQL 达到更高的磁盘吞吐量。这在大批量顺序读写时特别有用。

❑ 快速 fsck：Ext3 中执行 fsck 第一步就会很慢，因为它要检查所有的 inode，现在 Ext4

给每个组的 inode 表中都添加了一份未使用 inode 的列表，在 Ext4 做 fsck 时就可以跳过这些未使用的 inode 节点。

❑ Extents：Ext3 采用间接块映射，当操作大文件时，效率极其低下。比如一个 100MB 大小的文件，在 Ext3 中要建立 25600 项（每个数据块占用一项，数据块大小为 4KB）的映射表；而 Ext4 引入了现代文件系统中流行的 extent 概念，每个 extent 为一组连续的数据块，对一个连续的空间，只需要一项就可以表示，这大大提高了效率。

❑ 多块分配：当写数据到 Ext3 文件系统中时，Ext3 的数据块分配器每次只能分配一个 4KB 的块，写一个 1GB 文件就要调用 256000 次数据块分配器，而 Ext4 的多块分配器（Multiblock Allocator'MBAlloc）支持一次调用分配多个数据块。

❑ 延迟分配：Ext3 的数据块分配策略是尽快分配，而 Ext4 和其他先进的文件系统一样，都是尽可能地延迟分配，直到文件在 cache 中写完才开始分配数据块并写入磁盘，这样就能让多块分配及 extent 的性能发挥到最佳。

❑ 在线碎片整理：尽管延迟分配、多块分配和 extents 能有效减少文件系统碎片，但碎片还是会不可避免地产生。Ext4 支持在线碎片整理，并提供了 e4defrag 工具进行个别文件或整个文件系统的碎片整理。

❑ 日志校验：日志是最重要的部分，硬件原因也会导致日志损坏，而从损坏的日志中恢复数据会导致更多的数据损坏。Ext4 的日志校验功能可以避免此问题。另外，Ext4 将 Ext3 的两阶段日志机制合并成一个阶段，提高了性能。

❑ "无日志"（No Journaling）模式：Ext4 允许完全关闭日志，以便某些有特殊需求的用户借此提升性能。

❑ 持久预分配（Persistent Preallocation）：一些下载软件为了保证下载的文件有足够的空间存放，常常会预先创建一个与所下载文件大小相同的空文件，以免未来的数小时或数天之内磁盘空间不足导致下载失败。Ext4 在文件系统层面实现了持久预分配的 API 函数，即 libc 中的 posix_fallocate()，这种方式比用应用软件实现更高效。

❑ inode 的新特性：Ext4 支持更大的 inode，Ext3 默认的 inode 大小为 128 字节，Ext4 默认的 inode 大小为 256 字节，这样就可以在 inode 中容纳更多的扩展属性，如纳秒时间戳或 inode 版本。Ext4 还支持快速扩展属性（fast extended attributes）和 inode 保留（inodes reservation）。

❑ 更大的文件系统和更大的文件：Ext3 目前最大支持 16TB 的文件系统和 2TB 的文件，Ext4 则最大支持 1EB（1048576TB，1EB=1024PB，1PB=1024TB）的文件系统以及 16TB 的文件。

❑ 无限数量的子目录：Ext3 目前只支持 32000 个子目录，而 Ext4 支持无限数量的子目录。

基于以上原因，如果 Linux 的内核较新，而且版本在 2.6.32 以上，使用 Ext4 是不错的选择。

12.3.5　XFS 文件系统

XFS 与前面讲的 Ext3 文件系统不同，它从一开始就设计为日志文件系统了，而不像 Ext3 文件系统的日志功能是后来加上去的。数据库使用 XFS 会有更高的性能。XFS 的日志中只记录元数据，所以 XFS 从性能上更像 Ext3 的 writeback 模式，但 XFS 在重放日志时会让垃圾块返回全零的数据，而不像 Ext3 会返回旧数据。PostgreSQL 有可能认为旧数据是正确的数据，从而导致产生问题。当返回全零数据时，只要打开 PostgreSQL 的 full_page_writes 配置项，PostgreSQL 就能用 WAL 日志自动修复这些全零数据块。

从一些第三方的测试数据来看，在性能上，XFS 相比 Ext3 有 5% ～ 30% 的提高，所以建议在 Linux 环境下把 PostgreSQL 数据库建在 XFS 文件系统上。

12.3.6　Barriers I/O

为了保证数据的可靠性，I/O 的写顺序很重要。例如，在 PostgreSQL 数据库中要求必须在写入 WAL 日志后，数据块的数据才能被写入。但是，存放在 cache 里的用户发起的写顺序不一定等于实际写入非易失性硬件介质的顺序，因为各级的 cache 都有可能改变 I/O 的顺序。例如，在 Linux 操作系统中，为了提高性能，I/O 调度器通过电梯算法改变了 I/O 的顺序。在 Raid 卡上也有相应的算法改变 I/O 的顺序，在硬盘内部也会向几兆到几十兆的内存做 cache，硬盘内部有一些算法可通过改变 I/O 顺序来提高性能。那么是不是就没有办法来保证 I/O 的顺序性了？当然不是，在操作系统中，为了保证 I/O 的顺序，专门提供了一种 I/O 机制，被称为 Barriers I/O。Barriers I/O 定义如下：

- ❑ Barriers 请求之前的所有在队列中的请求必须在 Barries 请求开始前被结束，并持久化到非易失性介质中。
- ❑ Barriers 请求之后的 I/O 需要等到其写入完成后才能执行。

Barries I/O 是操作系统层面的概念，为了实现 Barriers I/O，底层的硬件及驱动必须有相应的支持。SCSI/SAS 硬盘通过 FUA（Force Unit Access）技术和 SYNCHRONIZE CACHE（同步缓存）技术来实现 Barries I/O 功能。FUA 技术让用户可以不使用硬盘上的缓存直接访问磁盘介质。SYNCHRONIZE CACHE 技术让用户可以把整个硬盘上的缓存都刷新到介质上。SATA 硬盘可以通过 FLUSH CACHE EXT 调用来支持 Barries I/O 功能，另外，如果 SATA 硬盘开启了 NCQ（Native Command Queuing），也可以处理 FUA。Linux 开启 NCQ 需要使用 libata 驱动。查看 Linux 是否装载了 libata 的方法如下：

```
osdba@osdba-laptop:~$ dmesg |grep libata
[    0.247150] libata version 3.00 loaded.
```

多数文件系统都提供了是否开启 Barriers I/O 选项，Ext3 和 Ext4 默认开启了 Barriers，如果想关闭 Barriers，则需要在挂载文件系统时指定参数 barriers=0，命令如下：

```
mount -o barriers=0 /dev/sdb1 /data/pgdata
```

XFS 也默认打开了 Barriers，如果想关闭，则需要在挂载文件系统时指定参数 nobarrier，命令如下：

```
mount -o nobarrier /dev/sdb1 /data/pgdata
```

12.3.7　I/O 调优的方法

方法 1：打开 noatime

每个文件上都有以下 3 个时间。

❏ ctime：改变时间。

❏ mtime：修改时间。

❏ atime：访问时间。

通常，PostgreSQL 并不使用这 3 个时间，首先可以禁止 atime，这样读文件时就不会再更新文件的 atime。mtime 和 ctime 有时还有些作用，如判断相应的数据文件最后是什么时候修改的。因此，PostgreSQL 数据目录所在的文件系统在 /etc/fstab 中的配置项上一般都设置为"noatime"，示例如下：

```
/dev/sdd1 / xfs noatime,errors=remount-ro 0 1
```

方法 2：调整预读

Linux 环境下块设备通常都默认打开了预读，可以使用下面的命令查看预读的大小：

```
blockdev --getra /dev/sdf
```

注意，上面的命令中值的单位为扇区，即 512 字节。

查看预读的具体示例如下：

```
osdba@osdba-laptop:~$ sudo blockdev --getra /dev/sda
256
```

上面的示例中返回值为"256"，表示是 256 个扇区，即 128KB。

设置预读的命令如下：

```
blockdev --setra 4096 /dev/sdf
```

同样，上面的"4096"代表 4096 个扇区，即 2MB。

> 📷 注意　上面的设置并不会永久生效，机器重启后该设置就会失效，如果想让其永久生效，应该把上面的命令放到开始自启动脚本中，如放在 /etc/rc.local 中。

如果想让全表扫描更快，可以把预读调整得更大一些，如像上例中那样把预读设置为 2MB。

方法 3：调整虚拟内存参数

需要调整的第一个虚拟内存参数是 swappiness，该参数值的范围为 0~100，为 0 时表示尽量使用物理内存，取值越大，越倾向于使用 SWAP 空间，默认值为"60"。查看此参数当前值的方法如下：

```
cat /proc/sys/vm/swappiness
```

设置此参数值，并使其永久生效的方法是在 /etc/sysctl.conf 中添加如下命令行：

```
vm.swappiness = 0
```

然后执行如下命令，让 /etc/sysctl.conf 中的配置项生效：

```
sysctl -p
```

如果想让 PostgreSQL 数据库的性能尽量平稳，就应该把此值设置为"0"。

第二个需要调整的虚拟内存参数是"overcommit"。在 Linux 中，程序调用 malloc() 函数分配内存时，只分配虚拟内存，真正的物理内存并没有被分配，只有进程真正需要使用时才会分配物理内存。这种申请内存后并不会马上使用的技术就叫"Overcommit"技术。

Overcommit 技术的优势在于，系统中运行的进程可以分配的内存数可以超过机器上拥有的物理内存，其劣势在于，当进程真正需要内存时，可能没有可用的物理内存可以使用，此时需把其他进程使用的内存放到 SWAP 区中，但是如果 SWAP 中也放不下，就会发生 OOM killer，它会选择杀死一些用户态的进程以释放内存。OOM 的意思是"Out of Memroy"。

vm.overcommit 参数可控制调用 malloc() 函数时分配内存的行为，此参数可以取以下 3 个值。

- ❑ 0：启发式策略，表示 Linux 将启发式地检查是否有足够的内存可以 Overcommit，如果有则成功调用 malloc()，内存申请成功；否则，内存申请失败，并把错误返回给应用程序。这种方式并不能完全避免 OOM killer。
- ❑ 1：总是成功调用 malloc()，并不管当前内存的实际情况。
- ❑ 2：不允许 Overcommit，即当分配给所有进程的内存超过 swapd 大小 + N% × 物理时，会分配失败，N% 是一个百分比，该值是由另一个参数 vm.overcommit_ratio 控制的。

上面参数值中的"0"和"1"都不能避免 OOM killer，所以在 PostgreSQL 数据库中要把此参数设置为"2"，命令如下：

```
vm.overcommit_memory=2
```

要根据当前机器上的实际物理内存和 SWAP 空间的大小对参数 vm.overcommit_ratio 进行合理配置。如果想保守一些，让能分配的所有内存不超过物理内存的大小，如以下一台机器，其物理内存为 4GB，SWAP 也为 4GB：

```
osdba@osdba-work:~/bin$ free -m   total    used    free    shared   buffers   cached
Mem:                              3844    3721    123       249      98       1392
-/+ buffers/cache:                        2230    1614
Swap:                             3984    0       3984
```

则可以设置 vm.overcommit_ratio 为"0"，swap+0%*mem 为"4G"，能分配的所有内存大小恰好是 4GB：

```
vm.overcommit_ratio=0
```

另一台机器的内存为 128GB，SWAP 为 4GB，则可以配置 vm.overcommit_ratio 为"95"，

这样能分配的所有内存为 4G+128G×0.95=125.6GB，示例如下：

```
vm.overcommit_ratio=95
```

从上面的示例中可以看出，vm.overcommit_ratio 要根据机器的总物理内存和 SWAP 空间大小进行合理的配置。

方法 4：写缓存优化

在 Linux 系统中，对文件的普通写，并不会马上写入磁盘中，而是会先写到内存页 cache 中，实际刷新到磁盘中的操作是由内核线程来完成的。在 Linux2.6 中，内核线程为 pdflush，在 Linux3.0 以上则为 flush 进程。既然是由 Linux 中的一个内核线程后台刷新到磁盘中的，那么当内存中累积多少脏数据或积累多长时间后刷新是有讲究的，如果刷新得太频繁会产生过多的 I/O，因为同一个数据块，在刷新到磁盘之前可能被写了好几次，但不管写了几次，实际上只会写到磁盘一次。而如果刷新太慢，会占用太多的内存，当真正需要内存时，需要先把脏数据刷新到磁盘中以腾出内存空间，从而导致 PostgreSQL 数据库的性能出现较大的抖动。

在 Linux 系统中有以下 3 个参数用于控制写缓存的过程。

❑ vm.dirty_background_ratio：指定文件系统缓存脏页数量达到系统内存百分之多少时（如 5%）触发内核刷脏页线程，并将缓存的脏页异步地刷入磁盘中。

❑ vm.dirty_ratio：指定当文件系统缓存脏页数量达到系统内存百分之多少时（如 10%），系统不得不把缓存脏页写入磁盘中，此过程可能导致很多应用进程的文件 I/O 被阻塞。

❑ vm.dirty_writeback_centisecs：单位为百分之一秒，指定内核线程执行刷新脏页的回写操作之间的时间间隔。

在早期的 Linux2.6 的内核中，vm.dirty_background_ratio 的值为"10"，而 vm.dirty_ratio 的值为"40"，这两个参数的值明显太大了，在较新的内核中，对这两个参数的默认值做了如下修改：

```
vm.dirty_background_ratio = 10
vm.dirty_ratio = 20
```

在较大内存的机器上还可以把这两个值调得更低一些，如在 8GB 以上的机器上可以做如下调整：

```
vm.dirty_background_ratio = 5
vm.dirty_ratio = 10
```

或设置得更小一些，命令如下：

```
vm.dirty_background_ratio = 1
vm.dirty_ratio = 2
```

在实际应用中可以根据需求，通过测试来确定一个更精确的值。

方法 5：调整 I/O 调度器

Linux 系统下通常有以下 3 种 I/O 调度器。

❑ cfq：完全公平队列（Completely Fair Queuing），尝试为所有的请求分配公平的 I/O 带宽，注意是带宽，而不是响应时间。

❑ deadline：平衡所有请求，避免某个请求被饿死，使响应时间最优化。

❑ noop：除了基本的块合并及排序工作以外，其他基本上什么也不做。

可以看出，数据库比较适合使用 deadline 调度器，而 Linux 下默认的 I/O 调度器是 cfq。手动设置调度器的方法如下：

```
echo deadline > /sys/block/sdd/queue/scheduler
```

真实配置时，上面中的"sdd"需要换成实际的硬盘名称。

上面手动设置的方法并不持久，在机器重启后，设置就会失效。如果想将设置持久化，可以把上述命令行放到开机自启动脚本"rc.local"中。另一种方法是在 Linux 内核启动命令行上改变默认的 I/O 调度器，常用的修改的方法是修改 grub.conf 中的启动命令行，在命令行后加上"elevator=deadline"，命令如下：

```
kernel /vmlinuz-2.6.18-128.e15 ro root=/dev/sda1 elevator=deadline
```

实际上，改变 I/O 调度器对 PostgreSQL 性能的提升很小，所以保留默认的调度器也是可以的。

12.3.8 SSD 的 Trim 优化

相比机械硬盘，SSD 硬盘的随机读写能力提升了两个数量级以上，顺序读写的性能也提升了几倍，所以使用 SSD 可以大幅提升 PostgreSQL 的性能。

因为 SSD 的底层操作与机械硬盘非常不同，对一块 SSD 进行一些随机写之后，SSD 的写性能可能会出现不可预期的逐步性能退化，这是因为 SSD 内部有擦除和均衡写磨损（Wear Leveling）策略，而使用 Trim 命令（ATA 命令集中称为"TRIM"，SCSI 命令集中称为"UNMAP"）能通知固态硬盘（SSD）哪些数据块已不再考虑使用，可以被内部擦除。

当删除一个文件时，该文件在 SSD 内部占用的空间实际上是可以擦除的，但因为 SSD 内部并不了解文件系统的情况，这些可被擦除的空间仍然会被保留，这会使 SSD 变慢。而目前常用的文件系统（如 Ext4、XFS）都提供了通知 SSD 哪些数据块可以被擦除的功能，即文件系统向 SSD 发送了 Trim 指令。当然要使用该功能，需要在 mount 文件系统时加上 discard 选项，命令如下：

```
mount -o discard, noatime/dev/sdd1 /data
```

12.4 性能监控

要想找到数据库性能方面的问题，收集性能数据、对数据库做监控是必不可少的。本节将介绍一些做性能监控的方法。

12.4.1　数据库性能视图

　　PostgreSQL 数据库提供了很多性能和当前状态的统计视图，这些视图都是以"pg_stat"开头的。是否产生这些统计数据由以下几个参数决定。

- ❑ track_counts：是否收集表和索引上的统计信息，默认为"on"。
- ❑ track_functions：可以取值"none""pl"和"all"，如果是"pl"则只收集 PL/PgSQL 写的函数的统计信息；如果是"all"收集所有类型的函数，包括 C 语言和 SQL 语言 写的函数的统计信息。默认值为"none"。
- ❑ track_activities：是否收集当前正在执行的 SQL。默认值为"on"。
- ❑ track_io_timing：是否收集 I/O 的时间信息。默认值为"off"，即不收集，因为收集该 信息可能会导致某些平台上的性能瓶颈。

　　最常用的视图为 pg_stat_activity，该视图可以查询出当前正在运行的 SQL，命令如下：

```
osdba=# \x
Expanded display is on.
osdba=# select * from pg_stat_activity;
-[ RECORD 1 ]----+--------------------------------
datid            | 16384
datname          | osdba
pid              | 8178
usesysid         | 10
usename          | osdba
application_name | psql
client_addr      |
client_hostname  |
client_port      | -1
backend_start    | 2014-05-31 22:04:57.614948+08
xact_start       | 2014-05-31 22:09:43.397014+08
query_start      | 2014-05-31 22:09:43.397014+08
state_change     | 2014-05-31 22:09:43.397019+08
waiting          | f
state            | active
query            | select * from pg_stat_activity;
-[ RECORD 2 ]----+--------------------------------
datid            | 16384
datname          | osdba
pid              | 8227
usesysid         | 10
usename          | osdba
application_name | psql
client_addr      | 127.0.0.1
client_hostname  |
client_port      | 60370
backend_start    | 2014-05-31 22:09:31.794944+08
xact_start       | 2014-05-31 22:09:40.245373+08
query_start      | 2014-05-31 22:09:40.245373+08
state_change     | 2014-05-31 22:09:40.245378+08
waiting          | f
state            | active
query            | select pg_sleep(500);
```

pg_stat_activity 还能显示客户端的 IP 地址、端口、SQL 的开始执行时间、事务的开始时间等信息。

PostgreSQL 提供了以下各个对象级别的统计信息的视图：

- ❑ pg_stat_database。
- ❑ pg_stat_all_tables。
- ❑ pg_stat_sys_tables。
- ❑ pg_stat_user_tables。
- ❑ pg_stat_all_indexes。
- ❑ pg_stat_sys_indexes。
- ❑ pg_stat_user_indexes。

pg_stat_database 用于显示以下信息：

- ❑ 各个数据库相关的活跃服务器进程数。
- ❑ 已提交的事务总数。
- ❑ 已回滚的事务总数。
- ❑ 已读取的磁盘块总数。
- ❑ 缓冲区命中总数。
- ❑ 行插入、行读取、行删除的总数。
- ❑ 死锁发生的次数。
- ❑ 读数据块的总时间。
- ❑ 写数据块的总时间。

默认情况下 track_io_timing 参数是关闭的，所以"读数据块的总时间"和"写数据块的总时间"这两项没有数据。打开该配置项在一些平台上可能会导致性能问题，可以通过 PostgreSQL 提供的 pg_test_timing 工具来测试是否存在此问题，命令如下：

```
osdba@osdba-laptop:~$ pg_test_timing
Testing timing overhead for 3 seconds.
Per loop time including overhead: 52.33 nsec
Histogram of timing durations:
< usec     % of total        count
    1      94.77487       54330391
    2       5.22373        2994539
    4       0.00031            178
    8       0.00069            395
   16       0.00036            207
   32       0.00003             16
   64       0.00001              6
  128       0.00000              1
  256       0.00000              0
  512       0.00000              1
```

从上面的示例中可以看出，调用一次 timing 花费的时间为 52.33ns，说明调用 tining 的代价很小，所以打开此参数没有问题。

pg_stat_all_tables、pg_stat_sys_tables、pg_stat_user_tables 这 3 张视图内容相似，只是 pg_stat_all_tables 显示的是所有表的统计信息，而 pg_stat_sys_tables 只显示系统表的统计信息，pg_stat_user_tables 只显示用户表的统计信息。这 3 张视图中有如下信息：

❑ 顺序扫描总数。

❑ 顺序扫描抓取的活数据行（liverow）的数目。

❑ 索引扫描的总数（属于该表的所有索引）。

❑ 索引扫描抓取的活数据行的数目。

❑ 插入的总行数、更新的总行数 、删除的总行数、HOT 更新的总行数。

❑ 上次手动 VACUUM 该表的时间，上次由 AutoVacuum 自动清理该表的时间。

❑ 上次手动 ANALYZE 该表的时间，上次由 AutoVacuum 自动 ANALYZE 该表的时间。

❑ VACUUM 的次数（不包括 VACUUM FULL）。

❑ AutoVacuum 的次数。

❑ ANALYZE 的次数。

❑ 由 AutoVacuum 自动 ANALYZE 此表的次数。

PostgreSQL 提供了对数据库内函数的调用次数及其他信息的统计视图 "pg_stat_user_functions"。

该视图提供了以下信息：

❑ 每个函数的调用次数。

❑ 执行每个函数花费的总时间。

❑ 执行函数时它自身花费的总时间，个包括它调用其他函数花费的时间。

PostgreSQL 还提供了以下各个对象上发生的 I/O 情况的统计视图：

❑ pg_statio_all_tables。

❑ pg_statio_sys_tables。

❑ pg_statio_user_tables。

❑ pg_statio_all_indexes。

❑ pg_statio_sys_indexes。

❑ pg_statio_user_indexes。

❑ pg_statio_all_sequences。

❑ pg_statio_sys_sequences。

❑ pg_statio_user_sequences。

这些视图统计了该对象上发生的数据块的读总数、缓存区命中总数，如果是表，还提供了该表上所有索引的磁盘块读取总数、所有索引的缓冲区命中总数、辅助 TOAST 表（如果存在）上的磁盘块读取总数、辅助 TOAST 表（如果存在）上的缓冲区命中总数、TOAST 表上的索引的磁盘块读取总数、TOAST 表上索引的缓冲区命中总数。

"pg_statio_" 系列视图在判断缓冲区效果时特别有用，可以统计出各个数据库缓冲区的命中率。

这些视图中记录的信息都是数据库启动后的统计信息，也就是说是一个累积值，这与 Oracle 数据库中的统计视图是一样的。如果想看某一段时间内的统计数据，还需要写一个程序或使用一些工具，在开始时间统计一次数据，结束时间再统计一次数据，两次数据相减才能算出这段时间内的统计数据。Oracle 数据库中提供了 statspack 的工具，PostgreSQL 数据库中也有人写了类似工具，叫 pgstatspack，具体可见 http://github.com/dtseiler/pgStatsPack2。

这些统计数据视图对进行性能问题的定位非常有用，建议初学者多学习这些视图的使用方法，掌握每一列数据的含义。

12.4.2　Linux 监控工具

在 PostgreSQL 调优过程中，掌握 Linux 下常见的命令工具也是有很大帮助的。下面列出了一些常用的命令：

- ❑ top。
- ❑ iostat。
- ❑ vmstat。
- ❑ sar。

top 命令用于查看全局信息，如 CPU 的占用率、load 情况、内存的使用情况、topN 的进程。
iostat 命令用于查看磁盘的读写 IOPS、读写吞吐量、读写响应时间及 I/O 利用率，示例如下：

```
osdba@myhost:~$ iostat -dmx 1 /dev/sdm
Linux 3.2.0-4-amd64 (10-120-202-180)     05/31/2014    _x86_64_  (24 CPU)

Device:          rrqm/s   wrqm/s     r/s      w/s     rMB/s     wMB/s avgrq-sz avgqu-
   sz   await r_await w_await  svctm  %util
sdm                0.07     2.95     2.50     4.33      0.18      0.40   176.18
   0.09   12.48     7.30   15.47   1.76   1.20

Device:          rrqm/s   wrqm/s     r/s      w/s     rMB/s     wMB/s avgrq-sz avgqu-
   sz   await r_await w_await  svctm  %util
sdm                0.00     0.00     0.00     0.00      0.00      0.00     0.00
   0.00    0.00     0.00    0.00   0.00   0.00

Device:          rrqm/s   wrqm/s     r/s      w/s     rMB/s     wMB/s avgrq-sz avgqu-
   sz   await r_await w_await  svctm  %util
sdm                0.00     0.00    31.00     0.00      0.32      0.00    20.90
   0.46   14.84    14.84    0.00   0.90   2.80
```

其中比较重要的是关系到响应时间的几项，如 await 和 svctm。await 包括了在队列中等待的时间，svctm 指把 I/O 发送到磁盘上花费了多少时间，不包括在 I/O 队列中的时间。对于普通硬盘来说，该时间通常不应该超过 20ms。另外，最后一项 "%util" 表示 I/O 利用率，需要注意的是，当 I/O 利用率为 10% 时，并不是表示 IOPS 翻一倍，I/O 利用率就会涨到 20%，也就是说，I/O 利用率与 IOPS 之间没有线性关系。多数情况下，当 IOPS 增大时，如果没有到达磁盘的瓶颈，I/O 利用率会一直处于一个较低的值，当 IOPS 增大成为磁盘的瓶颈时，I/O 利用率会从一个较小的值很快上升到 100%。

使用 vmstat 命令可以查看内存的使用情况，命令如下：

```
osdba@osdba-work:~$ vmstat 1
procs -----------memory---------- ---swap-- -----io---- -system-- ------cpu-----
 r  b   swpd   free    buff   cache   si   so    bi    bo   in   cs us sy id wa st
 0  0      0 1350980 259380 1150856    0    0    55    45  489 1310  5  4 91  0  0
 0  0      0 1351096 259380 1150792    0    0     0    24 1857 4470  2  4 94  0  0
 0  0      0 1355684 259380 1145800    0    0     0     0 1847 4617  1  4 95  0  0
 0  0      0 1355692 259380 1145800    0    0     0     0 1743 3714  2  3 95  0  0
```

这里需要重点关注 swap 大类中的 si 和 so，如果这两项中有大于 0 的数值，说明发生了 SWAP 交换，系统的内存不足了。通过 bi 和 bo 也可以看到当前 I/O 的情况。

使用 sar 工具可以查看各种信息，最常用的是查看网络流量，示例如下：

```
osdba@myhost:~$ sar -n DEV 2
Linux 3.2.0-4-amd64 (myhost)      05/31/2014      _x86_64_      (32 CPU)

11:15:31 PM  IFACE  rxpck/s  txpck/s   rxkB/s   txkB/s rxcmp/s txcmp/s rxmcst/s
11:15:33 PM     lo    49.50    49.50   106.21   106.21    0.00    0.00     0.00
11:15:33 PM   eth1 32594.50 62735.00 19217.00 81333.78    0.00    0.00     3.00
11:15:33 PM   eth0 61611.50 22291.50 80142.91 19645.57    0.00    0.00     9.00

11:15:33 PM  IFACE  rxpck/s  txpck/s   rxkB/s   txkB/s rxcmp/s txcmp/s rxmcst/s
11:15:35 PM     lo    44.00    44.00    90.61    90.61    0.00    0.00     0.00
11:15:35 PM   eth1 37244.50 70281.00 19560.32 91640.09    0.00    0.00     3.00
11:15:35 PM   eth0 68710.00 23864.00 89420.66 20534.63    0.00    0.00     9.00
```

12.5 数据库配置优化

本节将详细讲解一些配置参数的优化。

12.5.1 内存配置优化

PostgreSQL 中与内存有关的配置参数如下。

❑ shared_buffers：共享缓存区的大小，相当于 Oracle 数据库中的 SGA，主要做数据块的缓存。

❑ work_mem：为每个进程单独分配的内存，主要用于排序、HASH 等操作。

❑ maintence_work_mem：为每个进程单独分配的内存，主要是进行维护操作时需要的内存，如 VACUUM、CREATE INDEX、ALTER TABLE ADD FOREIGN KEY 等操作需要的内存。

❑ autovacuum_work_mem：从 PostgreSQL 9.4 版本开始新增的参数。在 PostgreSQL 9.4 之前的版本中，AutoVacuum 的每一个 worker 进程与手动做 VACUUM 一样，分配的内存大小都是由 maintence_work_mem 参数控制的，现在分开了，AutoVacuum 的 worker 进程由该参数控制，手动 VACUUM 时分配的内存大小仍由 maintence_work_ mem 参数控制。此参数默认设置为 "−1"，即与原先的行为是一样的，当把此参数设置为其他值时，可以为 AutoVacuum 的每个 worker 进程做 VACUUM 操作时指定不同的内存值。

❑ temp_buffers：指定临时表的缓存的大小，这是为每个不同的进程单独分配的内存，不在共享内存中。默认为 8MB，通常保持默认值就可以了。

❑ wal_buffers：指定 WAL 日志缓存的大小，默认值是 "−1"，即会根据 shared_buffer 的大小自动设置。选择等于 shared_buffers 的 1/32 的尺寸（大约 3%），但是不小于 64KB 也不大于 WAL 文件的尺寸（通常为 16MB）。不应该超过 WAL 文件的大小，通常保持默认值就可以了，如果手动设置，一般为 4MB ～ 16MB。

❑ huge_pages：是否使用大页，默认设置是 "try"，表示尽量使用大页，如果操作系统未开启大页或分配的大页内存太小，数据库虽仍然能启动，但不再使用大页内存。

❑ effective_cache_size：该参数实际上与具体的内存分配没有关系，它是告诉优化器在估计 SQL 的执行代价时假设有多少磁盘缓存，注意主要指文件系统缓存，通常设置为机器总内存的 80%，设置得多一些（如 90%）或少一些（如 50%）并不会有严重的影响。

shared_buffers，即共享缓存区的大小，因为要在多个进程中共享，所以必须使用共享内存技术来存放。PostgreSQL 的数据文件都在文件系统中，操作系统的文件系统也有缓存，这有可能会导致数据库的数据块除了在 PostgreSQL 的共享内存中有一个副本以外，在文件系统的缓存中也有一个副本，因此造成内存利用率不高，这就是 PostgreSQL 中的 Double Buffering 问题。在 Oracle 数据库中，通过设置 Direct I/O 来避免双缓存问题，但 PostgreSQL 中未实现对 Direct I/O 的支持。为了减少双缓存问题带来的影响，通常使用以下方法解决：

设置较小的 shared buffer，将大多数内存给文件系统缓存使用，如在一台有 24GB 内存的机器上，可以把 PostgreSQL 中的 shared buffer 设置为较小值，如 500MB ～ 1GB，其他内存都留给文件系统缓存使用。

所以一般来说，shared buffer 的设置值不应超过总内存的 1/4，如一台 256GB 的机器，通常把 shared buffer 设置为 32GB 就够了。

work_mem 参数指定的内存不是总共消耗的内存，也不是一个进程分配内存的最大值，而是 SQL 中的每个 HASH 或排序操作都会分配这么多内存，也就是说，包含 HASH 和排序操作越多的复杂 SQL，分配的内存越多。如果有并发的 M 个进程，每个进程中有 N 个 HASH 操作，则需要分配的内存是 $M \times N \times$ work_mem，所以 work_mem 不要设置得太大，通常保持默认的 4MB 就足够了。如果把 work_mem 设置得太大，如超过 256MB，很容易因为瞬间的大并发操作导致 Out of Memory 问题。

从 PostgreSQL 9.3 版本开始，共享内存已从 System V 方式变成了使用 POSIX 方式和 mmap 方式，因此在 PostgreSQL 9.3 版本之后不再需要配置 Linux 的 "shmmax" 和 "shmall" 参数，而在此之前的版本中则需要配置这两个参数，它们的含义分别如下。

❑ shmall：表示整个系统内可以为共享内存配置的共享内存页面数。如果一台机器上运行有多个数据库实例，需要把此值设置成大于各个数据库实例所需要的共享内存之和。简单的做法是设置成机器总内存的页面数。

❏ shmmax：表示单个共享内存段（Shared Memory Segment）可以创建的共享内存的最大值。通常设置成机器的总内存数就可以了。

> **注意** shmall 的单位是页面，而 shmmax 的单位是字节。

一台 256GB 的机器的配置如下：

```
kernel.shmmax = 274877906944
kernel.shmall = 67108864
```

把上述配置放到 /etc/sysctl.conf 文件中，然后运行 sysctl -p 让其生效即可。

除设置 SysV 共享内存的参数外，还需要设置 SysV 信号量的相关参数，SysV 信号量用于对共享内存访问时进行锁管理。Linux 下需要配置的信号量参数主要有以下几个。

❏ SEMMSL：内核参数，控制每个信号集合的最大信号数。

❏ SEMMNS：内核参数，控制系统范围内能使用的最大信号量数。

❏ SEMOPM：semop() 函数每次调用所能操作的信号量集中信号量的最大值。

❏ SEMMNI：内核参数，控制整个系统中信号集的最大数量。

上面提到了一个概念——"信号量集"，每个信号量集由很多个信号量组成，操作系统可以对一个信号量集做一个原子操作，所以系统中信号量的最大数目 = 每个信号量集的大小 * 信号量集的个数，即：

SEMMNS = SEMMSL* SEMMNI

而 SEMOPM 是指对某个信号量集进行一个原子操作时可以操作的信号量数，所以其最大值不应超过信号量集中信号量的数目，通常设置为相等，即：

SEMOPM = SEMMSL

在 PostgreSQL 数据库中，这几个参数有如下要求：

❏ SEMMNI >= ceil((max_connections + autovacuum_max_workers + 4) / 16)。

❏ SEMMSL>=17。

从前面的讲解中可以知道：

❏ SEMOPM <= SEMMSL。

❏ SEMMNS = SEMMSL × SEMMNI = ceil((max_connections + autovacuum_max_workers + 4) / 16) × 17。

假设一个数据库有如下配置：

❏ max_connections=2000，但以后有可能超过 2000 个连接，认为设置到 10000 是极限，下面按 10000 来计算信号量的配置。

❏ autovacuum_max_workers = 3。

则这几个参数的配置值如下：

❑ SEMMNI= ceil((max_connections + autovacuum_max_workers + 4) / 16)=626，取一个整数 650。

❑ SEMMSL 要求大于 17，如设置 20 就可以了。

❑ SEMOPM 与 SEMMSL 相同，即 20。

❑ SEMMNS= SEMMNI × SEMMSL=650 × 20=13000。

那么，此数据库在 /etc/sysctl.conf 中的配置如下：

```
# SEMMSL SEMMNS SEMOPM SEMMNI
kernel.sem=20 13000 20 650
```

Oracle 数据库也需要设置信号量参数，但设置的值一般比 PostgreSQL 数据库要大一些，这些参数的值设置得大一些并不会出现明显的资源消耗，所以有些公司为了统一比配项，会按 Oracle 数据库的要求进行配置，这样配置完成后也可以满足 PostgreSQL 数据库的运行，如 5000 个连接的 Oracle 数据库的要求配置如下：

```
# SEMMSL SEMMNS SEMOPM SEMMNI
kernel.sem=5010 3256500 5010 650
```

12.5.2　大页内存的配置

对一些连接数很大且内存较大的 PostgreSQL 数据库，强烈建议配置大页。这不仅是因为大页的性能会高一些，也是为了避免页表过大。操作系统把逻辑地址映射成物理地址时，需要把映射关系也存储到一个内存中，这部分内存就是页表。在 Linux 操作系统中，即使是同一块共享内存，每个进程中的逻辑地址也是不相同的，因此不同进程中的映射表项也不相同。在 64 位的机器上，每个 4k 页需要占用大约 8 字节的内存，一台 48GB 内存的机器，如果分配了 24GB 共享内存，则每个进程的页表大小为 (24G/4k) × 8=48MB，如果服务器连接上 500 个进程，页表的大小将是 500 × 48=24GB。这会立刻把机器上所有内存吃光，因而会产生很大的问题。当然并不是每个新连接一连接上来，后面进程的页表就会马上分配 48MB，当进程需要建立逻辑地址与物理地址之间的关系时才会分配，所以进程占用的页表空间是缓慢增加的，但最终还是可能会占用很大的页表内存。

要查看是否存在这个问题，可以使用如下命令来检查页表的大小：

```
osdba@mytest:~$ cat /proc/meminfo |grep PageTables
PageTables:        55612 kB
```

如果发现页表的大小不是几十兆，而是达到了 1GB 以上，就说明数据库存在此问题。

基于共享内存的多进程架构的程序都会存在这个问题。Oracle 数据库在 Linux 下也存在这个问题，需要使用大页来解决。PostgreSQL 9.4 版本开始支持大页，打开大页的方法是设置参数 "huge_pages"，命令如下：

```
huge_pages = try
```

把 huge_pages 设置为 "try"，表示让 PostgreSQL 尝试使用大页，如果操作系统没有配置大页或配置的大页小于 PostgreSQL 需要的大页内存，那么 PostgreSQL 在分配大页失败后，会使用普通内存。如果把 huge_pages 设置为 "on"，分配大页失败后，PostgreSQL 也会启动失败。

操作系统中大页的设置项在 /etc/sysctl.conf 中，命令如下：

```
vm.nr_hugepages=10240
```

上例表示设置了大小为 10240*2MB 的内存，即大约为 20GB 内存。使用如下命令让该设置生效：

```
sysctl -p
```

设置完成后，检测设置是否生效，命令如下：

```
cat /proc/sys/vm/nr_hugepages
```

如果发现显示值小于设置值，可以多次运行下面的命令直到显示值与设置值相同：

```
echo 10240 > /proc/sys/vm/nr_hugepages
```

前面配置了大页内存，大页的大小是 2MB，实际现在的硬件基本都可以使用 1GB 大小的大页，其性能会更高，在 Redhat 7.X 或 CentOS 7.X 下，可以用如下命令设置 1GB 大小的大页：

```
grubby --update-kernel=ALL --args="default_hugepagesz=1G hugepagesz=1G hugepages=32"
```

上面的命令设置了 32GB 的大页内存。该命令实际上是把大页参数设置到了内核的参数上，即操作系统一启动就把 32GB 的大页内存分配好了。执行完上面的命令后，需要重新启动机器才能生效。

需要注意的是，大页内存一旦设置，内存就实际地分配出去了，也会一直驻留在内存中的，不会被交换出去。对于 Oracle 的 DBA 来说，就相当于天然是 LOCK_SGA，所以大页内存的设置需要与 shared_buffer 一样或稍大一些，因为比 shared_buffe 多出来的大页内存既不能给文件系统缓存使用，也不能给其他不使用大页内存的程序使用，相当于白白浪费了。

最后还有一个需要注意的问题，即 Linux 中还有一个透明大页（Transparent Hugepage），即 Linux 自动进行大小页的转换和自动管理，但目前在 Redhat 7.X/CentOS 7.X 下该功能会带来性能的抖动或下降，通常建议关闭透明大页，关闭方法如下：

```
grubby --update-kernel=ALL --args="transparent_hugepage=never"
```

12.5.3　VACUUM 中的优化

PostgreSQL 数据库需要定期做 VACUUMING，是基于以下几个原因：

❑ 标记多版本中不再需要的旧的版本行所占用的空间为可用，以重复使用这部分磁盘空间。

❑ 更新统计数据，保证执行计划的正确性。

❏ 事务 ID 为 32 位递增的整数，当增到最大值时会重新从起始值开始，这就要保证旧的已提交事务的数据仍然可见，需要把这些行上的事务 ID 更新为一个永远可见的事务 ID（Frozen ID）。

有以下两种 VACUUM：

❏ 标准的 VACUUM。

❏ VACUUM FULL。

VACUUM 的标准方式通常可以与 SELECT 语句和 DML 语句如 INSERT、UPDATE、DELETE 命令并行执行，但是当正在清理该表时，不能使用如 ALTER TABLE 这样的 DDL 语句来修改表定义。VACUUM FULL 需要得到表上的一个排斥锁才能工作，它不能与其他使用该表的语句并行执行，因此一般情况下，管理员应尽量使用标准的 VACUUM。不过 VACUUM FULL 可以回收更多的磁盘空间，当然它的运行速度也要慢得多。

对于一般的数据库，默认配置中 AutoVacuum 后台进程会自动运行（这是因为默认配置参数 autovacuum 为 "on"），会自动地周期做 VACUUM，所以不再需要手动 VACUUM。

执行 VACUUM 时会产生一些负载，这会影响到一些正常的数据库访问，因此 PostgreSQL 数据库提供了一种机制和多个配置参数来减少该操作对正常访问的影响。这种机制的方式为，在执行 VACUUM 和 ANALYZE 命令时，PostgreSQL 会统计这些操作产生的代价值，并把该代价值累计到一个计数器中，当此计数器的值超过设定的阈值时，会休眠，然后把计数器置 0 再继续执行，当计数器的值再次超过指定的阈值时，则再次休眠，如此不断重复这一过程。

通过工作一段时间再休眠一段时间来减少 VACUUM 对数据库性能的影响，这一特性默认是关闭的。vacuum_cost_delay 参数默认为 "0"，当设置为非零值时，就是打开了该功能。当每次累计的工作量到达了参数 vacuum_cost_limit 指定的值时，会休眠参数 vacuum_cost_delay 指定的毫秒数。该值的计算方法如下：

访问在共享内存中的数据块数 × vacuum_cost_page_hit + 访问在磁盘上的数据块数 × vacuum_cost_page_miss + 修改干净的在磁盘中的数据块数 × vacuum_cost_page_dirty

这些参数的意义如下：

❏ vacuum_cost_page_hit：VACUUM 访问的数据块在共享内存中的代价值，默认为 "1"。

❏ vacuum_cost_page_miss：VACUUM 访问的数据块不在共享内存中的代价值，默认为 "10"。

❏ vacuum_cost_page_dirty：VACUUM 改变一个非脏数据块为脏数据块的代价值，默认为 "20"。

要想减少执行 VACUUM 命令对现有系统的影响，可以把 vacuum_cost_delay 设置为一个合适的值，命令如下：

```
osdba=# set vacuum_cost_delay to 1;
SET
osdba=# vacuum;
VACUUM
```

但有时把 vacuum_cost_delay 设置为最小值 1 时，VACCUM 操作的执行效率还是太低，这是因为默认的 vacuum_cost_limit 值太小，vacuum_cost_limit 默认是 "200"，如果是 SSD 硬盘可以把该值设置为 "10000"，如果是一般带缓存的硬件 Raid 卡输出的机械硬盘，设置为 1000 ～ 2000 比较合适。

对于自动 VACUUM 即 AutoVacuum，也有一组与上面类似的参数来实现相同的功能。

❑ autovacuum_vacuum_cost_delay：PostgreSQL 12 及以上版本默认是 "2ms"，而 PostgreSQL 11 及之前版本默认值是 "20ms"，20ms 这个值通常太大了，改成 2ms 比较合适。

❑ autovacuum_vacuum_cost_limit：默认值是 "−1"，即使用 vacuum_cost_limit 的值，前面讲过，通常此默认值会较低，如果是 SSD 硬盘可以把该值设置为 "10000"，如果是一般带缓存的硬件 Raid 卡输出的机械硬盘，则设置为 1000 ～ 2000 比较合适。

我们可以看到这些参数前都加了 "autovacuum_"。

还有一个参数可用于指定启动 AutoVacuum 的 work 进程的多少，即 autovacuum_max_workers，默认值为 "3"。

当发现来不及 AutoVacuum 时，可以把此参数值调得大一些。

另外，可以合并更新，以减少更新的量，如下面的两条 SQL：

```
update testtab01 set col1='vol1' where id=8;
update testtab01 set col2='vol2' where id=8;
```

应该优化为一条 SQL 语句，命令如下：

```
update testtab01 set col1='vol1',col2='vol2' where id=8;
```

对于更新频繁的表，应该设置更小的 fillfactor，这样可以更多地利用 HOT，同时索引上的更新也会少很多，也就减少了 VACUUM 的代价，命令如下：

```
osdba=# alter table test01 set (fillfactor = 50);
ALTER TABLE
```

通常一张表变更的行数超过一定的阈值时，AutoVacuum 才会对这张表做 VACUUM，该阈值的计算公式如下：

autovacuum_vacuum_scale_factor × 表上记录数 + autovacuum_vacuum_threshold

公式中的各参数说明如下。

❑ autovacuum_vacuum_threshold：当表上发生变化的行数至少达到此参数值时，才可能让 AutoVacuum 对其进行 VACUUM，（这里说 "可能" 是因为还有另一个参数 "autovacuum_vacuum_scale_factor" 同时控制 VACUUM 的执行条件），默认值为 "50"。也可以在表上单独设置此参数，让不同的表有不同的配置。

❑ autovacuum_vacuum_scale_factor：触发 VACUUM 的第二个阈值条件。

调整这两个参数的值可以改变 AutoVacuum 的工作量，从而提升性能。对于一些大表，autovacuum_vacuum_scale_factor 设置为 "50" 有一些小了，可以在大表上单独设置一个较大的值，如 "90"，命令如下：

```
alter table big_table set (autovacuum_vacuum_threshold=90,toast.autovacuum_
  vacuum_threshold=90);
```

同样也有两个参数用于控制调整 AutoVacuum 进程进行统计信息收集（ANALYZE）的阈值条件。

❑ autovacuum_analyze_threshold：当表上发生变化的行数达到此参数值时，才可能让 AutoVacuum 对其进行 ANALYZE，（这里说"可能"是因为还有另一个参数"autovacuum_analyze_scale_factor"同时控制 VACUUM 的执行条件），默认值为"50"。也可以在表上单独设置此参数，让不同的表有不同的配置。

❑ autovacuum_analyze_scale_factor：触发 ANALYZE 的第二个阈值条件。

当表中行上的事务 ID 太早，超过 autovacuum_freeze_max_age 参数指定的年龄时，会强制地对这张表做 VACUUM 操作，autovacuum_freeze_max_age 的默认值为 2 亿。

这主要是为了防止事务 ID 回卷后无法正确判断事务的新旧，从而导致数据丢失。需要注意的是，即使 AutoVacuum 被禁止，系统也会强制调用 AutoVacuum 进程在表上执行 VACUUM。

当表中行上最早事务 ID 的年龄没有超过 vacuum_freeze_table_age 参数指定的年龄时，会做 LAZY UACUUM，LAZY UACUUM 不会全表扫描，即之前做过垃圾回收的数据块会被记录，再次 VACUUM 时会跳过这些块。但当表中行上的最早事务 ID 的年龄超过 vacuum_freeze_table_age 参数指定的值时，会做一个全表扫描的 VACUUM，称为"Aggressive Vacuum"，vacuum_freeze_table_age 的默认值为"150000000"，即为 1.5 亿。

需要把 autovacuum_freeze_max_age 设置为大于 vacuum_freeze_table_age 的值。有时为了减少因防止事务 ID 回卷而让 AutoVacuum 过于频繁地运行，可以增大这两个参数的值：

❑ vacuum_freeze_table_age = 250000000：即为 2.5 亿。

❑ autovacuum_freeze_max_age = 350000000：即为 3.5 亿。

12.5.4 预写式日志写优化

预写式日志（WAL）是对数据文件进行修改（通过是表或索引的数据文件）时，先把这些操作记录到日志中，数据文件修改后的脏页不必马上刷新到磁盘中，如果出现系统崩溃，可以重做记录在日志中的操作来恢复数据库。

一些与 WAL 相关的参数会影响数据库的性能，可以调整这些参数来优化数据库的性能。

检查点是事务序列中的点，在发生检查点时，所有脏数据页都会被刷新到磁盘中并且向日志文件写入一条特殊的检查点记录，以确保在该点之前的所有信息都已经写到数据文件中（改变以前刷新的 WAL 的缩写文件）。在发生系统崩溃时，恢复过程查找最后的检查点记录，然后重做该检查点之后的日志，把数据库恢复到正常情况。检查点完成之后，检查点之前的日志不再需要，可以循环使用或删除，当然这些日志还可以用在 Standby 数据库上。

以下两个参数用于控制检查点发生的频率：

❑ max_wal_size。

❑ checkpoint_timeout。

　　每当写 WAL 日志量超过 max_wal_size 参数的指定值时（在 PostgreSQL 9.4 及之前的版本，是写的 WAL 文件数超过 checkpoint_segments 的参数值时），每过 checkpoint_timeout 秒就创建一个检查点，不管满足哪个条件，都会生成一个检查点。默认情况下 max_wal_size 为 1GB（在 PostgreSQL 9.4 及之前的版本中 checkpoint_segment 的默认值为 "3"），checkpoint_timeout 为 300 秒（5 分钟）。当然也可以用 SQL 命令 "CHECKPOINT" 强制创建一个检查点。

　　发生检查点时，需要把当前所有数据块的脏页刷新到磁盘中，因此它的开销比较高。让检查点发生得慢一些，可能会提高性能。可以通过设置 checkpoint_warning 对检查点参数进行简单的检查。如果检查点发生的时间间隔接近 checkpoint_warning 秒，就会在服务器日志中输出一条消息，这样，通过监控日志信息，就可以在检查点发生得过于频繁时通知用户减小该频率。

　　为了避免检查点产生太多的 I/O，导致系统性能出现大的抖动，可以让 PostgreSQL 在平时也尽快平均地把脏页刷新到磁盘中，而不必等到发生检查点时才发现需要写太多的脏页。这个机制是由参数 checkpoint_completion_target 来控制的，此参数的默认值为 "0.5"，即让 PostgreSQL 在两个检查点间隔时间的 0.5 倍时间内完成所有脏页的刷新。看起来把该值设置得越接近 1.0，性能的抖动越平稳，但实际上不要设置为 "1.0"，设置为 "0.9" 就足够了，因为设置为 "1.0" 极有可能导致不能按时完成检查点。

　　还有一个名为 wal_buffers 的参数，用于指定 WAL 缓存的大小，在较早的 PostgreSQL 版本中，此值默认为 64KB，但在实际使用中，这个值通常有些小，因此在较新的 PostgreSQL 版本中，此默认值已被改为 4MB。如果是较早的 PostgreSQL 版本，可以把此参数值设置得大一些。

　　PostgreSQL 也提供了组提交（Group Commit）的功能，该功能默认是关闭的。它由以下两个参数控制。

- ❑ commit_delay：默认此值为 "0"，而非零的延迟允许多个事务共用一个 fsync() 系统调用提交，如果系统负载足够高，那么在给定的时间间隔内，其他事务可能已经准备好提交了，这样多个事务就可以共用一个 fsync() 调用，从而提高性能。但是如果没有其他事务准备提交，那么该时间间隔就增加了事务的延迟时间。因此，只有在其他处于活跃状态的事务数超过参数 commit_siblings 设置的值时，该延迟才会真的发生，才会让多个事务共用一个 fsync() 系统调用。
- ❑ commit_siblings：默认值为 "5"，表示只有存在 5 个活跃事务时，才会有组提交。

还有以下一些参数可以根据实际情况进行调整。

- ❑ wal_level：决定多少信息写入 WAL 日志中。PostgreSQL 10 及以上版本默认值是 replica，PostreSQL 9.6 及之前版本默认值是 minimal。设置成 minimal 时，记录的 WAL 日志最少，里面只写入数据库崩溃或突然关机后，进行恢复所需的信息。设置成 "replica" 或更高的级别时才能为该数据库建 Standby 数据库。对该参数的修改需要重启数据库服务器才能生效。
- ❑ synchronous_commit：声明一个事务是否需要等到操作已被写到 WAL 日志中才返回。

当设置成 off 时，会提高性能，但已成功提交并返回给应用程序的事务在主机或数据库崩溃时可能会丢失，因为这些事务可能还没有刷新到 WAL 日志中。将该参数设置为 off 不会有数据库不一致性的风险，它仅会导致数据库发生故障时可能会丢失一些最近已提交的事务。另外，此参数是可以以 session 级别来设置的，当明确知道某个事务不是很重要时，可以在 session 级别把此参数设置为 off，这样不影响其他事务。

❑ full_page_writes：默认为 on，PostgreSQL 服务器在检查点之后对页面的第一次写入时会将整个页面写到 WAL 日志中。这主要是为防止在操作系统崩溃过程中，只有部分页面写入磁盘，进而导致同一个页面中同时包含新旧数据，在系统崩溃后的恢复期间，由于 WAL 中存储的行变化信息不完整，无法完全恢复该页。把完整的页面影像保存下来，就可以保证能够正确恢复页面。虽然设置为 off 可以提高一些性能，但异常宕机后有无法修复坏块的风险，所以一般不建议设置为 off，除非配置了原子写，避免了坏块的问题。

❑ wal_writer_delay：声明 WAL 写进程的周期。在每个周期中，将 WAL 刷到磁盘后，休眠 wal_writer_delay 毫秒后再重复执行。默认是 200 毫秒。

12.5.5 配置的最佳实践

本节详细讲解 PostgreSQL 数据库在 CentOS 7.X 下的最佳配置实践。

1. 禁止 SELinux

SELinux 的限制很多，为了操作方便，我们会关闭 SELinux，关闭的方法是修改 /etc/selinux/config：

```
SELINUX=disabled
```

该设置需要重启机器才能生效。

检查是否已关闭 SELinux 的方法是运行"getenforce 命令"：

```
[root@pg01 ~]# getenforce
Disabled
```

如果输出是"Disabled"则表示已经关闭。

2. 关闭防火墙

关闭防火墙也是为了操作方便。Linux 下有两种防火墙，一种是 Iptables 防火墙，另一种是 Firewalld 防火墙。

禁止 Iptables 防火墙的方法如下：

```
systemctl stop iptables
systemctl disable iptables
```

关闭 Firewalld 防火墙的方法如下：

```
systemctl stop firewalld
```

```
systemctl disable firewalld
```

3.ulimit 的配置

在 /etc/security/limits.conf 文件中配置 ulimit：

```
* soft nofile 65536
* hard nofile 65536
* soft nproc 131072
* hard nproc 131072
* soft memlock -1
* hard memlock -1
```

有的时候只是在 limits.conf 中配置 ulimit 不一定会生效，这是因为 /etc/security/limits.d 下的文件如果有相同的配置项，则这些文件中的配置项的优先级更高，这会以该目录下的文件配置为准，所以还需要看该目录下的文件，通常该文件名形式为"XX-nproc.conf"，如"20-nproc.conf"，文件内容通常如下：

```
# Default limit for number of user's processes to prevent
# accidental fork bombs.
# See rhbz #432903 for reasoning.

*          soft    nproc     4096
root       soft    nproc     unlimited
```

当发现上面的"*　　　soft　nproc　　4096"中的值"4096"小于我们在"limits.conf"中配置的"131072"时，可把配置文件"20-nproc.conf"中的值也改成"131072"，文件的内容如下：

```
# Default limit for number of user's processes to prevent
# accidental fork bombs.
# See rhbz #432903 for reasoning.

*          soft    nproc     131072
root       soft    nproc     unlimited
```

修改完成后退出终端的窗口，重新登录机器，用 ulimit -Ha 命令看 ulimit 的硬限制的设置是否已生效：

```
[postgres@pg01 ~]$ ulimit -a
core file size          (blocks, -c) 0
data seg size           (kbytes, -d) unlimited
scheduling priority             (-e) 0
file size               (blocks, -f) unlimited
pending signals                 (-i) 3895
max locked memory       (kbytes, -l) unlimited
max memory size         (kbytes, -m) unlimited
open files                      (-n) 65536
pipe size            (512 bytes, -p) 8
POSIX message queues     (bytes, -q) 819200
real-time priority              (-r) 0
stack size              (kbytes, -s) 8192
cpu time               (seconds, -t) unlimited
max user processes              (-u) 131072
```

```
virtual memory            (kbytes, -v) unlimited
file locks                       (-x) unlimited
```

上面代码中的"open files"对应着配置文件中的"* hard nofile 65536"，"max user processes"对应着配置文件中的"* hard nproc 131072"，"max locked memory"对应着配置文件中的"* hard memlock -1"，看上面的值与我们配置的值是否一致，如果一致，说明配置已生效，如果不一致，需要检查原因。

用"ulimit -Sa"命令看 ulimit 的软限制的设置是否已生效：

```
    [postgres@pg01 ~]$ ulimit -Sa
core file size          (blocks, -c) 0
data seg size           (kbytes, -d) unlimited
scheduling priority             (-e) 0
file size               (blocks, -f) unlimited
pending signals                 (-i) 3895
max locked memory       (kbytes, -l) unlimited
max memory size         (kbytes, -m) unlimited
open files                      (-n) 65536
pipe size            (512 bytes, -p) 8
POSIX message queues     (bytes, -q) 819200
real-time priority              (-r) 0
stack size              (kbytes, -s) 8192
cpu time               (seconds, -t) unlimited
max user processes              (-u) 131072
virtual memory          (kbytes, -v) unlimited
file locks                      (-x) unlimited
```

上面代码中的"open files"对应着配置文件中的"* soft nofile 65536"，"max user processes"对应着配置文件中的"* soft nproc 131072"，"max locked memory"对应着配置文件中的"* soft memlock -1"，看上面的值与我们配置的值是否一致，如果一致，说明配置已生效，如果不一致，需要检查原因。

4. XFS 文件系统的配置

使用 XFS 文件系统，在 /etc/fstab 中配置文件系统的示例如下：

```
/dev/sde /data xfs nodev,discard,noatime,inode64,allocsize=16m 0 0
```

其中，数据库的数据文件建到"/data"目录下。因为这是一块 SSD，所以在 mount 选项中加了"discard"。

5. 块设备的 I/O 调度策略设置

将块设备的 I/O 调度策略设置为"deadline"，命令如下：

```
grubby --update-kernel=ALL --args="elevator=deadline"
```

该设置需要重新启动机器后才能生效。

6. 设置内存大页

CentOS 7.X 下禁止透明大页的命令如下：

```
grubby --update-kernel=ALL --args="transparent_hugepage=never"
```

设置页面大小为 1GB 的大页共 32GB，命令如下：

```
grubby --update-kernel=ALL --args="default_hugepagesz=1G hugepagesz=1G
  hugepages=32"
```

上述两项设置需要重新启动机器后才能生效。

7. sysctl.conf 的配置

sysctl.conf 的配置命令如下：

```
vm.swappiness=0
vm.overcommit_memory=2
vm.overcommit_ratio=85
vm.dirty_background_ratio=1
vm.dirty_ratio=2
kernel.shmmax = 274877906944
kernel.shmall = 67108864
kernel.sem=20 13000 20 650
kernel.sysrq = 1
kernel.core_uses_pid = 1
kernel.msgmnb = 65536
kernel.msgmax = 65536
kernel.msgmni = 2048
net.ipv4.tcp_syncookies = 1
net.ipv4.ip_forward = 0
net.ipv4.conf.default.accept_source_route = 0
net.ipv4.tcp_tw_recycle = 1
net.ipv4.tcp_max_syn_backlog = 4096
net.ipv4.conf.all.arp_filter = 1
net.ipv4.ip_local_port_range = 1025 65535
net.core.netdev_max_backlog = 10000
net.core.rmem_max = 2097152
net.core.wmem_max = 2097152
net.core.somaxconn = 2048
```

需要运行"sysctl -p"使上面的配置生效。

上面的一些重要配置项的说明如下。

- vm.swappiness=0：让操作系统尽量不要使用 SWAP。对于数据库主机来说，尽量不使用 SWAP 能获得更好的性能。
- vm.overcommit_memory=2：将此参数设置为"2"是为了防止 OOM。此参数的默认值是"0"，0 表示程序分配的内存可以大于实际拥有的物理内存，因为分配内存时，只是分配的虚拟内存，还没有实际分配物理内存。如果分配的总虚拟内存超过物理内存，当所有的程序都马上要使用内存，而物理内存不够时，操作系统只能 kill 掉一些程序，释放一些内存才能保证其他程序继续运行，这就出现了 OOM Kill。如果 OOM 杀掉的是 PostgreSQL 数据库的进程，数据库就会宕机。OOM 本质上是内存"超售"导致的。如果把该参数设置成"2"，再配合下面的参数 vm.overcommit_ratio 就可以避免 OOM。当此参数配置为"2"时，程序分配内存时，如果内核发现分配的内存超过了限制，则会直接报错，而不会到内存不够用时再 kill 掉占内存大的进程。如果此参数设置为 "2"，内存不够时，PostgreSQL 数据库只是无法建立新连接，而不会发生 OOM Kill，这就安全了很多。内核认为能允许分配内存的最大值是总共的物理内存 × vm.overcommit_ratio% + SWAP 空间。我们这台机器的内存是 256GB，SWAP 空间是 32GB，256 × 0.85+32=249.6GB，算出来的结果没有超过总内存，这是安全的。所以当把该参数设置为 "2" 时，还需要根据总内存和 SWAP 空间的大小，设置合理的 vm.overcommit_ratio 的参数值。

❑ vm.overcommit_ratio=85：见上面的描述。

❑ vm.dirty_background_ratio=1：是一个百分比，默认值是 "10%"，当文件系统的缓存中保存的脏页数超过总内存的这个百分比时，开始后台刷脏数据。默认值太大，当内存中有大量的脏数据时，会产生很大的性能抖动。为了保证系统的稳定性，建议把该值设置成一个较小的值。

❑ vm.dirty_ratio=2：与上一参数类似，只是前台刷脏页的百分比，默认值是 "20%"，也太大，建议设置成 "1%"。

❑ kernel.shmmax = 274877906944：设置成与总内存一样。

❑ kernel.shmall = 67108864：设置成总内存的页面数。

❑ kernel.sem=20 13000 20 650：12.5.1 节中已介绍过这个参数。

8. 数据库参数配置

对数据库进行如下参数配置：

```
listen_addresses = '*'              # what IP address(es) to listen on;
port = 5432                           # (change requires restart)
max_connections = 3000               # (change requires restart)
superuser_reserved_connections = 10   # (change requires restart)
tcp_keepalives_idle = 5              # TCP_KEEPIDLE, in seconds;
tcp_keepalives_interval = 5          # TCP_KEEPINTVL, in seconds;
tcp_keepalives_count = 3             # TCP_KEEPCNT;
shared_buffers = 32GB
huge_pages = on
# you actively intend to use prepared transactions.
work_mem = 4MB
maintenance_work_mem = 128MB
autovacuum_work_mem = 256MB
wal_writer_delay = 10ms
max_wal_size = 50GB
min_wal_size = 40GB
checkpoint_timeout = 15min
max_locks_per_transaction =256
checkpoint_completion_target = 0.9    # checkpoint target duration, 0.0 - 1.0
effective_cache_size = 256GB
log_destination = 'csvlog'            # Valid values are combinations of
logging_collector = on              # Enable capturing of stderr and csvlog
log_directory = 'pg_log'              # directory where log files are written,
log_truncate_on_rotation = on         # If on, an existing log file with the
log_rotation_age=3d
```

```
log_rotation_size=100MB
autovacuum = on                          # Enable autovacuum subprocess?  'on'
log_autovacuum_min_duration = 0
autovacuum_max_workers = 10              # max number of autovacuum subprocesses
autovacuum_naptime = 1min                # time between autovacuum runs
autovacuum_vacuum_threshold = 500        # min number of row updates before vacuum
autovacuum_analyze_threshold = 500       # min number of row updates before analyze
autovacuum_vacuum_scale_factor = 0.2     # fraction of table size before vacuum
autovacuum_analyze_scale_factor = 0.1    # fraction of table size before analyze
autovacuum_vacuum_cost_delay = 2ms       # autovacuum_vacuum_cost_delay
autovacuum_vacuum_cost_limit = 5000      # default vacuum cost limit
wal_compression = on
lock_timeout=600000
statement_timeout=3600000
log_min_error_statement=error
log_min_duration_statement=5s
temp_file_limit=20G   #控制临时表空间size
vacuum_cost_limit = 5000   #sas 盘2000,SSD为10000
vacuum_cost_delay = 2ms
checkpoint_completion_target=0.9
random_page_cost = 1.1
log_checkpoints =on
log_statement = 'ddl'
idle_in_transaction_session_timeout = 600000   # 自动清理 idle session
track_io_timing = on
track_functions = all
shared_preload_libraries = 'pg_stat_statements'
track_activity_query_size = 2048
pg_stat_statements.max = 10000
pg_stat_statements.track = all
pg_stat_statements.track_utility = off
pg_stat_statements.save = on
archive_mode = 'on'
archive_command = '/usr/bin/true'
```

一些重要配置项的说明如下。

❑ 配置了 TCP 的 keepalive 选项，tcp_keepalives_idle、tcp_keepalives_interval、tcp_keepalives_count，让一些已出问题的网络连接能尽快结束。

❑ shared_buffers = 32GB：需要与大页内存配置保持一致。

❑ huge_pages = on：从默认值"try"改为"on"，这样会强制保证数据使用大页内存，如果操作系统配置的大页有问题，则数据库无法启动，这样可以快速发现问题。

❑ max_wal_size = 50GB：指定 WAL 日志的空间上限。保证 WAL 不会占用太多的空间。

❑ min_wal_size = 40GB：该值通常不要设置得太小，容易导致 Standby 失效。

❑ checkpoint_timeout = 15min：保证能及时发生 Checkponit。

❑ autovacuum_max_workers = 10：worker 设置得多一些，可以保证 AutoVacuum 能尽快地完成。

❑ autovacuum_vacuum_cost_delay = 2ms：为防止 AutoVacuum 对系统产生太大冲击，AutoVacuum 每完成一定的工作量，就休眠 2ms 再重新开始工作。

❑ autovacuum_vacuum_cost_limit = 5000：因为是 SSD，所以建议把该值设置得高一些。

❑ vacuum_cost_limit = 5000：因为是 SSD，所以建议把该值设置得高一些。

❑ vacuum_cost_delay = 2ms：为防止 Vacuum 对系统产生冲击，Vacuum 每完成一定的工作量后，休眠 2ms 再开始工作。

❑ log_destination = 'csvlog'：设置成 csv 格式，便于分析日志。

❑ lock_timeout=600000：当锁超过 600 秒时，则放弃锁，防止长时间持有锁。如果你有长时间的 DDL 或 DML 语句操作，请根据实际情况把该参数值改大。

❑ statement_timeout=3600000：允许 SQL 最多运行 1 小时，请根据实际情况调整此参数。

❑ idle_in_transaction_session_timeout = 600000：清理长时间（10 分钟）的 idle 的事务连接，请根据实际情况调整此参数。

❑ archive_mode ='on'：打开归档。

❑ archive_command = '/usr/bin/true'：这里虽然设置了，但设置的是一个无用的命令，主要是因为修改 archive_mode 需要重启数据库服务器，而修改 archive_command 不需要重启数据库服务器。所以先配置一个无用的命令 "/usr/bin/true"，等真正需要归档时，再把 archive_command 设置成实际的归档命令，这样就不需要重启机器了。

❑ random_page_cost = 1.1：因为是 SSD，将该值调小，以便于执行计划尽量走索引，而不走全表扫描。

❑ shared_preload_libraries = 'pg_stat_statements'：pg_stat_statements 插件可以监控 SQL 的执行时间等性能统计数据，最好装上。

12.6 数据库的逻辑结构优化

本节主要介绍表和索引的优化思路和方法。

12.6.1 表的优化

PostgreSQL 使用固定的页面大小（通常为 8KB），并且不允许元组跨越多个页面。因此，不可能直接存储非常大的字段值。为了克服这种限制，需要将大字段值压缩和 / 或分解成多个物理行。这对用户来说是透明的，对大多数后端代码只有很小的影响。该技术被称为 "TOAST"（The Oversized-Attribute Storage Technique，超大属性存储技术）。

目前有以下 4 种 TOAST 策略。

❑ PLAIN：避免压缩和行外存储。

❑ EXTENDED：允许压缩和行外存储。

❑ EXTERNA：允许行外存储，但不允许压缩。

❑ MAIN 允许压缩，但不允许行外存储。

使用方法如下：

```
ALTER TABLE mytab1 ALTER col1 SET STORAGE EXTERNAL;
```

自动触发，默认只有当数据的长度超过一个 BLOCK 的四分之一大小时，才会触发 TOAST 对数据进行压缩。

TOAST 的优化如下。

❑ 修改列的 toast 属性：alter table test01 alter j SET STORAGE EXTERNAL。

❑ 如果 CPU 是瓶颈，则不使用压缩。

❑ 如果想节省空间，则使用压缩。

❑ PostgreSQL 11 可以指定内容超过多少时进行行外存储：alter table test01 set (toast_tuple_target=128)。

1. 调整表的 fillfactor 参数

fillfactor：填充因子是一个从 10 到 100 的整数，用于设置在插入数据时，在一个数据块中填充百分之多少的空间后就不再填充了，另一部分空间预留作更新时使用。比如，设置为"60"，则表示向一个数据块中插入的数据占用 60% 的空间后，就不再向该数据块中插入数据。而保留的这 40% 的空间，就是为了更新数据时使用。

Heap-Only Tuple 技术，会在原数据行与新行之间建一个链表，这样一来，就不需要更新索引了，索引项仍会指向原数据行，但通过原数据行与新行之间的链表依然可以找到最新的行。因为 Heap-Only Tuple 的链表不能跨数据块，如果新行必须插入新的数据块中，则无法使用 Heap-Only Tuple 技术，这时就需要更新表上的全部索引，这将造成很大的开销。所以对于更新频繁的表需要设置一个较小的 fillfactor 值。

调整方法如下：

```
alter table test01 set (fillfactor=80);
```

查看调整是否生效：

```
\d+ test01
```

2. 使用临时表

临时表的分类如下。

❑ 会话级的临时表。

❑ 事务级的临时表。

不管是事务级的临时表还是会话级的临时表，当会话结束时，临时表的定义都会消失，这与 Oracle 数据库不同，在 Oracle 数据库中，只是临时表中的数据消失，而临时表还存在。

```
create temp table xxxxxx ON COMMIT { PRESERVE ROWS | DELETE ROWS | DROP } ];
```

3. 使用分区表

❑ 通常表的行数达到千万级别时，就可以考虑使用分区表。

❑ PostgreSQL 9.X 需要使用表继承的 DDL 语法实现分区表，操作起来不方便，建议使用 pg_pathman 插件的分区表功能。

❑ PostgreSQL 10 提供了更好的 DDL 语句支持分区表，PostgreSQL 11 中的分区表的性能一定会有所提升。但还是建议使用 pg_pathman 插件的分区表功能。

❑ PostgreSQL 12 原生的分区表的性能得到了极大的提升，可以不使用 pg_pathman 插件。

4. 使用表空间

为什么使用表空间？有时我们需要把不同的表放到不同的存储介质或不同的文件系统下，这时就需要使用到表空间。在 PostgreSQL 中，表空间实际上是为表指定一个存储目录。在创建数据库时可以为数据库指定默认的表空间。创建表、索引的时候可以指定表空间，这样表、索引就可以存储到表空间对应的目录下了。创建表空间的语法格式如下：

```
CREATE TABLESPACE tablespace_name [ OWNER user_name ] LOCATION 'directory'
```

创建数据库时可以指定默认的表空间，命令如下：

```
create database db01 tablespace tbs_data;
```

PostgreSQL 在服务器安装成功之后会有以下两个缺省表空间。

❑ pg_default: 默认表空间，存储未指定表空间的新建对象。

❑ pg_global: 储存服务器中所有数据库共享的系统表。

表空间的使用示例如下：

```
create table test01(id int, note text) tablespace tbs_data;
create index idx_test01_id on test01(id) tablespace tbs_data;

ALTER TABLE test01 ADD CONSTRAINT pk_test01_id primary key(id) USING INDEX
TABLESPACE tbs_idx01;
```

把表从一个表空间移动到另一个表空间的命令如下：

```
alter table test01 set tablespace tbs_data;
```

在移动表的时候会锁定表，对此表的所有操作都将被阻塞，包括 SELECT 操作，所以请在无业务访问时使用此操作。

12.6.2 索引的优化

索引是一种从表中快速检索出较少行的有效方式，如果需要从表中检索出较少的行，我们需要考虑的是在查询条件上建索引，这样可以利用索引把所需要的数据快速检索出来。我们需要在哪些情况下建索引呢？下面的规则可以指导索引的创建：

❑ 特别小的表可以没有索引，但超过 300 行的表就应该有索引。

❑ 经常与其他表进行连接的表，在连接字段上应该建立索引。

❑ 经常出现在 WHERE 子句中的字段，特别是大表的字段，应该建立索引。

❑ 经常出现在 ORDER BY 子句中的字段，应该建索引。

❑ 经常出现在 GROUP BY 子句中的字段，考虑建索引。

- 对于查询中很少使用的列不应该创建索引。
- 索引应该建在选择性高的字段上，如一般不应该在"性别"字段上建索引，因为"性别"字段只有"男"和"女"两个选项，选择性太差。
- 索引应该建在小字段上，对于大的文本字段甚至超长字段，建议不要建索引，如果建也建议建哈希索引。
- 复合索引的建立需要仔细进行分析，尽量考虑用单字段索引代替。索引的几个字段是否经常同时以 AND 方式出现在 WHERE 子句中，单字段查询是否极少甚至没有？如果是，则可以建立复合索引，否则尽量考虑单字段索引；如果复合索引中包含的字段经常单独出现在 WHERE 子句中，则分解为多个单字段索引。
- 如果建了（A、B）两个字段上的组合索引，通常就不要再建 A 字段的单字段索引了。
- 正确选择复合索引中的主列字段（第一个列），一般是选择性较好的字段作为第一个列。
- 如果复合索引所包含的字段超过 3 个，那么要仔细考虑其必要性，尽量减少复合的字段。
- 频繁进行数据操作的表，不要建立太多的索引。
- 删除无用的索引，这些索引除了会导致更新的代价变大外，还可能产生错误的执行计划。

正常的 CREATE INDEX 命令要求一个锁来锁住写操作，但允许读操作。对于一般的线上数据库，锁住写操作是不可接受的，所以 PostgreSQL 提供了不堵塞写的建索引的方式"CREATE INDEX CONCURRENTLY"，但需要知道的是，CONCURRENTLY 建索引需要对表做两次扫描，总体代价会大一些。而在 PostgreSQL 12 版本之前，不需用 CONCURRENTLY 方式重建索引（reindex），这时可以以 CONCURRENTLY 命令新建一个新名字的索引，然后删除旧索引，当然到 PostgreSQL 12 及之后的版本，可以用 REINDEX CONCURRENTLY 方式建索引。

在 PostgreSQL 中有许多种索引类型，需要正确地使用它们才能获得良好的性能收益，所以我们需要了解不同的索引类型的特点。

- B 树索引：是使用最广泛的索引类型，这种索引是你执行 CREATE INDEX 时的默认索引类型，实际上，所有数据库中都有 B 树索引。字母"B"代表"Balanced"（平衡），大意是树的各个分叉的数据量是大致相同的。B 树索引既可以用于等值查询，也可以用于范围查询，还可以用于检索 NULL 值，如"colname is null"这样的查询。B 树索引也可以加速一些排序操作（order by colname）和聚合操作（group by colname）。
- 哈希索引：只能用于等值查询。在 PostgreSQL10 版本之前几乎没有人使用，这是因为在 PostgreSQL10 之前的版本中，它们不是事务安全的，崩溃后需要手动重建，并且是不会被复制到从库的，也就是说，在从库激活成主库时需要重建哈希索引。PostgreSQL10 及以上版本中我们可以使用 HASH 索引了。当索引键是一个较长的字符串时，B 树索引占用的空间较大，而哈希索引则占用空间较小。

- ❑ GIN 索引：即通用逆向索引（Generalized Inverted Indexe），PostgreSQL 中的全文检索就是使用 GIN 索引。另对于数组类型或 JSON 类型也可以使用 GIN 索引。
- ❑ GiST 索引：通用搜索树（Generalized Search Tree）索引，这是一种索引框架，即允许你建立普通平衡树结构，除能用于等值和范围比较之外，还能支持包含（@>）、重叠（&&）等复杂运算，它们更多地用于索引几何数据类型，也可用于全文检索。
- ❑ BRIN 索引：即块范围索引，是 PostgreSQL 9.5 版本开始增加的索引类型。当列在物理存储上有线性相关性时，在此列上建 BRIN 索引比较有用。但如果在物理存储上是杂乱无章的，则 BRIN 索引没有什么用处。BRIN 索引通常比 B 树索引要小很多，当插入的数据与插入的次序有线性相关性时，我们就可以建 BRIN 索引。

在创建索引时可以指定一些参数，最常用的是可以把索引放到另一个表空间中。如我们建两个表空间，一个是机械硬盘的表空间，另一个是 SSD 盘的表空间，可以把索引建到 SSD 盘的表空间上。索引还可以指定存储参数"fillfactor"，即填充因子。对于 B 树索引，在初始的索引构建过程中，叶子页面会被填充至该参数指定的百分比，当在索引右端扩展（增加新的最大键值）时也会这样处理。如果页面后来被完全填满，它们就会被分裂，这将导致索引的效率逐渐退化。B 树索引的 fillfactor 默认值是"90"，但是也可以选择为 10 到 100 的任何整数值。如果表一旦插入数据后就不会被更新或删除掉，那么填充因子设置为"100"是最好的，因为这样索引占用的空间最小。但是对于更新负荷很重的表，把 fillfactor 设置成较小值可以优化索引分裂。其他类型的索引也是类似的方式使用此参数，不同索引类型此参数的默认值也不同。

GIN 索引倒排的特性天然会导致更新一个 GIN 索引比较慢，因为插入或更新一行可能导致对索引的很多次插入，因此从 PostgreSQL 8.4 版本开始，GIN 索引可以通过将新插入的索引项放到一个临时的未排序的待处理条目列表中来推迟该索引的更新工作，当临时的索引项超过一定量时，再集中批量插入到 GIN 索引的主数据结构中，这样做就大幅度提高了 GIN 索引的更新效率。积累到多大的量进行批量处理呢？为此 GIN 索引提供了参数"gin_pending_list_limit"，该参数的单位是 KB，默认值是"4MB"，该值可以在全局设置，也可以单独为每个索引设置，命令如下：

```
osdba=# create index idx_test01_phone on test01 using gin(phone) with(gin_
  pending_list_limit=8192);
CREATE INDEX
osdba=# \d+ idx_test01_phone
    Index "public.idx_test01_phone"
 Column |  Type   | Definition | Storage
--------+---------+------------+---------
 phone  | integer | phone      | plain
gin, for table "public.test01"
Options: gin_pending_list_limit=8192
```

当表被 VACUUM、自动分析时，临时的待处理条目列表也会被批量插入到 GIN 索引的主数据结构中，我们还可以强制调用函数"gin_clean_pending_list"做这个批量处理动作：

```
osdba=# select gin_clean_pending_list('idx_test01_phone');
  gin_clean_pending_list
------------------------
                      23
(1 row)
```

PostgreSQL 还有部分索引的功能，即可以只对表中满足条件的部分数据建索引，当满足条件的行只是总行中的很小一部分时，该索引的大小将也变得很小，我们用一个实际的例子来讲解部分索引的使用方法。假设将用户在我们网站上的行为记录到了下面的一张事件表中：

```
CREATE TABLE event (
  user_id BIGINT,
  event_id BIGINT,
  ev_time BIGINT NOT NULL,
  ev_action varchar(20),
  url text,
  ev_data JSON NOT NULL,
  PRIMARY KEY (user_id, event_id)
);
```

上面的事件表中"ev_action"是指这个用户在该页面的动作，可以取值为"query""submit"……，其中"submit"表示提交表单。通常我们只分析某一段时间内新注册用户的情况：

```
SELECT COUNT(*)
FROM event
WHERE
  ev_action = 'submit' AND
  url = '/register/' AND
  ev_time BETWEEN 1548856144000 AND 154911534000
```

因为网站主要是查询多，在 1000 万个事件数据中，可能只有 3000 个是注册事件，如果没有任何索引，这条查询会耗时较长的时间。如果按"ev_action"列、"url"列、"ev_time"建一个组合索引，这张事件表的数据量可能是几亿条记录，那么该索引就会很大，这时我们可以建一个部分索引：

```
CREATE INDEX idx_event_register ON event (ev_time)
WHERE ev_action = 'submit' AND url = '/register/';
```

我们知道一般的数据库对 LIKE 类型的前缀查询条件"like "cond%""是可以走到索引的，但对于 LIKE 类型的中缀查询条件"like "%cond%""是走不到索引的，这种查询会走全表扫描，如果表很大，查询速度会很慢，但 PostgreSQL 是可以走到索引的，不过是需要装 pg_trgm 插件，实例如下：

```
postgres=# CREATE EXTENSION pg_trgm;
CREATE EXTENSION
postgres=# create table test01(id int, t text);
CREATE TABLE
postgres=# insert into test01 select seq, seq||'aaaaaaaaaaaaaaaaaaaa' from
  generate_series(1, 100000) as seq;
```

```
INSERT 0 100000
postgres=#  CREATE INDEX idx_trgm_test01_t ON test01 USING gin (t gin_trgm_ops);
CREATE INDEX
postgres=# EXPLAIN SELECT COUNT(*) FROM test01 WHERE t LIKE '%2322a%';
                                        QUERY PLAN
----------------------------------------------------------------------------------
 Aggregate  (cost=64.73..64.74 rows=1 width=8)
   ->  Bitmap Heap Scan on test01  (cost=28.08..64.71 rows=10 width=0)
     Recheck Cond: (t ~~ '%2322a%'::text)
     ->  Bitmap Index Scan on idx_trgm_test01_t  (cost=0.00..28.07 rows=10
       width=0)
       Index Cond: (t ~~ '%2322a%'::text)
(5 rows)

Time: 0.340 ms
postgres=# SELECT COUNT(*) FROM test01 WHERE t LIKE '%2322a%';
 count
-------
    10
(1 row)

Time: 0.378 ms
```

可以看到上例查询的响应速度为毫秒级别。

如果一个索引被创建出来后一直未被使用，除了占用空间之外，还会使插入、更新和删除等操作变慢，一般这样的索引应该删除。用下面的 SQL 命令可以把没有使用过的索引找出来：

```
SELECT indexrelid::regclass as index_name, relid::regclass as table_name
  FROM pg_stat_user_indexes JOIN pg_index USING(indexrelid)
  WHERE idx_scan = 0
    AND indisunique is false;
```

找出这些索引后，人工检查这些索引是因为刚建上还没有来得及使用，还是各种原因导致的无用的索引。

索引固然可以提高查询的速度，但同时也降低了 INSERT、UPDATE 及 DELETE 的效率，因为这些 DML 操作都会产生索引的更新，所以怎样建索引需要根据具体情况慎重考虑。通常一个表的索引数最好不要超过 6 个，若太多则应考虑将一些不常使用的列上建的索引删除。

12.7　SQL 的优化

本节介绍 SQL 优化的一些思路和技巧。

12.7.1　找出慢的 SQL

通常应该在数据库中安装 pg_stat_statements 插件，该插件记录了所有 SQL 语句的执行统计信息：如每个 SQL 语句执行的总次数和总时间，以及一些其他的 SQL 语句执行的性能信息。

安装此插件需要重启一次数据库，所以最好是在建数据库之初就把插件安装进去。安装的方法是先把此插件放到配置文件"postgresql.conf"的"shared_preload_libraries"配置项中，命令如下：

```
shared_preload_libraries = 'pg_stat_statements'
```

以上配置完成后需要重新启动数据库。然后在数据库中创建该插件：

```
create extension pg_stat_statements;
```

执行完成后会出现一个 SQL 执行情况的性能视图：

```
osdba=# \d pg_stat_statements
                  View "public.pg_stat_statements"
       Column        |       Type       | Collation | Nullable | Default
---------------------+------------------+-----------+----------+---------
 userid              | oid              |           |          |
 dbid                | oid              |           |          |
 queryid             | bigint           |           |          |
 query               | text             |           |          |
 calls               | bigint           |           |          |
 total_time          | double precision |           |          |
 min_time            | double precision |           |          |
 max_time            | double precision |           |          |
 mean_time           | double precision |           |          |
 stddev_time         | double precision |           |          |
 rows                | bigint           |           |          |
 shared_blks_hit     | bigint           |           |          |
 shared_blks_read    | bigint           |           |          |
 shared_blks_dirtied | bigint           |           |          |
 shared_blks_written | bigint           |           |          |
 local_blks_hit      | bigint           |           |          |
 local_blks_read     | bigint           |           |          |
 local_blks_dirtied  | bigint           |           |          |
 local_blks_written  | bigint           |           |          |
 temp_blks_read      | bigint           |           |          |
 temp_blks_written   | bigint           |           |          |
 blk_read_time       | double precision |           |          |
 blk_write_time      | double precision |           |          |
```

我们可以按"max_time"排序找出执行时间最长的 10 条 SQL 语句，命令如下：

```
select max_time, query from pg_stat_statements order by max_time desc limit 10;
```

当然，我们也可以按"calls"排序找出执行最频繁的 SQL 语句，命令如下：

```
select calls, query from pg_stat_statements order by calls  desc limit 10;
```

当然，我们还可以找出某些查询的执行时间超过了所有查询总时间的一个百分比来确定这些消耗时间最多的 SQL 语句。先写出查询所有查询消耗的总时间的 SQL 语句：

```
SELECT sum(total_time) AS total_time,
       sum(blk_read_time + blk_write_time) AS io_time,
       sum(total_time - blk_read_time - blk_write_time) AS cpu_time,
       sum(calls) AS ncalls,
```

```
        sum(rows) AS total_rows
    FROM pg_stat_statements
    WHERE dbid IN (SELECT oid FROM pg_database WHERE datname=current_database())
```

然后我们用下面的 SQL 语句即可以查询出消耗的 CPU 时间超过所有 SQL 语句消耗的总 CPU 时间的百分之五的 SQL 语句：

```
WITH total AS (
    SELECT sum(total_time) AS total_time, sum(blk_read_time + blk_write_time) AS
      io_time,
        sum(total_time - blk_read_time - blk_write_time) AS cpu_time,
        sum(calls) AS ncalls, sum(rows) AS total_rows
    FROM pg_stat_statements WHERE dbid IN (
        SELECT oid FROM pg_database WHERE datname=current_database())
)
SELECT *,(pss.total_time-pss.blk_read_time-pss.blk_write_time)/total.cpu_time*100
  cpu_pct
    FROM pg_stat_statements pss, total
    WHERE (pss.total_time-pss.blk_read_time-pss.blk_write_time)/total.cpu_time >=
0.05
    ORDER BY pss.total_time-pss.blk_read_time-pss.blk_write_time DESC;
```

用下面的方法找出消耗的 IO 时间超过所有 SQL 语句消耗的总 IO 时间的百分之五的 SQL 语句：

```
WITH total AS (
    SELECT sum(total_time) AS total_time, sum(blk_read_time + blk_write_time) AS
      io_time,
        sum(total_time - blk_read_time - blk_write_time) AS cpu_time,
        sum(calls) AS ncalls, sum(rows) AS total_rows
    FROM pg_stat_statements WHERE dbid IN (
        SELECT oid FROM pg_database WHERE datname=current_database())
)
SELECT *,(pss.blk_read_time + pss.blk_write_time)/total.io_time*100 io_pct
    FROM pg_stat_statements pss, total
    WHERE (pss.blk_read_time + pss.blk_write_time)/total.io_time >= 0.05
      AND total.io_time > 0
    ORDER BY pss.blk_read_time + pss.blk_write_time DESC;
```

我们还可以通过把执行操作一定时间的 SQL 语句打印到日志中的方法来找出这些低效的 SQL，如我们把执行时间超过 10 秒的 SQL 语句打印到日志中，则在 postgresql.conf 中进行如下配置：

```
log_min_duration_statement=10000
```

这时日志中会记录执行时间超过 10 秒的 SQL，示例如下：

```
2019-02-05 15:48:29.738 CST [20016] LOG:  duration: 11009.196 ms  statement:
    select pg_sleep(11);
```

通常在一些较大的表上做全表扫描，效率不会太高，我们可以用下面的 SQL 命令把走全表扫描的次数超过 10 次且尺寸大于 100KB 的表找出来：

```
SELECT relname,
```

```
        pg_relation_size(relid) AS rel_size,
        seq_scan, idx_scan
   FROM pg_stat_all_tables
  WHERE pg_relation_size(relid) > 100000
    AND seq_scan > 10
    AND schemaname = 'public'
  ORDER BY seq_scan DESC;
```

　　根据找出的表，然后根据表名再到 pg_stat_statements 中把走全表扫描的 SQL 找出来，然后分析一下看是否是因为漏建了索引还是其他原因导致的全表扫描。

12.7.2　SQL 语句的优化技巧

　　下面列出了一些 SQL 语句优化技巧，可以在实际使用中灵活应用：

- ❑ 通常应该尽量避免全表扫描和排序操作，所以考虑在查询条件的列和 ORDER BY 涉及的列上建立索引。
- ❑ 如果经常进行一些范围查询，可以考虑使用 "CLUSTER table_name USING index_name" 让表中行的物理存储顺序与索引的顺序一致，以提高查询效率。
- ❑ 应尽量避免在 WHERE 子句中对字段进行函数或表达式操作，因为这会导致走不到索引。
- ❑ 通常用 EXISTS 代替 IN 是一个好的选择："select * from a where col in(select col from b)" 用 "select * from a where exists(select 1 from b where b.col=a.col)" 替换。
- ❑ 只含数值信息的字段尽量不要设计为字符型，而应该设计成数值型，因为这会降低查询和连接的性能，并会增加存储开销。
- ❑ 数值类型的字段尽量设计为 int 或 bigint 类型而不应该设计成 numeric 型，因为 int 和 bigint 类型的效率更高。只有 int 或 bigint 的范围不能表示时，才使用 numeric 类型。
- ❑ 如果明知两个结果集没有重复记录，则应该使用 UNION ALL 而不是 UNION 合并两个结果集。
- ❑ 最好不要使用 "*" 返回所有表的所有列，如 "select * fromt"，应用具体的字段列表代替 "*"，不要返回用不到的任何字段。
- ❑ 表的别名（Alias）的技巧是当在 SQL 语句中连接多个表时，请尽量使用表的别名，并把别名前缀于每个 Column 上，这样可以减少解析的时间并减少那些由列名歧义引起的语法错误。
- ❑ 尽量将数据的处理工作放在服务器上完成，以减少网络开销，适度地使用存储过程，以减少客户端与数据库的交互次数。
- ❑ 使用 COPY 导入数据，比一条条地 INSERT 要快得多，也比 "INSERT t values(),(),(),....." 这样的批量插入快。
- ❑ 在存储过程中，能够用 SQL 语句实现的就不要用循环去实现。
- ❑ 在存储过程或事务中更新多张表时，应该总是以相同的顺序去更新，这样可以避免死锁。

❑ varchar(n) 和 text 类型没有性能差异，只是 varchar(n) 对输入文本的长度有限制。

❑ 建议使用 timestamp with time zone 类型，而不要用 timestamp without time zone 类型，这是为了避免时间函数对于不同时区的时间点返回值不同，为业务的国际化扫清障碍。

PostgreSQL 数据库对于 INSERT、UPDATE 和 DELETE 语句可以通过 RETURING 返回行的值，可以避免二次查询，从而提高性能。例如，我们建一张主键是递增序列的表，可以使用 RETURING 获得新插入行的主键值，命令如下：

```
CREATE TABLE test(id serial primary key, t text, tm timestamptz default now());
INSERT INTO test(t) VALUES('11111') RETURNING id, tm;
```

当然，一些其他的数据库编程接口也有能返回主键值的功能，但 PostgreSQL 的 RETURNING 语法可以返回任何列的值，如上面的例子中还可以返回一些有默认值的列。

UPDATE 语句带 RETURNING 的示例如下：

```
osdba=# UPDATE test set tm=now() WHERE id=1 RETURNING tm;
            tm
-------------------------------
 2020-02-05 21:50:59.36902+08
(1 row)

UPDATE 1
```

PostgreSQL 中没有 Oracle、MSSQL 的 MERGE INTO 语法，但是它的 ON DUPLICATE KEY UPDATE 语法可以实现类似的功能，通过该功能可以实现 MERGE 功能，从而提高 SQL 的效率。假设我们有一张博客的访问量的表：

```
CREATE TABLE blog_pv(
  blog_id int primary key,
  pv int
);
```

每增加一次访问，需要对访问量加一，可以用如下 SQL 语句：

```
INSERT INTO blog_pv(blog_id, pv) VALUES(998, 1) ON CONFLICT(blog_id) DO UPDATE
  SET pv=blog_pv.pv+1;
```

当然，对于 PostgreSQL 也可以使用 CTE 实现相同的功能，只是 CTE 的 SQL 语句要复杂得多，命令如下：

```
WITH upsert as
(update blog_pv m set pv = pv + 1 where blog_id= 998
  RETURNING m.*
), data as (select 998 as blog_id, 1 as pv)
insert into blog_pv select * from data a where not exists(select 1 from upsert b
  where a.blog_id=b.blog_id);
```

有时我们需要从一张大表中随机抽取一些数据，大表的定义如下：

```
create table test01(id int, t text);
```

```
insert into test01 select seq, seq || 'osdba' from generate_series(1, 100000) as
    seq;
```

一般人可能会用 limit 语句来获取数据，命令如下：

```
select * from test01 limit 1000;
```

但这样可能随机性不好，也有人用下面的 SQL 语句来实现：

```
select * from test01 where id%1000 = 1;
```

但上面的 SQL 语句会走全表扫描，效率不高，其实 PostgreSQL 提供了数据抽样的语法，可以直接抽样大表的数据：

```
SELECT * FROM test01 TABLESAMPLE SYSTEM(0.1);
```

上面语句中的"TABLESAMPLE SYSTEM(0.1)"的含义是随机找一些数据块进行抽样，抽样比例是 0.1%。

12.8　小结

这一章介绍了一些常用的优化方法和技巧，对读者有很好的指导作用。但进行数据库优化需要有很广的知识面，也需要更多的工作实践，只有不断学习和不断的工作实践才能做好数据库的优化工作。

Standby 数据库的搭建

13.1 Standby 数据库原理

　　数据库服务器通常允许存在一个与主库同步的在线备数据库服务器，当主数据库服务器失败后，备数据库服务器可以快速提升为主服务器并提供服务，从而实现数据库服务的高可用；同时，备数据库服务器也提供了数据库的另一个副本，当主数据库服务器的数据丢失后，备数据库服务器上还有一份数据，不会导致数据的完全丢失，从而提高数据的可靠性。另一种模式是允许多台数据库服务器同时提供负载均衡服务。因为数据库内部记录的是数据，当多台数据库同时提供服务时，不会像 Web 服务器那么简单，因为 Web 服务器是无状态的，而数据库是有状态的，主备数据库之间存在着数据同步，通常是一台主数据库提供读写，然后把数据同步到另一台备数据库，这台备数据库不断应用（apply）从主数据库发来的变化数据。这台备数据库服务器不能提供写服务，通常最多提供只读服务。在 PostgreSQL 中能提供读写全功能的服务器称为 Primary Database 或 Master Database，若备份数据库在接收主数据库同步数据和应用同步数据时不能提供只读服务，则该备份数据库称为 Warm Standby Server；而如果备份数据库在接收和应用主数据库同步数据时也能提供只读服务，则该备份数据库称为 Hot Standby Server。Hot Standby 功能是 PostgreSQL 9.0 版本开始提供的新功能。

13.1.1 PITR 原理

　　PostgreSQL 在数据目录的 pg_wal 子目录（10 版本之前是 pg_xlog 子目录）中始终维护一个 WAL 日志文件。该日志文件记录了数据库数据文件的每次改变。最初设计该日志文件的主要目的是为了数据库异常崩溃后，能够通过重放最后一次 Checkpoint 点之后的日志文件，把数据库推到最终的一致状态，避免数据丢失或不一致。当然，因为此日志文件的机制也提供了另一种热备份方案：先把数据库以文件系统的方式备份出来，同时把相应的 WAL 日志也备份出来。虽然直接复制数据库数据文件会导致复制出来的数据文件不一致，如复制的多个数据文件不是同一个时间点的文件。同时复制一个 8KB 的数据块时也存在数据不一致的情况：假设刚复制完前 4KB 个块，而数据库又写了整个 8KB 的数据块的内容，这时复制的这个数据块的前 4KB 块和后 4KB 块不是一个完整的 8KB 的数据块，从而导致不一致。但因为有了WAL 日志，即使备份出来的数据块不一致，也可以重放备份开始后的 WAL 日志，把备份的内容推到一致状态。

由此可见，当有 WAL 日志之后，备份数据库不再需要一个完美的一致性备份，备份中的任何非一致性数据都会被重放 WAL 日志文件的过程纠正，所以我们可以在备份数据库时通过简单的 cp 命令或 tar 等操作系统提供的备份文件的工具来实现数据库的在线备份。

之后不停地重放 WAL 日志就可以把数据库推到备份结束后的任意一个时间点，这就是基于时间点的备份，英文为"Point-in-Time Recovery"，缩写为"PITR"。

使用简单的 cp 命令或其他命令把数据库在线复制出来的备份，称为基础备份，从基础备份操作开始之后产生的 WAL 日志和此基础备份构成了一个完整的备份。把基础备份恢复到另一台机器，然后不停地从原始数据库机器上接收 WAL 日志，在新机器上持续重放 WAL 日志，只要应用 WAL 日志足够快，该备数据库就会追上主数据库的变化，拥有当前主数据库的最新数据状态。这个新机器上的数据库被称为 Standby 数据库。当主数据库出现问题无法正常提供服务时，可以把 Standby 数据库打开提供服务，从而实现高可用。

把 WAL 日志传送到另一台机器上的方法有两种，一种是通过 WAL 归档日志方法；另一种是 PostgreSQL 9.X 版本开始提供的被称为流复制的方法，后面将详细介绍这两种方法。

13.1.2　WAL 日志归档

所谓把 WAL 日志归档，其实就是把在线的已写完的 WAL 日志复制出来。在 PostgreSQL 中配置归档的方法是在配置文件"postgresql.conf"中配置参数"archive_mode"和"archive_command"，archive_command 的配置值是一个 UNIX 命令，此命令把 WAL 日志文档复制到其他地方，示例如下：

```
archive_mode  = on
archive_command = 'cp %p /backup/pgarch/%f'
```

上面的命令中"archive_mode = on"表示打开归档备份，参数"archive_command"的配置值是一 UNIX 的 cp 命令，命令中的"%p"表示在线 WAL 日志文件的全路径名，"%f"表示不包括路径的 WAL 日志文件名。在实际执行备份时，PostgreSQL 会把"%p"替换成实际的在线 WAL 日志文件的全路径名，并把"%f"替换成不包括路径的 WAL 日志名。

也可以使用操作系统命令 scp 把 WAL 日志复制到其他机器上，从而实现跨机器的归档日志备份，命令如下：

```
archive_mode  = on
```

```
archive_command = 'scp %p postgres@192.168.1.100:/backup/pgarch/%f'
```

使用上面复制 WAL 文件的方式来同步主、备数据库之间的数据，会导致备库落后主库一个 WAL 日志文件，具体落后多长时间取决于主库上生成一个完整的 WAL 文件所需要的时间。

13.1.3　流复制

流复制是 PostgreSQL 从 9.0 版本开始提供的一种新的传递 WAL 日志的方法。使用流复制时，Primary 数据库的 WAL 日志一产生，就会马上传递到 Standby 数据库。流复制传递日志的方式有两种，一种是异步方式；另一种是同步方式。使用同步方式，则在 Primary 数据库提交事务时，一定会等到 WAL 日志传递到 Standby 数据库后才会返回，这样可以做到 Standby 数据库接收到的 WAL 日志完全与 Primary 数据库同步，没有一点落后，当主备库切换时使用同步方式可以做到零数据丢失。异步方式，则是事务提交后不必等日志传递到 Standby 数据库就即可返回，所以 Standby 数据库通常比 Primary 数据库落后一定的时间，落后时间的多少取决于网络延迟和备库的 I/O 能力。

13.1.4　Standby 数据库的运行原理

当 PostgreSQL 数据库异常中止后，数据库刚重启时，会重放停机前最后一个 Checkpoint 点之后的 WAL 日志，把数据库恢复到停机时的状态，恢复完成后自动进入正常的状态，可以接收其他用户的查询和修改。想象另一个场景：如果 A 机器上的数据库停止后，把 A 机器上的数据库整个复制到另一台机器 B 上，在机器 B 上启动这个数据库时，机器 B 上的数据库也将做与 A 机器上数据库重启时相同的事，即重放停止之前最后一个 Checkpoint 点之后的 WAL 日志，把数据库推到停机时的状态。正常的数据库完成恢复后会自动进入正常状态，如果有办法让该数据库不自动进入正常状态，而是一直等待新的 WAL 日志，如果有新的 WAL 日志来则自动进行重放，直到主库失败后，再让 B 机器上的数据库进入正常状态，这样 B 机器上的数据库就成了一个 Standby 数据库，实现了当 A 机器上的数据库失败后，B 机器上的数据库能立即接管的功能。

在 PostgreSQL9.0 之前的版本中没有流复制的功能，基本上只能一个个地传送 WAL 日志文件（除非使用第三方的软件），所以备库最少比主库落后一个 WAL 日志文件，在出现故障后，使用 Standby 数据库接管数据库服务，丢失的数据会比较多。PostgreSQL 9.0 版本后提供了流复制功能，当主库产生一点日志后就会马上传送到备库，从而一般只丢失最多几秒的数据。PostgreSQL 9.1 中，流复制的功能得到了进一步的提升，提供了同步复制的功能，这样主备切换后，就不存在数据丢失的问题。有人就会问，如果同步复制，当备库出现问题后，会不会导致主库也会被 hang 住？通常会导致这个问题，但 PostgreSQL 提供了多个 Standby 数据库的功能，如配置两个 Standby 数据库，当一个 Standby 数据库损坏时，主数据库不会被 hang 住，两个备数据库都出现问题时才会导致主数据库不能写。PostgreSQL 9.2 版本开始，增加级连复制的功能，也就是一个 Standby 数据库后面可以再级连另一个 Standby 数据库，也就是说，其他 Standby 数据库不必都从主数据库上拉取 WAL 日志，可以从其他 Standby 数据库拉取 WAL 日志。

流复制协议不仅能传递 WAL 日志，也能传递数据文件，后面介绍的 **pg_basebackup** 工具就是通过流复制协议把远程主库的所有数据文件传输到本地的。

PostgreSQL 数据库是通过在数据目录下建一个特殊的文件来指示数据库启动在主库模式还是在备库模式，在 PostgreSQL 12 版本之前是通过文件 "recovery.conf" 来指示数据库启动在备库模式的（当然需要在 recovery.conf 中配置一些合适的内容才可以），从 PostgreSQL 12 版本开始把 recovery.conf 中的配置项全部移到 postgresql.conf 配置文件中，不再使用 recovery.conf 文件。当然为了指示该数据库是备库，还需要在数据目录下建一个名为 "standby. signal" 的空文件。

如果我们在 postgresql.conf 中配置了 "hot_standby" 为 "on"，说明备库是 "Hot Standby"，即可以只读的，如果配置 "hot_standby" 为 "off"，说明备库是 "Warm Standby"，psql 是无法连接这个备库的，连接时会报如下错误：

```
[postgres@pg01 ~]$ psql
psql: FATAL:  the database system is starting up
```

13.1.5 建 Standby 数据库的步骤

对于 PostgreSQL 12 版本的数据库，只需要在数据库的数据目录下建 standby.signal 文件，然后重新启动数据库，数据库就会进入 Standby 模式下。当然由于 PostgreSQL 12 版本中 postgresql.conf 的参数 "hot_standby" 是打开的，该数据库是只读的。对于 PostgreSQL 12 版本之前的数据库，如 PostgreSQL 11 版本，需要创建一个 recovery.conf 文件，并在文件中设置如下内容：

```
standby_mode = 'on'
```

当我们把文件 standby.signal（如果是 PostgreSQL 12 之前的版本数据库是 recovery.conf）删除，再重启数据库，数据库就变回主库了。

当然上面的步骤只是把主库转换成了备库，变成了只读库，并没有新建一个备库，通常我们需要新建一个只读备库，并从主库进行 WAL 日志的同步，最简单的方法是把主数据库停下来，把主数据库的数据目录原封不动地复制到备机，在备机数据库的数据目录下建一个指示这个库是备库的文件（如果是 PostgreSQL 12 及以上版本是 standby. signal 文件，如果是 PostgreSQL 12 之前的版本是 recovery.conf 文件），然后在指定的配置文件（如果是在 PostgreSQL 12 及以上版本是 postgresql.conf 文件，如果是 PostgreSQL 12 之前的版本是 recovery.conf 文件）中配置如何连接主库的流复制，然后启动备库就完成了 Standby 备库的搭建。

上面这种通过冷备库的方式搭建备库的方式需要停止主库，如果数据库比较大，会有比较长的停库时间，这时会不方便，所以 PostgreSQL 也提供了热备份的方式搭建 Standby 备库，即在主库不停机，也不终止正常读写的情况下，就可以在线搭建 Standby 备库。

以热备份的方式建 Standby 备库的过程可分为以下两个大步骤。

❑ 第一步：通过在线热备份的方式生成一个基础备份，并把生成的基础备份传到备机上；

❑ 第二步：在备库上配置相关配置文件后，把备库启动在 Standby 模式下，这样就完成了 Standby 库的搭建。该步骤与冷备份搭建 Standby 备库的过程基本相同。

通过热备份的方式生成基础备份的方法有以下两种：

❑ 第一种是通过底层 API 的方式一步一步地完成。

❑ 第二种是通过 pg_basebackup 工具一键完成。

底层 API 的方式可以让我们更深入地了解热备份的原理，同时复制数据文件时可以使用更灵活的方式，如并发运行几个 scp 同时复制不同的数据文件，这样对于比较大的数据库可以更快地完成备库的搭建；使用 pg_basebackup 工具可以做到一键完成备库的搭建，这样会更方便。pg_basebackup 实际上是底层 API 的包装，帮助我们更方便地搭建 Standby 备库，13.2 节将仔细讲解 pg_basebackup 工具的使用方法。

我们先介绍用底层 API 的方式搭建备库的过程和步骤。

❑ 以数据库超级用户身份连接到数据库，发出命令"SELECT pg_start_backup('label')"。

❑ 执行备份：使用任何方便的文件系统工具，比如 tar 或 cp 直接把数据目录复制下来。操作过程中既不需要关闭数据库，也不需要停止对数据库的任何写操作。

❑ 再次以数据库超级用户身份连接数据库，然后发出命令"SELECT pg_stop_backup()"。这将中止备份模式并自动切换到下一个 WAL 段。设置自动切换是为了在备份间隔中写入的最后一个 WAL 段文件可以立即为下次备份做好准备。

❑ 把备份过程中产生的 WAL 日志文件也复制到备机上。

在上面的步骤中，有人可能会问，为什么热备份数据库前需要执行 pg_start_backup()？

实际上，pg_start_backup() 主要做了以下两项工作：

❑ 置写日志标志位：XLogCtl->Insert.forcePageWrites = true，也就是把这个标志设置为"true"后，数据库会把变化的整个数据块都记录到数据库中，而不仅仅是块中记录的变化。

❑ 强制发生一次 Checkpoint。

为什么要强制 WAL 日志把整个块都写入 WAL 中呢？想象一下：如果用 cp 命令复制文件时，数据库可能同时写这个文件，那么可能会出现一个数据块，数据库正在写，cp 命令正在读，这样有可能复制的数据块的前半部分是旧数据，后半部分是新数据，也就是单个数据块的数据不一致，这时，如果后面使用 WAL 日志把数据推到一个一致点时，WAL 日志中只记录块中行的变化，那么这种不一致的数据块就无法恢复，但如果 WAL 日志中记录的是整个新数据块的内容，那么重演 WAL 日志时，用整个新块的内容覆盖数据块后，就不会存在不一致的数据块了。

强制发生一次 Checkpoint，也是为了把前面的脏数据都刷到磁盘中，这样之后产生的日志都记录了整个数据块，这可以保证恢复的正确性。

Standby 数据库一直运行在恢复状态，如何让数据库运行在恢复状态呢？在 PostgreSQL 中是通过配置 recovery.conf 文件来实现的。在数据库启动过程中，如果发现数据目录（$PGDATA 环境变量指向的目录）下存在 recovery.conf，就会按 recovery.conf 文件中指示的情况把数据库启动到恢复状态。后面会详细介绍 recovery.conf 的配置方法。

13.2　pg_basebackup 命令行工具

本节详细介绍 pg_basebackup 工具的原理和使用方法。

13.2.1　pg_basebackup 介绍

通过前面的介绍我们已经知道可以使用 pg_basebackup 工具来完成数据库的基础备份。pg_basebackup 是从 9.1 版本开始提供的一个方便基础备份的工具。

pg_basebackup 工具把整个数据库实例的数据都物理地复制出来，而不是也不能只把数据库实例中的部分内容如某些表单独备份出来。

该工具使用流复制的协议连接到主数据库上，所以主数据库中的 pg_hba.conf 必须允许 replication 连接，也就是在 pg_hba.conf 中必须有如下形式的内容：

```
local    replication    osdba                              trust
local    replication    osdba                              ident
host     replication    osdba        0.0.0.0/0             md5
```

上例中第二列的数据库名填写的是"replication"，这并不是表示连接到名为"rcplication"的数据库上，而是表示允许这些客户端机器发起流复制连接。

理论上，一个数据库可以被几个 pg_basebackup 同时连接，但为了不影响主库的性能，建议最好还是一个数据库上同时只有一个 pg_basebackup 在它上面做备份。

PostgreSQL9.2 之后支持级连复制，所以在 9.2 及以上的版本中 pg_basebackup 也可以从另一个 Standby 库上做基础备份，但从 Standby 备份时需要注意以下事项：

❑ 从 Stamdby 备份时不会创建备份历史文件（backup history file，即类似 0000000100001234000055CD.007C9330.backup 的文件）。

❑ 不确保所有需要的 WAL 文件都备份了，如果想确保，需要加命令行参数"-X stream"。

❑ 在备份过程中，如果 Standby 被提升为主库，则备份会失败。

❑ 要求主库中打开 full_page_writes 参数，WAL 文件不能被类似 pg_compresslog 的工具去掉 full-page writes 信息。

13.2.2　pg_basebackup 的命令行参数

pg_basebackup 命令的使用方法如下：

```
pg_basebackup [option...]
```

此命令后可以跟多个选项，各选项的具体说明如下。

- ❑ -D directory 或 --pgdata=directory：指定备份的目标目录，即备份到哪儿。如果这个目录或目录路径中的各级父目录不存在，pg_basebackup 就会自动创建该目录。如果目录存在，但不为空，则会导致 pg_basebackup 执行失败。如果备份的输出是 tar 结果（指定 -F tar，后面会介绍此选项），而 -D 参数后的目录名写成 "-"（中划线），则备份会输出到标准输出，此项功能是为了方便通过管道与其他工具配合使用。

- ❑ -F format 或 --format=format：指定输出的格式。目前支持两种格式，第一种格式是原样输出，即把主数据库中的各个数据文件、配置文件、目录结构都完全一样地写到备份目录中，这种情况下 "format" 指定为 "p" 或 "plain"；第二种格式是 tar 格式，相当于把输出的备份文件打包到一个 tar 文件中，这种情况下 "format" 应为 "t" 或 "tar"。

- ❑ -r, --max-rate=RATE：限速参数，热备份会在主库产生较多的 I/O 和网络开销，可以用该参数限制速率。速率的默认单位是 "kB/s"，当然也可以指定单位 "k" 或 "M"。

- ❑ -R, --write-recovery-conf：是否生成 recovery.conf 文件。

- ❑ -x 或 --xlog：备份时会把备份中主库产生的 WAL 文件也自动备份出来，这样在恢复数据库时，做出的备份才能应用这些 WAL 文件把数据库推到一个一致点，然后才能打开备份的数据库。该选项与下面的选项 " -X fetch" 是完全一样的。使用该选项需要设置 wal_keep_segments 参数，以保证在备份过程中需要的 WAL 日志文件不会被覆盖。注意，该参数在 PostgreSQL 10 版本之后废弃，请用 "-X fetch" 替代。

- ❑ -X method 或 --xlog-method=method：method 可以取的值为 "f" "fetch" "s" "stream"，"f" 与 "fetch" 相同，其含义与 "-x" 参数是一样的。"s" 与 "stream" 表示的含义相同，均表示备份开始后，启动另一个流复制连接从主库接收 WAL 日志。这种方式避免了使用 " -X f" 时，主库上的 WAL 日志有可能被覆盖而导致失败的问题。但这种方式需要与主库建两个连接，因此使用这种方式时，主库的 max_wal_senders 参数要设置为大于或等于 2 的值。

- ❑ -z 或 --gzip：仅能与 tar 输出模式配合使用，表明输出的 tar 备份包是经过 gzip 压缩的，相当于生成了一个 *.tar.gz 的备份包。

- ❑ -Z level 或 --compress=level：指定 gzip 的压缩级别，可以选 1~9 的数字，与 gzip 命令中的压缩级别的含义是一样的，9 表示最高压缩率，但也最耗 CPU。

- ❑ -c fast|spread 或 --checkpoint=fast|spread：设置 Checkpoint 的模式是 fast 还是 spread。

- ❑ -l label 或 --label=label：指定备份的一个标识，备份的标识是一个任意字符串，便于今后维护人员识别该备份，该标识就是手动做基础备份时运行 " select pg_start_backup（' lable'）" 传递给 pg_start_backup 函数的参数。在备份集中有一个文件叫 " backup_label"，这里面除了记录开始备份时起始的 WAL 日志的开始位置、Checkpoint 的 WAL 日志位置、备份的开始时间，也记录了该标识串的信息。

- ❑ -P 或 --progress：允许在备份过程中实时地打印备份的进度。当然，所打印的进度不是百分之百精确的，因为在备份过程中，数据库的数据还会发生变化，还会不断产生一些 WAL 日志。

❑ -v 或 --verbose：详细模式，如当使用了 -P 参数时，还会打印出正在备份哪个具体文件的信息。

❑ -V 或 --version：打印 pg_basebackup 的版本后退出。

❑ -? 或 --help：显示帮助信息后退出。

下面是控制连接数据库的参数的说明。

❑ -h host 或 --host=host：指定连接的数据库的主机名或 IP 地址。

❑ -p port 或 --port=port：指定连接的端口。

❑ -s interval 或 --status-interval=interval：指定向服务器端周期反馈状态的秒数，如果服务器上配置了流复制的超时，当使用 --xlog=stream 选项时需要设置该参数，默认值为 10 秒。如果设置为 "0"，表示不向服务器反馈状态。

❑ -U username 或 --username=username：指定连接的用户名。

❑ -w 或 --no-password：指定从来不提示输入密码。

❑ -W 或 --password：强制让 pg_basebackup 出现输入密码的提示。

13.2.3　pg_basebackup 使用示例

示例一：在数据库机器上执行如下命令。

```
pg_basebackup -D backup -Ft -z -P
```

上面命令的执行过程如下：

```
[postgres@pg01 ~]$ pg_basebackup -D backup -Ft -z -P
25318/25318 kB (100%), 1/1 tablespace
```

上面的 pg_basebackup 没有指定任何连接参数，所以它就如 psql 命令中没有指定连接参数的方式一样连接到本地的数据库上。

因为用 "-Ft -z" 指定了 tar 和压缩模式，所以在 backup 目录下生成了如下文件：

```
[postgres@pg01 ~]$ ls -l backup
total 2996
-rw------- 1 postgres postgres 3046647 Feb  9 16:39 base.tar.gz
-rw------- 1 postgres postgres   17073 Feb  9 16:39 pg_wal.tar.gz
```

上例中，如果把 base.tar.gz 压缩文件解压，其中的 backup_label 文件的内容如下：

```
START WAL LOCATION: 0/7000028 (file 000000010000000000000007)
CHECKPOINT LOCATION: 0/7000060
BACKUP METHOD: streamed
BACKUP FROM: master
START TIME: 2020-02-09 16:44:51 CST
LABEL: pg_basebackup base backup
START TIMELINE: 1
```

从上面的内容可以看出，如果不指定备份 label，pg_basebackup 工具生成的 label 为 "pg_basebackup base backup"。

示例二：自另一台机器上执行如下命令。

```
pg_basebackup -h 10.0.3.101 -U postgres -F p -P -X stream -R -D $PGDATA -l
    osdbabackup201912151010
```

这是一个跨机器备份示例，上面的命令是把 10.0.3.101 上的数据库备份到本地，使用的连接用户名为"postgres"，输出格式为普通原样输出"-F p"，"-P"参数表示在执行过程中输出备份的进度，"-X stream"参数表示把在备份过程中产生的 xlog 文件也备份出来，"-R"参数表示在备份中会生 standby.signal 文件，并把连接主库的信息放到 postgresql.auto.conf 中，如果是 PostgreSQL 12 版本之前会生成配置文件"recovery.conf"，当用此备份启动备库时，只需要简单修改 recovery.conf 就可以把数据库启动到备库模式。"-D"参数指定了备份文件都生成到环境变量"$PGDATA"指向的目录下，"-l"参数指定了备份的标识串为"osdbabackup201912151010"。

13.3 异步流复制 Hot Standby 的示例

下面通过示例来详细地讲解如何搭建异步流复制的 Hot Standby 数据库。

13.3.1 配置环境

示例环境说明见表 13-1。

表 13-1 异步流复制的 Hot Standby 的示例环境

主机名	IP地址	角色	数据目录
pg01	10.0.3.101	主库	/home/postgres/pg12data
pg02	10.0.3.102	Standby	/home/postgres/pg12data

数据库是在操作用户"postgres"下，.bash_profile 中配置的环境变量如下：

```
export PGDATA=~/pg12data
export PATH=/usr/pgsql-12/bin:$PATH
export LD_LIBRARY_PATH=/usr/pgsql-12/lib:$LD_LIBRARY_PATH
export PGHOST=/tmp
export LANG=en_US.UTF-8
```

当前数据库的版本是 PostgreSQL 12。

13.3.2 主数据库的配置

要使用流复制，需要允许主库接受流复制的连接，这就需要在 /home/postgres/pg12data/pg_hba.conf 中做如下配置：

```
host    replication    all    0/0              md5
```

上面这条 SQL 语句的含义是允许任意用户从任何网络（0/0）网络上发起到本数据库的流复制连接，使用 MD5 的密码认证。用户"postgres"是该演示环境上的超级用户，当然，换成一个有流复制权限的用户也可以。

要想搭建流复制，需要在主库"pg01"的 /home/postgres/pg12data/postgresql.conf 中设置以下几个参数：

```
listen_addresses = '*'
max_wal_senders = 10
wal_level = replica
```

注意，一定要把 max_wal_senders 参数设置成一个大于零的值，在这里设置为"10"，同时需要把 wal_level 参数设置为"replica"或"logical"。

> 📝 **注意** 对上面两个参数的修改都是需要重启数据库的，所以在实际生产中第一次建生产库时，最好先把这两个参数设置成上面的值。

另外，min_wal_size 参数的默认值为"80MB"，该值通常太小，很容易导致备库失效，也需要设置得大一些：

```
min_wal_size = 800MB
```

13.3.3　在 Standby 上生成基础备份

做完以上准备工作后，就可以使用 pg_basebackup 命令行工具在 pg02 机器上生成基础备份了，命令如下：

```
pg_basebackup -h 10.0.3.101 -U postgres -F p -P -X stream -R -D $PGDATA -l
  osdbabackup201912151110
```

执行情况如下：

```
[postgres@pg02 ~]$ pg_basebackup -h 10.0.3.101 -U postgres -F p -P -X stream -R
  -D $PGDATA -l osdbabackup201912151110
Password:
25318/25318 kB (100%), 1/1 tablespace
```

执行完上面的命令后，就可在 pg02 机器上的 /home/postgres/pg12data 目录下看到复制过来的各种数据文件及配置文件，命令如下：

```
[postgres@pg02 ~]$ ls -l $PGDATA
total 60
-rw------- 1 postgres postgres  222 Feb  9 16:31 backup_label
drwx------ 5 postgres postgres   41 Feb  9 16:31 base
-rw------- 1 postgres postgres   30 Feb  9 16:31 current_logfiles
drwx------ 2 postgres postgres 4096 Feb  9 16:31 global
drwx------ 2 postgres postgres   32 Feb  9 16:31 log
drwx------ 2 postgres postgres    6 Feb  9 16:31 pg_commit_ts
drwx------ 2 postgres postgres    6 Feb  9 16:31 pg_dynshmem
-rw------- 1 postgres postgres 4724 Feb  9 16:31 pg_hba.conf
-rw------- 1 postgres postgres 1636 Feb  9 16:31 pg_ident.conf
drwx------ 4 postgres postgres   68 Feb  9 16:31 pg_logical
drwx------ 4 postgres postgres   36 Feb  9 16:31 pg_multixact
```

```
drwx------ 2 postgres postgres      6 Feb  9 16:31 pg_notify
drwx------ 2 postgres postgres      6 Feb  9 16:31 pg_replslot
drwx------ 2 postgres postgres      6 Feb  9 16:31 pg_serial
drwx------ 2 postgres postgres      6 Feb  9 16:31 pg_snapshots
drwx------ 2 postgres postgres      6 Feb  9 16:31 pg_stat
drwx------ 2 postgres postgres      6 Feb  9 16:31 pg_stat_tmp
drwx------ 2 postgres postgres      6 Feb  9 16:31 pg_subtrans
drwx------ 2 postgres postgres      6 Feb  9 16:31 pg_tblspc
drwx------ 2 postgres postgres      6 Feb  9 16:31 pg_twophase
-rw------- 1 postgres postgres      3 Feb  9 16:31 PG_VERSION
drwx------ 3 postgres postgres     60 Feb  9 16:31 pg_wal
drwx------ 2 postgres postgres     18 Feb  9 16:31 pg_xact
-rw------- 1 postgres postgres    262 Feb  9 16:31 postgresql.auto.conf
-rw------- 1 postgres postgres  26780 Feb  9 16:31 postgresql.conf
-rw------- 1 postgres postgres      0 Feb  9 16:31 standby.signal
```

因为使用 pg_basebackup 命令时使用了 "-R" 参数，所以也会生成 standby.signal 文件，同时在 postgresql.auto.conf 中生成如下内容：

```
primary_conninfo = 'user=postgres password=postgres host=10.0.3.101 port=5432
  sslmode=prefer sslcompression=0 gssencmode=prefer krbsrvname=postgres target_
  session_attrs=any'
```

如果没有加 "-R" 参数，我们也可以手动添加上面的内容。

如果是 PostgreSQL 12 版本之前的数据库，使用了 "-R" 参数会生成 recovery.conf 文件：

```
standby_mode = 'on'
primary_conninfo = 'user=postgres password=XXXXXX host=10.0.3.101 port=5432
  sslmode=disable sslcompression=1'
```

13.3.4　启动 Standby 数据库

在 pg02 机器上启动 Standby 数据库之前，检查 /home/postgres/pg12data/postgresql.conf 中的参数 "hot_standby" 是否为 "on"，设置该参数是为了让备库是 Hot Standby，即可以对外提供只读服务。当然该参数在较新版本的 PostgreSQL 中默认已经被设置成 "on"。

然后启动 Standby 数据库，就可自动进入 Hot Standby 状态，这时可以连接到 Hot Standby 上。命令如下：

```
[postgres@pg02 ~]$ pg_ctl start
waiting for server to start....

  done
server started
```

如果备库连接到主库上，在主库 "pg01" 的 pg_stat_replication 视图中，就可以看到从备库过来的流复制连接：

```
postgres=# select client_addr,state,sync_state from pg_stat_replication;
 client_addr |   state   | sync_state
-------------+-----------+------------
 10.0.3.102  | streaming | async
(1 row)
```

如果看不到备库过来的连接，说明备库没有连过来，需要检查备库的日志文件查看原因。如果看到的流复制状态"state"的值不是"streaming"，也说明备库的流复制有问题。

如果备库的日志中出现如下错误信息：

```
< 2019-12-10 15:35:42.987 CST > FATAL:  could not connect to the primary server:
    FATAL:  password authentication failed for user "osdba"
```

这有可能是配置参数"primary_conninfo"中连接主数据库的用户名或密码不正确，可以修改此配置参数后，重启数据库重试。

如果日志文件中的错误信息如下：

```
< 2019-12-10 15:47:36.879 CST > FATAL:  could not connect to the primary
    server: FATAL:  no pg_hba.conf entry for replication connection from host
    "10.0.3.102", user "postgres", SSL off
```

这通常是主库上的 **pg_hba.conf** 文件中缺失了允许流复制连接的配置，示例如下：

```
host       replication     all          0/0              md5
```

上面这个配置项没有正确地配置到主库的 **pg_hba.conf** 文件中，或者配置错误。修改主库上的 **pg_hba.conf**，然后在主库上"**pg_ctl reload**"重新装载新的配置，问题就会解决。

主备库之间的同步正常后，我们测试一下数据同步，在主库上建一个测试表，然后插入几条数据，命令如下：

```
[postgres@pg01 ~]$ psql postgres
psql (12.1)
Type "help" for help.
postgres=# create  table test01(id int primary key, note text);
CREATE TABLE
postgres=# insert into test01 values(1,'11111');
INSERT 0 1
postgres=# insert into test01 values(2,'22222');
INSERT 0 1
postgres=# insert into test01 values(3,'33333');
INSERT 0 1
postgres=#
```

在备库上查看，可以发现数据马上就同步过来了，命令如下：

```
[postgres@pg02 ~]$ psql postgres
psql (12.1)
Type "help" for help.

postgres=# \d
        List of relations
 Schema | Name   | Type  | Owner
--------+--------+-------+-------
 public | test01 | table | osdba
(1 row)

postgres=# select * from test01;
 id | note
```

```
----+-------
  1 | 11111
  2 | 22222
  3 | 33333
(3 rows)
```

因为 Hot Standby 是只读的，所以如果在 Standby 上做修改，会操作失败，命令如下：

```
postgres=# delete from test01 where id=1;
ERROR:  cannot execute DELETE in a read-only transaction
postgres=# delete from test01 where id=0;
ERROR:  cannot execute DELETE in a read-only transaction
postgres=# drop table test01;
ERROR:  cannot execute DROP TABLE in a read-only transaction
```

13.3.5 交换主备库的角色

对于 Oracle 数据库的 DBA 来说，切换 Oracle 数据库的主备库之间的角色的过程叫 "switchover"，Oracle 提供了相应的 "switchover" 的一些较复杂的命令和过程。对于 PostgreSQL 数据库来说，切换操作的步骤比较简单：

- ❏ 先停主库，再停备库。
- ❏ 在原主库的数据目录中建文件 "standby.signal"（如果是 PostgreSQL 12 之前的版本是 "recovery.conf"），并配置连接新主库的流复制参数。
- ❏ 把原备库数据目录下的文件 "standby.signal"（如果是 PostgreSQL 12 之前的版本是 "recovery.conf"）重命名或直接删除。
- ❏ 启动原备库，这时该备库变成了主库。
- ❏ 启动原主库，这时该主库变成了备库。

我们现在演示这个切换过程。

在主库（10.0.3.101）上执行如下命令：

```
[postgres@pg01 ~]$ pg_ctl stop
waiting for server to shut down.... done
server stopped
```

在备库（10.0.3.102）上执行如下命令：

```
[[postgres@pg02 ~]$ pg_ctl stop
waiting for server to shut down.... done
server stopped
```

在主库（10.0.3.101）上建文件 "standby.signal"：

```
touch $PGDATA/standby.signal
```

并在 postgresql.conf 中添加如下内容：

```
primary_conninfo = 'user=postgres password=XXXXXX host=10.0.3.101 port=5432
  sslmode=prefer sslcompression=0'
```

如果是 PostgreSQL 12 之前的版本，需要创建 recovery.conf 文件，内容如下：

```
standby_mode = 'on'
primary_conninfo = 'user=osdba password=XXXXXX host=10.0.3.102 port=5432
  sslmode=disable sslcompression=1'
```

把备库（10.0.3.102）上的 standby.signal 删除：

```
[postgres@pg02 ~]$ rm $PGDATA/standby.signal
```

如果是 PostgreSQL 12 之前的版本，需要重命名 recovery.conf 文件：

```
[postgres@pg02 ~]$ cd $PGDATA
[postgres@pg02 ~]$ mv recovery.conf recovery.done
```

在 10.0.3.102 上启动数据库，该数据库就从备库变成了主库：

```
[postgres@pg02 ~]$ pg_ctl start
```

在 psql 下查看该数据库是否是主库，我们发现它已经是主库了：

```
postgres=# select pg_is_in_recovery();
 pg_is_in_recovery
-------------------
 f
(1 row)
```

在原主库（10.0.3.101）上启动数据库，该数据库就从主库变成了备库。

这时我们在新主库上查询视图"pg_stat_replication"，可以看到新备库过来的连接：

```
postgres=# select client_addr,state,sync_state from pg_stat_replication;
 client_addr |   state   | sync_state
-------------+-----------+------------
 10.0.3.101  | streaming | async
(1 row)
```

当然我们还可以重复上面的步骤再次交换主备库的角色。

13.3.6　故障切换

通常故障切换称为"Failover"。异步复制时，如果主库出现了问题，可以激活备库作为主库提供服务。在 PostgreSQL9.1 版本之前是在 recovery.conf 中配置一个 trigger 文件，当备库检测到该文件时，就自动把自己激活成主库，PostgreSQL9.1 版本之后提供了命令"pg_ctl promote"来激活备库，所以现在很少有人再以配置 trigger 文件的方式激活备库了。

我们演示一下 trigger 文件激活的方式，先在 postgresql.conf 中进行如下配置：

```
promote_trigger_file = '/tmp/pg_trigger'
```

如果是 PostgreSQL 12 之前的版本，应该在 recovery.conf 中配置 trigger 文件，命令如下：

```
standby_mode = 'on'
trigger_file = '/tmp/pg_trigger'
primary_conninfo = 'user=osdba password=XXXXXX host=10.0.3.102 port=5432
  sslmode=disable sslcompression=1'
```

在另一个窗口中监控此备库的日志：

```
tail -f postgresql-Fri.log
```

然后执行下面的命令：

```
touch /tmp/pg_trigger
```

然后就可以在前面监控日志的窗口中看到此备库被激活的日志：

```
< 2019-12-07 17:33:15.768 CST > LOG:  trigger file found: /tmp/pg_trigger
2019-12-09 17:38:00.822 CST [4475] LOG:  promote trigger file found: /tmp/pg_trigger
2019-12-09 17:38:00.822 CST [4479] FATAL:  terminating walreceiver process due
   to administrator command
2019-12-09 17:38:00.831 CST [4475] LOG:  redo done at 0/E0000A0
2019-12-09 17:38:00.832 CST [4475] LOG:  selected new timeline ID: 2
2019-12-09 17:38:00.890 CST [4475] LOG:  archive recovery complete
2019-12-09 17:38:00.902 CST [4473] LOG:  database system is ready to accept
   connections
```

我们用 psql 连接到数据库中，可以看到数据库已经变成了主库状态：

```
postgres=# select pg_is_in_recovery();
 pg_is_in_recovery
-------------------
 f
(1 row)
```

原主库出现问题后，通常这些故障并没有导致数据丢失，如宕机、机器重启的故障。当故障解决之后，通常我们会把原主库转换成新主库的 Standby 备库，该转换一般来说需要重新搭建备库。这是因为原主库的一些数据没有同步过去就把备库激活了，备库相当于丢失了一些数据。而重新搭建备库的话，如果数据库很大，基础备份会执行很长时间，为了解决这个问题，从 PostgreSQL 9.5 版本开始提供 pg_rewind 命令，不需要复制太多的数据就可以把原主库转换成新主库的备库。该命令相当于把原主库的数据"回滚"到新主库激活时的状态，当然这里所说的"回滚"不是真的"回滚"，只是为了让我们更好地理解 pg_rewind 的作用。

使用 pg_rewind 命令要求主库必须把参数"wal_log_hints"设置成"on"或主库在建数据库实例时打开了 checksum，这样配置的主库在出现故障时才能使用 pg_rewind 命令。当然这样做之后，数据库会产生更多的 WAL 日志，所以数据库默认是没有打开 checksum 参数的。数据库实例打开 checksum 参数的方法是，在用 initdb 命令初始化数据库实例时使用"-k"或"--data-checksums"参数。

如果我们没有把参数"wal_log_hints"或"checksum"打开，运行 pg_rewind 时会报错：

```
[postgres@pg02 ~]$ pg_rewind -D $PGDATA --source-server='host=10.0.3.102
   user=postgres password=XXXXX'

target server needs to use either data checksums or "wal_log_hints = on"
Failure, exiting
```

接下来演示 pg_rewind 的使用方法。

主库在 10.0.3.101 上，备库在 10.0.3.102 上。

这时主库出问题了，如机器宕机了（我们用强制关机来模拟），我们现在激活备库，即在 10.0.3.102 上执行如下命令：

```
[postgres@pg02 ~]$ pg_ctl promote
server promoting
```

现在 10.0.3.102 库变成了主库。

然后把原主库开机，即在 10.0.3.101 上执行 pg_rewind 命令：

```
[postgres@pg01 ~]$ pg_rewind -D $PGDATA --source-server='host=10.0.3.102
   user=postgres password=postgres'
pg_rewind: fatal: target server must be shut down cleanly
```

我们发现 pg_rewind 报错，这时就需要把这个库启动一下，然后再正常关闭。

```
[postgres@pg01 ~]$ pg_ctl start
pg_ctl: another server might be running; trying to start server anyway
waiting for server to start....
   done

server started
[postgres@pg01 ~]$ pg_ctl stop
waiting for server to shut down.... done
server stopped
```

然后再执行 pg_rewind：

```
[postgres@pg01 ~]$ pg_rewind -D $PGDATA --source-server='host=10.0.3.102
   user=postgres password=postgres'
pg_rewind: servers diverged at WAL location 0/18DCD08 on timeline 1
pg_rewind: rewinding from last common checkpoint at 0/18C1DE0 on timeline 1

pg_rewind: Done!
```

注意，上面的"-D"参数指向本地的目录。

pg_rewind 执行完之后，需要手动建文件"standby.signal"：

```
touch $PGDATA/standby.signal
```

并在 postgresql.conf 中添加如下内容：

```
primary_conninfo = 'user=postgres password=XXXXXX host=10.0.3.102 port=5432
   sslmode=prefer sslcompression=0'
```

这样原主库才能变成新主库的备库。

如果是 PostgreSQL 12 版本之前的数据库，需要手动创建 recovery.conf 文件，内容如下：

```
standby_mode = 'on'
recovery_target_timeline = 'latest'
primary_conninfo = 'user=osdba password=XXXXXX host=10.0.3.102 port=5432
   sslmode=disable sslcompression=1'
```

注意，上面的命令中比之前多了一行"recovery_target_timeline = 'latest'"，这时因为新主库的时间线与原主库的不一样了，加上这一行命令才能让原主库切换到新主库的时间线上。

这时再在 10.0.3.101 上启动数据库，原主库就变成了新主库的备库：

```
[postgres@pg01 ~]$ pg_ctl start
waiting for server to start....
   done
server started
```

注意上面的操作，一定要先建好 standby.signal（或是 recovery.conf），再启动数据库，否则启动了数据库就会进入主库模式。如果这样做了，需要把数据库停下来，重新运行 pg_rewind 命令。

13.4　同步流复制的 Standby 数据库

本节详细介绍同步流复制的原理，并通过一个例子来详细说明同步流复制的配置方法。

13.4.1　同步流复制的架构

PostgreSQL 异步流复制的缺点是当主库损坏的时候，激活备库后会丢失一些数据，这对于一些不允许丢失数据的应用来说是不可接受的，所以 PostgreSQL 从 9.1 版本开始提供同步流复制的功能，解决了主备库切换时丢失数据的问题。同步复制要求 WAL 日志写入 Standby 数据库后 commit 才能返回，所以 Standby 库出现问题时，会导致主库被 hang 住。解决这个问题的方法是启动两个 Standby 数据库，这两个 Standby 数据库只要有一个是正常运行的就不会让主库 hang 住。所以在实际应用中，同步流复制，总是有一个主库和两个以上的 Standby 备库。

即使是同步复制，如果因主库发生临时故障激活了其中一个备库，要想把原主库转换成新主库的备库，仍然需要用 pg_rewind 处理一下才行，这是因为虽然是同步复制，但并不是把主库的 WAL 日志完全同步地传输到备库，同步只是到事务提交时才保证其已经传输到了备库，一些未提交事务的 WAL 日志可能还没有传输到备库，因此激活备库时，还是会丢失一些 WAL 日志。当然对于用户来说，未提交事务的 WAL 日志丢失，并不会导致用户数据的丢失。

13.4.2　同步复制的配置

同步复制的配置主要是在主库上配置参数"synchronous_standby_names"，该参数指定多个 Standby 的名称，各个名称用逗号分隔，而 Standby 名称是在 Standby 连接到主库时由连接参数"application_name"指定的。要使用同步复制，在 Standby 数据库中 primary_conninfo 参数一定要指定连接参数"application_name"。primary_conninfo 参数的配置示例如下：

```
primary_conninfo = 'application_name=standby01 user=postgres password=XXXXXX
   host=10.0.3.101 port=5432 sslmode=disable sslcompression=1'
```

注意，在 PostgreSQL 12 之前的版本中，primary_conninfo 配置参数是在 recovery.conf 文

件中的，而 PostgreSQL 12 及以上版本中转移到了 postgresql.conf 配置文件中。

在 PostgreSQL 9.6 版本之前，只允许有一个同步的 Standby 备库，即"synchronous_standby_names"参数的配置值只有一种格式：

```
standby_name [, ...]
```

例如，我们配置了"synchronous_standby_names='s1,s2,s3'"，虽然配置了多个备库 s1、s2、s3，但只有第一个备库 s1 是同步的，其他均是潜在的同步备库，即只要 WAL 日志传递到第一个备库 s1，事务 commit 就可以返回了，当第一个备库 s1 出现问题时，第二个备库 s2 才会提升为同步备库。

从 PostgreSQL 9.6 版本开始，可以设置多个同步的备库，配置格式如下：

```
num_sync ( standby_name [, ...] )
```

其中"num_sync"是一个数字，如"synchronous_standby_names='2 (s1,s2,s3)'"表示，WAL 日志必须传到前两个备库"s1"和"s2"，事务 commit 才可以返回。所以之前版本中的配置"s1,s2,s3"相当于"1(s1,s2,s3)"备。

从 PostgreSQL 10 版本开始，可以设置基于 quorum 的方式设置备库，新增的格式如下：

```
ANY num_sync ( standby_name [, ...] )
```

例如，我们配置"synchronous_standby_names='ANY 2 (s1,s2,s3)'"时，只要 WAL 日志传到了任意两个备库，事务 commit 就可以返回了。

影响同步复制的还有一个参数"synchronous_commit"，该参数可以取的值有以下几个。

❑ remote_apply：WAL 日志被传到备库并被 apply，事务 commit 才返回。

❑ on：WAL 日志被传到备库并被持久化（不必等其被 apply），事务 commit 才返回。

❑ remote_write：WAL 日志被传到备库的内存中（不必等其被持久化），事务 commit 才返回。

❑ local：WAL 日志被本地持久化后（不用管远程）事务 commit 就可以返回。

❑ off：不必等 WAL 日志被本地持久化，也不管是否传到远程，事务 commit 都可以立即返回。

由上面说明即可联想到同步复制，synchronous_commit 的可选值为"on""remote_apply""remote_write"。

13.4.3 配置实例

同步流复制的 Hot Standby 的示例环境见表 13-2。

表 13-2 同步流复制的 Hot Standby 的示例环境

主机名	IP地址	角色	数据目录
pg01	10.0.3.101	主库	/home/postgres/pg12data
pg02	10.0.3.102	Standby	/home/postgres/pg12data

（续）

主机名	IP地址	角色	数据目录
pg03	10.0.3.103	Standby	/home/postgres/pg12data
pg04	10.0.3.104	Standby	/home/postgres/pg12data

同步流复制的 Hot Standby 的示例环境配置步骤如下。

第一步：主库"pg01"上的配置。

与异步的流复制一样，在主库的 /home/osdba/pgdata/pg_hba.conf 中做如下配置：

```
host     replication     osdba          10.0.3.0/24              md5
```

在主库"db01"的 /home/osdba/pgdata/postgresql.conf 中设置如下两个参数：

```
max_wal_senders = 10
wal_level = hot_standby
```

在主数据库上指定同步复制的 Standby 备库的名称，在 pg01 的 /home/osdba/pgdata/postgresql.conf 中增加如下命令行：

```
synchronous_standby_names = 'standby102,standby103,standby104'
```

 注意 上例中"standby102,standby103"就是在 Standby 数据库中配置连接参数"application_name"时指定的名称。

第二步：备库"pg02"上的配置。

在 pg02 上的配置项"primary_conninfo"中增加连接参数"application_name"，命令如下：

```
primary_conninfo = 'application_name=standby102 user=postgres password=XXXXXX
  host=10.0.3.101 port=5432 sslmode=disable sslcompression=1'
```

配置完成后，启动数据库，命令如下：

```
[postgres@pg02 pg12data]$ pg_ctl start
waiting for server to start....
  done
server started
```

第三步：备库"pg03"上的配置。

同样，在 pg03 上的配置项"primary_conninfo"中增加连接参数"application_name"，命令如下：

```
standby_mode = 'on'
primary_conninfo = 'application_name=standby103 user=postgres password=XXXXXX
  host=10.0.3.101 port=5432 sslmode=disable sslcompression=1'
```

配置完成后，启动数据库，命令如下：

```
  [postgres@pg03 pg12data]$ pg_ctl start
```

```
waiting for server to start....
  done
server started
```

第四步：备库"pg04"上的配置。

同样，在 pg04 上的配置项"primary_conninfo"中增加连接参数"application_name"，命令如下：

```
standby_mode = 'on'
primary_conninfo = 'application_name=standby104 user=postgres password=XXXXXX
host=10.0.3.101 port=5432 sslmode=disable sslcompression=1'
```

配置完成后，启动数据库，命令如下：

```
  [postgres@pg04 pg12data]$ pg_ctl start
waiting for server to start....
  done
server started
```

第五步：在主库上启动同步复制。

在主库上修改参数"synchronous_standby_names"并不需要重启主库，只需要重新装载配置即可。运行如下命令重新装载新的配置：

```
pg_ctl reload -D /home/osdba/pgdata
```

然后查看同步的状态：

```
postgres=# select application_name,client_addr,state, sync_priority, sync_state
  from pg_stat_replication;
 application_name | client_addr |   state   | sync_priority | sync_state
------------------+-------------+-----------+---------------+------------
 standby102       | 10.0.3.102  | streaming |             1 | sync
 standby103       | 10.0.3.103  | streaming |             2 | potential
 standby104       | 10.0.3.104  | streaming |             3 | potential
(3 rows)
```

可以看到备库"standby102"的同步状态是"sync"，其他备库的状态都是"potential"，表示是潜在的同步库。

测试同步复制（配置了一个同步节点的情况）

先关掉一台 Standby 库（pg02），看主库是否能正常工作，命令如下：

```
  [postgres@pg02 log]$ pg_ctl stop
waiting for server to shut down.... done
server stopped
```

到主库"pg01"上查看同步状态：

```
postgres=# select application_name,client_addr,state, sync_priority, sync_state
  from pg_stat_replication;
 application_name | client_addr |   state   | sync_priority | sync_state
------------------+-------------+-----------+---------------+------------
```

```
standby103      | 10.0.3.103 | streaming |                2 | sync
standby104      | 10.0.3.104 | streaming |                3 | potential
(2 rows)
```

可以看到 10.0.3.103 变成了同步库，10.0.3.104 还处于"potential"状态。

然后在主库上进行如下操作：

```
postgres=# insert into test01 values(1,'1111');
INSERT 0 1
postgres=#
```

从上面的结果中可以看到，当一台 Standby 备库损坏时，主库是不受影响的。

再关掉一台 Standby 库（pg03），看主库是否能正常工作，命令如下：

```
osdba@db03:~$ pgstop
waiting for server to shut down.... done
server stopped
```

在主库中插入一条记录：

```
postgres=# insert into test01 values(2,'2222');
INSERT 0 1
```

我们看到此时主库中还可以插入数据。

我们把最后一台 Standby 库（pg04）停掉：

```
[postgres@pg04 ~]$ pg_ctl stop
waiting for server to shut down.... done
server stopped
```

在主库中插入一条记录：

```
postgres=# insert into test01 values(3,'3333');
```

我们会发现主库被 hang 住了，然后我们另外开一个窗口，对主库做只读查询：

```
postgres=# select * from test01;
postgres=# select * from test01;
 id | t
----+------
  1 | 1111
  2 | 2222
(2 rows)
```

我们发现对主库的非更新查询都是可以正常执行的，这时再启动一台 Standby 库（pg04），命令如下：

```
   [postgres@pg04 ~]$ pg_ctl start
waiting for server to start....
  done
server started
```

我们会发现主库之前 hang 住的插入操作可以继续执行了，命令如下：

```
postgres=# insert into test01 values(3,'3333');
```

```
INSERT 0 1
```

查看主库的同步状态，命令如下：

```
postgres=# select application_name,client_addr,state, sync_priority, sync_state
  from pg_stat_replication;
 application_name | client_addr |   state   | sync_priority | sync_state
-----------------+-------------+-----------+---------------+------------
 standby104       | 10.0.3.104  | streaming |             3 | sync
(1 row)
```

我们把备库"10.0.3.103"打开，命令如下：

```
[postgres@pg03 ~]$ pg_ctl start
waiting for server to start....
  done
server started
```

查看主库的同步状态，命令如下：

```
postgres=# select application_name,client_addr,state, sync_priority, sync_state
  from pg_stat_replication;
 application_name | client_addr |   state   | sync_priority | sync_state
-----------------+-------------+-----------+---------------+------------
 standby104       | 10.0.3.104  | streaming |             3 | potential
 standby103       | 10.0.3.103  | streaming |             2 | sync
(2 rows)
```

这时我们发现 10.0.3.104 的同步状态从原先的"sync"变成了"potential"，而新启动的备库"10.0.3.103"的同步状态变成了"sync"。

最后我们把备库"10.0.3.102"打开，命令如下：

```
[postgres@pg02 ~]$ pg_ctl start
waiting for server to start....
  done
server started
```

查看主库的同步状态，命令如下：

```
postgres=# select application_name,client_addr,state, sync_priority, sync_state
  from pg_stat_replication;
 application_name | client_addr |   state   | sync_priority | sync_state
-----------------+-------------+-----------+---------------+------------
 standby104       | 10.0.3.104  | streaming |             3 | potential
 standby103       | 10.0.3.103  | streaming |             2 | potential
 standby102       | 10.0.3.102  | streaming |             1 | sync
(3 rows)
```

此时我们发现 10.0.3.103 的同步状态从原先的"sync"变成了"potential"，而新启动的备库"10.0.3.102"的同步状态变成了"sync"。

从上面的示例中可以看出，同步的优先级是以各个备库在 synchronous_standby_names 中的配置顺序决定的。

配置两个同步节点的情况

我们将主库的 synchronous_standby_names 进行如下配置：

```
synchronous_standby_names = '2(standby102,standby103,standby104)'
```

然后 reload 让其生效，命令如下：

```
[postgres@pg01 pg12data]$ pg_ctl reload
server signaled
```

查看同步状态，命令如下：

```
postgres=# select application_name,client_addr,state, sync_priority, sync_state
  from pg_stat_replication;
 application_name | client_addr |   state   | sync_priority | sync_state
------------------+-------------+-----------+---------------+------------
 standby104       | 10.0.3.104  | streaming |             3 | potential
 standby103       | 10.0.3.103  | streaming |             2 | sync
 standby102       | 10.0.3.102  | streaming |             1 | sync
(3 rows)
```

这时可以看出 10.0.3.102 和 10.0.3.103 的同步状态都是 "sync" 了。

这时把 10.0.3.102 上的备库关掉，命令如下：

```
[postgres@pg02 ~]$ pg_ctl stop
waiting for server to shut down.... done
server stopped
```

在主库上插入一条记录，我们发现此时还是可以插入的：

```
postgres=# insert into test01 values(4,'4444');
INSERT 0 1
```

这时我们再停掉一个备库（10.0.3.103）。

在主库上插入一条记录，此时主库就 hang 了：

```
postgres=# insert into test01 values(5,'5555');
```

这时我们再把 10.0.3.103 上的备库打开，命令如下：

```
[postgres@pg03 ~]$ pg_ctl start
waiting for server to start....
 done
server started
```

发现原先在主库 hang 的 SQL 命令可以正常执行了。这就说明目前这个配置必须有两个正常的同步备库，主库才可以做更新操作。

我们把最后一个备库也启动，命令如下：

```
[postgres@pg02 ~]$ pg_ctl start
```

```
waiting for server to start....
 done
server started
```

配置 quorum 模式的两个同步节点的情况

我们将主库的 synchronous_standby_names 进行如下配置：

```
synchronous_standby_names = 'ANY 2(standby102,standby103,standby104)'
```

然后 reload 让其生效，命令如下：

```
[postgres@pg01 pg12data]$ pg_ctl reload
server signaled
```

查看同步状态，命令如下：

```
postgres=# select application_name,client_addr,state, sync_priority, sync_state
  from pg_stat_replication;
 application_name | client_addr |   state   | sync_priority | sync_state
------------------+-------------+-----------+---------------+------------
 standby104       | 10.0.3.104  | streaming |             1 | quorum
 standby103       | 10.0.3.103  | streaming |             1 | quorum
 standby102       | 10.0.3.102  | streaming |             1 | quorum
(3 rows)
```

此时我们发现现在各个节点的优先级都是一样的，同步状态全部变成了"quorum"。

如果我们停掉其中任意一个备库，还有两个正常工作的备库时，主库还是可以做数据更新的，但如果再停掉一个备库，主库的更新操作就会 hang 住，这里不再赘述。

13.5　检查备库及流复制情况

可以通过一些函数或视图来检查备库的状态和流复制的情况，后面将详细讲解这些方法。

13.5.1　检查异步流复制的情况

查看流复制的信息可以使用主库上的视图"pg_stat_replication"，如果流复制是异步的，查询视图"pg_stat_replication"看到的信息如下：

```
postgres=# select pid,state,client_addr, sync_priority,sync_state from pg_stat_
  replication;
 pid |   state   | client_addr | sync_priority | sync_state
-----+-----------+-------------+---------------+------------
 650 | streaming | 10.0.3.102  |             0 | async
 614 | streaming | 10.0.3.103  |             0 | async
(2 rows)
```

从上面的运行结果中可以看到 sync_state 字段显示的信息为"async"。

另外，pg_stat_replication 视图中的以下几个字段记录了一些 WAL 日志的位置。

❑ sent_lsn：发送 WAL 的位置。

❑ write_lsn：可以认为是备库已经接收到了这部分日志，但还没有刷到磁盘中。

❑ flush_lsn：备库已经把 WAL 日志刷到磁盘中的位置。

❑ replay_lsn：备库应用日志的位置。

查看备库落后主库多少字节的 WAL 日志，可以使用如下 SQL 命令：

```
postgres=# select pg_wal_lsn_diff(pg_current_wal_lsn (),replay_lsn) from pg_stat_
  replication;
 pg_wal_lsn_diff
----------------
        11815016
(1 row)
```

上面的 SQL 语句中，使用 pg_current_wal_lsn () 获得当前主库的 WAL 日志的位置，replay_location 为当前备库应用 WAL 日志的位置，再使用函数"pg_wal_lsn_diff"就可以算出差异的字节数，注意，上面示例中算出的结果的单位是字节。

注意，在 PostgreSQL10 及以上版本中与 WAL 日志有关的函数的名称有所改变，名称中的"xlog"改成了"wal"，"location"改成了"lsn"，pg_stat_replication 中列名也有类似的变化：

❑ "pg_xlog_location_diff"改成了"pg_wal_lsn_diff"。

❑ "pg_current_xlog_location"改成了"pg_current_wal_lsn"。

❑ "replay_location"改成了"replay_lsn"。

所以如果是 PostgreSQL 10 之前的版本，我们应该用如下 SQL 语句查询：

```
select pg_xlog_location_diff(pg_current_xlog_location(),replay_location) from pg_
  stat_replication;
```

PostgreSQL 10 及以上版本在 pg_stat_replication 中还提供了以下 3 个落后时间的字段。

❑ write_lag：备库已接收到的日志目前落后主库的时间间隔。

❑ flush_lag：备库持久化的日志目前落后主库的时间间隔。

❑ replay_lag：备库已经应用过的日志目前落后主库的时间间隔。

这几个参数都是"时间间隔（interval）"的类型。

13.5.2 检查同步流复制的情况

在上节的同步流复制的环境中，在主库查询 pg_stat_replication 可以看到如下信息：

```
postgres=# select pid,state,client_addr, sync_priority,sync_state from pg_stat_
  replication;

 pid |   state   | client_addr | sync_priority | sync_state
-----+-----------+-------------+---------------+------------
 599 | streaming | 10.0.3.102  |             1 | sync
 614 | streaming | 10.0.3.103  |             2 | potential
(2 rows)
```

可以看到 pg02 的优先级是"1"，pg03 的优先级是"2"，这个优先级是由 synchronous_

standby_names 参数配置中的顺序决定的。目前主数据库与 pg02 处于同步"sync",而 pg03 的状态为"potential",表示它是一个潜在的同步 Standby 备库,当 pg02 损坏时,pg03 会切换到同步状态,这时关掉 pg02,可看到如下内容:

```
postgres=# select pid,state,client_addr, sync_priority,sync_state from pg_stat_
  replication;

 pid |   state   | client_addr | sync_priority | sync_state
-----+-----------+-------------+---------------+------------
 614 | streaming | 10.0.3.103  |             2 | sync
(1 row)
```

再次启动 pg02,此时查看同步情况如下:

```
postgres=# select pid,state,client_addr, sync_priority,sync_state from pg_stat_
  replication;
 pid |   state   | client_addr | sync_priority | sync_state
-----+-----------+-------------+---------------+------------
 650 | streaming | 10.0.3.102  |             1 | sync
 614 | streaming | 10.0.3.103  |             2 | potential
(2 rows)
```

从中可以发现 pg03 又从"sync"状态变成了"potential"状态,pg02 重新变成了"同步状态"。

13.5.3　pg_stat_replication 视图详解

关于视图"pg_stat_replication"的详细介绍见表 13-3。

表 13-3　pg_stat_replication 视图

列名称	类型	说明
pid	integer	数据库上 WAL Sender 进程的进程 ID
usesysid	oid	登录主库的流复制用户的 OID
usename	name	登录主库的流复制用户的名称
application_name	text	流复制连接中连接参数"application_name"中指定的字符串
client_addr	inet	Standby 的 IP 地址
client_hostname	text	Standby 的主机名。注意,只有在配置文件中打开了 log_hostname 配置项同时使用了 IP 连接时,这列才会显示主机名,否则显示为空
client_port	integer	流复制连接中 Standby 端的 socket 端口
backend_start	timestamp with time zone	WAL Sender 进程启动的时间。实际也是 Standby 连接过来的时间,因为只有 Standby 连接过来时才会启动一个 WAL Sender 进程,连接中断后 WAL Sender 进程也会中止
state	text	WAL Sender 进程的状态
sent_location 或 sent_lsn	text 或 pg_lsn	流复制连接上发送 WAL 时的发送位置,注意 PostgreSQL 10 及以上版本中改成了"sent_lsn",类型改成了"pg_lsn",下面的 3 个字段也做了类似调整

（续）

列名称	类型	说明
write_location/write_lsn	text/pg_lsn	Standby 端写 WAL 日志的位置
flush_location/write_lsn	text/pg_lsn	Standby 端写 WAL 日志刷新到磁盘的位置
replay_location/replay_lsn	text/pg_lsn	Standby 端重放 WAL 日志的位置
write_lag	interval	PostgreSQL 10 版本之后才有的字段，表示写的延迟间隔
flush_lag	interval	PostgreSQL 10 版本之后才有的字段，表示刷新到磁盘的延迟间隔
replay_lag	interval	PostgreSQL 10 版本之后才有的字段，表示应用的延迟间隔
sync_priority	integer	同步复制时不同 Standby 的优先级，对于异步复制，此字段的值总是 "0"
sync_state	text	同步的状态，可以为 "sync" " potential" " async"

可以在主库上把 WAL 位置转换成 WAL 文件名和偏移量，命令如下：

```
postgres=# SELECT * FROM pg_walfile_name_offset('0/5F8862F0');
         file_name        |  file_offset
--------------------------+-------------
 00000001000000000000005F |    8938224
(1 row)
```

从上面的示例中我们注意到 PostgreSQL10 版本之前函数 "pg_walfile_name_offset" 的名称是 "pg_xlogfile_name_offset"。

13.5.4 查看备库的状态

前面讲解了在主库上通过查看 pg_stat_replication 视图获得备库流复制状态的方法，在备库上也可以通过查看视图 "pg_stat_wal_receiver" 来查看流复制的状态：

```
postgres=# \x
Expanded display is on.
postgres=# select * from pg_stat_wal_receiver;
-[ RECORD 1 ]---------+----------------------------------------------------------
pid                   | 2484
status                | streaming
receive_start_lsn     | 0/1000000
receive_start_tli     | 3
received_lsn          | 0/157EA78
received_tli          | 3
last_msg_send_time    | 2019-02-08 01:12:15.275259+08
last_msg_receipt_time | 2019-02-08 01:12:15.27815+08
latest_end_lsn        | 0/157EA78
latest_end_time       | 2019-02-08 01:10:45.172582+08
slot_name             |
conninfo              | user=postgres password=******** dbname=replication host=
  10.0.3.102 port=5432 fallback_application_name=walreceiver sslmode=disable
  sslcompression=1 krbsrvname=postgres
```

从上面的示例中可以看出，这个视图实际上是显示备库上 WAL 接收进程的状态，其中的主要字段的说明如下。

- ❏ pid：WAL 接收进程的 PID。
- ❏ status：状态，只有"streaming"是正常状态。
- ❏ receive_start_lsn：WAL 接收进程启动时使用的第一个 WAL 日志的位置。
- ❏ receive_start_tli：WAL 接收进程启动时使用的第一个时间线编号。
- ❏ received_lsn：已经接收到并且已经被写入磁盘的最后一个 WAL 日志的位置。
- ❏ received_tli：已经接收到并且已经被写入磁盘的最后一个 WAL 日志的时间线编号。
- ❏ last_msg_send_time：接收到最后一条 WAL 日志消息后，向主库发回确认消息的发送时间。
- ❏ last_msg_receipt_time：备库接收到最后一条 WAL 日志消息的接收时间。
- ❏ latest_end_lsn：报告给主库最后一个 WAL 日志的位置。
- ❏ latest_end_time：报告给主库最后一个 WAL 日志的时间。
- ❏ slot_name：使用的复制槽的名称。
- ❏ conninfo：连接主库的连接串，密码等安全相关的信息会被隐去。

如何判断数据库处于备库的状态？如果数据库处于 Hot Standby 状态，可以连接到数据库中执行 pg_is_in_recovery() 函数，如果是在主库上，此函数返回的值是"False"，如果是在备库上，返回的值是"True"，示例如下。

在主库上执行 pg_is_in_recovery() 函数的示例如下：

```
postgres=# select pg is in recovery();
  pg_is_in_recovery
-------------------
  f
(1 row)
```

在备库上执行 pg_is_in_recovery() 函数的示例如下：

```
postgres=# select pg_is_in_recovery();
  pg_is_in_recovery
-------------------
  t
(1 row)
```

如果备库不是 Hot Standby 状态，不能直接连接上去，这时可以使用命令行工具"pg_controldata"来进行判断，在主库上看到"Database cluster state"为"in production"，命令如下：

```
postgres@pg01:~$ pg_controldata
pg_control version number:           937
Catalog version number:              201306121
Database system identifier:          5980482081191294407
Database cluster state:              in production
pg_control last modified:            Sat 08 Mar 2014 07:54:23 PM CST
....
....
```

在备库上看到"Database cluster state"为"in archive recovery"，命令如下：

```
postgres@pg02:~$ pg_controldata
pg_control version number:        937
Catalog version number:          201306121
Database system identifier:       5980482081191294407
Database cluster state:           in archive recovery
pg_control last modified:         Sat 08 Mar 2014 08:00:05 PM CST
....
....
```

在 Hot Standby 备库上，还可以执行如下函数查看备库接收的 WAL 日志和应用 WAL 日志的状态：

❏ pg_last_wal_receive_lsn ()，PostgreSQL 10 之前为 pg_last_xlog_receive_location()。

❏ pg_last_wal_replay_lsn ()，PostgreSQL10 之前为 pg_last_xlog_replay_location()。

❏ pg_last_xact_replay_timestamp()。

应用示例如下：

```
postgres=# set timezone = 8;
SET
postgres=# osdba=# select pg_last_wal_receive_lsn(),pg_last_wal_replay_lsn(),pg_
  last_xact_replay_timestamp();
 pg_last_wal_receive_lsn | pg_last_wal_replay_lsn | pg_last_xact_replay_timestamp
-------------------------+------------------------+------------------------------
 0/17000000              | 0/16FFFD80             | 2019-12-07 22:51:08.434698+08
(1 row)
```

13.6 Hot Standby 的限制

前面已经说过，PostgreSQL 支持在备库做只读查询，这样的备库就叫 Hot Standby。在 Hot Standby 备库上执行查询时有一些限制，本节就详细讨论相关内容。

13.6.1 Hot Standby 的查询限制

DML 语句（如 INSERT、UPDATE、DELETE、COPY FROM、TRUNCATE 等）和 DDL（如 CREATE、DROP、ALTER、COMMENT 等）都不能在 Hot Standby 备库上执行，这很好理解。另外，"SELECT ... FOR SHARE | UPDATE"语句在 Hot Standby 备库中也不能执行，因为在 PostgreSQL 中，行锁是要更新数据行的。如果在 Hot Standby 备库执行上述 SQL 语句，会报如下错误：

```
postgres=# select * from test01 for update;
ERROR:  cannot execute SELECT FOR UPDATE in a read-only transaction
```

虽然在 Hot Standby 备库中行锁不能使用，但部分类型的表锁是可以使用的，但要注意，这部分表锁需要在 BEGIN 启动的事务块中使用，直接使用会报错，示例如下：

```
postgres=# LOCK TABLE test01 in ACCESS SHARE MODE;
ERROR:  LOCK TABLE can only be used in transaction blocks
postgres=# LOCK TABLE test01 in ROW SHARE MODE;
ERROR:  LOCK TABLE can only be used in transaction blocks
postgres=# LOCK TABLE test01 in ROW EXCLUSIVE MODE;
ERROR:  LOCK TABLE can only be used in transaction blocks
postgres=# LOCK TABLE test01 in SHARE UPDATE EXCLUSIVE MODE;
ERROR:  LOCK TABLE can only be used in transaction blocks
postgres=# LOCK TABLE test01 in SHARE  MODE;
ERROR:  LOCK TABLE can only be used in transaction blocks
postgres=# LOCK TABLE test01 in SHARE ROW EXCLUSIVE  MODE;
ERROR:  LOCK TABLE can only be used in transaction blocks
postgres=# LOCK TABLE test01 in EXCLUSIVE  MODE;
ERROR:  LOCK TABLE can only be used in transaction blocks
postgres=# LOCK TABLE test01 in ACCESS EXCLUSIVE  MODE;
ERROR:  LOCK TABLE can only be used in transaction blocks
postgres=#
```

但在使用 BEGIN 命令启动的事务块中使用，则不会报错，示例如下：

```
postgres=# BEGIN;
BEGIN
postgres=# LOCK TABLE test01 in ACCESS SHARE MODE;
LOCK TABLE
postgres=# END;
COMMIT
postgres=# BEGIN;
BEGIN
postgres=# LOCK TABLE test01 in ROW SHARE MODE;
LOCK TABLE
postgres=# END;
COMMIT
postgres=# BEGIN;
BEGIN
postgres=# LOCK TABLE test01 in ROW EXCLUSIVE MODE;
LOCK TABLE
postgres=# END;
COMMIT
postgres=# BEGIN;
BEGIN
postgres=# LOCK TABLE test01 in SHARE UPDATE EXCLUSIVE MODE;
ERROR:  cannot execute LOCK TABLE during recovery
postgres=# END;
ROLLBACK
postgres=# BEGIN;
BEGIN
postgres=# LOCK TABLE test01 in SHARE  MODE;
ERROR:  cannot execute LOCK TABLE during recovery
postgres=# END;
ROLLBACK
postgres=# BEGIN;
BEGIN
postgres=# LOCK TABLE test01 in SHARE ROW EXCLUSIVE  MODE;
ERROR:  cannot execute LOCK TABLE during recovery
postgres=# END;
ROLLBACK
```

```
postgres=# BEGIN;
BEGIN
postgres=# LOCK TABLE test01 in EXCLUSIVE  MODE;
ERROR:  cannot execute LOCK TABLE during recovery
postgres=# END;
ROLLBACK
postgres=# LOCK TABLE test01 in ACCESS EXCLUSIVE  MODE;
ERROR:  LOCK TABLE can only be used in transaction blocks
postgres=# END;
WARNING:  there is no transaction in progress
COMMIT
```

从上例中可以知道，在 Hot Standby 备库上可以加以下类型的表锁：

❑ ACCESS SHARE。

❑ ROW SHARE。

❑ ROW EXCLUSIVE MODE。

也就是说，比 ROW EXCLUSIVE MODE 级别高的表锁都是不能执行的，或者说，自己和自己互斥的锁和 SHARE 类型的表锁都不能执行。

在 Hot Standby 备库上，部分事务管理语句都可以执行，如上面示例中的 BEGIN、END，但下面的语句不能执行：

❑ BEGIN READ WRITE, START TRANSACTION READ WRITE。

❑ SET TRANSACTION READ WRITE, SET SESSION CHARACTERISTICS AS TRANSACTION READ WRITE。

❑ SET transaction_read_only = off。

在 Hot Standby 备库上，两阶段提交的命令也不能执行：

❑ PREPARE TRANSACTION。

❑ COMMIT PREPARED。

❑ ROLLBACK PREPARED。

在 Hot Standby 备库中，序列中会导致更新的函数也不能执行：

❑ nextval()。

❑ setval()。

在 Hot Standby 备库中，消息通知的语句也不能执行：

❑ LISTEN。

❑ UNLISTEN。

❑ NOTIFY。

但在通常的只读事务中，序列的更新函数和消息通知的语句都是可以执行的，也就是说，在 HOT Standby 备库中执行 SQL 语句的限制比只读事务中的限制更多。

在 Hot Standby 备库中，参数 "transaction_read_only" 总设置为 "ON"，而且不能改变。可以使用 "SHOW transaction_read_only" 查看此参数的状态。

13.6.2 Hot Standby 的查询冲突处理

主库上的一些操作会与 Hot Standby 备库上的查询产生冲突，会导致正在执行的查询被取消并报如下错误：

```
ERROR: canceling statement due to conflict with recovery
```

导致冲突的原因有以下几个：

❑ 主库上运行的 VACUUM 清理掉了备库上的查询需要的多版本数据。

❑ 主库上执行 LOCK 命令或各种 DDL 语句会在表上产生 Exclusive 锁，而在备库上对这些表进行查询时，这两个操作之间会有冲突。

❑ 在主库上删除了一个表空间，而备库上的查询需要存放一些临时文件在此表空间中。

❑ 在主库上删除了一个数据库，而备库上有很多 session 还连接在该数据库上。

当发生冲突时，处理的方法有以下几种：

❑ 让备库上的应用 WAL 日志的过程等待一段时间，等备库上的查询结束后再应用 WAL 日志。

❑ 取消备库上正在执行的查询。

另外，在主库上删除一个数据库时，备库上连接到此数据库上的 session 都将被断开连接。

如果备库上的查询运行的时间很短，可以让备库上 WAL 日志的应用过程等一会儿。但是如果备库上的查询是一个大查询，需要运行很长的时间，让应用 WAL 日志的过程一直等待，会导致备库延迟主库太多的问题，因此 PostgreSQL 在 postgresql.conf 中增加了两个参数用于控制应用 WAL 日志的最长等待时间，超过设定时间就会取消备库上正在执行的 SQL 查询。这两个参数的说明如下。

❑ max_standby_archive_delay：备库从 WAL 归档中读取时的最大延迟。默认为 30 秒，如果设置为 -1，则会一直等待。

❑ max_standby_streaming_delay：备库从流复制中读取 WAL 时的最大延迟。默认为 30 秒，如果设置为 -1，则会一直等待。

如果备库用作主库的高可用切换，则可以把以上参数设置得小一些，这样可以保证备库不会落后主库太多；如果备库就是用来执行一些大查询的，可以把这两个参数设置成较大的值。

大多数冲突发生的原因是主库上把备库需要的多版本数据给清理掉了，这时可以通过在备库上的 postgresql.conf 中设置参数 "hot_standby_feedback" 为 "true" 来解决此问题。设置此参数为 "true" 后，备库会通知主库，哪些多版本数据在备库上还需要，这样主库上的 AutoVacuum 就不会清理掉这些数据，就能大大减少冲突的发生。当然还有一个办法是把主库上的参数 "vacuum_defer_cleanup_age" 的值调得大一些，以延迟清理多版本数据。

当然即使设置了 hot_standby_feedback 等参数，仍然会有一些查询因为冲突而被取消执行，所以连接到备库的应用程序最好能检测到这个错误并能再次执行被取消的查询。

在备库上因为冲突而被取消执行的 SQL 命令的数量可以在视图 "pg_stat_database_conflicts" 中查询到。

13.7 恢复配置详解

在 PostgreSQL 12 之前的版本中，一些专门的恢复配置项是放在一个单独的配置文件 "recovery.conf" 中的，从 PostreSQL 12 版本开始去除了这个文件。如果在 PostgreSQL 12 版本的数据目录中存在 recovery.conf 文件会导致数据库无法启动：

```
[postgres@pg02 log]$ cat postgresql-Sun.log
2020-02-09 12:17:53.280 CST [3770] LOG:  database system was shut down at 2020-
    02-09 12:16:58 CST
2020-02-09 12:17:53.280 CST [3770] FATAL:  using recovery command file "recovery.
    conf" is not supported
2020-02-09 12:17:53.284 CST [3768] LOG:  startup process (PID 3770) exited with
    exit code 1
2020-02-09 12:17:53.284 CST [3768] LOG:  aborting startup due to startup process
    failure
2020-02-09 12:17:53.285 CST [3768] LOG:  database system is shut down
```

本节详细讲解数据库恢复中使用的各个配置项。

13.7.1 归档恢复配置项

归档恢复配置项主要有以下 3 个，这几项在 PostgreSQL12 版本之前是配置在 recovery. conf 文件中的，而自 PostgreSQL12 版本开始就合并到了 postgresql.conf 文件中。

❑ restore_command：指定 Standby 如何获得 WAL 日志文件，通常是配置一个拷贝命令，从备份目录中把 WAL 日志文件拷贝过来。

❑ archive_cleanup_command：清理 Standby 数据库机器上不需要的 WAL 日志文件。

❑ recovery_end_command：恢复完成后，可以执行一个命令。

使用这几个配置项就可以搭建起一个从归档日志文件中恢复的 Standby 数据库。例如，在主库上配置 archive_command 参数，把 WAL 文件复制到 Standby 库的一个目录中，命令如下：

```
archive_command = 'scp %p 192.168.1.52:/data/archivedir/%f.mid && ssh 192.168.1.52
    "mv /data/archivedir/%f.mid /data/archivedir/%f"'
```

然后在 Standby 数据库中的 recovery.conf 中配置 restore_command 参数，命令如下：

```
restore_command = 'cp /data/archivedir /%f "%p"'
```

另两个参数 "archive_cleanup_command" "recovery_end_command" 是可选的，其中 archive_cleanup_command 参数可以用来清理上面示例中 "/data/archivedir" 目录中的 WAL 日志文件。从上面的示例中可以知道，当主库不断地把 WAL 日志文件复制到 Standby 备库的 "/data/archivedir" 目录中时，一定要有清理机制，否则就会把此目录的空间填满。清理的原则通常是清除 Standby 已使用完的 WAL 日志文件。contrib 目录中提供了一个命令行的工具 "pg_archivecleanup" 以便实现清理工作，archive_cleanup_comand 参数的配置内容如下：

```
archive_cleanup_command = 'pg_archivecleanup /data/archivedir %r'
```

下面介绍主库上的归档配置项。主库上的归档配置项有如下 3 个，都是在 postgresql.conf

文件中配置。

- ❑ archive_mode：是否开启归档。如果想以归档的方式搭建 Standby 数据库，则此参数设置为"on"。
- ❑ archive_command：执行归档的命令。
- ❑ archive_timeout：如果主库在某段时间内比较闲，可能会很长时间才产生 WAL 日志文件，这会导致主库和 Standby 库之间有较大的延迟，这时可以配置此参数。把此参数配置成一个整数（单位是秒），表示设定的秒数内会强制数据库切换一个 WAL 日志文件。注意，被强制切换的 WAL 文件和正常 WAL 文件一样大。因此把 archive_timeout 设置成很小的值是不明智的，会占用大量空间。

13.7.2　Recovery Target 配置

通常 Standby 备库的恢复是一直进行的，如果想让 Standby 恢复到一个指定的点后就暂停，需要使用以下配置参数：

- ❑ recovery_target：目前此参数只能配置为空或"immediate"，配置为"immediate"，则 Standby 恢复到一个一致性的点时就立即停止恢复。该配置通常用在热备份中。完成一个热备份后，如果想使用这个热备份，希望在应用 WAL 日志把热备份恢复到一个可以打开的点时立即打开此数据库，就需要配置此参数。
- ❑ recovery_target_name：这是 9.1 版本之后才提供的参数。在主库上可以创建一个恢复点，然后让 Standby 恢复到这个恢复点，此参数用来指定该恢复点的名称。创建恢复点是通过调用函数 pg_create_restore_point() 来完成的。
- ❑ recovery_target_time：这是 9.1 版本之后才提供的参数，用于指定恢复到哪个时间点。恢复到设定时间点之前最近的一致点还是该时间点之后最近的一致点是由后面的参数"recovery_target_inclusive"来指定的。
- ❑ recovery_target_xid：这是 9.1 版本之后才提供的参数，指定恢复到哪个指定的事务。注意，事务 ID 是按顺序分配的，但事务完成的顺序与分配的顺序是不一样的。后分配的 ID 的事务可能会先完成。
- ❑ recovery_target_inclusive：指定恢复到恢复目标（recovery target）之后还是之前。默认为恢复目标之后，即值为"true"。
- ❑ recovery_target_timeline：指定恢复的时间线。默认只恢复到当前的时间线，而不会切换到新的时间线。通常需要把此参数设置为"latest"，这样就会恢复到离当前最近的时间线。
- ❑ pause_at_recovery_target：指定到达恢复目标后，Standby 数据库恢复是否暂停。默认为"true"。该参数用于检查当前 Standby 是否恢复到了需要的点。在恢复暂停后，执行 SQL 语句来检查是否是需要的时间点，如果不是，可以停止 Standby 数据库，然后重新配置"recovery_target_*"参数指定新的恢复目标点，再进行恢复，直到把 Standby 推到需要的时间点。到达该时间点后，就可以使用 pg_wal_replay_resume() 继续进行恢复。

这些配置项在 PostgreSQL 12 版本之前都是在 recovery.conf 中配置的，PostgreSQL 12 版本之后合并到了 postgresql.conf 文件中。

13.7.3 Standby Server 配置

备库中还有用于配置 Standby Server 的以下参数，各参数的说明如下。

❑ standby_mode：是否运行在 Standby 模式下。只有 PostgreSQL 12 之前的版本中才有此配置项。PostgreSQL 12 版本之后用文件"standby.signal"表示是否运行在 Standby 模式下。

❑ primary_conninfo：在流复制中，指定如何连接主库，是一个标准的 libpq 连接串。

❑ primary_slot_name：指定复制槽（Replication Slot）。这是 PostgreSQL 9.4 版本之后增加的参数，是一个可选参数。

❑ promote_trigger_file：指定激活 Standby 的触发文件。Standby 数据库发现存在此文件时，就会把 Standby 激活为主库。不配置此项也没有关系，可以使用 pg_ctl promote 来激活 Standby 数据库。在 PostgreSQL12 版本之前，此配置项的名称为"trigger_file"，配置在 recovery.conf 中。

❑ recovery_min_apply_delay：PostgreSQL 9.4 版本之后增加的参数，此参数可以让 Standby 落后主库一段时间。在 PostgreSQL 9.4 版本之前，很难让 Standby 落后主库指定的时间。例如，有如下场景，创建了一个 Standby 库用于防止逻辑误删除操作，如果该库被设置为即时与主库同步，而有人恰巧不小心删除了某一张表，那可能就会导致 Standby 上的这张表也很快被删除，这时如果让 Standby 延迟恢复一段时间，那就可以在设定的延迟时间内从 Standby 数据库中恢复这张表的数据。该参数指定一个时间值，如"5min"。设置此参数后，hot_standby_feedback 也会相应被延迟。

这些配置项在 PostgreSQL 12 版本之前都是在 recovery.conf 中配置的，PostgreSQL 12 版本之后合并到了 postgresql.conf 文件中。

13.8 流复制的注意事项

本节介绍流复制的一些配置参数的注意事项。

13.8.1 min_wal_size 参数的配置

使用流复制建好备库后，如果由于各种原因备库接收日志的速度较慢，而主库产生日志的速度很快，这容易导致主库上的 WAL 日志还没有传递到备库就会被覆盖，如果被覆盖的 WAL 日志文件又没有归档备份，那么备库就再也无法与主库同步了，这会导致备库需要重新搭建。为了避免这种情况发生，PostgreSQL 提供了一个配置参数"wal_keep_segments"。该参数的含义是，无论如何都要在主库上保留 wal_keep_segements 个 WAL 日志文件。默认此参数为"0"，表示并不专门为 Standby 保留 WAL 日志文件。通常需要把此参数配置成一个安全的值，如"64"，表示将为 Standby 保留 64 个 WAL 日志文件。当然保留 WAL 日志文件会占用一定的磁盘空间，每个 WAL 日志文件的大小通常是 16MB，如果设置为"64"，就可能会多占用 64 × 16MB=1G 空间。所以如果磁盘空间允许，可以把此参数设置得大一些，这样，WAL 日志来不及传输到备库导致的备库需要重新搭建的风险就会小一些。

PostgreSQL 10 之后的版本中提供了一个更容易理解的参数"min_wal_size"，该参数表示至少要保留多少空间的 WAL 日志，而 wal_keep_segments 参数需要根据每个 WAL 文件的大小才能算出为 WAL 保留的空间，而 WAL 文件的大小不同的数据库可能不一样，这增加了计算的难度。

13.8.2　vacuum_defer_cleanup_age 参数的配置

在主库上，Vacuum 进程知道哪些旧版本的数据会被当前数据库中的查询使用，从而不清理这些数据。但对于 Hot Standby 上的查询的数据需要，主库是不知道的，所以主库上的 Vacuum 可能会把 Hot Standby 上的查询还需要的旧版本数据清理掉，这会导致 Standby 上的查询失败。为了降低 Hot Standby 因为这个原因失败的概率，可以设置 vacuum_defer_cleanup_age 参数，让主库延迟清理。该参数的含义是延迟清理多少个事务，当然也可以通过在备库上设置参数"hot_standby_feedback"为"true"来减少此问题的发生。

13.9　逻辑复制

本节详细介绍逻辑复制的原理、配置方法，并给出一个实际的配置例子。

13.9.1　逻辑复制的介绍

PostgreSQL10 版本中增加了一个新特性，即逻辑复制（Logical Replication）。PostgreSQL 9 的流复制是基于 WAL 日志的物理复制，其原理是主库不间断地发送 WAL 日志流到备库，备库接收主库发送的 WAL 日志流后应用 WAL；而逻辑复制是基于逻辑解析（Logical Decoding），其核心原理是主库将 WAL 日志流解析成一定格式的数据流，订阅节点收到解析后的 WAL 数据流后进行应用，从而实现数据同步，逻辑复制并不是使用 WAL 原始日志文件进行复制，而是将 WAL 日志解析成了一定格式的数据。

逻辑复制使用类似消息队列的发布者（publication）/ 订阅者（subscription）模型，使用订阅复制槽技术，可并行地传输 WAL 日志，通过在订阅端回放 WAL 日志中的逻辑条目保持复制表的数据同步，注意，这里不是"SQL"复制，而是复制 SQL 操作的结果。

逻辑复制主要应用在如下场景中：

❑ 将多个数据库的数据合并到一个数据仓库的数据库中，用于数据仓库的数据分析。

❑ 不同大版本 PostgreSQL 之间的数据复制，可以辅助数据库跨大版本升级。

❑ 捕获本机数据库的增量更新，发送给指定数据库或通知其他应用。

❑ 多个数据库之间共享部分数据。

下面将详细讲解如何配置逻辑复制的"发布""订阅"。

13.9.2 逻辑复制的发布

要想成功配置逻辑复制的发布，需要了解以下知识点：

❑ 逻辑复制的前提是将数据库中的 wal_level 参数设置成"logical"；同时开启足够的 worker，设置足够大的 Replication Slot，设置足够多的 Sender。因为每一个订阅，都要消耗掉一个 Replication Slot，需要消耗一个 WAL Sender，一个 worker 进程。

❑ 源库上逻辑复制的用户必须具有 replicatoin 或 superuser 角色并且订阅者要使用该用户通过流复制协议连接到源数据库的发布者上。

❑ 发布者的 pg_hba.conf 需要设置 replication 条目，允许订阅者连接。

❑ 逻辑复制目前仅支持数据库表逻辑复制，其他对象如函数、视图不支持。

❑ 目前仅仅支持发布表，不允许发布其他对象。

❑ 同一张表，可以发布多次。

❑ 允许发布时，选择发布 INSERT、UPDATE、DELETE，比如只发布 INSERT，而不发布 UPDATE、DELETE。

❑ 当发布了表的 UPDATE、DELETE 时，表必须设置 replica identity，即如何标识旧行（OLD TUPLE），通过 pk 或者 uk 或者 full。如果设置了 nothing，则执行 UPDATE、DELETE 时会报错。

❑ 逻辑复制支持 DML（UPDATE、INSERT、DELETE）操作，不支持 TRUNCATE 和 DDL 操作。

❑ 一个数据库中可以有多个发布，但是不能重名，通过 pg_publication 查看；

❑ 允许一次发布所有表，语法：CREATE PUBLICATION alltables FOR ALL TABLES。

❑ 一个发布允许有多个订阅者。

❑ 使用创建发布或者使用在发布内容中添加或者删除表时，都是事务级别，不会出现只复制部分事务的情况。

使用 SQL "CREATE PUBLICATION"创建逻辑复制的"发布"，语法如下：

```
postgres=# \h create publication
Command:     CREATE PUBLICATION
Description: define a new publication
Syntax:
CREATE PUBLICATION name
  [ FOR TABLE [ ONLY ] table_name [ * ] [, ...]
    | FOR ALL TABLES ]
  [ WITH ( publication_parameter [= value] [, ... ] ) ]
postgres=# \h alter publication
Command:     ALTER PUBLICATION
Description: change the definition of a publication
Syntax:
ALTER PUBLICATION name ADD TABLE [ ONLY ] table_name [ * ] [, ...]
```

```
ALTER PUBLICATION name SET TABLE [ ONLY ] table_name [ * ] [, ...]
ALTER PUBLICATION name DROP TABLE [ ONLY ] table_name [ * ] [, ...]
ALTER PUBLICATION name SET ( publication_parameter [= value] [, ... ] )
ALTER PUBLICATION name OWNER TO { new_owner | CURRENT_USER | SESSION_USER }
ALTER PUBLICATION name RENAME TO new_name
```

> **注意**　默认发布记录的变更是 INSERT、UPDATE、DELETE，当然也可以明确指定只发布 INSERT 或 UPDATE 或 DELETE 的变更，可以使用 "with(publish='insert')" 语法来实现。

创建发布的示例如下：

```
CREATE PUBLICATION mypub1 FOR TABLE table01, table02;
```

其中 "mypub1" 是一个发布名，而 "table01, table02" 表示表 "table01" "table02" 上的 DML 变化都会发布出去。

也可以修改已创建的 "发布"，语法如下：

```
Command:     ALTER PUBLICATION
Description: change the definition of a publication
Syntax:
ALTER PUBLICATION name WITH ( option [, ... ] )

where option can be:

    PUBLISH INSERT | NOPUBLISH INSERT
  | PUBLISH UPDATE | NOPUBLISH UPDATE
  | PUBLISH DELETE | NOPUBLISH DELETE

ALTER PUBLICATION name OWNER TO { new_owner | CURRENT_USER | SESSION_USER }
ALTER PUBLICATION name ADD TABLE table_name [, ...]
ALTER PUBLICATION name SET TABLE table_name [, ...]
ALTER PUBLICATION name DROP TABLE table_name [, ...]
```

13.9.3　逻辑复制的订阅

要想成功配置逻辑复制的订阅，需要了解以下知识点：

❑ 订阅节点需要指定发布者的连接信息。

❑ 订阅者需要通过流复制协议连接到发布者，同时需要在发布者上创建 Replication Slot，因此发布者的 pg_hba.conf 中需要配置相应的 REPLICATION 条目，允许订阅者通过流复制协议连接，同时连接发布者的用户必须具备 REPLICATION 权限，或者具备超级用户权限。

❑ 一个数据库中可以有多个订阅者。

❑ 同一个数据库中可以创建多个订阅者，这些订阅者可以被同一个或多个发布者使用。

❑ 每一个订阅都需要在发布端创建一个 Replication Slot，可以使用 "slot name = ?" 指定，或者默认为 subscription name。即使是同一个发布端，只要订阅了多次，就需要创建多个 Replication Slot，因为其中记录了同步的 LSN 信息。

❑ 可以使用 ENABLE/DISABLE 命令启用 / 暂停该订阅。

❑ 发布节点和订阅节点表的模式名、表名必须一致，订阅节点允许表有额外字段。

❑ 发布节点增加表名，订阅节点需要执行"ALTER SUBSCRIPTION sub1 REFRESH PUBLICATION"。

❑ pg_dump 导出数据库逻辑数据时，默认不会导出 subscription 的定义，除非使用选项 "--include-subscriptions"。

❑ 如果要完全删除订阅，使用 DROP SUBSCRIPTION 命令，注意，删除订阅后，本地的表不会被删除，数据也不会被清除，仅仅是不再接收该订阅传过来的同步数据。

❑ 删除订阅后，如果要重新使用该订阅，数据会全部重新同步过来，比如订阅的上游表中有 100 万条数据，RESYNC 会将这 100 万条数据同步过来，随后进入增量同步。

❑ 订阅时，不会自动创建发布端的表，所以需要在订阅端先创建好表，目前发布端和订阅端的表定义必须完全一致，包括 Schema，表名必须一致。字段名和字段类型必须一致，字段顺序可以不一致。

❑ 必须使用超级用户创建订阅。

创建订阅的语法如下：

```
postgres=# \h create subscription
Command:     CREATE SUBSCRIPTION
Description: define a new subscription
Syntax:
CREATE SUBSCRIPTION subscription_name
  CONNECTION 'conninfo'
  PUBLICATION publication_name [, ...]
  [ WITH ( subscription_parameter [= value] [, ... ] ) ]
postgres=# \h alter subscription
Command:     ALTER SUBSCRIPTION
Description: change the definition of a subscription
Syntax:
ALTER SUBSCRIPTION name CONNECTION 'conninfo'
ALTER SUBSCRIPTION name SET PUBLICATION publication_name [, ...] [ WITH ( set_
  publication_option [= value] [, ... ] ) ]
ALTER SUBSCRIPTION name REFRESH PUBLICATION [ WITH ( refresh_option [= value] [,
  ... ] ) ]
ALTER SUBSCRIPTION name ENABLE
ALTER SUBSCRIPTION name DISABLE
ALTER SUBSCRIPTION name SET ( subscription_parameter [= value] [, ... ] )
ALTER SUBSCRIPTION name OWNER TO { new_owner | CURRENT_USER | SESSION_USER }
ALTER SUBSCRIPTION name RENAME TO new_name
postgres=# \h drop subscription
Command:     DROP SUBSCRIPTION
Description: remove a subscription
Syntax:
DROP SUBSCRIPTION [ IF EXISTS ] name [ CASCADE | RESTRICT ]
```

创建一个到远程服务器的订阅，复制发布"mypublication"和"insert_only"中的表，并在提交时立即开始复制：

```
CREATE SUBSCRIPTION mysub
```

```
CONNECTION 'host=10.197.162.101 port=5432 user=rep dbname=repdb'
PUBLICATION mypub1, mypub2;
```

修改订阅的语法如下:

```
Command:      ALTER SUBSCRIPTION
Description: change the definition of a subscription
Syntax:
ALTER SUBSCRIPTION name WITH ( option [, ... ] ) ]

where option can be:

  SLOT NAME = slot_name

ALTER SUBSCRIPTION name OWNER TO { new_owner | CURRENT_USER | SESSION_USER }
ALTER SUBSCRIPTION name CONNECTION 'conninfo'
ALTER SUBSCRIPTION name SET PUBLICATION publication_name [, ...]
ALTER SUBSCRIPTION name ENABLE
ALTER SUBSCRIPTION name DISABLE
```

查看订阅状态的命令如下:

```
select subname,subenabled,subpublications from pg_subscription;
```

禁用和启用订阅的方法如下:

```
ALTER SUBSCRIPTION mysub DISABLE;
ALTER SUBSCRIPTION mysub ENABLE;
```

13.9.4　逻辑复制的冲突处理

逻辑复制的行为与普通的 DML 操作类似,因为即使订阅者节点本地更改了数据,数据也将被更新。传入数据违反任何约束,如主键冲突,逻辑复制都将停止,这被称为冲突。当复制 UPDATE 或者 DELETE 操作时,丢失的数据不会产生冲突,这样的操作将被忽略。

冲突会产生错误,并会停止复制,它必须由用户手动解决。有关冲突的详细信息可以在订阅者的服务器日志中找到。

冲突的修复方法主要有以下两种。

- ❑ 方法一:通过修改订阅端的数据解决冲突。例如,INSERT 违反了唯一约束时,可以先删除订阅端造成唯一约束冲突的记录,然后再使用 ALTER SUBSCRIPTION name ENABLE 让订阅继续。
- ❑ 方法二:在订阅端调用 pg_replication_origin_advance(node_name text, pos pg_lsn) 函数,node_name 就是 subscription name,"pos"指重新开始的 LSN,从而跳过有冲突的事务。

13.9.5　逻辑复制的限制

逻辑复制的数据库版本限制有以下几种:

- ❑ 数据源发布和订阅节点需要运行 PostgreSQL 9.4+。
- ❑ 复制源过滤和冲突检测需要 PostgreSQL 9.5+。

❑ pglogical 支持跨 PostgreSQL 主要版本之间的复制，但在订阅服务器上，不同版本之间进行复制时可能会出现问题。

❑ 支持从旧版本复制到新版本，因为 PostgreSQL 具有向后兼容性，但只有有限的向前兼容性比较安全。

逻辑复制的其他限制主要有以下几种：

❑ DDL 操作不支持复制，发布节点上发布表进行 DDL 操作后，DDL 操作不会复制到订阅节点，需要在订阅节点对发布表手动执行 DDL 操作。

❑ 序列本身不支持复制，当前逻辑复制仅支持普通表，序列、视图、物化视图、分区表、外部表等对象都不支持。

❑ TEMPORARY 表和 UNLOGGED 表不会被复制。

❑ 大对象（Large Object）字段不支持复制。

❑ 表名与列名必须结构相同，列的数据类型也必须相同（除非类型隐式转换相同）。

❑ 订阅端的表可以有更多的列，并且顺序可以不同，但是类型和列名必须相同。

❑ 只有超级用户才有权限添加所有表。

❑ 不支持双向复制。

❑ 表必须有主键或者唯一约束，否则像 UPDATE 或者 DELETE 这样的操作无法被复制。

13.9.6　逻辑复制的监控与安全

现在我们已经设置好逻辑复制，那么我们也应该看看发生了什么以及它是否正常工作，此时就需要用到两个监视视图。其中一个是我们已经很熟悉的 pg_stat_replication 视图，它显示了连接到当前主服务器的所有订阅者的连接信息：

```
pubdb=# select * from pg_stat_replication;
  pid  | usesysid | usename | application_name | client_addr  | client_hostname |
    client_port |        backend_start        | backend_xmin |   state   | sent
_lsn | write_lsn | flush_lsn | replay_lsn | write_lag | flush_lag | replay_lag |
 sync_priority | sync_state
------+----------+---------+------------------+--------------+-----------------
--+-------------+-----------------------------+--------------+-----------+---
------+-----------+-----------+------------+-----------+-----------+------------
 +---------------+------------
 5369 |   16384  | rep     | sub1             | 10.197.162.102 |               |
      46714
     | 2019-11-08 10:43:35.437753+08 |              | streaming | 0/17
0A4E8 | 0/170A4E8 | 0/170A4E8 | 0/170A4E8 |           |           |            |
           0
 | async
(1 row)
```

另一个是 pg_stat_subscription 视图，它显示了订阅端服务器上订阅状态的信息。它包含每个订阅的一个条目，以及当前正在同步的每一个表（正在复制现有数据）：

```
subdb=> select * from pg_stat_subscription;
 subid | subname | pid  | relid | received_lsn  |     last_msg_send_time      |
    last_msg_receipt_time  | latest_end_lsn |      latest_end_time
-------+---------+------+-------+---------------+------------------------------
   +------------------------------+----------------+------------------------------
```

```
24598 | sub1   | 5436  |            | 0/170A4E8 | 2019-11-08 11:39:09.572467+08
       | 2019-11-08 11:39:09.577141+08 | 0/170A4E8 |              | 2019-11-08
       11:39:09.572467+08
(1 row)
```

逻辑复制的发布端的安全和权限控制如下：

- ❑ 必须设置 pg_hba.conf，允许订阅端通过流复制连接发布端。
- ❑ wal_level 必须设置为“logical”，以记录逻辑复制的一些额外信息。
- ❑ 订阅端配置的 conninfo 中，发布端的角色必须具备权限或者超级用户权限。
- ❑ 使用某个用户在某个数据库中创建 publication，此用户必须对该数据库具备 CREATE 权限。

逻辑复制的订阅端的安全和权限控制如下：

- ❑ 订阅端创建 subscription 的用户必须是超级用户。
- ❑ 权限检测仅在连接发布端的时候进行，后期不会检测，比如从发布端获取数据或者 apply 数据时，不再检测是否为超级用户。

13.9.7　逻辑复制的相关配置参数

与逻辑复制相关的参数有以下几个。

- ❑ wal_level：必须设置为“logical”，让 WAL 日志文件中记录逻辑解码所需的信息，低于这个级别，逻辑复制不能工作。
- ❑ max_wal_senders（integer）：指定来自备用服务器或流式基本备份客户端的最大并发连接数（同时运行的 WAL 发送器进程的最大数）。默认值为“10”，“0”表示复制被禁止。应将此参数设置为略高于预期客户端的最大数量。该参数只能在服务器启动时设置。
- ❑ max_replication_slots（integer）：指定服务器可以支持的最大复制插槽数。默认值为“10”。只能在服务器启动时设置此参数。将其设置为小于当前现有复制插槽数的值将导致服务器无法启动。
- ❑ wal_sender_timeout（integer）：不活动的复制连接的时间超过这个参数指定的毫秒数，就会被终止掉。这对于发送服务器检测备用崩溃或网络中断很有用。0 值将禁用超时机制。默认值为 60 秒。
- ❑ track_commit_timestamp（boolean）：记录事务的提交时间。默认值为“off”。

13.9.8　逻辑复制的搭建实践

搭建逻辑复制的测试环境如表 13-4 所示：

表 13-4　工作模式与功能对应表

角色	主机名	IP	端口	数据库名	用户名	版本
发布端	publish	10.197.162.101	5432	pubdb	rep	PostgreSQL10
订阅端	subscription	10.197.162.102	5433	subdb	rep	PostgreSQL10

在发布端的 **pg_hba.conf** 配置文件中设置以下参数：

```
listen_addresses = '*'
wal_level=logical
max_replication_slots=8
max_wal_senders=10
```

参数设置说明如下。

❑ wal_level：设置成"logical"才支持逻辑复制，该参数的含义是，让数据库在 WAL 日志中记录逻辑解码所需的更多的信息，低于这个级别逻辑复制不能工作。

❑ max_replication_slots：设置值必须大于订阅的数量。

❑ max_wal_senders：由于每个订阅在主库上都会占用主库一个 WAL 发送进程，因此此参数设置值必须大于 max_replication_slots 参数值加上物理备库数。

在发布端的 **pg_hba.conf** 配置文件中设置以下参数：

```
host rep all 10.197.162.102/24 md5
```

上面这行配置的含义是，允许用户"rep"从 10.197.162.102/24 的网络上发起到本数据库的流复制连接，使用 MD5 的密码认证。

在订阅端的 postgresql.conf 配置文件中设置以下参数：

```
listen_addresses = '*'
wal_level=logical
max_replication_slots=8
max_logical_replication_workers=8
```

参数设置说明如下。

❑ max_replication_slots：设置数据库复制槽数量，应大于订阅节点的数量。

❑ max_logical_replication_workers：设置逻辑复制进程数，应大于订阅节点的数量，并且给表同步预留一些进程数量。max_logical_replication_workers 会消耗后台进程数，并且从 max_worker_processes 参数设置的后台进程数中消费，因此 max_worker_processes 参数需要设置得大些。

在发布节点上创建逻辑复制用户，逻辑复制用户需要具备 REPLICATION 权限。发布端创建逻辑复制用户的命令如下：

```
[postgres@publish ~]$ psql
psql (10.10)
Type "help" for help.
postgres=# create user rep replication login connection limit 8  password 'rep';
```

> 注意 用于逻辑复制的用户必须是 replication 角色或者 superuser 角色。

发布节点为复制表创建发布的命令如下：

```
postgres=# create database pubdb;
postgres=# \c  pubdb  rep
```

```
You are now connected to database "pubdb" as user "rep".
pubdb=# create table tt(id int4 primary key ,name text);
CREATE TABLE
pubdb=# insert into tt values (1,'a');
INSERT 0 1
pubdb=# CREATE PUBLICATION pub1 FOR TABLE tt;
CREATE PUBLICATION
```

如果需要发布多张表，则表名间用逗号（,）分隔，如果需要发布所有表，则将"FOR TABLE"调整为"FOR ALL TABLES"。

查看创建的发布的命令如下：

```
pubdb=# select * from pg_publication;
 pubname | pubowner | puballtables | pubinsert | pubupdate | pubdelete
---------+----------+--------------+-----------+-----------+-----------
 pub1    |       10 | f            | t         | t         | t
(1 row)
```

配置参数说明如下。

❑ pubname：指发布的名称。

❑ pubowner：指发布的属主，可以和 pg_user 视图的 usesysid 字段关联查询属主的具体信息。

❑ puballtables：是否发布数据库中的所有表，"t"表示发布数据库中所有已存在的表和以后新建的表。

❑ pubinsert："t"表示仅发布表上的 INSERT 操作。

❑ pubupdate："t"表示仅发布表上的 UPDATE 操作。

❑ pubdelete："t"表示仅发布表上的 DELETE 操作。

发布节点为复制用户授权的命令如下：

```
pubdb=> \c pubdb postgres
You are now connected to database "pubdb" as user "postgres".
pubdb=# grant connect on database pubdb to rep;
GRANT
pubdb=# grant usage on schema public to rep;
GRANT
pubdb=# grant select on tt to rep;
GRANT
```

订阅节点创建接收表的命令如下：

```
[postgres@subscription pgdata]$ psql -h 10.197.162.102 -p 5433
psql (10.10)
Type "help" for help.
postgres=# create database subdb;
CREATE DATABASE
postgres=#  create user rep replication login connection limit 8  password 'rep';
CREATE ROLE
postgres =# \c subdb rep
You are now connected to database "subdb" as user "rep".
subdb=# create table tt (id int4 primary key,name text);
```

```
CREATE TABLE
```

订阅节点创建订阅的命令如下：

```
subdb =# \c subdb postgres
You are now connected to database "subdb" as user "postgres".

subdb=# create subscription sub1 connection 'host=10.197.162.101 port=5432
  dbname=pubdb user=rep password=rep' publication pub1;
NOTICE:  created replication slot "sub1" on publisher
CREATE SUBSCRIPTION

subdb=# select * from pg_subscription;
  subdbid | subname | subowner | subenabled |          subconninfo          |
subslotname | subsynccommit | subpublications
---------+---------+----------+------------+------------------------------------
    --------------------------------+-------------+---------------+-----------------
    16384 | sub1    |       10 | t          | host=10.197.162.101 port=5432
      dbname=pubdb user=rep password=rep | sub1        | off           | {pub1}
(1 row)


subdb=# grant connect on database subdb to rep;
GRANT
subdb=# grant usage on schema public to rep;
GRANT
subdb=# grant select on tt to rep;
```

创建成功后，可以在发布节点查询到如下信息：

```
pubdb=> SELECT slot_name,plugin,slot_type,database,active,restart_lsn FROM pg_
  replication_slots where slot_name='sub1';
 slot_name | plugin   | slot_type | database | active | restart_lsn
-----------+----------+-----------+----------+--------+-------------
 sub1      | pgoutput | logical   | pubdb    | t      | 0/1702648
(1 row)
```

配置完成后，发布节点向表中插入、删除数据的命令如下：

```
pubdb=# insert into tt values (2,'tt');
INSERT 0 1
pubdb=# delete from tt where id=1;
DELETE 1
pubdb=# select * from tt;
id | name
----+------
  2 | tt
(1 row)
```

订阅节点查看逻辑复制效果命令如下：

```
subdb=# select * from tt;
id | name
----+------
  2 | tt
(1 row)
```

添加复制所需的表的示例如下。

在逻辑主库和逻辑从库均添加一张新表，并添加到发布列表中。

发布节点创建表结构，命令如下：

```
pubdb=>  create table tb(id int primary key ,addr varchar(100));
CREATE TABLE
```

从数据库上创建表结构，命令如下：

```
subdb=>  create table tb(id int primary key ,addr varchar(100));
CREATE TABLE
```

在主库上给逻辑复制账号授权，命令如下：

```
pubdb=> GRANT SELECT ON tb TO rep;
GRANT
```

添加新表至发布列表，命令如下：

```
pubdb=# ALTER PUBLICATION pub1 ADD TABLE tb;
ALTER PUBLICATION
```

在主库查看发布列表中的表名，命令如下：

```
pubdb=# SELECT * FROM pg_publication_tables;
 pubname | schemaname | tablename
---------+------------+-----------
  pub1   | public     | tb
 pub1    | public     | tt

(2 row)
```

此时已将一张表添加到发布列表中。

此时在主库写入数据，查看从库情况如下。

在主库中插入一条记录，命令如下：

```
pubdb=# insert into tb(id,addr) values(1,'beijing');
INSERT 0 1
```

此时在逻辑从库查看，结果却没有插入的数据：

```
subdb=>  select  * from tb;
 id | addr
----+------
(0 rows)
```

因为还需要在从库刷新一下订阅。

在从库刷新订阅的命令如下：

```
subdb=>  \c subdb postgres
You are now connected to database "subdb" as user "postgres".
subdb=# ALTER SUBSCRIPTION sub1 REFRESH PUBLICATION;
ALTER SUBSCRIPTION
```

刷新完成后再查看，从库中已经有插入的数据了：

```
subdb=>  select  * from tb;
 id | addr
----+------
1   | beijing
(1 rows)
```

清除复制设置，命令如下：

```
subdb=# DROP SUBSCRIPTION sub1;
NOTICE:  dropped replication slot "sub1" on publisher
DROP SUBSCRIPTION
```

13.10　小结

这一章详细介绍了流复制的原理，给出了很多搭建备库的例子，读者需要根据这些例子做更多的实验和不断地操作才能更好地掌握这部分内容。

第四篇 *Part 4*

架 构 篇

Chapter 14 第 14 章

PgBouncer

14.1 PgBouncer 介绍

PgBouncer 是为 PostgreSQL 的数据库提供的一个轻量级连接池工具，它有如下作用：

❏ 如果应用程序直接与 PostgreSQL 连接，每次连接时 PostgreSQL 都会克隆（Linux 及 UNIX 下通过 fork 系统调用）出一个服务进程为应用程序服务，关闭连接后，PostgreSQL 会自动把服务进程停掉，频繁地创建和销毁进程会耗费较多的资源。使用 PgBouncer 后，PgBouner 会将与后端 PostgreSQL 数据库的连接缓存，当有前端请求过来时，只是分配一个空闲的连接给前端程序使用，这样就降低了资源的消耗。

❏ 允许前端创建多个连接，再把前端的连接聚合到适量的数据库连接上。从理论上说，后台的服务进程数与这台主机上的 CPU 核数相同时，CPU 的有效利用率是最高的，因为这时 CPU 不需要在多个进程间来回切换。通常的机器，CPU 的核数为 4~32 个，很明显，限制用户的数据库连接数与 CPU 核数相同是不现实的。从笔者经验来看，如果连接数超过 CPU 核数的 4 倍，CPU 有效利用率会大大下降。而即使允许的连接数是 CPU 核数的 4 倍，对多数应用来说，连接数仍不足，所以这时使用连接池是一个很明智的选择。

❏ 连接池还能对客户端连接进行限制，预防过多或者恶意的连接请求。

PgBouncer 是一个轻量级的连接池，主要体现在以下几个特点上：

❏ PgBouncer 使用 Libevent 进行 Socket 通信，这种通信方式的效率很高。

❏ PgBouncer 是用 C 语言编写的，实现得很精巧，每个连接仅消耗 2KB 内存。

14.2　PgBouncer 的相关概念

PgBouncer 目前支持以下 3 种连接池模型。

❑ session：会话级连接，在它的连接生命期内，连接池分配给它一个数据库连接。客户端断开时，数据库连接会放回连接池中。

❑ transaction：事务级别连接，当客户端的事务结束时，数据库连接就会重新释放回连接池中，再次执行一个事务时，需要再从连接池中获得一个连接。

❑ statement：每执行完一个 SQL 语句时，连接就会重新释放回连接池中，再次执行一个 SQL 语句时，需要再次从连接池中获得连接。这种模式意味着在客户端强制使用 autocomit 模式。

14.3　PgBouncer 的安装方法

现有的 Linux 发行版本中包含了已编译好的 PgBouncer，如在 Redhat Linux 或 CentOS 下，可以使用下面的命令安装 PgBouncer：

```
yum install pgbouncer
```

而在 Debian 或 Ubuntu 下，可以使用下面的命令安装 PgBouncer：

```
sudo apt-get install pgbouncer
```

当然，也可以到 http://www.pgbouncer.org/downloads/ 网站中下载 PgBouncer 源码，然后从源码进行编译安装。下面讲解编译安装方法。

从网站中下载下来的源码包为 pgbouncer-1.12.0.tar.gz，将其解压到一个目录下，命令如下：

```
tar xvf pgbouncer-1.12.0.tar.gz
```

由于 PgBouncer 是基于 Libevent 开发的，所以需要先安装 Libevent 的开发包，在 Debian 或 Ubuntu 下的安装方法如下：

```
sudo apt-get install libevent-dev
```

进入刚才解压源码包的目录，进行如下编译：

```
cd pgbouncer-1.12.0
./configure
make
sudo make install
```

这样默认 PgBouncer 是安装到 "/usr/local/bin" 目录下的。

14.4　PgBouncer 的简单使用

本节详细讲解 PgBouncer 的配置方法、启动停止和一些查看信息的方法。

14.4.1 简单配置方法

在本节中只简单介绍配置文件 "pgbouncer.ini"，以便读者能快速掌握 PgBouncer 的基础使用方法。后面再详细讲解 PgBouncer 的各个配置项。

PgBouncer 有一个配置文件的模版，我们可以在该模版的基础上做修改。如果是源码安装，配置模版文件为 "/usr/local/share/doc/pgbouncer/pgbouncer.ini"，如果是二进制安装（如 yum），配置模版文件为 "/usr/share/doc/pgbouncer/pgbouncer.ini"。

如果这台机器上只有一个数据库实例，可以把 PgBouncer 的配置文件放到 "/etc" 目录下。如果不只一个数据库实例，那么最好为不同的数据库实例建不同的 PgBouncer，将不同的 PgBouncer 实例的配置文件放到不同的目录下。在本示例中，PgBouncer 的配置文件都放在 "/home/osdba/pgbouncer" 目录下。把示例配置文件复制到此目录下，命令如下：

```
cp /usr/local/share/doc/pgbouncer/pgbouncer.ini /home/osdba/PgBouncer.ini
```

然后对 PgBouncer.ini 文件的内容进行如下编辑：

```
[databases]
postgres = host=localhost port=5432 dbname=postgres user=osdba connect_
  query='SELECT 1'
[PgBouncer]
logfile = /home/osdba/pgbouncer/pgbouncer.log
pidfile = /home/osdba/pgbouncer/pgbouncer.pid
listen_addr = 0.0.0.0
listen_port = 6432
auth_type = md5
auth_file = /home/osdba/pgbouncer/userlist.txt
pool_mode = transaction
server_reset_query = DISCARD ALL
max_client_conn = 100
default_pool_size = 20
```

在上面的配置项中，主要有以下两节内容。

❏ [databases]：此节是连接池的后端数据库的配置项，第一项的名称都是 PgBouncer 对外的数据库名，如上面的配置示例中，"postgres = host=localhost...." 中的 "postgres" 表示外部用户连接 PgBouncer 时的数据库名称，这个数据库名称与后端的实际数据库名称可以不同。后面配置项的内容都是连接后端数据库的一些连接参数。

❏ [pgbouncer]：此节是一些 PgBouncer 的配置项。需要特别注意的是 max_client_conn 和 default_pool_size。max_client_conn 的配置项表示最多允许用户建多少个连接到 PgBouncer；default_pool_size 表示默认连接池中建多少个到后端数据库的连接。

14.4.2 启动 PgBouncer

准备配置文件后就可以启动 PgBouncer 了，启动方法如下：

```
pgbouncer -d /home/osdba/pgbouncer/pgbouncer.ini
```

上面命令行中的 "-d" 表示 "daemon"，也就是让 PgBouncer 以后台的方式运行。命令行的最后一个参数指定前面准备的配置文件。

实际执行上述命令的界面如下：

```
osdba@osdba-laptop:~$ pgbouncer -d /home/osdba/PgBouncer/pgbouncer.ini
2014-03-13 21:08:18.299 5544 LOG File descriptor limit: 1024 (H:4096), max_
  client_conn: 100, max fds possible: 130
```

启动成功后，就可以看到生成的日志文件 "/home/osdba/pgbouncer/pgbouncer.log"，命令如下：

```
osdba@osdba-laptop:~$ cat /home/osdba/pgbouncer/pgbouncer.log
2014-03-12 21:22:05.802 12707 LOG File descriptor limit: 1024 (H:4096), max_
  client_conn: 100, max fds possible: 130
2014-03-12 21:22:05.805 12709 LOG listening on 0.0.0.0:6432
2014-03-12 21:22:05.805 12709 LOG listening on unix:/tmp/.s.PGSQL.6432
2014-03-12 21:22:05.805 12709 LOG process up: pgbouncer 1.5.4, libevent
  2.0.21-stable (epoll), adns: evdns2
2014-03-12 21:22:14.693 12709 LOG C-0xa25a50: PgBouncer/osdba@127.0.0.1:56397
  login attempt: db=pgbouncer user=osdba
2014-03-12 21:22:14.694 12709 LOG C-0xa25a50: pgbouncer/osdba@127.0.0.1:56397
  closing because: client unexpected eof (age=0)
2014-03-12 21:22:18.132 12709 LOG C-0xa25a50: pgbouncer/osdba@127.0.0.1:56406
  login attempt: db=pgbouncer user=osdba
```

启动成功后，就可以使用 psql 连接到 PgBouncer 上了，命令如下：

```
osdba@osdba-laptop:~$ psql -p 6432 postgres
Password:
psql (9.3.2)
Type "help" for help.

postgres=# \d
      List of relations
 Schema | Name | Type  | Owner
--------+------+-------+-------
 public | t    | table | osdba
(1 row)
```

14.4.3　停止 PgBouncer

停止 PgBouncer 的最简单的方法就是直接 kill 掉 PgBouncer 进程。PgBouncer 启动后会与很多其他的 daemon 进程一样把自己的 PID 记录到一个 pid 文件中，该 pid 文件的位置是由配置文件指定的。如上面的示例中，pid 文件是 "/home/osdba/pgbouncer/pgbouncer.pid"，所以停止 PgBouncer 的方法如下：

```
kill `cat /home/osdba/pgbouncer/pgbouncer.pid`
```

上面的命令实际是先执行 "cat /home/osdba/pgbouncer/pgbouncer.pid"，获得 PgBouncer 的 PID，然后 kill 掉这个进程。

14.4.4　查看连接池信息

PgBouncer 提供了类似连接到虚拟数据库 "pgbouncer"，然后执行一些 PgBouncer 特殊命令的功能（这些特殊命令就像是真正的 SQL 命令），让管理者能查询和管理 PgBouncer 的连接池信息，这个界面称为 PgBouncer 的 Console 控制界面。一般使用 psql 命令连接到虚拟的数据库 "pgbouncer" 上，就能执行这些 PgBouncer 的管理命令，命令如下：

```
osdba@osdba-laptop:~$ psql -p 6432 pgbouncer
Password:
psql (9.3.2, server 1.5.4/bouncer)
Type "help" for help.

pgbouncer=#
```

从上例中可以看到，我们好像连接到了一个虚拟的数据库上。此时就可以使用 PgBouncer 的管理命令了，如使用 SHOW HELP 命令可以看到这些管理命令的帮助信息，示例如下：

```
pgbouncer=# show help;
NOTICE:  Console usage
DETAIL:
  SHOW HELP|CONFIG|DATABASES|POOLS|CLIENTS|SERVERS|VERSION
  SHOW STATS|FDS|SOCKETS|ACTIVE_SOCKETS|LISTS|MEM
  SHOW DNS_HOSTS|DNS_ZONES
  SET key = arg
  RELOAD
  PAUSE [<db>]
  RESUME [<db>]
  KILL <db>
  SUSPEND
  SHUTDOWN
SHOW
```

> **注意** 执行这些特殊命令与执行 SQL 命令一样，都需要以一个分号结尾。

查看客户端连接情况的命令为 "SHOW CLIENTS"，示例如下：

```
pgbouncer=# show clients;
 type | user  | database  | state  | addr | port | local_addr | local_port |
   connect_time    |    request_time     |   ptr    |   link
------+-------+-----------+--------+------+------+------------+------------+----
----------------+---------------------+----------+-----------
 C    | osdba | PgBouncer | active | unix | 6432 | unix       |       6432 |
  2014-03-13 21:30:28 | 2014-03-13 21:38:05 | 0x184aa60 |
 C    | osdba | postgres  | active | unix | 6432 | unix       |       6432 |
  2014-03-13 21:35:55 | 2014-03-13 21:35:55 | 0x184ad30 |
 C    | osdba | postgres  | active | unix | 6432 | unix       |       6432 |
  2014-03-13 21:35:47 | 2014-03-13 21:38:01 | 0x184abc8 | 0x18706e0
(3 rows)
```

查看连接池的命令为 "SHOW POOLS"，示例如下：

```
pgbouncer=# show pools;
 database  | user      | cl_active | cl_waiting | sv_active | sv_idle | sv_used
 | sv_tested | sv_login | maxwait
-----------+-----------+-----------+------------+-----------+---------+---------
 +-----------+----------+----------
 PgBouncer | PgBouncer |         1 |          0 |         0 |       0 |       0 |
```

```
0 |       0 |      0
         postgres | osdba     |       2 |       0 |       1|       0 |      0 |
0 |       0 |      0
         (2 rows)
```

14.5　PgBouncer 的配置文件详解

PgBouncer 的配置文件是 ini 格式的，主要由"[databases]"和"[pgbouncer]"组成，配置文件内容的格式如下：

```
[databases]
db = ...
[pgbouncer]
...
```

14.5.1　"[databases]"配置

此配置项比较简单，各行均由"key=value"的对组成，其中"key"为对外的数据库名称，"value"由多个以空格分隔的"key=value"对的连接串及相关参数对组成，此连接串与 libpq（提供给 C 语言访问 PostgreSQL 的 API 库）中的连接函数的连接串的格式是相同的，如 14.4.1 节中介绍的如下示例：

```
postgres = host=localhost port=5432 dbname=postgres user=osdba
```

连接串的各个参数的说明如下。

❑ dbname：后端的数据库名称。

❑ host：后端数据库的主机名或 IP 地址。

❑ port：后端数据库的监听端口。

❑ user：连接后端数据库的用户名。

❑ password：连接后端数据库的密码。

如果在连接串中没有指定"user"和"password"，那么 PgBouncer 将使用客户端连接 PgBouncer 时的用户名和密码来连接后端数据库，并为每个不同的用户建立一个连接池；如果连接串中指定了"user"和"password"，PgBouncer 将使用设置的用户名和密码来连接后端的数据库，这样对使用这项配置的数据库来说就只有一个连接池。

除连接串参数外，还可以配置连接池的以下配置项和参数。

❑ pool_size：此配置项的连接池的大小，如果没有配置此项，连接池的大小将使用"[pgbouncer]"小节中的"default_pool_size"配置项的值。

❑ connect_query：在连接使用之前执行的一个 SQL 语句，用于探测此连接是否正常。如果执行该 SQL 语句出错，则选择另一个连接。

❑ client_encoding：指定客户端的字符集编码。

❑ datestyle：指定日期类型参数。

❑ timezone：指定时区。

14.5.2 "[pgbouncer]" 配置

此配置项很多，可以分为以下几类。

❏ 通用配置项。

❏ 日志配置项。

❏ Console 访问控制配置项。

❏ 连接健康检查和超时配置项。

❏ 危险的超时配置项，主要是为防止因一些未知错误或原因导致 hang 而设置的超时。

❏ 底层网络配置项。

下面详细讲解这些配置项。

通用配置项的说明如下。

❏ logfile：指定日志文件。

❏ pidfile：指定 pidfile，文件中记录了 PgBouncer 的进程 ID，如果想让 PgBouncer 以 daemon 的方式运行，就必须配置此项。

❏ listen_addr：监听的 IP 地址，可以使用 "*" 表示在本地的所有 IP 地址上监听。

❏ listen_port：监听的 IP 端口，默认为 "6432"。

❏ unix_socket_dir：指定 unix socket 文件的目录，默认为 "/tmp" 目录。

❏ unix_socket_mode：指定 unix socket 文件的权限，默认为 "0777"。

❏ unix_socket_group：指定 unix socket 文件的组，没有默认设置。

❏ user：指定启动 PgBouncer 的用户名。Windows 下不支持此设置。

❏ auth_file：指定连接 PgBouncer 的用户名和密码的认证文件。其格式将在后面详细讲解。

❏ auth_type：认证的方法，可以设置为 "md5" "crypt" "plain" "trust" "any"。

❏ pool_mode：指定池的模式，可以设置为 "session" "transaction" "statement"。

❏ max_client_conn：允许连接到 PgBouncer 上的最大客户端数。

❏ default_pool_size：连接池的默认大小。注意，不同的用户或数据库会有不同的连接池。

❏ min_pool_size：连接池的最小大小，即每个连接池至少会向后端数据库保持多少个连接。

❏ reserve_pool_size：连接池的保留连接数。

❏ reserve_pool_timeout：保留连接的超时时间。

❏ server_round_robin：负载均衡的方式是否设置为 "round robin"，默认为关闭，即 LIFO（后进先出）。

❏ ignore_startup_parameters：默认 PgBouncer 只会跟踪一些数据库参数，如 "client_en coding" "datestyle" "timezone" "standard_conforming_strings" "application_name" 等，PgBouncer 能检测出这几个参数的变化并与客户端保持一致，所以默认情况下设置其

他参数会导致 PgBouncer 抛出错误。设置此项，指定一些数据库参数，PgBouncer 就可以忽略对这些参数的检查。

❑ disable_pqexec：是否禁止简单查询协议，默认为"0"。简单查询协议允许一个请求发送多条 SQL 语句，但它容易导致 SQL 注入攻击。

日志配置项的说明如下。

❑ syslog：是否打开 syslog，Windows 下没有 syslog，则用 eventlog。默认为"0"，表示不打开 syslog。

❑ syslog_ident：默认为"PgBouncer"。

❑ syslog_facility：可取的值为"auth""authpriv""daemon""user""local0-7"，默认为"daemon"。

❑ log_connections：是否记录连接成功的日志，默认值为"1"，表示记录。

❑ log_disconnections：是否记录断开连接的日志，默认值为"1"，表示记录。

❑ log_pooler_errors：连接池发往客户端的错误是否记录在日志中，默认值为"1"，表示记录。

❑ stats_period：把汇总的统计信息写入日志的时间周期，默认为"60"。

Console 访问控制配置项的说明如下。

❑ admin_users：允许在 Console 端执行管理命令的用户列表，多个用户之间由逗号分隔。当设置了"auth_mode=any"时，忽略此配置项。默认为空。

❑ stats_users：允许连接到 Console 上查看连接池只读信息的用户列表。这些用户可以执行除 SHOW FDS 命令之外的其他 SHOW 命令。

连接健康检查和超时配置项的说明如下。

❑ server_reset_query：一个后端的数据库连接会话被前一个客户端使用后，一些会话属性可能会发生改变，所以当这个后端数据库连接被第二个客户端使用时可能会产生问题。为此一个连接被使用后重新放回连接池中时需要对这个连接的会话属性进行复位。PostgreSQL 8.2 及之前的版本，此项设置为"server_reset_query = RESET ALL; SET SESSION AUTHORIZATION DEFAULT;"，而 PostgreSQL 8.3 及以上的版本可以设置为"server_reset_query = DISCARD ALL;"，默认值就是此值。当连接池为事务模式时，此配置项应该设置为空，因为在事务模式下，客户端不应该设置连接会话的属性。

❑ server_check_delay：空闲的连接需要多长时间进行一次健康检查，看其是否可用。如果设置为"0"，则立即检测。默认此值为"30.0"。

❑ server_check_query：健康检查的 SQL，如果为空，则禁止健康检查。默认为"SELECT 1;"。

❑ server_lifetime：连接的存活时间。当一个连接的存活时间超过此值时就会被关闭，然后新建一个连接。此值默认为"3600"。如果设置为"0"，表示此连接只使用一次，使用后就关闭。

❑ server_idle_timeout：连接池中连接的 idle 时间，超过此时间，连接就会被关闭。默认值为 "600.0"。

❑ server_connect_timeout：到后端数据库的 login 的时间超过此值后，连接就会被关闭。默认值为 "15.0"。

❑ server_login_retry：指定当创建到后端数据库的连接失败后，等多长时间后重试，默认值为 "15.0" 秒。

❑ client_login_timeout：客户端与 PgBouncer 建立连接后，如果无法在设定时间内完成登录，那么连接将被断开。默认值为 "60" 秒。

危险超时配置项的说明如下。

❑ query_timeout：运行时间超过该时间值的 SQL 命令会被中止。此值应该设置得比 SQL 的实际运行时间要长一些，也应比服务器端的 statement_timeout 参数的值大一些。该参数主要是为了便于应对一些未知的网络问题。设置此值，可防止查询被长时间地 hang 住。默认值为 "0.0"，表示禁止此功能。

❑ query_wait_timeout：一个请求在队列中等待被执行的最长等待时间，如果超过此时间值还没有被分配到连接，则此客户端连接将被断开。这主要是为了防止后端数据库 hang 住后，客户端到 PgBouncer 的连接会被一直 hang 住。默认值为 "0.0"，表示禁止此功能。

❑ client_idle_timeout：客户端在指定时间内，一直不发送命令，则断开与此客户端的连接。一般是为了防止客户端上的 TCP 连接因为网络问题实际上已关闭，但 PgBouncer 上的该 TCP 连接未检测到客户端已不存在，从而导致 PgBouncer 的 TCP 连接一直存在。默认值为 "0.0"，表示禁止此功能。

❑ idle_transaction_timeout：客户端启动事务后，超过此时间值还不结束事务时，PgBouncer 关闭这个客户端连接，以防止客户端消耗 PgBouncer 及数据库的资源。默认值为 "0.0"，表示禁止此功能。

底层网络配置项的说明如下。

❑ pkt_buf：用于指定网络包的内部缓冲区大小，该值会影响发出的 TCP 包及内存使用的大小。实际的 libpq 的数据包可以比设定值大，所以没必要将此参数设置得太大。默认值为 "2048"，通常保持默认值就可以了。

❑ max_packet_size：通过 PgBcouner 的最大的包大小，这个包可以是一个 SQL，也可以是一个 SQL 的返回结果集，所以这个结果集可能很大。默认值为 "2147483647"。

❑ listen_backlog：TCP 监听函数 "listen" 的 BackLog 参数，默认值为 "128"。

❑ sbuf_loopcnt：在处理过程中，每个连接处理多少数据后就切换到下一个连接。如果没有此限制，一个连接发送或接收大量数据时可能会导致其他连接被饿死。如果设置为 "0"，表示不限制。默认值为 "5"。

❑ tcp_defer_accept：此选项的详细说明可从 Linux 下的 " man 7 tcp" 中获取。在 Linux 下，该选项默认值为 "45"，其他平台为 "0"。

❑ tcp_socket_buffer：没有默认设置。

❑ tcp_keepalive：是否以操作系统的默认值打开基本的 keepalive 设置。在 Linux 下，操
作系统的 keepalive 中，参数的默认值为 "tcp_keepidle=7200, tcp_keepintvl=75, tcp_
keepcnt=9"，其他操作系统的值与之类似。默认值为 "1"。

❑ tcp_keepcnt：默认未设置。

❑ tcp_keepidle：默认未设置。

❑ tcp_keepintvl：默认未设置。

14.5.3　用户密码文件

PgBouncer 的认证文件格式如下：

```
"username1" "password" ...
"username2" "md5abcdef012342345" ...
```

此文件是一个文本文件，每行是一个用户。每行必须至少有两列，每列的内容必须以英
文双引号括起来。

实际上，此文件的格式与 PostgreSQL 8.X 版本的数据库数据目录下的用户密码文件的格
式是完全一样的，所以如果是 PostgreSQL 8.X 版本，可以直接使用数据库的用户认证文件，
或者把此文件拷贝过来。但 PostgreSQL 9.X 版本之后取消了这个文件，该内容放到了表 "pg_
shadow" 中，这时就需要查询这张表的内容，手动生成上面的用户密码文件。命令如下：

```
osdba@osdba-laptop:~$ psql
psql (9.3.2)
Type "help" for help.

osdba=# select usename, passwd from pg_shadow order by 1;
   usename   |               passwd
-------------+-------------------------------------
 benchmarksql | md504256df493e705042a8b41bf3fa596d1
 osdba        | md543b7ba00a65713e99e5ccc0fda3ec2dd
 readonly     | md568b20f75e9d06336ec95fe84501dd8c6
 tpcc         | md5508449595c3eb0c36fb1c8cf8bffa64e
 u01          | md5c32047df271e77016d2cbd4f72e58afb
(5 rows)
```

此时，手动生成的密码文件内容如下：

```
"benchmarksql" "md504256df493e705042a8b41bf3fa596d1"
  ""osdba" "md543b7ba00a65713e99e5ccc0fda3ec2dd"
  "readonly" "md568b20f75e9d06336ec95fe84501dd8c6"
  "tpcc" "md5508449595c3eb0c36fb1c8cf8bffa64e"
  "u01" "md5c32047df271e77016d2cbd4f72e58afb"
```

实际上，在 PgBouncer 的源码包中有一个 Python 脚本 "./etc/mkauth.py"，该脚本可以执
行上述命令，从 pg_shadow 表中读取数据自动生成密码文件。有兴趣的读者可以学习该脚本
中的内容。

14.6 小结

本章较系统地介绍了 PgBouncer 的安装、配置和使用方法，读者如果需要了解 PgBouncer 更详细的信息可以访问 PgBouncer 的官网：

http://www.pgbouncer.org/

PgBouncer 是使用很广的一款连接池软件，建议数据库管理员掌握 PgBouncer 的安装、配置和使用方法。

第 15 章 *Chapter 15*

Slony-I 的使用

Slony-I 是基于触发器的两个数据库的逻辑同步。相对于流复制的物理同步来说，逻辑同步更灵活，可以选择部分表进行同步。从 PostgreSQL 10 版本开始有基于 WAL 日志的逻辑解析的逻辑复制。基于 WAL 日志的逻辑解析的逻辑复制性能更高，但逻辑复制目前还有一些限制，如不支持 PostreSQL 10 之前的旧版本数据库，PostgreSQL 10 版本也不支持 "truncate" 的同步。另逻辑复制只支持表的同步，不支持序列的同步。而 Slony-I 弥补了逻辑复制的上述缺点，如可以支持旧的数据库版本、支持 "truncate" 同步、支持序列的同步。

15.1　Slony-I 中的主要概念

为了建立一套使用 Slony 搭建的集群，有必要了解 Slony 中的以下主要概念：

❑ 集群（Cluster）。

❑ 节点（Node）。

❑ 复制集合（Replication Set）。

❑ 数据原始生产者（Origin）、数据提供者（Providers）和数据订阅者（Subscribers）。

❑ Slon 守护程序（Slon Daemons）。

❑ Slonik 配置程序（Slonik Configuration Processor）。

Slony-I 中使用了一些俄语词汇，了解这些俄语词汇的含义也有助于读者的学习。

❑ Slon：俄语中的 "大象"。

❑ Slony：俄语中 "slon" 的复数，意思是 "一群大象"。

❑ Slonik：俄语中的 "小象"。

15.1.1　集群

在 Slony-I 的术语中，"集群"是一组 PostgreSQL 数据库实例，复制就发生在这些数据库之间。

集群的名称以如下方式指定在每个 Slonik 脚本中：

```
cluster name = something;
```

Slony-I 将在各个数据库中用集群名称创建一个模式，Slony-I 中内部使用的一些函数（包括触发器函数）、表、视图、序列都放在所创建的模式下。

15.1.2　节点

"节点"是对参与复制的一个 PostgreSQL 数据库的命名。节点一般定义在 Slonik 脚本的开头，格式如下：

```
NODE 1 ADMIN CONNINFO = 'dbname=testdb host=server1 user=slony';
```

"NODE 1"中的"1"表示节点号，节点号在一个集群中是唯一的。"CONNINFO"表示连接本节点数据库的一个 DSN 连接串，该字符串的格式与 libpq 中函数 PQconnectdb() 的连接参数的格式是一样的。

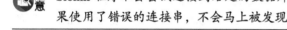 Slonik 程序不会尝试连接到给定的数据库，除非一些后续的命令要求其连接，所以如果使用了错误的连接串，不会马上被发现，只有在真正需要连接数据库时才会报错。

15.1.3　复制集合

复制集合是需要复制的表、序列的集合，使用复制集合的主要目的是把要复制的对象进行分组，然后就可以对不同的分组（复制集合）进行不同的操作。

15.1.4　数据原始生产者、数据提供者和数据订阅者

Slony-I 支持级联复制，所以一个节点作为数据订阅者的同时，也可以作为下一级的数据提供者。用户的应用程序在"数据的原始生产者"节点上插入、更新、删除数据，这些动作会被复制到数据订阅者，该数据订阅者又可以作为下一级数据订阅者的数据提供者。

15.1.5　Slon 守护程序

在集群中的每个节点上都必须有一个 Slon 守护程序在运行。

Slon 是一个用 C 语言写的程序，用于处理复制中的事件，事件分为以下两类。

- ❑ 配置事件：做管理配置时使用 Slonik 程序发出的配置事件。
- ❑ 同步事件：当源数据库上需要同步的表上发生数据变更时，这些变更的多个事务就会组合成一个同步事件。

15.1.6　Slonik 配置程序

Slonik 是一个命令行的工具，是一个处理 Slonik 的脚本语言的工具。说它是一个脚本语言的工具，主要是因为 Slonik 可以处理由一系列 Slonik 命令组成的脚本，而不仅仅是能处理单条命令。

15.2　Slony-I 复制的一些限制

Slony-I 不能做以下几种类型的复制：

❑ 对大对象 Large Objects（BLOBS）的变更。

❑ DDL 的变更。但可以支持 truncate 的同步。

❑ 用户和权限的变更。

实际上，多数基于触发器的数据同步软件基本上都只对表数据进行同步，而 Slony-I 不仅支持表数据的同步，还支持序列的同步。不过对于 DDL，Slony-I 提供了命令 " SLONIK EXECUTE SCRIPT"，可以让管理员把一个 DDL 执行到所有的节点上。

Slony-I 或与此类似的逻辑复制软件一般都要求表要有主键，或者要有唯一键。Slony-I 可自动识别出主键。如果表没有主键，需要手动指定唯一键，如果没有唯一键，则不能复制。

15.3　在 Linux 下安装和配置 Slony-I

一般来说，Linux 的各种发行版本会自带 Slony-I，但自带的 Slony-I 版本较低，读者可从 Slony 的官方网站下载最新的版本进行安装。

15.3.1　二进制方式安装 Slony-I

在通常的 Linux 发行版本中已有 Slony-I，所以可以直接用发行版本的包管理工具进行安装。在 CentOS7.X 系统下，可以查看有哪些 Slony-I，命令如下：

```
[root@pg01 bin]# yum search slony
Loaded plugins: fastestmirror
Loading mirror speeds from cached hostfile
  * base: ap.stykers.moe
  * extras: ap.stykers.moe
  * updates: ap.stykers.moe
==================================================== N/S matched: slony
====================
slony1-10-debuginfo.x86_64 : Debug information for package slony1-10
slony1-94-debuginfo.x86_64 : Debug information for package slony1-94
slony1-95-debuginfo.x86_64 : Debug information for package slony1-95
slony1-96-debuginfo.x86_64 : Debug information for package slony1-96
slony1-10.x86_64 : A "master to multiple slaves" replication system with
   cascading and failover
slony1-11.x86_64 : A "master to multiple slaves" replication system with
```

```
        cascading and failover
slony1-12.x86_64 : A "master to multiple slaves" replication system with
        cascading and failover
slony1-94.x86_64 : A "master to multiple slaves" replication system with
        cascading and failover
slony1-95.x86_64 : A "master to multiple slaves" replication system with
        cascading and failover
slony1-96.x86_64 : A "master to multiple slaves" replication system with
        cascading and failover

 Name and summary matches only, use "search all" for everything.
```

从上面的运行结果中可以看出，Slony-I 为每个 PostgreSQL 的大版本都准备了相应的版本，如果我们安装的是 PostgreSQL 12，我们需要安装"slony1-12.x86_64"这个包：

```
yum install slony-12.x86_64
```

注意，安装"slony1-12.x86_64"时，PostgreSQL 12 版本需要先安装到"/usr/pgsql-12"目录下。

15.3.2　源码编译安装 Slony-I

当我们的 Linux 发行版中没有自带 Sony-I 时，我们可以编译安装 Slony-I。在 Slony 官方网站的下载页面 http://slony.info/downloads/ 中选择合适的版本下载，这里选择 2.1 版本，如图 15-1 所示。

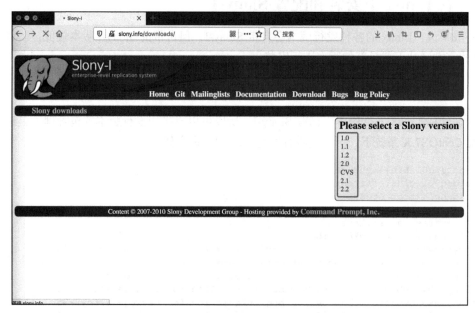

图 15-1　在 Slony-I 官方网站中选择版本

在弹出的选择直接下载源码还是使用 CVS 的界面中选择直接下载源码，如图 15-2 所示。

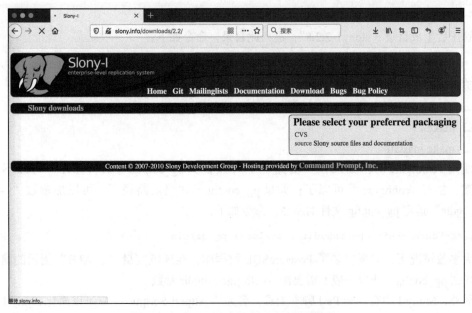

图 15-2　Slony-I 官方网站中选择下载源码

选择要下载的小版本，这里选择 2.2.8，如图 15-3 所示。

图 15-3　Slony-I 官方网站中选择 Slony 源码的版本

下载完成后，把下载下来的源码包放到一个目录下，在这里下载到 "/home/osdba/src" 目录下，使用下面的命令解压源码包：

```
tar xvf slony1-2.2.8.tar.bz2
```

解压后生成目录"slony1-2.2.8"，进入此目录，命令如下：

```
cd slony1-2.2.8
```

编译方法也比较简单，使用以下通用的 Linux 编译"三板斧"：

❑ ./onfigure --with-perltools。

❑ make。

❑ make inastall。

使用 ./configure 时，如果在当前路径下可以找到 pg_config 可执行程序，可以不加任何参数，执行 ./configure 就可以了；如果 pg_config 不在当前路径下，可以加参数" --with-pgconfigdir"指定 pg_config 文件的路径，命令如下：

```
./configure --with-pgconfigdir=/usr/local/pgsql/bin
```

大多数情况下，只要安装了 PostsgreSQL 数据库，在环境变量" $PATH"指示的路径下都能找到 pg_config，所以一般不需要加 --with-pgconfigdir 参数。

另外，Slony-I 中有一套 Perl 脚本工具，名为" Altperl Scripts"，它可以简化 Slony-I 的配置，但默认编译时不会带上该脚本，如果想带上该脚本，必须在运行 ./configure 时加上参数 "--with-perltools"。为了便于配置，一般加上该参数，命令如下：

```
./configure --with-perltools
```

此时再编译时，直接使用 make 就可以了：

```
make  all
```

编译完成后，使用 sudo 安装，命令如下：

```
sudo make install
```

至此，Slony-I 的安装就完成了。实际上，Slony-I 总是安装到 PostgreSQL 数据库所在的目录中，命令如下：

```
osdba@ubuntu01:~/src/slony1-2.2.8$ which postgres
/usr/local/pgsql/bin/postgres
osdba@ubuntu01:~/src/slony1-2.2.8$ which slon
/usr/local/pgsql/bin/slon
osdba@ubuntu01:~/src/slony1-2.2.8$ which slonik
/usr/local/pgsql/bin/slonik
```

15.3.3　配置 Slony-I 的基本复制

下面通过一个具体的配置实例来说明 Slony-I 复制的配置过程。我们使用以下两台 CentOS 7.4 的机器作为实验环境：

❑ pg01：10.0.3.101。

❑ pg02：10.0.3.102。

这两台机器上安装的都是 PostgreSQL 12 版本的数据库，数据库是在 "/home/postgres/pgdata" 目录下。这两台机器已经按前面介绍的二进制方式安装了 Slony-I。

在两台机器的数据库中各创建一个名为 "slony" 的超级用户为 Slony-I 使用，命令如下：

```
create user slony superuser password 'slonytest';
```

在 pg01 机器上建一个名为 "master" 的数据库，作为复制的源数据库，命令如下：

```
create database master;
alter database master owner to slony;
```

在 pg02 机器上建一个名为 "slave" 的目标数据库，作为复制的目标数据库，命令如下：

```
create database slave;
alter database slave owner to slony;
```

后面的复制就在 pg01 的 master 数据库与 pg02 的 slave 数据库之间进行。

为了演示复制的配置过程，在 master 数据库和 slave 数据库中建立一张测试表，命令如下：

```
create table synctab01(id int primary key, note text);
```

注意，使用 "slony" 用户连接数据库，这样建出来的表 "synctab01" 的属主也是 "slony"。

为了两台机器能相互访问对方的数据库，需要在两台机器的 $PGDATA/pg_hba.conf 文件中加入以下内容：

```
host    all             all             10.0.3.0/24         md5
```

为了让配置生效，运行如下命令：

```
pg_ctl reload
```

如果数据库是刚安装好的，数据库中的 listen_address 参数指定的监听地址可能还是 "127.0.0.1"，无法接受来自远程的连接，这时需要把监听地址改成 "10.0.3.X"，当然，为了简化配置，也可以把 listen_address 参数配置为 "*"，这样数据库就能监听本地所有的 IP 地址，命令如下：

```
listen_addresses = '*'
```

 注意　修改 listen_address 参数需要重启数据库。

测试 pg01 机器是否能连接 pg02 机器上的 slave 数据库，命令如下：

```
[postgres@pg01 ~]$ psql -Uslony -h 10.0.3.102 slave
Password for user slony:
psql (12.1)
Type "help" for help.

slave=#
```

如果连接出错，说明前面的配置不正确，请检测配置后再做后续步骤。

同样，在 pg02 机器上测试是否能连接 pg01 机器上的 master 数据库，命令如下：

```
[postgres@pg02 pg12data]$ psql -Uslony -h 10.0.3.101 master
Password for user slony:
psql (12.1)
Type "help" for help.

master=#
```

下面使用 Altperl Scripts 脚本完成 Slony 数据同步的配置工作。要使用 Altperl Scripts 脚本需要先配置 /etc/slony1-12/slon_tools.conf 文件。

首先把 slon_tools.conf 中的集群重命名为"cluster01"，命令如下：

```
if ($ENV{"SLONYNODES"}) {
  require $ENV{"SLONYNODES"};
} else {

  # The name of the replication cluster.  This will be used to
  # create a schema named _$CLUSTER_NAME in the database which will
  # contain Slony-related data.
  $CLUSTER_NAME = 'cluster01';
```

把 Slony-I 的 pid 目录改到数据库的操作系统用户的 $HOME 的"run/slony1"目录下：

```
$PIDFILE_DIR = '/home/postgres/run/slony1';
```

这是因为后面我们启动 Slony 守护程序是在数据库的操作系统用户"postgres"下，而此用户对"/var/run"目录没有写权限。当然我们需要在 postgres 用户下把目录建好：

```
mkdir -p /home/postgres/run/slony1
```

由于只有两个节点，所以要把后两个节点的配置注释掉，配置结果如下：

```
    add_node(node     => 1,
          host       => '10.0.3.101',
          dbname     => 'master',
          port       => 5432,
          user       => 'postgres',
          password => 'postgres'
          );

    add_node(node     => 2,
          host       => '10.0.3.102',
          dbname     => 'slave',
          port       => 5432,
          user       => 'postgres',
          password => 'postgres'
          );
#   add_node(node      => 3,
#         host       => 'server3',
#         dbname     => 'database',
#         port       => 5432,
#         user       => 'postgres',
#         password => '');
```

```
# If the node should only receive event notifications from a
# single node (e.g. if it can't access the other nodes), you can
# specify a single parent.  The downside to this approach is that
# if the parent goes down, your node becomes stranded.

#  add_node(node    => 4,
#       parent    => 3,
#       host      => 'server4',
#       dbname    => 'database',
#       port      => 5432,
#       user      => 'postgres',
#       password => '');

}
```

然后就是复制集的配置项,主要配置要同步哪些表和序列。第一部分是要复制哪些有主键的表,把测试表加到其中,命令如下:

```
# This array contains a list of tables that already have
# primary keys.
"pkeyedtables" => [
                  'synctab01',
                  ],
```

复制集中的第二部分是没有主键而有唯一键的表的同步配置,由于不使用这部分内容,所以把这部分注释掉,命令如下:

```
# For tables that have unique not null keys, but no primary
# key, enter their names and indexes here.
# "keyedtables" => {
#  'table3' => 'index_on_table3',
#  'table4' => 'index_on_table4',
#  },
```

最后是配置同步哪些序列,由于不使用,可注释掉,命令如下:

```
# Sequences that need to be replicated should be entered here.
# "sequences" => ['sequence1',
#                 'sequence2',
#                 ],
```

复制集 "set2" 也不使用,同样可注释掉,命令如下:

```
# "set2" => {
#   "set_id"      => 2,
#   "table_id"    => 6,
#   "sequence_id" => 3,
#   "pkeyedtables" => ["table6"],
#   "keyedtables"  => {},
#   "sequences"    => [],
#  },
```

把配置完成的 slon_tools.conf 文件复制到 pg02 机器上,命令如下:

```
[root@pg01 ~]# scp /etc/slony1-12/slon_tools.conf 10.0.3.102:/etc/slony1-12/.
```

```
slon_tools.conf                              100% 5916    5.5MB/s   00:00
```

初始化集群，执行 slonik_init_cluster | slonik，命令如下：

```
[postgres@pg01 ~]$ slonik_init_cluster  | slonik
<stdin>:6: Possible unsupported PostgreSQL version (120100) 12.1, defaulting to
    support for latest
<stdin>:9: Possible unsupported PostgreSQL version (120100) 12.1, defaulting to
    support for latest
<stdin>:10: Set up replication nodes
<stdin>:13: Next: configure paths for each node/origin
<stdin>:16: Replication nodes prepared
<stdin>:17: Please start a slon replication daemon for each node
```

slonik_init_cluster 命令会读取配置文件 "slon_tools.conf" 中的内容，自动初始化 Slony 集群在数据库中的同步配置。后面的一些 Slony 脚本也会读取配置文件 "slon_tools.conf"。

如果执行上面的命令时报错，通常是 slon_tools.conf 配置文件中的配置不正确，请在 pg01 的 master 库和 pg02 的 slave 库中把模式 "_cluster01" 删除然后重新执行 "slonik_init_ cluster | slonik"：

```
drop schema _cluster01 cascade;
```

在 pg01 机器上启动 Slony 守护进程，命令如下：

```
[postgres@pg01 ~]$ slon_start 1
Invoke slon for node 1 - /usr/pgsql-12/bin/slon -p /home/postgres/run/slony1/
    cluster01_node1.pid -s 1000 -d2  cluster01 'host=10.0.3.101 dbname=master
    user=postgres port=5432 password=postgres' > /var/log/slony1-12/node1/
    master-2020-02-10.log 2>&1 &
Slon successfully started for cluster cluster01, node node1
PID [2506]
Start the watchdog process as well...
```

命令 "slon_start 1" 中的 "1" 代表 master 节点的节点号。

运行该命令会在后台启动一些服务进程：

```
[postgres@pg01 ~]$ ps -ef|grep slony |grep -v grep
postgres  2506     1  0 22:08 pts/0    00:00:00 /usr/pgsql-12/bin/slon -p /
    home/postgres/run/slony1/cluster01_node1.pid -s 1000 -d2 cluster01
    host=10.0.3.101 dbname=master user=postgres port=5432 password=postgres
postgres  2507  2506  0 22:08 pts/0    00:00:00 /usr/pgsql-12/bin/slon -p /
    home/postgres/run/slony1/cluster01_node1.pid -s 1000 -d2 cluster01
    host=10.0.3.101 dbname=master user=postgres port=5432 password=postgres
postgres  2522     1  0 22:08 pts/0    00:00:00 /usr/bin/perl /usr/pgsql-12/bin/
    slon_watchdog --config=/etc/slony1-12/slon_tools.conf node1 60
```

同样，在 pg02 机器上启动 Slony 守护进程，命令如下：

```
osdba@ubuntu02:~$ slon_start 2
Invoke slon for node 2 - /usr/local/pgsql9.2.3/bin//slon -s 1000 -d2  cluster01
    'host=192.168.1.22 dbname=slave user=slony port=5432 password=slonytest' > /
    home/osdba/slonylog/slony1/node2/slave-2013-06-13.log 2>&1 &
Slon successfully started for cluster cluster01, node node2
```

```
PID [3152]
Start the watchdog process as well...
```

命令"slon_start 2"中的"2"代表 slave 节点的节点号。

使用命令"slonik_create_set 1 | slonik"创建数据集，命令如下：

```
[postgres@pg01 ~]$ slonik_create_set 1 | slonik
<stdin>:11: Subscription set 1 (set1_name) created
<stdin>:12: Adding tables to the subscription set
<stdin>:16: Add primary keyed table public.synctab01
<stdin>:19: Adding sequences to the subscription set
<stdin>:20: All tables added
```

使用命令"slonik_subscribe_set 1 2 | slonik"增加数据订阅者，该命令中的第一个数字"1"代表同步集号，第二个数字"2"代表数据订阅者的节点号，命令如下：

```
osdba@ubuntu01:~$ slonik_subscribe_set 1 2 | slonik
<stdin>:6: Subscribed nodes to set 1
```

到此，同步配置就完成了，下面测试同步效果。

在 pg01 的 master 库的表"syntab01"中插入一条记录，命令如下：

```
[postgres@pg01 ~]$ psql master
psql (12.1)
Type "help" for help.

master=# insert into synctab01 values(1,'1111');
INSERT 0 1
master=#
```

然后到 pg02 的 slave 库的表中查看数据是否已同步过来，命令如下：

```
[postgres@pg02 ~]$ psql slave
psql (12.1)
Type "help" for help.

slave=# select * from synctab01;
 id | note
----+------
  1 | 1111
(1 row)

slave=#
```

从上面的查询结果中可以看到，数据已经同步过来了。

然后测试一下更新数据的同步效果。

在 pg01 上更新数据，命令如下：

```
master=# update synctab01 set note='aaaa' where id=1;
UPDATE 1
```

在 pg02 上查看数据，命令如下：

```
slave=# select * from synctab01;
 id | note
----+------
  1 | aaaa
(1 row)
```

从上面的查询结果中可以发现数据已经同步过来了。

最后测试 truncate 是否可以同步。

在 pg01 上 truncate，命令如下：

```
master=# truncate table synctab01;
TRUNCATE TABLE
```

在 pg02 上查看数据，命令如下：

```
slave=# select * from synctab01;
 id | note
----+------
(0 rows)
```

15.3.4 添加和移除表的复制

如果我们要添加一个表到同步中，需要先在两个节点上把表建好，在 pg01 和 pg02 中创建表，命令如下：

```
create table synctab02(id int primary key, t text);
```

然后在 pg01 上执行下面的命令把表"synctab02"添加到同步中：

```
slonik <<_EOF_
    cluster name = cluster01;
    node 1 admin conninfo = 'dbname=master host=10.0.3.101 user=postgres
      password=postgres';
    node 2 admin conninfo = 'dbname=slave host=10.0.3.102 user=postgres
      password=postgres';
  create set (id=2, origin=1, comment='a second replication set');
  set add table (set id=2, origin=1, id=5, fully qualified name = 'public.
    synctab02', comment='second table');
  subscribe set(id=2, provider=1,receiver=2);
  merge set(id=1, add id=2,origin=1);
_EOF_
```

在上面的脚本中，先创建了一个 id=2 的复制集，注意，复制集的 ID 不能与已有 ID 重复。然后把表"synctab02"添加到这个复制集中，表的 id=5。最后把新复制集（id=2）合并到原先的复制集（id=1）中。

当然，我们也可以把表从复制中移除，命令如下：

```
slonik_drop_table 5 1 |slonik
```

上面命令中的"5"是表"synctab02"的 ID，"1"是复制集的 ID。

对同步中的表加列的方法是，先把应用对表上的更新停掉，然后执行如下命令：

```
slonik << _EOF_
cluster name = cluster01;
  node 1 admin conninfo='host=10.0.3.101 dbname=master user=postgres port=5432
    password=postgres';
  node 2 admin conninfo='host=10.0.3.102 dbname=slave user=postgres port=5432
    password=postgres';
    execute script (
      sql = 'alter table synctab01 add column t2 text',
      event node = 1,
      execute only on = '1,2'
    );
_EOF_
```

命令中的 " sql = 'alter table synctab01 add column t2 text'" 就是对表加列的 DDL 语句。执行完成后，我们可以发现，在 pg01 和 pg02 机器上新列都加到这张表上了。

15.3.5 主备切换

在正常工作时，Slony-I 有一端是可以读写的，另一端是只读的，即 Slony-I 节点是分 master 和 slave 的。如果我们需要把主备的角色进行互换，可使用如下命令：

```
slonik << _EOF_
cluster name = cluster01;
  node 1 admin conninfo='host=10.0.3.101 dbname=master user=postgres port=5432
    password=postgres';
  node 2 admin conninfo='host=10.0.3.102 dbname=slave user=postgres port=5432
    password=postgres';

    lock set (id = 1, origin = 1);
    wait for event (origin = 1, confirmed = 2, wait on=1);
    move set (id = 1, old origin = 1, new origin = 2);
    wait for event (origin = 1, confirmed = 2, wait on=1);
_EOF_
```

执行完上面的命令后，pg01 节点上就不能对表 " synctab01" 做更新了，而 pg02 节点上可以对表 "synctab01" 做更新，数据现在是从 pg02 同步到 pg01。

当然，我们还可以用如下命令再把 pg01 和 pg02 的角色换回去：

```
slonik << _EOF_
cluster name = cluster01;
  node 1 admin conninfo='host=10.0.3.101 dbname=master user=postgres port=5432
    password=postgres';
  node 2 admin conninfo='host=10.0.3.102 dbname=slave user=postgres port=5432
    password=postgres';

    lock set (id = 1, origin = 2);
    wait for event (origin = 2, confirmed = 1, wait on=2);
    move set (id = 1, old origin = 2, new origin = 1);
    wait for event (origin = 2, confirmed = 1, wait on=2);
_EOF_
```

上面是主备节点都正常工作的情况下的主备角色互换操作，这称为 Switchover。但如果主库"pg01"发生故障无法启动，我们就需要把 pg02 激活提供服务，这称为 Failover。我们把 pg01 关机来仿真机器故障，这时我们在 pg02 上运行如下命令激活 pg02：

```
slonik << _EOF_
cluster name = cluster01;
  node 1 admin conninfo='host=10.0.3.101 dbname=master user=postgres port=5432
    password=postgres';
  node 2 admin conninfo='host=10.0.3.102 dbname=slave user=postgres port=5432
    password=postgres';
    failover (id = 1, backup node = 2);
_EOF_
```

上面的命令真实执行的情况如下：

```
[postgres@pg02 node2]$ slonik << _EOF_
> cluster name = cluster01;
>   node 1 admin conninfo='host=10.0.3.101 dbname=master user=postgres port=5432
      password=postgres';
>   node 2 admin conninfo='host=10.0.3.102 dbname=slave user=postgres port=5432
      password=postgres';
>     failover (id = 1, backup node = 2);
> _EOF_
<stdin>:4: could not connect to server: No route to host
                Is the server running on host "10.0.3.101" and accepting
                TCP/IP connections on port 5432?
executing preFailover(1,1) on 2

NOTICE: executing "_cluster01".failedNode2 on node 2
<stdin>:4: NOTICE:  calling restart node 1
NOTICE: executing "_cluster01".failedNode3 on node 2
```

这样 pg02 就被激活了，我们就可以向其中写数据了：

```
slave=# insert into synctab01 values(7, '7777', '7777');
INSERT 0 1
```

当然，等 pg01 机器恢复正常后，需要重新配置复制。

15.4 小结

本章较系统地介绍了 Slony-I 的安装、配置和使用方法，读者如果需要了解更详细的信息可以访问 Slony-I 的官网：

https://www.slony.info/。

Slony-I 是一种历史悠久的逻辑复制软件，在 PostgreSQL8.X 时代就广泛使用了，在 PostgreSQL9.0 的流复制功能出现之后，更多应用就使用了流复制的功能做数据同步，这是因为 Slony-I 是基于触发器的同步方案，性能损耗较大一些，但因为是逻辑复制可以只同步一部分数据，相对来说更灵活，另外，因为 Slony-I 发展了很多年，很成熟和稳定，所以在一些业务场景中仍然有一定的用武之地。

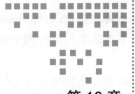

第 16 章 *Chapter 16*

Bucardo 的使用

16.1 Bucardo 的相关概念

本节详细介绍 Bucardo 的原理和概念，以便读者学习后面的内容。

16.1.1 Bucardo 介绍

Bucardo 是一款能在 PostgreSQL 数据库中实现双向同步的软件，可以实现 PostgreSQL 数据库的双 master 方案，这与 MySQL 的 binlog 同步的双 master 方案类似。Bucardo 5.0 之前的版本只能实现双 master 架构，但 5.0 版本之后可以实现多于两个的 master 同步方案。

Bucardo 的同步是异步的，这与 MySQL 的 binlog 同步类似，因此做双 master 时，只能做到数据的最终一致性。Bucardo 的同步通过触发器来记录变化，利用 PostgreSQL 中的"NOTIFY"消息事件通知机制实现高效同步。

Bucardo 使用了触发器，所以同步很灵活，可以只同步主从数据库中指定的几张表，而不必同步整个数据库集群。

Bucardo 是用 Perl 写的一个 daemon 程序，它还使用了 PL/PgSQL、PL/PerlU 写的函数来实现同步功能。

虽然 Bucardo 使用了触发器来做增量同步，没有逻辑复制的性能高，但可以多 master，有多种冲突解决策略，在数据库每天的变更量不是非常大时，是一种很方便的数据同步工具。

Bucardo 可以对表和序列进行同步。

16.1.2 Bucardo FAQ

问：Bucardo 能做 master/slave 复制吗？

答：能。

问：Bucardo 能在两个以上的 master 之间做复制吗？

答：5.0 以下的版本只支持两个 master 之间的复制，5.0 及以上版本可以支持多个 master 之间的复制。

问：Bucardo 程序必须与它所复制的数据库运行在同一台机器上吗？

答：Bucardo 程序是一个单独的程序，可以不与它所复制的数据库运行在同一台机器上。不过，为了减少网络延迟，通常把 Bucardo 程序和数据库运行在同一台机器上。

问：Bucardo 的复制速度如何？

答：复制的速度与网速、复制的表的多少、数据库的繁忙程度有关。通常情况下延迟在 1 ～ 2 秒以内。

问：Bucardo 可以复制 DDL 语句吗？

答：不能，因为触发器不能记录 DDL 语句。但可以同步 truncate 语句。

16.1.3　Bucardo 同步中定义的概念

Bucardo 同步中定义了如下概念。

db：使用 Bucardo 同步，首先要定义一些数据库，同步就是在这些数据库中进行的。定义数据库主要是定义如何连接这些数据库，如数据库的 IP 地址、端口、用户名、密码等。

dbgroup：在一套复制系统中有多个源数据库、目标数据库，指定哪个数据库是源数据库，哪个数据库是目标数据库。

relgroup：把多个表或序列组成的一个组。

sync：在 Bucardo 中可以定义多个同步（sync），每个同步由一个 dbgroup 和一个 relgroup 组成。

16.2　Bucardo 的安装方法

本节详细介绍 Bucardo 的安装步骤和方法。

16.2.1　Bucardo 的安装步骤

在使用 Bucardo 之前，需要在源数据库和目标数据库上安装 Bucardo 软件包及其依赖的软件包。

由于 Bucardo 是使用 Perl 语言写的，所以安装它之前需要安装 Perl 访问 PostgreSQL 的包：DBI 和 DBD::Pg，安装 DBI 又需要安装 Test-Simple 和 ExtUtils-MakeMaker 依赖包；安装 DBD::Pg 需要安装 version-0.91 依赖包，同时 Bucardo 还需要 DBIx-Safe 依赖包，因此总的安装步骤如下：

1）安装 Test-Simple、ExtUtils-MakeMaker、version-0.91。

2）安装 DBI、DBD::Pg。

3）安装 DBIx-Safe。

4）安装 Bucardo。

另外，Bucardo 要求数据库中安装 PostgreSQL-PLPerl，编译安装 PostgreSQL 时，应在 ./configure 中加上 --with-perl 选项，命令如下：

```
./configure --prefix=/home/osdba/pgsql9.3.3 --with-perl
```

现在可以在 CentOS 7.X 中通过 yum 直接安装 Bucardo。但因为这些软件都是开源软件，所以我们先介绍从源码安装的方法。

16.2.2　安装 Test-Simple、ExtUtils-MakeMaker、version

（1）安装 Test-Simple

在网站 http://search.cpan.org 上下载 Test-Simple 的 Test-Simple-1.001002.tar.gz 安装包，然后解压此源码包，命令如下：

```
tar xvf Test-Simple-1.001002.tar.gz
```

进入源码目录进行编译安装，命令如下：

```
cd Test-Simple-1.001002
perl Makefile.PL
make
sudo make install
```

（2）安装 ExtUtils-MakeMaker

在网站 http://search.cpan.org 上下载 Test-Simple 的 ExtUtils-MakeMaker-6.92.tar.gz 安装包，然后解压此源码包，命令如下：

```
tar xvf ExtUtils-MakeMaker-6.92.tar.gz
```

进入源码目录进行编译安装，命令如下：

```
cd ExtUtils-MakeMaker-6.92
perl Makefile.PL
make
sudo make install
```

（3）安装 version 包

在网站 http://search.cpan.org 上下载 Test-Simple 的 version-0.9908.tar.gz 安装包，然后解压此源码包，命令如下：

```
tar xvf version-0.9908.tar.gz
```

进入源码目录进行编译安装，命令如下：

```
cd version-0.9908
perl Makefile.PL
```

```
make
sudo make install
```

16.2.3　安装 DBI 及 DBD::Pg

（1）安装 DBI

在网站 http://search.cpan.org 上下载 DBI 的 DBI-1.631.tar.gz 安装包，然后解压此源码包，命令如下：

```
tar xvf DBI-1.631.tar.gz
```

进入源码目录进行编译安装，命令如下：

```
cd DBI-1.631
perl Makefile.PL
make
sudo make install
```

（2）安装 DBD::Pg

在网站 http://search.cpan.org 上下载 DBD::Pg 的 DBD-Pg-3.5.0.tar.gz 安装包，然后解压此源码包，命令如下：

```
tar xvf DBD-Pg-3.5.0.tar.gz
```

进入源码目录进行编译安装，命令如下：

```
cd DBD-Pg-3.5.0/
perl Makefile.PL
make
sudo make install
```

16.2.4　安装 DBIx-Safe

在网站 http://bucardo.org/wiki/DBIx-Safe 上下载 DBIx-Safe 的 DBIx-Safe-1.2.5.tar.gz 安装包，然后解压此源码包，命令如下：

```
tar xvf DBIx-Safe-1.2.5.tar.gz
```

进入源码目录进行编译安装，命令如下：

```
perl Makefile.PL
make
sudo make install
```

16.2.5　安装 Bucardo 源码包

在网站 https://bucardo.org/Bucardo/ 上下载 Bucardo 的最新稳定版本的源码包，如 Bucardo-XXX.tar.gz，然后解压此源码包，命令如下：

```
tar xvf Bucardo-5.6.0.tar.gz
```

进入源码目录进行编译安装，命令如下：

```
perl Makefile.PL
make
sudo make install
```

16.2.6　使用 yum 安装 Bucardo

在 CentOS 7.X 系统下可以直接使用 yum 安装 Bucardo。Bucardo 为不同的 PostgreSQL 大版本提供了不同的二进制包，命令如下：

```
[root@pg01 ~]# yum search bucardo
Loaded plugins: fastestmirror
Loading mirror speeds from cached hostfile
  * base: ftp.sjtu.edu.cn
  * extras: ftp.sjtu.edu.cn
  * updates: ftp.sjtu.edu.cn
==================================== N/S matched: bucardo
=============================
bucardo.noarch : Postgres replication system for both multi-master and multi-
   slave operations
bucardo_10.noarch : Postgres replication system for both multi-master and multi-
   slave operations
bucardo_11.noarch : Postgres replication system for both multi-master and multi-
   slave operations
bucardo_12.noarch : Postgres replication system for both multi-master and multi-
   slave operations
bucardo_94.noarch : Postgres replication system for both multi-master and multi-
   slave operations
bucardo_95.noarch : Postgres replication system for both multi-master and multi-
   slave operations
bucardo_96.noarch : Postgres replication system for both multi-master and multi-
   slave operations
```

我们安装的数据库是 PostgreSQL 12 版本，所以要安装 bucardo_12.noarch。直接安装可能会遇到下面的错误：

```
[root@pg01 ~]# yum install bucardo_12
Loaded plugins: fastestmirror
base
3.6 kB   00:00:00
...
...
...
--> Finished Dependency Resolution
Error: Package: bucardo_12-5.5.0-1.rhel7.noarch (pgdg12)
          Requires: perl(DBIx::Safe)
  You could try using --skip-broken to work around the problem
  You could try running: rpm -Va --nofiles --nodigest
```

这是因为 Bucardo 的一些依赖包在 epel 源中，需要先安装 epel：

```
yum install epel-release -y
```

然后就可以安装 Bucardo 了。

16.3 Bucardo 同步配置

本节通过一个实例来详细讲解 Bucardo 的同步配置方法。

16.3.1 示例环境

Bucardo 的配置示例的环境见表 16-1。

表 16-1 Bucardo 的配置示例环境说明

主机名	IP地址	角色	数据目录
pg01	10.0.3.101	主库	/home/postgres/pg12data
pg02	10.0.3.102	从库	/home/postgres/pg12data

本例中，数据库都安装在操作系统用户"postgres"下。

要事先在主机"db01"和"db02"上建好 PostgreSQL 数据库，然后按 16.2 节中介绍的使用 yum 源的方法在两台机器上安装的 Bucardo，安装的 Bucardo 的版本为 5.5：

```
[postgres@pg01 ~]$ bucardo --version
bucardo version 5.5.0
```

为了演示同步，建一个示例数据库"bctest"，该数据库在两台机器的 shell 下运行，命令如下：

```
createdb bctest
```

为了演示同步，在两台机器上建好同步的表，在 pg01 上执行如下命令：

```
psql (12.1)
Type "help" for help.

bctest=# create table synctab01(id int primary key, t text);
CREATE TABLE
bctest=# create table synctab02(id int primary key, t text);
CREATE TABLE
```

在 pg02 上运行同样命令创建相同的表：

```
[postgres@pg02 ~]$ psql bctest
psql (12.1)
Type "help" for help.

bctest=# create table synctab01(id int primary key, t text);
CREATE TABLE
bctest=# create table synctab02(id int primary key, t text);
CREATE TABLE
```

后面的数据同步就是从 pg01 同步到 pg02。

16.3.2 Bucardo 的工作原理

Bucardo 中主要的命令为"bucardo"，我们主要通过此命令配置 Bucardo 同步。

要使用 Bucardo，首先需要在一个数据库实例中创建 Bucardo 的元数据。这个数据库实例可以是我们复制的源数据库，也可以是另外一台单独机器上的数据库。Bucardo 把配置的一些信息存在这个数据库中。该步骤是通过"bucardo install"命令完成的。

配置同步需要的 bucardo 命令依次如下。

第 1 步，bucardo add db：实际是指定如何连接各个数据库实例。

第 2 步，bucardo add dbgroup：创建一个数据库组，指定哪个数据库是源数据库，哪个是目标数据库。

第 3 步，bucardo add relgroup：把一些表组合成一个组。

第 4 步，bucardo add sync：创建一个同步，指定"relgroup"和"dbgroup"。

配置好后运行"bucardo_ctl start"启动 Bucardo 的进程，开始同步数据。

后面我们详细讲解上述配置过程。

16.3.3　bucardo install

配置同步之前需要运行"bucartdo_ctl install"，在数据库实例中建一个 Bucardo 的数据库，并在此库中存放 Bucardo 的元数据。

运行"bucardo_ctl install"前，要先做好如下准备工作：在两台数据库的操作系统用户的 HOME 目录下建 .bucardorc。本例中为"/home/postgres/.bucardorc"，命令如下：

```
log_conflict_file          = /home/postgres/bucardo/log/bucardo_conflict.log
piddir                     = /home/postgres/bucardo/run
reason_file                = /home/postgres/bucardo/log/bucardo.restart.reason.log
warning_file               = /home/postgres/bucardo/log/bucardo.warning.log
syslog_facility            = LOG_LOCAL1
```

这个准备工作实际上就是设置一些默认的选项，后续运行 bucardo install 命令时，这些配置项会自动记录到 Bucardo 的元数据表中。同时我们需要创建目录，命令如下：

```
mkdir -p /home/postgres/bucardo/log
mkdir -p /home/postgres/bucardo/run
```

在运行之前我们需要先修改一下"/usr/share/bucardo/bucardo.schema"（这可能是 bucardo 的 bug），将其中的以下内容：

```
SET client_min_messages = 'FATAL';
```

改成以下内容：

```
SET client_min_messages = 'ERROR';
```

这是因为在 PostgreSQL 12 版本下 client_min_messages 不能设置成"FATAL"。

准备工作完成后，在 pg01 机器上的 postgres 用户下执行如下命令：

```
bucardo install
```

注意，不需要在 pg02 机器上执行上述命令。

此时将进入交互模式，命令如下：

```
[postgres@pg01 ~]$ bucardo install
Could not parse line 6 of file ".bucardorc"
This will install the bucardo database into an existing Postgres cluster.
Postgres must have been compiled with Perl support,
and you must connect as a superuser

Current connection settings:
1. Host:            /tmp
2. Port:            5432
3. User:            bucardo
4. Database:        bucardo
5. PID directory:   /home/postgres/bucardo/run
Enter a number to change it, P to proceed, or Q to quit:
```

上面的交互式命令指定如何连接 pg01 的数据库，上面默认的用户名与数据库名均为
"bucardo"，需要把用户名改成我们 pg01 数据库上的超级用户，将数据库名称改成 "postgres"，
命令如下：

```
Current connection settings:
1. Host:            /tmp
2. Port:            5432
3. User:            bucardo
4. Database:        bucardo
5. PID directory:   /home/postgres/bucardo/run
Enter a number to change it, P to proceed, or Q to quit: 3

Change the user to: postgres

Changed user to: postgres
Current connection settings:
1. Host:            /tmp
2. Port:            5432
3. User:            postgres
4. Database:        bucardo
5. PID directory:   /home/postgres/bucardo/run
Enter a number to change it, P to proceed, or Q to quit: 4

Change the database name to: postgres

Changed database name to: postgres
Current connection settings:
1. Host:            /tmp
2. Port:            5432
3. User:            postgres
4. Database:        postgres
5. PID directory:   /home/postgres/bucardo/run
Enter a number to change it, P to proceed, or Q to quit:
```

更改完成后，按 "P" 完成安装，命令如下：

```
Creating superuser 'bucardo'
Attempting to create and populate the bucardo database and schema
```

```
Database creation is complete

Updated configuration setting "piddir"
Installation is now complete.
If you see errors or need help, please email bucardo-general@bucardo.org

You may want to check over the configuration variables next, by running:
bucardo show all
Change any setting by using: bucardo set foo=bar

[postgres@pg01 ~]$
```

至此就成功运行了 bucardo install 命令。这时我们会发现数据库实例中建了一个名为
"bucardo"的数据库，后面我们配置 Bucardo 的元数据都在该数据库下完成。

连接到实例中的 bucardo 数据库上，就可以看到这些元数据表，命令如下：

```
[postgres@pg01 ~]$ psql bucardo
psql (12.1)
Type "help" for help.

bucardo=# \d
                    List of relations
 Schema  |            Name             |   Type   |  Owner
---------+-----------------------------+----------+---------
 bucardo | bucardo_config              | table    | bucardo
 bucardo | bucardo_custom_trigger      | table    | bucardo
 bucardo | bucardo_custom_trigger_id_seq | sequence | bucardo
 bucardo | bucardo_log_message         | table    | bucardo
 bucardo | bucardo_rate                | table    | bucardo
 bucardo | clone                       | table    | bucardo
 bucardo | clone_id_seq                | sequence | bucardo
 bucardo | customcode                  | table    | bucardo
 bucardo | customcode_id_seq           | sequence | bucardo
 bucardo | customcode_map              | table    | bucardo
 bucardo | customcols                  | table    | bucardo
 bucardo | customcols_id_seq           | sequence | bucardo
 bucardo | customname                  | table    | bucardo
 bucardo | customname_id_seq           | sequence | bucardo
 bucardo | db                          | table    | bucardo
 bucardo | db_connlog                  | table    | bucardo
 bucardo | dbgroup                     | table    | bucardo
 bucardo | dbmap                       | table    | bucardo
 bucardo | dbrun                       | table    | bucardo
 bucardo | goat                        | table    | bucardo
 bucardo | goat_id_seq                 | sequence | bucardo
 bucardo | herd                        | table    | bucardo
 bucardo | herdmap                     | table    | bucardo
 bucardo | sync                        | table    | bucardo
 bucardo | syncrun                     | table    | bucardo
 bucardo | upgrade_log                 | table    | bucardo
(26 rows)
```

16.3.4　配置同步

先执行"bucardo add db"命令是在 Bucardo 的配置中增加两个 db，Bucardo 中的 db 用于

设置 Bucardo 连接到某个数据库的连接参数。在 pg01 主机上运行如下命令：

```
bucardo add db db1 host=10.0.3.101 port=5432 dbname=bctest user=postgres
   password=postgres
bucardo add db db2 host=10.0.3.102 port=5432 dbname=bctest user=postgres
   password=postgres
```

上面的命令中指定了连接数据库的密码，但这样做不安全，Bucardo 官方建议把密码放到 .pgpass 文件中。例如，我们可以在 pg01 主机的操作系统用户 "postgres" 的 HOME 目录下建 .pgpass 文件，并加入以下内容：

```
10.0.3.101:5432:bctest:postgres:postgres
10.0.3.102:5432:bctest:postgres:postgres
```

然后，我们在 Bucardo 配置中创建一个 dbgroup，指定哪个库是复制的源数据库，哪个库是复制的目标数据库，命令如下：

```
bucardo add dbgroup dbgrp01 db1:source db2:target
```

上面的命令中创建了一个名为 "dbgrp01" 的 dbgroup。

实际执行效果如下：

```
[postgres@pg01 ~]$ bucardo add dbgroup dbgrp01 db1:source db2:target
Created dbgroup "dbgrp01"
Added database "db1" to dbgroup "dbgrp01" as source
Added database "db2" to dbgroup "dbgrp01" as target
```

我们再创建一个 relgroup，即要复制的表的集合，命令如下：

```
bucardo add relgroup relgrp01 synctab01 synctab02
```

上面的命令中创建了一个名为 "relgrp01" 的复制集合。

实际执行效果如下：

```
[postgres@pg01 ~]$ bucardo add relgroup relgrp01 synctab01 synctab02
Created relgroup "relgrp01"
Added the following tables or sequences:
  public.synctab01 (DB: db1)
  public.synctab02 (DB: db1)
The following tables or sequences are now part of the relgroup "relgrp01":
  public.synctab01
  public.synctab02
```

最后我们就可以创建一个同步了，在创建同步时，需要指定前面创建的 dbgroup 和 relgroup：

```
bucardo add sync sync01 relgroup=relgrp01 dbgroup=dbgrp01
conflict_strategy=bucardo_latest
```

上面命令中的 "conflict_strategy" 指定了冲突策略，该参数可以取以下值。

❑ bucardo_source：以源数据库为准。

❑ bucardo_target：以目标数据库为准。

❑ bucardo_skip：跳过冲突。

❑ bucardo_random：随机。这是默认值。

❑ bucardo_latest：以最新的数据为准。

❑ bucardo_abort：停止同步。

至此，我们已完成同步配置，可以启动 Bucardo 了，在 pg01 机器上执行如下命令：

```
bucardo start
```

我们在 pg01 机器上向 synctab01 中插入一条记录，命令如下：

```
[postgres@pg01 ~]$ psql bctest
psql (12.1)
Type "help" for help.

bctest=# insert into synctab01 values(1, '1111');
INSERT 0 1
```

到 pg02 机器上查看可以看到数据同步过来了，命令如下：

```
[postgres@pg02 ~]$ psql bctest
psql (12.1)
Type "help" for help.

bctest=# select * from synctab01;
 id |   t
----+------
  1 | 1111
(1 row)
```

16.3.5　Bucardo 常用命令

使用命令 "bucardo status" 可以查看同步的状态，示例如下：

```
  [postgres@pg01 ~]$ bucardo status
PID of Bucardo MCP: 4244
  Name     State     Last good     Time       Last I/D   Last bad    Time
=========+=========+=============+=========+============+===========+=======
  sync01 | Good    | 21:55:28    | 4m 29s  | 0/1        | none      |

[postgres@pg01 ~]$ bucardo status sync01
======================================================================
Last good                : Feb 13, 2020 21:55:28 (time to run: 1s)
Rows deleted/inserted    : 0 / 1
Sync name                : sync01
Current state            : Good
Source relgroup/database : relgrp01 / db1
Tables in sync           : 2
Status                   : Active
Check time               : None
Overdue time             : 00:00:00
Expired time             : 00:00:00
Stayalive/Kidsalive      : Yes / Yes
Rebuild index            : No
```

```
Autokick                    : Yes
Onetimecopy                 : No
Post-copy analyze           : Yes
Last error:                 :
=====================================================================
```

使用"bucardo list"命令可以查看 Bucardo 配置的"db""dbgroup""relgroup""sync"：

```
[postgres@pg01 ~]$ bucardo list db
Database: db1   Status: active   Conn: psql -p 5432 -U postgres -d bctest -h
    10.0.3.101
Database: db2   Status: active   Conn: psql -p 5432 -U postgres -d bctest -h
    10.0.3.102
[postgres@pg01 ~]$ bucardo list dbgroup
dbgroup: dbgrp01  Members: db1:source db2:target
[postgres@pg01 ~]$ bucardo list relgroup
Relgroup: relgrp01  DB: db1  Members: public.synctab01, public.synctab02
    Used in syncs: sync01
[postgres@pg01 ~]$ bucardo list sync
Sync "sync01"   Relgroup "relgrp01"   DB group "dbgrp01" db1:source db2:target
[Active]
```

使用"bucardo stop"命令可以停止 Bucardo 的运行：

```
[postgres@pg01 ~]$ bucardo stop
Creating /home/postgres/bucardo/run/fullstopbucardo ... Done
```

16.4 Bucardo 的日常维护

本节详细介绍 Bucardo 日常维护的一些方法。

16.4.1 Bucardo 的触发器日志清理

Bucardo 使用触发器把变化行的主键记录到一张表中，这张表会变得越来越大，需要做一个定时任务来清理表内容。通常在 crontab 中配置该定时任务，配置内容如下：

```
0 2 * * * /usr/pgsql-12/bin/psql -X -q -d bctest -U postgres -c "SELECT
bucardo.bucardo_purge_delta('10 minutes'::interval)"
```

这样就不用担心这张表变得越来越大了。

16.4.2 临时停止和启动同步的方法

有时需要临时停止同步，然后再重新启动。停止同步的方法如下：

```
bucardo deactivate <syncname>
```

重新开启同步的方法如下：

```
bucardo_ctl activate <syncname>
```

16.4.3　新增表到同步的方法

新增表到同步中的步骤如下。

先在源数据库和目标数据库中创建新表：

```
create table synctab03(id int primary key, t text);
```

然后在 pg01 机器上执行如下命令：

```
bucardo add table synctab03 db=db1 relgroup=relgrp01
bucardo validate sync01
bucardo reload sync01
```

16.4.4　移除某个表或序列的方法

从同步中移除一张表的方法如下：

```
bucardo remove table public.synctab03
bucardo validate sync01
bucardo reload sync01
```

16.5　小结

本章系统地介绍了 Bucardo 的安装、配置和使用方法，如果需要了解更详细的信息可以访问 Bucardo 的官网：

https://bucardo.org/

Bucardo 是一种支持多 master 和双向同步的逻辑复制软件，可以做 PostgreSQL 数据库双活，所以在一些特别业务场景中很有用，感兴趣的读者可以仔细学习本章的内容。

第 17 章

PL/Proxy 的使用

17.1 PL/Proxy 的相关概念

本节将详细介绍 PL/Proxy 中的相关概念和特性，以便读者学习后面的内容。

17.1.1 什么是 PL/Proxy

PL/Proxy 是一款能在 PostgreSQL 数据库中实现数据水平拆分的软件。数据库水平拆分的架构如图 17-1 所示。

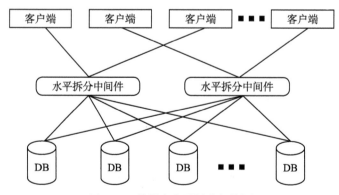

图 17-1 数据库水平拆分架构图

客户端把 SQL 查询请求发送到"水平拆分中间件"，"水平拆分中间件"根据 SQL 中数据水平拆分键的 HASH 值，把 SQL 分发到底层的数据库节点进行处理。而在 PL/Proxy 架构中，PL/Proxy 把一些 PostgreSQL 数据库服务器作为"水平拆分中间件"，承担这个角色的

PostgreSQL 数据库服务器本身并不存储实际的数据，只作为"水平拆分中间件"软件而存在，它的后端部署了多台 PostgreSQL 数据库，实际数据存储在这些后端的数据库中。PL/Proxy 的架构如图 17-2 所示。

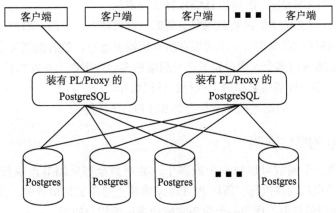

图 17-2　PL/Proxy 水平拆分架构图

　　PL/Proxy 本身并不是一个可以独立运行的进程，而只是安装到 PostgreSQL 数据库中的一种 PL 语言，与 PL/PgSQL 一样的 PL 语言，但它可以把请求路由到后端的其他数据库中。连接到后端数据库的方法与 Dblink 类似。路由到后端数据库的请求不是任意的 SQL 请求，而是对一个函数的调用，所以 PL/Proxy 实际上是把对一个函数的调用路由到后端的数据库中。下面举例说明 PL/Proxy 的执行原理。

　　在 PL/Proxy 所在的节点数据库建一个函数，命令如下：

```
CREATE OR REPLACE FUNCTION insert_user(
  i_username text,
  i_emailaddress text)
  RETURNS integer AS $$   //函数的返回值是integer类型
CLUSTER 'osdba_cluster01';
RUN ON hashtext(i_username);
$$ LANGUAGE PL/Proxy;
```

　　当用户调用 PL/Proxy 的这个函数时，PL/Proxy 会根据函数内定义的路由语句"RUN ON hashtexst(i_username)"，按传入参数"i_username"进行 HASH 计算，根据 HASH 结果将其路由到后端实际数据库主机上执行其同名函数。后端数据库上实际执行函数的定义如下：

```
CREATE OR REPLACE FUNCTION insert_user(i_username text, i_emailaddress text)
RETURNS integer
AS $$ //函数的返回值是integer类型
INSERT INTO osdba_user(username, email) VALUES ($1,$2);
SELECT 1;
$$ LANGUAGE SQL;
```

　　从上面的示例中可以看到，PL/Proxy 语言写的函数只是定义了如何路由该函数的调用，而函数实际执行的内容是在后端实际数据库中定义的。因为 PL/Proxy 语言实现的函数只需要定义路由功能，所以比较简单，目前只支持以下几个语句。

- ❏ CONNECT：指定连接到哪一个后端数据库中。
- ❏ CLUSTER：定义函数调用路由会路由到哪一个集群中，实际发送到集群中的哪一台机器是由 "RUN ON" 语句的 HASH 算法决定的。
- ❏ RUN ON：定义具体把函数调用发送到哪一台机器上，可以明确指定一台机器，也可以通过 HASH 运算来指定，也可以在所有机器上运行，然后把结果合并后返回。
- ❏ SPLIT：把输入的多个元素分别发送到后端的多台数据库上并发执行。
- ❏ TARGET：表示在后端数据库上执行的目标操作。
- ❏ SELECT：指定在后端数据库上执行的 SELECT 语句。

17.1.2 PL/Proxy 的特性说明

PL/Proxy 中的一个函数可以被一个或多个，甚至是全部后端节点执行。每个查询均以 auto-commit 的方式在后端被执行，所以 PL/Proxy 本质上是不支持事务的，使用过程中需要把一个原子操作封装到函数中，作为一个服务完整地提供给用户使用。

PL/Proxy 后端数据库的节点数必须是 2^n 个，n=1，2，3，……，因此集群的后端数据库的个数必须是 2、4、8、16、32 个。也可以通过在一台数据库实例中建多个数据库来解决。例如，有 3 台机器，可以在第一台上建 3 个库，第二台上建 3 个库，第三台上建两个库，这样也是 8 个数据库，能够满足上面的条件。

17.2 PL/Proxy 的安装及配置

本节将详细介绍 PL/Proxy 的安装和配置方法。

17.2.1 编译安装

在 http://plproxy.github.io/ 网站上下载安装包，这里下载的安装包为 plproxy-2.9.tar.gz，然后解压安装包，命令如下：

```
tar xvf plproxy-2.9.tar.gz
```

然后进行编译安装，命令如下：

```
make
make install
```

然后用 CREATE EXTENSION 命令把 PL/Proxy 语言安装到所需要的数据库中。例如，创建一个新数据库 "proxydb" 作为路由代理数据库，命令如下：

```
createdb proxydb
```

然后连接到此数据库中，创建 PL/Proxy，命令如下：

```
osdba@db01:~/pgsql/share/extension$ psql proxydb
```

```
psql (9.3.2)
Type "help" for help.

proxydb=# create extension plproxy;
CREATE EXTENSION
```

17.2.2　安装规划

下面以一个示例介绍 PL/Proxy 的配置方法。在配置之前，先介绍本示例的安装环境，配置示例环境说明见表 17-1。

表 17-1　PL/Proxy 的配置示例环境说明

主机名	IP地址	角色	数据库名称	数据目录
proxy01	10.0.3.201	代理数据库	proxydb	/home/osdba/pgdata
data01	10.0.3.211	后端数据节点	datadb	/home/osdba/pgdata
data02	10.0.3.212	后端数据节点	datadb	home/osdba/pgdata
data03	10.0.3.213	后端数据节点	datadb	home/osdba/pgdata
data04	10.0.3.214	后端数据节点	datadb	home/osdba/pgdata

本示例中为了简化配置过程只使用一台机器（proxy01）代理节点，实际的生产系统中可以使用多台机器作为代理节点，以实现负载均衡和高可用。本示例使用了 4 台机器作为数据节点。

先在机器上安装 PostgreSQL 数据库，并创建相应的数据库。

然后在所有数据库的 pg_hba.conf 中增加如下命令行：

```
host    all         all             10.0.3.0/24             md5
```

增加此命令行后允许网段为 "10.0.3.0/24" 的机器访问此数据库。

17.2.3　配置过程

使用 17.2.1 节中介绍的方法在 proxy01 主机的 proxydb 中安装 PL/Proxy。

配置的第一步是要定义 PL/Proxy 使用的集群，即在代理库 "proxydb" 中建以下 3 个函数：

❏ plproxy.get_cluster_version(cluster_name)。

❏ plproxy.get_cluster_partitions(cluster_name)。

❏ plproxy.get_cluster_config(cluster)。

这几个函数都安装在名为 "plproxy" 的 Schema 下，所以要先建好 Schema，命令如下：

```
CREATE SCHEMA plproxy;
```

在本示例中，这 3 个函数的内容如下：

```
CREATE OR REPLACE FUNCTION plproxy.get_cluster_version(cluster_name text)
RETURNS int4 AS $$
BEGIN
  IF cluster_name = 'osdba_cluster01' THEN
```

```
      RETURN 1;
    END IF;
    RAISE EXCEPTION 'Unknown cluster';
END;
$$ LANGUAGE plpgsql;

CREATE OR REPLACE FUNCTION plproxy.get_cluster_partitions(cluster_name text)
RETURNS SETOF text AS $$
BEGIN
    IF cluster_name = 'osdba_cluster01' THEN
      RETURN NEXT 'dbname=datadb host=10.0.3.211 user=osdba password=xxxxxx';
      RETURN NEXT 'dbname=datadb host=10.0.3.212 user=osdba password=xxxxxx';
      RETURN NEXT 'dbname=datadb host=10.0.3.213 user=osdba password=xxxxxx';
      RETURN NEXT 'dbname=datadb host=10.0.3.214 user=osdba password=xxxxxx';
      RETURN;
    END IF;
    RAISE EXCEPTION 'Unknown cluster';
END;
$$ LANGUAGE plpgsql;

CREATE OR REPLACE FUNCTION plproxy.get_cluster_config(
    IN cluster_name text,
    OUT key text,
    OUT val text)
RETURNS SETOF record AS $$
BEGIN
    -- lets use same config for all clusters
    key := 'connection_lifetime';
    val := 30*60; -- 30m
    RETURN NEXT;
    RETURN;
END;
$$ LANGUAGE plpgsql;
```

上述命令中，"password=xxxxxx"是设置密码，实际配置时请换成真实的密码。

下面建一张测试表来说明 PL/Proxy 的使用方法。在各个数据节点上创建如下表：

```
CREATE TABLE users (
    username text,
    email text
);
```

本示例将使用此表的字段"username"作为分布键，对此字段进行 HASH 计算后让数据分布到底层的 4 个数据节点上。然后建一个名为"insert_user"函数来完成数据的插入，而在此之前要先在 proxydb 上创建 PL/Proxy 语言的函数"insert_user"，命令如下：

```
CREATE OR REPLACE FUNCTION insert_user(i_username text, i_emailaddress text)
RETURNS integer AS $$
    CLUSTER 'osdba_cluster01';
    RUN ON hashtext(i_username);
$$ LANGUAGE plproxy;
```

上面的函数中，"CLUSTER 'osdba_cluster01';"指定了集群是在函数"plproxy.get_cluster_partitions"中定义的集群"osdba_cluster01"，而"RUN ON hashtext(i_username)"表明按传

入函数的参数 "i_username" 把函数的调用路由到底层的数据节点。因为底层必须有一个名为 "insert_user" 的函数来完成实际的数据插入工作，因此需要在 4 个数据节点（data01~data04）上建此函数，命令如下：

```
CREATE OR REPLACE FUNCTION insert_user(i_username text, i_emailaddress text)
RETURNS integer AS $$
  INSERT INTO users (username, email) VALUES ($1,$2);
  SELECT 1;
$$ LANGUAGE SQL;
```

为了能使用用户名称（username）查询 Email 地址（emailaddress），需要在 proxydb 上建一个函数 "get_user_email"，命令如下：

```
CREATE OR REPLACE FUNCTION get_user_email(i_username text)
RETURNS SETOF text AS $$
  CLUSTER 'osdba_cluster01';
  RUN ON hashtext(i_username);
  SELECT email FROM users WHERE username = i_username;
$$ LANGUAGE plproxy;
```

在这个函数中，同样使用了 "CLUSTER 'osdba_cluster01';" 和 "RUN ON hashtext(i_username);"，但该函数的最后一句是 SELECT 查询语句，它是需要远程执行的 SQL 语句，这样就不需要在底层的数据节点上建名为 "get_user_email" 的函数了。

下面进行测试。先在 proxydb 上调用 insert_user 函数插入一些数据，命令如下：

```
osdba@proxy01:~$ psql proxydb
psql (9.3.2)
Type "help" for help.
proxydb=# select insert_user('张三', 'zhangsan@163.com');
  insert_user
-------------
           1
(1 row)

proxydb=# select insert_user('李四', 'lisi@163.com');
  insert_user
-------------
           1
(1 row)

proxydb=# select insert_user('王二', 'wang2@163.com');
  insert_user
-------------
           1
(1 row)

proxydb=# select insert_user('osdba', 'osdba@163.com');
  insert_user
-------------
           1
(1 row)
```

```
proxydb=# select insert_user('dingding', 'dingding@gmail.com');
  insert_user
-------------
           1
(1 row)

proxydb=# select insert_user('taotao', 'taotao@gmail.com');
  insert_user
-------------
           1
(1 row)
```

然后查看各底层数据库。

查看 data01 机器，命令如下：

```
osdba@data01:~/pgdata$ psql datadb
psql (9.3.2)
Type "help" for help.
datadb=# select * from users;
 username |       email
----------+-------------------
 张三      | zhangsan@163.com
 李四      | lisi@163.com
(2 rows)
```

然后查看 data02 机器，命令如下：

```
osdba@data02:~/pgdata$ psql datadb
psql (9.3.2)
Type "help" for help.
datadb=# select * from users;
 username |     email
----------+---------------
 王二      | wang2@163.com
(1 row)
```

接着查看 data03 机器，命令如下：

```
osdba@data03:~$ psql datadb
psql (9.3.2)
Type "help" for help.

datadb=# select * from users;
 username |      email
----------+-------------------
 osdba    | osdba@163.com
 taotao   | taotao@gmail.com
(2 rows)
```

最后查看 data04 机器，命令如下：

```
osdba@data04:~$ psql datadb
psql (9.3.2)
Type "help" for help.
```

```
datadb=# select * from users;
 username |       email
----------+--------------------
 dingding | dingding@gmail.com
(1 row)
```

从上面的查询结果中可以看到，数据基本上较平均地分布到多台机器上了。再在 proxydb 上调用函数"get_user_email"查看数据，命令如下：

```
osdba@proxy01:~$ psql proxydb
psql (9.3.2)
Type "help" for help.

proxydb=# select get_user_email('osdba');
  get_user_email
----------------
  osdba@163.com
(1 row)

proxydb=# select get_user_email('李四');
  get_user_email
----------------
  lisi@163.com
(1 row)

proxydb=# select get_user_email('dingding');
     get_user_email
-------------------
  dingding@gmail.com
(1 row)

proxydb=# select get_user_email('wangwang');
  get_user_email
----------------
(0 rows)
```

从上面的查询结果中可以看到，在 proxydb 上就可以查询到底层节点上的数据了。

17.3 PL/Proxy 的集群配置详解

PL/Proxy 既能配置成 CONNECT 模式，也可以配置成 CLUSTER 模式。在 CONNECT 模式中，PL/Proxy 直接把请求路由到指定的后端数据库中。当配置成 CLUSTER 模式时，PL/Proxy 支持数据水平分区，可以把数据水平拆分到多台后端的数据库中。在 CONNECT 模式下，PL/Proxy 不需要配置，直接使用就可以了，但使用 CLUSTER 模式时，需要事先配置集群。

集群的配置方式有以下两种。

❑ Cluster configuration API：此方式实际上就是 17.2.3 节示例中使用的方法，即定义 3 个函　数：plproxy.get_cluster_version(cluster_name)、plproxy.get_cluster_partitions(cluster_ name)、plproxy.get_cluster_config(cluster)。

❑ SQL/MED：使用 SQL/MED 方式进行配置。

使用 Cluster 配置 API 方式的优势是易懂，而使用 SQL/MED 方式则有更好的性能，同时看起来更符合数据库规范。另外，使用 SQL/MED 需要数据库的版本是 8.4 及以上版本。

17.3.1　Cluster configuration API 方式

使用 Cluster configuration API 方式，主要是定义 3 个函数，下面详细讲解这 3 个函数。

第一个函数：plproxy.get_cluster_version(cluster_name)

该函数定义集群的版本，它的定义如下：

```
plproxy.get_cluster_version(cluster_name text)
returns integer
```

此函数返回一个表示版本号的整数，它的作用是在线升级集群时能在线改变集群的配置。此函数在处理请求前被调用，当返回的版本号比之前的大时，PL/Proxy 需要调用另两个集群配置函数" plproxy.get_cluster_config()"和" plproxy.get_cluster_paritions()"以便装载新的集群分区配置及其他配置。

第二个函数：plproxy.get_cluster_partitions(cluster_name)

此函数配置集群的水平分区信息，它的定义如下：

```
plproxy.get_cluster_partitions(cluster_name text)
returns setof text
```

此函数返回多行文本，每行代表一个后端数据库分片，如前面的示例中的如下内容：

```
CREATE OR REPLACE FUNCTION plproxy.get_cluster_partitions(cluster_name text)
RETURNS SETOF text AS $$
BEGIN
  IF cluster_name = 'osdba_cluster01' THEN
    RETURN NEXT 'dbname=datadb host=10.0.3.211 user=osdba password=xxxxxx';
    RETURN NEXT 'dbname=datadb host=10.0.3.212 user=osdba password=xxxxxx';
    RETURN NEXT 'dbname=datadb host=10.0.3.213 user=osdba password=xxxxxx';
    RETURN NEXT 'dbname=datadb host=10.0.3.214 user=osdba password=xxxxxx';
    RETURN;
  END IF;
  RAISE EXCEPTION 'Unknown cluster';
END;
$$ LANGUAGE plpgsql;
```

该函数返回的多行文本中，每一行都是一个 libpq 格式的连接串，表明如何连接到后端的数据库分片上。

注意，上面的示例中，连接串中指定了连接的密码，该密码直接写到函数中可能不安全，这时可以把密码写到 .pgpass 中，这样上面的函数定义则改为如下内容：

```
CREATE OR REPLACE FUNCTION plproxy.get_cluster_partitions(cluster_name text)
```

```
RETURNS SETOF text AS $$
BEGIN
  IF cluster_name = 'osdba_cluster01' THEN
    RETURN NEXT 'dbname=datadb host=10.0.3.211 user=osdba;
    RETURN NEXT 'dbname=datadb host=10.0.3.212 user=osdba;
    RETURN NEXT 'dbname=datadb host=10.0.3.213 user=osdba;
    RETURN NEXT 'dbname=datadb host=10.0.3.214 user=osdba;
    RETURN;
  END IF;
  RAISE EXCEPTION 'Unknown cluster';
END;
$$ LANGUAGE plpgsql;
```

而在 proxy01 主机上的 HOME 目录下的 .pgpass 的内容如下：

```
10.0.3.201:5432:datadb:osdba:xxxxxx
10.0.3.202:5432:datadb:osdba:xxxxxx
10.0.3.203:5432:datadb:osdba:xxxxxx
10.0.3.204:5432:datadb:osdba:xxxxxx
```

上面每行中的"xxxxxx"均是密码，实际配置时请换成真实的密码。

注意，此密码文件的权限应该为"0700"，也就是"-rw-------"，命令如下：

```
osdba@proxy01:~$ ls -l .pgpass
-rw------- 1 osdba ubuntu 81 Mar 27 09:09 .pgpass
```

否则连接后端数据库时会报错。

第三个函数：plproxy.get_cluster_config(cluster)

此函数配置集群的超时参数、TCP 的 keepalive 等连接参数等，它的定义如下：

```
plproxy.get_cluster_config(
  IN cluster_name text,
  OUT key text,
  OUT val text)
RETURNS SETOF record
```

此函数返回多个 key-value 对，每个 key-value 对均表示一个配置参数及其配置值。超时参数及存活参数的单位都是秒。如果配置值设置为"0"或"NULL"，则表示使用默认值。

该函数支持如下参数。

❑ connection_lifetime：到后端数据库的连接的最大存活时间。到达设定时间后，此连接将被关闭。默认值为"0"，表示连接打开后，保持尽量长的时间而不关闭。

❑ query_timeout：如果查询请求在此时间内不返回，则此连接被关闭。如果设置了此参数，应该在后端数据库上设置 statement_timeout 参数，并且让其参数的设置值比此值略小。

❑ disable_binary：不使用 binary I/O 方式连接后端数据库。

❑ keepalive_idle：tcp keepalive 参数。

❑ keepalive_interval：tcp keepalive 参数。

❑ keepalive_count：tcp keepalive 参数。

❑ connect_timeout：连接超时。此参数将被弃用，因为可以在 libpq 连接参数中设置此参数。

示例如下：

```
CREATE OR REPLACE FUNCTION plproxy.get_cluster_config( .
  IN cluster_name text,
  OUT key text,
  OUT val text)
RETURNS SETOF record AS $$
BEGIN
  -- lets use same config for all clusters
  key := 'connection_lifetime';
  val := 30*60; -- 30m
  RETURN NEXT;
  key := ' query_timeout;
  val := 60;
  RETURN NEXT;
  RETURN;
END;
$$ LANGUAGE plpgsql;
```

17.3.2　SQL/MED 方式配置集群

使用 SQL/MED 的方式配置集群，第一步是创建外部数据包装器，命令如下：

```
CREATE FOREIGN DATA WRAPPER plproxy [ VALIDATOR plproxy_fdw_validator ] [ OPTIONS
global options ] ;
```

在 PostgreSQL9.X 版本中，这一步操作可由 "CREATE EXTENSION plproxy" 命令自动完成。

下一步是定义一个 cluster，命令如下：

```
CREATE SERVER osdba_cluster01 FOREIGN DATA WRAPPER plproxy
  OPTIONS (
    connection_lifetime '1800',
    p0 'dbname=datadb host=10.0.3.211',
    p1 'dbname=datadb host=10.0.3.212',
    p2 'dbname=datadb host=10.0.3.213',
    p3 'dbname=datadb host=10.0.3.214'
    );
```

然后做用户映射，命令如下：

```
CREATE USER MAPPING FOR osdba SERVER osdba_cluster01 OPTIONS (user 'osdba',
  password 'xxxxxx');
```

如果想为所有用户映射一个 PUBLIC 映射，命令如下：

```
CREATE USER MAPPING FOR public SERVER osdba_cluster01 OPTIONS (user 'osdba',
  password 'xxxxxx');
```

17.4　PL/Proxy 语言详解

前面介绍了如何使用 PL/Proxy 以及 PL/Proxy 的详细配置，从中可以知道 PL/Proxy 的核心是把业务逻辑封装到函数中。这一节详细介绍如何写 PL/Proxy 语言函数。

PL/Proxy 语言与 PL/PgSQL 语言类似，如字符串表示方式、注释的方式、语句后加分号，这些都与 PL/PgSQL 一样，但 PL/Proxy 更简单，只支持以下 4 种语句：

- ❑ CONNECT。
- ❑ CLUSTER。
- ❑ RUN。
- ❑ SELECT。

每个函数要么包含 CONNECT 语句，要么包含 CLUSTER+RUN 语句，这也很好理解，因为必须指定在哪个（或哪些）后端数据库运行。

SELECT 语句是可选的，如果没有 SELECT 语句，会调用后端与此函数名相同的函数。如果指定了 SELECT 语句，则在后端数据库上执行此 SELECT 语句。

RUN 语句也可以不使用，这时的含义是 "RUN ON ANY"，表示随机选择一个后端数据库执行此请求。

下面详细讲解各语句的使用方法。

17.4.1　CONNECT

CONNECT 语句的语法格式如下：

```
CONNECT 'libpq connstr' | CONNECT connect_func(...) | argname;
```

"CONNECT" 后面可以直接跟一个 libpq 的连接字符串，也可跟一个函数，由这个函数返回一个 libpq 的连接串，或者跟一个函数参数名，由此参数指定连接哪个数据库。

17.4.2　CLUSTER

CLUSTER 语句的语法格式如下：

```
CLUSTER 'cluster_name' | CONNECT cluster_func(...) | argname;;
```

"CLUSTER" 后面跟一个表示集群名称的字符串，也可以跟一个函数，由这个函数返回一个集群名称，也可以跟一个参数名，参数的内容为一个集群名称。

17.4.3　RUN ON

RUN ON 语句的语法格式如下：

```
RUN ON ALL | ANY | <NR> | partition_func(..);
```

RUN ON 语句通常与 CLUSTER 语句组合使用，表示路由到集群的哪台（哪些）机器上。

"RUN ON ALL" 表示并行在集群的每台机器上执行。这里的 "并行" 是指 PL/Proxy 把请求异步地发送到各个后端数据库上，然后等待这些数据库执行完成。

"RUN ON ANY"表示随机挑选一台机器执行请求。

"RUN ON <NR>"中的"<NR>"表示一个后端数据库数据分片的数字，表示在后端哪台数据库上运行。

"RUN ON partition_func(..)"表示由函数"partition_func(..)"返回一个或多个 HASH 值，然后将请求转到这个或多个 HASH 值对应的后端数据库节点上。如果是多个 HASH 值，也是并行执行的。

17.4.4 SPLIT

SPLIT 语句的使用语法如下：

```
SPLIT array_arg_1 [ , array_arg_2 ... ] ;
SPLIT ALL ;
```

SPLIT 语句必须与 RUN ON 语句一起使用，而且应在 RUN ON 语句之前。它可以使数组成为 PL/Proxy 函数的参数，然后把数组中的元素分别发送到后端的多台数据库上并发执行。

17.4.5 TARGET

TARGET 语句的语法格式如下：

```
TARGET other_function;
```

TARGET 语句可以让后端的函数名与 PL/Proxy 的函数名不一样。

示例如下：

```
CREATE OR REPLACE FUNCTION get_user_email(i_username text)
RETURNS SETOF text AS $$
  CLUSTER 'osdba_cluster01';
  RUN ON hashtext(i_username);
  TARGET get_customer_email;
$$ LANGUAGE plproxy;
```

在上面的示例中，当在代理库上调用函数"get_user_email"时，将转发调用后端数据库中的函数"get_customer_email"。

17.5 PL/Proxy 的高可用方案

本节给出一个 PL/Proxy 的高可用实际方案。

17.5.1 方案介绍

PL/Proxy 本身并不提供高可用方案，需要使用第三方的软件来实现。这里提供了一种方法来实现高可用，即编写简单的 Python 脚本来探测后端数据库的状态，如果发现后端的数据库已损坏，就让其修改数据路由，将其切换到备数据库。该方案中，数据并不做水平拆分，而是做垂直拆分，也就是按业务拆分数据，A 业务的数据放在第一台数据库上，B 业务的数据放到第二台数据库上。当然，如果想做数据水平拆分，可以修改本技术方案，如修改数据路由的 HASH 函数，这是很容易做到的。

PL/Proxy 需要把对数据库 SQL 的访问转换成对 PostgreSQL 函数的调用，即需要将数据库的 SQL 访问变成函数或接口的访问，所以此方案对于已经使用 SQL 访问的应用来说不太适用，因为如果想把 SQL 访问全部转换成函数访问，成本较高，但对于一个新开发的项目，使用此方案比较合适。在设计之初，可以把所有业务对数据库的访问封装成对数据库中函数的访问。

17.5.2　方案架构

PL/Proxy 的高可用方案的架构如图 17-3 所示。

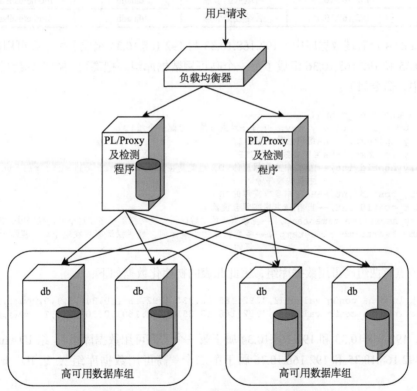

图 17-3　PL/Proxy 的高可用方案架构图

本方案使用两台机器安装 PL/Proxy，主要实现数据路由的功能，两台机器前端使用硬件负载均衡器或软件负载均衡器，如 HAProxy，这部分内容就不详细叙述了。后端数据库每两台组成一个高可用数据库组，高可用数据库组中两台数据库的内容完全一致，可以通过复制软件如 Bucardo 来实现数据同步，这里不再赘述。两台装有 PL/Proxy 的机器上还装有一个检测后端数据库状态的程序，当此程序发现后端数据库有问题时，会自动把访问路由到正常工作的数据库机器，从而实现高可用的切换。

17.5.3 具体实施步骤

安装环境的机器说明见表 17-2。

表 17-2　PL/Proxy 的两台机器配置

主机名	IP地址	角色	数据库名称	数据目录
proxy01	192.168.10.31	代理数据库	proxydb	/home/osdba/pgdata
proxy02	192.168.10.32	代理数据库	proxydb	/home/osdba/pgdata
data01	192.168.10.33	后端数据节点	datadb	/home/osdba/pgdata
data02	192.168.10.34	后端数据节点	datadb	/home/osdba/pgdata
data03	192.168.10.35	后端数据节点	datadb	/home/osdba/pgdata
data04	192.168.10.36	后端数据节点	datadb	/home/osdba/pgdata

在上面的 4 台后端数据库中，192.168.10.33 与 192.168.10.34 组成了一个高可用数据库组，192.168.10.35 和 192.168.10.36 组成了另一个高可用数据库组。把高可用数据库组的信息记录在一张表中，命令如下：

```
create table ha_config(
ha_groupid int primary key, --每一对主备库，分配一个组ID
primary_ip text, --HA组中主数据库的IP
standby_ip text,--HA组中备数据库的IP
primary_hostid int,--HA组中主数据库的ID，也就是在plproxy.get_cluster_partitions函数中
                   主机的顺序号
standby_hostid int,--HA组中备数据库的ID
current_hostid int,--当前HA主库在哪台机器上
primary_hearttime timestamp, --主数据库的心跳时间，表明探测程序在这个时间探测时，数据库是好的
standby_hearttime timestamp);--备数据库的心跳时间，表明探测程序在这个时间探测时，数据库是
                            好的
```

数据节点有两组高可用数据库组，因此此表的初使化数据如下：

```
insert into ha_config values(1,'192.168.10.33','192.168.10.34',0,1,0,now(),now());
insert into ha_config values(2,'192.168.10.35','192.168.10.36',2,3,2,now(),now());
```

其中，192.168.10.33 和 192.168.10.34 属于第一个"高可用数据库组"，组 ID（ha_groupid）为"1"，192.168.10.35 和 192.168.10.36 属于第二个"高可用数据库组"，组 ID（ha_groupid）为"2"。

ha_config 表中的各个字段的意义放到后面讲解。

由于是按业务把请求分发到不同的高可用数据库组中的，所以不同的函数调用是属于不同的高可用数据库组的，该信息定义在表"function_route"中，命令如下：

```
create table function_route(
funcname text primary key,
ha_groupid int);
```

这两张路由表都是创建在 PL/Proxy 所在的节点上的。

按使用 PL/Proxy 的标准方法，在 PL/Proxy 代理库建 PL/Proxy 的 3 个标准函数。

第一个函数"plproxy.get_cluster_version"的内容如下：

```
create or replace function plproxy.get_cluster_version(cluster_name text)
returns integer as $$
begin
  if cluster_name = 'cluster01' then
    return 1;
  end if;
  raise exception 'no such cluster: %', cluster_name;
end;$$ language plpgsql;
```

第二个函数"plproxy.get_cluster_config"的内容如下：

```
create or replace function plproxy.get_cluster_config(
  cluster_name text,
  out key text,
  out val text)
returns setof record as $$
begin
    key := 'statement_timeout';
    val := 60;
    return next;
    return;
end; $$ language plpgsql;
```

第三个函数"plproxy.get_cluster_partitions"的内容如下：

```
CREATE OR REPLACE FUNCTION plproxy.get_cluster_partitions(
cluster_name text)
RETURNS SETOF text AS $$
BEGIN
  IF cluster_name = 'cluster01' THEN
    RETURN NEXT 'dbname=db01 host=192.168.10.33 user=buser password=buser';
    RETURN NEXT 'dbname=db01 host=192.168.10.34 user=buser password=buser';
    RETURN NEXT 'dbname=db01 host=192.168.10.35 user=buser password=buser';
    RETURN NEXT 'dbname=db01 host=192.168.10.36 user=buser password=buser';
    RETURN;
  END IF;
  RAISE EXCEPTION 'Unknown cluster';
END;
$$ LANGUAGE plpgsql;
```

假设业务逻辑要实现一个函数"get_username(userid)"，用于通过用户 ID 查询用户名，此函数在各个数据节点中的内容如下：

```
create table myuser(id int primary key, name text);
insert into myuser select generate_series(1,10000),'user'||generate_series(1,10000);
create or replace function public.get_username(userid int) returns text as $$
declare
  ret text;
begin
    SELECT name INTO ret FROM myuser where id=userid;
```

```
        return ret;
end;
$$ language plpgsql;
```

在 PL/Proxy 中实现此功能的路由函数的内容如下：

```
CREATE OR REPLACE FUNCTION public.get_username(userid int) returns text
  AS $$
CLUSTER 'cluster01';
RUN ON plp_route_by_funcname('get_username');
$$ LANGUAGE plproxy;
```

把此函数记录到前面建的表"function_route"中，命令如下：

```
insert into function_route values('get_username',1);
```

插入的"ha_groupid"为"1"，表示该函数属于第一个"高可用数据库组"，即 192.168.10.33 和 192.168.10.34 机器组成的高可用数据库组。

收到 get_username() 请求后，会将该请求发给哪个后端数据库，是由 plp_route_by_funcaname() 函数决定的。本方案中实现高可用的核心就是使用此函数。此函数如果返回"0"，则把请求路由到 192.168.10.33 上；如果返回"1"，则把请求路由到 192.168.10.34 上。如果当前示例中是路由到 192.168.10.33 上的，但 192.168.10.33 出现了故障，故障检测程序（后面会介绍）检测到此问题时，可以让以后的请求路由到另一台机器"192.168.10.34"上。看一下函数"plp_route_by_funcname"是如何实现的，就可以明白路由切换的原理，plp_route_by_funcname 的内容如下：

```
CREATE OR REPLACE FUNCTION public.plp_route_by_funcname(key text) returns int
  AS $$
declare
ret int;
begin
    SELECT current_hostid INTO ret FROM function_route a,ha_config b where
      a.funcname=key and a.ha_groupid=b.ha_groupid;
    return ret;
end;
$$ LANGUAGE plpgsql;
```

该函数查询了 function_route 和 ha_config 两张表，如果表"ha_config"中的 current_hostid 为"0"，则会路由到 192.168.10.33 机器上，如果改为"1"，则会路由到 192.168.10.34 机器上。

当故障检测程序发现 192.168.10.33 出现故障后，把此表中的 current_hostid 改成"1"（代表 192.168.10.34），这样就完成了故障切换。

本方案使用一个 Python 程序来实现故障检测。检测的方法也很简单，即在后端的数据库中建一个测试表，由故障测试程序来更新这张测试表，如果更新失败，则认为后端数据库出现故障。

在每个数据节点的数据库上建 hauser 用户，后面的故障检测程序用此用户来探测数据库是否还活着，命令如下：

```
create user hauser password 'hauser';
```

建立心跳表，用 hauser 用户更新该表，如果不能更新，则说明数据库故障，命令如下：

```
create table xdual(x timestamp);
insert into xdual values(now());
grant ALL on xdual to hauser;
```

本方案中使用的后端故障检测程序是使用 Python 语言写的，此程序为每个后端的数据节点启动一个线程，每隔一段时间就更新一个数据节点上的 xdual 心跳表，如果更新成功，则把 ha_config 表中 primary_hearttime 字段或 standby_hearttime 字段更新成当前时间，同时启动另一个线程，对 primary_hearttime 和 standby_hearttime 上的时间进行检测：

❑ 如果发现 primary_hearttime 与当前时间的差距超过了心跳时间，而 standby_hearttime 时间与当前时间的差距没有超过心跳时间，说明主数据库故障，而备数据库正常工作，执行切换。

❑ 如果发现 primary_hearttime 与当前时间的差距超过了心跳时间，而 standby_hearttime 时间与当前时间的差距也超过了心跳时间，说明主数据库和备数据库全部故障，这时不能切换，只能发出告警信息。

❑ 如果发现 primary_hearttime 与当前时间的差距没有超过心跳时间，而 standby_hearttime 时间与当前时间的差距超过了心跳时间，说明主数据库正常工作，而备数据库故障，这时也不需要切换，只需要发出告警信息即可。

出现上述第二种情况时，应该切换到对端数据库上。

此故障测试程序代码如下：

```
#!/usr/bin/env python
# osdba 2011.11.20
# -*- coding:UTF-8

import psycopg2
import threading
import datetime
import time
import random
import signal
import sys
import traceback

g_hauser="hauser"
g_hapass="hauser"
g_proxydb="proxydb"

#g_logfile="/home/postgres/log/pg_error.log"
g_logfile="/home/postgres/plpha/myerror.log"

#心跳时间，也就是更新心跳表"xdual"的周期
g_heartbeat_interval = 10

#当ha_config表中primary_hearttime和standby_hearttime的值与当前时间的差距超过下面的秒数
```

```
        后，就切换，此值应该大于g_heartbeat_interval
g_switch_timedelay = 20

#连接数据库的超时时间
g_connect_timeout = 10


g_running = True



def myhandle(signum=0, e=0):
  """处理信号的函数"""
  global g_running
  print "recv sig %d" % (signum)
  g_running = False

def errlog(errinfo):
  global g_logfile
  f=open(g_logfile,'a')
  outinfo= time.strftime("%Y-%m-%d %H:%M:%S",time.localtime(time.time()))+" :
    plpcluster : "+errinfo+"\n"
  f.write(outinfo)
  print outinfo
  f.close()


def connect_proxydb():
  global g_hauser
  global g_hapass
  global g_proxydb
  global g_connect_timeout

  conn = psycopg2.connect("host=127.0.0.1 dbname=%s user=%s password=%s connect_
    timeout=%s" % (g_proxydb,g_hauser,g_hapass,g_connect_timeout) )
  conn.set_isolation_level(psycopg2.extensions.ISOLATION_LEVEL_AUTOCOMMIT)
  return conn

def connect_proxydb():
  global g_runningplpha.py
  global g_heartbeat_interval
  global g_connect_timeout
  errcnt = 0
  while g_running:
    try:
      connstr = "host=127.0.0.1 dbname=%s user=%s password=%s connect_timeout=%s"
        % (g_proxydb,g_hauser,g_hapass,g_connect_timeout)
      conn = psycopg2.connect(connstr)

conn.set_isolation_level(psycopg2.extensions.ISOLATION_LEVEL_AUTOCOMMIT)
      if errcnt > 0:
        errlog("NOTICE : %s : reconnect successful." % (connstr) )
      break
    except Exception,e:
```

```
        errlog("CONNECT ERROR : %s : %s " % (connstr, traceback.format_exc()) )
        errcnt = errcnt + 1
        time.sleep(g_connect_timeout)
    try:
      return conn
    except:
      return None

#探测数据库状态的线程
class CMonitorHost(threading.Thread):
  def __init__(self, ha_groupid, hostip, isprimary, dbname, user, password):
    threading.Thread.__init__(self)
    self.ha_groupid = ha_groupid
    self.hostip = hostip
    self.isprimary = isprimary
    self.dbname = dbname
    self.user = user
    self.password =  password

  def connectbackend(self):
    global g_running
    global g_heartbeat_interval
    global g_connect_timeout
    errcnt = 0
    connstr = ""
    while g_running:
      try:
        connstr = "host=%s dbname=%s user=%s password=****** connect_timeout= %d" %
          (self.hostip,self.dbname,self.user,g_connect_timeout)
        conn = psycopg2.connect("host=%s dbname=%s user=%s password=%s connect_
          timeout=%s" %
(self.hostip,self.dbname,self.user,self.password,g_connect_timeout))

conn.set_isolation_level(psycopg2.extensions.ISOLATION_LEVEL_AUTOCOMMIT)
        if errcnt > 0:
          errlog("NOTICE : %s : reconnect successful." % (connstr) )
        break
      except Exception,e:
        errcnt = errcnt + 1
        if errcnt < 3:
          errlog("CONNECT ERROR : %s : %s " % (connstr, traceback.format_exc()) )
        time.sleep(g_connect_timeout)
    try:
      return conn
    except:
      return None

  def run(self):
    global g_running
    global g_heartbeat_interval

    conn = self.connectbackend()
    if not conn:
      return
    cur = conn.cursor()
```

```
        while g_running :
          try:
            runsql = "update xdual set x=now()"
            cur.execute(runsql)
          except Exception,e:
            errlog("RUN SQL ERROR : %s : %s " % (runsql,traceback.format_exc()))
            try:
              cur.close()
              conn.close()
            except :
              pass

            conn = self.connectbackend()
            if  not g_running:
              break

            if conn:
              cur = conn.cursor()
            else:
              break
            time.sleep(g_heartbeat_interval)
            continue
          self.update_cl_state()
          time.sleep(g_heartbeat_interval)

      try:
        cur.close()
        conn.close()
      except:
        pass

  def update_cl_state(self):
    global g_hauser
    global g_hapass
    global g_proxydb

    try:
      conn = connect_proxydb()
      cur = conn.cursor()
      if self.isprimary:
        runsql = "update ha_config set primary_hearttime=now() where ha_groupid =
          %d" % (self.ha_groupid)
        cur.execute("update ha_config set primary_hearttime=now() where ha_groupid =
          %s", (self.ha_groupid,))
      else:
        runsql = "update ha_config set standby_hearttime=now() where ha_groupid =
          %s" % (self.ha_groupid)
        cur.execute("update ha_config set standby_hearttime=now() where ha_groupid =
          %s", (self.ha_groupid,))
      cur.close()
      conn.close()
    except Exception,e:
      errlog("RUN SQL ERROR : %s : %s" % (runsql,traceback.format_exc()))

  signal.signal(signal.SIGINT, myhandle)
```

```python
signal.signal(signal.SIGTERM, myhandle)

try:
  conn = connect_proxydb()
except Exception,e:
  errlog("CONNECT ERROR : %s " % (traceback.format_exc()) )
  g_running = True
  time.sleep(1)
  sys.exit()

cur = conn.cursor()
try:
  runsql = "select ha_groupid,primary_ip from ha_config"
  cur.execute(runsql)
  res = cur.fetchone()
  while res :
    t = CMonitorHost(res[0], res[1], True, "db01", g_hauser, g_hapass)
    t.start()
    res = cur.fetchone()

  runsql = "select ha_groupid,standby_ip from ha_config"
  cur.execute(runsql)
  res = cur.fetchone()
  while res :
    t = CMonitorHost(res[0], res[1], False, "db01", g_hauser, g_hapass)
    t.start()
    res = cur.fetchone()

except Exception,e:
  errlog(e.pgcode+" : RUN SQL ERROR : "+runsql+" : "+ e.pgerror)
  g_running = True
  time.sleep(1)
  sys.exit()

time.sleep(2)

# 检查是否要切换
while g_running:
  try:
    runsql = "SELECT ha_groupid, extract(epoch from (now() - standby_hearttime))
      shtime from ha_config where extract(epoch from (now() - primary_hearttime))
      > %d and current_hostid=primary_hostid" % (g_switch_timedelay)
    cur.execute(runsql)
    res = cur.fetchone()
    while res :
      if res[1] < g_switch_timedelay:
        errlog("ERROR: ha_groupid(%d) switch to standby database!" % (res[0]))
        cur2 = conn.cursor()
        runsql = "update ha_config set current_hostid=standby_hostid where ha_
          groupid=%s" % (res[0])
        cur2.execute("update ha_config set current_hostid=standby_hostid where
          ha_groupid=%s", (res[0],))
        cur2.close()
      else:
        errlog("ERROR: ha_groupid(%d) primary and standby all failed!!!" %
```

```
(res[0]))
          res = cur.fetchone()

      runsql = "SELECT ha_groupid, extract(epoch from (now() - primary_hearttime))
        shtime from ha_config where extract(epoch from (now() - standby_hearttime))
        > %d and current_hostid=standby_hostid" % (g_switch_timedelay)
      cur.execute(runsql)
      res = cur.fetchone()
      while res :
        if res[1] < g_switch_timedelay:
          errlog("ERROR: ha_groupid: %d switch to primary database!" % (res[0]))
          cur2 = conn.cursor()
          runsql = "update ha_config set current_hostid=primary_hostid where ha_
            groupid=%s" % (res[0])
          cur2.execute("update ha_config set current_hostid=primary_hostid where
            ha_groupid=%s", (res[0],))
          cur2.close()
        else:
          errlog("ERROR: ha_groupid: %d primary and standby all failed!!!" % (res[0]))
        res = cur.fetchone()

    except Exception,e:
      errlog("RUN SQL ERROR : %s : %s" % (runsql,traceback.format_exc()))
      try:
        cur.close()
        conn.close()
      except :
        pass

      conn = connect_proxydb()
      cur = conn.cursor()

    time.sleep(g_heartbeat_interval)

  cur.close()
  conn.close()
```

17.6 小结

本章系统地介绍了 PL/Proxy 的安装、配置和使用方法，如果需要了解更详细的信息可以访问 PL/Proxy 的官网：

http://plproxy.github.io/

PL/Proxy 是一款很成熟的数据路由软件，根据其功能可以开发出很多实用的方案，感兴趣的读者可以仔细学习本章的内容。

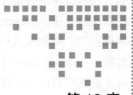

pgpool-II 的使用

18.1　pgpool-II 的相关概念

本节将详细介绍 pgpool-II 的相关概念和架构知识。

18.1.1　什么是 pgpool-II

pgpool-II 是一个位于 PostgreSQL 服务器和 PostgreSQL 数据库客户端之间的中间件，它提供以下功能。

- ❏ 连接池：pgpool-II 保持已经连接到 PostgreSQL 服务器的连接，当使用相同参数（如用户名、数据库、协议版本）的连接进来时重用它们，该功能通常对于一些短连接的应用比较有用，因为这减少了连接开销。
- ❏ 内置复制功能：pgpool-II 可以管理多个 PostgreSQL 服务器。数据变更会同时发送到所有的后端数据库上，以保证多个后端数据库的数据完全一样。复制功能可以实现 PostgreSQL 的高可用，如果其中一台节点失效，服务不会中断，可以继续运行。
- ❏ 负载均衡：如果数据库进行了复制（复制的实现可以用 pgpool-II 提供的复制功能，也可以通过流复制完成主备库之间的数据同步），则在任何一台服务器中执行 SELECT 查询都将返回相同的结果。pgpool-II 利用了复制的功能以降低每台 PostgreSQL 服务器的负载。它分发 SELECT 查询到所有可用的服务器中，增强了系统的整体吞吐量。在理想的情况下，读性能应该和 PostgreSQL 服务器的数量成正比。此功能通常可以线性扩展读的性能。
- ❏ 高可用功能：当一个后端数据库不可用时，pgpool-II 会把用户的请求转发到其他可用的后端数据库上，以保证对外的正常服务。pgpool-II 通过有超时和重试次数的探测机制去检测后端数据库是否正常工作。

❑ 限制超过限度的连接：PostgreSQL 会限制当前的最大连接数，当到达设定数量时，新的连接将被拒绝。增加最大连接数会增加资源消耗并且会对系统的全局性能产生一定的负面影响。pgpoo-II 也支持限制最大连接数，但它的做法是将超过限制的连接放入队列，而不是立即返回一个错误。

❑ 查询缓存功能：查询缓存功能是基于 memcached 实现的，此功能从 3.2 版本开始提供。当打开此功能后，会把第一次执行的 SELECT 语句（以及它绑定的参数，如果 SELECT 是一个扩展的查询）以及返回的数据缓存在内存中，如果下次再有相同的 SELECT 语句，则直接返回缓存的数据。因为不再有 SQL 解析和到后端 PostgreSQL 数据库的调用，所以大大加快了一些查询的速度。

旧版本的 pgpool-II 中还有并行查询（分库分表）的功能，但该功能并不完善，而在 PostgreSQL 社区中还有更好的数据水平拆分的方案，如 PL/Proxy、Citus 和 Postgres-XC。故在 pgpool-II 3.5 及之后的版本中此功能已被移除。

18.1.2　pgpool-II 的发展简介

pgpool-II 起源于石井达夫（Tatsuo Ishii）的个人项目 pgpool，最早是作为一款连接池软件，所以命名为 "pgpool"，其中的 "pool" 就是连接池的意思。

pgpool 的第一个版本发布于 2003 年，2004 年发布了 1.0 版本，1.0 版本中增加了基于 SQL 的复制功能，同年又发布了 2.0 版本，2.0 版本中增加了负载均衡的功能，同时支持 PostgreSQL 前后端 Version 3 的协议，2005 年增加了故障自动切换和主备模式的功能。

2006 年 pgpool 发展成 pgpool-II，即 "第二代 pgpool" 的意思。pgpool-II 的 1.0 版本打破了 pgpool 中的很多限制，如在 pgpool 中只支持两个后端数据库服务器，同时增加了 pcp 管理工具。更方便运维。当然 pgpool 到 pgpool-II 最大的变化在于其从个人项目变成了一个集体项目。目前 pgpool-II 由 Pgpool 开发组（Pgpool Developement Group）维护和管理。

18.1.3　pgpool-II 的架构

pgpool-II 完全实现了 PostgreSQL 的连接协议，当客户端连接到 pgpool-II 上时与连接到数据库上完全一样。pgpool-II 的复制是同步的，即如果发一个 DML 语句（如 INSERT、DELETE、UPDATE 语句），将并发地发送到后端所有数据库上执行，这就保证了所有数据库的数据一致性，不改变数据的 SELECT 查询是可以发送给任意一台服务器执行的。pgpool-II 执行 SQL 的过程如图 18-1 所示。

常见的 pgpool-II 的架构如图 18-2 所示。

上面的架构中，为了保证 pgpool-II 自身的高可

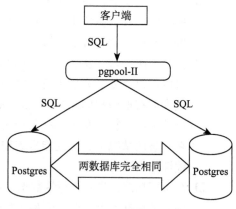

图 18-1　pgpool_II 执行 SQL 示意图

用，配置了 3 台 pgpool-II，一主两备，当主 pgpool-II 故障时，vip 会切换到其中的一台备的 pgpool-II 上。

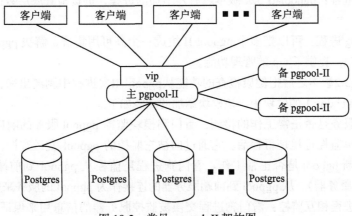

图 18-2　常见 pgpool_II 架构图

pgpool-II 是一个多进程的架构，其工作原理如图 18-3 所示。

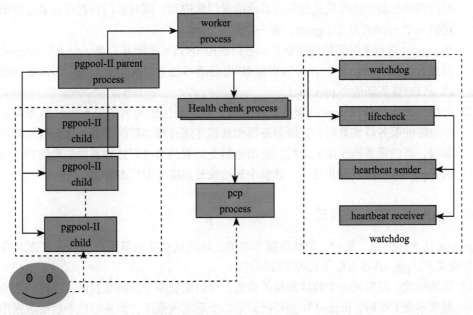

图 18-3　pgpool_II 进程工作原理图（引用自官方手册：Figure 1-1. Process architecure of Pgpool-II）

图 18-3 中的部分进程说明如下。

- ❏ pcp 进程：pcp 是一个命令行的管理工具，用户可以使用此管理工具向 pgpool-II 发送管理命令。
- ❏ pgpool-II 父进程：pgpool-II 父进程负责检查各个底层数据库的健康状态。

❑ pgpool-II 子进程：负责接收用户发过来的 SQL 请求，然后再根据规则将 SQL 请求发送到底层的数据库上。

❑ worker 进程：pgpool-II 3.X 版本之后才增加的进程，负责检查底层数据库之间的复制延迟。

❑ watchdog 进程：可以把多个 pgpool-II 组成一个高可用集群，解决 pgpool-II 自身的高可用问题，提供了 vip 的管理功能。

pgpool-II在3.2版本之后把健康检查的功能从pgpool-II父进程中剥离出来，放到了一个叫"看门狗"（watchdog）的模块中，该模块添加的功能如下。

❑ pgpool 服务是否正常工作的检测：看门狗模块监控 pgpool 服务的响应是否正常，而不是简单监控进程是否存活。它通过向被它监控的 pgpool 发送查询，并检查响应情况来判断 pgpool 是否正常工作。看门狗进程还监控从 pgpool 到前端服务器的连接（如应用服务器）。从 pgpool 到前端服务器的连接作为 pgpool 的服务来监控。

❑ 看门狗进程相互监控：看门狗进程交换被监控服务器的信息用来保证信息是最新的，并允许看门狗进程相互监控。

❑ 在某些故障检测中交换各自 pgpool 的主 / 备状态：当一个 pgpool 的故障被检测到，看门狗进程会把故障信息通知到其他的看门狗进程，同时看门狗进程会通过投票来确定哪一个 pgpool 是主 pgpool，哪一个是备 pgpool。

❑ 在 pgpool 进行主备切换的时候自动进行虚拟 IP 地址的漂移：当一个备用 pgpool 服务器提升为主 pgpool 时，相应的虚拟 IP 也会漂移过来。这样应用程序不需要修改配置就可以连接到新的主 pgpool 上。

❑ 当原先发生故障的 pgpool 服务器恢复时，会自动注册为为备用 pgpool 服务器：当发生故障的服务器恢复后，或原服务器彻底损坏通过增加新的服务器来替换原先的服务器时，新的服务器连接上来后，新服务器上的看门狗进程通知其他的看门狗进程，新的备pgpool 服务器加进来了，让整个环境恢复成高可用状态。

18.1.4　pgpool-II 的工作模式

pgpool-II 有连接池、复制、负载均衡等功能，使用这些功能需要把 pgpool-II 配置在不同的工作模式下，pgpool-II 有以下几种工作模式。

❑ 原始模式：只实现一个故障切换的功能，可以配置多个后端数据库，当第一个后端数据库不能工作时，pgpool-II 会切换到第二个后端数据库，如果第二个后端数据库也不能工作，再切换到第三个后端数据库，依次类推。

❑ 内置复制（Native Replication）的模式：实际上就是把修改数据库的操作同时发送到后端所有的数据库上进行处理，只读查询发送给任意一台数据库。此模式下可以实现负载均衡的功能。

❑ 主 / 备模式：此模式下，使用其他软件（非 pgpool 自身）完成实际的数据复制，如使用 Slony-I 或流复制，中间件层使用 pgpool-II。此时，pgpool-II 主要提供高可用和连接池的功能。在主 / 备模式中，DDL 和 DML 操作在主节点上执行，SELECT 语句可以在主备节点上执行，当然也可以强制 SELECT 语句在主节点上执行，但需要在 SELECT 语句前添加"/*NO LOAD BALANCE*/"注释。

在主 / 备模式中还有以下几种子模式：

- 配合 Slony-I 的主 / 备模式。
- 配合流复制的的主 / 备模式。
- 配合逻辑复制的主备模式。

内置复制模式与主 / 备模式各有各的优缺点，下面简要解析这两种模式的优缺点。

内置复制模式的优点如下：

- 复制是同步的，不存在最终一致性的问题。
- 自动 Failover。
- 读可以负载均衡。
- 可以在线恢复，不需要停止 pgpool-II 就可以在线修复或增加一个后端数据库节点。
- 容易配置。

内置复制模式的缺点如下：

- 写性能不是很好，有 30% 的写性能下降。
- 不支持一些查询，如一些随机函数、序列号，直接在后端不同的数据库上执行 SQL 将产生不同的结果。所以在复制模式下，不能使用这些函数及序列。

主 / 备模式的优点如下：

- 写性能较好，只有 10% ～ 20% 的性能下降。
- 自动 Failover。
- 可以做读的负载均衡。

主 / 备模式的缺点如下：

- 复制是异步的，对应用的使用有限制。
- 对于使用 Slony-I 实现的主 / 备模式，不能实现 DDL 的复制，不支持大对象的复制。
- 配置复杂。

pgpool-II 3.0 版本之后支持配合使用流复制 +Standby 的主 / 备模式，这是一个很好的读写分离的方式，现在使用这种方式的配置越来越多了。这种方式有如下好处：

- 智能的读写查询分发。pgpool-II 能分清楚哪些是只读查询，哪些是更新查询，对于只读查询，会把请求负载均衡到各个节点上，但写的查询只会发送到主库上。这样就解决了 Standby 只能接受只读的问题。
- 智能的负载均衡。pgpool-II 能检测备库与主库的延迟。如果备库到主库的延迟超过设定的值时，读查询将只发送到主库上。这样就能保证读到的数据的延迟在一定的可控范围内。
- 增加 Standby Server 时不需要停止 pgpool-II。

18.1.5 pgpool-II 的程序模块

pgpool-II 的主程序只有一个，名为 pgpool。pgpool-II 还提供了一些命令行管理工具，这些工具都是以"pcp_"开头的，常见的有以下几个：

- ❏ pcp_attach_node。
- ❏ pcp_node_count。
- ❏ pcp_pool_status。
- ❏ pcp_proc_info。
- ❏ pcp_recovery_node。
- ❏ pcp_systemdb_info。
- ❏ pcp_detach_node。
- ❏ pcp_node_info。
- ❏ pcp_proc_count。
- ❏ pcp_promote_node。
- ❏ pcp_stop_pgpool。
- ❏ pcp_watchdog_info。

这些命令行工具有的用于在线恢复，有的用于信息查询。

另外，pgpool-II 还提供一个生成 MD5 值的小工具"pg_md5"。该工具主要用于配置 pgpool 的密码文件。pgpool-II 的密码文件中存放的密码都是 MD5 值，所以配置时需要使用该工具。

pgpool-II 项目还提供了一个使用 PHP 写的 Web 管理工具，称为"pgpoolAdmin"，该 Web 管理工具可以以 Web 界面方式实现 pgpool-II 的配置。

18.2 pgpool-II 的安装方法

本节详细介绍 pgpool-II 的安装方法。

18.2.1 安装软件

我们先介绍从源码包安装的方法。

从官方网站 http://www.pgpool.net/mediawiki/index.php/Main_Page 可以找到下载地址，本示例下载的版本是 pgpool-II-4.1.0，可以使用 wget 下载，命令如下：

```
wget http://www.pgpool.net/download.php?f=pgpool-II-4.1.0.tar.gz
```

解压软件包，命令如下：

```
tar xvf pgpool-II-4.1.0.tar.gz
```

pgpool-II 的编译安装也比较简单，命令如下：

```
./configure --prefix=/home/postgres/pgpool
make
make install
```

上面命令中的"--prefix=/home/postgres/pgpool"指定 pgpool 的安装位置,用户可以根据实际情况更改此目录。如果不指定该参数默认会安装到"/usr/local"目录下。

如果我们的 PostgreSQL 是使用官方提供的二进制安装源的方法安装的(参见 2.1.1 节),则安装源中也包含了 pgpool-II 的安装包,直接通过包管理器安装即可,如在 CentOS 或 Redhat 下,使用如下命令即可完成安装:

```
yum install pgpool-II-12
yum install pgpool-II-12-extensions.x86_64
```

18.2.2　安装 pgpool_regclass

如果使用的是 PostgreSQL 8.0 到 PostgreSQL 9.3 的版本,强烈推荐在需要访问的 PostgreSQL 中(也就是后端数据库中)安装 pgpool_regclass 函数,因为它被 pgpool-II 内部使用,否则,在不同的 Schema 中处理名称相同的非临时表时就会出现问题。在 PostgreSQL 9.4 及之后的版本中提供了功能类似的 to_regclass 函数,所以在 PostgreSQL 9.4 及之后的版本中不需要做此步骤。

pgpool_regclass 函数的安装方法也比较简单,命令如下:

```
cd pgpool-II-x.x.x/sql/pgpool-regclass
make
make install
psql -f pgpool-regclass.sql template1
```

上面命令中的"pgpool-II-x.x.x"是源码包中的目录,如"pgpool-II-3.3.3"。

对于 PostgreSQL 9.3 及之后的版本,提供了 CREATE EXTENSION 命令装载插件,所以在 PostgreSQL 9.3 及之后的版本中,我们可以执行如下安装命令:

```
$ psql template1
=# CREATE EXTENSION pgpool_regclass;
```

> **注意** 此插件不仅需要安装到数据库实例的 template1 数据库中,还需要安装在所有使用的业务数据库中。当然在创建业务数据库之前就把此插件安装到 template1 数据库中,通常就没有问题了,因为通常创建业务数据库时会使用 template1 作为模板数据库,此插件会自动复制过去。

18.2.3　建立 insert_lock 表

只有内置复制模式需要此操作。如果在内置复制模式中使用了 insert_lock,强烈推荐建立 pgpool_catalog.insert_lock 表,此表用于解决互斥的问题。虽然没有 insert_lock 表,insert_lock 也能工作,但 pgpool-II 需要锁定插入的目标表,而表锁与 VACUUM 冲突,所以 INSERT 操作可能会等待很长时间。建表锁的方法如下：

```
cd pgpool-II-x.x.x/sql
psql -f insert_lock.sql template1
```

上面命令中的"pgpool-II-x.x.x"是源码包中的目录，如"pgpool-II-3.3.3"。

18.2.4 安装 pgpool_recovery

如果一个节点损坏，要在线把失败的节点再加回集群，需要使用到函数"pgpool_recovery""pgpool_remote_start""pgpool_switch_xlog"。另外，附带工具 pgpoolAdmin 控制 pgpool-II 启停和重新连接后端的 PostgreSQL 节点，需要使用函数"pgpool_pgctl"。这些函数都在 pgpool 提供的扩展插件 pgpool_recovery 中，这些函数都是由 C 语言实现的。

与 pgpool_regclass 插件不同的是，只需要在所有后端数据库实例中的 template1 数据库中安装 pgpool_recovery 插件就可以了，不需要在业务数据库安装。

pgpool_recovery 的源代码在 pgpool-II 压缩包中的如下目录中：

```
pgpool-II-x.x.x/sql/pgpool-recovery/
```

pgpool_recovery 的安装方法如下。

PostgreSQL 9.3 及以上版本中，安装命令如下：

```
$ psql template1
=# CREATE EXTENSION pgpool_recovery;
```

PostgreSQL 9.3 之前的版本中，安装命令如下：

```
cd pgpool-II-x.x.x/sql/pgpool-recovery/
make install
psql -f pgpool-recovery.sql template1
```

18.3 pgpool-II 配置快速入门

pgpool-II 的模式较多，各种配置也较复杂，下面通过几个示例来讲解 pgpool-II 是如何配置的。

18.3.1 pgpool-II 的配置过程

先简单介绍 pgpool-II 的配置文件及其启动停止方法。

pgpool 的配置文件主要有以下几个。

❑ $INSTALL_PATH/etc/pgpool.conf：pgpool-II 主配置文件。

❑ $INSTALL_PATH/etc/pcp.conf：pcp 工具的用户名、密码配置文件。

❑ $INSTALL_PATH/etc/pool_passwd：访问 pgpool-II 的用户名和密码文件。

❑ $INSTALL_PATH/etc/pool_hba.conf：pgpool-II 的访问控制文件。

其中"$INSTALL_PATH"代表安装目录，在编译时不指定"--prefix"将安装在"/usr/local"目录下，如果是 yum 安装的 pgpool-II，是在"/etc"目录下，如 pgpool-II 为 PostgreSQL 12 主备的版本，配置文件在"/etc/pgpool-II-12"目录下。

我们先介绍 pgpool.conf。pgpool.conf 中的配置项很多，安装完成后会有一个模板文件"pgpool.conf.sample"，在配置时，一般复制该模板文件，然后在此基础上进行配置，命令如下：

```
cd /etc/pgpool-II-12
cp pgpool.conf.sample pgpool.conf
cp pcp.conf.sample pcp.conf
```

pgpool-II 默认只接受到 9999 端口的本地连接。如果想从其他主机接受连接，请设置 listen_addresses 为"'*'"，相应地，对在 pgpool.conf 中的配置项进行如下修改：

```
listen_addresses = '*'
port = 9999
```

该配置文件 pid 文件的配置如下：

```
pid_file_name = '/var/run/pgpool-II-12/pgpool.pid'
logdir = '/var/log/pgpool-II-12'
```

"/var/run/pgpool-II-12"目录不存在，需要手动建立，否则后面启动 pgpool-II 时会报错：

```
mkdir /var/log/pgpool-II-12
```

pgpool.conf 中一项重要的配置就是配置后端数据库，后端数据库的配置示例如下：

```
backend_hostname0 = '10.0.3.101'
backend_port0 = 5432
backend_data_directory0 = '/home/postgres/pg12data'
backend_hostname1 = '10.0.3.212'
backend_port1 = 5432backend_data_directory0 = '/home/postgres/pg12data'
```

从上面的示例中可以看出，后端数据库的配置项有以下 3 个：

❑ backend_hostnameN。

❑ backend_portN。

❑ backend_data_directoryN。

其中 N=0，1，2，……

pgpool.conf 文件中还有许多与 pgpool-II 工作模式有关的配置项。这些配置项将在后面的示例中介绍。

把访问 pgpool 的用户名及密码的 MD5 值记录在 /etc/pgpool-II-12/pool_passwd 中，命令如下：

```
[root@pg01 ~]# cd /etc/pgpool-II-12
[root@pg01 pgpool-II-12]# pg_md5 -m -p -u postgres pool_passwd
password:
```

这样就生成了 pool_passwd 文件。使用 cat 查看此文件的内容，命令如下：

```
[root@pg01 pgpool-II-12]# cat pool_passwd
postgres:md53175bce1d3201d16594cebf9d7eb3f9d
```

pgpool-II 中也提供了与 postgresql.conf 中使用 hba 类似的方式进行登录认证，需要在 pgpool.conf 中打开如下选项：

```
enable_pool_hba = on
```

然后在 /etc/pgpool-II-12/pool_hba.conf 中配置相应的访问控制，示例配置如下：

```
# "local" is for Unix domain socket connections only
local   all         all                         trust
# IPv4 local connections:
host    all         all         127.0.0.1/32    trust
host    all         all         ::1/128         trust
host    all         all         0/0             md5
```

pgpool-II 有一些以"pcp_"开头的管理工具，如 pcp_attach_node、pcp_detach_node 等工具，这些工具通过 TCP 网络发送命令到 pgpool-II 监听的 PCP 管理端口（默认为 9898）上对 pgpool-II 完成管理工作。pcp 工具与 pgpool-II 通信，也需要一个用户名密码验证，这个密码验证就放在 pcp.conf 文件中。在该文件中，用户名和密码成对地出现在每一行中，并用冒号（:）隔开。密码的格式是用 MD5 哈希加密。如设置一个用户"postgres"及密码"postgres"，先计算密码的 MD5 值，命令如下：

```
$ pg_md5 postgres
e8a48653851e28c69d0506508fb27fc5
```

其中 pg_md5 工具是 pgpool-II 提供的。

计算完 MD5 后，在 pcp.conf 文件中配置如下内容：

```
postgres:e8a48653851e28c69d0506508fb27fc5
```

其中"e8a48653851e28c69d0506508fb27fc5"就是密码的 MD5 值。

完成这些配置后就可以启动 pgpool 了。当然，pgpool-II 的不同工作模式需要不同的配置选项，后面会以实例来讲解配置方法。

启动 pgpool 的方法如下：

```
pgpool
```

这时 pgpool 会变成一个后台 daemon 运行，如果想让 pgpool 在前台运行，可以加"-n"参数，命令如下：

```
pgpool -n
```

这时日志会打印到终端，如果想让日志打印到指定文件，可以使用如下命令：

```
pgpool -n > /tmp/pgpool.log 2>&1 &
```

如果想打印一些调试信息，可以加"-d"参数，命令如下：

```
pgpool -n -d > /tmp/pgpool.log 2>&1 &
```

要停止 pgpool，可使用如下命令：

```
pgpool stop
```

如果还有客户端处于连接状态，pgpool-II 会一直等待它们断开连接，然后才结束运行。如果想强制关闭 pgpool-II，可执行如下命令：

```
pgpool -m fast stop
```

18.3.2　内置复制模式的示例

pgpool-II 复制和负载均衡的示例环境如表 18-1 所示。

表 18-1　pgpool-II 复制和负载均衡的示例环境

主机名	IP地址	角色	数据库名称	数据目录
pg01	10.0.3.101	安装 pgpool	N/A	N/A
pg02	10.0.3.102	后端数据节点	datadb	/home/postgres/pg12data
pg03	10.0.3.103	后端数据节点	datadb	/home/postgres/pg12data

该数据库实例是运行在操作系统用户 "postgres" 下的，pgpool 是使用 yum 直接安装的，安装包名为 "pgpool-II-12-4.1.0-1.rhel7.x86_64"。

我们已在 pg02 和 pg03 上建立了独立的数据库实例，在 pg02 和 pg03 的数据库实例中建测试数据库 "datadb"，命令如下：

```
create database datadb;
```

后面我们会使用到这个测试数据库。

按 18.3.1 节中介绍的方法在 pg01 机器上生成配置文件，命令如下：

```
cd /etc/pgpool-II-12
cp pgpool.conf.sample pgpool.conf
cp pcp.conf.sample pcp.conf
```

"/var/run/pgpool-II-12" 目录不存在，需要手动建立，否则后面启动 pgpool-II 时会报错：

```
mkdir /var/log/pgpool-II-12
```

后续我们用 postgres 用户连接数据库，到 pg02 和 pg03 机器上把数据库用户 "postgres" 的密码设置为 "helloosdba"：

```
alter user postgres password 'helloosdba';
```

用 pg_md5 生成密码文件 "pool_passwd"，命令如下：

```
cd /etc/pgpool-II-12
pg_md5 --md5auth -u postgres  helloosdba
```

上面的命令会把该加密密码配置到文件 "pool_passwd" 中：

```
postgres:d03c42b26d3f86249136fef21e9ed7e0
```

在 pgpool.conf 中后端数据库的配置如下：

```
backend_hostname0 = '10.0.3.102'
backend_port0 = 5432
backend_weight0 = 1
backend_data_directory0 = '/home/postgres/pg12data'
backend_flag0 = 'ALLOW_TO_FAILOVER'
backend_application_name0 = 'server0'

backend_hostname1 = '10.0.3.103'
backend_port1 = 5432
backend_weight1 = 1
backend_data_directory1 = '/home/postgres/pg12data'
backend_flag1 = 'ALLOW_TO_FAILOVER'
backend_application_name1 = 'server1'
```

因为要使用内置复制模式，所以需要在 pgpool.conf 中进行如下配置：

```
replication_mode = on
```

同时使用负载均衡，所以需要在 pgpool.conf 中进行如下配置：

```
load_balance_mode = on
```

启动 pgpool，命令如下：

```
pgpool
```

没有任何参数地运行 pgpool，pgpool 会运行到后台。

在 pg01 机器上连接 pgpool 的端口 "9999"，然后建一张表，并插入两条记录，命令如下：

```
[root@pg01 ~]# psql -p 9999 -Upostgres -h 10.0.3.101 datadb
Password for user postgres:
psql (12.1)
Type "help" for help.

datadb=# \d
Did not find any relations.
datadb=# create table test01(id int, t text);
CREATE TABLE
datadb=# insert into test01 values(1,'aaaa');
INSERT 0 1
datadb=# insert into test01 values(2,'bbbb');
INSERT 0 1
```

在后端的两个数据库上可以看到此表也建好，数据完全一致，如在机器 pg02 上执行如下命令：

```
[postgres@pg02 ~]$ psql datadb
psql (12.1)
Type "help" for help.

datadb=# \d
        List of relations
```

```
 Schema |  Name  | Type  |  Owner
--------+--------+-------+-----------
 public | test01 | table | postgres
(1 row)

datadb=# select * from test01;
 id |  t
----+------
  1 | aaaa
  2 | bbbb
(2 rows)
```

pg03 机器上的内容如下：

```
[postgres@pg03 ~]$ psql datadb
psql (12.1)
Type "help" for help.

datadb=# \d
       List of relations
 Schema |  Name  | Type  |  Owner
--------+--------+-------+-----------
 public | test01 | table | postgres
(1 row)

datadb=# select * from test01;
 id |  t
----+------
  1 | aaaa
  2 | bbbb
(2 rows)
```

可以看到通过 pgpool-II 执行的 DDL 语句和 DML 语句会分别在两个后端数据库上运行。

使用"show pool_nodes"命令可以查看节点状态，命令如下：

```
[root@pg01 pgpool-II-12]# psql -p 9999 -Upostgres -h 10.0.3.101 datadb
Password for user postgres:
psql (12.1)
Type "help" for help.

datadb=# \x
Expanded display is on.
datadb=# show pool_nodes;
-[ RECORD 1 ]----------+--------------------
node_id                | 0
hostname               | 10.0.3.102
port                   | 5432
status                 | up
lb_weight              | 0.500000
role                   | master
select_cnt             | 1
load_balance_node      | false
replication_delay      | 0
replication_state      |
replication_sync_state |
```

```
last_status_change   | 2019-12-16 20:53:33
-[ RECORD 2 ]----------+--------------------
node_id              | 1
hostname             | 10.0.3.103
port                 | 5432
status               | up
lb_weight            | 0.500000
role                 | slave
select_cnt           | 1
load_balance_node    | true
replication_delay    | 0
replication_state    |
replication_sync_state |
last_status_change   | 2019-12-16 20:53:33
```

我们再测试一下使用 pcp 命令来管理 pgpool-II 集群。我们设 pcp 的管理用户名为"pcpadm"，密码是"ppadm"，先用 pg_md5 生成密码"ppadm"的加密密码：

```
[root@pg01 pgpool-II-12]# pg_md5 ppadm
dad0814c9207964df0667b3da71cde2b
```

把用户名"pcpadm"和上面生成的加密密码"dad0814c9207964df0667b3da71cde2b"放到 pcp.conf 文件中：

```
# USERID:MD5PASSWD
pcpadm:dad0814c9207964df0667b3da71cde2b
```

这时我们就可以到远程的一台机器上通过网络连接 pgpool-II 并查看节点信息，命令如下：

```
[postgres@pg02 ~]$ pcp_node_info -Upcpadm -h 10.0.3.101 -p 9898 0
Password:
10.0.3.102 5432 2 0.500000 up master 0   2020-02-16 21:20:52
```

其中"pcp_node_info"就是查询节点的信息，最后一个参数"0"表示后端数据库的编号。

18.3.3 流复制的主备模式示例

建一个最简单示例环境，此环境与上一示例类似，见表 18-2。

表 18-2 pgpool-II 复制和负载均衡的示例环境

主机名	IP地址	角色	数据库名称	数据目录
pg01	10.0.3.101	安装 pgpool	N/A	N/A
pg02	10.0.3.102	后端节点主数据库	datadb	/home/postgres/pg12data
pg03	10.0.3.103	后端节点备数据库	datadb	/home/postgres/pg12data

先在机器"pg02"和"pg03"上搭建好异步模式的流复制，主数据库是 pg02，备数据库是 pg03，搭建流复制的具体方法这里不再赘述，请读者参见第 13 章中的内容。

在主备模式下，配置文件"pgpool.conf"中的参数"replication_mode"必须设置为"off"，而参数"master_slave_mode"必须设置为"on"。因为使用流复制的主备模式，所以"master_slave_sub_mode"要设置为"stream"。在主备模式下可以使用负载均衡，所以把"load_balance_mode"参数设置为"on"。所以 pgpool.conf 中的配置如下：

```
listen_addresses = '*'
port = 9999
enable_pool_hba = on
pool_passwd = 'pool_passwd'

backend_hostname0 = '10.0.3.102'
backend_port0 = 5432
backend_weight0 = 1
backend_data_directory0 = '/home/postgres/pg12data'
backend_flag0 = 'ALLOW_TO_FAILOVER'
backend_application_name0 = 'server0'

backend_hostname1 = '10.0.3.103'
backend_port1 = 5432
backend_weight1 = 1
backend_data_directory1 = '/home/postgres/pg12data'
backend_flag1 = 'ALLOW_TO_FAILOVER'
backend_application_name1 = 'server1'

replication_mode = off
master_slave_mode = on
master_slave_sub_mode = 'stream'
load_balance_mode = on
```

> **注意**　不在上述命令行中的参数保持 pgpool.conf 文件中的已有配置值即可。

pool_passwd 的配置如下：

```
postgres:d03c42b26d3f86249136fef21e9ed7e0
```

pool_hba.conf 的配置如下：

```
# "local" is for Unix domain socket connections only
local   all         all                             trust
# IPv4 local connections:
host    all         all         127.0.0.1/32        trust
host    all         all         ::1/128             trust
host    all         all         0/0                 md5
```

我们连接到 pgpool-II 的端口"9999"并做如下测试：

```
[root@pg01 ~]# psql -p 9999 -Upostgres -h 10.0.3.101 datadb
Password for user postgres:
psql (12.1)
Type "help" for help.

datadb=# select inet_server_addr();
  inet_server_addr
------------------
  10.0.3.103
(1 row)
```

```
datadb=# insert into test01 values(1, inet_server_addr()) returning *;
 id |        t
----+----------------
  1 | 10.0.3.102/32
(1 row)

INSERT 0 1
```

从上面的示例中可以看出，普通查询是发到了备库"pg03"上，但插入都是在主库"pg02"上执行的。

18.3.4 show 命令

"show"在 PostgreSQL 中是一个真正的 SQL 命令，但 pgpool-II 扩展了此命令。连接到 pgpool-II 后可以使用"show"命令查看 pgpool-II 的信息，这些命令的说明如下。

- ❑ pool_status：获得 pgpool-II 的配置信息。
- ❑ pool_nodes：获得后端各节点的状态信息，如后端数据库是否在线。
- ❑ pool_processes：显示 pgpool-II 的进程信息。
- ❑ pool_pools：显示 pgpool-II 连接池中的各个连接信息。
- ❑ pool_version：显示 pgpool-II 的版本。

show 命令的使用示例如下。

查看 pgpool-II 的配置信息，命令如下：

```
datadb=# show pool_status;
                item                  |                 value                 |
description

--------------------------------------+---------------------------------------
-----------------------+----------------------------------------------------
  listen_addresses                    | *                                     |
host name(s) or IP address(es) to listen on
  port                                | 9999                                  |
pgpool accepting port number
  socket_dir                          | /tmp                                  |
pgpool socket directory
  pcp_listen_addresses                | *                                     |
host name(s) or IP address(es) for pcp process to listen on
  pcp_port                            | 9898                                  |
PCP port # to bind
  pcp_socket_dir                      | /tmp                                  |
PCP socket directory
  enable_pool_hba                     | 0                                     |
if true, use pool_hba.conf for client authentication
  pool_passwd                         | pool_passwd                           |
file name of pool_passwd for md5 authentication
  authentication_timeout              | 60                                    |
maximum time in seconds to complete client authentication .....
  .....
  .....
```

查看后端数据库节点的信息，命令如下：

```
datadb=# show pool_nodes;
 node_id  | hostname   | port  | status  | lb_weight  | role
---------+------------+------+---------+-----------+---------
 0        | 10.0.3.211 | 5432 | 2       | 0.500000  | primary
 1        | 10.0.3.212 | 5432 | 2       | 0.500000  | standby
(2 rows)
```

上面的 "status" 列中用一个数字表示各个后端数据库节点的状态，该数字的含义如下。

❑ 0：show 命令不会显示该状态，因为该状态仅在初使化的过程中使用。

❑ 1：节点已启动，但没有连接。

❑ 2：节点已启动，有连接。

❑ 3：节点 down。

查看 pgpool-II 的各个进程信息，命令如下：

```
datadb=# show pool_processes;
 pool_pid | start_time          | database | username | create_time         | pool_counter
----------+---------------------+----------+----------+---------------------+---
 760      | 2014-05-02 21:17:44 |          |          |                     |
 761      | 2014-05-02 21:17:44 |          |          |                     |
 762      | 2014-05-02 21:17:44 | datadb   | osdba    | 2014-05-02 21:27:28 | 1
 763      | 2014-05-02 21:17:44 | datadb   | osdba    | 2014-05-02 21:17:48 | 1
(4 rows)
```

查看连接池中的各个连接的情况，命令如下：

```
datadb=# show pool_pools;
   pool_pid |         start_time       | pool_id | backend_id | database | username |
create_time     | majorversion | minorversion | pool_counter |
pool_backendpid | pool_connected
----------+---------------------+---------+------------+----------+----------+--
------------------+--------------+--------------+--------------+-------------
----+---------------
   760      | 2014-05-02 21:17:44 | 0       | 0          |          |          |
0         | 0           | 0            |          |
0         | 0
   760      | 2014-05-02 21:17:44 | 0       | 1          |          |          |
0         | 0           | 0            |          |
0         | 0
...
...
...

   763      | 2014-05-02 21:17:44 | 3       | 0          |          |          |
0         | 0           | 0            |          |
0         | 0
   763      | 2014-05-02 21:17:44 | 3       | 1          |          |          |
0         | 0           | 0            |          |
0         | 0
(32 rows)
```

查看 pgpool-II 的版本信息，命令如下：

```
\datadb=# show pool_version;
    pool_version
----------------------
  4.1.0 (karasukiboshi)
(1 row)
```

18.4 pgpool-II 高可用配置方法

pgpool-II 中提供了完善的高可用机制。配置高可用后，当后端的一个节点出现故障时，pgpool-II 会把请求切换到另一个节点上，并不会影响前端的服务，这称为 "Failover"。当一个节点出现故障后，系统会用剩下的节点来提供服务，这时相当于高可用降级，如果剩下的节点再出现故障，服务就会停止。所以高可用降级后，要尽快恢复失败的节点，让集群恢复到原先的高可用状态，这个过程称为 "Failback"，pgpool-II 可以实现在线的 Failback，即不需要停止服务的 Failback。

下面详细讲解 pgpool-II 的高可用的机制及配置方法。

18.4.1 pgpool-II 高可用切换及恢复的原理

后端数据库执行请求失败或配置了主动检查时发现后端数据库故障后，pgpool-II 会把后端数据库的状态记录为 "detached"，新的请求将不再发到这些故障节点上，从而实现高可用。

在把 pgpool-II 配置成内置复制模式时，若坏一个节点，pgpool-II 会自动把该节点 detach 掉。但对于主备模式下就存在问题，因为在主备模式下，备库通常是只读的，不能写，所以主库节点出现问题时需要把一个备库激活成主库，才能提供写服务。pgpool-II 在配置文件 "pgpool.conf" 中给用户提供了配置项 "failover_command"，让用户配置一个脚本程序，当发生故障切换时，pgpool-II 会执行该脚本程序，通过该脚本程序把备库激活成主库，从而提供完整的读写服务。

前面讲解了后端数据库的高可用切换功能，但当 pgpool-II 自身所在的机器故障后，怎么办？可以启动多个 pgpool-II 组成一个 pgpool-II 的集群，其中一个 pgpool-II 是主 pgpool-II，其他的 pgpool-II 都处于备用状态。该功能是通过 pgpool-II 的 watchdog 子进程来完成的。watchlog 子进程还可以配置一个 vip。当某个 pgpool-II 出现问题时，会有一个新的备 pgpool-II 选举成主 pgpool-II，相应的 vip 也会漂移到这台新的机器上，从而实现了 pgpool-II 自身的高可用。

18.4.2 pgpool-II 的在线恢复

当一个节点故障后，pgpool-II 会发生切换，但原先故障的节点如何加回集群，让集群恢复高可用的状态？这里最难解决的问题是同步，因为即使原先的节点临时失败，它的数据也不再与其他的节点同步，所以加回集群提供服务前必须完成数据的同步，让其数据与其他节点完全一致。当然最简单的方法是停止对外服务，然后同步数据，同步完成后再对外提供服务。但该方法会导致服务停止的时间过长，这对于生产系统来说是不能接受的，所以 pgpool-II 提供了一个基本不停止服务或停止服务很短时间的 Failback 的方法。此方法的简单描述如下。

- □ 第一过程：对数据库进行全量备份，将其热备份到故障的节点上。在此过程中，由于是热备份，所以可以不停止服务。
- □ 第二过程：短暂停止服务，对已有全量数据的故障节点进行增量数据同步。完成增量数据同步后再对外提供服务。因为停止服务的时间为增量数据同步的时间，所以对外停止服务的时间较短。

pgpool-II 提供了参数，允许用户指定第一个过程和第二个过程的脚本程序，由用户灵活定义如何对数据库做全量的热备份及增量备份恢复。通常第一个过程可以使用 PostgreSQL 自身提供的基于 WAL 日志的热备份功能。

上面只是简单讲述了在线恢复的过程，实际操作中 pgpool-II 更详细的恢复步骤如下。

1）执行 CHECKPOINT。

2）在线恢复的第一阶段：使用配置文件"pgpool.conf"中的参数"recovery_user"和"recovery_password"，连接到一台正常工作的主库上的 template1 数据库上，调用 pgpool 提供的一个 C 函数"pgpool_recovery"，它会执行配置文件"pgpool.conf"中的参数"recovery_1st_stage_command"指定的脚本。

3）等待所有的客户端断开与 pgpool 的连接，然后 pgpool-II 停止服务。

4）再执行一次 CHECKPOINT。

5）在线恢复的第二阶段：与第一阶段类似，只是执行配置文件"pgpool.conf"中的参数"recovery_2nd_stage_command"指定的脚本。该脚本在数据库的数据目录下。

6）启动要恢复的数据库：与前面一样，同样是连接到一台正常工作的主库上，只是要执行主库上的函数"pgpool_remote_start"，该函数自动执行名为"pgpool_remote_start"的脚本。因为该脚本是在主库上的，所以需要 SSH 到恢复的节点上才能启动要恢复的数据库。

7）pgpool-II 恢复用户的使用。

从上面的过程中可以总结出以下几点：

- □ pgpool-II 中为恢复使用的几个自定义脚本都是放在后端数据库的"$PGDATA"目录下的，而不是在 pgpool-II 所运行的机器上。
- □ 这几个自定义脚本的执行，实际上是 pgpool-II 连接到后端数据库上，调用 pgpool-II 插件 pgpool_recovery 提供的 C 语言函数，然后由 C 语言函数来执行这些脚本。

pgpool-II 提供的 C 语言函数不是谁都能执行的，否则就没有安全性了，它只能被数据库中的超级用户所使用，所以 pgpool.conf 中的参数"recovery_user"指定的数据库用户必须是后端数据库中的超级用户。

上面的过程中，最需要关注的是第二个阶段，因为第二个阶段开始后，pgpool-II 就会停止提供服务，这一阶段所花费的时间越短越好。在"等待所有的客户端断开与 pgpool 的连接，然后 pgpool-II 停止服务"时，如果客户端一直没断开与 pgpool 的连接，那么 pgpool 就不能执行第二个阶段，这也是一个大问题。另外，由于其中的一些步骤是通过执行脚本来完成的，如果脚本因编写的问题或因其他原因 hang 了，会不会导致 pgpool-II 一直处于恢复状态？pgpool-II 提供了以下两个参数来解决这两个问题。

- ❑ recovery_timeout：在恢复过程中，超过这个时间没有完成，则 pgpool-II 取消在线恢复，正常提供服务。因为做全量备份的时间较久，所以该参数需要设置为一个较大的值。
- ❑ client_idle_limit_in_recovery：在恢复的第二阶段，客户端执行一个命令多少秒后，没有再执行命令，则 pgpool-II 断开此连接。该参数默认值为 "0"，表示 pgpool-II 不主动断开连接，此时需要客户端主动断开连接。如果客户端一直在发请求，没有空闲下来，把此参数设置为 1 秒，也可能不能断开与客户端的连接，会导致无法开始第二阶段的恢复，此时应该把此参数值设置为 "-1"，这样 pgpool-II 会立即断开与客户端的连接。

运行命令 "pcp_recovery_node" 可以完成数据库节点的恢复，示例命令如下：

```
pcp_recovery_node -h 10.0.3.101  -Upcpadm 0
```

其中 "-h 10.0.3.101" 指定了 pgpool-II 所在的 IP 地址。"-U pcpadm" 是配置在 pcp.conf 中的用户名。最后一个 "0" 表示恢复哪个后端数据库。

18.4.3 流复制模式中的故障切换

以流复制模式搭建的集群实际上并不需要配置 "recovery_1st_stage_command" 和 "recovery_2nd_stage_command" 就可以在线将故障修复的节点加入到集群中，但需要配置如下配置项：

```
recovery_user = 'postgres'
recovery_password = 'helloosdba'
```

手动把原主库转换成新主库的备库（可以使用 pg_rewind 工具），然后使用 pcp_recovery_node 命令就可以让其重新加回集群。

如果配置了多个备库，当主库故障时，把一台备库激活成新主库，需要把其他的备库指向新主库，重新从新主库同步。这就需要配置参数 "follow_master_command"，该参数指定了一个脚本程序，用于把其他备库重新指向新主库：

```
follow_master_command = "/etc/pgpool-II-12/ follow_master.sh %d %h %p %D %m %H
    %M %P %r %R %N %S"
```

pgpool-II 已提供了此脚本文件的模版 "/etc/pgpool-II-12/follow_master.sh.sample"。从模版文件复制成 follow_master.sh，然后根据实际情况修改此脚本文件。

为了让 pgpool-II 探测后端哪个数据库是主库，至少需要配置用于流复制探测的用户名和密码：

```
sr_check_user = 'postgres'
```

```
sr_check_password = 'helloosdba'
sr_check_database = 'postgres'
```

让 pgpool-II 探测流复制的延迟到超过多少字节时就不再把只读请求发到该备库，需要配置如下内容：

```
sr_check_period = 10
delay_threshold = 1000000
```

18.4.4　pgpool-II 的健康检查

前面介绍过，执行用户的请求失败后做 Failover，可以主动配置检测。当然并不是执行任何命令失败后都会 Failover，如果用户发的命令本身有问题而导致执行失败，此时并不会发生切换，只有失败原因是与后端的数据库的通信故障时才会发生切换。但如果网络通信被 hang 住较长时间时，会导致故障发生后较长时间内不能完成切换。

主动检测的方法是 pgpool-II 主动发起一个到后端数据库的连接，看能否能连接上来，以判断后端数据库是否正常工作。如果连接在一定的时间内不返回，pgpool-II 认为后端数据库出现问题。

健康检查主要是由 pgpool.conf 文件中的以下几个参数控制的。

❑ health_check_timeout：做健康检查的超时时间，如果健康检查在设定时间内不返回，则认为后端数据库出现故障。默认为 20 秒，如果设置此值为"0"，表示一直等待，直到底层的 TCP/IP 超时。这可能导致故障发生较长时间后才能切换。

❑ health_check_period：检查的周期，即多长时间检测一次。默认值为"0"，表示不使用健康检查的功能。

❑ health_check_user：做健康检查时，连接后端数据库的用户名。

❑ health_check_password：做健康检查时，连接后端数据库的密码。

18.4.5　流复制的主备模式的高可用示例

此示例与前面的示例类似，环境也类似，具体示例环境见表 18-3。

表 18-3　pgpool-II 主备模式下的高可用示例环境

主机名	IP地址	角色	数据库名称	数据目录
pg01	10.0.3.101	安装 pgpool	N/A	N/A
pg02	10.0.3.102	后端节点主数据库	datadb	/home/postgres/pg12data
pg03	10.0.3.103	后端节点备数据库	datadb	/home/postgres/pg12data

在此环境中，10.0.3.102 是主库，10.0.3.103 是流复制的备库。数据库在操作系统用户"postgres"下。

需要在 10.0.3.102 的主库上的 template1 中创建 pgpool_recovery 模块，这是因为一些切换操作会使用该模块中的 C 语言函数执行一些脚本程序：

```
$ psql template1
=# CREATE EXTENSION pgpool_recovery;
```

把 /etc/pgpool-II-12/pgpool_remote_start.sample 文件拷贝到 10.0.3.102 和 10.0.3.103 机器上的数据库实例的 $PGDATA 目录下，并重命名为 "pgpool_remote_start"，这个脚本在把原主库加回集群变成新主库的备库时会被调用。该脚本是在新主库上执行，然后会 SSH 到旧主库上，把旧主库启动到 Standby 模式下。对 pgpool_remote_start 脚本中的配置 "PGHOME=/usr/pgsql-11" 进行如下修改：

```
PGHOME=/usr/pgsql-12
```

这是因为我们安装的是 PostgreSQL 12，所以路径不是 "/usr/pgsql-11"。同时我们需要打通操作系统用户 "postgres" 在 10.0.3.102 与 10.0.3.103 机器两台机器之间的免密码登录，这是脚本 "pgpool_remote_start" 需要的。

我们设 pcp 的管理用户名为 "pcpadm"，密码是 "ppadm"，先用 pg_md5 生成密码 "ppadm" 的加密密码：

```
[root@pg01 pgpool-II-12]# pg_md5 ppadm
dad0814c9207964df0667b3da71cde2b
```

把用户名 "pcpadm" 和生成的加密密码 "dad0814c9207964df0667b3da71cde2b" 放到 pcp.conf 文件中：

```
# USERID:MD5PASSWD
pcpadm:dad0814c9207964df0667b3da71cde2b
```

用 pg_md5 生成密码文件 "pool_passwd"，命令如下：

```
cd /etc/pgpool-II-12
pg_md5 --md5auth -u postgres  helloosdba
```

执行完上面的命令后在 pool_passwd 文件中会多出如下内容：

```
postgres:d03c42b26d3f86249136fef21e9ed7e0
```

pool_hba.conf 中的配置如下：

```
local   all        all                              trust
host    all        all        127.0.0.1/32          md5
host    all        all        0/0                   md5
```

我们先在 pgpool.conf 中配置如下内容：

```
listen_addresses = '*'
port = 9999
enable_pool_hba = on
pool_passwd = 'pool_passwd'
log_destination = 'syslog,stderr'

backend_hostname0 = '10.0.3.102'
```

```
backend_port0 = 5432
backend_weight0 = 1
backend_data_directory0 = '/home/postgres/pg12data'
backend_flag0 = 'ALLOW_TO_FAILOVER'
backend_application_name0 = 'server0'

backend_hostname1 = '10.0.3.103'
backend_port1 = 5432
backend_weight1 = 1
backend_data_directory1 = '/home/postgres/pg12data'
backend_flag1 = 'ALLOW_TO_FAILOVER'
backend_application_name1 = 'server1'


replication_mode = off
master_slave_mode = on
master_slave_sub_mode = 'stream'
load_balance_mode = on
```

在使用流复制的主备模式下，至少需要配置以下内容：

```
sr_check_user = 'postgres'
sr_check_password = 'helloosdba'
sr_check_database = 'postgres'
```

如果没有以上配置，pgpool-II 在启动时无法判断各个后端数据库中哪个是主库。

另还可以配置如下内容：

```
sr_check period = 10
```

在主备模式下，如果备库出现问题，基本不需要做什么处理，而主库故障后，需要激活备库，让备库工作从只读模式提升到可读写的模式。把备库提升成主库的配置项如下：

```
failover_command = '/etc/pgpool-II-12/failover.sh %d %h %p %D %m %H %M %P %r %R
    %N %S'
```

把 "/etc/pgpool-II-12/failover.sh.sample" 拷贝为 "/etc/pgpool-II-12/failover.sh"，并将内容 "PGHOME=/usr/pgsql-11" 修改为 "PGHOME=/usr/pgsql-12"。

failover.sh 脚本是使用 pgpool 进程来执行的，所以其是在 pgpool-II 所在的机器 "pg01" 上执行的，因为我们的 pgpool 是用 root 用户运行的，这个脚本中使用了 SSH，需要无密码地 SSH 到 10.0.3.102 和 10.0.3.103 上，所以我们要在 10.0.3.101 机器下以 root 用户执行下面的 SSH 命令需要无密码登录：

```
ssh -i ~/.ssh/id_rsa_pgpool postgres@10.0.3.102
ssh -i ~/.ssh/id_rsa_pgpool postgres@10.0.3.103
```

需要执行下面的步骤打通这个 SSH 通道：

```
[root@pg01 .ssh]# cd ~/.ssh
[root@pg01 .ssh]# cp id_rsa id_rsa_pgpool
```

然后把 ~/.ssh/ id_rsa.pub 的内容添加到 10.0.3.102 和 10.0.3.103 机器的 postgres 用户下的

~/.ssh/ authorized_keys 文件中。

然后我们测试一下是否是免密码登录：

```
[root@pg01 ~]# ssh -i ~/.ssh/id_rsa_pgpool postgres@10.0.3.102
Last login: Sun Feb 16 23:23:41 2020 from 10.0.3.101
[postgres@pg02 ~]$ exit
logout
Connection to 10.0.3.102 closed.
[root@pg01 ~]# ssh -i ~/.ssh/id_rsa_pgpool postgres@10.0.3.103
Last login: Sun Feb 16 23:32:50 2020 from 10.0.3.101
[postgres@pg03 ~]$ exit
logout
Connection to 10.0.3.103 closed.
```

当我们需要把旧主库加入集群变成新主库的备库时，需要在 pgpool.confk 中配置以下选项：

```
recovery_user = 'postgres'
recovery_password = 'helloosdba'
```

然后我们就可以在 10.0.3.101 上以 root 用户启动 pgpool-II 了：

```
pgpool
```

启动后我们就可以用"show _pool_nodes"显示节点状态了：

```
[root@pg01 pgpool-II-12]# psql -h 10.0.3.101 -p 9999 -Upostgres
Password for user postgres:
psql (12.1)
Type "help" for help.

postgres=# show pool_nodes;
 node_id | hostname | port | status | lb_weight | role | select_cnt |
   load_balance_node | replication_delay | replication_state | replication_
   sync_state | last_status_change
---------+------------+------+--------+-----------+---------+------------+------
   ------------+------------------+-------------------+-----------------------
 0       | 10.0.3.102 | 5432 | up     | 0.500000  | primary | 0          | true |
0        |            |      |        |           |         | 2020-02-17 01:5
0:16
 1       | 10.0.3.103 | 5432 | up     | 0.500000  | standby | 0          | false |
0        |            |      |        |           |         | 2020-02-17 01:5
5:36
(2 rows)
```

下面我们开始高可用切换测试。
先把主库停掉，看看备库是否可以激活为主库。
在 10.0.3.102 机器上把数据库停掉，然后执行如下查询命令：

```
[root@pg01 pgpool-II-12]# psql -h 10.0.3.101 -p 9999 -Upostgres
Password for user postgres:
psql (12.1)
```

```
Type "help" for help.

postgres=# show pool_nodes;
  node_id | hostname | port | status | lb_weight | role | select_cnt |
load_balance_node | replication_delay | replication_state | replication_sync_state |
last_status_change
---------+------------+------+--------+-----------+---------+------------+------
-------------+-------------------+------------------+------------------------
  0     | 10.0.3.102 | 5432 | down | 0.500000 | standby | 0 | false |
0     | | | 2020-02-17 02:0
0:06
  1     | 10.0.3.103 | 5432 | up | 0.500000 | primary | 0 | true |
0     | | | 2020-02-17 02:0
0:06
(2 rows)
```

从上面的查询结果中可以发现 10.0.3.102 的状态已经变成了 "down"，而 10.0.3.103 的 "role" 已经变成了 "primary"，同时我们到 10.0.3.103 机器上查询，可以看到数据库已经提升为主库：

```
[postgres@pg03 pg12data]$ psql
psql (12.1)
Type "help" for help.

postgres=# select pg_is_in_recovery();
  pg_is_in_recovery
-------------------
  f
(1 row)
```

现在我们把 10.0.3.102 加回集群，让其变成备库：

```
[postgres@pg02 ~]$ cd $PGDATA
[postgres@pg02 pg12data]$ touch standby.signal
```

同时在 postgresql.conf 中进行如下配置：

```
primary_conninfo = 'application_name=standby102 user=postgres password=helloosdba
  host=10.0.3.103 port=5432 sslmode=prefer sslcompression=0 gssencmode=prefer
  krbsrvname=postgres target_session_attrs=any'
```

然后使用 pcp_recovery_node 命令让其加回集群：

```
[root@pg01 pgpool-II-12]# pcp_recovery_node -h 10.0.3.101 -Upcpadm 0
Password:
pcp_recovery_node -- Command Successful
```

如果上面的命令执行失败，通常可能是 pgpool_remote_start 脚本配置得不正确，或可以检查如下配置项：

```
recovery_user = 'postgres'
recovery_password = 'helloosdba'
```

可以查看 10.0.3.101 机器上的系统日志 "/var/log/messages"，以获得更具体的错误信息：

```
tail -f /var/log/messages
```

18.4.6 watchdog 的配置

多台机器上的 pgpool-II 可以组成一个集群，其中一个 pgpool-II 是 Active 的，其他都是 Standby 的。同时还可以在 Active 的 pgpool-II 上配置一个 vip，当 Active pool-II 故障时，集群会自动选举出一个新的 "Active" 的 pgpool-II，同时让 vip 飘到这台新的 pgpool-II 上，从而实现 pgpool-II 本身的高可用，我们引用 pgpool-II 官方文档中的图来进行说明，见图 18-4。

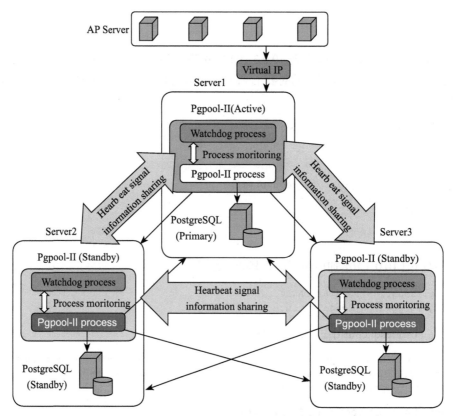

图 18-4 watchdog 配置示意图（引用自官方文档中的 "Figure 8-1. Cluster System Configuration"）

下面我们以一个示例来讲解 pgpool-II 的 watchdog 的配置，示例环境见表 18-4。

表 18-4 pgpool-II 主备模式下的高可用示例环境

主机名	IP地址	角色
pg01	10.0.3.101	pgpool
pg02	10.0.3.102	pgpool
pg03	10.0.3.103	pgpool

在这 3 台机器上，有关 watchdog 的如下配置都是相同的：

```
use_watchdog = on
trusted_servers = '10.0.3.1'
ping_path = '/bin'

wd_port = 9000
wd_priority = 1
wd_authkey = ''
wd_ipc_socket_dir = '/tmp'
delegate_IP = '10.0.3.201'
if_cmd_path = '/sbin'
if_up_cmd = '/sbin/ip addr add $_IP_$/24 dev enp0s8'
if_down_cmd = '/sbin/ip addr del $_IP_$/24 dev enp0s8'
arping_path = '/usr/sbin'
arping_cmd = '/usr/sbin/arping -U $_IP_$ -w 1 -I enp0s8'

wd_heartbeat_port = 9694
wd_heartbeat_keepalive = 2
wd_heartbeat_deadtime = 30

heartbeat_destination_port0 = 9694
heartbeat_device0 = 'enp0s8'
heartbeat_destination_port1 = 9694
heartbeat_device1 = 'enp0s8'

wd_life_point = 3
wd_lifecheck_query = 'SELECT 1'
wd_lifecheck_dbname = 'template1'
wd_lifecheck_user = 'postgres'
wd_lifecheck_password = 'helloosdba'

other_pgpool_port0 = 9999
other_wd_port0 = 9000
other_pgpool_port1 = 9999
other_wd_port1 = 9000
```

上面命令中的部分配置说明如下。

❏ use_watchdog = on：表示使用 watchdog 的功能。

❏ trusted_servers = '10.0.3.1'：防止网络孤岛，通常可以配置多个外部网关地址。

❏ delegate_IP = '10.0.3.201'：就是我们要配置的 vip。

❏ if_up_cmd = '/sbin/ip addr add $_IP_$/24 dev enp0s8'：这 是 增 加 vip 的 命 令，其 中 "enp0s8" 是我们这个环境的网卡名，需要配置成实际的网卡名。

❏ if_down_cmd = '/sbin/ip addr del $_IP_$/24 dev enp0s8'：这是删除 vip 的命令。

❏ arping_cmd = '/usr/sbin/arping -U $_IP_$ -w 1 -I enp0s8'：当 vip 漂移到新机器上时，一般需要运行这个 arping 命令，否则应用无法连接该 vip。

在 pg01 机器上进行如下配置：

```
wd_hostname = '10.0.3.101'
heartbeat_destination0 = '10.0.3.102'
```

```
heartbeat_destination1 = '10.0.3.103'
other_pgpool_hostname0 = '10.0.3.102'
other_pgpool_hostname1 = '10.0.3.103'
```

上面命令中的部分配置说明如下。

❑ wd_hostname = '10.0.3.101'：本机器的 IP 地址。

❑ heartbeat_destination0 = '10.0.3.102'：一个 pgpool-II 的心跳 IP 地址。

❑ heartbeat_destination1 = '10.0.3.103'：另一个 pgpool-II 的心跳 IP 地址。

在 pg02 机器上进行如下配置：

```
wd_hostname = '10.0.3.102'
heartbeat_destination0 = '10.0.3.101'
heartbeat_destination1 = '10.0.3.103'
other_pgpool_hostname0 = '10.0.3.101'
other_pgpool_hostname1 = '10.0.3.103'
```

在 pg03 机器上进行如下配置：

```
wd_hostname = '10.0.3.103'
heartbeat_destination0 = '10.0.3.101'
heartbeat_destination1 = '10.0.3.102'
other_pgpool_hostname0 = '10.0.3.101'
other_pgpool_hostname1 = '10.0.3.102'
```

启动 pgpool-II 看一下效果。

在 pg01 上启动 pgpool-II，命令如下：

```
[root@pg01 ~]# pgpool -n
2020-02-17 19:29:07: pid 21804: LOG:  memory cache initialized
2020-02-17 19:29:07: pid 21804: DETAIL:  memcache blocks :64
2020-02-17 19:29:07: pid 21804: LOG:  pool_discard_oid_maps: discarded memqcache
    oid maps
2020-02-17 19:29:07: pid 21804: LOG:  waiting for watchdog to initialize
2020-02-17 19:29:07: pid 21806: LOG:  setting the local watchdog node name to
    "10.0.3.101:9999 Linux pg01"
2020-02-17 19:29:07: pid 21806: LOG:  watchdog cluster is configured with 2 remote
    nodes
2020-02-17 19:29:07: pid 21806: LOG:  watchdog remote node:0 on 10.0.3.102:9000
2020-02-17 19:29:07: pid 21806: LOG:  watchdog remote node:1 on 10.0.3.103:9000
2020-02-17 19:29:07: pid 21806: LOG:  watchdog node state changed from [DEAD] to
    [LOADING]
2020-02-17 19:29:12: pid 21806: LOG:  watchdog node state changed from [LOADING]
    to [JOINING]
2020-02-17 19:29:16: pid 21806: LOG:  watchdog node state changed from [JOINING]
    to [INITIALIZING]
2020-02-17 19:29:17: pid 21806: LOG:  I am the only alive node in the watchdog
    cluster
2020-02-17 19:29:17: pid 21806: HINT:  skipping stand for coordinator state
2020-02-17 19:29:17: pid 21806: LOG:  watchdog node state changed from
    [INITIALIZING] to [MASTER]
2020-02-17 19:29:17: pid 21806: LOG:  I am announcing my self as master/
    coordinator watchdog node
2020-02-17 19:29:21: pid 21806: LOG:  I am the cluster leader node
```

...

...

由于目前只有一个 pgpool-II，这个 pgpool 是"cluster leader node"。

查看 vip，命令如下：

```
[root@pg01 pgpool-II-12]# ip a
1: lo: <LOOPBACK,UP,LOWER_UP> mtu 65536 qdisc noqueue state UNKNOWN qlen 1
   link/loopback 00:00:00:00:00:00 brd 00:00:00:00:00:00
   inet 127.0.0.1/8 scope host lo
     valid_lft forever preferred_lft forever
   inet6 ::1/128 scope host
     valid_lft forever preferred_lft forever
2: enp0s8: <BROADCAST,MULTICAST,UP,LOWER_UP> mtu 1500 qdisc pfifo_fast state UP
   qlen 1000
   link/ether 08:00:27:e6:98:9e brd ff:ff:ff:ff:ff:ff
   inet 10.0.3.101/24 brd 10.0.3.255 scope global enp0s8
     valid_lft forever preferred_lft forever
   inet6 fe80::a00:27ff:fee6:989e/64 scope link
     valid_lft forever preferred_lft forever
```

从上面的运行结果中我们发现 vip 并没有启动。这是因为在有 3 个节点的 pgpool-II 中，至少要启动两个 pgpool-II，vip 才能启动。

在 pg02 上启动 pgpool-II，命令如下：

```
[root@pg02 pgpool-II-12]# pgpool -n
2020-02-17 19:34:20: pid 22598: LOG:  memory cache initialized
2020-02-17 19:34:20: pid 22598: DETAIL:  memcache blocks :64
2020-02-17 19:34:20: pid 22598: LOG:  pool_discard_oid_maps: discarded memqcache
   oid maps
2020-02-17 19:34:20: pid 22598: LOG:  waiting for watchdog to initialize
2020-02-17 19:34:20: pid 22600: LOG:  setting the local watchdog node name to
   "10.0.3.102:9999 Linux pg02"
2020-02-17 19:34:20: pid 22600: LOG:  watchdog cluster is configured with 2 remote
   nodes
2020-02-17 19:34:20: pid 22600: LOG:  watchdog remote node:0 on 10.0.3.101:9000
2020-02-17 19:34:20: pid 22600: LOG:  watchdog remote node:1 on 10.0.3.103:9000
2020-02-17 19:34:20: pid 22600: LOG:  watchdog node state changed from [DEAD] to
   [LOADING]
2020-02-17 19:34:20: pid 22600: LOG:  new outbound connection to 10.0.3.101:9000
2020-02-17 19:34:20: pid 22600: LOG:  new watchdog node connection is received
   from "10.0.3.101:339"
2020-02-17 19:34:20: pid 22600: LOG:  new node joined the cluster hostname:
   "10.0.3.101" port:9000 pgpool_port:9999
2020-02-17 19:34:20: pid 22600: DETAIL:  Pgpool-II version:"4.1.0" watchdog
   messaging version: 1.1
2020-02-17 19:34:25: pid 22600: LOG:  watchdog node state changed from [LOADING]
   to [JOINING]
2020-02-17 19:34:25: pid 22600: LOG:  setting the remote node "10.0.3.101:9999
   Linux pg01" as watchdog cluster master
2020-02-17 19:34:25: pid 22600: LOG:  watchdog node state changed from [JOINING]
   to [INITIALIZING]
2020-02-17 19:34:26: pid 22600: LOG:  watchdog node state changed from [INITIALIZING]
   to [STANDBY]
```

```
2020-02-17 19:34:26: pid 22600: LOG:   successfully joined the watchdog cluster
    as standby node
```

pg02 上的 pgpool-II 成为 "standby node"。

这时我们到 pg01 上再看 vip，命令如下：

```
[root@pg01 pgpool-II-12]# ip a
1: lo: <LOOPBACK,UP,LOWER_UP> mtu 65536 qdisc noqueue state UNKNOWN qlen 1
   link/loopback 00:00:00:00:00:00 brd 00:00:00:00:00:00
   inet 127.0.0.1/8 scope host lo
     valid_lft forever preferred_lft forever
   inet6 ::1/128 scope host
     valid_lft forever preferred_lft forever
2: enp0s8: <BROADCAST,MULTICAST,UP,LOWER_UP> mtu 1500 qdisc pfifo_fast state UP
   qlen 1000
   link/ether 08:00:27:e6:98:9e brd ff:ff:ff:ff:ff:ff
   inet 10.0.3.101/24 brd 10.0.3.255 scope global enp0s8
     valid_lft forever preferred_lft forever
   inet 10.0.3.201/24 scope global secondary enp0s8
     valid_lft forever preferred_lft forever
   inet6 fe80::a00:27ff:fee6:989e/64 scope link
     valid_lft forever preferred_lft forever
```

从上面的运行结果中我们发现 vip（10.0.3.201）在 pg01 机器上已经启动。

在 pg03 机器上启动 pgpool-II，命令如下：

```
[root@pg03 pgpool-II-12]# pgpool -n
2020-02-17 19:37:26: pid 18603: LOG:   memory cache initialized
2020-02-17 19:37:26: pid 18603: DETAIL:   memcache blocks :64
2020-02-17 19:37:26: pid 18603: LOG:   pool_discard_oid_maps: discarded memqcache
    oid maps
2020-02-17 19:37:26: pid 18603: LOG:   waiting for watchdog to initialize
2020-02-17 19:37:26: pid 18606: LOG:   setting the local watchdog node name to
    "10.0.3.103:9999 Linux pg03"
2020-02-17 19:37:26: pid 18606: LOG:   watchdog cluster is configured with 2 remote
    nodes
2020-02-17 19:37:26: pid 18606: LOG:   watchdog remote node:0 on 10.0.3.101:9000
2020-02-17 19:37:26: pid 18606: LOG:   watchdog remote node:1 on 10.0.3.102:9000
2020-02-17 19:37:26: pid 18606: LOG:   watchdog node state changed from [DEAD] to
    [LOADING]
2020-02-17 19:37:26: pid 18606: LOG:   new outbound connection to 10.0.3.101:9000
2020-02-17 19:37:26: pid 18606: LOG:   new outbound connection to 10.0.3.102:9000
2020-02-17 19:37:26: pid 18606: LOG:   new watchdog node connection is received
    from "10.0.3.101:30242"
2020-02-17 19:37:26: pid 18606: LOG:   new watchdog node connection is received
    from "10.0.3.102:41168"
2020-02-17 19:37:26: pid 18606: LOG:   new node joined the cluster
    hostname:"10.0.3.101" port:9000 pgpool_port:9999
2020-02-17 19:37:26: pid 18606: DETAIL:   Pgpool-II version:"4.1.0" watchdog
    messaging version: 1.1
2020-02-17 19:37:26: pid 18606: LOG:   new node joined the cluster
    hostname:"10.0.3.102" port:9000 pgpool_port:9999
2020-02-17 19:37:26: pid 18606: DETAIL:   Pgpool-II version:"4.1.0" watchdog
    messaging version: 1.1
```

```
2020-02-17 19:37:31: pid 18606: LOG:  watchdog node state changed from [LOADING]
  to [JOINING]
2020-02-17 19:37:31: pid 18606: LOG:  setting the remote node "10.0.3.101:9999
  Linux pg01" as watchdog cluster master
2020-02-17 19:37:31: pid 18606: LOG:  watchdog node state changed from [JOINING]
  to [INITIALIZING]
2020-02-17 19:37:32: pid 18606: LOG:  watchdog node state changed from
  [INITIALIZING] to [STANDBY]
2020-02-17 19:37:32: pid 18606: LOG:  successfully joined the watchdog cluster
  as standby node
```

pg03 上的 pgpool-II 成为 "standby node"。

我们可以用 pcp_watchdog_info 命令查看 watchdog 集群的信息，命令如下：

```
[root@pg01 pgpool-II-12]# pcp_watchdog_info -h 10.0.3.101 -Upcpadm
Password:
3 YES 10.0.3.101:9999 Linux pg01 10.0.3.101

10.0.3.101:9999 Linux pg01 10.0.3.101 9999 9000 4 MASTER
10.0.3.102:9999 Linux pg02 10.0.3.102 9999 9000 7 STANDBY
10.0.3.103:9999 Linux pg03 10.0.3.103 9999 9000 7 STANDBY
```

这时我们把 pg01 上的 pgpool-II 停下来，命令如下：

```
^C2020-02-17 19:39:53: pid 21806: LOG:  Watchdog is shutting down
2020-02-17 19:39:53: pid 21873: LOG:  watchdog: de-escalation started
2020-02-17 19:39:53: pid 21873: LOG:  successfully released the delegate
  IP:"10.0.3.201"
2020-02-17 19:39:53: pid 21873: DETAIL:  'if_down_cmd' returned with success
[root@pg01 ~]#
```

检查 vip，发现它飘到了 pg02 上，命令如下：

```
[root@pg02 ~]# ip a
1: lo: <LOOPBACK,UP,LOWER_UP> mtu 65536 qdisc noqueue state UNKNOWN qlen 1
  link/loopback 00:00:00:00:00:00 brd 00:00:00:00:00:00
  inet 127.0.0.1/8 scope host lo
    valid_lft forever preferred_lft forever
  inet6 ::1/128 scope host
    valid_lft forever preferred_lft forever
2: enp0s8: <BROADCAST,MULTICAST,UP,LOWER_UP> mtu 1500 qdisc pfifo_fast state UP
  qlen 1000
  link/ether 08:00:27:73:fa:de brd ff:ff:ff:ff:ff:ff
  inet 10.0.3.102/24 brd 10.0.3.255 scope global enp0s8
    valid_lft forever preferred_lft forever
  inet 10.0.3.201/24 scope global secondary enp0s8
    valid_lft forever preferred_lft forever
  inet6 fe80::a00:27ff:fe73:fade/64 scope link
    valid_lft forever preferred_lft forever
```

我们把 pg03 机器上的 pgpool-II 停下来，命令如下：

```
2020-02-17 19:41:14: pid 18728: DETAIL:  No heartbeat signal from node
2020-02-17 19:41:14: pid 18728: LOG:  remote node "10.0.3.101:9999 Linux pg01"
  is shutting down
```

```
^C2020-02-17 19:42:47: pid 18728: LOG:  Watchdog is shutting down
[root@pg03 pgpool-II-12]#
```

这时可以发现 vip 也从 pg02 上删除了：

```
[root@pg02 ~]# ip a
1: lo: <LOOPBACK,UP,LOWER_UP> mtu 65536 qdisc noqueue state UNKNOWN qlen 1
  link/loopback 00:00:00:00:00:00 brd 00:00:00:00:00:00
  inet 127.0.0.1/8 scope host lo
    valid_lft forever preferred_lft forever
  inet6 ::1/128 scope host
    valid_lft forever preferred_lft forever
2: enp0s8: <BROADCAST,MULTICAST,UP,LOWER_UP> mtu 1500 qdisc pfifo_fast state UP
  qlen 1000
  link/ether 08:00:27:73:fa:de brd ff:ff:ff:ff:ff:ff
  inet 10.0.3.102/24 brd 10.0.3.255 scope global enp0s8
    valid_lft forever preferred_lft forever
  inet6 fe80::a00:27ff:fe73:fade/64 scope link
    valid_lft forever preferred_lft forever
```

18.5　小结

本章系统地介绍了 pgpool-II 的原理及使用，但 pgpool-II 还有更丰富的功能，以及一些更复杂的配置方法。所以如果读者想进一步学习和使用 pgpool-II，可仔细学习 pgpool-II 的如下官方文档。

❑ wiki 主页：http://www.pgpool.net/mediawiki/index.php/Main_Page。

❑ FAQ：http://www.pgpool.net/mediawiki/index.php/FAQ。

❑ pgpoolAdmin：https://www.pgpool.net/docs/pgpoolAdmin/index_en.html。

pgpool-II 是一款在 PostgreSQL 数据库中使用最广泛的中间件软件，可以搭建高可用集群，但在 pgpool-II 中还存在着一些笔者看来过时的功能，读者应该重点掌握基于流复制的高可用架构。

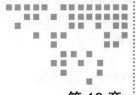

Postgres-XC 的使用

虽然现在基于 Postgres-XC 发展出了很多其他的分布式数据库，但 Postgres-XC 是其鼻祖，掌握 Postgres-XC 的架构、原理，也可以轻松地掌握其他的一些基于 Postgres-XC 发展起来的分布式数据库。

19.1 Postgres-XC 的相关概念

本节将详细介绍 Postgres-XC 的概念、原理和特点。

19.1.1 什么是 Postgres-XC

Postgres-XC 是基于 PostgreSQL 数据库实现的真正的数据水平拆分的分布式数据库。它与目前市面上大多数的数据水平拆分方案不同的是，大多数数据水平拆分方案都有很多限制，如不能跨机器 Join，对 SQL 也有各种各样的使用限制，而 Postres-XC 实现得更彻底，用户访问 Postgres-XC 集群，就像访问单机数据库一样，基本没有太大的差别。

它与大多数数据水平拆分方案一样，把表的数据通过 HASH 算法切片到各台机器上，但访问这张表的用户不需要知道数据在集群内部是如何拆分的。它的架构如图 19-1 所示。

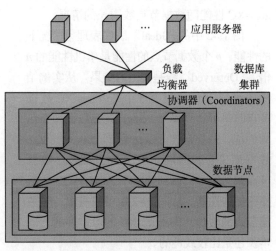

图 19-1　Postgres-XC 架构图

各个表的数据是通过 HASH 拆分到各个数据节点中的。应用服务器通过负载均衡器把 SQL 请求发送到协调器，也就是说，每个协调器对外看起来都是相同的。协调器与底层的各个数据节点相连接。

19.1.2 Postgres-XC 的特点

Postgres-XC 有如下特点。

（1）基于 PostgreSQL 实现的集群。

❑ 可以使用 PostgreSQL 的客户端及驱动无差别地连接到 Postgres-XC 上。客户端与 PostgreSQL 是完全兼容的。

❑ 紧跟着 PostgreSQL 的升级而升级。

（2）并不是架构在 PostgreSQL 数据库之上的中间件。

❑ 是通过修改 PostgreSQL 源代码实现的数据库集群，并不是一些架构在数据库之上的中间件。

❑ 实现了全局事务，是数据强一致性的。

（3）对称集群。

❑ 无中心节点，SQL 可以发送给任意一台协调器，可扩展性比较好。

❑ 应用可以读写任意节点，结果都是一样的。

❑ 在整个集群上实现了 ACID，所以读任意节点看到的结果都是一致的。

（4）线性扩展读和写。

与读写分离的方案不同的是，通过增加节点，不仅可以扩展读还能扩展写的性能。

19.1.3 Postgres-XC 的性能

 Read/Write Scalability

图 19-2 是官方提供的，它展示了 Post-gres-XC 性能随数据节点数增长的情况。

图 19-2 中的"Ideal"线代表理想情况下的性能，n 个数据节点的性能是单机性能的 n 倍，"Observed"线是实测的结果。从实例结果中可以看出，当有 3 个 Postgres-XC 数据节点时，可达到单个 PostgreSQL 数据库 2 倍的性能，5 个节点可以达到单个 PostgreSQL 数据库 3 倍的性能，10 个 Postgres-XC 数据节点时，基本可以到达单个 PostgreSQL 数据库 6 倍的性能。从图 19-2 中可以看出，随数据节点的增加，Postgres-XC 的可扩展能力的增长还是比较线性的。

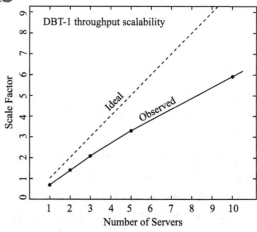

图 19-2　Postgres-XC 性能随节点增加而增长的趋势图

19.1.4　Postgres-XC 的组件

Postgres-XC 有以下不同角色的节点。

❑ Coordinators：本书中翻译为协调器。应用程序连接 Postgres-XC，实际连接的就是
Coordinators。它对 SQL 进行分析，并生成全局的执行计划。为了节省机器，通常将
此服务与数据节点部署在一起。

❑ Datanodes：数据节点，或简单地称之为 "Nodes"，这是实际数据存储的节点，执行
本地的 SQL。

❑ GTM：是英文 "Global Transaction Manage" 的缩写，即全局事务管理器，它管理全
局的事务ID（GXID即Global Transaction ID）。PostgreSQL使用事务ID来控制多版
本，在Postgres-XC中由GTM提供统一的事务ID分配和管理。GTM控制着全局的多版
本的可见性，也提供一些全局值，如SEQUENCE的管理。

❑ GTM Standby：是 GTM 的备节点。在 Postgres-XC 中 GTM 控制所有全局事务的分
配，如果它出现问题就会导致整个集群不可用，为了增加可用性，为 GTM 增加了一
个备节点，当 GTM 出现问题时，GTM Standby 可以升级为 GTM，以保证集群的正常
工作。

❑ GTMProxy：GTM 需要与所有的 Coordinators 通信，为了降低压力，可以在每台
Coordinator 机器上都部署一个 GTMProxy。

19.2　Postgres-XC 的安装

本节将详细介绍 Postgres-XC 的安装方法。

19.2.1　源码安装方法

Postgres-XC 项目托管在 sourceforge 网站上和 github 上，其网址为：

http://sourceforge.net/projects/postgres-xc/

https://github.com/postgres-x2/postgres-x2

可以到此网站下载 Postgres-XC 的源码包，然后进行编译安装。下载下来的源码包与
PostgreSQL 的源码包很相似，安装方法也很相似。

第一步，先安装依赖包，如果在 Debian 和 Ubuntu 系统下，可以运行如下命令：

```
apt-get install zlib1g-dev libreadline6-dev bison flex libperl-dev python-dev
```

第二步，解压源码包，命令如下：

```
tar xvf pgxc-v1.1.tar.gz
```

第三步，运行 configure，命令如下：

```
./configure --prefix=/usr/local/pgxc1.1' '--with-perl' '--with-python
```

> **注意** 上例是把 pgxc 安装到"/usr/local"目录下，如果想安装到其他目录下，需要改变"--prefix"的配置。

第四步，执行 make 编译，命令如下：

```
make -j4
```

第五步，执行安装，命令如下：

```
make install
```

第六步，建链接，命令如下：

```
ln -sf /usr/local/pgxc1.1 /usr/local/pgsql
```

第七步，建环境变量，在 .bashrc 中或直接到 /etc/profile 中增加如下内容：

```
export PATH=/usr/local/pgsql/bin:$PATH
export LD_LIBRARY_PATH=/usr/local/pgsql/lib:$LD_LIBRARY_PATH
```

做完以上工作后，Postgres-XC 的安装工作就基本完成了。

19.2.2 Postgres-XC 目录及程序说明

假设把 Postgres-XC 安装在"/home/osdba/pgsql"目录下，则可以看到如下子目录。

❏ bin：可执行的二进制文件目录。

❏ include：头文件目录。

❏ lib：一些库文件，如 libpq.so。

❏ share：共享目录，意义与"/usr/share"目录类似，存放一些文档和配置文件的模板。

bin 目录下除了有一些与 PostgreSQL 名称相同、用途也基本相同的可执行文件外，还有如下一些只在 Postgres-XC 中才存在的二进制文件。

❏ initgtm：类似 initdb，但仅用于创建 GTM、GTM Standby、GTM Proxy 实例，不能创建 Coordinators 和 Datanodes 实例。

❏ gtm_ctl：类似于 pg_ctl，但主要用于启动或停止 GTM、GTM Standby、GTM Proxy，或把 GTM Standby 提升为 GTM。

❏ gtm：GTM 主程序。

❏ gtm_proxy：GTM Proxy 主程序。

上面列出的可执行程序并没有 Coordinators 和 Datanodes 的主程序，而实际上 Coordinators 和 Datanodes 的主程序都是 postgres，只是通过不同的启动参数来表示不同的角色。在安装目录的 bin 子目录下可以看到与 PostgreSQL 中名称相同、功能也类似的如下可执行程序。

与 PostgreSQL 中名称与功能均相同的可执行程序如下：

❏ clusterdb。

❏ createdb。

- ❏ createlang。
- ❏ createuser。
- ❏ dropdb。
- ❏ droplang。
- ❏ dropuser。
- ❏ ecpg。
- ❏ pg_basebackup。
- ❏ pg_config。
- ❏ pg_controldata。
- ❏ pg_ctl。
- ❏ pg_dump。
- ❏ pg_dumpall。
- ❏ pg_receivexlog。
- ❏ pg_resetxlog。
- ❏ pg_restore。
- ❏ reindexdb。
- ❏ vacuumdb。

与 PostgreSQL 中名称相同、功能类似的可执行程序如下。

- ❏ initdb：用于创建 Coordinators 和 Datanodes 实例。
- ❏ postgres：是 Coordinators 和 Datanodes 的主程序。

也就是说，在 Postgres-XC 中，对于 GTM、GTM Standby、GTM Proxy 实例，会开发专用的主程序 gtm，所使用的创建实例的工具为 initgtm、管理工具为 gtm_ctl，而对于 Coordinators、Datanodes，还是使用 PostgreSQL 中的名称相同的程序，它们的主程序都为 postgres，只是通过不通的参数来区分而已，它们创建实例的工具为 initdb，管理工具为 pg_ctl。

initdb 程序的用法与 PostgreSQL 相同，主程序 postgres 则多了以下几个选项。

- ❏ --coordinator：作为 Coordinator 启动。
- ❏ --datanode：作为 Datanode 启动。
- ❏ --restoremode：启动到一种特有的恢复模式。

pg_ctl 命令则增加了如下选项。

- ❏ -Z NODE-TYPE：指定管理的节点类型，类型可以为 "coordinator" 或 "datanode"，如命令 "pg_ctl -Z datanode -D /home/osdba/pgdata -m fast stop"。

Datanodes 基本上就是一个单机版本的 PostgreSQL 实例，可以单独连接到 Datanodes 上执行一些本地操作。Coordinators 也相当于一个单机版本的 PostgreSQL 实例，只是它上面没有数据，把 SQL 请求解析为全局的执行计划，然后分发到各个 Datanodes 上执行。

19.3   配置 Postgres-XC 集群

本节通过一个例子来讲解 Postgres-XC 的部署步骤和方法。

19.3.1   集群规划

下面通过一个示例来讲解如何安装 Postgres-XC 集群。现有 5 台机器，这 5 台机器的安装规划见表 19-1。

表 19-1   Postgres-XC 安装规划

主机名	IP地址	角色	端口	nodename	数据目录
gtm	10.0.3.51	GTM	6666	one	/home/osdba/gtm
gtm_standby	10.0.3.52	GTM 的备库	6666	two	/home/osdba/gtm_standby
cd1	10.0.3.53	Coordinator	5432	co1	/home/osdba/coordinator
		Datanode	5433	dn1	/home/osdba/pgdata
		GTM Proxy	6666	gtmproxy01	/home/osdba/gtm_proxy
cd2	10.0.3.54	Coordinator	5432	co2	/home/osdba/coordinator
		Datanode	5433	dn2	/home/osdba/pgdata
		GTM Proxy	6666	gtmproxy02	/home/osdba/gtm_proxy
cd3	10.0.3.55	Coordinator	5432	co3	/home/osdba/coordinator
		Datanode	5433	dn3	/home/osdba/pgdata
		GTM Proxy	6666	gtmproxy03	/home/osdba/gtm_proxy

使用 19.2 节中介绍的方法，在这 5 台机器上编译安装 Postgres-XC，然后按表 19-1 中的规划建立好相应的数据目录。

在每台机器的 /etc/hosts 中加入如下内容：

```
10.0.3.51 gtm
10.0.3.52 gtm_standby
10.0.3.53 cd1
10.0.3.54 cd2
10.0.3.55 cd3
```

19.3.2   初始化 GTM

在 10.0.3.51 上运行如下命令：

```
initgtm -Z gtm -D /home/osdba/gtm
```

编辑 /home/osdba/gtm/gtm.conf 文件，命令如下：

```
nodename = 'one'
listen_addresses = '*'
port = 6666
startup = ACT
```

配置项的说明如下。

- ❑ nodename：指定节点的名称，可指定为任意名称，不能与其他节点重名。
- ❑ listen_addresses：GTM 监听的 IP 地址，"*"表示在所有的 IP 地址上监听。
- ❑ port：GTM 监控的端口。
- ❑ startup：GTM 启动后是主库还是 Standby，如果是主库，设置为"ACT"，如果是 Standby，则设置为"STANDBY"。

19.3.3　初始化 GTM 备库

在 10.0.3.52 上运行如下命令：

```
initgtm -Z gtm -D /home/osdba/gtm_standby
```

编辑 /home/osdba/gtm/gtm.conf 文件，命令如下：

```
nodename = 'two'
listen_addresses = '*'
port = 6666
startup = STANDBY
active_host = 'gtm'
active_port = 6666
```

配置项的说明如下。

- ❑ startup：因为是 GTM 备库，所以要设置为"STANDBY"。
- ❑ active_host：指定连接 GTM 主库的 IP 地址。
- ❑ active_port：指定连接 GTM 备库的端口。

19.3.4　初始化 GTM Proxy

在 10.0.3.53 ～ 10.0.3.55 这 3 台机器上分别执行如下命令：

```
initgtm -Z gtm_proxy -D /home/osdba/gtm_proxy
```

10.0.3.53 中的配置文件"/home/osdba/gtm_proxy/gtm_proxy.conf"的内容如下：

```
nodename = 'gtmproxy01'
port = 6666
gtm_host = 'gtm'
gtm_port = 6666
```

10.0.3.54 中的配置文件"/home/osdba/gtm_proxy/gtm_proxy.conf"的内容如下：

```
nodename = 'gtmproxy02'
port = 6666
gtm_host = 'gtm'
gtm_port = 6666
```

10.0.3.55 中的配置文件"/home/osdba/gtm_proxy/gtm_proxy.conf"的内容如下：

```
nodename = 'gtmproxy03'
port = 6666
```

```
gtm_host = 'gtm'
gtm_port = 6666
```

19.3.5 初始化 Coordinators、数据节点

在 10.0.3.53 上运行如下命令：

```
initdb --nodename co1 -D /home/osdba/coordinator
initdb --nodename dn1 -D /home/osdba/pgdata
```

上面的第一条命令初始化一个 Coordinator 节点，第二条命令初始化一个数据节点。

同样在 10.0.3.54 上运行如下命令：

```
initdb --nodename co2 -D /home/osdba/coordinator
initdb --nodename dn2 -D /home/osdba/pgdata
```

在 10.0.3.55 上运行如下命令：

```
initdb --nodename co3 -D /home/osdba/coordinator
initdb --nodename dn3 -D /home/osdba/pgdata
```

10.0.3.53~10.0.3.55 机器上的 Coordinators 的配置文件 "/home/osdba/coordinator/postgres.conf" 的内容如下：

```
listen_addresses = '*'
port = 5432
logging_collector = on
gtm_host = 'gtm'
gtm_port = 6666
pgxc_node_name = 'coX'
```

上面配置中的最后一行 "pgxc_node_name = 'coX'" 需要根据实际的节点进行配置，10.0.3.53 上的配置如下：

```
pgxc_node_name = 'co1'
```

10.0.3.54 上的配置如下：

```
pgxc_node_name = 'co2'
```

10.0.3.55 上的配置如下：

```
pgxc_node_name = 'co3'
```

10.0.3.53 ～ 10.0.3.55 机器上 Datanodes 的配置文件 "/home/osdba/pgdata /postgres.conf" 的内容如下：

```
listen_addresses = '*'
port = 5433
logging_collector = on
gtm_host = 'gtm'
gtm_port = 6666
pgxc_node_name = 'dnX'
```

上面配置中的最后一行 " pgxc_node_name = 'dnX'" 需要根据实际的节点进行配置，对于 10.0.3.53 上的配置如下：

```
pgxc_node_name = 'dn1'
```

10.0.3.54 上的配置如下：

```
pgxc_node_name = 'dn2'
```

10.0.3.55 上的配置如下：

```
pgxc_node_name = 'dn3'
```

至此初始化节点的工作就完成了，后面就可以启动集群了。

19.3.6　启动集群

启动集群的顺序如下：

- ❏ GTM。
- ❏ GTM Standby。
- ❏ GTMProxy。
- ❏ Datanodes。
- ❏ Coordinators。

所以上面示例中的集群的启动方法如下。

在 10.0.3.51 机器上启动 GTM，命令如下：

```
gtm_ctl -Z gtm start -D /home/osdba/gtm
```

在 10.0.3.52 机器上启动 GTM Standby，命令如下：

```
gtm_ctl -Z gtm_standby start -D /home/osdba/gtm_standby
```

> 📝 注意　要先启动 GTM 后再启动 gtm_standby，否则 GTM Standby 会因为无法连接到 GTM 而启动失败。

可以用如下命令查看 GTM 和 GTM Standby 是否已启动：

```
gtm_ctl -Z gtm status -D /home/osdba/gtm
gtm_ctl -Z gtm_standby status -D /home/osdba/gtm_standby
```

如在 10.0.3.51 上执行上面的查看状态的命令，结果如下：

```
osdba@gtm:~/gtm$ gtm_ctl -Z gtm status -D /home/osdba/gtm
gtm_ctl: server is running (PID: 498)
  "-D" "/home/osdba/gtm"
1 master
```

在 10.0.3.52 上执行查看状态的命令，结果如下：

```
osdba@gtm_standby:~/gtm_standby$ gtm_ctl -Z gtm_standby status -D /home/osdba/
```

```
gtm_standby
    gtm_ctl: server is running (PID: 475)
      "-D" "/home/osdba/gtm_standby"
    0 slave
```

启动 GTM 和 gtm_standby 后就可以启动 gtm_proxy 了。在 10.0.3.53~10.0.3.55 这 3 台机器上运行如下命令：

```
gtm_ctl -Z gtm_proxy start -D /home/osdba/gtm_proxy
```

启动完 gtm_proxy 就可以启动 Datanodes 了。在 10.0.3.53~10.0.3.55 机器上运行如下命令：

```
pg_ctl start -D /home/osdba/pgdata -Z datanode
```

最后启动 Coordinators。在 10.0.3.53~10.0.3.55 机器上运行如下命令：

```
pg_ctl start -D /home/osdba/coordinator -Z coordinator
```

19.3.7 停止集群

停止集群的顺序与启动集群的顺序基本相反，具体顺序如下：

❑ Coordinators。

❑ Datanodes。

❑ GTM Proxy。

❑ GTM。

❑ GTM Standby。

所以前面示例中的集群的停止方法如下。

先停止 Coordinators。在 10.0.3.53~10.0.3.55 三台机器上执行如下命令：

```
pg_ctl stop -D /home/osdba/coordinator -Z coordinator
```

停止 Datanodes。在 10.0.3.53~10.0.3.55 三台机器上执行如下命令：

```
pg_ctl stop -D /home/osdba/pgdata -Z datanode
```

停止 gtm_proxy。在 10.0.3.53~10.0.3.55 三台机器上执行如下命令：

```
gtm_ctl -Z gtm_proxy stop -D /home/osdba/gtm_proxy
```

停止 GTM。在 10.0.3.51 机器上执行如下命令：

```
gtm_ctl -Z gtm stop -D /home/osdba/gtm
```

最后停止 gtm_standby。在 10.0.3.52 机器上执行如下命令：

```
gtm_ctl -Z gtm_standby stop -D /home/osdba/gtm_standby
```

19.3.8 配置集群节点信息

使用前面的方法启动集群后，还需要配置各个 Coordinator 中的集群节点信息，然后集群才可以正常使用。配置方法是使用 psql 命令连接到各个 Coordinator 上，执行如下命令：

```
create node co1 with (type = 'coordinator', host = 'cd1', port= 5432);
create node co2 with (type = 'coordinator', host = 'cd2', port= 5432);
create node co3 with (type = 'coordinator', host = 'cd3', port= 5432);

create node dn1 with (type = 'datanode', host = 'cd1', port = 5433);
create node dn2 with (type = 'datanode', host = 'cd2', port = 5433);
create node dn3 with (type = 'datanode', host = 'cd3', port = 5433);
```

下面就可以使用这个集群了，如建一张表。Postgres-XC 中的建表语句与 PostgreSQL 中的差不多，但需要指定这个表分布到哪些数据节点上，命令如下：

```
create table user_info_hash(
  id int primary key,
  firstname text,
  lastname text,
  info text)
  distribute by hash(id) to node (dn1, dn2,dn3);
```

上面的 SQL 命令中的“ distribute by hash(id)”表明数据是按字段“ id”算 HASH 值后分布到 dn1、dn2、dn3 节点上的。

实际操作演示如下：

```
osdba=# create table user_info_hash(
osdba(#   id int primary key,
osdba(#   firstname text,
osdba(#   lastname text,
osdba(#   info text)
osdba-#   distribute by hash(id) to node (dn1, dn2,dn3);
NOTICE:  CREATE TABLE / PRIMARY KEY will create implicit index "user_info_hash_
  pkey" for table "user_info_hash"
CREATE TABLE
osdba=# \d user_info_hash
  Table "public.user_info_hash"
  Column   | Type   | Modifiers
-----------+--------+-----------
 id        | integer | not null
 firstname | text   |
 lastname  | text   |
 info      | text   |
Indexes:
    "user_info_hash_pkey" PRIMARY KEY, btree (id)

osdba=# \d+ user_info_hash
                    Table "public.user_info_hash"
  Column   | Type    | Modifiers | Storage  | Stats target | Description
-----------+---------+-----------+----------+--------------+-------------
 id        | integer | not null  | plain    |              |
 firstname | text    |           | extended |              |
 lastname  | text    |           | extended |              |
 info      | text    |           | extended |              |
Indexes:
  "user_info_hash_pkey" PRIMARY KEY, btree (id)
Has OIDs: no
Distribute By: HASH(id)
```

```
Location Nodes: ALL DATANODES
```

从上面的示例中可以看到，可以使用 psql 的"\d+"命令显示表的分布键的分布情况。

19.4 Postgres-XC 的使用

本节将讲解日常运维过程中的常用操作和使用方法。

19.4.1 建表详解

根据数据的分布方式，Postgres-XC 可以创建以下两种类型的表。

❑ Replicated tables：各个底层节点数据库上的表中的数据完全相同。插入数据时，分别在各个底层节点数据库上插入相同的数据。读数据时，只需要读任意一个节点上的数据。

❑ Distributed tables：根据一个拆分规则把表的数据拆分到各个底层的数据库数据节点上，也就是分布式数据库中常说的 Sharding 技术。每个底层数据库节点上只保存表的一部分数据。

Postgres-XC 可以让不同的表的数据分布到不同的部分底层数据库节点上，而不必全部完整地分布到所有的底层数据库节点上。

下面通过分析 Postgres-XC 的建表语句来看它是如何实现上述功能的。

建表，需要指定表的数据分布到哪些节点上，Postgres-XC 在建表语句中增加了DISTRIBUTE BY 子句，此子句的语法如下：

```
[ DISTRIBUTE BY { REPLICATION | ROUNDROBIN | { [HASH | MODULO ] ( column_name ) } } ]
[ TO { GROUP groupname | NODE ( nodename [, ... ] ) } ]
```

DISTRIBUTE BY 子句的说明如下：

❑ "REPLICATION"表示表在不同的数据节点上有相同的数据，相当于数据复制；"ROUNDROBIN"表示根据插入的顺序把数据依次插入到不同的后端节点中；"HASH"表示按 HASH 计算的结果把数据分布到后端节点中；"MODULO"表示按取模的方式分布数据。

❑ "TO"子句指定把表的内容分布到哪些数据节点。其中"NODE nodename"指定分布的数据节点；"GROUP groupname"指定要放到哪个节点组中。节点组是对后面的数据节点进行分组，组是使用"CREATE NODE GROUP groupname"命令创建的，后面会讲解这个命令。

下面举例来详细说明如何使用 DISTRIBUTE BY 子句。

DISTRIBUTE BY 子句后面可以指定分布到哪些数据节点上，也可以指定分布到一个数据节点组，创建数据节点组的示例如下：

```
CREATE NODE GROUP cgall WITH (dn1, dn2, dn3);
```

注意，要在所有的 Coordinator 上都执行上面的 SQL，否则在创建表使用数据节点组时会报如下错误：

```
osdba=# CREATE TABLE cgtest01(id int primary key, note text) DISTRIBUTE BY
   HASH(id) TO GROUP cgall;
NOTICE:  CREATE TABLE / PRIMARY KEY will create implicit index "cgtest01_pkey"
   for table "cgtest01"
ERROR:  PGXC Group cgall: group not defined
```

下面就可以使用数据节点组了，命令如下：

```
CREATE TABLE cgtest01(id int primary key, note text) DISTRIBUTE BY HASH(id) TO
   GROUP cgall;
```

下面创建一张表。先来看不指定 DISTRIBUTE BY 的情况：

```
osdba=# create table test01(id int primary key, note text);
NOTICE:  CREATE TABLE / PRIMARY KEY will create implicit index "test01_pkey" for
   table "test01"
CREATE TABLE
osdba=# \d+ test01
\                        Table "public.test01"
 Column | Type   | Modifiers  | Storage  | Stats target | Description
--------+--------+------------+----------+--------------+-------------
 id     | integer | not null  | plain    |              |
 note   | text   |            | extended |              |
Indexes:
    "test01_pkey" PRIMARY KEY, btree (id)
Has OIDs: no
Distribute By: HASH(id)
Location Nodes: ALL DATANODES
```

从上面的运行结果中可以看出，如果不指定 DISTRIBUTE BY 子句，分布键会自动使用主键，实际上，如果没有主键而有唯一键，Postgres-XC 会自动使用唯一键，当也不存在唯一约束时，则会将找到的第一个可以作为分布键的列用作分布键。

下面向表中插入一些数据，命令如下：

```
insert into test01 values(1,'1111');
insert into test01 values(2,'2222');
insert into test01 values(3,'3333');
insert into test01 values(4,'4444');
insert into test01 values(5,'5555');
insert into test01 values(6,'6666');
insert into test01 values(7,'7777');
```

查看这张表中的数据，命令如下：

```
osdba=# select * from test01;
 id | note
----+------
  7 | 7777
  1 | 1111
  4 | 4444
  8 | 8888
```

```
    2 | 2222
    3 | 3333
    5 | 5555
    6 | 6666
(8 rows)
```

下面直接连接到底层的数据节点上，看看数据是如何拆分到各个节点的。

连接到 10.0.3.53 节点，命令如下：

```
osdba@cd1:~$ psql -p 5433
psql (PGXC 1.1, based on PG 9.2.4)
Type "help" for help.

osdba=# select * from test01;
 id | note
----+------
  7 | 7777
(1 row)
```

 注意 上面连接的是 5433 端口，而默认的 5432 端口是 Coordinator 的端口，不是 Datanode 的端口。

连接到 10.0.3.54 节点上，命令如下：

```
osdba@cd2:~$ psql -p 5433
psql (PGXC 1.1, based on PG 9.2.4)
Type "help" for help.
osdba=# select * from test01;
 id | note
----+------
  2 | 2222
  3 | 3333
  5 | 5555
  6 | 6666
(4 rows)
```

连接到 10.0.3.55 节点上，命令如下：

```
osdba@cd3:~$ psql -p 5433
psql (PGXC 1.1, based on PG 9.2.4)
Type "help" for help.

osdba=# select  * from test01;
 id | note
----+------
  1 | 1111
  4 | 4444
  8 | 8888
(3 rows)
```

Postgres-XC 有一个可直接查询底层数据节点上的数据的方法，这种方法提供了一个只能在 Postgres-XC 中使用的 SQL 语句"EXECUTE DIRECT"，其语法格式如下：

```
EXECUTE DIRECT ON ( nodename [, ... ] )  'query';
```

可以使用下面的命令查询各个数据节点上的数据：

```
osdba=# EXECUTE DIRECT ON (dn1) 'select * from test01';
 id | note
----+------
  7 | 7777
(1 row)

osdba=# EXECUTE DIRECT ON (dn2) 'select * from test01';
 id | note
----+------
  2 | 2222
  3 | 3333
  5 | 5555
  6 | 6666
(4 rows)

osdba=# EXECUTE DIRECT ON (dn3) 'select * from test01';
 id | note
----+------
  1 | 1111
  4 | 4444
  8 | 8888
(3 rows)
```

下面建一张"replication"方式的表，命令如下：

```
CREATE TABLE test02(id int primary key, note text) DISTRIBUTE BY REPLICATION TO
  NODE (dn1, dn2, dn3);
```

接着插入一些测试数据，命令如下：

```
osdba=# insert into test02 values(1,'1111');
INSERT 0 1
osdba=# insert into test02 values(2,'2222');
INSERT 0 1
osdba=# insert into test02 values(3,'3333');
INSERT 0 1
osdba=# insert into test02 values(4,'4444');
INSERT 0 1
osdba=# insert into test02 values(5,'5555');
INSERT 0 1
osdba=# insert into test02 values(6,'6666');
INSERT 0 1
osdba=# insert into test02 values(7,'7777');
INSERT 0 1
osdba=# select * from test02;
 id | note
----+------
  1 | 1111
  2 | 2222
  3 | 3333
  4 | 4444
  5 | 5555
  6 | 6666
  7 | 7777
```

```
(7 rows)
```

查询底层各个数据节点，命令如下：

```
osdba=# EXECUTE DIRECT ON (dn1) 'select * from test02';
 id | note
----+------
  1 | 1111
  2 | 2222
  3 | 3333
  4 | 4444
  5 | 5555
  6 | 6666
  7 | 7777
(7 rows)

osdba=# EXECUTE DIRECT ON (dn2) 'select * from test02';
 id | note
----+------
  1 | 1111
  2 | 2222
  3 | 3333
  4 | 4444
  5 | 5555
  6 | 6666
  7 | 7777
(7 rows)

osdba=# EXECUTE DIRECT ON (dn3) 'select * from test02';
 id | note
----+------
  1 | 1111
  2 | 2222
  3 | 3333
  4 | 4444
  5 | 5555
  6 | 6666
  7 | 7777
(7 rows)
```

从上面的运行结果中可以看到，各个底层节点上的数据是完全一样的。

下面再试一下按 MODULO 方式分布数据。同样建一张表并插入一些测试数据，命令如下：

```
CREATE TABLE test03(id int primary key, note text) DISTRIBUTE BY MODULO(id) TO
  NODE (dn1, dn2, dn3);

insert into test03 values(1,'1111');
insert into test03 values(2,'2222');
insert into test03 values(3,'3333');
insert into test03 values(4,'4444');
insert into test03 values(5,'5555');
insert into test03 values(6,'6666');
insert into test03 values(7,'7777');
```

查询数据，命令如下：

```
osdba=# EXECUTE DIRECT ON (dn1) 'select * from test03';
 id | note
----+------
  3 | 3333
  6 | 6666
(2 rows)

osdba=# EXECUTE DIRECT ON (dn2) 'select * from test03';
 id | note
----+------
  1 | 1111
  4 | 4444
  7 | 7777
(3 rows)

osdba=# EXECUTE DIRECT ON (dn3) 'select * from test03';
 id | note
----+------
  2 | 2222
  5 | 5555
(2 rows)
```

从上面的运行结果中可以看到，MODULO 方式是严格按取模的结果值来分布数据的，第一个节点"dn1"中放取模值为"0"的数据，第二个节点"dn2"中放取模值为"1"的数据，第三个节点"dn3"中放取模值为"2"的数据。

下面来看以 ROUNDROBIN 方式分布数据的方法。

ROUNDROBIN 按插入数据的顺序依次把数据放到不同的数据节点上。在这种方式下，数据是任意分布到各个底层节点上的，不能有唯一键，Postgres-XC 是无法保证键值唯一的。

建一张测试表然后插入测试数据，命令如下：

```
CREATE TABLE test04(id int, note text) DISTRIBUTE BY ROUNDROBIN(id) TO NODE (dn1,
    dn2, dn3);

insert into test04 values(1,'1111');
insert into test04 values(2,'2222');
insert into test04 values(3,'3333');
insert into test04 values(4,'4444');
insert into test04 values(5,'5555');
insert into test04 values(6,'6666');
insert into test04 values(7,'7777');
```

查看数据的分布情况，命令如下：

```
osdba=# EXECUTE DIRECT ON (dn1) 'select * from test04';
 id | note
----+------
  1 | 1111
  4 | 4444
  7 | 7777
(3 rows)

osdba=# EXECUTE DIRECT ON (dn2) 'select * from test04';
```

```
 id | note
----+------
  2 | 2222
  5 | 5555
(2 rows)

osdba=# EXECUTE DIRECT ON (dn3) 'select * from test04';
 id | note
----+------
  3 | 3333
  6 | 6666
(2 rows)
```

从上面的示例中可以看到，数据是依次插入底层的各个节点中的。

19.4.2 使用限制

如果按 "HASH" 或 "MODULO" 创建表，则表上的唯一约束（包括主键约束）必须是分布键，如果不是分布键，Postgres-XC 无法在多个节点上保证数据的唯一性。

如果想创建主键 "id" 之外的另一个唯一键 "id2"，会报错，示例如下：

```
osdba=# CREATE TABLE test05(id int primary key,id2 int UNIQUE, note text)
  DISTRIBUTE BY HASH(id) TO NODE (dn1, dn2, dn3);
NOTICE:  CREATE TABLE / PRIMARY KEY will create implicit index "test05_pkey" for
  table "test05"
ERROR:  Cannot create index whose evaluation cannot be enforced to remote nodes

osdba=# CREATE TABLE test05(id int primary key,id2 int UNIQUE, note text)
  DISTRIBUTE BY MODULO(id) TO NODE (dn1, dn2, dn3);
NOTICE:  CREATE TABLE / PRIMARY KEY will create implicit index "test05_pkey" for
  table "test05"
ERROR:  Cannot create index whose evaluation cannot be enforced to remote nodes
```

如果使用 REPLICATION 的方式就没有此问题，命令如下：

```
osdba=# CREATE TABLE test05(id int primary key,id2 int UNIQUE, note text)
  DISTRIBUTE BY REPLICATION TO NODE (dn1, dn2, dn3);
NOTICE:  CREATE TABLE / PRIMARY KEY will create implicit index "test05_pkey" for
  table "test05"
NOTICE:  CREATE TABLE / UNIQUE will create implicit index "test05_id2_key" for
  table "test05"
CREATE TABLE
osdba=# DROP TABLE test05;
DROP TABLE
```

Postgres-XC 还有以下使用限制：

❑ 分布键是不能更新的。

❑ 不支持 SERIALIZABLE 和 REPEATABLE READ 两种事务隔离级别。

❑ 约束只能应用于 Datanodes，不支持跨节点的约束。

❑ 在 PREPARE 语句中不支持一些复杂的 SQL。

❑ 视图上的权限可能工作不正常。

- ❑ 行触发器在 COPY 命令中并不工作。
- ❑ REPLICATION 的表不支持 COPY TO。
- ❑ plpgsql 函数中不能使用 DML 语句。
- ❑ 不支持 CREATE TABLE AS EXECUTE。
- ❑ 不支持 WHERE CURRENT OF。
- ❑ 不支持 Foreign Data Wrapper。
- ❑ 不支持 Savepoint。
- ❑ LISTEN、UNLISTEN and NOTIFY 只能工作在本地的 Coordinator 上。
- ❑ 统计信息并不是全局的，是由各个节点自己维护的。

上面这些是 Postgres-XC 1.2 版本的使用限制，当然在以后的新版本中，某些限制可能会被打破。想了解更具体的信息可以查询 Postgres-XC 官方手册（http://postgres-xc.sourceforge.net/docs/）。

19.4.3　重新分布数据

Postgres-XC 可以修改表的重分布属性，这将导致表的数据在不同的节点中进行重分布。Postgres-XC 针对不同的场景提供了不同的重新分布数据的方法。

- ❑ 默认的重分布方法：这可能是一种最慢的场景，需要 3 个到 4 个步骤。首先，通过 COPY TO 命令把所有的数据保存到 Coordinator 上，然后使用 TRUNCATE 把各个数据节点上的数据清空。最后使用内部的 COPY FROM 机制把数据重新分布到底层的各个数据节点上。根据需求可能会执行 REINDEX。
- ❑ Replicated 表到 Replicated 表：通常在 Replicated 表中增加或删除底层数据节点时使用。例如，原先的 Replicated 表的数据有两个副本，现在增加或删除一个副本。由于各个底层数据节点上的 Replicated 表的内容相同，所以删除一个副本，直接运行 TRUNCATE 把表在该节点上的数据清除就可以了。如果增加一个节点，则通过 COPY TO 把任意一个节点上的数据读到 Coordinator 中，然后使用 COPY FROM 把数据复制到新增的节点上即可。根据需求可能会执行 REINDEX。
- ❑ 把 Replicated 表转换成 Distributed 表：如果转换后的 Distributed 表的节点分布列表与分布前不同或有新节点增加，使用默认的重分布方法，即前面讲的第一种方法。如果转换后的 Distributed 表分布的节点与转换前相同或减少了，则不需要跨节点重新分布数据，只需要删除底层节点表中那些不需要保留的数据即可。根据需求可能会执行 REINDEX。
- ❑ 把 Distributed 表转换成 Replicated 表：使用默认的重分布方法，即前面讲的第一种方法。

Postgres-XC 通过扩展 ALTER TABLE 命令提供了把表数据重新分布的功能，主要是增加了如下子句来修改表的数据分布属性：

```
DISTRIBUTE BY { REPLICATION | ROUNDROBIN | { [HASH | MODULO ] ( column_name ) } }
```

```
TO { GROUP groupname | NODE ( nodename [, ... ] ) }
ADD NODE ( nodename [, ... ] )
DELETE NODE ( nodename [, ... ] )
```

下面通过示例进行演示。

先建一张 Replicated 类型的测试表，并插入测试数据，命令如下：

```
CREATE TABLE redis01(id int primary key, note text) DISTRIBUTE BY REPLICATION TO
  NODE (dn1, dn2, dn3);
INSERT INTO redis01 SELECT generate_series(1,10), generate_series(1,10);
```

然后把它改成按 HASH 分布，命令如下：

```
osdba=# ALTER TABLE redis01 DISTRIBUTE BY HASH(id);
ALTER TABLE
```

改变这张表，让其数据重新分布到 dn1、dn2 上（相当于删除了节点"dn3"），命令如下：

```
osdba=# ALTER TABLE redis01 TO NODE (dn1, dn2);
ALTER TABLE
```

再删除 dn2 节点，命令如下：

```
ALTER TABLE redis01 DELETE NODE (dn2);
```

增加 dn2 和 dn3 节点，命令如下：

```
osdba=# ALTER TABLE redis01 ADD NODE (dn2, dn3);
ALTER TABLE
```

再把表转换成 Replicated 类型的表，命令如下：

```
osdba=# ALTER TABLE redis01 DISTRIBUTE BY REPLICATION;
ALTER TABLE
```

从上面的示例中可以看到，可以使用 ALTER TABLE 命令改变表的分布属性。

19.4.4 增加 Coordinator 节点的方法

下面介绍如何增加一个 Coordinator 节点到正在运行的集群中。

第 1 步，初使化一个新的 Coordinator，如要初使化一个名为"co4"的 Coordinator，可使用如下命令：

```
initdb -D /home/osdba/coordinator --nodename co4
```

第 2 步，配置新的 Coordinator 的 postgresql.conf 文件，特别是指定其中新节点的名称，命令如下：

```
listen_addresses = '*'
port = 5432
logging_collector = on
gtm_host = 'gtm'
gtm_port = 6666
pgxc_node_name = 'co4'
```

第 3 步，连接到任意一个已有的 Coordinator 节点，锁住集群，为后面的备份做准备。执行下面的命令，而且不要退出此会话：

```
select pgxc_lock_for_backup();
```

> **注意**　执行上面的命令后，不要退出，否则后面备份出来的数据会不一致。完成操作后，整个集群不能执行 DDL 语句，这样数据库的元数据不会发生变化，就能保证后面备份数据的一致性了。

第 4 步，连接到任意一个已有的 Coordinator 节点，执行元数据的备份，命令如下：

```
pg_dumpall -p 5432 -s --include-nodes --dump-nodes --file=meta.sql
```

第 5 步，把新的 Coordinator 节点启动到 "--restoremode" 模式下，命令如下：

```
pg_ctl start -Z restoremode -D /home/osdba/coordinator -p 5432
```

把前面的元数据备份文件 "meta.sql" 拷贝过来，并导入新节点中，命令如下：

```
psql -d postgres -f meta.sql -p 5432
```

然后把新的 Coordinator 停掉，命令如下：

```
pg_ctl stop -D /home/osdba/coordinator -p 5432 -m fast
```

第 6 步，启动新的 Coordinator 节点，命令如下：

```
pg_ctl start -Z coordinator -D /home/osdba/coordinator
```

第 7 步，在每一台 Coordinator 上执行 CREATE NODE 命令增加新节点，然后调用函数 "pgxc_pool_reload()" 刷新缓存在连接池中的节点信息，命令如下：

```
CREATE NODE co4 WITH (HOST = 'cd4', type = 'coordinator', PORT = 5432);
SELECT pgxc_pool_reload();
```

第 8 步，退出第 3 步的 session，释放集群锁。至此，新增节点的操作就完成了。

19.4.5　移除 Coordinator 节点的方法

移除 Coordinator 节点的步骤如下。

第 1 步，直接把要移除的节点停掉，命令如下：

```
pg_ctl stop -Z coordinator -D /home/osdba/coordinator -m fast
```

第 2 步，连接到任意一个还存在的 Coordinator 节点上，执行 DROP NODE 命令，命令如下：

```
DROP NODE co4;
```

然后刷新 cached 在连接池中的节点信息，命令如下：

```
SELECT pgxc_pool_reload();
```

19.4.6 增加 Datanode 节点的方法

下面介绍如何增加一个 Datanode 节点到正在运行的集群中。

第 1 步，初使化一个新的 Datanode，如要初使化一个名为"dn4"的 Datanode，可使用如下命令：

```
initdb -D /home/osdba/pgdata --nodename dn4
```

第 2 步，配置新的 Coordinator 的 postgresql.conf 文件，特别是指定其中新节点的名称，命令如下：

```
listen_addresses = '*'
port = 5433
logging_collector = on
gtm_host = 'gtm'
gtm_port = 6666
pgxc_node_name = 'dn4'
```

第 3 步，连接到任意一个已有的 Coordinator 节点，锁住集群，为后面的备份做准备。执行下面的命令，而且不要退出此会话：

```
select pgxc_lock_for_backup();
```

> 📖 注意　执行上面的命令后，不要退出，否则整个集群就无法执行 DDL 语句，这样数据库的元数据也不会发生变化。

第 4 步，连接到任意一个已有的 Datanode 节点，执行元数据的备份，命令如下：

```
pg_dumpall -p 5432 -s --file=datanode_meta.sql
```

第 5 步，把新的 Datanode 节点启动到"--restoremode"模式下，命令如下：

```
pg_ctl start -Z restoremode -D /home/osdba/pgdata -p 5433
```

把前面的元数据备份文件"meta.sql"拷贝过来，并导入新节点中，命令如下：

```
psql -d postgres -f datanode_meta.sql -p 5433
```

然后把新的 Datanode 停掉，命令如下：

```
pg_ctl stop -D /home/osdba/pgdata -m fast
```

第 6 步，启动新的 Datanode 节点到正常状态下，命令如下：

```
pg_ctl start -Z datanode -D /home/osdba/pgdata
```

第 7 步，在每一台 Coordinator 执行上 CREAT NODE 命令增加新节点，然后调用函数"pgxc_pool_reload()"刷新 cached 在连接池中的节点信息，命令如下：

```
CREATE NODE dn4 WITH (HOST = 'cd4', type = 'datanode', PORT = 5433);
SELECT pgxc_pool_reload();
```

第 8 步，退出第 3 步的 session，释放集群锁。这样就完成了新增节点操作。

第 9 步，可以执行 ALTER TABLE 命令，把旧表的数据重新分布到新节点上。如果不执行此步骤，旧表的数据只存在于原先的节点中。

19.4.7　移除 Datanode 节点的方法

要移除一个已存在的 Datanode，首先要把该 Datanode 节点上的数据重新分布到其他节点上。移除 Datanode 的具体步骤如下。

第 1 步，使用"ALTER TABLE XXXX DELETE NODE"命令，把要移除节点上的表中的数据重新分布到其他节点上，命令如下：

```
ALTER TABLE test01 DELET NODE (dn4);
ALTER TABLE test02 DELET NODE (dn4);
ALTER TABLE test03 DELET NODE (dn4);
....
....
```

检测是否有表把数据放在该节点上，命令如下：

```
SELECT c.pcrelid FROM pgxc_class c, pgxc_node n WHERE n.node_name = 'dn4' AND n.oid =
    ANY (c.nodeoids);
```

第 2 步，直接把要移除的节点停掉，命令如下：

```
pg_ctl stop -Z coordinator -D /home/osdba/coordinator -m fast
```

> **注意**　此时如果有查询或 DML 语句访问此节点，访问将会失败。

第 3 步，连接到所有的 Coordinator 上，执行 DROP NODE 命令，命令如下：

```
DROP NODE dn4;
```

然后刷新缓存在连接池中的节点信息，命令如下：

```
SELECT pgxc_pool_reload();
```

19.5　小结

本章系统地介绍了 Postgres-XC 的架构、原理和概念，如果读者想进一步了解 Postgres-xc，可查看网络上如下文档。

wiki 主页：https://wiki.postgresql.org/wiki/Postgres-XC

官方手册 v1.2：http://postgres-xc.sourceforge.net/docs/1_2/index.html

另外也可参考 Postgres-XL 的手册，因为 Postgres-XL 是基于 Postgres-XC 的二次开发，两者差异性不大。

Postgres-XL 的手册：https://www.postgres-xl.org/documentation/

目前很多分布式数据库软件是基于 Postgres-XC 做的二次开发和延续，但 Postgres-XC 是其鼻祖，掌握 Postgres-XC 的架构、原理，也可以轻松地掌握其他一些基于 Postgres-XC 发展起来的分布式数据库。

第 20 章

高可用性方案设计

在生产系统中，通常需要高可用方案来保证系统的不间断运行。本章将详细介绍如何实现 PostgreSQL 数据库的高可用方案。

20.1 高可用架构基础

通常数据库的高可用方案都是让多个数据库服务器协同工作，当一台服务器故障时，另一台服务器代替它上去工作，这样不中断对外服务或只中断很短的时间；或者让几台数据库同时提供服务，用户可以访问任意一台数据库，当其中一台数据库故障时，访问其他数据库即可。但与为静态页面提供服务的 Web 服务器不同的是，数据库中记录了数据，要想在多台数据库间进行切换，需要进行数据同步，所以数据同步是数据库高可用方案的基础。

对于一些 7×24 的系统来说，故障的自动发现和和自动切换处理是非常重要的，因为如果是人工处理，不会很及时，且会带来很大的维护工作量。在进行高可用切换时，为了做到不修改应用的配置，会使用 vip 来实现。

20.1.1 各种高可用架构介绍

从解决数据同步问题的方式来看，高可用方案可以分为以下几种。

❏ 共享磁盘的失效切换或磁盘的底层复制方案：使用共享存储，如 SAN 存储，一台机器故障后，把 SAN 存储输出的磁盘挂到另一台机器上，然后把磁盘上的文件系统挂起来完成切换。

❏ WAL 日志同步或流复制同步方案：PostgreSQL 自身提供了这种方案，通过该机制可以搭建主从数据库，当主数据库故障时，把从数据库提升为主库，继续对外提供服务。

❑ 基于触发器的同步方案：使用触发器记录数据变化，然后同步到另一台数据库上。

❑ 基于语句复制的中间件：用户不直接连接到底层数据库，而是连接到一个中间件，中间件把数据库的变更发送到底层多台数据库上完成数据的同步。

❑ 基于改造 PostgreSQL 源码的方案：修改 PostgreSQL 源码来截取数据的变更，然后同步到另一台数据库上。

目前，随着 PostgreSQL 自身复制功能的增强，越来越多的技术方案开始基于 PostgreSQL 自身的复制方案进行设计，改造 PostgreSQL 源码的开源软件技术方案越来越不活跃，比如历史上曾出现的 PgCluster 软件和 PgCluster-II。所以本书不再介绍基于改造 PostgreSQL 源码的高可用方案。其他方案后面都会介绍。

Linux 下有很多开源的通用高可用软件，定制一些脚本就可以实现 PostgreSQL 数据库的高可用功能，如 Keepalived、Pacemaker 等。Keepalived 相对来说比较简单，但一些可定制的功能不是很强。Pacemaker 相对来说功能强大，但配置比较复杂，需要仔细配置。目前还可以使用 Patroni 来实现 PostgreSQL 高可用。Patroni 本身是通过其他的分布式软件（Zookeeper、ETCD 等）来实现高可用功能的。

20.1.2　服务的可靠性设计

主备方式的高可用方案是通过主备之间的数据同步来实现的，数据同步方式有异步和同步两种。同步方式的优点是，在故障切换过程中数据完全不丢失，但缺点也很明显，主要问题有以下几个：

❑ 影响性能，这是很明显的，一个事务的数据必须写到备库中才能返回。

❑ 当主备库之间的网络中断后，要想不让同步退化为异步，就需要让主库挂起。当然还有一种方案是让一个主库带两个备库，只要有一个备库是正常工作的，主库就不需要挂起。当然，此方案的缺点是需要两个备库，因而增加了成本。

所以，当系统可以容忍故障切换时丢失少量数据时，可以使用数据异步同步的方案。数据异步同步的方案需要避免备库落后主库太多，以防故障切换时丢失太多的数据。

要保证服务中断的时间尽量地少，还需要灵敏的故障检测。但故障检测太灵敏时，误触发的概率也会增加，所以需要选择一个合适的故障检测时间。这个故障检测时间通常在秒级别以上。想要做到秒级别以下是比较困难的。

20.1.3　数据可靠性设计

系统中最重要的资源就是数据，如何保证数据不丢失，是数据库系统中需要重点考虑的问题。导致数据丢失的原因有很多，如硬件故障或损坏、软件 bug、人为失误等，所以通常要备份数据，除非这个数据库不重要，丢失了也没有关系。

20.2 基于共享存储的高可用方案

基于共享存储的高可方案需要特别注意脑裂问题。我们知道，PostgreSQL 数据库是运行在文件系统上的，而 Ext4、XFS 等文件系统都是单机文件系统，如果单机文件系统被同时挂载到不同的机器上就会导致文件系统的损坏。

20.2.1 SAN 存储方案

SAN 是 "Storage Area Network" 的缩写，即 "存储区域网络"。存储区域网络与 TCP/IP 网络不同，存储区域网络是专为存储系统而设计的，它使用 FC 协议，而 TCP/IP 网络是通用功能的网络，支持各种各样的功能。它的架构与以太网网络类似，常用的 SAN 网络的架构如图 20-1 所示。

在图 20-1 中，存储设备可以是多台，存储设备和需要使用存储的服务器之间通过光纤线与 SAN Switch 连接，SAN Switch 与以太网中的交换机类似。服务器上也插有类似以太网网卡的 HBA 卡。

使用 SAN 共享存储的 PostgreSQL 高可用方案的架构如图 20-2 所示。

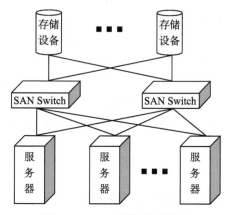

图 20-1　SAN 网络的架构图

两台数据库服务器共享一块或多块从存储上划出的磁盘。磁盘上格式化了所文件系统，PostgreSQL 的数据文件就存在此文件系统上。在主备库上都可以看到此共享磁盘，在主库上此磁盘上的文件系统是挂起来的，备库上此文件系统没有挂起来。当主库发生故障时，由第三方的高可用软件把文件系统在备库上挂起来，然后再把数据库在备库上启动起来，即完成了切换。

实际上，在进行高可用切换时，情况并不像上面所说的这么简单，当主库发生故障时，可能只是

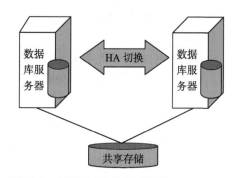

图 20-2　使用 SAN 共享存储的 PostgreSQL 高可用方案的架构图

主库与外部的网络断开，但它与存储设备的连接还是好的，同时文件系统还挂着，如果此时把文件系统在另一台机器上挂起来，像 Ext3、Ext4、XFS 等文件是不能同时在两台机器上挂起来的，同时挂起来时，两台机器都会对文件系统进行写操作，这会导致文件系统损坏。为了避免这种情况发生，最常用的方法是主库没有收到心跳时就自动重启（相当于 "自杀"），或者备库在挂文件系统之前通过其他办法，如向服务器的 IPMI 接口（IPMI 是智能平台管理接口的简称，是一种开放标准的硬件管理接口）发送重启主机的命令，让主库重启来阻止主库对文件系统的写操作。另一种方法是使用存储提供的 reserve_lock 功能，备机在挂起文件系统之前

通知存储，让存储不允许主库写此磁盘以避免文件系统损坏。

20.2.2 DRBD 方案

SAN 存储成本比较昂贵，使用 SAN 存储的高可用方案成本较高。还有一种类似共享存储的廉价方案，即使用 DRBD 仿真共享存储的方案。

DRBD 是 "Distributed Replicated Block Device" 的缩写，DRBD 是一个开源软件，其大部分功能都是在 Linux 内核中实现的，目前大多数 Linux 发行版本中都已带有 DRBD 软件。DRBD 是用软件实现的、无共享的、服务器之间块设备内容的复制软件。

DRBD 有以下两种模式。

❑ 单主模式：只有主设备可以写，备设备不可以写。
❑ 双主模式：两个设备都可以读写。

数据同步的方式有以下 3 种。

❑ 协议 A：异步复制协议，本地写成功后立即返回，数据放在发送 buffer 中，可能丢失。
❑ 协议 B：内存同步（半同步）复制协议。本地写成功并将数据发送到对方后立即返回，如果双机掉电，数据可能丢失。
❑ 协议 C：同步复制协议。本地和对方写成功确认后返回。如果双机掉电或磁盘同时损坏，数据可能丢失。

更详细的 DRBD 知识和使用方法请见 http://www.drbd.org/。

在使用 DRBD 的 PostgreSQL 高可用方案中，通常使用协议 B 和协议 C。因为协议 A 会导致数据丢失，使文件系统无法挂载。

使用 DRBD 的 PostgreSQL 的架构如图 20-3 所示。

DRBD 可以通过配置一个自定义脚本来处理脑裂，所以需要深入学习 DRBD，了解这些功能才能配置出一个可靠的高可用系统。

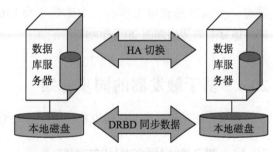

图 20-3 使用 DRBD 的高可用方案架构图

20.3 WAL 日志同步或流复制同步方案

数据同步是高可用方案中很重要的一部分，本节详细讲解各种数据同步方案。

20.3.1 持续复制归档的 Standby 方法

在很早版本的 PostgreSQL 数据库上不支持流复制，如 PostgreSQL9.X 之前的版本，这时只能通过复制归档的方法让主备库之间进行同步。另如果是因为一些安全等特殊原因，主备库的网络无法打通，但可以通过一个跳板机或人工通过移动硬盘的方式传递文件，这个时候就可以写一个复制 WAL 文件的脚本让主备库进行同步。可以控制这个复制脚本每过一段时间才把主库上的归档复制到备库上让备库应用这些日志，这样就可以保证备库一定是落后主库一定时间的。在落后的这段时间内，如果主库被误删除了数据，数据还可以在备库上找回来。当然，这种方式，主备库延迟至少会落后一个 WAL 日志文件，相对于流复制的情况来说延迟比较大。

这种方式如果把备库激活，将丢失较多的数据，通常用在灾备系统中。

20.3.2　异步流复制方案

当使用异步流复制方案时，进行高可用切换会丢失部分数据。该方案适用于切换时可以容忍丢失少量数据的场景。该方案的架构如图 20-4 所示。

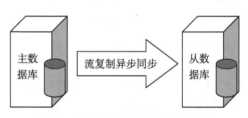

图 20-4　异步流复制方案的架构图

20.3.3　同步流复制方案

当使用同步流复制时，如果主库与从库之间的网络中断或从库故障，主库也会被 hang 住，所以只有一个主库和一个从库是无法做高可用方案的。PostgreSQL 的解决方案是使用两个从库，只要有一个从库是正常工作的，主库就不会 hang 住。该方案的架构如图 20-5 所示。

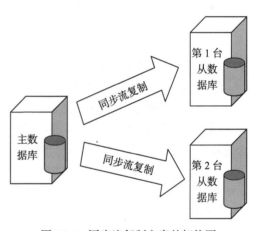

20.4　基于触发器的同步方案

本节介绍基于触发器的同步方案及其优缺点。

图 20-5　同步流复制方案的架构图

20.4.1　基于触发器的同步方案特点

前面讲解了基于共享存储和 WAL 日志同步的高可用方案，这两种方案都是对整个数据库进行同步，而本节讲解的基于触发器的同步方案则可以做到只同步一部分数据。所以基于触发器的同步方案更灵活。但基于触发器的同步方案有以下几个缺点：

- ❑ 对数据库的性能影响较大。
- ❑ 不能同步 DDL。
- ❑ 用户和权限的变更也不能同步。

20.4.2　基于此方案的同步软件介绍

基于此方案的同步软件较多，常见的开源软件有以下几个：

❑ Slony-I。
❑ Bucardo。

本书已用专门的章节讲解了 Slony-I 和 Bucardo 两个开源软件。Slony-I 是一款很成熟的基于触发器的软件，功能强大，配置灵活，缺点是配置复杂。Bucardo 的特点是支持多 master 同步。

20.5　基于中间件的高可用方案

本节介绍基于中间件的同步方案及其特点。

20.5.1　基于中间件的高可用方案的特点

基于中间件的高可用方案的特点是拦截用户的请求，然后根据用户请求的不同类型把请求分发到后端的数据库中。如果是读请求，则把请求分发到任意一台数据库服务器上，如果是写请求，则把请求发送到后端的所有数据库上。这种方案的特点是写操作同时发送到多个后端数据库，这样多个后端数据库之间的数据基本没有延迟。

但在这种方案中，如果只是简单地广播修改数据的 SQL 语句，那么类似 random()、CURRENT_TIMESTAMP 及序列函数在不同的服务器上将生成不同的结果。这是因为每个服务器都独立运行并且广播的是 SQL 语句而不是如何对其进行修改。如果不能接受这种结果，那么中间件或应用程序必须保证始终从同一个服务器读取这些值并将其应用到写入请求中。另外还必须保证每个事务都必须在所有服务器上全部提交成功或全部回滚，或者使用两阶段提交（PREPARE TRANSACTION 和 COMMIT PREPARED），否则会导致多个后端数据库的数据不一致。

这种方案的架构如图 20-6 所示。

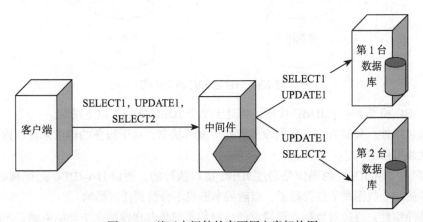

图 20-6　基于中间件的高可用方案架构图

从图 20-6 中可以看到，中间件对于 SELECT 语句，只需要随机发到一台机器上就可以了，而对于修改语句如 UPDATE、DELETE、INSERT，则需要同时发送到两台数据库主机上。

20.5.2 基本中间件的开源软件介绍

最著名的基本中间件的开源软件是 pgpool-II，本书中有专门的章节介绍了该软件。除此之外，还有以下两个。

❑ C-JDBC（Sequoia）Continent Tungsten：最早的 C-JDBC 由 ObjectWeb 组织发布，最新版本为 c-jdbc-2.0.2-src.zip。由于 C-JDBC 名称和 SUN 的 JDBC 商标冲突，后更名为 Sequoia，并由 Continent 组织维护，最新版本为 sequoia-2.10.10-src.tar.gz。2009 年后，Continent 不再更新 Sequoia，同时创建了新的开源项目 Tungsten 作为替代。官方给出的原因是 Sequoia 由于权衡策略导致一些问题（the performance impact and lack of application transparency），而 Tungsten 则使用另一些权衡策略，因而比 Sequoia 更高效。ObjectWeb 组织的网站为 http://c-jdbc.ow2.org/，continuent 组织的网站为：http://sequoia.continuent.org。

❑ HA-JDBC：网站为 http://ha-jdbc.github.io/。

目前 C-JDBC、Sequoia 项目基本已停止开发，比较活跃的是 Tungsten。这些中间件软件不仅仅支持 PostgreSQL，还支持其他数据库如 MySQL，基本上是通用的数据库中间件软件。

与 pgpool 不同，这些软件没有单独的服务进程，而是作为一个软件包与客户端软件运行在一起。如 HA-JDBC 的架构如图 20-7 所示。

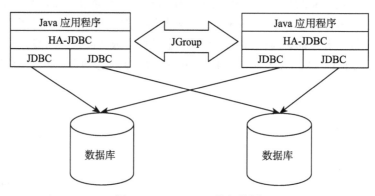

图 20-7　HA-JDBC 的架构图

HA-JDBC 相当于一个 JDBC 代理，相对于单个 JDBC 实现了以下功能。

❑ 高可用性：只要有一个数据库节点处于激活状态，对于服务的请求来说，数据库集群就是可用的。

❑ 容错：HA-JDBC 的操作是通过 JDBC 接口执行的，所以 HA-JDBC 是能理解事务的，即使一个数据库节点失败了，当前的事务也不会受到任何影响。

❑ 可伸缩性：通过对数据库读请求的负载均衡和集群规模的水平伸缩来满足不断增加的负载。

相对于 pgpool-II，HA-JDBC 只能支持 Java 应用，因为它是 JDBC 的一个代理，而 pgpool-II 则没有这方面的限制。

从 C-JDBC、Sequoia 发展起来的 Tungsten，目前不仅仅是一款可以实现高可用的软件，同时还有数据同步复制的功能，还能支持异构数据库如 MySQL、PostgreSQL、Oracle 之间的数据同步。Tungsten 是一个商业软件，也提供开源版本。

20.6　小结

本章系统地介绍了实现高可用的原理和架构方案，重点介绍了高可用方案中的数据同步方案。

数据中台

超级畅销书

　　这是一部系统讲解数据中台建设、管理与运营的著作,旨在帮助企业将数据转化为生产力,顺利实现数字化转型。

　　本书由国内数据中台领域的领先企业数澜科技官方出品,几位联合创始人亲自执笔,7位作者都是资深的数据人,大部分作者来自原阿里巴巴数据中台团队。他们结合过去帮助百余家各行业头部企业建设数据中台的经验,系统总结了一套可落地的数据中台建设方法论。本书得到了包括阿里巴巴集团联合创始人在内的多位行业专家的高度评价和推荐。

中台战略

超级畅销书

　　这是一本全面讲解企业如何建设各类中台,并利用中台以数字营销为突破口,最终实现数字化转型和商业创新的著作。

　　云徙科技是国内双中台技术和数字商业云领域领先的服务提供商,在中台领域有雄厚的技术实力,也积累了丰富的行业经验,已经成功通过中台系统和数字商业云服务帮助良品铺子、珠江啤酒、富力地产、美的置业、长安福特、长安汽车等近40家国内外行业龙头企业实现了数字化转型。

云原生数据中台

超级畅销书

　　从云原生角度讲解数据中台的业务价值、产品形态、架构设计、技术选型、落地方法论、实施路径和行业案例。

　　作者曾在硅谷的Twitter等企业从事大数据平台的建设工作多年,随后又成功创办了国内领先的以云原生数据中台为核心技术和产品的企业。他们将在硅谷的大数据平台建设经验与在国内的数据中台建设经验进行深度融合,并系统阐述了云原生架构对数据中台的必要性及其相关实践,本书对国内企业的中台建设和运营具有很高的参考价值。

推荐阅读

推荐阅读

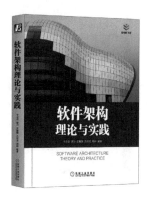